Principle of Electronic DISPLAY

전자 디스플레이 원론

문창범

청문각

머리말

우리나라 공학 교재들은 공학에 필요한 중요한 물리적 식들을 결과만을 가져다 사용하는 경향이 높은 편이다. 그러다 보니 수학식의 도입 이유와 물리적인 개념의 지식은 묻혀둔 채 암기하는 차원으로 교육이 이루어져 결국 학생들은 진정한 공학원리를 모른 채 지나게 된다. 이러한 학습 결과는 창조적인 학생들의 출현을 가로막아 글로벌한 경쟁력 있는 전문인의 탄생을 어렵게 하는 원인이 되고 있다.

본 교재는 위와 같은 교육의 장을 극복하는 선에서 출발을 한다.
이에 따른 본 교재의 핵심은

전자디스플레이에 국한하지 않고 공학 전반에 내포된 다양한 기본 원리들, 즉 물리학은 물론 화학의 기본 개념을 확실하게 제시하고 그 개념들이 결국 공학의 출발선임을 분명히 하는 데 있다.

다시 말해 "왜?"라는 관점에서 출발하여 그 이유를 수학적, 물리학적 기본원리에서 설명하고 그것이 곧 공학의 주춧돌과 뼈대임을 보이는 것이 본 교재의 목표이다.

디스플레이라고 하면 말 그대로 보여준다는 뜻이다. 보통 볼거리를 사람들에게 전시하여 보여줄 때 디스플레이라는 용어를 사용하여 왔다. 그러나 현재에 이르러서는 보여준다는 의미보다는 TV 방송 등에서 나오는 영상을 재현시켜주는 매개체로 그 의미가 바뀌었다고 해도 과언이 아니다. 따라서 디스플레이라는 용어는 과학기술에 의해 만들어져 영상을 보여주는 영상장치라고 할 수 있다. 그 대표적인 것이 이제까지 광범위하게 사용되어 오고 있는 TV 브라운관이라고 할 수 있다. 흔히 CRT(Cathode Ray Tube; 음극선관)라 하여 TV는 물론 컴퓨터의 모니터로 각광받았던 제품으로 디스플레이의 한 종류이다.

그렇다면 현재 사용되고 있는 디스플레이는 공학(Engineering)에 기반을 두어 제작된 현대 문명의 한 기기의 종류라고 하겠다. 오늘날에는 CRT에 기반을 둔 디스플레이는 서서히 사라져 가고 있으며 가볍고 얇은 형태의 디스플레이들이 개발되어 상용화되고 있다. 그 중 대표적인 것이 액정의 광학적 성질을 이용하여 만든 LCD(Liquid Crystal Display), 플라즈마 원리에 기반을 둔 PDP(Plasma Display Panel), 그리고 유기물 형광 물체의 발광에 기반을 둔 OLED(Organic Light Emitting Diodes) 등이다.

위와 같은 디스플레이 제품들은 전 세계적으로 사용이 확산되어 있으며 미래 산업에 있어 절대적인 위치를 차지할 것으로 여겨지는 최첨단 기술집약적 산업이다. 특히 우리나라는 디스플레이 개발 및 생산에 있어 후발 주자였음에도 불구하고 특유의 근면성과 저돌성으로 인하여 오늘날 디스플레이 생산에 있어 세계 최고의 자리를 차지하고 있다. 이렇게 급성장한 디스플레이 제조산업에 있어 가장 중요한 것이 인재 육성이라고 하겠다. 특히 기술의 연구와 개발에는 고급 전문 인력이 반드시 필요한 실정이다. 이러한 고급 인력을 길러내는 곳이 곧 대학 사회라고 할 수 있으며, 이를 위해 우선 디스플레이 관련 전문 교과목들이 설강되어야 한다.

디스플레이에 관련된 공학은 복합적이라 할 수 있다. 과연 디스플레이공학이라는 용어가 가능한 것인가.

우선 디스플레이에 필요한 기존의 학문을 더듬어 보자. 모든 공학에서와 마찬가지로 우선 기본 수학의 지식은 필수적이라 하겠다. 다음으로는 물리학과 화학의 지식이 반드시 필요하다. 그 다음으로 요구되는 학문 영역은 전기공학, 전자공학, 기계공학, 재료공학 등이다. 사실상 위에서 든 LCD, PDP, OLED 등의 원리와 그 기술 수준을 이해하려면 위와 같은 광범위한 학문 영역을 배우고 나서야 가능하다. 그렇다면 **디스플레이에 관련된 기술의 습득과 연구는 사실상 대학원 과정에서 이루어져야 하는 것이 올바른 길**이라고 하겠다.

그럼에도 불구하고 국내의 실정은 다른 길을 가고 있는 추세이다. 즉, 위와 같은 다양한 학문의 지식이 필요함에도 불구하고 산업에 필요한 인력을 길러낸다는 취지 아래 학부과정에서 디스플레이에 관한 교과목 내지 관련 학과가 만들어져 시행되고 있는 것이다.

결국, 학부에 디스플레이에 관련된 학과목을 개설하여 운영하는 경우 그 속을 자세히 들여다보면 대학 본연의 의무인 고급 인력을 만들어 배출하는 것이 아니라 기본 지식이 없으면서 간단한 실험에 맞추어진 인력을 만들어낸다는 사실을 알 수 있다. 다시 말해, 단기적이며 창의성이 없는 인력을 배출하고 있는 실정이다. 이러한 모습은 디스플레이공학에 국한된 것이 아니다. 소위 학부제하에서 무분별하게 만들어진 새로운 전공 내지 학과들을 보면 학문의 특성상 대부분 대학원에서야 다룰 수밖에 없는 영역들이라 하여도 과언이 아니다. 특히 지방 대학에서는 학과(전공)의 신설이 인기 영합에 치중하다 보니 학생들의 능력과는 맞지 않아 올바른 교육이 이루어지지 못하는 것으로 판가름나고 있다.

그러나, 위와 같은 당위성과 문제점들에서도 불구하고 학부 과정에서 디스플레이에 관련된 공학 교육은 필요한 실정이다. 이에 발맞추어 근래 들어서는 디스플레이공학과 관련된 전문 서적들이 나오기 시작하였다. 그러나 디스플레이공학에 필요한 기초지식을 전달하는 일반적인 디스플레이공학 서적은 드문 편이다. 설령 있다 하더라도 그 내용을 들여다보면 디스플레이 종류에 대한 개론서의 성격이 강한 편이다. **그런데 그러한 개론서에서 발견되는 문제점 중 하나가 각각의 디스플레이 종류에 대한 설명을 할 때 다양한 전문용어들과 동작원리에 대한 난해한 수학식들을 나열한다는 점이다.** 그 기본 식들과 용어들을 살펴보면 사실상 물리학과 화학에서 사용되는 것들이 대부분이다. 조금 자세히 살펴보면 현대물리 중 원자 및 분자 구조, 광학, 열 및 통계물리학, 전자기학 그리고 유기화학 등이다. 공학에 있어서는 전기회로 및 전기전자공학, 재료공학, 기계공학, 화학공학 등의 영역이다. 이와 같은 다양한 기본 지식과 원리들은 대학의 학부 과정에 있어서 최소한 3학년 1학기 정도의 과정이 끝나야 얻을 수 있는 수준들이라 하겠다.

보통 디스플레이공학은 2학년 과정에서 개설되는 것으로 알려져 있다. 그러다 보니 기초가 갖추어져 있지 않은 상태에서 학생들은 디스플레이에 관련된 내용을 마주치게 된다. 결국 TFT-LCD, PDP, OLED 등의 구조와 작동원리를 이해 없이 배우게 되거나 아니면 그저 일반인을 위한 수준의 개념 위주의 학습으로 이어지고 만다. 더욱이 대부분의 대학에서 한 학기에만 기초 디스플레이공학 교과목이 개설되어 단순 개념 교육 정도 수준에 머무는 데 그치고 있다.

지은이는 디스플레이공학 교육에 있어 위와 같은 문제점들을 직시하여 되도록이면 학생들이 기초 지식을 쌓음과 동시에 그를 바탕으로 디스플레이 관련 공학 학습이 이루어지도록 교재를 작성하였다.

또한 광범위한 내용이 학생들에게 전달되도록 교재를 전반부 TFT-LCD, 후반부는 OLED, PDP와 기본원리 등으로 하여 1년 동안 학습하도록 하였다.

본 교재의 주된 특징들은 다음과 같다.

먼저 전반부에서는 전자 디스플레이의 정의와 디스플레이와 연관된 학문 영역과의 관계를 다루어 디스플레이 공학에 있어 물리, 화학 등의 기초 원리가 왜 필요한지를 분명하게 제시하였다.

둘째, 액정 물질이 가지고 있는 물성을 전기력과 광학의 기본 원리로 설명하였고, 보기문제를 제시하여 전기와 빛에 대한 액정의 반응을 이해하기 쉽도록 하였다.

셋째, LED와 OLED, PDP 등의 발광 현상을 원자와 분자의 전자에너지 준위구조에 입각하여 설명하였다. 이와 더불어 일반물리 수준에서 양자물리학적 관점이 이해되도록 하여 현대 첨단 전자소자들의 기본 원리가 양자물리와 연관된다는 사실을 깨닫도록 하였다.

넷째, 물리 화학적 개념을 이해시킴과 동시에 기본원리에 대한 수식의 유도 및 그 응용 사례 제시에 지대한 노력을 기울였다. 이러한 교육이 공학에 필요한 물리적 식들을 결과만을 끌어다 사용하고 암기하는 차원의 학습을 극복하는 지름길이라고 보기 때문이다.

부록에는 자주 사용되는 물리상수 및 SI 단위계를 표시하였고 가장 기본이 되는 수학 기초를 다루었다. 특히 2차 선형 미분방정식의 해를 구하는 방법을 다루어 원자 내의 전자 에너지 준위를 구하고 전기회로 방정식을 푸는 데 도움을 주도록 하였다.

본 교재를 갖고 학습하는 사람들은 TFT-LCD, PDP, OLED 등에서 자주 나오는 용어와 기본 식들을 그냥 보고 지나쳐서는 안 된다. 반드시 그 원리를 이해하여야 한다. 따라서 본 교재에 나오는 물리학, 화학 등의 내용들을 익혀 용어의 기본 이해는 물론 기본 식들에 들어 있는 물리적, 화학적 기본 지식을 습득하도록 하여야 할 것이다. 그러한 기본 지식은 나중 자기 전공을 배울 때 이해의 속도를 빠르게 할 뿐만 아니라 장차 대학원 과정에서의 연구 능력도 한결 강화시켜줄 것으로 믿는다.

본 교재는 '충남디스플레이인력양성사업단'의 지원이 그 시발점이 되었다. 즉, 지방대학혁신역량강화사업(New University for Regional Innovation; NURI, 2004. 6. - 2009. 5.) 중 호서대학교 주관의 "디스플레이중견전문인력양성사업"의 교재개발 프로그램의 일환으로 시작되었음을 밝히며 이 자리를 빌어 고마움을 전하는 바이다.

2009년 2월
지은이 문창범

일러두기

일반적으로 자연과학 및 공학 영역에서 문제가 되는 것 중 하나가 전문 용어의 부적절한 표기라고 할 수 있다. 그러한 부적절한 용어의 등장은 과학 및 공학의 전문 용어 자체가 원래 외국어에서 비롯되어 그것을 우리나라말로 번역을 하기 때문이다.

최근 들어 용어의 통일을 기하고자 각 학회에서는 나름대로 용어집을 발간하고 있는 것으로 알고 있다. 그런데 전문 용어에 있어 가장 심각한 문제가 일본식 한자용어의 무분별한 차용이라고 할 수 있다.

한글은 영어(A, a 등을 생각해보라)와 일본어(세 가지 형태로 문장을 표현함. 카타카나, 히라카나, 한자)와는 달리 글자 형태가 오직 하나이며 더욱이 한자 병용을 폐지하고 난 다음에는 문장의 뜻을 전하는 데 상당한 제약이 따르고 있다. 물리학계에서는 거의 사라진 현상이지만 아직도 공학 사회에서는 전문 용어를 한글 표현에는 전혀 맞지 않을 뿐만 아니라 한글사전에도 없는 일본식 한자 용어를 그대로 들여와 다반사로 사용되고 있는 실정이다. 보기를 들면

> 전기장(electric field)을 전계(電界), 고선명도(high definition)를 고정세(高精細), 정렬층(alignment layer)을 배향막(配向膜), 밀봉(sealing)을 봉지(封止), 유지를 보지(保持), 바닥상태(ground state)를 기저상태, 들뜸상태(excited state)를 여기상태, 분리벽(rib)을 격벽

등이다. 이와 같은 일본식 한자용어들은 일본어가 문장으로 표현될 때는 주로 한자를 빌어 사용하기 때문에 일본어표기에서는 문제가 없다. 그러나 한글 체계에서는 전혀 맞지 않는다. 더욱이 한글 사전에는 없는 단어들이 수두룩하게 나와 일반인은 물론 해당 학계가 아닌 전문가가 보기에도 이해하기 어려운 실정이다. 더욱 큰 문제는 이러한 일본식 한자 용어가 자칫 사람들에게 불편함은 물론 용어에 대하여 거부감을 불러일으킬 수 있다는 점이다. 예를 들어본 **보지, 봉지, 격벽** 등을 일반인이 어떻게 받아들일지 상상해보자.

이렇게 학문에 사용되는 전문 용어 하나 우리말과 글로 제대로 표현하지 못하면서 그리고 그 언어의 전달성을 인식하지 못하면서 대학이나 연구소에 있는 학자들이 어떻게 올바른 교육을 담당할 수 있을 것인가?

본 교재에서는 공학에서 사용되는 일본식 용어는 물론 암묵적으로 수용되어 사용하고 있는 용어 중 원래 가지고 있던 의미를 다소 희석시키는 것들을 지적하여 다시 한 번 언어가 갖고 있는 중요성을 부각시키고자 한다.

-기저상태 → **바닥상태**(ground state). 대표적인 일본식 표기이다.
-여기상태 → **들뜸상태**(excited state). 대표적인 일본식 표기이다.
-여기자 → **들뜸자**(exciton). 대표적인 일본식 표기이다.
-deexcitation → **탈들뜸화.**
-최외각전자→가장바깥껍질(outer shell)의 의미로 각(殼, 껍질 각자임)이라는 말은 어울리지 않는다. 그러나 굳어진 용어로 보아 혼란을 피하기 위하여 그대로 사용하였다.
-선광성(旋光性) → **광회전능**(optical rotatory power). 우선(右旋) 등과 같은 취지로 우리말과는 어울리지 않는 일본식 한자 표기이다. 다만 나선형(helical)은 일반인에게도 익숙한 단어라 그대로 사용하였다.
-도포 → **코팅**(coating). 대표적인 일본식 표기이다.
-고정세(高精細) → **고선명도**(high definition). definition은 얼마나 선명한가를 의미한다. 영한사전에도 선명이라고 나와 있다. **전문가인 학자들이 얼마나 언어에 무관심**한지 드러난다.
-착체(錯体), 착물(錯物) → **섞임화합물**(complex). 대표적인 일본식 표기이다. 이러한 섞임화합물은 영어로 complex라고 하는데 실제적으로는 chemical complex를 뜻한다. 섞임화합물이라면 일반인들도 이해하기가 쉬울 것이다.
-배면 → 후면, 뒷면 또는 밑면. 배라고 하면 보통 사람의 배를 연상시키지 한자말인 등배(背)를 연상하겠는가?
-격벽 → **분리벽**(rib). 원래 Rib는 분리를 위한 둑을 의미한다. 대표적인 일본식 표기이다.
-개구율(開口率) → **구멍비**(aperture ratio). 대표적인 일본식 표기이다.
-봉지(封止) → **밀봉**(sealed, sealing). 대표적인 일본식 표기이다.
-보지(保持) → **유지**. 대표적인 일본식 표기이다.
-계조(階調) → **회색등급**(gray scale). 대표적인 일본식 표기이다.
-선형(편광) → **직선(편광)**. 선형(線形)을 주로 사용하며 일반화되고 있기도 하다. 그러나 편광에 있어서는 어디까지나 직선의 의미이다. 공식적으로는 면편광(plane polarization)이라고도 부른다.
-우선성 → **우회전성**.
-좌선성 → **좌회전성**.
-우선원편광 → **우회전원편광**.
-좌선원편광 → **좌회전원편광**.
-흡습제 → **습기흡수제**.
-계면 → **경계면**, 접촉면. 대표적인 일본식 표기이다.
-차재용 → **차량용** 혹은 차탑재용.
-공핍 → **고갈**(depletion). 대표적인 일본식 표기이다.
-고왜점(高歪点) 유리 →**고변형점 유리**(high strain point glass). strain은 공식적으로 변형, stress는 변형력으로 부른다.

-dangling bond → **끊긴 결합**.
-국재 상태 → **국부** 상태(localized state). 국재라는 단어는 존재하지 않는다.
-인가 전압 → **공급** 전압(supplied voltage).
-배향(配向) → **방향**(orientation). 배향이라는 단어는 국어사전에 없는 말이다. 우리나라 말로는 지향이 가장 알맞다. 대표적인 일본식 표기이다.
-배향막 → **정렬층**(alignment layer). 대표적인 일본식 표기이다.
-세정 → **세척**(cleaning). 대표적인 일본식 표기이다.
-노광 → **노출**(exposure). 대표적인 일본식 표기이다.
-식각 → 부식 또는 **에칭**(etching). 대표적인 일본식 표기이다.
-드레인(drain) → **배수** 혹은 배수지.
-source → **저수** 혹은 저수지.
-채널(channel) → **수로**.
-carrier → **운반자** 혹은 전하운반자.
-on, off → **열림**, **닫힘**.

차 례

9장 필름트랜지스터(TFT)

10장 원자와 전자

11장 분자와 발광스펙트럼

12장 OLED와 발광원리

13장 OLED 구동과 공정

14장 유기 분자

15장 PDP

16장 PDP와 플라즈마

17장 플라즈마와 운동학 이론

부 록

1장 | 서 론

1.1 디스플레이 공학이란

오늘날 디스플레이라 함은 공학적인 개념으로, 정보를 주고받는 TV, 노트북 컴퓨터, 휴대폰 등에서 쓰이는 전자 디스플레이 소자(electronic display device)를 말한다. 디스플레이라는 용어는 우리나라 말로 영상표시 혹은 **영상표시장치**라고 부를 수 있겠지만 여기에서는 그냥 디스플레이라는 용어를 사용하기로 한다. 이러한 전자 디스플레이는 다양한 정보를 눈으로 직접 볼 수 있도록 구현해주는 영상장치로 현재는 물론 미래를 이끌어갈 선도 기술산업 중 하나라고 볼 수 있다. 1990년대 초까지만 해도 전자 디스플레이는 음극선관(CRT; Cathode-Ray Tube)이 주를 이루어 왔으나, 2000년대 이후는 액정 디스플레이(LCD; Liquid Crystal Display), 플라즈마 디스플레이(PDP; Plasma Display Panel) 등이 TV와 컴퓨터의 중요 디스플레이 제품으로 자리잡고 있다. 더욱이 무기 재료가 아닌 유기(Organic)성 재료(플라스틱 등)를 사용한 발광소자들이 개발됨으로써 이른바 전자 신문 시대가 성큼 다가서고 있다.

디스플레이 공학이란 이러한 정보 디스플레이 소자의 개발은 물론 그 응용을 위한 과학과 기술의 학문이라고 할 수 있다. 디스플레이공학은 디스플레이 개발을 위한 연구라고 할 수 있으며 사실상 학문의 한 분야가 아니라 복합 학문에 의한 융합적 공학 분야이다. 즉 물리, 화학은 물론 전기공학, 전자공학, 재료공학, 화학공학 등에 의한 학제 간 융합연구에 의해 어우러져 나오는 종합 학문 영역이다. 앞으로 전자 디스플레이를 간단히 디스플레이라고 부르기로 한다.

1.2 디스플레이 종류

그림 1.1은 현재까지 개발되어 사용되고 있는 디스플레이 소자 종류를 간단히 분류한 도표이다. 전자 디스플레이는 크게 발광형(emission type)과 비발광형(non-emission type)으로 나뉜다. 발광형은 말 그대로 디스플레이에 관여하는 중심물질이 직접 빛을 발하는 구조 형태이다. 이와 반면에 비발광형은 외부로부터 빛을 받아 그 빛의 세기를 조절하여 디스플레이를 구현하는 형태이다.

발광형의 대표는 CRT(음극선관을 뜻하나 발명자의 이름을 따 흔히 브라운관이라고도 불린다)이다. CRT는 처음 발명되어 사용하기 시작한 후로 디스플레이의 대표 주자로 각광받아 온 소자이다. 현재는 그 자리를 액정 디스플레이(Liquid Crystal Display; 이후 LCD라고 부르기로 한다)가 이어가고 있는 중이다. 또한 플라즈마 디스플레이(Plasma Display Panel; 이후 PDP라고 부르기로 한다), 전기장방출 디스플레이(Field Emission Display; 이후 FED라고 부르기로 한다), 형광 디스플레이(Vacuum Fluorescent Display; 이후 VFD라고 부르기로 한다), 발광다이오드 디스플레이(Light Emitting Diode; 이후 LED라고 부르기로 한다), 유기발광다이오드 디스플레이(Organic LED; 이후 OLED라고 부르기로 한다) 등이 있다. OLED인 경우에는 발광 원리가 분자구조에 있어 전기발광(electroluminescence)에 의한 것으로 엄밀하게 말하면 전기발광 디스플레이(ElectroLuminescence Display; ELD)라고 불러야 옳다. 그런데 이러한 ELD는 다시 무기(Nonorganic)와 유기(Organic) ELD(OELD)로 나뉠 수가 있는데 특히 유기 ELD인 경우 유기 LED(OLED)와 같은 의미를 갖게 되어 OELD인 경우도 보통 OLED로 불리게 되었다. 따라서 OLED라 함은 유기 ELD와 유기 LED의 의미를 갖는다.

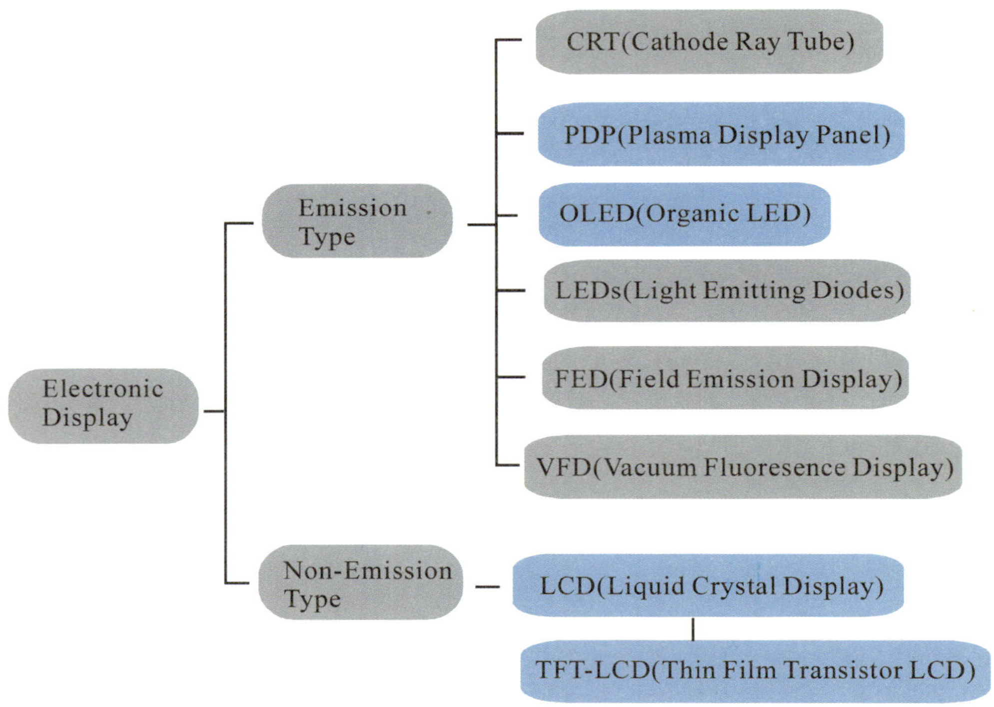

[그림 1.1] 전자 디스플레이 종류.

비발광형인 경우는 LCD가 대표적이다. 액정의 특성상 직접 빛을 발할 수 있는 것이 아니라 외부의 빛을 선택적으로 투과하는 성질을 이용하여 화면 표시를 하기 때문에 비발광형이라고 한다. 그림 1.1에서 LCD를 다시 TFT-LCD로 분류한 것은 오늘날 TFT-LCD가 디스플레이의 주류로 자리를 잡아 그 중요성이 크기 때문이다. 여기서 TFT는 Thin Film Transistor, 즉 얇은 막 트랜지스터의 약자이다. 보통 학계에서는 Thin Film을 박막(薄膜)이라는 한자식 그것도 일본에서 들여온 용어를 사용하는데 이는 일반인이 볼 때 결코 바람직하지 못하다. 왜냐하면 일본식 한자 용어는 우리나라 용어에 어울리지 않을뿐더러 의미 전달이 어렵고 더욱이 국어사전에 나오지 않는 경우가 많기 때문이다. 일본어인 경우에는 표기를 할 때 일본 고유 언어보다 한자를 더 많이 사용하기 때문에 별문제가 없으나 우리나라인 경우 한자 사용이 거의 사라진 까닭에 한자식 용어는 가급적 사용하지 않아야 한다. 여기에서는 TFT 또는 **필름트랜지스터**라고 부르기로 한다.

여기서 한 가지 덧붙일 것은 CRT를 제외한 디스플레이를 평판디스플레이(Flat Panel Display; 이후 FPD라고 부르기로 한다)라고 부른다는 사실이다. 이것은 CRT의 화면이 곡면으로 되어 있고 두꺼운 형을 지니고 있는 것에 대한 대비 용어라고 볼 수 있다.

1.3 디스플레이 동작 원리

디스플레이는 인간의 눈이 감지할 수 있는 빛(전문용어로는 가시광선)을 발하여 그 기능을 수행한다. 따라서 모든 디스플레이에는 빛을 발할 수 있는 재료와 그 재료가 빛을 발할 수 있도록 하는 전기 및 전자 장치가 반드시 함께 있어야 한다.

빛을 발할 수 있는 재료를 보통 형광체라고 부르며 형광체는 외부로부터 에너지를 받아야만 재료 특유의 빛을 내보낼 수 있다. 이때 외부의 에너지는 운동하는 전자나 높은 에너지를 갖는 빛이 그 역할을 담당하는 경우가 많다. 형광체가 외부로부터 에너지를 받아 빛을 발하는 이유는 형광체를 구성하는 원자나 분자의 특수한 구조에서 비롯된다. 이에 대한 원리는 나중에 자세히 다루게 될 것이다. 여기에서는 우선 디스플레이 종류 중 대표적인 것들에 대하여 그 발광 원리를 간단히 소개하는 것으로 마무리하고자 한다.

음극선관(CRT) 디스플레이

CRT의 발광은 운동하는 전자와 형광체로부터 나온다. 전자는 모든 물질에 포함되어 있는 기본 전하 입자이다. 이러한 전자는 원자를 이루는 기본 입자 중 하나이며 항상 원자핵에 구속되어 있다. 그런데 이렇게 구속된 전자들도 외부로부터 에너지를 받으면 밖으로 튀어나와 자유스럽게 될 수 있는데 이러한 전자를 자유전자라고 부른다. 그리고 물질에 강한 전압을 가하여 전기 에너지를 주면 물질의 온도가 높아지면서 전자를 튀어나오게 할 수 있는데 이러한 현상을 열전자방출이라고 부른다. CRT에는 고전압 발생장치가 있고 이러한 고전압을 필라멘트형태로 만들어진 재료에 공급하여 전자들이 튀어 나오도록 되어 있다. 이 장치를 보통 전자총(electron gun)이라고 부른다. 이렇게 튀어나온 전자들을 한 곳으로 모아 운동하게 하여 스크린에 있는 형광체(발광층)를 때리면 빛을 발하게 된다. 이때 전자들은 전기장이나 자기장에 의해 좌우(수평편향판) 혹은 상하(수직편향판) 운동으로 경로와 에너지가 조절되며 스크린상의 형광체는 에너지가 다른 전자를 받아 파장이 다른 빛의 파장을 내보내어 빛의 색을 만들어 낸다. 형광체는 보통 황화아연(ZnS)이 쓰인다. 그림 1.2를 보라.

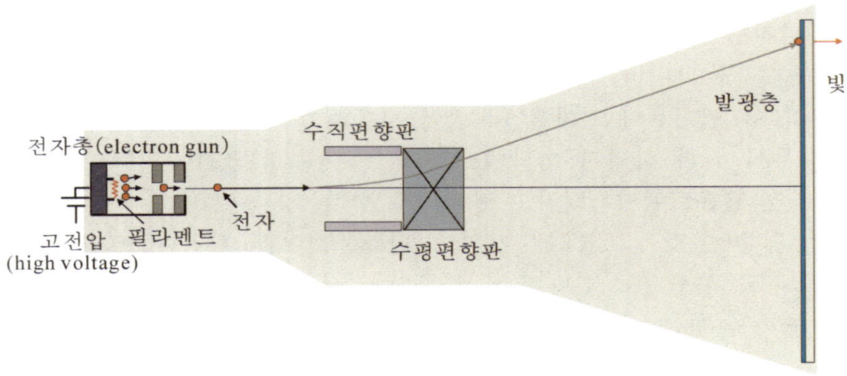

[그림 1.2] 음극선관(CRT) 디스플레이의 원리.

플라즈마 디스플레이(PDP)

PDP의 원리는 가정에서 사용하고 있는 형광등의 원리와 같다고 보면 된다. 수소원자를 비롯한 모든 원자들은 외부로부터 에너지를 받으면 각각 고유의 빛을 발한다. 나트륨(Na,

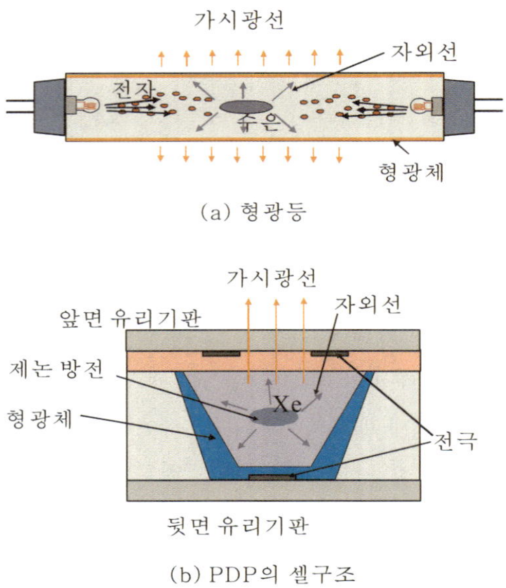

달구어진 전극에서 전자들이 튀어나오고 이러한 전자들이 수은 혹은 제논(Xe, 원자번호 54번) 기체의 원자들을 때려 원자들을 들뜨게 한다.
들뜬 원자들은 빛을 발하며 안정된 상태로 간다. 수은이나 제논 모두 자외선 영역의 빛을 발한다. 우리눈에 보이는 가시광선은 자외선을 받아 에너지를 얻는 형광체의 빛이다. 형광등에서는 형광체의 빛의 스펙트럼이 가시광선 영역을 포괄하여 전체적으로 백색광으로 보인다.
이와 반면에 플라즈마디스플레이에서는 형광체가 빛의 삼원색인 빨강, 파랑, 녹색의 빛을 내보내도록 하여 색을 구현시킨다.

[그림 1.3] 형광등과 PDP의 발광 원리.

영어로는 Sodium이라고 부름) 가로등이 붉은색을 띠는 것은 Na 원자의 에너지 스펙트럼이 그에 해당되는 파장을 갖고 있기 때문이다. 형광등인 경우 수은 기체(정확히는 플라즈마 상태)로 채워져 있으며 수은은 우리 눈에 보이지 않는 자외선(가시광선보다 에너지가 높다)을 내보낸다. 이러한 자외선은 형광등 내부에 발라져 있는 형광체의 분자들에게 에너지를 주고 형광체의 분자들이 다시 가시광선을 발하는 구조로 되어 있다. 원자들인 경우 주로 자외선 영역의 빛을 발하는 경우가 많으나 분자들은 주로 가시광선 혹은 적외선을 내놓는다.

발광다이오드 디스플레이(LED)

반도체(semiconductor) 물질을 이용한 소자이다. 반도체는 전기를 잘 통하는 도체와 전기에 둔감한 부도체(보통 절연체라고 부른다)의 중간적 전기적 특성을 지니는 물질로 실리콘(Si)과 게르마늄(Ge) 등이 이에 속한다. 반도체는 평상시에는 절연체와 비슷한 전기적 특성을 가지나 외부로부터 어느 정도 에너지를 받으면 전기가 흐르게 되는데 이는 반도체의 에너지띠(energy band)와 상관이 있다. 에너지띠라고 하는 것은 반도체 물질에 따라 전자 특히 최외각 전자가 가질 수 있는 에너지 준위라고 보면 된다. 이러한 바깥 전자들이 최종적으로 가질 수 있는 에너지를 보통 페르미 에너지라고 부르는데 그 사이에 밑에는 가전자 띠(valence band), 위에는 전도 띠(conduction band)가 존재한다. 가전자 띠를 전자들이 꽉 차 있는 전자바다로 보면 편리하다. 외부로부터 에너지를 받으면 전자는 가전자 띠로부터 띠 간격을 넘어 전도띠로 도약할 수 있다. 그러면 가전자 띠의 전자바다에는 전자가 떠난 자리에 기포와 같은 구멍이 생겼다고 볼 수 있다. 이때 그 구멍은 전자와는 전하가 반대인 입자처럼 행동하게 된다. 이를 정공(영어로는 hole이나 이 구멍이 양의 전하를 갖는 것으로 의미를 부여하여 정공(正孔)이라고 부른다. 일본에서 만들어진 용어이다)이라고 부른다.

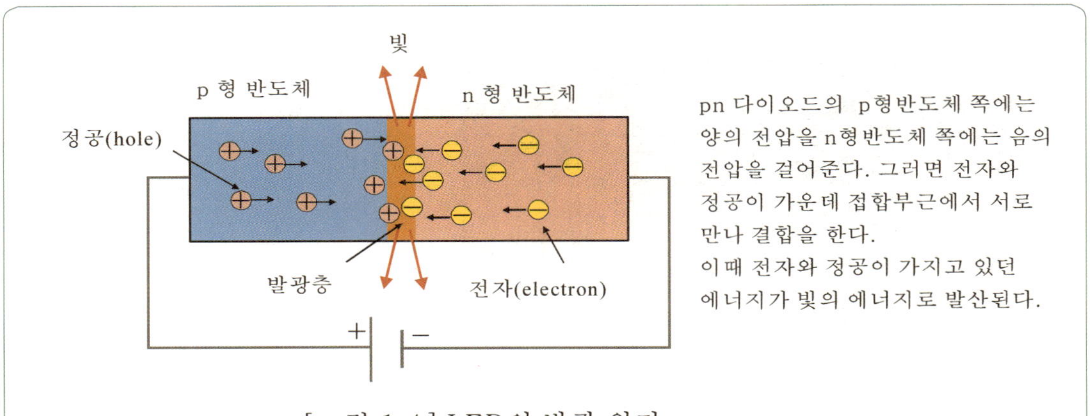

[그림 1.4] LED의 발광 원리.

그런데 이러한 정공은 불안정하여 가능한 한 빠른 시간 내에 전자와 다시 결합하게 되는데 이를 재결합(recombination)이라고 부른다. 그리고 이러한 재결합이 이루어질 때 여분의 에너지가 빛으로 나오게 되며 이러한 다이오드 소자를 LED라고 한다. 한편 여기서 다이오드라고 하는 것은 반도체 중 전자의 수를 약간 증가시켜 만든 반도체-이를 n형 반도체라고 한다-와 전자의 수를 약간 모자라게 만든 반도체-이를 p형 반도체라고 부른다-를 결합하여 만든 소자이다(그림 1.4). 이러한 LED의 접합부분에서 전자와 정공의 결합이 일어나 빛을 발하게 되고 이 접촉 부분에 다양한 발광형 재료를 얇은 층으로 만들어 원하는 색의 빛을 나오게 한다.

이러한 LED를 촘촘히 모아 전기적으로 조절을 하게 하여 다양한 색의 빛을 발하면 디스플레이 역할을 하게 된다. 현재 옥외 광고를 위한 대형 디스플레이에 많이 사용된다. 가까이 다가서서 보면 원형의 LED 모양이 보일 것이다. 요즘에는 거리의 신호등에도 많이 사용되고 있으며 조명용으로도 각광을 받고 있다.

유기발광 디스플레이(OLED)

전기발광 원리에 의해 빛을 발하는 소자이다. 여기서 발광(Luminescence)이란 물질이 빛(photon), 전자빔(electron beam), 전기장(electric field)과 같은 에너지를 받아들여 그것을 빛으로 재방출하는 현상을 말한다. 빛을 쪼였을 때 방출되는 것이 광발광(Photoluminescence; PL), 전자빔을 쏘았을(irradiated) 때가 음극선발광(Cathodeluminescence; CL), 그리고 전압을 넣어서 빛을 방출시키는 것이 전기발광(Electroluminescence; EL)이다. 여기서 형광체로부터 PL을 이용하는 것이 PDP이며 CL을 이용한 것이 FED이다. 그리고 EL을 이용한 것이 LED라고 보면 된다. 이미 언급을 했지만 원래는 ELD라고 부르는 것이 합당하였으나 오늘날에는 LED라고 부르게 되었다. 무기 ELD를 그냥 LED 유기 ELD를 OLED라고 부르게 된 것이다.

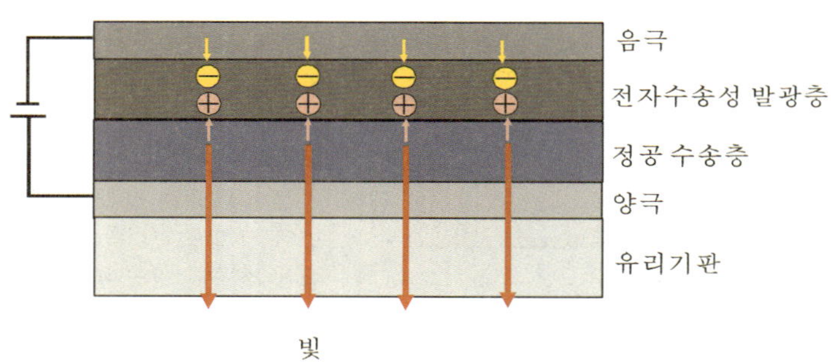

[그림 1.5] OLED의 기본 구조와 발광.

OLED 패널의 기본구조는 발광층을 양쪽에서 전극(양극, 음극)으로 채운 샌드위치 구조이다. 양 전극에 전압이 걸리면 양극은 유기물층에 정공(hole)을 주고 음극은 유기물층에 전자를 주게 된다. 이렇게 만들어진 전자와 정공은 유기물 발광층에서 재결합(recombination)하게 되는데 이때 재결합되면서 에너지가 발생한다. 이러한 전자-정공 재결합 에너지는 유기물의 에너지 준위 중 전자가 점유할 수 있는 전자의 에너지 상태를 바닥상태(ground state)에서 들뜸상태(excited state)로 올려놓는다. 이러한 들뜸상태는 전자가 머물기에는 불안정하여 다시 바닥상태로 내려오게 되는데 바닥상태로 내려오면서 여분의 에너지가 빛(광자; photon)으로 방출하게 되는 것이다.

전기장 방출 디스플레이(FED)

FED는 CRT에서 사용되는 음극선관(Cathode Ray Tube) 대신에 아주 작은(마이크로 단위) 음극선을 다수로 만들어 배열(array)시키고 여기에 전기장을 가하여 전자를 방출시키는 구조로 되어 있다. 이러한 작은 단위의 전자방출 음극관을 FEA(Field Emitter Array)라고 부르며 그림 1.6에서 보듯이 보통 위가 뾰족한 깔때기 모양으로 제작된다. 이렇게 뾰족한 부분은 곡률반경이 대단히 작으며 여기에 강한 전기장(약 $10^6 \sim 10^7$ V/cm)이 걸리면 전자가 튀어나오게 된다. 그림에서 보듯이 튀어나온 전자는 위의 양극으로 이끌리어 형광체에 도달하게 되고 빛을 발하게 된다. 전자의 방출은 양자역학적 터널효과에 의해 이루어지며 이러한 현상에 대한 원리는 나중에 자세히 배우게 된다.

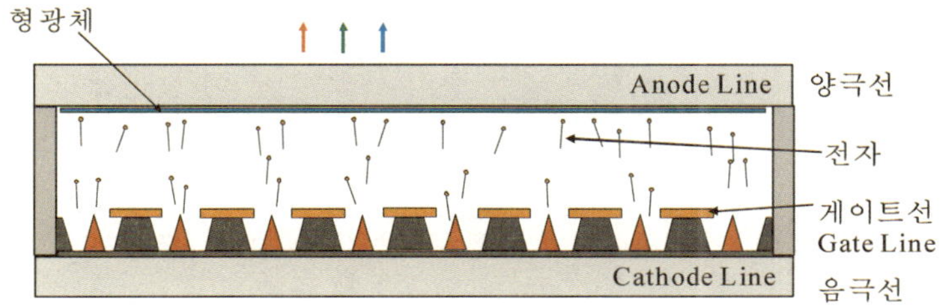

[그림 1.6] FED의 기본 원리.

형광디스플레이(VFD)

전자를 만들어내는 진공관과 같은 원리로 작동되는 소자이다. CRT에서 필라멘트를 가는 전선으로 길게 만든 형태라고 보면 된다. 즉 음극선(Cathode Line)에서 전자들을 방출시키고 이 전자들이 형광체에 닿아 빛을 발하는 구조이다. 전자의 에너지는 가운데 그리드 선(Grid Line)에 의해 조절이 된다. 이러한 형광디스플레이는 간단한 문자나 숫자 등을 표시하는 데 적당하다.

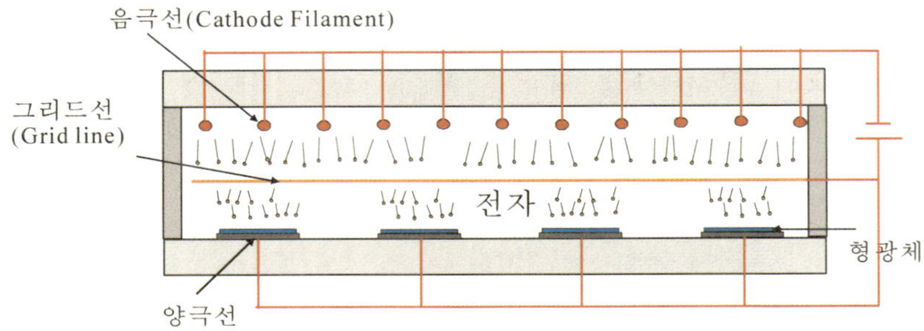

[그림 1.7] VFD의 기본 원리.

액정디스플레이(LCD)

액정디스플레이는 액정의 광학적 특성과 이에 따른 빛의 세기의 조절에 의해 디스플레이가 구현된다. 여기서 광학적 특성이라 함은 빛의 성질 중 편광에 대한 선택적 투과와 관련된 능력을 의미한다.

그림 1.8과 같이 LCD의 기본구조는 광원인 후면광(back light)과 빛의 진동을 한쪽 방향으로만 편향시켜주는 두 개의 편광판 그리고 그 사이에 액정이 들어 있는 형태이다. 편광판은 서로 수직으로 배열되어 있으며 이 상태로는 빛이 통과되지 않는다. 액정은 위와 아래가 90° 어긋나게 배열되어 있는데 그 중간에서는 서로 조금씩 어긋나 있다. 액정에 전기장이 가해지지 않으면 그림 1.8(a)에서 보듯이 가로 방향으로 편광된 빛은 액정 배열에 따라

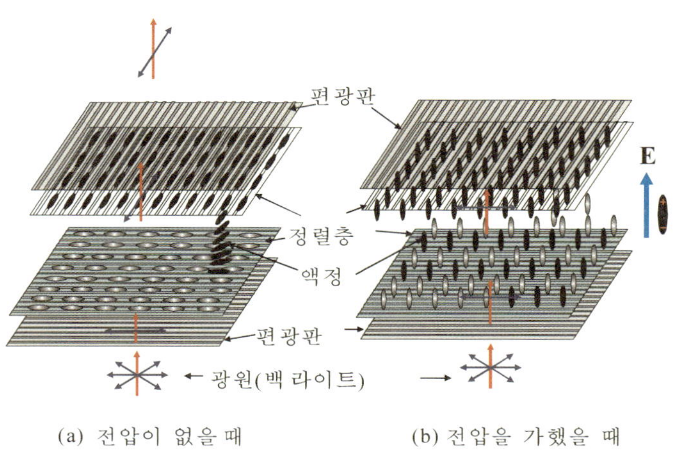

[그림 1.8] 액정 디스플레이의 동작 원리.

점차적으로 회전을 하며 방향을 바꾸게 된다. 그리고 최종적으로 90° 만큼 회전하게 되어 2차 편광판을 통과할 수 있다. 즉 빛이 통과된 것이다. 이와 반면에 액정에 전기장이 걸리면 액정 분자들은 일제히 전기장 방향으로 배열이 된다. 그러면 액정은 더 이상 편광된 빛을 회전시킬 수 있는 능력을 상실하여 빛은 아무런 변화 없이 액정 층을 통과하게 되고 앞뒤 진동모드의 빛만을 통과 시킬 수 있는 2차 편광판에 의해 차단된다.

앞으로 이러한 LCD의 동작에 기본 원리가 되는 다양한 현상들을 자세히 논하게 될 것이다. 특히 전기장의 세기를 조절하는 TFT, 액정의 물성과 액정의 분자 구조, 빛의 성질 등이 중요하다.

1.4 디스플레이와 학문영역과의 관계

디스플레이 종류와 그 원리를 소개하는 과정에서 우리는 수많은 전문 용어들과 마주친다. 이러한 전문 용어들은 다양한 학문 영역에서 기본 원리와 그 응용을 다룰 때 나타나는 용어들이다. 우리는 여기서 디스플레이 중 가장 중요하다는 세 가지 종류, 즉 LCD, OLED, PDP와 구동 소자인 TFT의 기본 원리에 필요한 기초학문과 공학 영역을 더듬어보기로 한다.

LCD

LCD의 기본구조는 액정과 액정을 동작시키기 위한 구동장치 그리고 구동회로라고 할 수 있다. 여기서 구동장치는 TFT를 의미하며 TFT는 OLED에서도 사용된다.

그림 1.9는 LCD 연구는 물론 개발에 필요한 가장 밀접한 학문 영역을 나타낸 도표이다. 액정분자 자체를 이해하려면 크게 두 가지 방면으로 접근해야 한다. 하나는 분자 수준에서의 구조이고, 다른 하나는 액정 자체가 갖는 물리적 성질이다. 분자 수준의 구조를 이해하기 위해서는 먼저 원자의 구조와 원자와 원자의 결합 방법 그리고 이에 따른 분자의 형태 및 전자의 에너지 상태를 알아야 한다. 이러한 영역은 일반물리학과 현대물리 영역 중 원자의 구조와 에너지 상태를 설명해주는 기초 양자역학 지식이 필요하다. 아울러 일반화학 수준에

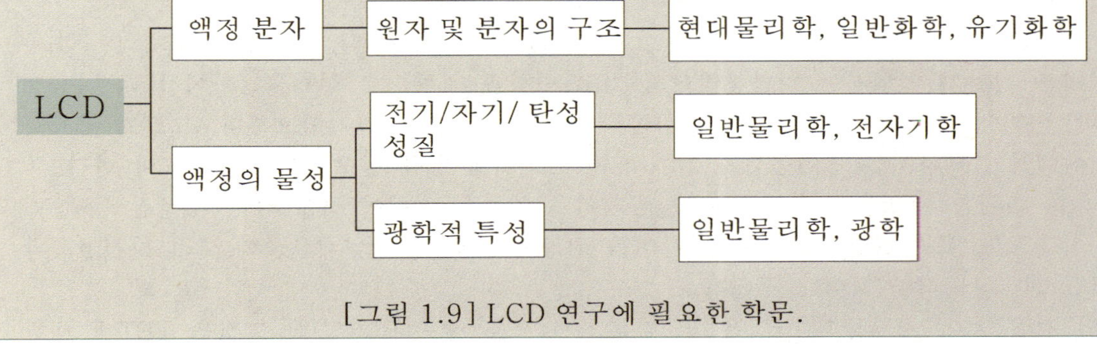

[그림 1.9] LCD 연구에 필요한 학문.

서는 분자의 결합 형태와 분자구조 그리고 전자의 궤도함수 등의 영역이 이에 속한다. 물론 유기화학 지식이 필요한데 여기에는 액정 폴리머도 포함된다.

다음으로 액정의 물성 부분 중 특히 전기와 자기적 특성은 중요하다. 액정의 전기장에 대한 회전능과 빛에 대한 투과 성질 등이 여기서부터 나오기 때문이다. 일반물리학 중 전기와 자기 영역이 여기에 포함되며 고급 수준은 전자기학에서 다루게 된다. 그리고 액정의 점성과 탄성의 성질은 일반물리 및 역학에서 다루는 영역이다. 액정의 광학적 특성은 전자기학과 광학이 어우러진 혼합된 영역이라고 할 수 있다. 광학 부분에서는 특히 편광 현상과 이에 대한 액정의 전기쌍극자 반응이 중요하다.

TFT

TFT는 능동행렬 LCD인 TFT-LCD에 반드시 필요한 구동 소자이다. 트랜지스터는 반도체 화합물로 만들어지며 그 기반은 다시 불순물 반도체와 이를 결합한 다이오드에 있다. 그리고 TFT는 다양한 소재를 층으로 쌓아 필름 형태로 만드는 소자이기 때문에 각각의 재료의 물리적 성질 등의 연구가 대단히 중요하다. 그림 1.10은 TFT의 연구와 개발은 물론 제조공정에 필요한 학문영역을 보여주고 있다.

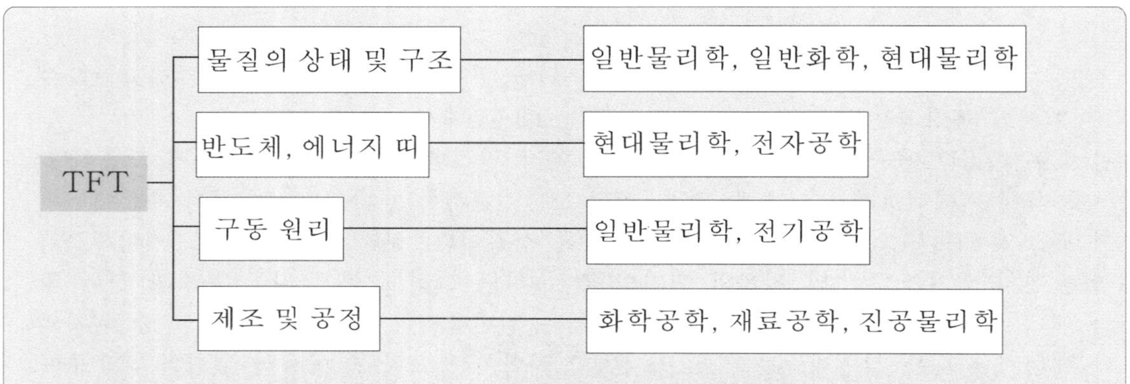

[그림 1.10] TFT 연구와 개발에 필요한 학문.

가장 중요한 부분이 반도체의 구조와 그 역할이라고 할 수 있다. 이러한 반도체의 구조와 그 원리를 익히기 위해서는 일반물리학의 기초 지식을 바탕으로 현대물리학에서 다루는 통계역학, 양자역학, 고체물리는 물론 전자공학 등의 지식이 반드시 필요하다. 그리고 구동회로를 이해하기 위해서는 전기공학과 전기/전자회로 실험 등을 필수적으로 이수해야 한다.

이러한 TFT를 제조하기 위해서는 그 공정의 다양성을 익혀야 하고 물질의 성질 등에 대하여 직접 실험으로 경험하여야 하는데 이를 위해서는 화학공학, 재료공학 그리고 진공증착을 위한 진공물리학 지식이 요구된다.

이와 같은 기초 지식들의 함양은 또 다른 중요성을 내포하고 있다. 그것은 TFT에 대한 기초를 다져 놓으면 인류의 미래에 있어 가장 중요하다는 태양전지(solar cell)의 연구 개발에 곧바로 참여할 수 있는 능력이 배양된다는 점이다.

OLED

OLED와 LED의 원리 핵심은 재료의 전자 에너지띠 구조라고 할 수 있다. 왜냐하면 전자의 에너지띠가 명확히 밝혀져야만 우리가 필요로 하는 다양한 색깔의 빛을 발하는 재료를 만들 수 있기 때문이다.

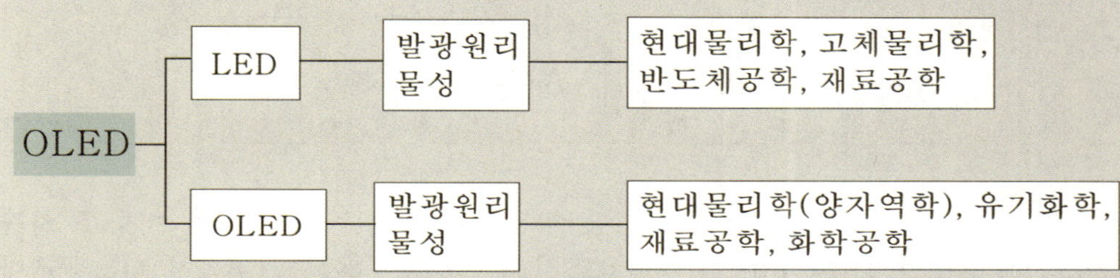

[그림 1.11] OLED 연구와 개발에 밀접한 학문.

유기성 분자나 반도체의 다양한 결합에 의한 에너지 띠 연구의 기초 지식은 현대물리학에서 나온다. 이 중 원자와 분자의 에너지 구조는 양자역학을 통하여 깊은 지식을 얻을 수 있으며 보통 석박사 과정에서 이루어진다. 물리적인 물성이나 재료 연구는 고체물리학, 화학공학이나 재료공학 영역이라고 볼 수 있다. 특히 OLED는 차기 디스플레이 영역 중 종이와 같은 구부러지는 디스플레이(flexible display)의 소재로 각광받고 있는데 다양한 소재의 개발을 위해서는 재료공학과 화학공학의 수준 높은 전문 지식이 반드시 필요하다.

PDP

PDP는 용어 그대로 플라즈마를 이용하여 빛을 발하는 형식을 취한다. 플라즈마 상태는 일상생활에서는 직접 경험하기 힘든 물질의 상태이나 우주의 99.9%는 플라즈마 상태라고 볼 수 있다. 왜냐하면 태양과 같은 별들이 모두 플라즈마 상태이기 때문이다.

이러한 플라즈마 디스플레이는 크게 두 가지로 나누어 연구되어야 한다. 하나는 플라즈마 기체 자체의 열역학적 성질을 연구하는 분야이고 다른 하나는 플라즈마 기체를 이루는 원자들의 에너지 준위 상태를 연구하는 영역이다. 모두 일반물리학의 기초 지식이 필요하다. 아울러 현대물리 중 양자역학의 수준 높은 지식은 물론 통계 및 열역학의 지식이 요구된다.

또한 가시광선을 발하는 형광체 재료의 개발이 중요한데 이에는 화학공학이나 재료공학의 지식이 필요하다. 그러나 형광 재료 역시 그 기본 원리의 지식은 현대물리학에서 나온다.

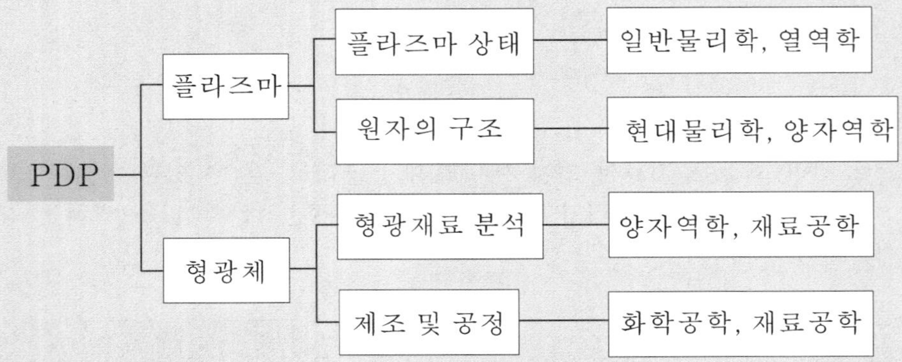

[그림 1.12] PDP 연구와 개발에 밀접한 학문.

그런데 디스플레이 기본 원리에 있어 위와 같은 학문 영역에서 가장 중요한 역할을 하는 핵심은 무엇인가? 무엇이 가장 핵심적인 기본 요소인가? 그림 1.2에서 1.8까지 디스플레이의 종류와 그 원리를 보여주는 그림들에서 공통적으로 나타나는 것은 무엇인가? 그것은 다름 아닌 전자이다.

1.5 전자와 물리적 현상

다음 그림 1.13과 1.14는 전자와 관련되어 나타나는 현상들을 지은이가 임의적으로 그려본 것이다. 어떠한 생각이 드는가? 전자의 다양한 모습이 현대 기술 산업의 주춧돌을 이루는 알파(α)요 오메가(ω)라는 생각이 들지 않는가?

전자의 이러한 다양한 속성은 원자는 물론 분자, 고분자, 반도체 등이 갖고 있는 특유의 전기적인 성질, 열에 대한 반응, 빛을 흡수하거나 방출하는 성질들이 결국 전자들의 분포와 직접 관련된다는 사실을 보여주고 있다. 그리고 이러한 전자들의 분포의 비밀은 현대물리학 중 1920년대에 일어난 양자역학이라는 학문에서 밝혀지게 되었다는 점을 강조하고 싶다.

그림 1.14는 액정분자에서 전자의 분포가 대칭적이 아니라 어느 한 곳으로 쏠리게 되었을 때 분자는 전기적인 극성을 가질 수 있음을 보여주는 그림이다. 여기서 극성이란 마치 자석처럼 외부적으로 전기가 가해졌을 때 그 전기력(정확하게는 전기장이라고 부름)에 반응할 수 있는 능력을 뜻한다. 소위 **전기쌍극자 모멘트**를 가졌다고 말한다. 이러한 분자의 극성은 나중에 배우게 되겠지만 LCD에 있어 가장 중요한 역할을 담당한다.

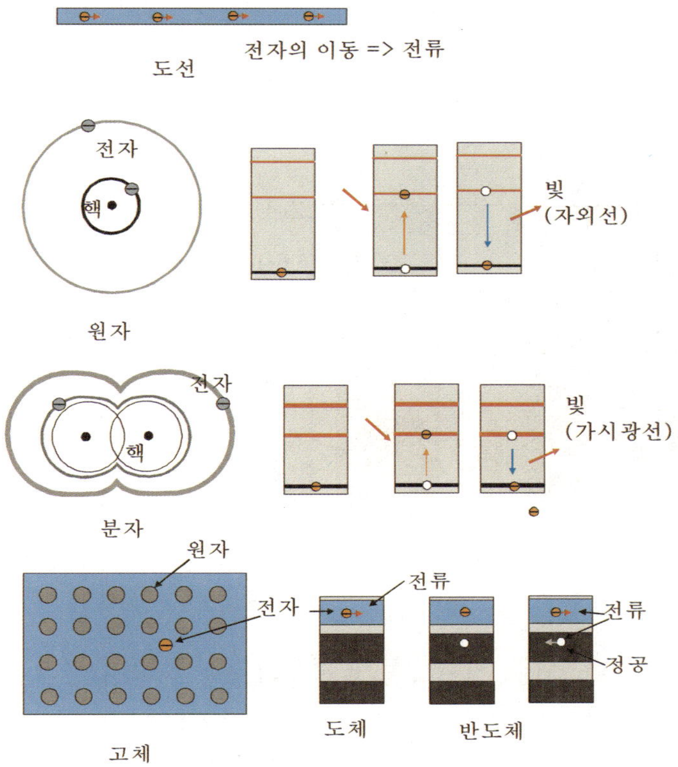

전류는 전자의 흐름이다.

원자안에 갇혀 있는 전자는 외부로부터 에너지를 받으면 더 높은 에너지 상태로 올라가며 에너지를 흡수한다. 그리고 다시 낮은 곳으로 이동하면서 빛으로 에너지를 발산한다. 이러한 원리로 자외선, 가시광선, 적외선 등의 빛이 나온다.

원자와 원자가 결합하여 분자를 이룰 때 전자가 그 역할을 담당한다. 원자에서와 비슷하게 전자의 이동에 따라 빛을 흡수하거나 방출한다.

고체는 수많은 원자로 이루어진 물질이다. 전자가 얼마나 자유스러운가에 따라 도체, 반도체, 절연체 등으로 나누어진다.

[그림 1.13] 전자의 다양한 모습과 이에 따른 현상.

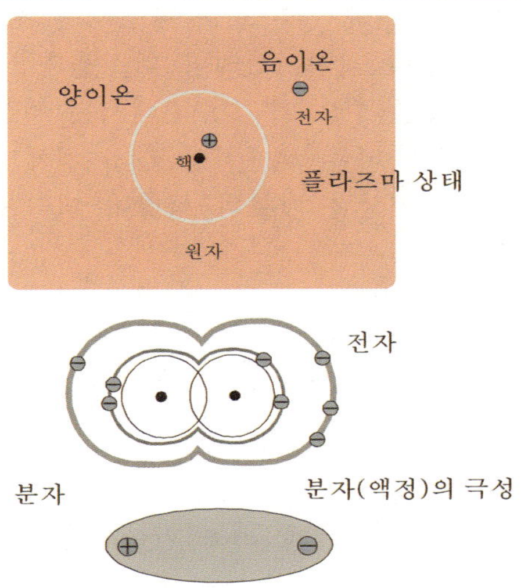

원자에서 전자가 떨어져 나가면 원자는 양이온으로 전자는 음이온으로 독립적으로 운동한다. 이렇게 이루어진 뜨거운 기체를 플라즈마 상태라고 부른다.

분자를 이루는 원자의 전자배열구조에 따라 분자의 전자 분포가 달라진다. 어느 한쪽으로 전자가 더 많이 분포하면 상대적으로 반대쪽은 양의 전하 분포가 이루어진다. 그러면 분자는 전기장에 반응하는 극성을 갖게된다.

[그림 1.14] 전자의 분포에 따른 현상.

1.6 디스플레이 산업의 현황과 미래

디스플레이 산업의 현황

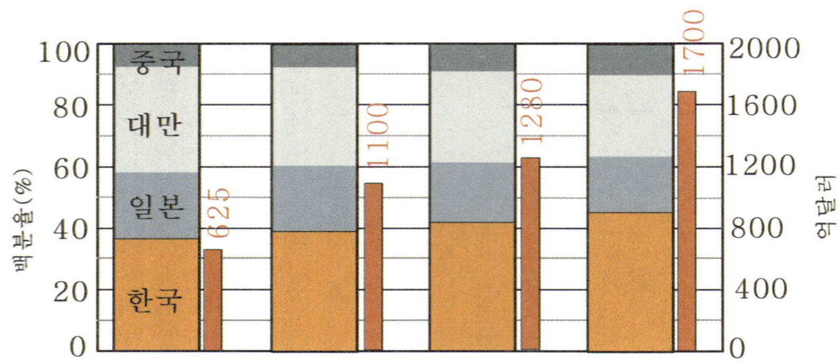

그림 [1.15] 세계 디스플레이 산업 전망과 주요생산국 예상 점유율.

그림 1.15는 디스플레이 산업의 세계적인 규모와 완성 디스플레이 제품을 생산하는 주요 국가의 예상 점유율을 보여주는 도표이다. 한국이 세계 1위의 디스플레이 모듈 생산 국가이며 그 뒤를 대만이 바짝 따라오고 있는 추세이다. 여기서 모듈(module)이란 여러 가지 부품을 조립하여 만든 완성된 단위 제품을 말한다. LCD 모듈이면 이 모듈을 갖고 컴퓨터 회사, TV 전자 회사 등에서 최종적으로 전자제품을 만들어 시장에 내놓는다. 이러한 모듈 산업에서 일본인 경우 과거 어느 나라도 따라오지 못할 경쟁력을 가지고 세계 1위를 점유하였으나 현재는 한국에 뒤처진 형편이다. 그러나 이러한 결과는 어디까지나 디스플레이 완성 제품인 모듈에 국한되는 것으로 디스플레이 개발에 필요한 주요 기술 수준에서는 일본이 한국을 앞서고 있다. 2008년도 후반기에 들어 금융 불안에 따른 세계적인 경기 침체가 시작되어 디스플레이 산업도 악영향을 받고 있으며 따라서 예상한 것보다 성장이 더디게 진행될 것으로 보인다.

현재 한국의 디스플레이 산업은 크게 삼성전자와 LG전자 등 두 대기업에 의해 주도되고 있다. 모듈 생산은 삼성전자(삼성 LCD 총괄)와 삼성SDI, LG전자와 LG디스플레이 등 4개사가 생산하여 전 세계에 판매하고 있다. 그리고 약 300여 개의 회사들이 모듈에 필요한 제품을 만들어 4개사에 납품하고 있다. 모듈에 해당되는 디스플레이 패널은 위 4개사가 세계 1위의 경쟁력을 확보하고 있다고 하여도 과언이 아니다. 장비인 경우 국산화율이 약 50% 수준에 머무르고 있으며 특히 핵심공정 장비인 경우 일본 등에 비해 기술격차가 5년 이상 뒤지는 것으로 분석되고 있다. 더욱이 디스플레이에 필요한 첨단 재료인 경우에는 더욱 열악하여 거의 수입에 의존하고 있는 형편이다. 재료의 국산화율은 40% 미만으로 분석되고 있다.

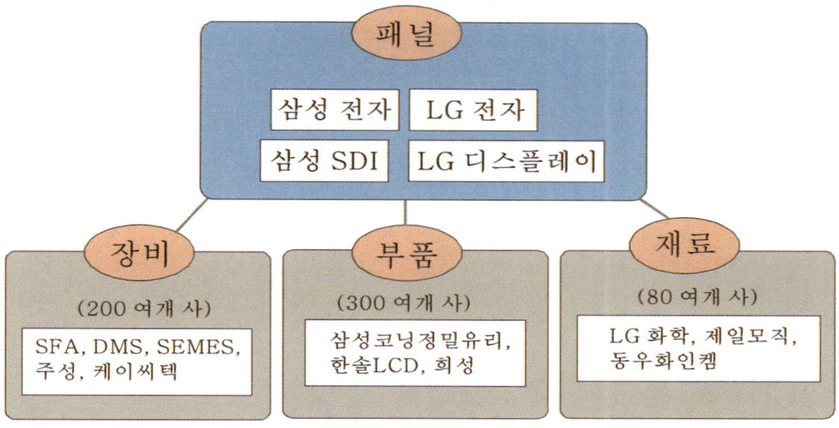

그림 [1.16] 국내 디스플레이 산업 구조.

차세대 디스플레이 산업 전망

다가올 세대의 디스플레이는 우선 인간의 감성과 호흡을 같이하는 형태로 발전할 것이다. 즉 얇고 구부러지며 휴대성을 겸비한 디스플레이로 무장하여 언제 어디서나(Ubiquitous) 인간과 함께 하며 정보를 주고받을 수 있는 역할을 담당한다는 것이다. 디스플레이공학의 궁극적 목표 역시 이 방향이어야 한다. 더욱이 디스플레이 기술 개발은 미래의 신재생 에너지 개발에도 직접 관련이 있으며 이에 대한 파급효과도 크리라 생각된다.

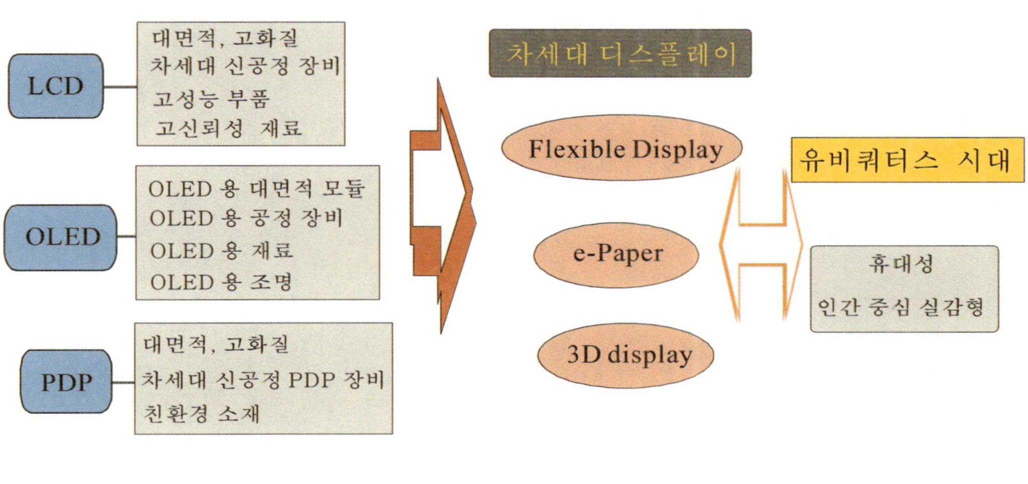

그림 [1.17] 디스플레이 산업 발전도.

현재의 디스플레이는 보기에만 치중되고 정보의 일방적 방향만 추구하여 인간의 뇌 발달에 오히려 부정적인 영향을 초래하는 면이 있다. 이는 인류가 가지고 있는 가장 값진 재산을 잃어버리는 것이라고 볼 수 있다. 따라서 미래의 디스플레이는 인간의 뇌 발달을 돕는 방향으로 나아가지 않으면 안 될 것이다. 이를 위해서는 디스플레이의 기술 개발에 국한하지 말고 인간과 같이 호흡하며 뇌 발달을 도울 수 있는 소프트웨어 개발에 더욱 많은 연구가 이루어져야 한다.

2장 | LCD 개괄

2.1 LCD의 특징

다음의 그림 2.1은 LCD 화소의 구조를 나타내는 단면도이다. 기본적으로 액정층, 전극, 편광판과 유리기판으로 이루어지고 있음을 알 수 있다. 우선 LCD가 가지는 표시 방법의 특징을 살펴보기로 하자.

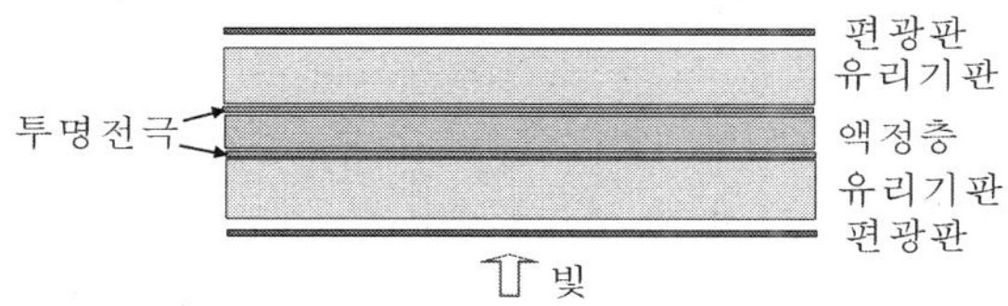

[그림 2.1] LCD 화소의 단면.

첫째, LCD는 기본적으로 광원을 두고 광원에서 나오는 빛의 세기를 두 매의 편광판을 두어 조절한다. 이때 빛은 편광판의 각도가 나란하면 통과되고 서로 수직이면 통과하지 못한다. 그림 2.2는 두 대의 편광판을 편광축이 서로 나란히 놓였을 때의 빛의 통과와 서로 수직으로 놓였을 때의 빛의 차단을 보여주는 실제적인 사진이다.

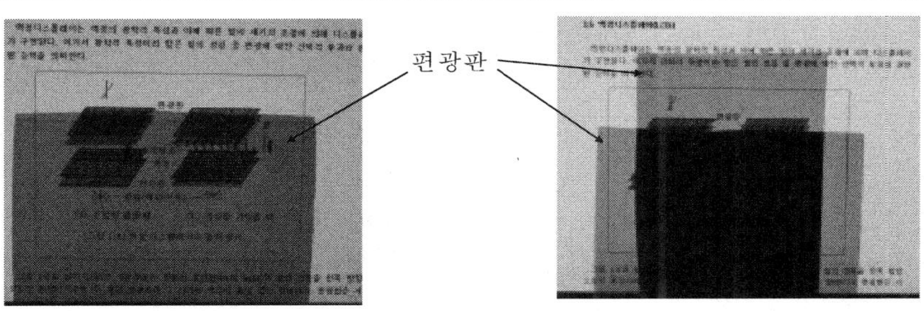

(a) 편광판이 나란히 배열된 경우 빛이 통과된 영상.

(b) 편광판이 수직으로 배열된 경우 빛이 차단된 영상.

[그림 2.2] 편광판.

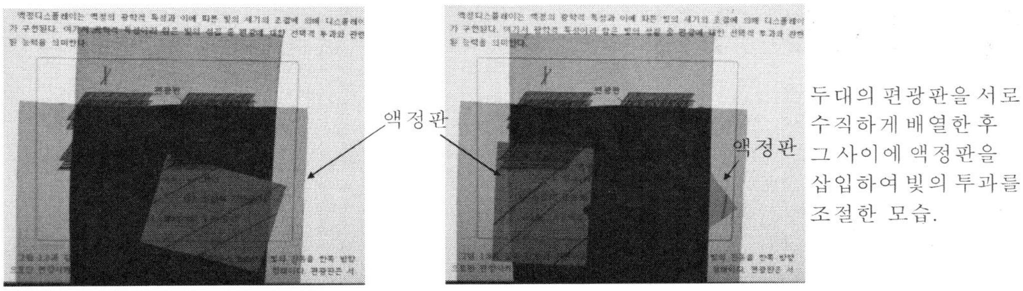

[그림 2.3] 액정과 편광판.

둘째, 2매의 편광판 사이에 액정을 주입하여 액정층을 형성시키고 액정의 정렬 방향에 따라 빛의 세기를 조절한다. 액정은 편광된 빛의 전기장과 반응하여 선택적으로 빛을 투과시키는 능력을 갖고 있다. 그림 2.3은 그림 2.2(b)에서와 같이 수직 배열한 편광판 사이에 액정판을 삽입하였을 때 빛이 투과되는 모습을 보여주는 사진이다. 편광판이 서로 수직하게 배열되어 있어 원래는 빛이 통과되지 못하는 구조이나 그 사이에 액정이 들어가 빛의 편광 방향을 바꾸어 두 번째 편광판을 통과시키는 능력을 보여주고 있다. 액정판은 얇은 두 대의 슬라이드에 액정을 일정한 방향으로 정렬시킨(rubbing이라고 부름) 필름형 판이다.

셋째, 액정을 구동하기 위한 전극은 투명 전극을 사용한다. 왜냐하면 투명하지 않으면 빛을 통과시키지 못하기 때문이다. 투명전극의 재료로는 보통 ITO(Indium Tin Oxide)가 사용된다. 액정층의 두께는 약 4-6 μm인 반면에 투명전극의 두께는 액정층의 약 10분의 1 수준이다. 이와 반면에 유리기판의 두께는 약 0.5-0.6 mm 수준으로 액정층의 두께에 비해 거의 100배 두껍다. 그러나 보통 액정층은 물론, 전극층, 컬러필터판 등을 유리기판보다 더 두껍게 그려 설명하는 것이 일반화되어 종종 오해를 불러일으키는 경우가 많다. 그림 2.4를 보라.

넷째, LCD의 성능은 액정의 전기장에 대한 반응으로 결정된다. 이러한 액정 모드(mode)는 다양하게 개발되어 있으며 각 모드의 특징에 따라 쓰임새가 달라진다.

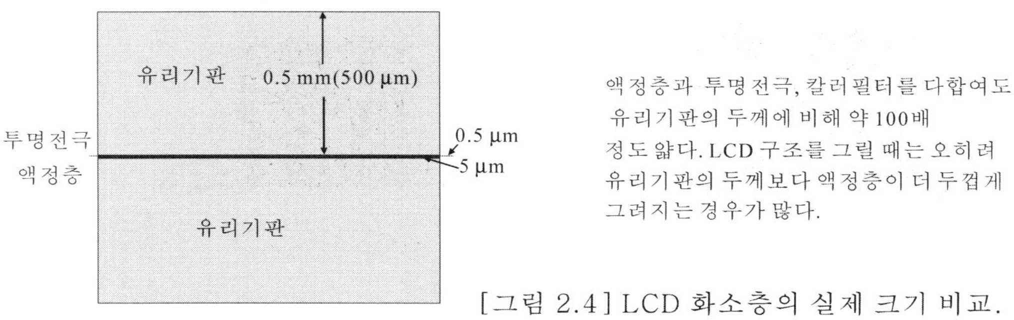

[그림 2.4] LCD 화소층의 실제 크기 비교.

2.2 LCD 분류

LCD는 다양한 종류가 존재한다. 가장 잘 알려진 것이 TFT-LCD로 컴퓨터의 LCD 모니터나 TV용 LCD에 쓰인다. 이러한 TFT-LCD를 전문 용어로 분류하면 투과형 능동행렬 방식 LCD라고 할 수 있다. 여기서 투과형이라는 것은 광원의 위치와 관련되며, 능동행렬(active matrix)이라고 하는 것은 영상 표시를 위한 정보입력 방법에 관련되는 용어이다. 다음에 소개하는 LCD의 분류는 광원, 액정 동작 그리고 액정을 구동하기 위한 전극 등 세 가지 기본 요소의 배열과 동작 형태에 따라 나누어 본 것이다.

광원에 따른 분류

LCD가 다른 종류의 디스플레이와 다른 점은 액정이 자체적으로 발광을 하는 것이 아니기 때문에 광원을 필요로 하는 것이라 하겠다. 일반적으로 광원은 형광등의 형태로 LCD 판의 뒷면에 장착이 되며 이를 후면광(backlight)이라고 부른다. 보통은 백라이트로 불리고 있다. 그러나 디스플레이 창이 크지 않은 LCD 제품-예를 들면 계산기-에는 광원을 장착하는 것보다 직접 자연광을 받아 빛의 세기를 조절하는 방식을 취하기도 한다. 이때 후면광을 사용하여 빛이 액정을 투과하는 형식의 LCD를 투과형(transmissive) LCD, 자연광을 전면에서 받아 다시 반사하는 형식을 취하여 표시하는 방식을 반사형(reflective) LCD라고 부른다. 그런데 반사형인 경우 어두운 실내에서는 그 기능이 현저히 저하되는 단점이 있다. 계산기를 사용해본 사람은 그 불편함을 알 것이다. 이러한 단점을 보완해 주는 방법이 전면에 직접 광원을 달거나 아니면 아예 후면에 광원을 달아 반사와 투과가 동시에 일어나도록 하는 것이다. 이렇게 반사와 투과에 의해 작동되는 LCD를 반사투과형(transflective)이라고 부른다. 그림 2.5는 투과형, 반사형 그리고 반사투과형의 구조를 간단히 스케치한 모습이다.

반사형인 경우 백라이트가 필요 없어 소비전력이 낮은 것이 큰 장점이다. 실외에서 태양광을 사용하기 때문에 비교적 보기가 좋아 계산기는 물론 휴대전화 등 휴대성(mobile) 정보기기에 많이 쓰이는 형태이다. 그러나 투과형에 비해 화질은 좋지 않다. 휴대전화인 경우 점차 컬러화가 중요시되고 다양한 콘텐츠가 도입됨으로 인하여 반사형으로는 그 기능을

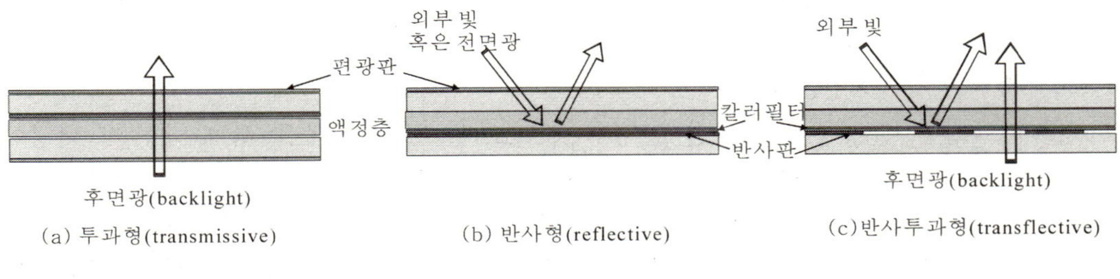

[그림 2.5] LCD 광원에 따른 분류.

감당하기가 어려워졌다. 이를 해소한 것이 화소에 반사와 투과가 가능하도록 한 반사투과형이다. 현재에는 휴대전화에 카메라까지 부착되어 투과형을 취하는 경우도 많으나 소비전력이 큰 것이 큰 단점이다. 다음의 표는 세 가지 광원 형태에 대한 장단점을 비교한 표이다.

<표 2.1> 광원 형태에 따른 LCD의 특성 비교. 상대적으로 1이 가장 우수한 경우이다.

	소비 전력	실 외	실 내
반사형	1	1	3
반사투과형	2	2	2
투과형	3	3	1

액정 반응에 따른 분류

액정은 전압이 공급되면 전기장과 상호작용을 일으켜 반응을 하게 된다. 여기서 상호작용은 액정이 갖고 있는 전기쌍극자와 외부의 전기장과의 전기적 힘의 반응을 뜻한다. 이때 액정은 전기쌍극자가 전기장에 대하여 같은 방향으로 움직이려는 영향에 따라 그 방향을 바꾸게 된다. LCD에 있어 빛의 조절은 액정의 이러한 전기장과의 반응과 액정이 갖고 있는 전기적 유전율에 의해 이루어진다.

이제 액정분자가 전극 사이에 놓여 있는 경우를 생각하자. 이때 액정의 전기 쌍극자는 전기장의 영향으로 돌림힘(토크; torque)을 받게 되는데 그림 2.6에서 보는 것처럼 전압(전기장)을 가하면 극성기의 양(+)의 부분은 전극의 음(-)극으로 향하며 극성기의 음(-)의 부분은 양극으로 끌리게 된다. 시아노기인 경우 극성기는 액정분자와 평행하게 이루어져 있기 때문에, 전기장이 존재하게 되면 액정분자 전체가 전기장과 나란하게 배열하게 된다. 이를 유전이방성이 양(+)이라고 한다. 여기서 유전이방성은 액정분자의 장축방향의 유전율($\epsilon_{\parallel}$)과 단축방향의 유전율($\epsilon_{\perp}$)의 차이를 말한다.

이와 반면에 에스테르기는 그림 2.7에서 보듯이 액정분자에 대하여 수직으로 되어 있다. 이러한 에스테르기가 전기장에 나란히 배열되면 액정분자 전체는 전기장과 수직하게 정렬된다. 이러한 경우를 유전이방성이 음(-)이라고 한다. 유전율(permittivity; ϵ)이라고 하는 것은 물질에 전기장을 가할 경우 어느 정도로 응답하는가에 대한 척도이다. 자유공간에서는 $\epsilon_0 = 8.85 \times 10^{-12}\, C^2/N \cdot m^2$ 이다.

이와 같이 액정은 전기장에 놓이면 돌림힘(torque)을 받아 운동을 하게 되는데 액정이 전기장에 대한 반응을 고려하여 액정을 다양한 방법으로 정렬(alignment)을 시킨다. 특히 LCD에는 액정 중 네마틱(nematic) 액정이 가장 많이 사용되어 네마틱이라는 용어가 자주 등장한다. 이러한 네마틱 액정의 정렬과 전기장과의 관계에 따라 다음과 같은 액정 모드들이 사용되고 있다.

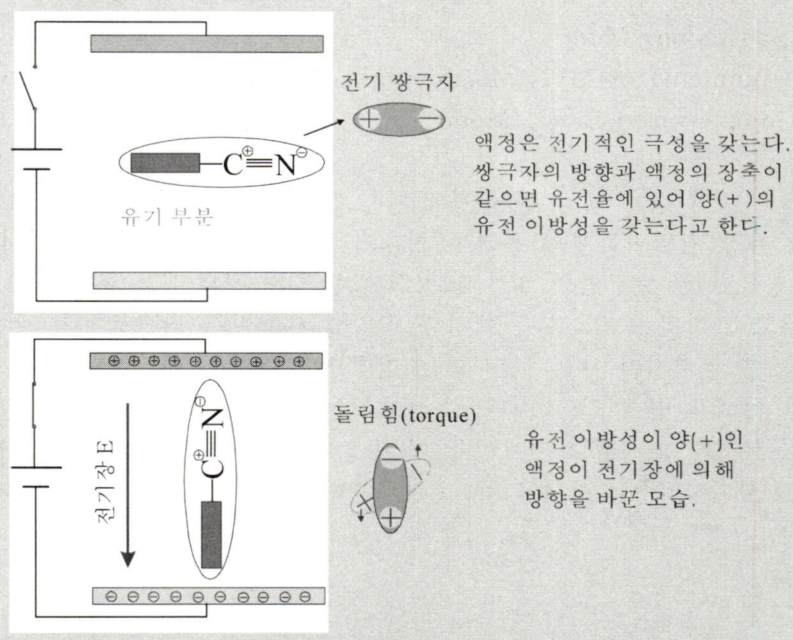

[그림 2.6] 액정과 전기 쌍극자.

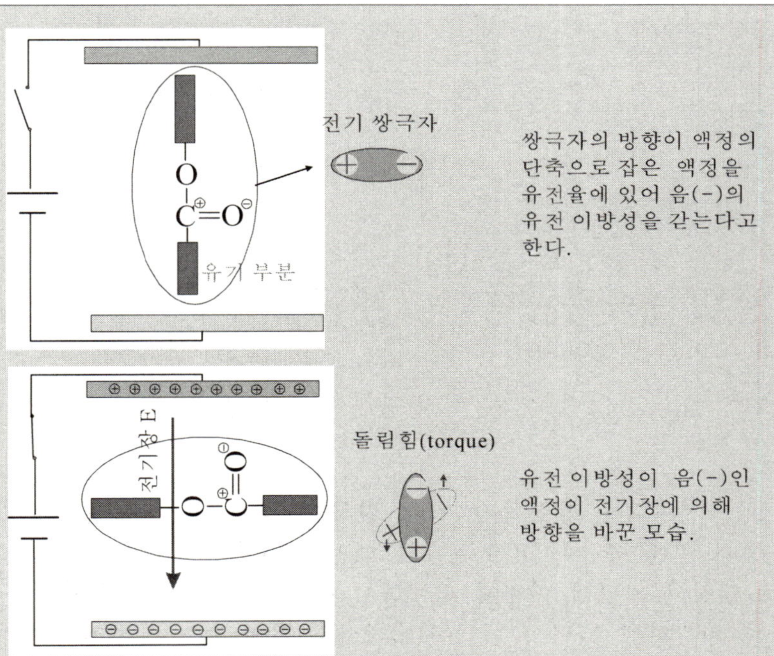

[그림 2.7] 액정과 전기장.

TN(Twisted Nematic), STN(Super TN) Mode
IPS(In Plane Switching) Mode
VA(Vertical Alignment) or MVA(Multidomain Vertical Alignment) Mode
OCB(Optical Compensated Bend) Mode

그리고 그림 2.8은 위와 같은 액정 정렬 형태들의 모습을 간단하게 나타낸 그림이다.

TN형은 현재 가장 광범위하게 사용되는 형태이다. 그림 1.8에서 보는 것처럼 액정층의 위와 아래에 액정을 서로 90° 만큼 비틀게 정렬시켜 놓은 형태이다. 우리나라 말로는 비틀림 네마틱형이라고 표현될 수 있겠다. 액정층 양면에 대하여 수직으로 전기장을 가하여 액정을 구동시켜 빛을 통과시키거나 차단시키는 방법으로 영상을 제어한다. 그림 1.8과, 그림 2.6, 2.7을 보면 이해가 쉽게 갈 것이다. 그러나 TN 방식은 중요한 결점이 있는데 그것은 영상이 선명하지 못함과 옆에서 바라보았을 때 영상이 흐려진다는 점이다. 이러한 시야각의 결점을 어느 정도 보완시켜주는 방법이 비틀림을 270도까지 확장시킨 STN(Super TN)형이다.

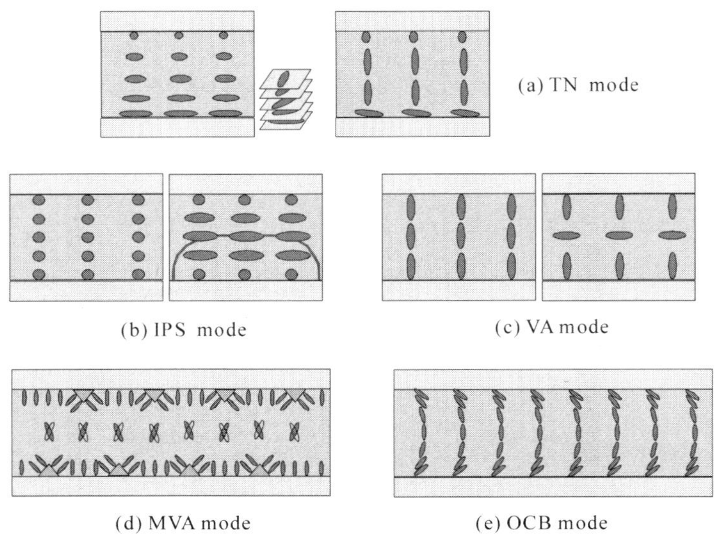

[그림 2.8] 액정 정렬에 따른 형태.

TN형이 갖고 있는 시야각을 개선하기 위해 다양한 액정 구동 방법들이 개발되었는데 IPS, MVA, OCB 등이 이에 속한다. IPS 형태는 액정층 기판에 전극을 설치하고 이에 따른 전기장의 영향으로 액정이 기판에 대하여 평행하게 반응하도록 한 것이다. 즉 전압을 가하여 전기장이 기판과 나란하게 되면 그림 2.8(b)에서와 같이 액정이 돌림힘을 받아 기판에 정렬되도록 한 것이다. 시야각이 넓어지는 효과를 본다. VA는 말 그대로 액정을 기판에 대하여 수직하게 배열시킨 형태이다. 전기장이 가해지면 액정이 수직에서 수평으로 반응하도록 되어 있다. 이러한 VA 형에서는 그림 2.7에서 보는 것과 같이 유전이방성이 음인 액정 재료를 사용한다. 그리고 시야각을 더 높이기 위해 각 화소의 중간에 삼각형 형태의 구조물을 설치하여 액정을 정렬시키는 방법이 다중영역(multidomain) VA이다.

OCB는 액정의 응답 속도를 개선시키기 위해 고안된 형태이다. 액정층 양 기판에 액정의 방향(방향자; director)을 같은 방향으로 정렬시킨 형태를 갖는다. 전기장이 가해지면 그림 2.8(e)와 같이 경계면을 제외하고 거의 수직 방향으로 정렬이 된다. 이러한 정렬은 전압 제거 시 빠르게 반응하며 원래 방향을 찾아가기 때문에 응답 시간이 빠른 장점을 지닌다. 이러한 액정 셀을 π 셀이라고 부르며 광학적으로 보상을 시켜주는 필름을 조립한 형태를 OCB라고 한다.

구동 방법에 따른 분류

LCD는 물론 대부분의 디스플레이는 아주 많은 작은 화소로 구성되어 있다. 이러한 화소들은 가로줄(row)과 세로줄(column)이 엮어 만들어진 행렬의 모습과 같다. 그리고 가로줄과 세로줄은 전기적 신호에 의해 정보를 실어 나르는 전극에 해당된다. 그림 2.9를 보면 이에 해당되는 것들이 데이터선과 주사선 혹은 게이트 선이라는 것을 알 수 있다. 전기 신호들은 시간에 따라 각각의 데이터선과 주사선에 전달되고 이로 인해 특정 화소에 전압이 걸리게 된다.

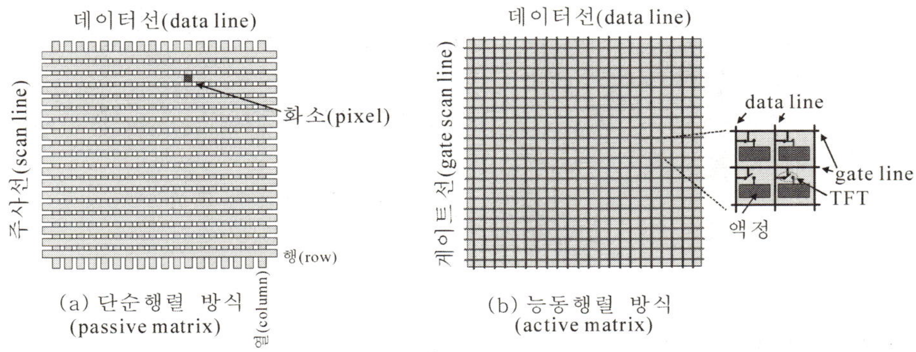

[그림 2.9] LCD의 구동 방법.

그런데 각 화소에 전압을 걸어주는 방법에 있어 두 가지가 존재하는데 하나는 단순행렬(passive matrix; 보통 수동행렬이라고 부름) 방법이고 다른 하나는 능동행렬(active matrix) 방식이다. 그림 2.9(a)가 단순행렬 방식에 의한 구동 형태를 보여주는 그림이다. 그림 2.1에서 액정층 위에 있는 투명전극이 데이터선, 아래쪽에 있는 투명전극이 주사선이라고 보면 이해가 쉽게 갈 것이다. 이러한 방식에 의하면 데이터선과 주사선의 교점에 해당되는 한 화소에 전압이 걸려 액정이 전기장에 반응하는 형식을 취한다. 그림 2.9(a)에서 화소라고 지목한 곳을 쳐다보자. 이곳은 12번 데이터선과 3번 주사선이 만나는 곳이다. 만약 12번 데이터선에 5 V의 전압을, 3번 주사선에 -2 V의 전압을 걸면 이 화소에는 상하로 7 V의 전압이 걸리게 된다. TN 모드에 있어서 7 V에 의해 액정이 상하로 배열된다고 하면 빛은 완전히 차단되어 이 화소는 검정색으로 표현될 것이다.

능동행렬 방식은 각 화소에 독립적으로 신호를 전달하는 방식이다. 이를 위해 각 화소에는 TFT가 설치된다. 이러한 TFT-LCD의 능동적 기능에 대비되는 의미로 수동형(passive)이라는 용어가 나오게 된 것이다. 오늘날 고선명도(high definition)를 추구하는 디스플레이 산업 특성상 LCD의 대부분은 이러한 능동형 TFT-LCD가 주류를 이루고 있다. 지금까지 논의한 LCD의 다양한 분류를 정리한 것이 그림 2.10이다.

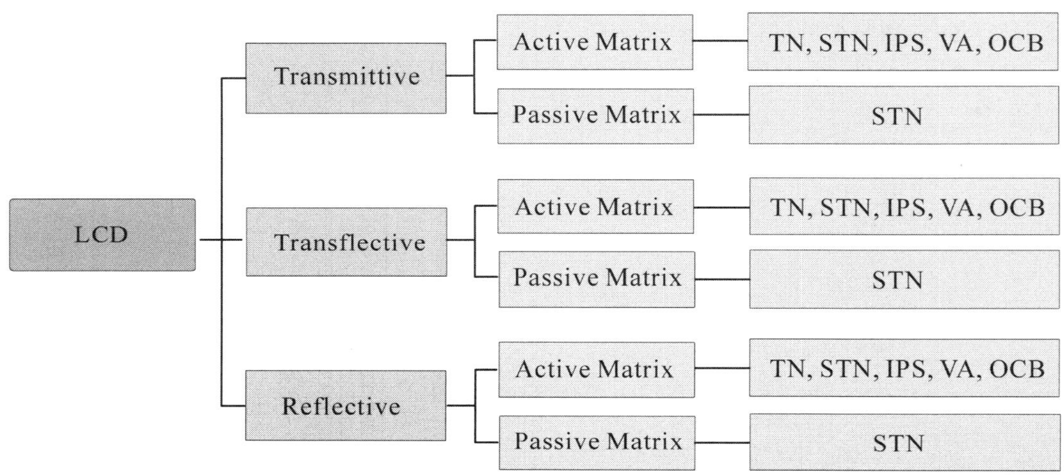

[그림 2.10] LCD의 기능적 분류.

2.3 고정표시 LCD

위에서 언급한 LCD의 분류는 주로 TV, 컴퓨터 모니터, 휴대전화 표시에 쓰이는 LCD를 기준으로 한 것이다. 그러나 보다 일찍 LCD가 응용된 사례는 개인용 계산기, 디지털시계의 표시장치 등에 사용된 고정표시 LCD이다. 이러한 고정표시 LCD는 지금도 탁상시계, 전자레인지, 전화기, 전기밥솥 등등의 표시창에 광범위하게 사용되고 있다. 여기서 고정표시라는 것은 앞에서 언급한 행렬의 점(화소)들에 의한 구동이 아니라 정해진 몇 개의 표시 영역만을 만들어 글자나 간단한 그림을 구현하는 방식을 말한다. 그리고 정해진 몇 개의 영역은 보통 7가지 단위로 나누는데 이를 7분할(segment) 표시라고 한다. 그림 2.11을 보라. 숫자

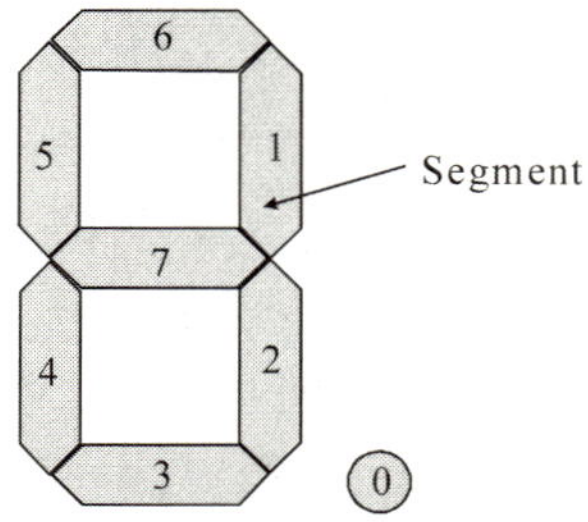

[그림 2.11] 7 세그멘트와 소숫점 표시 숫자.

로 표시된 영역을 세그멘트(segment)라고 부르며 숫자를 표시할 때 소수점도 필요하여 다시 하나의 영역을 추가한 관계로 사실상 8 segment로 구성된다.

이러한 고정된 세그멘트를 구동하는 데는 두 가지 방법이 사용된다. 하나는 정적구동(static driving) 방식이고 다른 하나는 동적구동(dynamic driving) 방식이다. 앞에서 LCD를 분류할 때(그림 2.10) 기준이 된 것은 동적구동 방식이다. 그리고 이러한 고정표시에 사용되는 LCD 모드는 TN형이 대부분이다.

정적구동 방식

그림 2.12를 보자. 정적구동 방식은 각각의 세그멘트에 전압을 가해주는 방법으로 액정을 구동시켜 표시를 하는 방법이다. 이러한 구동 방식은 각각의 세그멘트 사이에 서로 영향을 주지 않고 또한 충분한 표시 시간을 줄 수 있어 비교적 선명한 화면을 얻을 수 있다. 이와 반면에 세그멘트 숫자가 많아지면 많아질수록 전극 배선 수가 늘어나 제어하는 데 어려움이 따른다.

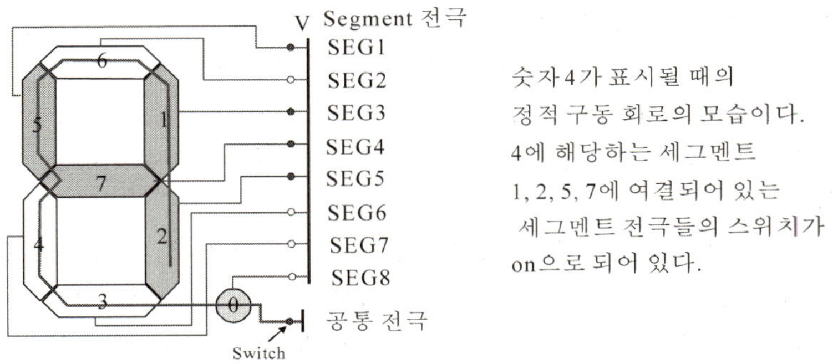

[그림 2.12] 정적구동 방식의 배선 구조.

동적구동 방식

현재는 정적구동 방식보다는 대부분 동적구동 방식을 채택하고 있는 추세이다. 그림 2.13은 공통전극(common electrode) 4개로 이루어진 1/4 듀티(duty) 분할 방식의 동적구동 배선을 보여주는 그림이다. 그림에서 공통전극 중 COM1은 세그멘트 {6, 5}에, COM2는 세그멘트 {1, 7}에, COM3은 세그멘트 {2, 4}에, COM4는 세그멘트 {3, 0}에 각각 배선되어 있다. 세그멘트 쪽에는 공통(COM) 쪽의 4분할을 1세트로 이루어지도록 배선을 한다. 예를 들면 그림 2.13에 제시된 구동은 SEG1은 {5, 7, 4, 3}에 SEG2는 {6, 1, 2, 0}에 배선된 경우이다. 숫자 4를 표시하기 위해서는 (1, 2)번의 세그멘트에 연결된 COM2와 COM3를 동시에 열림(on)으로 제어시키고 SEG1의 스위치를 열림으로 만든다. 마찬가지로 (5, 7)의 세그멘트는 COM1, COM2를 열림으로 동기화시키고 SEG2를 열림으로 제어시키면 된다.

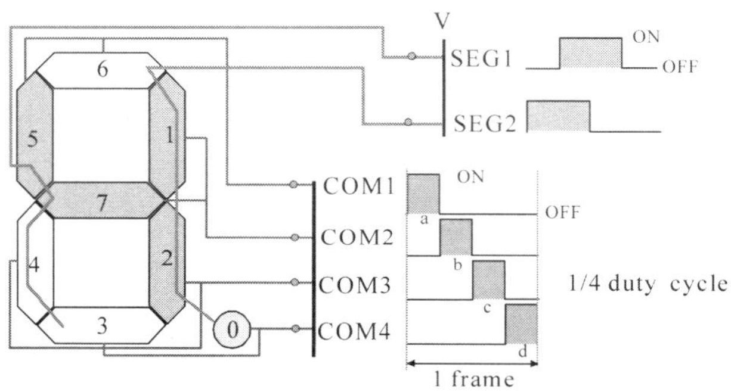

[그림 2.13] 동적구동 방식의 배선 구조.

이렇게 COM1에서부터 COM4의 스위치를 순차적으로(abcd) 열림으로 하고, 세그멘트 쪽 역시 같은 식으로 제어를 한다. 이렇게 하여 숫자 4를 구성하는 세그멘트들(1, 2, 5, 7)은 공통전극과 세그멘트 전극의 스위치들이 동기간에 열림으로 작동하는 동안 표시된다. 이러한 동적구동에서 공통전극의 제어가 한 번의 순차가 이루어지는 시간을 1프레임(frame)이라고 부르며 반복되는 진동수(frequency; 주파수)를 프레임 진동수라고 한다. 이러한 공통전극의 역할을 보면 사실상 주사(scan)하는 모습과 같으며 이러한 이유로 행렬 방식의 구동회로에서는 주사(scan)전극이라고 부른다.

소수점이 포함된 네 자리 숫자(예를 들면 123.4)를 표시하기 위해서는 정적구동 방식인 경우 세그멘트 전극 32개와 공통전극 1개 등 33개의 전극 단자가 필요하다. 이와 반면에 동적구동 방식에서는 8개의 세그멘트 전극과 4개의 공통전극 등 12개의 단자로 배선이 가능하다(1/4 듀티 사이클인 경우이다).

이러한 세그멘트 방식의 LCD는 주위에서 어렵지 않게 구하여 분해해 볼 수 있다. 그림 2.14는 시간과 날짜를 표시하는 LCD 제품을 분해하여 찍은 사진이다. 주로 LCD 기판, 구동회로가 포함된 제어기판과 고무 커넥터로 구성된 것을 알 수 있다. 그림에서 보듯이 고무 커넥터를 LCD와 제어기판에 연결하면 디스플레이가 작동되는 것을 볼 수 있다.

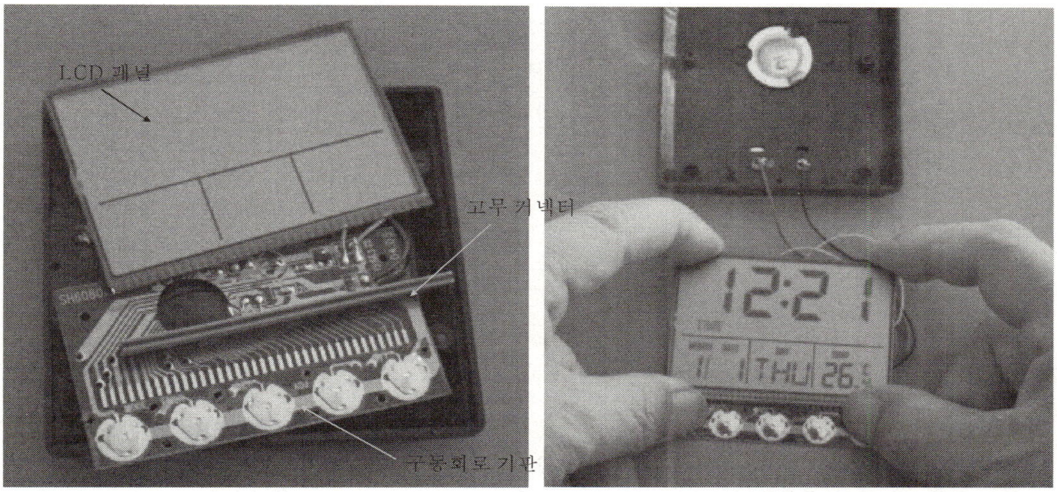

(a) 고무 커넥터를 연결하기 전의 모습. (b) 고무 커넥터를 연결한 후 디스플레이 된 모습.

[그림 2.14] 고정표시 LCD와 동작 모습.

2.4 디스플레이 규격

디스플레이의 제품 사양을 보다보면 해상도, full HD 등의 용어를 자주 접하게 된다. 이러한 용어는 행렬에 의한 화소 수와 직접 관계가 있다. 표 2.2는 이러한 화소 수에 의한 디스플레이 규격 표시 그리고 화면의 비율 등을 정리한 것이다. TV에 있어 화소 수가 1920×1080이면 보통 full HD(High Definition)라 하여 완전 고선명도를 의미한다. 그런데 HD를 고정세(高精細)라고 부르는 경우가 허다한데 이 역시 일본식 한자 용어에서 따온 것으로 우리나라 말로는 적합하지 않다. definition은 선명도로 불러야 한다.

2009년도 1/2월의 삼성전자와 LG전자의 제품안내서를 보면 LCD TV인 경우 70인치(178 cm)에 백라이트를 LED로 사용한 제품까지 나오고 있다는 것을 알 수 있다. 보통 40인치에서 70인치 사이의 대면적 TV인 경우 화소수가 1920×1080인 Full HD를 채택하고 있다. 그리고 응답속도는 2-5 ms, 밝기는 500-550 Cd/m^2 정도이다.

<표 2.2> 디스플레이 규격표.

	규격 명칭	화소수			화면 비율
		H(수평)	V(수직)	화소수(만)	
PC	VGA(Video Graphics Array)	640	480	31	4 : 3
	SVGA(Super VGA)	800	600	48	4 : 3
	XGA(eXtended Graphics Array)	1024	768	79	4 : 3
	SXGA(Super XGA)	1280	1024	131	5 : 4
	SXGA+	1400	1050	147	4 : 3
	UXGA(Ultra XGA)	1600	1200	192	4 : 3
	QXGA(Quadruplet XGA)	2048	1563	315	4 : 3
	QSXGA(Quadruplet SXGA)	2560	2048	524	5 : 4
	QUXGA(Quadruplet UXGA)	3200	2400	768	4 :3
와이드 PC	Wide VGA	800	480	38	16 : 9.6
	Wide XGA	1280	768	98	16 : 9.6
	Wide UXGA	1920	1200	230	16 : 10
	Wide QUXGA	3840	2400	922	16 : 10
TV	480i(interace)/480p(progressive)	720	480	35	3 : 2
	720p	1280	720	92	16 : 9
	1080i/1080p	1920	1080	207	16 : 9
휴대전화	QCIF(Quarter Common Inteface Format, CIF(352×288)의 1/4)	176	144	2.5	11 : 9
	QCIF+(HD CIF)	220	176	3.9	5 : 4
	QVGA(Quarter VGA)	320	240	7.7	4 : 3

3장 | TFT-LCD

LCD에서 가장 많이 채택되어 사용되는 종류가 능동형 행렬 방식인 TFT-LCD이다. TFT-LCD는 그림 2.9(b)에서 보았듯이 각 화소에 독립적으로 구동소자인 TFT가 배열되어 액정을 제어하는 방법을 취한다. 본 장에서는 이러한 TFT-LCD의 구조와 디스플레이 구현 방식을 알아보기로 한다.

3.1 TFT-LCD 구조

그림 3.1은 시중에서 시판되었던 15인치 TFT-LCD 모니터를 분해하여 LCD 모듈과 구동회로 기판을 찍은 사진이다.

(a) LCD 모듈
(AA150XA03; MITSUBISHI)

(b) LCD 구동회로 기판

(c) LCD 모니터(15인치)

그림 [3.1] TFT-LCD 모듈과 구동회로기판.

LCD 모듈에 장착되어 있는 후면광(back light; 백라이트라고 부르기로 한다) 중 하나는 보기를 위하여 밖으로 꺼내 놓았다. LCD 모듈은 일본 미쯔비시사의 15인치 모듈(AA150XA03)이다. 이러한 LCD 모듈은 시중 전자상가 등에서 구입할 수 있다.

LCD 모듈은 다시 액정이 포함된 LCD판(panel)과 광원이 들어 있는 백라이트판(back light unit; BLU)으로 나눌 수 있다. 그림 3.2는 LCD 모듈의 다층 구조를 보여주는 그림이다. 백라이트로는 주로 형광등 형태인 CCFL(Cold Cathode Fluorescent Lamp; 냉음극형광램프)이 쓰이며 그림 3.1에 보이는 것 역시 CCFL이다. 그러나 최근(2009년도) 들어서는 백라이트가 LED로 대체되고 있으며 시중에서도 이미 LED 대면적 TV LCD가 선보이고 있다. LED 백라이트는 소비전력을 줄일 수 있고 두께를 줄일 수 있는 장점을 지닌다.

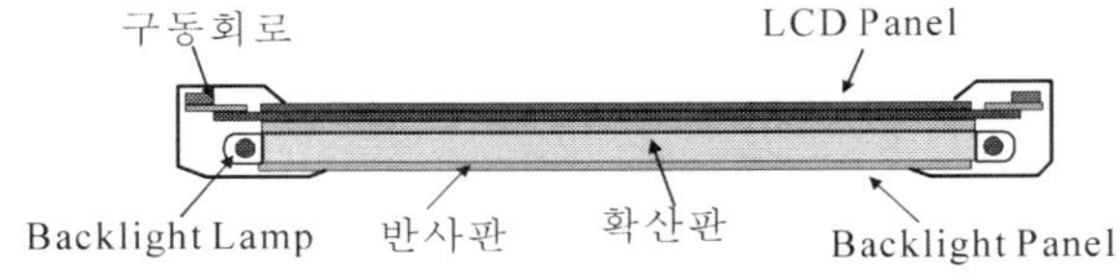

그림 [3.2] TFT-LCD 모듈의 구조.

그림 3.3은 액정층이 포함되어 있는 LCD판(panel)의 일반적인 구조를 나타낸다. 여기에서는 구조를 이해하기 쉽도록 판을 구성하는 각각의 성분들을 분리하여 그려 넣었다. 또한 그림 3.11을 보라.

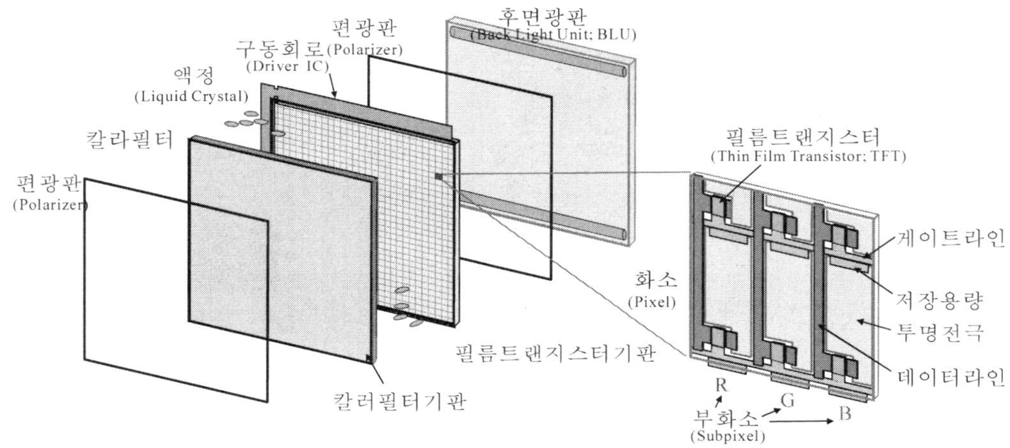

그림 [3.3] TFT-LCD panel 구조.

이 그림에서 보는 것처럼 LCD 패널은 TFT 기판과 컬러필터(Color Filter; 이후 CF로 표기하기도 한다) 기판이 일정한 간격으로 유지되며 그 사이에 액정이 주입되어 있다. 이 기판 위에 투명전극인 ITO(Indium Tin Oxide)를 증착시켜 공통전극 역할이 되게 한다. 이러한 이유로 CF 기판을 종종 공통전극 기판이라고 부른다.

액정층

액정 셀들은 내부 액정 분자들의 방향자(director; 액정분자들의 순 벡터방 향)가 공통전극 기판과 TFT 기판 사이에서 90° 틀어져 있는 TN 형태이다. 그리고 액정층의 두께는 대략 4－6μm이다. 액정은 유리 기판 표면에 고정되어 있으며 액정 분자들이 적절한 방향을 향하도록 배열되어 있다. 이렇게 고정된 방향을 갖도록 하기 위해 유리기판을 폴리이미드(polyimide) 막과 같은 유기성의 얇은 막으로 코팅한 뒤 이 얇은 막의 표면을 특정 방향을 따라 직물 천으로 문지른다. 이를 정렬층(alignment layer)이라 한다. 두께는 0.1μm 이하이다. 이러한 액정층은 사실상 축전기의 구조와 같기 때문에 필연적으로 전기용량(capacitance)이 발생하게 되는데 이를 **액정용량**(C_{LC})이라고 한다.

TFT 기판

TFT 기판은 두 종류 이상의 금속층, 절연층, 비정질 실리콘층, 투명전극인 ITO(indium tin oxide) 등이 유리 기판에 얇은 막(thin film)형태로 증착되어 층을 이룬다. 그리고 이를 가공하여 제작된 TFT, 저장 축전기(Storage Capacitor; 이러한 축전기에 의한 전기용량을 저장용량이라고 하며 C_{st}로 표기한다), 화소전극 등이 단위 소자를 이룬다. 이러한 단위 소자가 각각의 개별화소를 형성하게 되며 이들 화소는 행렬 형태로 금속 신호 배선(데이터 선과 게이트선)으로 서로 연결되고 각 신호 배선 끝에는 구동회로(driver IC)의 구동신호를 공급해주는 필름형태의 bonding pad가 설치되어 있다.

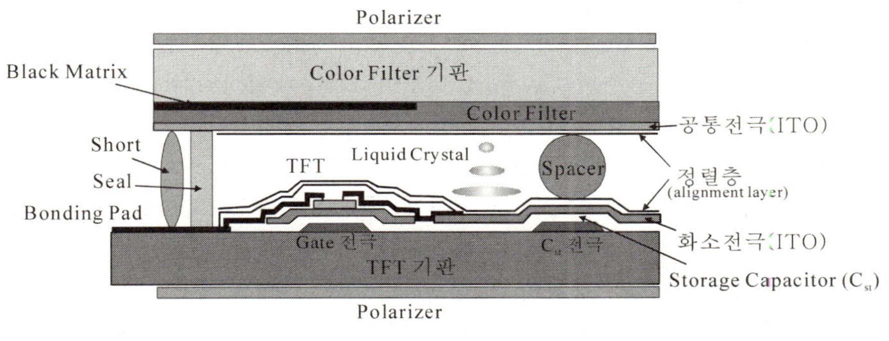

그림 [3.4] TFT-LCD panel 단면도.

TFT는 액정 cell을 구동하는 스위칭 소자로 데이터 신호 배선으로 공급된 전압을 화소 전극에 전달하는 역할을 한다. 화소 전극은 투명한 전도성(transparent conductor) 물질인 ITO를 얇은 막 형태로 만들어 지며 TFT **배수(drain)** 전극에 연결되어 데이터 전압이 공급되도록 되어 있다. 이러한 화소 전극과 CF 기판의 공통전극에 전압이 가해지면 그 사이의 액정 분자의 배열이 제어되면서 화소의 빛 투과율이 조절된다. 저장 전기용량은 화소 전극의 일부분이 **게이트(gate)** 배선 혹은 별도로 설치된 저장용량 전극과 층간 절연물을 매개로 중첩된 형태로 형성되며 화소 전압을 일정하게 유지시켜주는 역할을 한다. 공통 전극은 CF 기판 앞면에 증착된 ITO가 담당하며 모든 액정 cell의 공통적인 대향 전극으로 작용한다.

컬러필터(CF) 기판

CF 기판은 TFT 기판에서 사용하는 동일한 재질의 유리기판에 별도의 제조공정으로 만들어 진다. 유리기판에 화소(pixel)와 화소 사이의 빛 투과를 차단하는 이른바 black matrix(BM)를 얇은 Cr 막으로 형성하고 RGB(Red, Green, Blue) CF가 각각의 화소 영역에 일치하도록 설계 된다(그림 3.3의 오른쪽 그림을 보라). BM은 각각의 화소를 광학적으로 분리하며 화소전극과 화소전극 사이의 제어되지 않는 액정 층을 통과하는 빛을 차단하는 역할을 한다. 이로써 LCD 패널의 명암비(contrast ratio)가 향상된다. 또한 BM은 TFT를 주변광으로부터 차단하여 TFT의 광유도 누설전류(photo-induced leakage current)를 억제하는 역할도 담당한다. 공통 전극으로 사용되는 ITO의 얇은 막은 화소별 구분 없이 CF 기판의 앞면에 증착된다. 이와 같이 서로 다른 제조 공정에서 제작된 두장의 기판은 각각의 기판에 액정분자를 일정 방향으로 배열시키기 위한 정렬층(alignment layer)을 형성시키다. 그리고 간극자(spacer)를 이용하여 두 기판 사이의 간격(gap)이 일정하게 유지되도록 하고 그 사이에 액정을 주입한다. 최종적으로, 자외선을 쪼이면 굳어지는 폴리머수지로 밀봉(sealing)한다.

편광판은 이렇게 제작된 TFT 기판과 CF 기판의 양측에 부착된다. TFT 기판과 CF 기판에 사용되는 유리는 0.5-0.7 mm 두께의 alkali-free glass이며, 열과 화학물질에 대한 내성이 강하고 표면 평탄도가 우수한 Corning 7059, 1737과 같은 특수유리를 사용한다.

간극자(Spacer)는 약 4-6μm 정도 두께의 silica 또는 resin으로 만들어진 공꼴 입자이며 두 장의 기판 사이에 형성되는 간격을 일정하게 유지시켜주는 역할을 한다. **쇼트(short)**는 전도성 silver paste 등이 사용되며 TFT 배열 기판의 공통전극의 공급 전압 단자와 CF 기판의 공통전극 사이의 전기적인 접촉을 형성한다. 이로 인하여 TFT 기판을 통하여 CF 기판의 공통전극에 전압이 공급될 수 있게 된다. **밀봉**패턴(seal pattern)은 패널의 화소로 구성된 표시화면 주변에 위치하며 TFT 배열 기판과 CF 기판을 고정하는 접착제 역할을 한다. 액정이 두 기판 사이에 보존되도록 하며 액정이 주입될 수 있도록 한 쪽이 열린 주머니 형태로 되어 있다. 최종 밀봉(End Seal)은 액정 주입 후 자외선(UV) 경화 재료(자외선이 닿으면 굳어지는 물질)를 이용하여 액정 주입구를 차단시켜 액정이 외부로 흘러나오지 못하도록 한다.

구동회로 단위는 패널을 구동시키기 위한 LCD driver IC(LDI)와 각종 회로소자가 부착된 PCB(Printed Circuit Board)로 구성된다.

BLU는 균일한 밝기를 가지는 평면광을 발생시키는 장치로 냉음극형광램프(CCFL) 혹은 LED, 도광판(Light Guide Panel; LGP) 및 확산판(diffuser) 등으로 구성되어 있다.

이와 같은 TFT-LCD module은 노트북 PC, 액정 TV, 각종 액정 모니터 등에서 디스플레이 기능을 담당하는 하나의 부품으로 장착되어 폭넓게 활용된다.

3.2 TFT 기판의 구성 및 동작원리

고선명도(HD) 급의 LCD TV는 1920×1080 화소 수를 갖는다. 이러한 화소 수가 곧 해상도라고 할 수 있다. 그런데 컬러를 구현하기 위해서는 그림 3.5에서 보듯이 세 개의 부화소(subpixel)가 필요하다. 따라서 해상도가 $m \times n$인 TFT-LCD의 TFT 배열(array)은 사실상 세로 방향으로 3m개의 데이터 신호배선과 n개의 게이트신호배선으로 이루어진 행렬이라고 할 수 있다. 따라서 이러한 $3m \times n$ 행렬의 교차점마다 그림 3.5에서와 같이 단위셀(unit cell)이 배치된다. 각각의 단위셀에는 스위칭 소자인 TFT와 액정 전압을 일정하게 유지하기 위한 저장용량(storage capacitance; C_{st})과 투명전극인 화소전극으로 구성된다. 가로 방향으로 배치된 하나의 공통된 게이트 신호 배선에는 3m개의 TFT의 게이트 전극이 연결되어 있으며, 세로방향으로 배치된 하나의 공통된 데이터 신호배선에는 n개의 TFT 저수(source) 전극이 연결된다. 하나의 화소에는 R(red), G(Green), B(Blue)를 표현하는 3개의 부화소로 구성되므로 해상도가 1920×1080인 HD 급 color TFT-LCD 인 경우 6,220,800개의 TFT와 축전기(capacitor)가 내장된다.

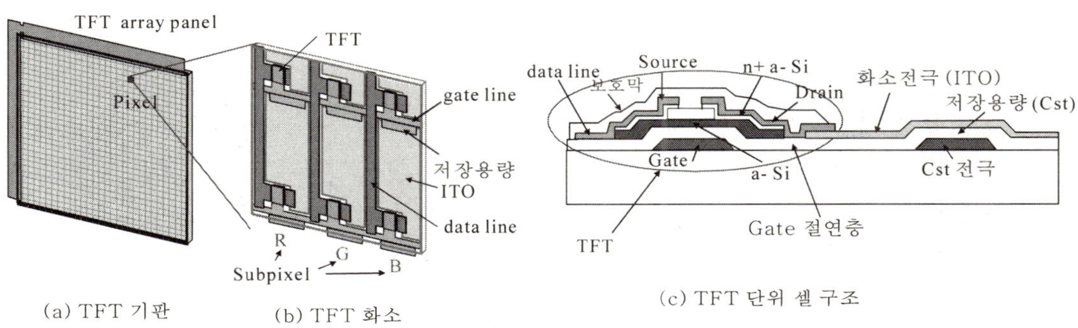

(a) TFT 기판 (b) TFT 화소 (c) TFT 단위 셀 구조

그림 [3.5] TFT 기판 구조.

저장 축전기의 역할

그렇다면 저장전기용량은 왜 필요할까? 우선 TFT에 게이트를 걸어 기록(writing)을 하는 동작을 살펴보자. 스위칭이 되었을 때 트랜지스터에 의해 곧바로 액정에 전압이 가해지지는 않는다. 왜냐하면 트랜지스터에는 어느 정도 저항이 존재하기 때문이다. 저항과 축전기가 있는 회로에서 저항과 전기용량의 곱인 RC는 시간의 차원으로 나오며 이를 시간상수라고 한다. 트랜지스터의 저항을 R_{ON}이라 한다면 액정과의 반응에 대한 시간상수는 $R_{ON}C_{LC}$가 된다. 이 시간상수가 액정에 가해지는 기록동작 시간이 되며 이를 τ_{ON}이라 하자.

이번에는 게이트를 열어 트랜지스터가 닫힘(off) 상태인 경우를 살펴보자. 이 경우 트랜지스터의 저항은 열림에 비하여 높기는 하지만 무한대는 아니다. 이 저항을 R_{OFF}라 하면 시간상수는 $R_{OFF}C_{LC}$이고 이 시간간격이 곧 전압유지시간(voltage holding time)에 해당된다. 이 이간상수를 τ_{OFF}라 하자. 여기서 $R_{ON} \ll R_{OFF}$이므로 당연히 $\tau_{ON} \ll \tau_{OFF}$이다. 즉 기록동작 시간보다 유지동작 시간이 훨씬 길다. 보통 $\tau_{ON} = 20 \sim 30\,\mu s$, $\tau_{OFF} \approx 17\,ms$ 정도이며 1024×768 XGA 급 디스플레이에서 $\tau_{ON}/\tau_{OFF} = 1/767$이다.

그런데 일반적으로 디스플레이에 필요한 유지동작을 위해서는 트랜지스터의 저항만으로는 불가능하다. 왜냐하면 1프레임 사이에 액정전압이 계속 내려가 버리기 때문이다. 이러한 전압강하에 의한 화면 흐려짐을 플리커(flicker, 명멸)현상이라고 한다. 이 현상을 피하기 위해서는 유지동작이 더 오래지속 되어야 하는데 전기용량의 추가에 의해 해결될 수 있다. 즉 전기용량은 두 개의 축전기가 병렬연결을 할 경우 그 등가용량은 $C_{eq} = C_1 + C_2$로 증가한다. 따라서 축전기를 액정용량과 전기적으로 병렬로 만들어주면 유지시간을 증가시킬 수 있게 된다.

동작 원리

그림 3.6은 TFT-LCD의 구조에 따른 등가 회로도이다. 나중에 TFT의 구조와 그 동작원리에 대하여 자세히 배우게 되겠지만 우선 게이트에 전압이 걸리면 전류의 흐름이 원활하게

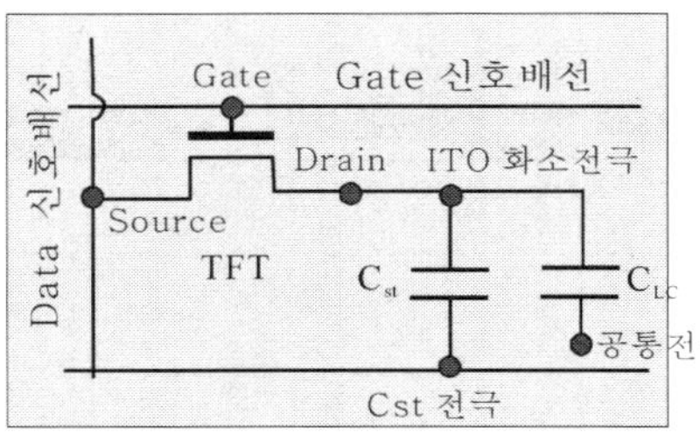

(a) TFT 단위셀의 등가회로.

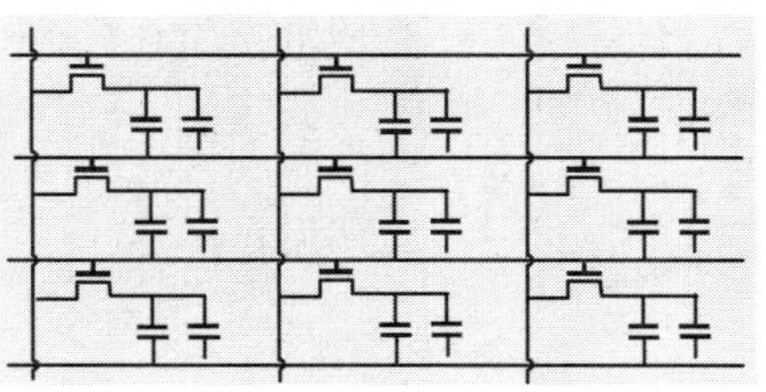

(b) 능동행렬 TFT-LCD 등가회로.

그림 [3.6] TFT-LCD 구동회로.

이루어진다는 사실만 알아두자. 그리고 쓰기동작과 유지동작은 게이트(주사)선과 데이터선의 전위를 번갈아 가며 상하로 조절하여 얻는다. 예를 들면 게이트선의 전위를 20V로 줌과 동시에 데이터선에 신호전압을 주고, 일정시간이 지난 후에 게이트선의 전위를 -5V로 주면 된다. 일반적으로 공통전극과 저장용량전극의 전위는 같게 두며 신호전극의 전위는 공통전극을 중심으로 교류 형태의 파형(펄스)을 갖도록 한다.

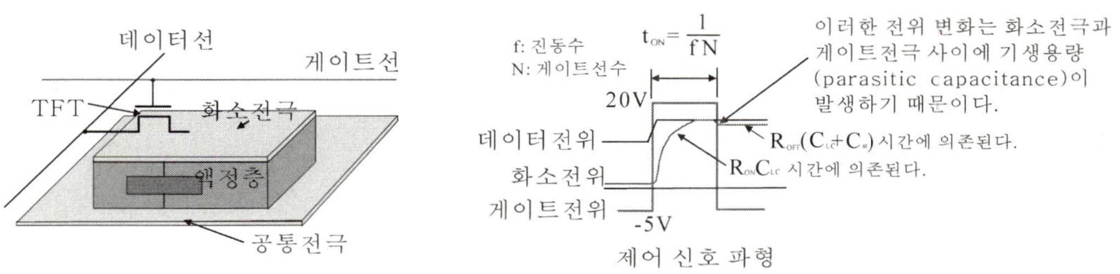

그림 [3.7] TFT-LCD 단위셀 구조와 동작신호.

N개의 게이트선 중에서 i 번째 TFT의 게이트 G_i에 20V의 전위 펄스가 걸린 경우를 생각하자. 그러면 i 번째 게이트선에 연결되어 있는 모든 TFT에는 TFT가 열림 상태가 된다. 그러면 트랜지스터의 배수(drain) 전극으로 전류가 흐르고 여기에 연결된 액정 축전기에 전하가 흘러 들어가게 된다. 결국 액정에 걸리는 화소전위는 데이터선의 전위와 같게 되며 화소전극과 공통전극 간에는 전위차가 발생하게 된다. 그림 3.7를 보라. 이때 게이트 파형의 폭이 기록시간에 해당되는데 이는 교류전압의 진동수(주파수) f와 게이트선의 수 n과 관계가 있다. 즉

$$t_{ON} = \frac{1}{nf} \tag{3.1}$$

이다.

[보기문제 1] 진동수가 $f = 60\,Hz$이고 게이트선이 $n = 1024$이면 기록시간은 얼마인가?

풀이: 진동수를 시간으로 변환하면 $T = \frac{1}{f} = \frac{1}{60}\,s$이다. 이를 게이트(주사)선으로 나누면 된다. 따라서 $t_{on} = \frac{1/60}{1024}\,s = \frac{1}{60 \times 1024}\,s = 16.3\,\mu s$ 이다.

위와 같은 기록시간 동안에 액정물질에는 전압 열림(ON)의 상태가 되는 것이다. 그리고 게이트선에 공급되었던 파형(펄스)이 제거되면 트랜지스터의 게이트 전압은 -5V 정도로 되며 닫힘(OFF) 상태로 변한다. 이렇게 게이트선에 음의 전위를 주는 것은 TFT의 재료인 비

정질실리콘의 특성 때문이다. 이때 저장 축전기는 다음의 게이트 전압 펄스가 트랜지스터를 열림으로 하여 신호전압이 공급되는 동안 화소전극의 전위를 유지시켜 준다. 그런데 이 동안에 데이터선으로부터 도착한 화상신호는 선택된 G_i 게이트선에 연결된 화소에 더해지는 화상신호와는 다른 신호라는 점에 유의하자. 이러한 종류의 노이즈로부터 화소전극을 차단시켜주는 것이 트랜지스터의 닫힘 상태의 역할이다. 즉 화소와 화소 간에 발생할 수 있는 상호간섭(cross talk)을 예방시켜주는 것이 이러한 능동행렬 방식의 장점이다. 당연히 명암비(contrast ratio)가 높아 화질이 우수하다. 이러한 동작 원리 상 게이트전극 수를 무제한으로 늘릴 수 있다는 또 다른 장점이 있다.

여기서 게이트 신호펄스 사이의 간격을 1프레임(frame)이라고 하며 게이트 선 수의 역에 해당된다.

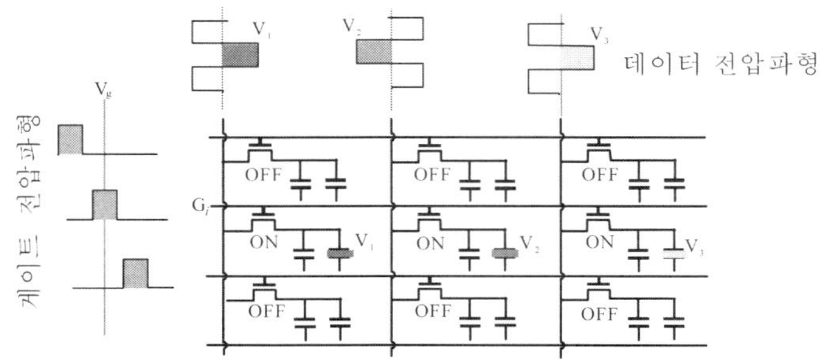

그림 [3.8] 능동행렬 TFT-LCD 액정 동작.

[보기문제 2] 게이트 신호선이 1024인 경우 1프레임 시간을 구하라.

풀이: 프레임 시간을 t_f 라 하면, $t_f = \frac{1}{1024} s = 1 ms$ 이다.

교류전압과 극성반전

액정에 공급되는 전압은 직류가 아니라 교류형태이다. 이러한 교류는 데이터신호 전압을 화소전위를 중심으로 음과 양으로 공급하여 만든다. 그런데 이미 앞에서 언급을 했지만 게이트와 드레인 사이에는 필연적으로 기생 전기용량이 발생하는데 이로 인하여 데이터신호전압 파형은 원래의 크기에 비해 약간 저하되는 형태를 갖게 된다. 그림 3.7과 3.9를 보라. 이 기생용량은 액정에 공급되는 교류전압에 대하여 그림에서 보듯이 ΔV만큼 이동(shift)이 일어나 직류전압에 대하여 오프셋(offset)이 된다. 따라서 공통전극의 전위 V_c를 이만큼 보상해주는 방향으로 조절한다.

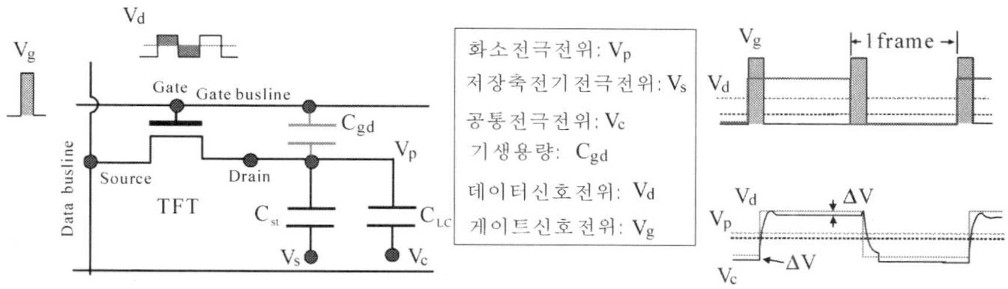

데이터신호전압은 양과 음으로 변하는 교류전압이다. 데이터신호전압은 기생전기용량에 의해 전압하강이 발생하며 이를 전압 offset라고 한다. 공통전극의 전압은 이러한 ΔV만큼 조절해준다.

그림 [3.9] TFT-LCD의 등가회로와 전압파형.

이제 교류의 진동수와 액정의 반응과의 관계를 알아보자. 액정은 기본적으로 극성을 갖는 분자이다. 그림 2.6과 2.7를 다시 보라. 액정이 전기장에 대하여 응답을 할 수 있는 시간은 $1\mu s$에서 $1s$ 정도이다. 진동수로는 $1MHz$에서 $1Hz$ 사이이다. 만약 $1\mu s$ 이내, 즉 $1MHz$ 이상의 교류가 액정에 공급되면 액정은 더 이상 반전운동을 할 수 없게 된다. 이것은 액정의 영구쌍극자 모멘트의 특성과 관계된다. 이와 반면에 $1Hz$보다 낮은 진동수의 교류를 주면 액정은 액정에 포함된 이온들이 공간 전하분포를 일으켜 공간전하 분극이 발생하게 된다. 이러한 분극은 곧바로 화질 저하를 일으키는 원인으로 작용한다.

게이트선에 의해 열림 상태가 되면 트랜지스터의 배수(혹은 저수) 전극을 통하여 화소전극에 전하가 축적이 되고, 이 전하는 다음 게이트 펄스가 도착하여 선택될 때까지 유지된다. 따라서 1프레임 시간 t_f 동안 액정에는 1개의 극성 예를 들면 $+V$를 공급하게 된다. 다음 프레임 동안에는 데이터선에 의해 공급되어 화소전극에 축적되는 전하는 이번에는 액정에 반대되는 극성인 $-V$가 작용되도록 한다. 만약 프레임 시간이 1/60초이면 교류전압의 진동수는 30 Hz가 되고 1ms이면 500 Hz가 된다. 이러한 교류화에 의해 액정은 프레임 진동수와 동일한 진동수의 교류전압을 받아 반응하게 된다. 그림 3.10에서 보듯이 데이터선 전위는 화소전위에 대하여 $nf/2\,Hz$의 진동수로 교류화되어 있다는 것을 알 수 있다. 이것은 배수(저수) 전극에 의한 화소전위의 진동수가 프레임 진동수의 반으로 되는 것과 같다. 그러면 인접된 화소 간에 액정에 공급되는 전압들의 극성은 서로 반대로 되어 액정을 구동시킨다. 이러한 구동법을 도트반전구동법(dot-reversal driving method)이라고 한다. 즉 인접한 화소마다 극성을 다르게 하고 주기적으로 극성을 바꾸어주는 방법이다. 현재 TFT-LCD에는 이 방법이 사용되고 있다. 데이터선 전위는 게이트 전위폭과 같은 크기인 $1/nf$초의 크기로 극성을 반전시키고 있다는 것에 다시 한 번 주목하자.

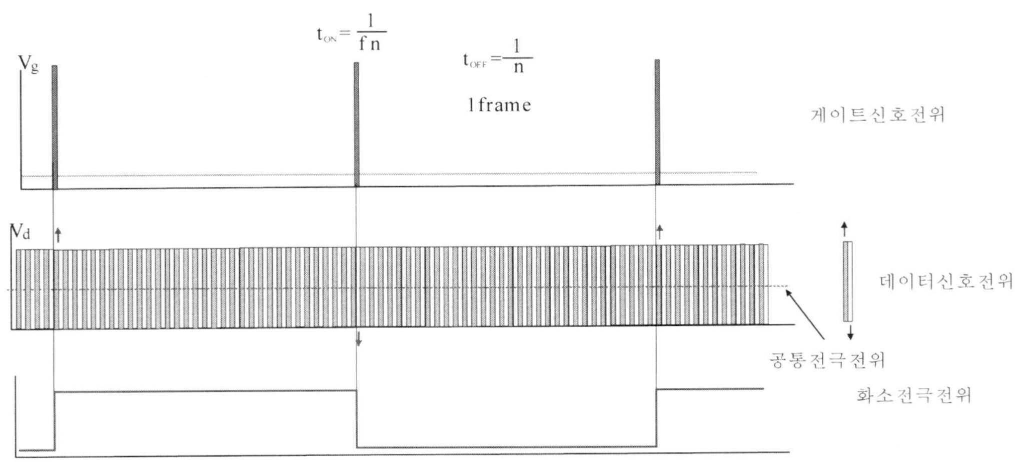

그림 [3.10] 게이트, 데이터 및 화소 전압 파형.

3.3 구동 단위와 회로

그림 3.11은 TFT-LCD의 구동회로 단위들을 실제 사진과 함께 보여주는 그림이다. 구동회로 단위는 구동회로칩들의 조합과 기판으로 구성되어 있다.

TV나 컴퓨터 등에서 오는 영상신호는 타이밍 컨트롤러(timing controller; 시간제어기)에 입력된다. TFT-LCD는 디지털 신호로 제어되기 때문에 영상 신호가 아날로그(analog)이면 아날로그 신호를 디지털 신호로 변환시켜주는 ADC(Analog to Digital Converter)와 함께 사용되어야 한다. 타이밍 컨트롤러는 수평동기신호, 수직동기신호, 데이터전송 클록신호 등으로 게이트와 데이터 구동회로가 처리 가능한 제어 신호를 보내는 역할을 한다. 아날로그 회로에서는 회색등급(gray scale)의 다단계를 위한 표준 전압을 만들어 데이터구동회로에 보낸다. 백라이트 인버터는 백라이트광원인 CCFL(혹은 LED)에 전원을 공급하고 광원의 전류를 조절하는 역할을 한다.

TFT-LCD에서는 두 종류의 구동(driver) 회로(Integrated Circuits; IC)가 사용된다. 하나는 게이트 구동회로로 게이트 신호배선을 순차적으로 선택하여 주사(scan) 신호를 발생하는 역할을 한다. 다른 하나는 데이터 구동회로로서 화상정보 신호를 화소전압으로 변경하여 데이터 신호배선에 공급하는 역할을 한다. 이러한 데이터 구동회로는 TFT의 저수(source) 전극을 구동한다는 의미에서 **source driver IC**라고도 한다. 게이트 구동회로가 주사선을 선택하여 주사 파형을 만들어 TFT를 열림 상태로 해주면 데이터 구동회로는 데이터 각각의 신호배선을 통하여 액정 셀에 신호전압을 공급하는 역할을 한다.

디스플레이 컬러필터 기판 측에 있는 공통전극에 보내는 신호는 교류회로로부터 출력되고, TFT를 구동하는 소스와 게이트 전압, 액정을 구동시키는 공통전압은 1개의 DC 전원회로로부터 공급된다.

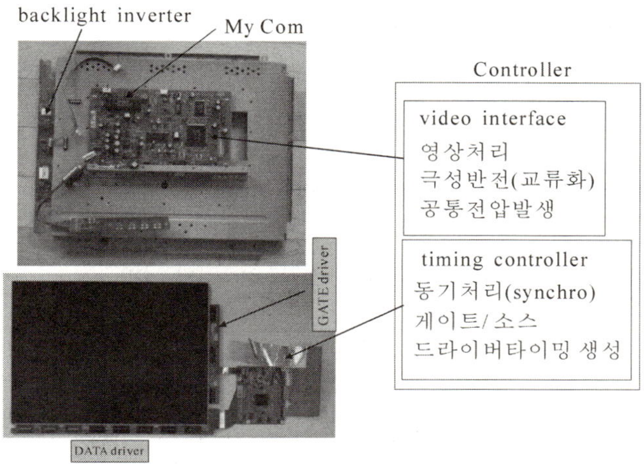

(a) 구동회로 단위판 사진.

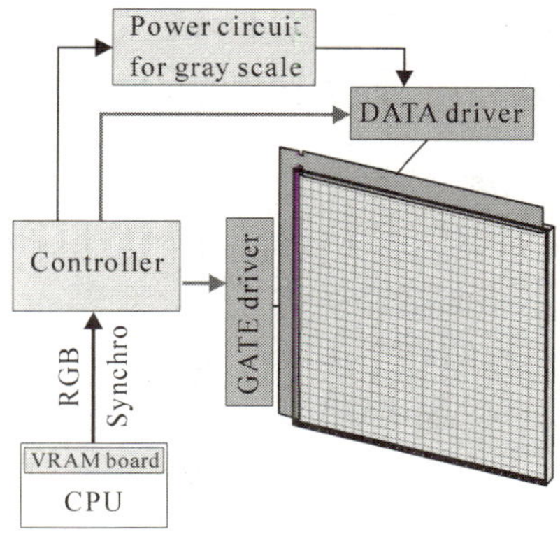

(b) 구동회로 다이어그램.

그림 [3.11] TFT-LCD 구동회로.

디스플레이 패널과 구동회로 단위를 일체화시키고 모듈의 크기를 줄이기 위해서 구동회로 단위는 LCD 패널 뒤에 설치하며 연결은 TCP(Tape Carrier Package)에 의해 이루어진다. TCP는 TAB(Tape Automated Bonding) 기술을 이용하여 만든 필름형 묶음회로를 통칭하여 부르는 용어이다. 초집적회로(LSI) 칩을 필름에 형성된 배선에 접속시켜 만든 형태를 COF(chip on film)이라고 부른다. 그리고 TAB과 패널을 접속시키는 데는 ACF (Anisotropic Conducting Film; 이방성전도필름)가 사용된다. 또한 LSI 칩을 TFT의 유리 기판에 직접 설치하는 경우가 있는 데 이를 COG(chip on glass)라고 한다.

3.4 투명전극(transparent electrode)

액정을 디스플레이로 사용하기 위해서는 투명한 전극이 필요하다. 왜냐하면 화면위의 전극이 방해가 된다면 화상이 보이지 않기 때문이다. 이러한 문제를 해결하기 위해서는 가시광(visible light)에 대하여 투명하고 또한 전기를 통하는 물질이 필수적이다. 오늘날, 이러한 조건을 만족하며 디스플레이에 사용되는 물질이 ITO(Indium Tin Oxide; 산화인듐주석)이다.

ITO(Indium Tin Oxide)

이 물질은 산화인듐(In_2O_3)에 산화주석(SnO_2)을 5~10% 정도 혼합하여 만든 세라믹 물질이다. ITO는 위와 같은 두개의 물질을 고체상태 그대로 녹여 합성한 고용체(固溶體) 상태로 존재하는데, 유리기판 위에 얇은 막 형태로 부착되어 전극으로 이용된다.

인듐(Indium, In)은 원자번호가 49번으로 3족(Group III)에 속하며 이온이 되면 플러스3가(In^{3+})가 된다. 주석(Tin, Sn)은 원자번호가 50번으로 4족(Group IV)에 속하며 이온이 되면 플러스4가(Sn^{4+})가 된다. 이와 반면에, 산소(Oxygen, O)는 원자번호가 8번으로 6족(Group VI)에 속하며 이온이 되면 마이너스2가(O^{2-})가 된다. 참고로 인듐, 주석, 산소에 대한 전자배치(electron configuration)는 다음과 같다.

In (Z = 49);
K:$1s^2$, L: $2s^2$ $2p^6$, M : $3s^2$ $3p^6$ $3d^{10}$, N : $4s^2$ $4p^6$ $4d^{10}$, O : $\mathbf{5s^2}$ $\mathbf{5p^1}$
Sn (Z = 50);
K:$1s^2$, L: $2s^2$ $2p^6$, M : $3s^2$ $3p^6$ $3d^{10}$, N : $4s^2$ $4p^6$ $4d^{10}$, O : $\mathbf{5s^2}$ $\mathbf{5p^2}$
O (Z = 8);
K:$1s^2$, L: $\mathbf{2s^2}$ $\mathbf{2p^4}$

따라서, 인듐과 주석이 산소와의 결합으로 중성인 화합물이 되기 위해서는 산소와의 비가 2:3과 1:2(2:4)가 되어야 한다. 산화인듐도 어느 정도 전기전도도는 존재하나 전극으로 쓰기에는 불충분하며 산화주석을 혼합시킴으로써 전기전도도가 비약적으로 증가하게 된다.

ITO 전극을 만드는 방법은 다음과 같이 두 가지가 있다.

① 증착(evaporation) 방법

산화인듐과 산화주석을 동시에 가열시켜 기체로 증발시키고 기판에 부착시키는 방법이다. 기판에 부착되면서 두 기체는 고체로 되며 얇은 막을 형성하게 된다. 흔히 진공(vacuum) 증착(蒸着, evaporation)법이라고 부른다.

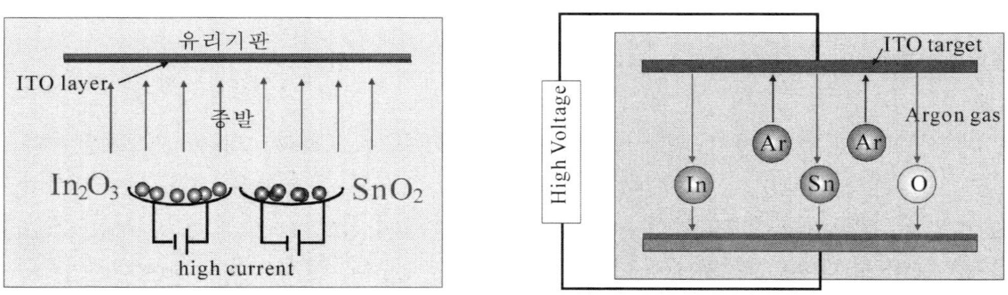

(a) 진공증착 방법 (b) 스퍼터링 방법

그림 [3.12] ITO 필름 만드는 방법.

② 스파터(sputter) 방법

산화인듐과 산화주석의 가루를 입힌 표적(target)판에 전압을 가하고 내부에 있는 아르곤 기체(Ar gas)가 플라즈마 상태가 되면서 표적을 때리고(sputter) 이에 따라 ITO가 증발되어 필름이 되는 방법이다.

ITO의 전도성

ITO의 결정구조는 그림 3.13과 같다. 소량의 산화주석은 90-95%를 점유하는 산화인듐의 결정구조를 따르게 되는데, 결국 주석이온(Sn^{4+})이 인듐이온(In^{3+})의 결정격자의 격자점에 들어가게 된다. 또한 산화주석에서 이온화한 산소이온(O^{2-})은 그대로 산화인듐의 산화이온 격자점에 위치하게 된다. 그러나 본래 산화인듐(In_2O_3)은 2개의 인듐이온에 대하여 3개의 산소이온으로 구성되어 있다. 반면에, 산화주석(SnO_2)은 주석이온 2개에 대하여 산소이온 4개가 대응된다. 따라서 산화주석 두개가 산화인듐 2개의 점에 위치하게 되면 산소이온 하나가 남게 된다. 이때 압력을 조금 낮추어 주면 이러한 여분의 산소이온(O^{2-})은 산소기체(O_2)로 변하며 공기 중으로 방출하게 된다. 산소는 인듐과 함께 있으면 마이너스 이온이 되지만 산소기체로서 방출될 때는 중성으로 되어야하고 결국 음전하를 갖는 두개의 전자를 고체 내에 남기게 된다. 이렇게 남겨진 전자는 고체(ITO) 내에서 비교적 자유스러워 자유전자(free electron)와 같은 성질을 지닌다. 즉 산화주석에 의해 자유전자가 증가하게 되면서 전기전도도가 좋아지는 결과를 가져와 ITO는 좋은 전도성 물질로 변한다. 산화인듐은 전기전도도가 $\sigma \approx 10^2/\Omega \cdot \mathrm{cm}$ 정도이나, 산화주석이 섞이면 그 값이 $\sigma \approx 10^4/\Omega \cdot \mathrm{cm}$ 로 증가하게 되는데, 보통 10배에서 100배 정도로 전기전도도가 증가한다.

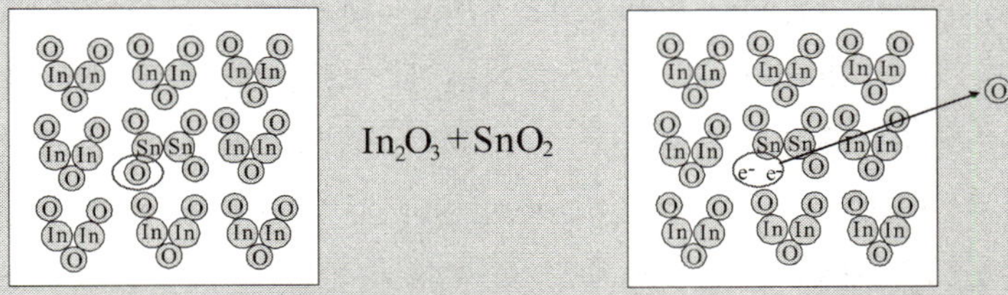

(a) 산화주석이 산화인듐의 결정격자에 위치하면 산소하나가 남는다.

(b) 여분의 산소가 방출되면 두개의 전자가 남는다.

그림 [3.13] ITO 구조.

ITO의 투명성

다음으로 ITO가 왜 투명성을 유지하는지 알아보자. 보통 전기를 잘 통하는 금속들(금,

은, 동 등)은 빛(가시광선)을 통과시키지 않는다. 금속이 광택을 띠는 이유는 가시광선이 반사하기 때문이다. 금속들은 자유전자에 의해 전기가 전달되는데 이러한 자유전자가 빛을 흡수하거나 반사시키는 역할을 하기도 한다. 자유전자는 금속 내에서 진동(oscillation)을 하며 파의 형태로 에너지를 전달하는데 이러한 진동을 플라즈마 진동이라고 부른다. 그런데 이러한 플라즈마 진동에 의한 진동수(plasma frequency)는 가시광선(visible light)이나 적외선(infrared)의 진동수보다 훨씬 높아 빛이 투과하지 못하고 반사된다. 따라서 가시광선은 금속을 통과하지 못하고 결국 인간의 눈으로 보는 한 금속은 투명하지 못하다. 이러한 결과 금속이 높은 전기전도성을 갖고 있음에도 불구하고 액정 디스플레이의 전극으로는 사용할 수 없다.

그런데, 물질 내에는 자유전자뿐만 아니라 원자의 핵(atomic nucleus)에 가까이 위치해 있으면서 자유스럽지 못한 소위 구속전자(bound electron)가 있다. 이러한 구속전자들은 외부로부터 에너지를 받으면(빛, 전기장 등) 어느 정도 원자핵으로부터 멀어질 수도 있다. 그러나 원자핵의 양의 전하에 의해 다시 끌리게 되어 결국 용수철처럼 진동하는 운동을 하는 형태가 된다. 이러한 물리 현상을 조화진동자 모형(harmonic oscillator model)이라고 하며 원자의 구조 및 고체의 물성 등을 이해하는 데 중요한 역할을 담당한다.

하지만, 자유전자는 원자핵의 영향에서 벗어나 자유스럽게 집단적으로 금속 내를 움직인다. 위에서 언급한 플라즈마 진동수는 이러한 자유전자의 수와 밀접한 관계가 있으며 다음과 같이 표현된다.

$$f_p = \frac{1}{2\pi}\sqrt{\frac{ne^2}{\epsilon_0 m}} \quad : \text{플라즈마 진동수} \qquad (3.2)$$

여기서, n은 단위체적당 자유전자의 수, $e = 1.6 \times 10^{-19}$ C으로 전자하나의 전하량, ϵ_0는 자유공간에서의 유전율, m은 전자의 질량이다.

ITO인 경우 이미 언급한대로 산화주석이 자유전자를 공급하는 원천이다. ITO내에서 인듐원자는 1cm^3 당 10^{22} 개 정도 있지만, 주석원자는 인듐에 비해 5 ~ 10% 정도밖에 함유하고 있지 않아 자유전자의 수는 10^{20} ~ 10^{21} 정도이다. 이 값은 $f_p = 10^{14}\,\text{Hz}$ 에서 $3 \times 10^{13}\,\text{Hz}$ 정도에 해당하며 결국 가시광선의 진동수 영역($4 \sim 7 \times 10^{14}\,\text{Hz}$)보다 작은 값을 지닌다. 이로 인해 ITO 내에서 가시광선은 통과하게 된다.

[보기문제 3] 보통의 금속에서는 1개의 원자가 하나 정도의 자유전자를 갖고 있다고 여기면 좋다. 구리(Cu)는 금속의 전도체이다. 단위체적당 전자의 수를 구하라. 구리의 밀도는 $\rho = 8.9\,g/cm^3$이며 몰질량은 $M = 63.5\,g/mol$이다.

풀이: 단위체적당 전자 수는 결국 단위체적당 구리의 수를 계산해야 한다.

구리의 몰질량을 M, 질량을 m, 아보가드로 수를 N_A, 구리 원자 수를 N이라 하자. 그러면,

$$\frac{N}{N_A}=\frac{m}{M}$$

인 관계식을 얻는다. 이로부터 $N=(m/M)N_A$가 되고 체적 $V=m/\rho$이므로, 단위체적당 구리 원자의 수는

$$n=\frac{N}{V}=\frac{\rho N_A}{M} \qquad (3.3)$$

이다. 따라서

$$n=\frac{(8.9\times 10^3\,kg/m^3)(6.02\times 10^{23}\,atoms/mol)}{63.5\times 10^{-3}\,kg/mol}=8.4\times 10^{28}\,atoms/m^3$$

의 값을 얻는다. 구리 원자가 하나의 자유전자를 가진다고 하면 이 값이 전도 전자 수, 즉 자유전자의 밀도 값이 된다.

[보기문제 4] 구리의 플라즈마 진동수를 구하라.

풀이: $f_p=\frac{1}{2\pi}\sqrt{\frac{ne^2}{\epsilon_0 m}}$ 에서, 각각의 수자를 대입하여 계산하면

$$f_p=\frac{1}{2\times 3.14}\sqrt{\frac{(8.4\times 10^{28}/m^3)(1.6\times 10^{-19}C)^2}{(8.85\times 10^{-12}C^2/N\cdot m^2)(9.1\times 10^{-31}kg)}}$$

$$=2.1\times 10^{15}\,/s$$

이다.

[보기문제 5] 디스플레이에 사용될 ITO의 전자밀도가 $5\times 10^{20}\,/cm^3$로 측정되었다. 이 ITO의 플라즈마 진동수를 구하라.

풀이: 우선 전자밀도를 cm 단위에서 m 단위로 바꾸어 주어야 한다. 그러면

$$n = 5\times 10^{20}/10^{-6}m^3 = 5\times 10^{26}/m^3$$

이다. 그러면 구하고자 하는 값은

$$f_p = \frac{1}{2\times 3.14}\sqrt{\frac{(5.0\times 10^{26}/m^3)(1.6\times 10^{-19}C)^2}{(8.85\times 10^{-12}C^2/N \cdot m^2)(9.1\times 10^{-31}kg)}}$$

$$= 6.3\times 10^{13}/s$$

이다.

[보기문제 6] 가시광선의 파장은 보라색 영역인 $\lambda = 400\,nm$에서 빨간색 영역인 $\lambda = 800\,nm$ 사이에 해당 된다. 이러한 파장의 영역을 진동수 영역으로 나타내어라.

풀이: 빛의 속도를 c라 하고 파장을 λ라고 하면 이들과 진동수와는 $c = \lambda f$ 의 관계를 갖는다. 그러면 $f = \frac{c}{\lambda}$이다. 따라서 $\lambda = 400\,nm$이면

$$f_{violet} = \frac{3.0\times 10^8\,m/s}{4.0\times 10^{-7}m} = 7.5\times 10^{14}/s$$

이고, $\lambda = 800\,nm$이면

$$f_{red} = \frac{3.0\times 10^8\,m/s}{8.0\times 10^{-7}m} = 3.8\times 10^{14}/s$$

이다. 따라서 가시광선의 진동수 영역은

$$f_{visible} = 3.8\times 10^{14} \sim 7.5\times 10^{14}/s$$

이다. 따라서 구리의 플라즈마 진동수는 가시광선의 진동수보다 높다는 사실을 알 수 있다. 따라서 빛을 반사시킨다.

[보기문제 7] 구리의 플라즈마 진동수를 빛의 파장으로 계산하고, 가시광선의 파장과 비교하여 물리적 결과를 도출하라.

풀이: 빛의 속도를 c라하고 파장을 λ라고 하면 이들과 진동수와는 다음

과 같은 관계를 갖는다.

$$c = \lambda f$$

따라서 파장은

$$\lambda = \frac{c}{f} = \frac{3.0 \times 10^{8} m/s}{8.3 \times 10^{14}/s} = 3.6 \times 10^{-7} m$$

이다. 이는 360nm에 해당되며 보라색 영역인 400nm보다 짧다. 즉 자외선 영역의 파이다.

3.5 액정의 동작 원리

네마틱 액정과 빛의 편광

그림 3.14에서와 같이 빛이 막대 모양의 네마틱 액정분자에 분자의 장축과 일치된 방향으로 입사하는 경우를 고려하자. 그러면 분자가 나열된 방향(방향자의 방향임)으로 진동하며 입사하는 비편광인 경우 속도는 느려지며 이상광선으로 편광이 된다. 이와 반면에 액정분자의 단축방향으로 진동하며 입사한 빛은 전자의 밀도가 상대적으로 낮은 관계로 진행하는데 그 만큼 가볍게 느끼게 되며 장축으로 진동할 때에 비해 진행속도가 빠르다. 따라서 상대적으로 굴절률이 작은 정상광선으로 편광된다. 이와 같이 네마틱 액정은 빛을 복굴절 시키는 성질을 갖는다.

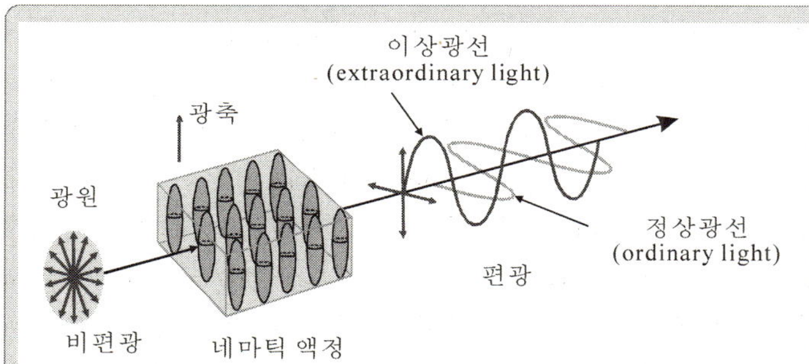

네마틱 액정에 의한 복굴절 모습이다. 정상광선과 이상광선은 액정 안에서 속도가 다르다.

[그림 3.14] 액정과 복굴절.

이번에는 네마틱 액정분자의 장축 방향과 빛의 진행방향이 일치하는 경우를 생각해 보자. 그림 3.15에서 보듯이, 분자의 장축으로 빛이 입사할 때는 수직방향으로 진동하든 수평방향으로 진동하든 아니면 45° 방향으로 진동하든 파의 속도나 굴절률에는 아무런 차이가 없다. 왜냐하면 어느 쪽으로 진동하든 분자의 단축방향이며 대칭성을 갖기 때문이다. 따라서 투과된 빛은 모두 정상광선이며 편광성은 존재하지 않는다. 이러한 이유로 이러한 축을 **광축(optical axis)**이라고 부른다. 즉 광축을 따라 입사된 빛은 복굴절이 일어나지 않는다.

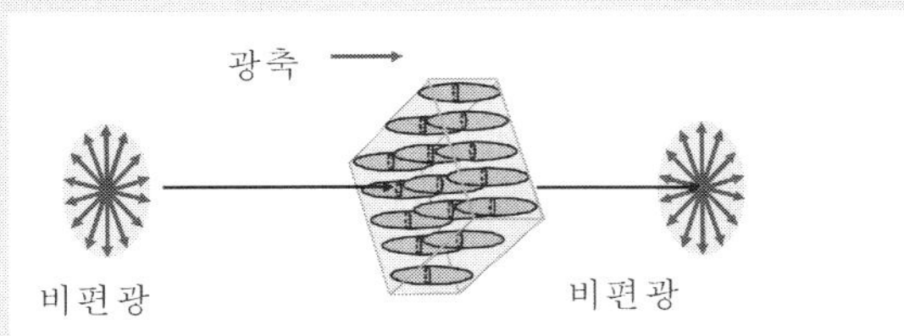

[그림 3.15] 광축

TN 모드와 빛의 조절

액정은 스스로 빛을 발하는 물질이 아니고 투과되는 빛의 양을 조절하는 기능을 맡고 있다는 사실에 주목하자. 백라이트에 의한 빛은 처음 편광판을 통하여 직선편광이 되고 이러한 직선편광이 액정의 배열에 따르는 편광성에 의하여 진동방향이 바뀌게 된다. 이렇게 편광된 빛이 2차 편광판(검광기)을 통과하면서 빛의 세기가 조절이 된다.

액정 디스플레이의 액정의 기본 배열은 비틀림 네마틱(TN) 형태이다. 이러한 TN형은 원래는 비틀림(twist)이 없는 네마틱 액정을 두 판 사이에 90° 비틀어지게 배열하여 판 사이의 액정이 위에서 쳐다보면 회전 형태를 유지하게 만든 형태이다. 90°의 비틀림 각과 $5\mu m$의 셀 두께를 가지면 등가 **피치**는 $20\mu m$이다. 이 길이는 빛의 파장보다 훨씬 크기 때문에 유리기판에 수직하게 움직이고 있는 직선편광된 빛의 편광면은 액정의 축에 대해 회전할 수 있다. 그리고 방향자(director)의 90° 비틀림은 선 편광된 빛의 90° 회전을 가져온다. 가장 위쪽에 있는 액정분자의 방향자에 나란하게 입사한 빛은 다음번에 배열된 액정층을 통과할 때는 다음번 액정의 방향자에 나란하게 통과하게 되므로 약간 회전하게 된다. 이러한 회전은 다음에 배열된 액정층을 통과할 때는 보다 더 크게 회전하게 되며 결국 마지막 액정층을 통과할 때는 처음 편광축과는 90° 만큼 차이 나게 된다. 투과하는 진동 방향은 위에서 보면 원을 이루고 옆에서 보면 용수철처럼 나선을 그리게 되는데 보통 나선형(helical)이라고 부른다.

그림 3.16에서 보는 것처럼 이러한 TN형 디스플레이에 전압이 없는 경우 빛이 편광기를 통하여 들어오면 처음 편광기에 의해 직선 편광된 빛은 액정의 회전 배열을 따라 가로(좌우)방향으로 진동하는 모드가 액정 층을 완전히 지나게 되면서 앞뒤 방향으로 진동하는 모드의 빛으로 된다. 따라서 두 번째 편광판인 검광기(analysing polarizer)를 투과하게 된다. 이와 반면에 TN 액정 셀에 전압을 걸면 전기장에 의하여 액정분자들은 전기장의 방향으로 일정하게 배열하게 되고 나선형 배열 형태는 사라지게 된다. 결국 편광기를 통과한 좌우 진동 모드 빛은 아무런 변화 없이 액정 층을 통과하게 되고 앞뒤 진동모드의 빛만을 통과 시킬 수 있는 검광기에 의해 빛은 차단된다.

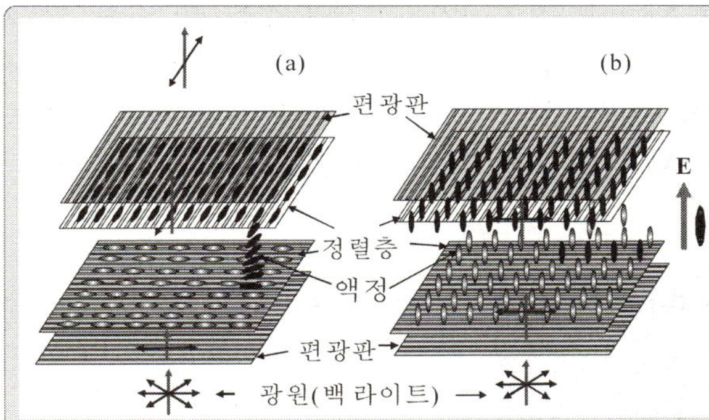

(a) 전압이 가해지지 않았을 때는 백라이트에서 나온 비편광이 y방향으로 편광된 후 액정의 장축 방향으로 편광이 된다. 따라서 최종적으로 x방향으로 편광되어 편광판을 투과한다.

(b) 전압이 가해지면 액정들은 전기장의 영향으로 힘을 받아 z축으로 정렬이 된다. 백라이트에서 나온 비편광은 y방향으로 편광된 후 액정의 광축으로 입사하기 때문에 y 방향으로의 편광을 유지한다. 따라서 두번째 편광판을 투과하지 못한다.

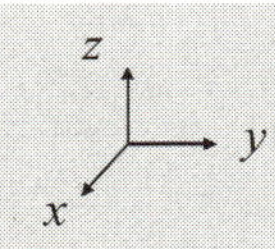

밑판의 정렬층은 y방향으로 위판의 정렬층은 x 방향으로 액정을 정렬한다. 그 사이의 액정들은 점성에 의해 조금씩 비틀어지며 정렬을 한다.

[그림 3.16] TN 액정 모드의 동작원리.

이때 이러한 회전형에 있어 피치(스프링과 같은 회전형태, 즉 나선형에 있어서 360° 회전할 때의 진행 거리)는 다음과 같이 주어진다.

$$p = \frac{2\pi}{\phi} d \qquad (3.4)$$

여기서 d는 액정층의 두께, ϕ는 비틀림 각도이다. TN형에서는 90° 즉 $\pi/2$이다. 그런데 위상차가 발생하려면 피치의 길이가 빛의 파장보다 충분히 커야하고 다음과 같은 조건을 만족하여야 한다.

$$\Delta np = \frac{2\pi}{\phi} \Delta nd > \lambda \qquad (3.5)$$

여기서 Δn은 이상광과 정상광의 굴절률 차이를 말한다. 즉, $\Delta n = n_e - n_o$이다. 식 (3.5)를 모겡 조건(Maugin Limit)이라고 부른다. 만약 위 조건을 만족하지 않으면 빛은 산란을 일으키게 되며 특정의 파장인 빛은 반사되기도 한다. 그러면 색이 변하며 시야각에 의해서도 색깔이 다르게 보이게 된다. 보통 TN 액정에서는 Δn 값은 0.08-0.10, 액정셀 간격 d는 $5\,\mu m$ 정도이다. 그러면 피치는

$$p = 5 \times \frac{2\pi}{\pi/2} = 20\,\mu m$$

이고,

$$\Delta np = (0.08 \sim 0.1)(20\,\mu m) = 1.6 \sim 2.0\,\mu m$$

가 된다. 이 값은 가시광선의 파장 $0.4\mu m \sim 0.8\mu m$ 보다 2.5배에서 5배 정도 큰 값들이므로 모건 조건을 만족한다. 다음의 그림 3.17은 액정 디스플레이 모니터(TFT-LCD)의 빛이 편광이라는 사실을 보여주는 사진이다. LCD에서 나온 편광 빛이 편광판에 전기장의 진동 방향과 일치하면 통과되고 90°로 되면 빛이 차단되는 모습을 보여주고 있다.

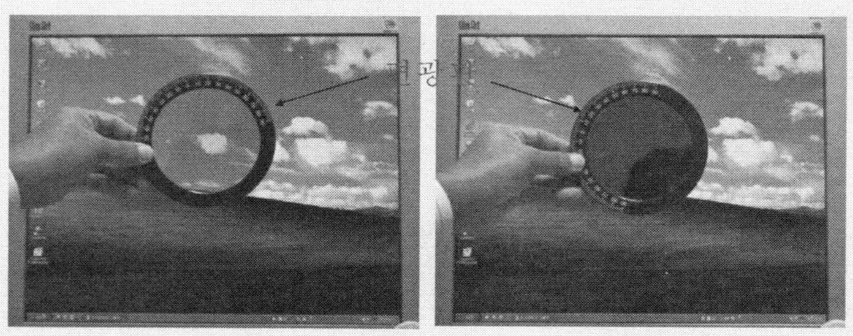

(a) (b)

(a) LCD의 편광빛의 진동방향이 편광기의 편광축과 일치할 때.

(b) LCD의 편광빛의 진동방향이 편광기의 편광축과 90도를 이룰 때.

[그림3.17]LCD의 편광 현상.

다음에 TN 모드에 있어서의 복굴절 현상에 대하여 알아보자. TN 모드의 액정 층은 최상층의 액정으로부터 최하층의 액정 간에는 90° 만큼 뒤틀려 있다. 따라서 어떠한 각도로 입사한 빛이라도 입사한 직선편광된 빛에 대하여 어느 정도 각도를 갖는 액정이 존재하게 된다. 결국 액정층을 통과한 빛은 정상광과 이상광으로 반드시 나뉘게 되며 이때 위상차가 발생하고 결국 타원편광이 된다. 그런데 입사한 직선편광이 액정층을 통과하여 마지막으로 위상차가 90° 가 되는 경우는 90° 만큼 위상차가 있는 직선편광이 된다. 즉, 액정들의 방향자를 따라 90° 회전한 직선편광이 된다. 다시 말해 TN 모드의 액정에서는 액정층을 통과하는 이상광과 정상광의 위상차가 90° 가 되는 효과가 있다는 것이다. 이러한 복굴절 성을 고려한 TN 액정판의 광투과율은 액정의 장축과 단축의 굴절률의 차 Δn 과 두께 d 와의 곱으로 관계되어 지고 이것을 위상차지연 혹은 지연성(retardation)이라고 부른다. 이와 같이 액정의 굴절이방성과 액정 셀의 두께를 조정하고, 액정의 회전능 효과를 고려하면 90° 위상이 차이가 나도록 Δnd 를 설계하는 것이 가능하게 된다.

TN 모드의 문턱전압(threshold voltage), V_T 는 보통 $2 \sim 3\,V$ 로 디자인되고 혼합된 액정 물질의 선택에 의해 결정된다. 최고 동작 전압, 또는 디스플레이의 데이터 신호의 피크 크기는 약 $7 \sim 8\,V$ 이다. 액정의 높은 저항에 따르는 낮은 전압과 낮은 전류는 디스플레이의 낮은 전력 소모에 크게 기여한다. 액정이 구동되는 디스플레이의 전류밀도는 $0.1\mu A/cm^2$ 보다 작고 전력은 $0.1\mu W/cm^2$ 정도이다.

[보기문제 8] 2009년 1/2월 발표된 어떤 회사의 카탈로그에는 70인치 TFT-LCD가 나온다. 이 LCD의 액정의 전류밀도를 $0.05\mu A/cm^2$ 이라고

가정하여 액정을 구동시키는 데 필요한 최소 전력을 구하라. 화면 비율은 16:9이다.

풀이: 화면의 한 변의 길이를 a, 다른 변의 길이를 αa라 하자. 그러면 화면비율이 16:9이면 $\alpha = 9/16$가 된다. 면적은 $A = \alpha a^2$이다. 대각선과의 관계는 $l^2 = a^2 + \alpha^2 a^2 = (1+\alpha^2)a^2$이고, $A = \left(\frac{\alpha}{1+\alpha^2}\right) l^2$이 된다. 그러면 $A = 1.35 \times 10^4\, cm^2$이다. 전류 $I = 6.8 \times 10^{-4}\, A$이다. 이로부터 $P = IV = (6.8 \times 10^{-4}\, A)(8\, V) = 5.4\ mW$가 된다.

4장 | 액 정

LCD에서 가장 중요한 요소가 액정재료라고 할 수 있다. 여기에서는 액정의 종류와 물성 등에 대하여 자세히 알아보도록 하자.

4.1 액정 분자

일반적으로 물질의 상태는 고체, 액체, 기체 등 세 가지 상태로 분류된다. 그렇다면 액정은 어디에 속할까?

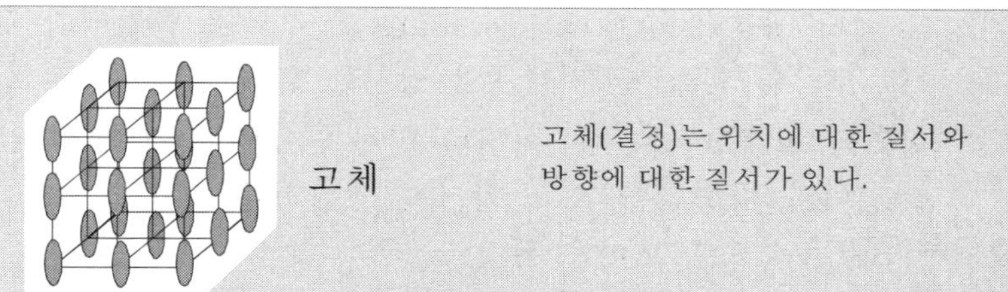

[그림 4.1] 물질의 상태와 액정.

말 그대로 고체와 액체의 중간상에 속한다. 고체는 주로 고체를 이루는 원자나 분자들이 규칙적인 배열을 하는 경우가 많은데 이러한 고체 상태를 결정(crystal)성이라고 부른다. 따라서 결정이라고 하면 고체를 뜻하기도 한다. 액정은 이러한 결정성과 액체의 성질을 갖는데 주로 온도 변화에 따라 고체, 액정, 액체 등으로 상변화를 일으킨다. 그림 4.1을 보라.

액정은 일상생활에서도 접할 수가 있는데 예를 들면 오징어가 공격당할 때 도망가며 내뿜는 먹물이 천연 액정물질에 해당된다. 또한 비누가 물과 함께 놓여 있을 때 끈적끈적한 상태로 된 것도 액정에 속한다. 액정 재료는 무기물(Inorganic Material)과 유기물(Organic Material)로 분류하면 유기화합물(탄소를 포함하는 화합물)에 속한다. 본래 유기물은 생물의(Organic)에서 유래된 것으로 화학의 세계에서는 오래 전부터 동식물의 몸으로부터 만들어지는 것으로, 인위적인 합성이 가능한 것을 유기물, 그렇지 않은 광물을 무기물이라고 정의하여 사용해 왔다. 그러나, 석유로부터 인공적으로 여러 가지 유기물을 만들어냄으로써 생물과 무생물로 나누는 의미는 없어져 버렸다. 오늘날은 탄소를 골격으로 하는 화합물을 유기화합물이라고 부른다. 그림 4.1에서 보듯이 액정은 긴 범위에 걸쳐 무게 중심의 상호관계(즉 위치 질서)는 없으나 방향질서와 국부적인 선호 방향이 존재한다. 이때 액정분자들의 순 방향, 즉 알짜 방향의 벡터 성분을 방향자(director)라고 부르며 단위벡터 $\hat{n}$으로 나타낸다. 그림 4.2를 보라. 막대 모양의 액정 분자 개개의 방향은 빨리 변할 수 있으나, 방향자의 변동은 상대적으로 긴 범위에 걸쳐 나타난다. 이러한 방향자 $\hat{n}$의 공간 변동 길이는 가시광선(visible light)의 파장 길이와 비슷한 것으로 알려져 있다. 이로 인해 강한 빛의 분산이 일어나고 액정은 불투명한 우유빛으로 보이게 된다.

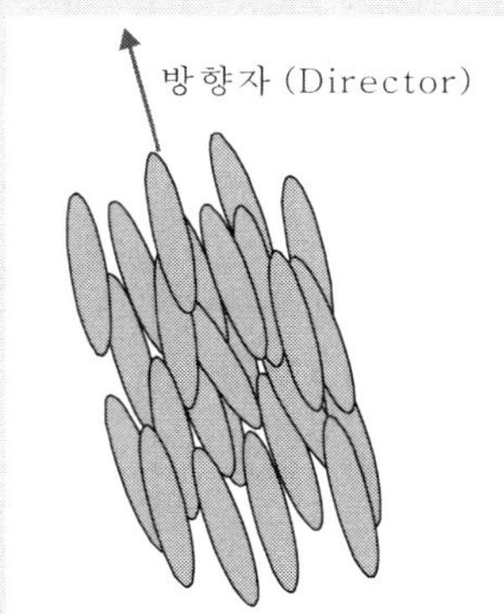

액정 분자들의 방향 벡터가 평균적으로 한 방향을 가리키는 방향의 단위 벡터를 방향자라 부른다.

[그림 4.2] 액정 분자와 방향자.

액정 분자의 형태는 크게 막대모양과 판모양으로 나눌 수 있다. 최초에 발견된 콜레스테롤 안식향산(安息香酸, aromatic acid) 에스테르(ester; **에스터**라고 부르면 좋으나 굳어진 이름이라 에스테르라고 부르기로 한다) 분자는 그림 4.3에서 보듯이 평면적으로 넓은 판모양을 하고 있다. 또한 원반(disk) 형태의 액정 분자도 존재한다. 하지만, 액정이 계속 발견됨에 따라 막대 형태의 액정이 많이 발견되어 전체적으로는 막대모양의 분자가 대부분을 차지한다. 이러한 막대형 분자의 종류에는 네마틱(nematic), 스멕틱(smectic), 콜레스테릭(cholesteric) 등 세 종류가 있다(그림 4.4).

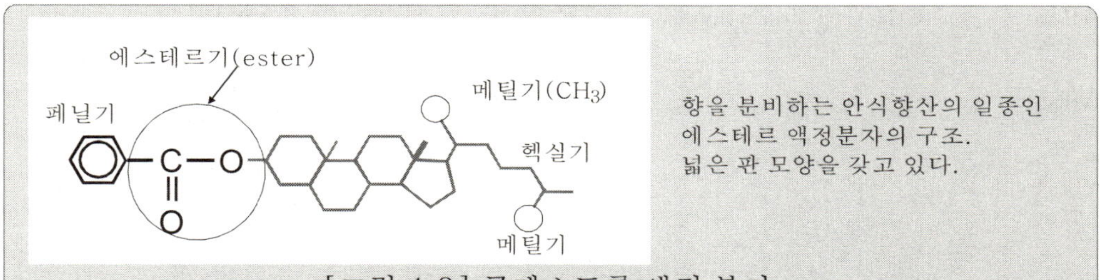

[그림 4.3] 콜레스트롤 액정 분자.

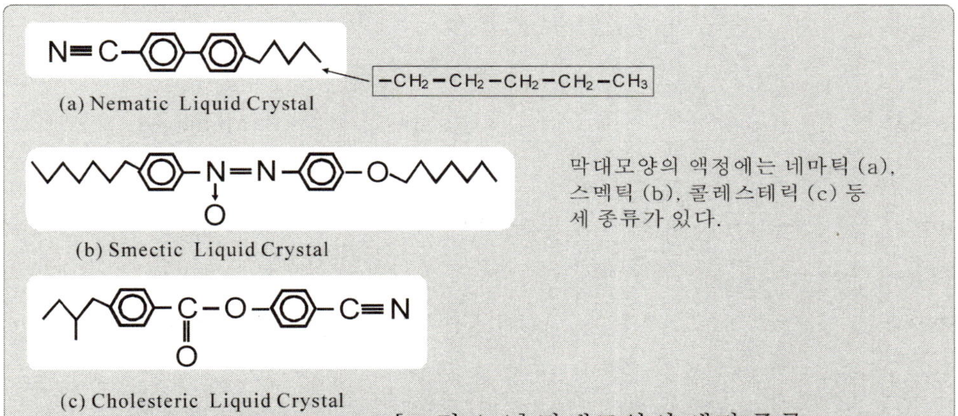

[그림 4.4] 막대모양의 액정 종류.

그림 4.3에서 보는 것처럼 메틸기(Methyl), 펜틸기(Pentyl), 헥실기(Hexyl) 등은 탄소(Carbon; C)가 각각 1, 5, 6개가 직선 형태로 이어지는 원자단으로 통칭 알킬기(Alkyle)라고 부른다. 그러나, 완전히 직선 형태로 이어지지는 않고 지그재그 형태로 되어 있다. 페닐기(phenyl base)는 탄소 6개가 고리 형태로 이어져 있는데, 이 중 3개가 π 공역 2중 결합(conjugated double bond)을 하며 6각형의 평면 구조를 하고 있다. 대표적인 것이 벤젠이며, 따라서 벤젠 고리라고 부른다. 카복실기(혹은 에스테르기), 시아노기(cyano group), 아족시기(azoxy), 헤프톡실기 등은 극성기에 속하며 전기장이 존재하면 액정분자의 방향성을 정하는 역할을 한다. 이러한 유기분자들에 대한 것은 14장을 참고하기 바란다. 참고로 유기분자들에 대한 중요한 작용기를 표 4.1에 실었다.

<표 4.1> 유기분자들의 작용기와 명칭.

계열명	작용기	보기	이름	계열어미
Alkane	C-H, C-C single bond	CH_3CH_3	Ethane	*-ane*
Alkene	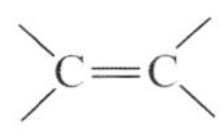	$H_2C{=}CH_2$	Ethene (Ethylene)	*-ene*
Alkyne	—C≡C—	H—C≡C—H	Ethyne (Acetylene)	*-yne*
Arene (Aromatic)	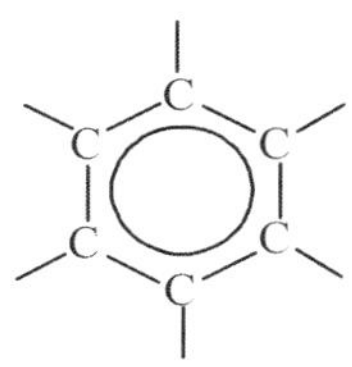	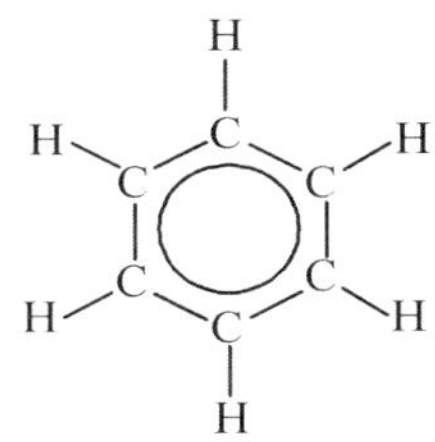	Benzene	
Alcohol	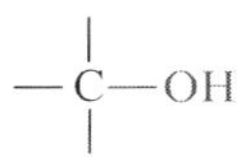	CH_3OH	Methanol	*-ol*
Ether	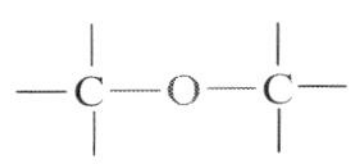	CH_3OCH_3	Dimethyl ether	*-ether*
Amine	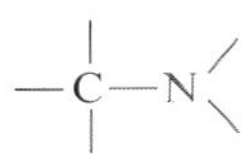	CH_3NH_2	Methylamine	*-amine*
Aldehyde	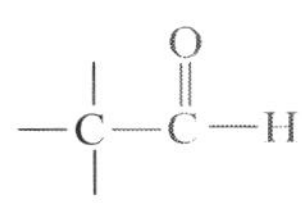	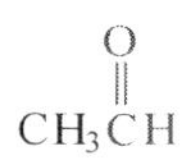	Ethanal (Acetaldehyde)	*-al*
Ketone	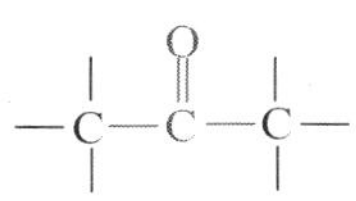		Propanone (Aceton)	*-one*
Carboxylic acid	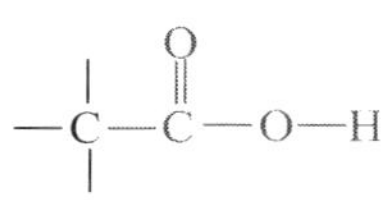		Ethanoic acid (Acetic acid)	*-oic acid*
Ester	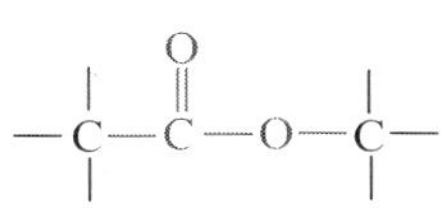		Methyl ethanoate (Methyl acetate)	*-oate*
Amide	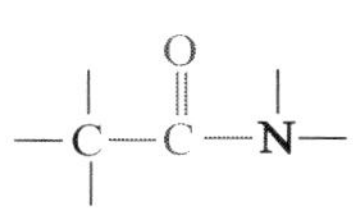		Ethanamide (Acetamide)	*-amide*

4.2 막대형 액정분자의 배열과 종류

최초에 발견된 콜레스테롤의 분자 배열은 사실 나선 구조(helical structure) 배열을 하고 있다. 이로 인해 이러한 형의 배열을 콜레스테릭(cholesteric)이라고 명명되었으며 비교적 복잡한 형태의 분자배열에 속한다. 그 후에 많은 액정분자가 발견되었는데 콜레스테릭 형태보다는 단순한 형태인 경우가 대부분을 차지한다. 액정의 배열 양식에 따라 다음과 같이 세 가지로 분류된다.

네마틱(nematic) 액정

막대형 액정 분자가 거의 일정한 방향으로 향하고 있으며 층상구조를 갖지 않는 액정이다. 액정분자 하나는 그 길이가 보통 2-3 nm 정도이고 폭이 0.5 nm 정도의 크기를 갖는다. nematic은 그리스어로 섬유를 뜻한다. 그림 4.5는 일반적인 네마틱 액정 구조를 보여주고 있다.

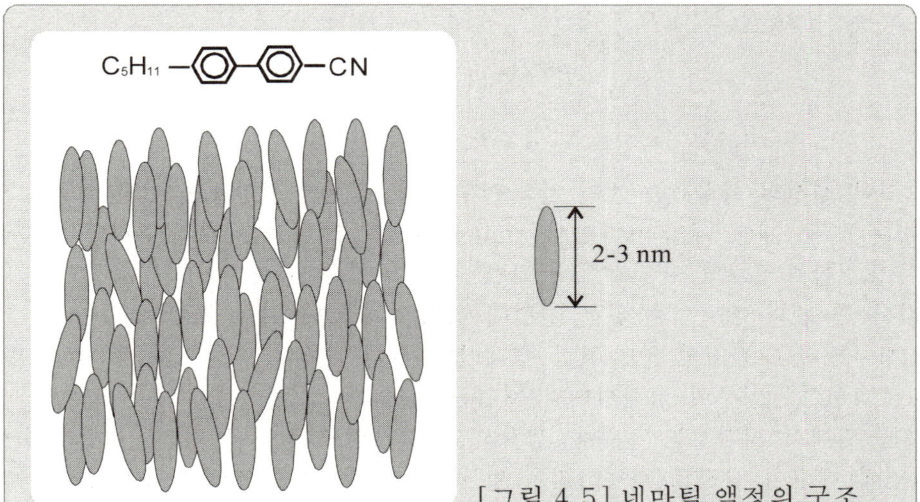

[그림 4.5] 네마틱 액정의 구조.

이러한 네마틱 액정분자는 단일결합 부분을 잘 회전시키면 좌우대칭의 배열이 되는 구조를 갖고 있다. 그림 4.6은 그림 4.5에서 보여준 대표적인 네마틱 액정분자인 para-pentyl-biphenyl의 입체적 구조를 나타낸다. 왼쪽부분이 펜틸기로서 이 원자단은 모두 단일결합을 하고 있다. 탄소에 결합된 네 개의 단일결합은 정사면체를 하고 있으며, 각각의 탄소는 지그재그로 배열되어 있으나 같은 평면, 즉 지면에 놓여 져 있다. 반면에 수소는 지면에 대하여 앞과 뒤로 배열되어 있다.

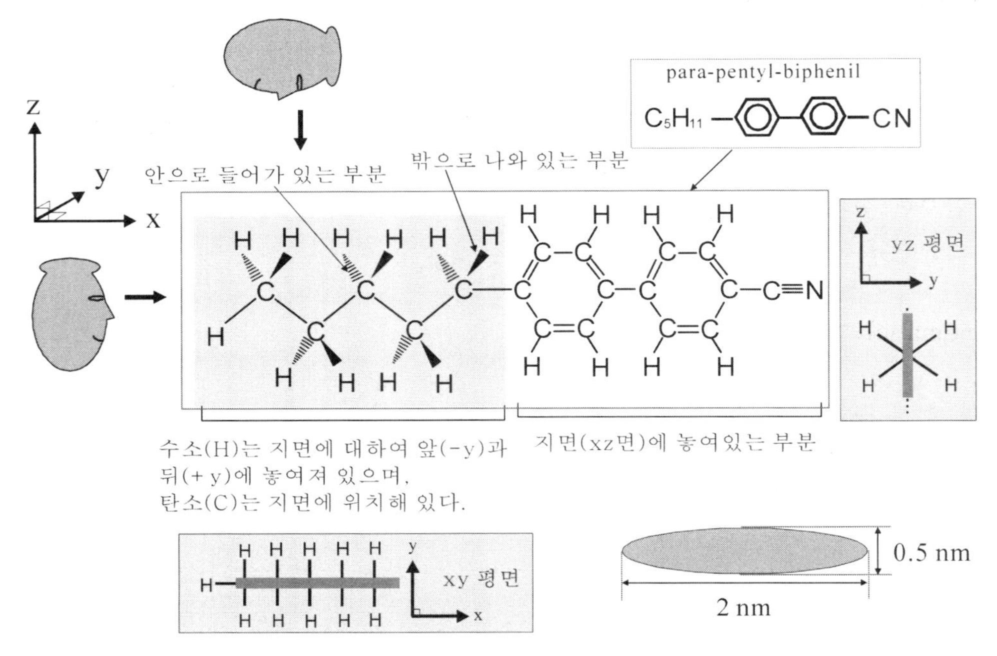

[그림 4.6] 네마틱 액정의 입체적 구조.

그림에 있어 **실선의 화살표는 지면 앞으로의 방향, 점선의 화살표는 지면 뒤로의 방향**을 나타낸다. 가운데 두 개의 페닐기(따라서 diphenyl라고 부른다)는 각각 3개의 이중결합을 갖고 있다. 2중결합과 2개의 단일결합을 갖는 탄소 결합은 서로 120°의 각을 이루며 평면적이다. 따라서 두 개의 페닐기는 같은 평면에 위치하며 지면 위에 놓여져 있다.

오른쪽 시아노기는 탄소의 3중 결합 형태이다. 3중 결합과 단일 결합을 갖는 탄소결합인 경우는 서로 180°를 이루며 직선형태의 배열을 한다.

이 분자를 위에서 쳐다보는 경우를 생각하자. 그러면 펜틸기에 있는 10개의 수소가 탄소축, 즉 지면에 대하여 상하로 나누어짐을 알 수 있다(쳐다보는 방향을 z축이라고 하면 xy평면에 해당되며 이 평면에 대칭을 이룬다). 다음으로 지면의 왼쪽(혹은 오른쪽) 방향에서 쳐다보면 펜틸기의 수소 10개가 바라보는 방향에 대하여 상하좌우로 배열되어 있음을 알 수 있다(yz 평면에 대칭). 어느 쪽에서 쳐다보아도 좌우대칭 구조를 갖고 있다. 따라서 이 분자가 1축성 배열이 되는 것은 단일결합 부분을 적당히 회전시키면 좌우대칭 구조가 되기 때문이다. 이러한 분자의 입체구조에 대해서는 11장을 참고하기 바란다.

스멕틱(smectic) 액정

분자의 모양은 네마틱 액정과 같은 막대 형태를 갖고 있으나 층상 구조를 하고 있다. 이웃하는 층 사이의 거리는 분자의 길이와 비슷하다. 평면 층에 수직 방향으로 분자의 방향자가 향한다. 네마틱 액정보다 규칙성이 높으며 점성도(viscosity)도 높다. smectic은 그리스어로 비누를 뜻한다.

이러한 스멕틱 액정은 분자 중심이 3차원 격자점에 위치하기는 하나 고체 결정격자와는 달리 격자점의 규칙성이 오직 1차원뿐이다. 즉 그림 4.7에서 보는 것처럼 분자 중심 위치는 z축 상에서만 규칙성을 갖고 $x-y$ 평면에서는 불규칙하다. 이러한 분자 중심 위치의 질서를 병진 질서도(translational order parameter)라고 부른다. 스멕틱 액정은 2차원적인 병진 질서도는 갖고 있지 않기 때문에 2차원 액체 상태라고 볼 수 있다. 다시 말해 2차원 평면(그림에서 $x-y$면)에서는 분자 중심은 자유스럽게 변할 수 있다. 그러나 분자 중심은 이러한 평면 위에 있으며 평면의 법선 방향으로는 자유롭게 움직일 수 없다.

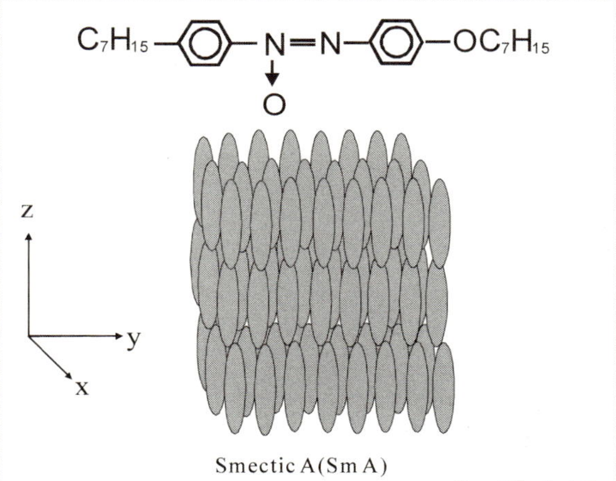

스멕틱 액정 중 A의 배열 모습이다.

[그림 4.7] 스멕틱 액정의 구조.

이러한 스멕틱 액정은 배열에 따라 A, B, C 등으로 나뉜다. 그림 4.7은 스멕틱 A형을, 그림 4.8은 C형과 C형 중에서도 나선형 배열을 하고 있는 구조를 나타내는 그림들이다. 스멕틱 A상은 층간의 방향자가 법선 방향과 일치하는 구조이다. 반면에 스멕틱 C상은 방향자가 법선 방향에 대하여 일정한 각도를 유지하는 배열로 되어 있다. 이러한 스멕틱 C상은 분자의 중심에서 벗어난 곳에 분자 장축과는 수직인 **영구 쌍극자(permanent electric dipole)**의 존재가 큰 역할을 하는 것으로 추측되고 있다. 즉, 영구 쌍극자와 유도 쌍극자간의 쌍극자-쌍극자 상호 작용에 의해 발생하는 퍼텐셜이 층의 면에 대하여 경사를 갖도록 한다는 것이다. 이러한 C상의 방향자가 층간에 일정한 방향을 갖지 않고 그림 4.8의 오른쪽 모양처럼 서로 다른 방향을 향하는 배열도 존재한다. 이때 방향자의 위치는 각 층의 $x-y$ 평면에서는 회전하고 있음을 알 수 있다. 이러한 배열상태를 카이랄 스멕틱 C상(chiral smectic C phase)이라고 부르며 SmC^*로 표기한다.

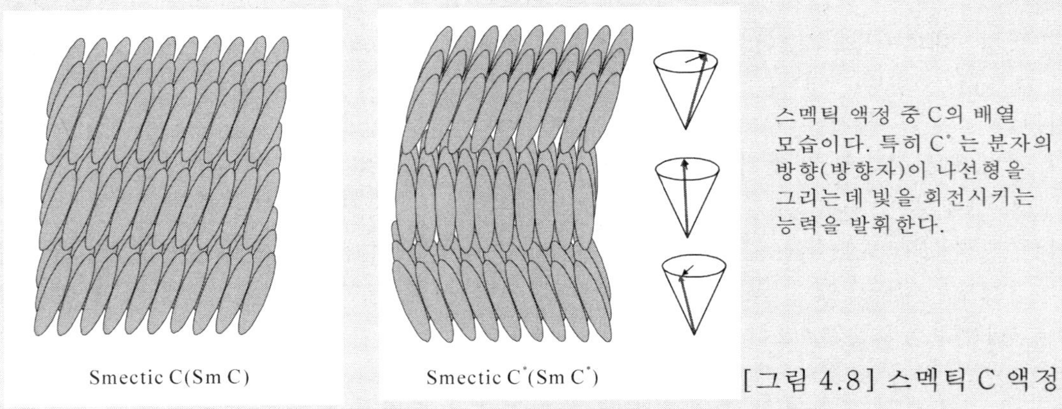

[그림 4.8] 스멕틱 C 액정.

콜레스테릭(cholesteric) 액정

콜레스테릭 상은 네마틱 상과 비슷하다. 그러나 콜레스테릭 상은 그림 4.9에서 보는 바와 같이 층간에 있어 나선형(helical)의 축을 따라 방향자의 변위가 존재한다.
이때 방향자 $\hat{n}$은 다음과 같이 주어진다.

$$n_x = \cos(\frac{2\pi z}{p}),\ n_y = \sin(\frac{2\pi z}{p}),\ n_z = 0 \tag{4.1}$$

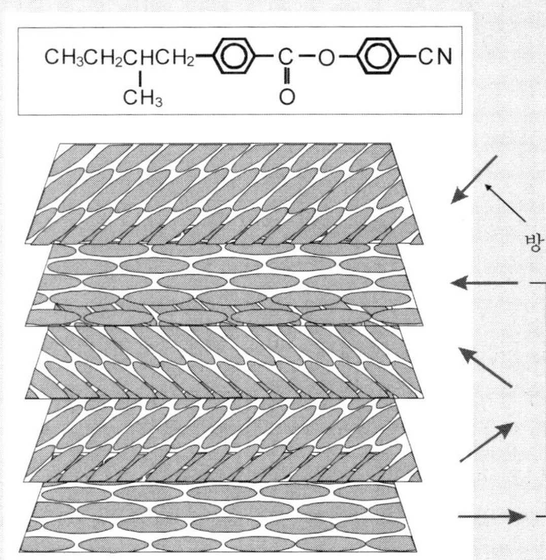

[그림 4.9] 콜레스테릭 액정과 분자 배열.

여기서 p는 방향자의 나선 회전 주기이다. 액정 분자의 앞과 뒤의 원자단 구조의 차이는 무시되므로 $\hat{n}$과 $-\hat{n}$은 동일하다. 따라서 반복주기는 $p/2$ 주기이다. 다시 말해, 콜레스테릭 상은 $p/2$ 주기마다 층상 구조를 갖는다. 콜레스테릭 액정의 이상(extraordinary) 축은 나선 축과 평행하다. 이미 언급한 대로, 콜레스테릭이라는 말은 이 상에 많은 콜레스테롤 유도체가 있다는 사실에서 나왔다.

또 다른 이름으로는 카이랄 네마틱(chiral nematic) 액정이라고도 부른다. 여기서 카이랄은 손을 의미하며(handed) 분자의 구조가 거울에 비추었을 때 왼손과 오른손의 관계를 가지는 데에서 나온 말이다. 화학에서 부르는 거울상이성질체의 한 종류이다. 이러한 구조를 갖고 나선형 배열을 한 물질은 오른 손잡이 형과 왼손잡이 형이 존재하며 이를 특별히 **광학이성질체**라고도 부른다. 이러한 광학이성질체는 빛을 원편광시키는 능력을 갖고 있으며 이를 광회전능(light rotatory power)이라고 한다. 이러한 분자는 비대칭 탄소(asymmetric carbon)를 갖는다.

다음으로 콜레스테릭 액정분자의 입체적 구조를 살펴보자(그림 4.10). 왼쪽의 원자단은 탄소 네 개로 이루어진 메틸기이다. 이 중 1, 3, 4번째 탄소는 좌우 대칭인 수소를 갖고 있다. 그러나 2번째 탄소는 4개의 원자가가 모두 다른 원자단으로 연결되어 있음을 알 수 있다.

탄소는 4가의 원자로서 이른바 네 개의 손을 갖고 있는데 이 중 2개가 동일한 원자(단)를 포함하면 좌우대칭인 구조가 될 수 있다. 그러나, 2번째 탄소인 경우 손에 달린 네 개의 원자단 모두 다르기 때문에 대칭성은 없게 된다. 그림 4.10에서 보는 것처럼 ① 수소(H),

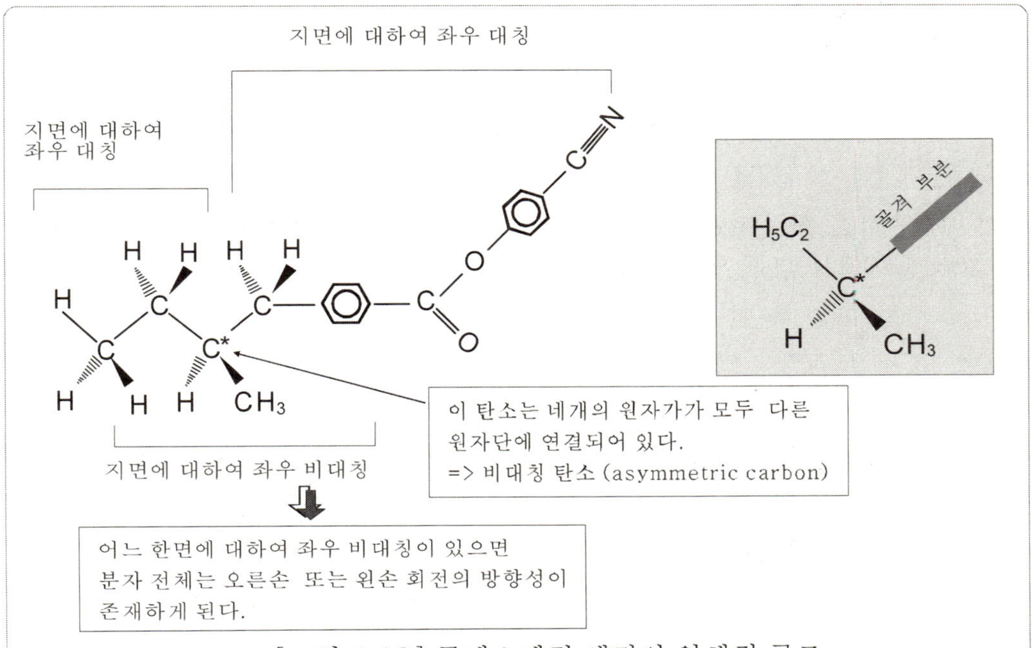

[그림 4.10] 콜레스테릭 액정의 입체적 구조.

② 메틸기(CH_3), ③ 에틸기(C_2H_5), ④ CH_2-페닐기(C_6H_4)-에스테르기((C=O)-O-)-페닐기(C_6H_4)-시아노(CN)로 구성되어 있다. 이와 같이 네 개 모두 다른 원자 또는 원자단을 갖는 탄소를 비대칭 탄소(asymmetric carbon)라고 부른다. 콜레스테릭 액정분자는 이러한 비대칭탄소를 갖고 있으며 좌우대칭이 없는 나선형 구조를 하고 있다. 그리고 비대칭탄소를 갖고 있으면 빛을 오른손 방향(right-handed) 혹은 왼손 방향(left-handed) 형태로 회전시키는데 이러한 물질을 광학이성질체라고 부른다.

그런데 비대칭탄소를 또 다른 말로 chiral 탄소라고도 불리는데, 이미 언급하였듯이 카이랄은 손(handed)이라는 뜻으로 왼손과 오른손이 거울상에 대하여 대칭이 아닌 데서 유래한다. 위에서 언급한 대칭성은 실물이 거울상과 모양이 같음을 의미하는데 비대칭탄소를 포함하는 분자는 대칭인 거울상이 없기 때문이다. 그림 4.11을 보라. 이러한 분자를 흔히 손대칭성 분자라고 하며 서로 오른쪽 회전과 왼쪽 회전의 나선형 배열을 하고 있다. 따라서 위에서 광학이성질체는 곧 거울상이성질체(enantiomers)를 뜻한다. 간혹 이러한 거울상 이성질체를 대장체(對掌體)라고 부르기도 하는데 일본식 한자 표기이다. 한자어로서는 의미가 있으나 어디까지나 한글로 표기하는 우리의 풍토상 이러한 표기는 적절하지 못하다.

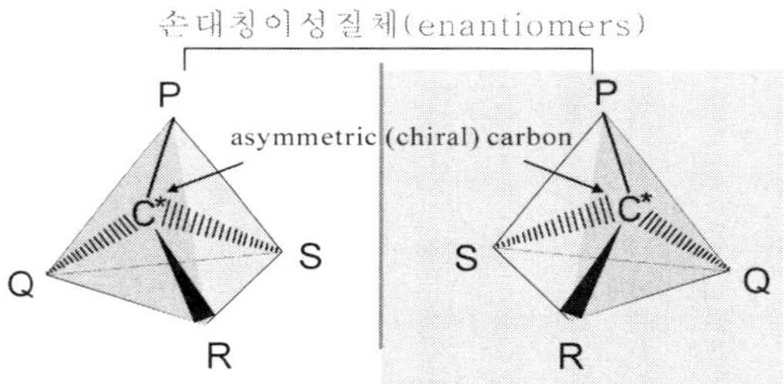

거울상이성질체 혹은 손대칭이성질체(enantiomers)는 거울을 중심으로 왼손과 오른손의 관계와 같은 대칭성을 갖는다.

[그림 4.11] 거울상이성질체.

여기서 오른손회전 혹은 왼손회전이라는 용어가 나왔는데 그 이유를 알아보기로 하자. 그림 4.12는 그림 4.10에서 다룬 액정의 구조를 카이랄 탄소를 중심으로 한 입체적 모형도이다.

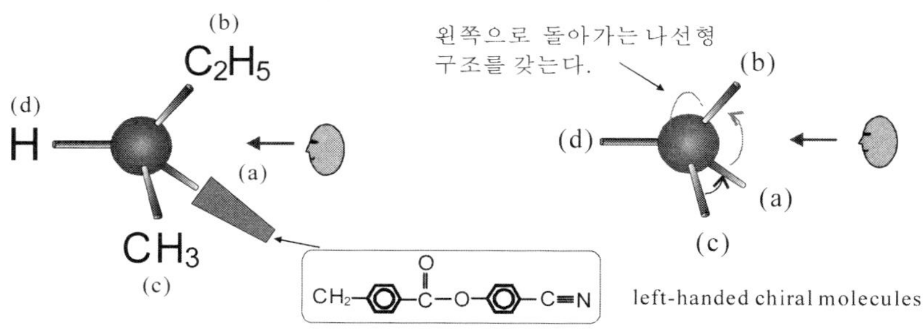

[그림 4.12] 콜레스테릭 액정분자의 회전성 구조.

이 분자가 두 개의 손대칭이성질체 중 어느 쪽이 오른쪽 방향이 되고 왼쪽 방향이 되는지 알아보자. 이 문제는 Chan, Ingold, Prelog 등이 고안하여 해결하였는데 다음과 같은 규칙을 따른다.

① 비대칭 탄소, 즉 입체 중심에 연결된 4개의 그룹에 우선권 a, b, c, d를 정한다. 이중 원자번호가 작은 그룹이 우선권이 작은 d이다. 다음으로 원자번호가 큰 것이 c에 해당되며, 차례로 b와 a가 결정된다.

② 입체 중심에 곧바로 연결된 원자의 원자번호에 따라서 우선권을 정할 수 없는 경우는 정해지지 않은 그룹의 원자들의 다음 조합을 살펴본다. 이러한 과정을 우선권이 정해질 때까지 계속하고 처음 달라지는 점에서 우선권을 정한다. 위의 규칙을 보기를 든 콜레스테릭 액정분자에 적용해 보자. 4개의 원자 중 1개는 수소이며 나머지 3개는 같은 탄소원자이다. 따라서 수소원자가 d에 해당한다. 3개의 탄소원자들은 ①번 규칙으로는 우선권을 부여할 수 없다. 따라서 ②번을 적용하면 다음 조합은 (C, H, H, H), (C, H, H, C), (C, H, H, C)임을 알 수 있다. 따라서 메틸기(CH_3)가 c이다. 나머지 두개는 두 번째 조합에서도 같은 원자번호를 갖고 있는데 결국 3번째 조합에서 우선권이 결정된다. 세 번째 조합에서는 (H, H, H), (C, C)이므로 결국 에틸기(C_2H_5)가 b 그리고 CH_2-페닐기(C_6H_4)-카복실기((C=O)-O-)-페닐기(C_6H_4)-시아노기(CN)가 우선권이 가장 높은 a가 된다.

③ **이제 구조식을 회전하여 가장 낮은 우선권을 갖는 d(여기서는 수소)가 바라보는 눈에서 가장 멀리 보이도록 한다(그림 4.11). 그 다음 a에서 b, b에서 c로 따라간다. 이때 방향이 시계 방향이면 그 손대칭 이성질체는 오른쪽 회전(R: rectus, 라틴어로 오른쪽의 뜻)이며, 반시계 방향이면 왼쪽 회전(S: sinister, 라틴어로 왼쪽을 뜻함)으로 표시한다.** 보기를 든 콜레스테릭 액정분자는 보다시피 왼손회전 이성질체이다.

4.3 디스플레이 액정의 종류

액정은 고체인 결정 상태와 액체 상태의 중간 성질을 갖고 있다는 의미로 중간상(mesophase)이라고도 불린다. 그런데 이러한 상변화는 물질의 온도를 변화 시키는 과정에서 출현될 수 있는데 이렇게 온도 변화에 따른 액정 상을 온도방향성 액정(thermotropic liquid crystal)이라고 한다. 질서도는 온도 상승에 따라 낮아진다. 스멕틱 상과 네마틱 상의 양방향성을 갖는 물질은 온도 상승에 따라 결정상으로부터 스멕틱 상으로 변하고 그 다음으로

<표 4.2>주요 네마틱 액정의 종류와 온도범위

약칭	구조식	안정온도범위
PAA (p-azoxyanisole)	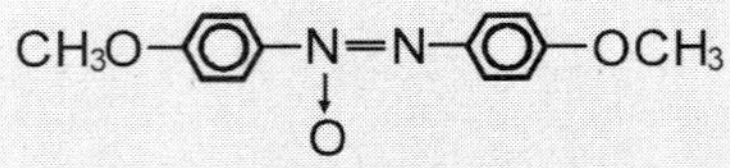	118 - 135 °C
MBBA (p-methoxybenzylidene-p-butylaniline)	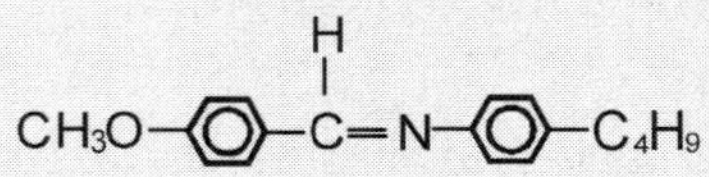	21 - 47 °C
5CB	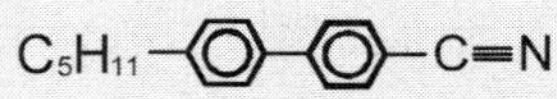	22.5 - 35 °C

네마틱 상을 거쳐 액체 상태로 변한다. 이러한 변화를 상변화라고 부르며 상이 변화하는 온도를 **상전이온도**라고 한다. 온도변화에 따른 상전이는 온도가 올라갈 때와 온도가 내려갈 때 달라지는 경우가 존재할 수 있다. 이때 어느 한 방향으로 만의 온도 변화에 상전이가 일어나는 경우를 단방향 상전이(monotropic phase transition)이라고 부르며, 양쪽 변화 방향으로 상전이가 일어나는 경우를 양방향 상전이(enantiotropic phase transition)이라고 부른다.

디스플레이에 응용되는 액정 대부분은 네마틱 액정 물질이다. 이러한 디스플레이 액정은 액정재료가 네마틱 상을 유지하는 온도 범위 내에서만 동작할 수 있다. 다시 말해, 디스플레이에 응용되는 네마틱 액정 재료는 실온(room temperature)을 포함하는 광범위한 온도 범위에서 네마틱 상을 갖는 재료이어야 한다.

네마틱 액정 중의 하나는 PAA(p-azoxyanisole)이며 그 구조는 표 4.2에서 볼 수 있다. 이것은 다소 높은 온도 영역(118°C-135°C)에서 네마틱 상을 이룬다. 이 액정 화합물은 1969년 H. Kelker가 상온에서 네마틱 액정인 MBBA를 만들기 전까지 광범위하게 연구 되었던 액정이다. 두개의 벤젠 고리는 거의 평면 구조이며 대략적으로 길이가 $2nm$ 폭이 $0.5nm$ 인 막대기와 같다. MBBA(p-methoxybenzylidene-p-butylaniline)는 21°C와 47°C에서 네마틱 상을 갖는다.

5CB는 두 개의 벤젠 고리가 직접 연결되고(biphenyl core) 두 개의 단자가 각각 시아노기(cyano base; $C \equiv N$)와 펜틸기(pentyl base)로 이루어진 화합물로 보통 cyano-pentyl-biphenyl이라고 부른다. 이 화합물은 23°C와 35°C 사이에서 네마틱 상이다. 화학적인 안정성과 큰 이방성 유전 상수로 인해 디스플레이 분야에서 널리 쓰이고 있다.

디스플레이에 필요한 실용적인 액정 재료가 되려면 온도 범위뿐만 아니라 여러 가지 물성까지 고려되어야 한다. 따라서 한 가지만의 액정 재료를 가지고서는 디스플레이에 적당한 물성을 얻기가 힘들다. 결국 여러 가지 액정을 혼합하여 실용적인 액정 재료를 만드는데 이러한 액정을 혼합(mixture) 액정이라고 부른다.

4.4 액정분자의 극성과 전기쌍극자

액정분자에 전기장을 가하면 액정분자가 방향을 바꾸는 것은 이온결합성 원자단, 즉 극성기에 대하여 전기장의 힘이 작용하기 때문이다. 에스테르기에 있어 산소(O)와 탄소(C)의 전기음성도를 비교해 보면 산소가 음극으로 탄소가 양극으로 극성이 형성됨을 알 수 있다. 왜냐하면 산소의 전기음성도는 3.5로 탄소의 2.5보다 크기 때문이다. 이러한 전기 음성도는 원자의 전자 배치와 깊은 관련이 있다. 특히 원자의 최외각(가장 바깥쪽 껍질) 궤도에 자리잡고 있는 전자들이 중요한 역할을 담당한다. 보통 최외각 궤도에 들어갈 수 있는 전자 수에 비해 적게 자리 잡고 있으면 전자를 다른 원자에 주는 경향을 나타낸다. 이와 반면에 궤도에 전자가 거의 들어찬 경우에는 남아 있는 빈 공간에 다른 원자의 전자를 받는 경향이 강하게 된다. 이를 달리 말하면 전기음성도가 높으면 전자를 받는 힘이 강하며 전기음성도가 낮은 원소는 전자를 내주는 힘이 강하다. 따라서 주기율표에 있어 1족에 가까운 원자들이 7족에 가까운 원자들에 비해 전기음성도가 월등히 낮게 된다. 왜냐하면 1족에 있는 원자들은 보통 최외각 궤도에 전자 하나만을 갖고 있어 전자가 쉽게 탈출 할 수 있기 때문이다. 전자는 음의 전하를 갖고 있으므로 전자가 빠져나간 원자는 양전하를 띠게 된다. 대표적인 원자들의 전기음성도를 보면,

Na(0.9) < Li(1.0) < H(2.1) < C(2.5) < N(3.0), Cl(3.0) < O(3.5) < F(4.0)

등이다. 이때 원자 간의 결합성은 결합하는 원자들에 있어 전기음성도의 차이가 작으면 공유결합(covalent bond)이 우세하고, 전기음성도의 차이가 크면 이온결합(ionic bond)이 우세하다.

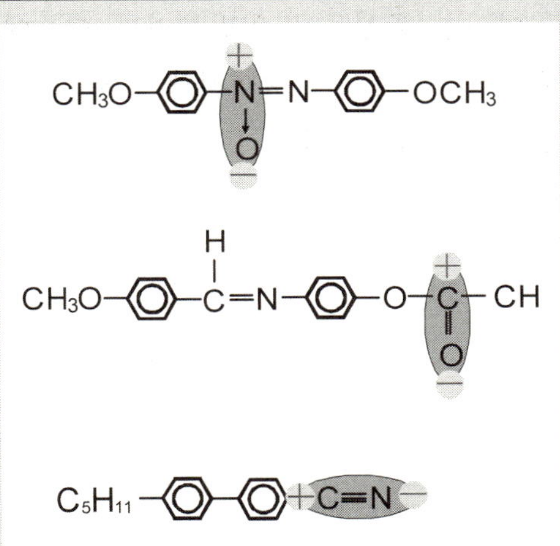

전기음성도는 원자가 전자를 받는 경향이 강할수록 높다. 원자의 궤도 구조에 있어 가장 바깥 껍질에 전자가 점유하는 상태에 따라 달라진다.
몇몇 원자들의 전기음성도의 크기 순서는 다음과 같다.

Na<Li<H<C<N<Cl<O<F

탄소(C)와 질소(N) 결합을 보면 질소가 탄소에 비해 전자를 더 잘 받기 (전기음성도가 높다)때문에 전하분포가 음으로되고 탄소영역은 양으로 된다. 전기 쌍극자가 생긴 것이다.

[그림 4.13] 액정분자의 극성과 전기음성도.

시아노기에 있는 질소(N)는 원자번호가 7로서 최외각 전자는 5이다. 그러나 전자의 궤도를 고려하면, 즉 $1S^2 2S^2 2P^3$이고 따라서 원자가는 +3이 된다. 그러면 탄소와 질소는 6개의 전자를 공유하며 3중 결합을 하고 있다. 탄소의 전기음성도(2.5)가 질소의 전기음성도(3.0)보다 작기 때문에 질소가 음극으로 탄소가 양극으로 된다.

이렇게 탄소와 질소 간에 전하의 분포가 양과 음으로 되면 액정 분자는 중요한 전기적 성질을 갖게 된다. 즉, 전기 쌍극자를 형성하게 되어 쌍극자 모멘트를 갖게 되는 것이다. 이러한 쌍극자 모멘트는 전기장에서 전기장의 힘을 받아 돌림힘(torque)을 갖게 되고 회전 운동을 하게 된다. 그림 2.6과 2.7을 다시 한 번 보기 바란다.

아족시기(azoxy)는 보다 복잡한 구조를 하고 있다. 질소와 질소 간에 네 개의 전자가 공유되고(화학적으로 혼성결합에 속함), 질소의 고립전자에 산소가 이어진 형태이다. 이것을 배위결합(coordination bond)이라고 부른다. 이러한 경우 질소보다 산소 쪽이 전자를 끌어당기는 힘이 강하여 질소 영역이 양의 전하로 산소 영역이 음의 전하로 분포된다. 질소가 산소에 배위하고 있다는 의미로 화살표(→)를 사용하여 표현한다.

전기쌍극자들은 상호간에 반데르발스힘이 인력으로 작용한다. 액정분자 역시 쌍극자 모멘트를 갖기 때문에 이러한 반데르발스힘이 존재하게 된다. 그런데 반데르발스힘은 인력이다. 그렇다면 분자 간에 인력만이 작용한다면 분자들은 모두 붙어버려 액체나 액정상태를 유지하지 못할 것이다. 당연히 분자간 거리가 너무 가까우면 척력이 작용하여 서로 붙지 못한다. 결국 가장 안정된 거리에서 상호작용을 하면서 서로 힘을 미치게 된다. 분자 간에 이러한 상호작용을 기술해 줄 수 있는 퍼텐셜 함수를 레너드-존스(Lennard-Jones) 퍼텐셜이라고 부른다.

다음부터는 액정이 갖고 있는 여러 가지 성질들을 자세히 알아보도록 한다. 표 4.3은 액정 중 앞에서 다루었던 두 액정 PAA와 MBBA에 대한 여러 가지 물리적 성질들에 대한 값들이다. 즉 밀도(density), 유전상수(dielectric constant), 굴절률(refractive index), 탄성계수(elastic constant), 점성도(viscosity) 등으로 이러한 물성들은 일반물리학 수준에서 어느 정도 다루는 기본적인 물리적 성질들이다. 표에서 $\epsilon_r^{\parallel}$은 액정의 방향자에 나란한 성분의 유전상수를 나타내며 $\epsilon_r^{\perp}$ 은 방향자에 수직인 성분의 유전상수이다.

<표 4.3> 네마틱 액정 PAA와 MBBA의 주요한 물리적 특성 값들.

물리적 상수	PAA	MBBA	참고사항
밀도(g/cm^3)	1.168	1.088	
유전상수			
$\epsilon_r^{\parallel}$	5.538	4.7	진동수 $\omega = 0$일 때
$\epsilon_r^{\perp}$	5.705	5.4	
유전상수			광학적 진동수에 의존할
$\epsilon_r^{\parallel}$		3.06	때(분산)의 값임. 굴절률과는
$\epsilon_r^{\perp}$		2.37	$n = \sqrt{\epsilon_r}$ 이다.
굴절률			
$n_e(n_{\parallel})$	1.829	1.75	나트륨 원자의 D-선
$n_o(n_{\perp})$	1.565	1.54	스펙트럼에 대한 척도임.
음파 속도(m/s)	1,340	1,540	
탄성계수($10^{-12}N$)			
K_{11}	4.5	6	퍼짐탄성도(splay)
K_{22}	2.9	4	비틀림탄성도(twist)
K_{33}	9.5	7.5	휨탄성도(bend)
점성계수			
α_1	4.3	6.5	
α_2	-6.9, -6.4	-77.5	
α_3	-0.2, -0.6	-1	
α_4	6.8, 8.3	83	
α_5	4.7, 2.5	46	
α_6	-2.3, -4.5	-35	

4.5 액정의 유전성

전하, 즉 전자가 자유롭게 이동할 수 있는 물질을 흔히 도체(conductor)라고 하며, 전하의 이동이 어려운 물질을 절연체(insulator)라고 한다. 특히 유리, 종이, 플라스틱 같은 절연체가 축전기(즉 전기장)에 놓여 있을 때 전기용량을 증가시켜주는 물질을 유전체(dielectrics)라고 부른다. 그러나, 일반적으로는 유전체라고 하면 절연체(부도체)에 한정되는 것은 아니다. 액정 역시 유전체에 속한다. 유전체는 전압을 걸어 주면 어느 정도 전도성을 띠게 되며 따라서 유한한 전도도, σ를 갖는다.

이러한 유전체가 전기장에 놓이게 되면 양의 전하와 음의 전하가 분리되어 배열이 되는데 이를 전기 쌍극자라고 부른다고 하였다. 그리고 이러한 쌍극자의 세기는 전하의 크기에 양전하와 음전하의 길이의 곱으로 나타내며 이를 쌍극자 모멘트(dipole moment)라고 한다. 보통 $p = qd$ 로 표기된다. 여기서 전하량, $q = 1.6\times 10^{-19}\,C$이며 d는 거리이다. 그리고 쌍극자 모멘트의 방향은 음의 전하로부터 양의 전하로 가는 방향이다. 이때 전기장에서 단위체적당 쌍극자 모멘트를 **분극(polarization)**이라고 한다. 액정물질의 유전체로서의 역할은 이러한 분극 정도에 의해 지배된다.

분극(polarization)

액정분자들은 물분자와 같이 영구 쌍극자 모멘트를 갖는다. 이러한 극성 액정 분자들이 전기장에 놓이게 되면 쌍극자들은 토크를 받아 전기장에 나란히 배열하게 된다. 이러한 분극 현상을 **방향 분극(orientational polarization)**이라고 한다. 그러나 전기장에 의한 쌍극자들의 방향(orientation)은 완전하지가 않다. 왜냐하면 분자의 열적 에너지에 의해 교란이 일어나 그만큼 분극이 약화되기 때문이다. 그렇다면 액정분자에 있어 유효 평균 쌍극자 모멘트가 의미를 가진다고 할 수 있다.

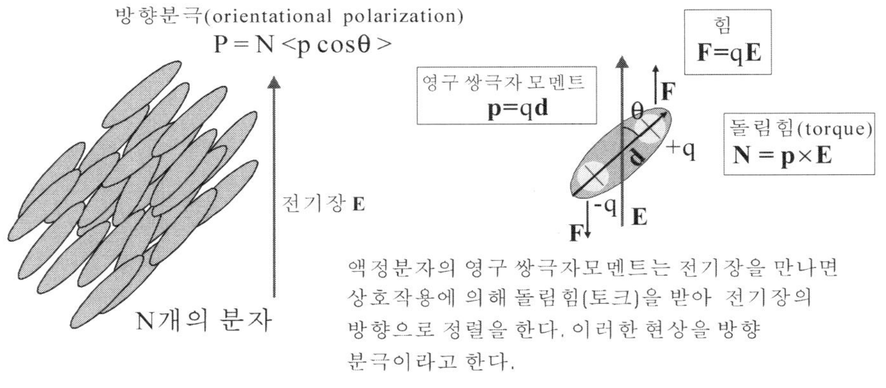

[그림 4.14] 액정분자의 쌍극자모멘트와 분극.

열역학과 통계법칙에 따르면 온도 T에서 에너지 E를 갖는 분자를 발견할 확률은 볼쯔만 식을 따르며, 분극은

$$P = Np_m = N < p_0 \cos\theta > \qquad (4.2)$$

으로 주어진다. 여기서 N은 단위체적당 액정분자의 수, p_0는 영구 쌍극자모멘트, p_m은 분자의 유효 쌍극자모멘트이다. 볼쯔만 관계식으로부터 유효 쌍극자 모멘트의 평균값을 구하면

$$P = N\frac{p_0^2}{3k_BT}E \qquad (4.3)$$

가 된다. 여기서 k_B 는 볼쯔만 상수이다. 분극과 전기장과의 비례를 분극도라고 부르며 보통 α로 표기한다. 따라서 분극도 α는

$$\alpha = \frac{p_0^2}{3k_BT} \qquad (4.4)$$

이며, 이를 **방향분극도(orientational polarizability)**라고 부른다. 5장에서 자세히 다루게 되며 유도된 식은 (5.57)로 주어진다. 그런데 위에서 계산된 결과는 한 개 액정분자의 쌍극자를 고려한 경우로서, 단위체적 안에 들어 있는 N개의 분자 수에서 1개를 제외시켜야 보다 정확한 결론을 얻을 수 있다. 이때 (N-1)개의 분자 쌍극자의 영향을 고려하는 경우 동공(cavity)의 중심에 작용하는 전기장은 γE가 된다. 여기서 γ를 동공 계수라 한다. 또한 동공 안에 쌍극자가 존재하면 외부의 (N-1)개의 쌍극자들에게 영향을 줄 수 있는데, 이러한 반전기장의 영향에 의한 계수를 D라 하자. 그러면 최종적으로 다음과 같은 방향 분극, P_o를 얻는다.

$$P_o = N\gamma D^2\frac{p_0^2}{3k_BT}E \qquad (4.5)$$

액정 분자는 외부 전기장에 의하여 방향 분극뿐만 아니라 유도 쌍극자에 의한 전자 분극(electronic polarization)도 일어난다. 즉 외부 전기장은 중성인 원자나 분자의 핵 주위에 있는 전자들의 궤도를 변형 시켜 양과 음의 전하 분포의 비대칭을 일으킬 수 있으며 이로 인해 쌍극자가 발생하게 된다. 이러한 쌍극자 발생을 **유도 쌍극자(induced dipoles)**라 한다. 이러한 유도 쌍극자에 의한 전자 분극은 극성을 갖는 분자는 물론 무극성인 분자에서도 발생한다.

보통 공꼴의 원자나 분자를 고려하였을 때의 전자 분극도를 α_e라 하면 전자 분극은 $N\alpha_e E$ 가 된다. 앞에서 다루었던 계수들을 포함시키면 전자분극 P_e은 다음과 같다.

$$P_e = N\gamma D\alpha_e E \qquad (4.6)$$

그렇다면 막대 모양의 액정 분자인 경우에는 분극이 어떻게 될 것인가? 이러한 경우 분극도는 분자 장축의 방향과 분자 단축의 방향 값이 다르게 나타난다. 그림 4.15를 보라. 장축의 분극도를 α_l, 단축의 분극도를 α_t라 하자. 액정 분자들이 전기장과 완전히 나란하다면 즉 분자 장축이 전기장과 나란하면 분극도는 $\alpha = \alpha_l$이 될 것이다. 이와 반면에 분자장축과 직교하는 전기장에 대한 분극도는 $\alpha = \alpha_t$가 될 것이다. 그러나 현실적으로 분자 장축의 평균

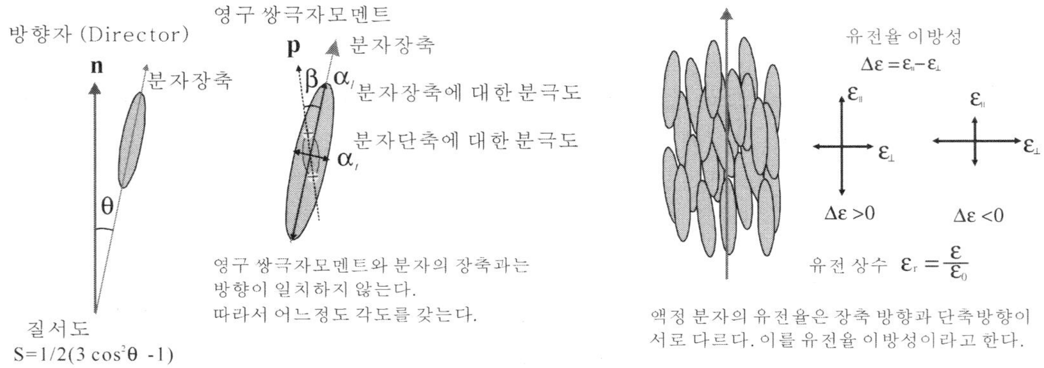

[그림 4.15] 액정분자의 분극도와 유전율의 성분.

방향 즉 방향자(director)와 전기장과의 각도 θ를 고려하여야 한다. 그러면 전기장의 방향과 분자의 장축 방향과 경사각을 이룰 경우 분극도는 α_l과 α_t의 평균값을 갖게 된다. $\theta=0^0$일 때의 분극도를 $\alpha_{\|}$라 하고, $\theta=90^0$일 때의 분극도를 $\alpha_{\perp}$라 하자. 또한 방향 분극에 있어서 $\theta=0^o$ 일 때의 방향 분극을 $P_o^{\|}$, $\theta=90^o$ 일 때의 방향 분극을 $P_o^{\perp}$ 라 하자. 액정분자가 갖고 있는 영구 쌍극자와 분자 장축의 방향을 결합하려면 그림 4.15와 같이 영구 쌍극자의 모멘트 방향과 분자 장축의 방향과의 각도를 고려하면 된다.

이때 분자 장축의 방향 질서도를 고려하면 영구 쌍극자에 의한 방향 질서도는 $S(p)_{\|}$과 $S(p)_{\perp}$의 두 가지 인자를 도입할 수 있다. 그러면,

$$P_o^{\|}=N\gamma D^2 S(p)_{\|}\frac{p_0^2}{3k_BT}E \tag{4.7}$$

$$P_o^{\perp}=N\gamma D^2 S(p)_{\perp}\frac{p_0^2}{3k_BT}E \tag{4.8}$$

가 된다. 액정 분자의 분극은 방향분극과 더불어 전자분극까지 고려해야 하므로 최종적으로 다음과 같은 결론을 얻는다.

$$P_{\|}=N\gamma D(\alpha_{\|}+\frac{DS(p)_{\|}p_0^2}{3k_BT})E \tag{4.9}$$

$$P_{\perp}=N\gamma D(\alpha_{\perp}+\frac{DS(p)_{\perp}p_0^2}{3k_BT})E \tag{4.10}$$

여기서,

$$\alpha_{\parallel} = \frac{1}{3}[\alpha_l(1+2S)+2\alpha_t(1-S)] \ , \tag{4.11}$$

$$\alpha_{\perp} = \frac{1}{3}[\alpha_l(1-S)+\alpha_t(2+S)], \tag{4.12}$$

$$S = \frac{1}{2}(3\cos\theta - 1), \tag{4.13}$$

$$S(p)_{\parallel} = 1-(1-3\cos^2\beta)S, \tag{4.14}$$

$$S(p)_{\parallel} = 1+1/2(1-3\cos^2\beta)S \tag{4.15}$$

이다.

유전율

유전체의 분극은 전기장의 세기에 비례하는 관계로 유전적인 성질을 P/E로 나타내는 것이 더 적절하다. 이러한 양을 나타내는 물리량을 유전율(permittivity)이라고 하며 ϵ으로 표시된다. 진공 중에서의 유전율은 $\epsilon_0 = 8.85\times10^{-12}F/m$이고, 유전체의 유전율이 ϵ_0값의 몇 배를 나타내는 양을 유전상수(dielectric constant)라고 하는 것이다. 여기서는 유전상수를 ϵ_r로 표기하기로 한다. 즉 $\epsilon = \epsilon_r\epsilon_0$이다. 그림 4.15를 다시 한 번 살펴보라.

액정 분자들의 방향자(director)에 평행한 전기장에 대한 유전 상수를 $\epsilon_r^{\parallel}$, 직교하는 전기장에 대한 유전 상수를 $\epsilon_r^{\perp}$라 하자. 그리고 그 차이를 $\Delta\epsilon_r = \epsilon_r^{\parallel} - \epsilon_r^{\perp}$ 라 할 때 이 값을 유전 이방성(dielectric anisotropy)라고 부르며 다음과 같이 주어진다.

$$\Delta\epsilon_r = \frac{N\gamma D}{\epsilon_0}(\Delta\alpha - \frac{D\Delta S(p)p_0^2}{3k_BT}) \tag{4.16}$$

여기서, $\Delta\alpha = \alpha_{\parallel} - \alpha_{\perp}$, $\Delta S = 3/2(1-3\cos^2\beta)S$ 이다.

디스플레이에 적용되는 혼합물 액정 재료는 비교적 큰 쌍극자 모멘트를 갖는 화합물을 포함하고 있는 경우가 많다. 따라서 유도 분극에 의한 전자 분극의 효과는 무시할 수 있을 정도이다. 다시 말해서, 일정 온도 범위에서 액정 물질의 유전 이방성은 다음과 같은 양에 비례한다고 볼 수 있다.

$$\Delta\epsilon_r \propto -p_0^2(1-3\cos^2\beta)S \tag{4.17}$$

경사각이 $\beta \leq 55^0 (\approx \cos^{-1}(1/\sqrt{3}))$ 이면 유전 이방성은 양, 이 각도보다 작은 범위면 음의 값을 갖는다. 분자 구조상 $\Delta\epsilon_r$ 의 값을 크게 하기 위해서는 쌍극자 모멘트 p_0 가 커야 하며 분자 장축에 대하여 각도를 0° 또는 90° 가까이 유지하는 것이 유효하다. 분자 배열의 질서성에 관련해서는 S에 비례한다. 유전상수 성분들은 다음과 같이 주어진다.

$$\epsilon_r^{\parallel} = 1 + \frac{N\gamma D}{\epsilon_0}[< \alpha_{\parallel} > + D\frac{< p_{\parallel}^2 >}{k_B T}], \tag{4.18}$$

$$\epsilon_r^{\perp} = 1 + \frac{N\gamma D}{\epsilon_0}[< \alpha_{\perp} > + D\frac{< p_{\perp}^2 >}{k_B T}], \tag{4.19}$$

$$< p_{\parallel}^2 > = \frac{1}{3}p_0^2[1 - (1 - 3\cos^2\beta)S], \tag{4.20}$$

$$< p_{\perp}^2 > = \frac{1}{3}p_0^2[1 + \frac{1}{2}(1 - 3\cos^2\beta)S]. \tag{4.21}$$

액정 분자가 갖고 있는 분극도 또는 영구 쌍극자 모멘트는 분자 궤도 이론에 기초하여 컴퓨터 시늉내기(computer simulation)에 의해 계산이 가능하며, 질서도 S에 값을 주면 현실적인 액정 화합물 재료의 유전 이방성을 얻을 수 있다.

유전 이방성 $\Delta\epsilon_r$ 은 액정을 구동시키는 데 결정적 요인인 문턱전압과 관계가 있다. 문턱전압은

$$V_{th} = \pi\sqrt{\frac{K_{11}}{\Delta\epsilon}} \tag{4.22}$$

이다. 여가서 K_{11} 은 다음에서 다룰 탄성계수의 한 종류이다. 따라서 유전 이방성의 값이 크면 그만큼 문턱전압이 낮아져 LCD의 효율이 좋아진다. MBBA와 같은 액정은 음의 유전이방성을 갖지만 대부분의 액정은 양의 유전이방성을 갖는다. 이러한 유전율은 온도에 의존하며 전기적인 들뜸의 진동수에도 의존한다.

네마틱 액정으로 채워진 평행판 축전기의 전기용량을 구하기 위해서는 액정의 정지유전율을 알아야 한다. 이러한 정지유전율은 교류 진동수를 $f = 1kHz \sim 10kHz$ 의 비교적 낮은 범위에서 측정한다. 그림 4.16을 보라.

나중에 자세히 다루게 되겠지만 유전율은 입사하는 빛의 진동수에 따라 그 크기가 달라지기도 한다. 물질의 빛에 대한 굴절률은 사실상 유전율과 직접 관련된다. 즉 굴절률과 유전상수는 대략 $n = \sqrt{\epsilon_r}$ 와 같은 관계를 갖는다. 표 4.3을 보라. 그리고 물질의 굴절률 즉 유전율이 진동수에 따라 달라지는 현상을 분산(dispersion)이라고 부른다.

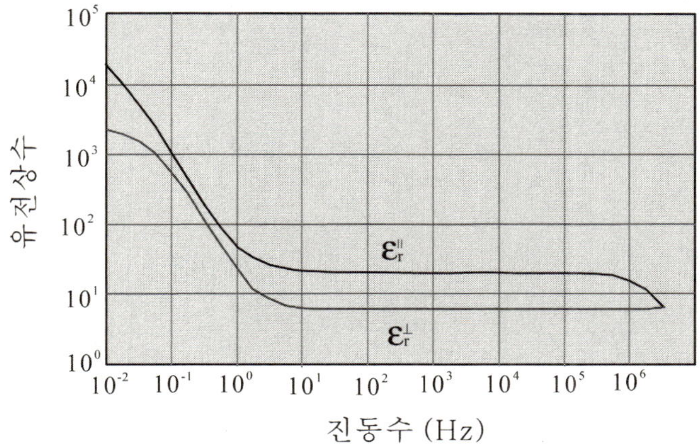

[그림 4.16]네마틱 액정분자의 진동수에 따른 유전율 분포도.

4.6 액정의 탄성과 점성도

탄성

고무판에 힘을 주고 손가락으로 누르면 굴곡이 생기고 그러한 힘을 제거하면 원래 상태로 되돌아가는 모습을 볼 수 있다. 이렇게 외부적인 힘에 의하여 물질이 왜곡이 되고 난 후 원래대로 되돌아가는 복원력의 성질을 탄성(elasticity)이라고 한다.

액정 물질 역시 이러한 탄성을 갖는다. 만약 액정의 표면에 외부적인 영향을 받아 굴곡이 생기면 전기장이 가해져도 액정의 방향자는 일정한 값을 갖지 못하게 된다. 분자들이 연속적으로 분포되어 있다고 가정한다면 액정물질의 복원력은 후크(Hooke)의 법칙으로 기술될 수 있으며 이때 선형적인 변위에 대응되는 비례상수를 탄성계수(elastic constant)라고 부른다. 즉 외력에 대한 복원력은 후크(Hooke)의 법칙으로부터

$$F = -Kx \tag{4.23}$$

이다. 여기서 K가 탄성계수이며 경우에 따라 용수철 상수 혹은 힘의 상수라고도 부른다. 일반적으로는 k로 표기된다.

외력에 의한 방향자에 대한 변형은 굴곡 변형(curvature strain)을 일으킨다. 이때 굴곡 변형 중 다음과 같은 변형을 각각 퍼짐(splay), 비틀림(twist), 휨(bend) 변형이라고 부른다. 즉,

$$splay: \ s_1 = \frac{\partial n_x}{\partial x}, s_2 = \frac{\partial n_y}{\partial y}, \quad (4.24)$$

$$twist: \ t_1 = -\frac{\partial n_y}{\partial x}, t_2 = \frac{\partial n_x}{\partial y}, \quad (4.25)$$

$$bend: \ b_1 = \frac{\partial n_x}{\partial z}, b_2 = \frac{\partial n_y}{\partial z} \quad (4.26)$$

이다.

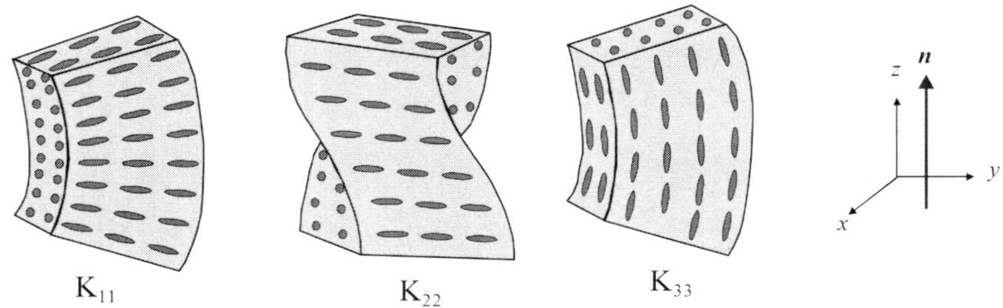

(a) 퍼짐(splay) (b) 비틀림(twist) (c) 휨(bend)

[그림 4.17]네마틱 액정분자의 변형과 이에 따른 탄성계수.

여기서 방향자의 방향은 z축과 일치하는 방향이며 x, y는 z축과 오른손 법칙을 따르는 방향이다. 그림 4.17을 보라.

비압축성 유체에 있어 변형에 대한 단위체적당 자유 에너지를 u라 하면 미세한 변형 에너지 밀도는 다음과 같이 주어진다.

$$\Delta u = \frac{1}{2}K_{11}(s_1 + s_2)^2 + \frac{1}{2}K_{22}(-t_1 - t_2)^2 + \frac{1}{2}K_{33}(b_1^2 + b_2^2) \quad (4.27)$$

여기서 세 가지 탄성계수인 K_{11}, K_{22}, K_{33}를 각각 퍼짐, 뒤틀림, 휨 탄성계수라고 부른다. 네마틱 액정들의 이러한 탄성계수들은 수에서 수십 $pN(10^{-12}N/m)$ 정도의 값들을 가진다. 표 4.3을 보라.

점성

이제 액정이 움직이는 경우를 생각해보자. 액정은 병진운동뿐만 아니라 상황에 따라 회전운동도 할 것이다. 만약에 점성이 존재하면 액정의 흐름은 방향자에 대하여 방향에 대한 변화율, 속도에 대한 변화율 등을 유발하게 된다. 다시 말해 방향자가 회전을 하게 되고 이러한 방향자의 회전은 다시 액정물질을 역으로 흐르게 할 수 있다. 그 영향으로 굴곡이 생긴다. 더욱이 액정물질에 따라 점성이 다르면 전기장에 의한 액정의 변화율은 물론 속도에 대한 응력도 다르게 된다. 이러한 액정의 흐름을 연구하는 것은 대단히 어려운 일에 속한다. 따라서 여기에서는 그 결과만을 다루고자 한다.

변형(strain)을 일으키는 힘을 변형력(stress)이라고 하며 일반적으로 단위면적당 힘으로 정의된다. 액체의 점성에 대한 점성 변형력은 다음과 같이 속도의 변화에 비례하는 것으로 알려져 있다. 가령 속도변화율을 한 방향으로만 생각한다면 점성 변형력은

$$\sigma_{vis} = \eta \frac{dv}{dx} \tag{4.28}$$

이다. 이때 η를 점성계수라고 부르며 그 단위를 프와즈(poise)라고 부르는데 이는 $g/cm \cdot s$에 해당된다.

[보기문제 1] 점성계수 단위가 $g/cm \cdot s$로 되는 이유를 증명하라.

풀이: 변형력은 단위면적당 힘이므로 점성변형력의 단위는 N/m^2이다. 속도의 차원은 m/s이므로 구하고자 하는 점성계수의 차원을 X라 두면

$$\frac{N}{m^2} = X\left(\frac{m}{s}\right)\left(\frac{1}{m}\right)$$

이다. 이로부터 $X = \frac{N \cdot s}{m^2}$이 된다. 그런데 힘의 단위는 $F = ma$로부터 $(kg)\left(\frac{m}{s^2}\right)$이므로

$$X = \left(\frac{kg \cdot m}{s^2}\right)\left(\frac{s}{m^2}\right) = \frac{kg}{s \cdot m}$$

가 된다. 이것은 세계공통단위($kg, meter, \sec$)로 나타낸 것으로 이를 $gram, cm, \sec$ 단위로 나타내면 바로 프와즈(poise) 단위가 된다. poise 단위는 세계적 공통 단위체계가 아님을 명심해야 한다.

이러한 점성계수는 다음과 같이 세 가지 성분으로 나눌 수 있는데 이를 Miesowicz 점성계수라고 부른다. 이에 해당되는 점성 흐름과 액정 방향과의 관계는 그림 4.18과 같다. 한

편 네마틱 액정에 대한 일반적인 6개의 점성계수를 Leslie 계수라 하는데 이를 α_1, α_2, α_3, α_4, α_5, α_6 라고 표기한다. 그리고 $\alpha_6 = \alpha_2 + \alpha_3 + \alpha_5$ 의 관계가 있어 사실상 독립계수는 5개이다. 이러한 계수들은 점성에 있어 병진운동과 회전운동에 대응되는 비례상수들이다. 그리고 Miesowicz 계수와 Leslie 계수들과의 관계는 다음과 같다.

$$\eta_1 = \frac{1}{2}(\alpha_3 + \alpha_4 + \alpha_6), \tag{4.29}$$

$$\eta_2 = \frac{1}{2}(-\alpha_2 + \alpha_4 + \alpha_5), \tag{4.30}$$

$$\eta_3 = \frac{\alpha_4}{2}. \tag{4.31}$$

그리고 $\eta_{12} = \alpha_1$ 이다. 회전 점성계수와 Leslie 계수와의 관계는 다음과 같다.

$$\gamma_1 = \alpha_3 - \alpha_2, \tag{4.32}$$

$$\gamma_2 = \alpha_6 - \alpha_5. \tag{4.33}$$

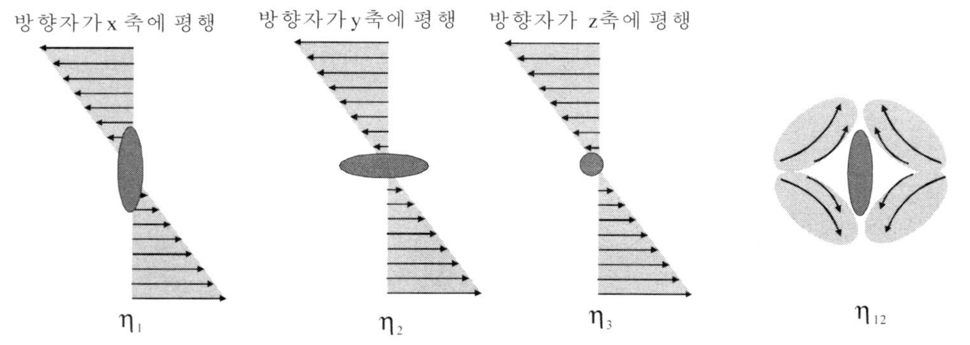

[그림 4.18] 네마틱 액정의 점성계수.

5장 | 액정과 유전체

이 장에서는 액정이 가지고 있는 성질 중 유전체라는 관점에서 살펴보기로 한다. 액정셀에 있어 액정층은 액정 전기용량을 가진다는 사실을 수차례 강조한 바가 있다. 이러한 전기용량은 사실상 축전기와 관련된다. 이 장을 통하여 액정의 전기적인 성질인 유전성은 물론 에너지 저장능력, 분극 등에 대한 기본 원리를 알아보기로 한다.

5.1 축전기

축전기(capacitor)는 전하 및 전기 에너지를 저장하는 장치이다. 보통 절연체에 의해 분리된 두 장의 금속판으로 되어 있다. 축전기는 그림 5.1처럼 두 개의 도체가 서로 다른 전하를 갖는 구조로 되어 있다. 라디오의 동조회로, 카메라의 플래시 등에 쓰이며 TV, 컴퓨터, 휴대전화, 디스플레이 패널 등 많은 전자 기기에 쓰이는 중요한 전기소자이다.

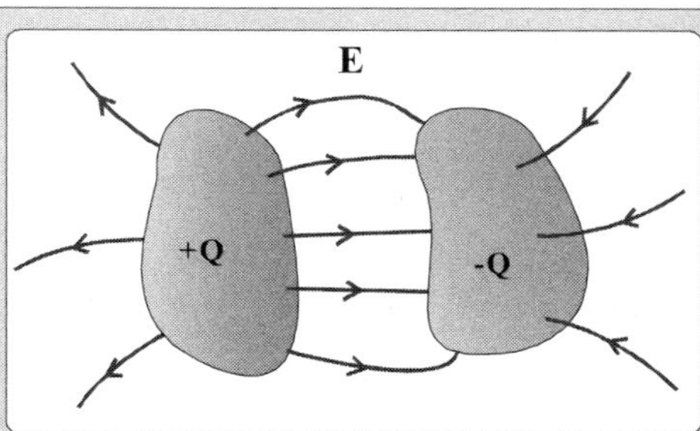

같은 크기의 전하를 갖는두 개의 도체를 하나는 음의 전하로 다른 하나는 양의 전하로 대전시켜 가까이 놓으면 전하가 저장된다.

[그림 5.1] 전하의 저장과 축전기.

이와 같은 축전기는 건전지와 같은 전원에 연결되어야 그 기능을 발휘할 수 있다. 그림 5.2에서와 같이 전지와 같은 전원을 축전기 양단에 연결하게 되면 축전기 한쪽 판에는 양의 전하가 다른 판에는 음의 전하가 저장된다.

당연히 양단에는 전위차가 발생하게 되는데 양전하로 대전된 도체의 전위가 음전하로 대전된 전위보다 크다. 따라서 전위차는 양전하 판의 전위 크기와 음전하 판의 크기 차이에 해당되는데 이러한 전위차를 V라 하자. 그러면 축전기에 저장되는 전하 Q는 축전기의 두 판 사이의 전위차 V에 비례한다. 따라서

$$Q = CV \tag{5.1}$$

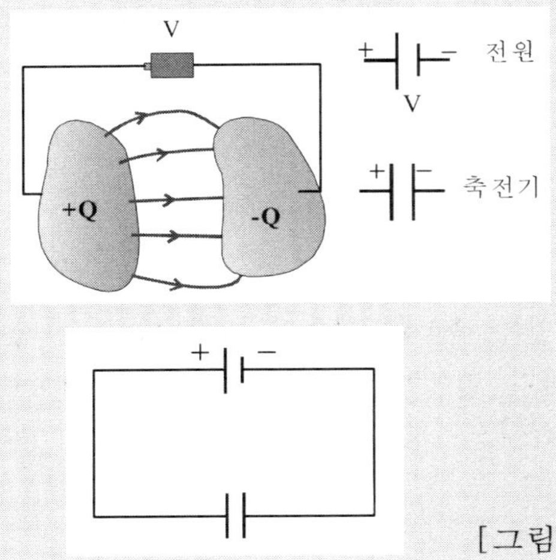

축전기에 전원을 연결하면 한 쪽에는 양의 전하가 다른 한 쪽에는 음의 전하가 축적된다.
전원의 크기는 전위차 단위인 Volt이다.

아래 그림은 축전기가 전원에 연결된 회로를 나타낸다.

[그림 5.2] 축전기와 전지(전원).

라고 쓸 수 있다. 이때 비례상수 C를 전기용량(capacitance)이라고 부른다. 그러므로 전기용량은

$$C = \frac{Q}{V} \tag{5.2}$$

로 주어지며, 단위는 Farad(F)이다.

$$1\,F = 1\,C/V \tag{5.3}$$

이러한 패럿의 단위는 너무 높아 보통 마이크로패럿(($1\,\mu F = 10^{-6}\,F$) 혹은 피코패럿($1pF = 10^{-12}\,F$)을 사용한다.

축전기에 있어 가장 간단한 형태는 두 개의 편평한 판으로 이루어져 있는 경우로 보통 평행판 축전기(parallel-plate capacitor)라고 부른다(그림 5.3). 판의 모서리에서 전기장이 휘는 것을 무시하면 내부에서의 전기장은 균일하다고 볼 수 있다. LCD에서 액정층이 이러한 평행판 축전기와 같은 구조를 갖는다.

그림 5.3에서 보듯이 판의 면적을 A, 두 판의 간격을 d라 하자. 그리고 두 판에는 반대 부호의 전하가 대전되어 있고 그 전하의 크기는 Q이다. 두 판 사이에서의 전기장은 가우스 법칙으로부터 얻을 수 있다. 즉,

$$E = \frac{Q}{\epsilon_0 A} \tag{5.4}$$

이다. 그리고 $V = Ed$ 이고 $C = Q/V$로부터 전기용량은 다음과 같이 주어진다.

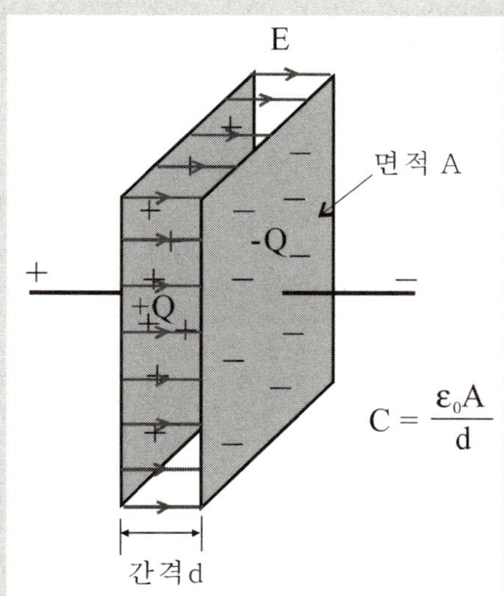

[그림 5.3] 평행판 축전기.

$$C = \frac{\epsilon_0 A}{d} \tag{5.5}$$

식 (5.5)는 **전기용량은 판의 면적에 비례하고 판의 간격에 역비례한다**는 것을 말해주고 있다. 따라서 전기용량을 증가시키기 위해서는 판의 면적을 크게 하고 간격을 최소화시켜야 한다. 그런데 식 (5.5)로부터 유전율의 단위가 Farad/meter로도 된다는 것을 알 수 있다. 즉,

$$\epsilon_0 = 8.85 \times 10^{-12}\, F/m \tag{5.6}$$

이다. 그리고 축전기가 액정과 같은 유전체로 채워져 있으면 그때의 전기용량은

$$C = \frac{\epsilon A}{d} \tag{5.7}$$

이다. 여기서 ϵ를 유전율(permittivity)이라 부르며 ϵ_0과의 관계는 다음과 같다.

$$\epsilon = \epsilon_r \epsilon_0 \tag{5.8}$$

이때 ϵ_r를 상대유전율(relative permittivity) 혹은 유전상수(dielectric constant)라고 부른다.

[보기문제 1] 면적의 크기가 $3\,cm \times 4\,cm$ 이고 액정층의 두께가 $5\mu m$ 인 LCD 판이 있다. 이 판에 $6\,V$의 전원이 연결되어 있을 때,

(a) 전기용량과

(b) 충전된 전하를 구하라. 네마틱 액정의 유전상수는 5.0이다.

[풀이]

(a) 판의 면적은 $A = 12\,cm^2 = 1.2 \times 10^{-3}\,m^2$ 이므로, 전기용량은

$$C = \frac{\epsilon A}{d} = \frac{(5.0)(8.85 \times 10^{-12}\,F/m)(1.2 \times 10^{-3}\,m^2)}{5 \times 10^{-6}\,m} = 10.6 \times 10^{-9}\,F$$

이다.

(b) $Q = CV$ 에서 축적된 전하의 크기는

$$Q = (1.06 \times 10^{-8}\,F)(6\,V) = 6.4 \times 10^{-8}\,C$$

이다.

축전기의 연결

축전기는 전기회로 부분에서 트랜지스터나 저항 등과 함께 쓰이는 소자 중의 하나이다. 종종 축전기는 하나 이상이 같은 회로에 연결되는 경우가 많으며 상황에 따라 직렬(serial)이나 혹은 병렬(parallel)로 연결되어 전기 요소에 필요한 전기용량을 공급한다. 다음 그림 5.4는 두개의 축전기가 전원에 직렬로 연결된 회로도를 보여주고 있다. 이렇게 두 개의 축전기가 직렬로 연결되었을 때 최종 등가(equivalent) 전기용량을 구해보기로 하자.

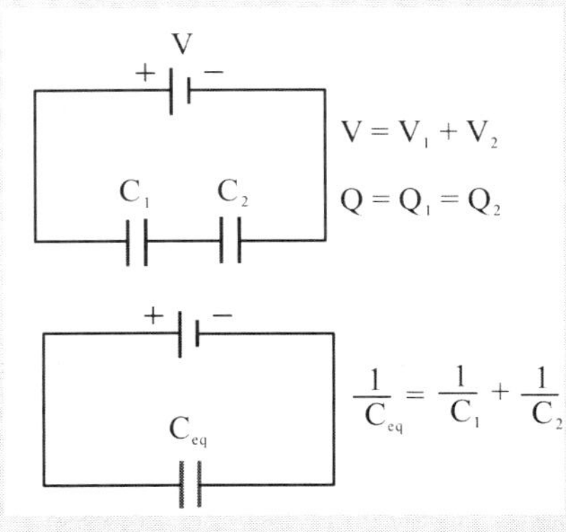

두개의 축전기를 직렬로 연결하면 등가 전기용량은 상대적으로 작은 용량의 크기로 접근한다.

[그림 5.4] 축전기의 직렬 연결.

먼저 우리는 전위차가 두 개의 축전기에 있어서 합으로 된다는 사실을 알아야 한다. 즉 $V=V_1+V_2$ 이다. 이러한 전위차는 이른바 퍼텐셜 개념이기 때문에 기하학적으로 전체 높이가 두개의 높이로 이루어지고 있다고 보면 이해가 쉽게 갈 것이다. 다음으로 주목해야 할 것은 전하의 양이다. 전하의 크기는 두 축전기에 같은 크기로 축적이 되며 이것이 총 전하의 크기와 같다. 왜냐하면 전원에서 하나의 회로를 따라 전하가 흘러나와(이렇게 전하가 흐르게 될 때 전류라고 부른다) 두 축전기로 흘러들어가기 때문이다. 따라서 이와 같은 전위차와 전하의 관계를 따르면,

$$V=V_1+V_2 \qquad (5.9)$$

$$Q=Q_1=Q_2 \qquad (5.10)$$

이다. $Q_1=C_1V_1, Q_2=C_2V_2$ 로부터 V_1과 V_2를 식 (5.9)에 대입하면

$$\frac{Q}{C_{eq}}=\frac{Q_1}{C_1}+\frac{Q_2}{C_2}=Q(\frac{1}{C_1}+\frac{1}{C_2})$$

와 같이 된다. 여기서 C_{eq}는 등가 전기용량을 의미한다. 따라서 두 개의 축전기가 직렬로 연결된 경우의 등가 전기용량은 다음과 같다.

$$\frac{1}{C_{eq}}=\frac{1}{C_1}+\frac{1}{C_2} \qquad (5.11)$$

물론 세 개 이상의 축전기가 직렬로 연결되어 있다면 위의 식에서 차례로 세 번째 축전기부터 전기용량의 역수를 더해주면 된다. 회로 설계에 있어 애당초 $1\mu F$의 축전기를 부착하기로 되어 있었는데 기술자의 실수로 $100\mu F$의 축전기를 달았다고 하자. 한번 부착된 축전기는 다시 떼어낼 수가 없다면 문제를 어떻게 해결해야 할까? 해결책은 이 축전기에 $1\mu F$의 축전기를 직렬로 붙여놓으면 된다. 왜냐하면 등가저항이 $C_{eq}=(100+1)/100\approx 1\mu F$ 이 되기 때문이다.

다음으로 축전기가 병렬로 연결되었을 때의 등가 전기용량을 구해보자. 이번에 먼저 주목해야할 점은 두 축전기에 있어 전위차가 같다는 사실이다. 왜냐하면 같은 높이의 전위차에 있기 때문이다. 다음으로는 총 전하가 두개의 전하로 분리된다는 점이라 할 것이다.

이와 같은 사실들은 그림 5.5를 보면 쉽게 이해가 가리라 믿는다. 즉

$$V=V_1=V_2$$

$$Q=Q_1+Q_2$$

이다. 그러면 쉽게

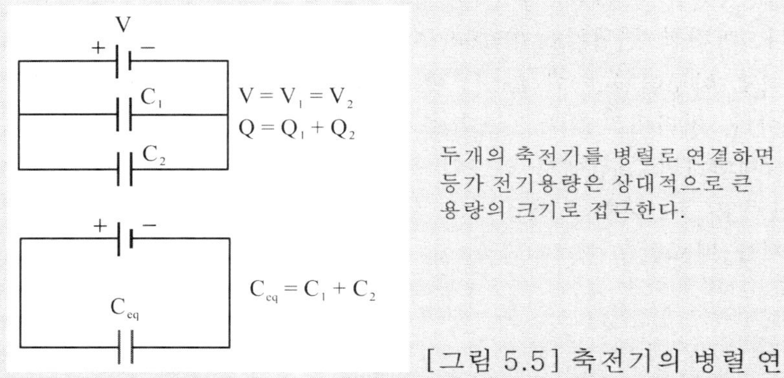

[그림 5.5] 축전기의 병렬 연결.

$$C_{eq}V = C_1V_1 + C_2V_2 = (C_1 + C_2)V$$

와 같은 결론을 얻는다. 이것은 등가 전기용량은 두 축전기의 전기용량을 더한 것으로 나타난다는 의미이다. 따라서 병렬로 연결된 두 축전기의 등가 전기용량은 다음과 같이 주어진다.

$$C_{eq} = C_1 + C_2 \tag{5.12}$$

물론 세 개 이상의 축전기가 병렬로 연결되어 있다면 추가된 만큼 더하여 등가 전기용량을 구한다.

[보기문제 2] 축전기 4개가 12 V의 전원에 그림 5.6처럼 연결되어 있다.
(a) 등가 전기용량을 구하라.
(b) 각 축전기에 축적된 전하와 전위차를 구하라.

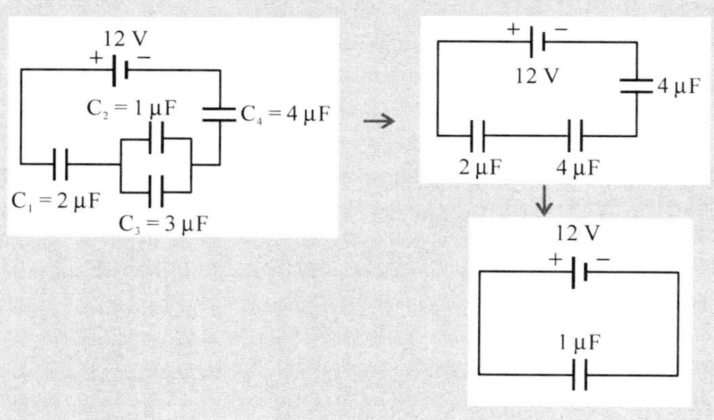

[그림 5.6] 축전기의 연결과 등가 전기용량

풀이: (a) 두 번째와 세 번째 축전기는 서로 병렬로 연결되어 있으므로 그 등가 전기용량은 $4\mu F$이다. 결국은 $2\mu F$, $4\mu F$, $4\mu F$ 등 세 개의 축전기가 직렬로 연결되어 있는 경우와 같으므로 최종 등가 전기용량은

$$\frac{1}{C_{eq}} = \frac{1}{2} + \frac{1}{4} + \frac{1}{4} = 1$$

$$\frac{1}{C_{eq}} = \frac{1}{2} + \frac{1}{4} + \frac{1}{4} = \frac{4}{4} = 1$$

이다. 즉 $C_{eq} = 1\mu F$ 이다.

(b) 직렬연결에서는 같은 전하를 갖는다. 따라서

$$Q = Q_1 = Q_4 = Q_2 + Q_3$$

인 관계가 성립된다. 그리고

$$Q = C_{eq} V = (1\mu F)(12\ V) = 12\mu C$$

이다. 따라서 $Q_1 = Q_4 = 12\mu C$ 이 된다. C_1과 C_4에서의 전위차는

$$V_1 = \frac{Q}{C_1} = \frac{12\mu C}{2\mu F} = 6\ V$$

$$V_4 = \frac{Q_4}{C_4} = \frac{12\mu C}{4\mu F} = 3\ V$$

이다. 따라서 C_2와 C_3에서의 전위차는

$$V_2 = V_3 = 12\ V - (6+3)\ V = 3\ V$$

가 된다. 따라서

$$Q_2 = C_2 V_2 = (1\mu F)(3\ V) = 3\mu C$$

$$Q_3 = C_3 V_3 = (3\mu F)(3\ V) = 9\mu C$$

이다.

축전기에 저장된 에너지

다음으로 축전기에 저장된 전기 에너지를 구해보자. 이러한 에너지는 축전기에 전하를 충전할 때 한 일과 같다. 한쪽 판에 있는 전하를 q, 두 판 사이의 전위차를 $V=q/C$라 하자. 그러면 음의 판으로부터 양의 판으로 무한히 작은 전하 dq를 운반하는데 필요한 일은

$$dW = Vdq = \frac{q}{C}dq$$

이다. 따라서 전하 Q를 전달하는데 행해진 총 일은

$$W = \int_0^Q \frac{q}{C}dq = \frac{1}{2}\frac{Q^2}{C} \qquad (5.13)$$

이 된다. 이러한 일은 퍼텐셜 에너지로 저장이 되며, $Q=CV$인 관계로부터

$$U = \frac{1}{2}\frac{Q^2}{C} = \frac{1}{2}QV = \frac{1}{2}CV^2 \qquad (5.14)$$

의 결과를 얻는다. 그림 5.7을 보라.

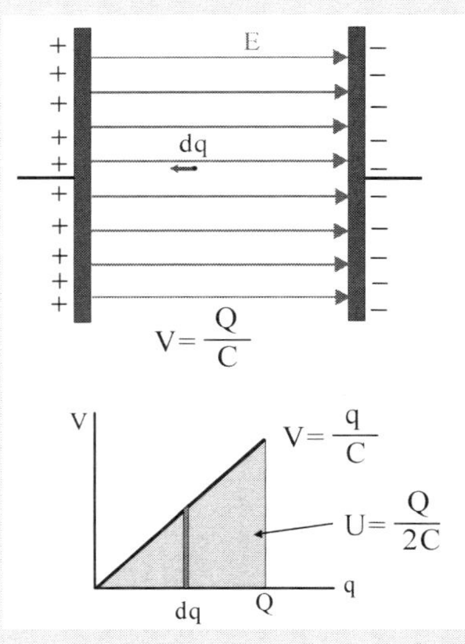

[그림 5.7] 축전기와 에너지 저장.

평행판 축전기에서 전기용량은 식 (5.7)로 주어지며 전위차는 $V=Ed$이므로 축적된 에너

지는 다음과 같다.

$$U = \frac{1}{2}CV^2 = \frac{1}{2}\frac{\epsilon A}{d}(Ed)^2 = \frac{1}{2}\epsilon E^2(Ad)$$

이 식에서 Ad는 체적에 해당되므로 단위체적당 에너지 밀도(J/m^3)는 다음과 같이 주어진다.

$$u = \frac{1}{2}\epsilon_r\epsilon_0 E^2 \tag{5.15}$$

위 식은 평행판 축전기라는 특수한 경우로부터 유도되었지만 일반적인 전기장에 대한 에너지 밀도 식과 동등하다.

[보기문제 3] 면적이 $40\,cm^2$이고 액정층 간격이 $5\,\mu m$인 LCD가 있다. 이 LCD에 $7\,V$의 전압이 공급되었을 때 다음의 값들을 구하라. 평행판 축전기로 가정하라. 액정의 유전상수는 $\epsilon_r = 4.5$이다.
(a) 전기용량; (b) 저장된 에너지; (c) 전기장; (d) 전기장의 에너지 밀도.

힌트: (a) $C = \epsilon_r\epsilon_0\frac{A}{d}$; (b) $U = \frac{1}{2}CV^2$; (c) $E = \frac{V}{d}$; (d) $u = \frac{1}{2}\epsilon_r\epsilon_0 E^2$.

5.2 유전체

축전기에 유전체(dielectrics)를 끼워 넣었을 때 전기용량이 어떻게 변하는지 자세히 알아보자. 그림 5.8에서와 같이 축전기의 두 판 사이에 아무것도 없는 진공 상태일 때의 전기 용량

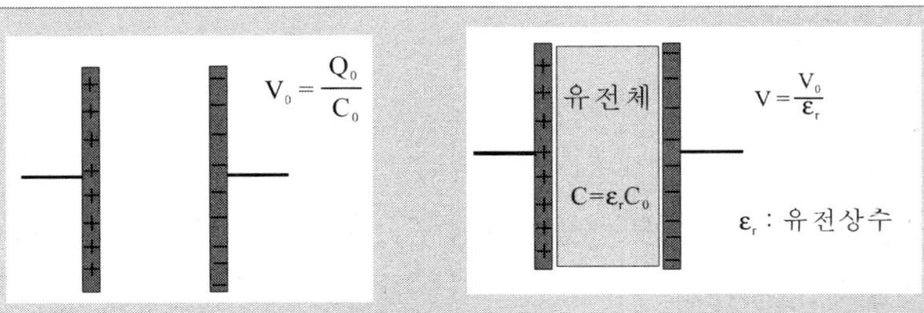

축전기에 유전체를 넣으면 전기용량은 유전체의 유전상수배로 증가한다.

[그림 5.8] 축전기와 유전체.

을 $C_0 = Q_0 / V_0$ 라 하자. 축전기 사이에 꽉 차게 유전체가 들어 있으면 두 판 사이의 전위차는 다음과 같이 감소한다.

$$V_D = \frac{V_0}{\epsilon_r}$$

여기서 ϵ_r 은 이미 언급을 하였듯이 유전상수이다.
전기장 역시 $E = Vd$ 로부터

$$E_D = \frac{E_0}{\epsilon_r}$$

으로 감소한다. 따라서 유전체가 있는 축전기의 전기용량은

$$C_D = \frac{Q_0}{V_D} = \epsilon_r C_0 \tag{5.16}$$

이다. 전기장이 존재할 때도 같은 결론을 얻을 수 있다. 한편 식 (5.5)로부터

$$C_0 = \frac{\epsilon_0 A}{d}$$

이고, 따라서

$$C_D = \epsilon_r C_0 = \epsilon_r \epsilon_0 \frac{A}{d} = \epsilon \frac{A}{d}$$

를 얻는데 이것이 식 (5.7)이다.

유전체와 분극 현상

이제 외부 전기장이 가해졌을 때 유전체의 내부는 어떠한 변화가 일어나는지 원자적 관점에서 살펴보기로 하자. 유전체는 원래 비극성분자이지만 외부 전기장이 가해지면 극성을 띠게 되는 물질인데 이는 물질 내부의 전하들이 재 분포하여 쌍극자 모멘트가 생기는 것을 의미한다. 따라서 물질의 **유전율은 외부 전기장이 가해졌을 때 물질에 있는 전하의 반응에 대한 척도**라고 할 수 있다. 반면에 물이나 액정 같은 극성분자는 양전하의 중심과 음전하의 중심이 서로 다른 전하 분포를 하고 있으며, 이러한 결과 영구 쌍극자 모멘트를 갖는다. 그림

5.9에서 보는 것처럼 축전기에 유전체를 삽입하여 전기장을 걸어보자. 전기장이 존재하지 않았을 때는 그림 5.9(a)에서 보는 바와 같이 분자의 쌍극자들은 멋대로 분포되어 있어 전체적으로 극성을 갖지 않는다. 그러나 외부 전기장이 가해지면 그림 5.9(b)에서 보는 것처럼 쌍극자들은 전기장의 방향으로 돌림힘(torque)을 받아 재배열된다. 이러한 재배열의 결과, 유전체의 내부에는 양의 전하와 음의 전하가 서로 상쇄되어 극성이 0이 되지만 유전체의 양 표면에는 서로 다른 극성이 발생하게 된다. 이러한 표면 전하는 자유스럽게 이동할 수 없는 전하로써 흔히 구속전하(bound charge)라고 부른다.

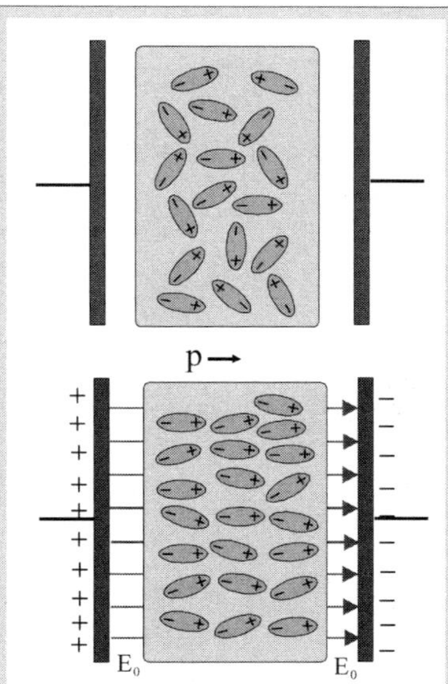

(a) 전기장이 없으면 유전체의 극성분자의 쌍극자들은 임의의 방향으로 배열된다. 따라서 전하 분포는 균일하다.

(b) 전기장이 가해지면 쌍극자들은 전기장의 방향으로 배열된다. 이로 인해 유전체의 양면에 알짜 전하가 발생하며 이들 전하를 구속전하라고 부른다.

[그림 5.9] 유전체와 전기장

그런데 이러한 구속전하의 부호는 인접한 축전기의 자유전하들과는 반대이다. **이러한 전하분리 현상을 분극(polarization)이라고 한다.** 그림 5.10을 보기 바란다.

구속전하들에 의해 유전체 내부에는 새로운 전기장 $\overrightarrow{E_b}$이 발생하게 되는데 이 전기장의 방향은 외부 전기장 $\overrightarrow{E_0}$과는 반대 방향이다. 따라서 유전체 내부에서의 알짜 전기장 $\overrightarrow{E}_D$는 유전체 안에서 유전상수 ϵ_r 만큼 감소된다. 즉,

$$E_D = E_0 - E_b = \frac{E_0}{\epsilon_r} \tag{5.17}$$

이다. 따라서

$$E_b = E_0(1 - \frac{1}{\epsilon_r}) = (\frac{\epsilon_r - 1}{\epsilon_r})E_0 \tag{5.18}$$

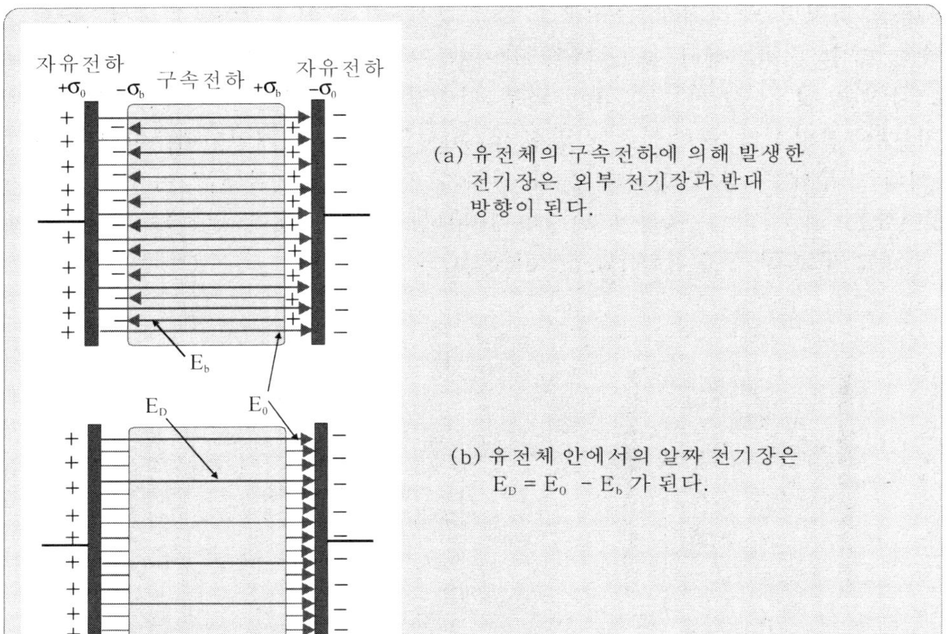

[그림 5.10] 유전체와 분극

이다. 그런데 $E_b = \dfrac{\sigma_b}{\epsilon_0}, E_0 = \dfrac{\sigma_0}{\epsilon_0}$ 이므로

$$\frac{\sigma_b}{\epsilon_0} = (\frac{\epsilon_r - 1}{\epsilon_r})\frac{\sigma_0}{\epsilon_0}$$

이고 다음과 같은 결론을 얻는다.

$$\sigma_b = (\frac{\epsilon_r - 1}{\epsilon_r})\sigma_0 \qquad (5.19)$$

유전체가 없는 경우 $\epsilon_r = 1$ 이므로 당연히 $\sigma_b = 0$을 얻는다. 유전체가 아니라 도체로 채워진다면 $\epsilon_r = \infty$라고 할 수 있으므로 $\sigma_b = \sigma_0$ 가 된다. 기체인 경우에는 분자의 밀도가 낮기 때문에 ϵ_r가 크지가 않다. 물인 경우 극성분자를 가지고 있으며 액체이기 때문에 분자를 새로운 방향으로 돌리는 것이 쉬워 큰 유전상수를 갖는다. 다음은 액정을 포함한 몇 가지 물질들에 있어서 유전상수의 값을 보여주는 표이다.

<표 5.1> 여러 가지 물질들의 유전상수(ϵ_r)

물질명	유전상수 ϵ_r	물질명	유전상수 ϵ_r
산화알루미늄(Al_2O_3)	4.5	네마틱액정(PAA, 125°C)	5.54($\epsilon_r^{\parallel}$) 5.71($\epsilon_r^{\perp}$)
유리	5-10	네마틱액정(MBBA, 25°C)	4.7($\epsilon_r^{\parallel}$) 5.4($\epsilon_r^{\perp}$)
나일론	3.5	벤젠(0°C)	2.3
폴리에틸렌	2.3	증류수(0°C)	87.8
수정(SiO_2)	4.3	증류수(20°C)	80.1
소금(NaCl)	6.1	공기(1 atm)	1.00059
황	4.0	이산화탄소(1 atm)	1.000985
산화실리콘(SiO_2)	3.9	게르마늄(Ge)	16.0
실리콘(Si)	11.7	갈륨아세나이드(GaAs)	13.1

[보기문제 4] 면적이 A이고 판 간격이 d인 평행판 축전기에 두께가 l인 유전체가 끼워져 있다. 유전체의 유전상수는 ϵ_r이다. 유전체 판을 넣기 전에는 전지가 연결 되지 않았다고 가정하고서 전기용량을 구해보라.

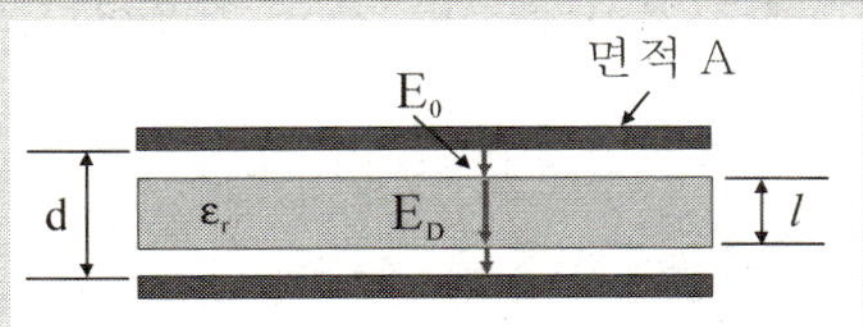

전기 용량을 계산하기 위해서는 평행판 사이의 전위차를 계산하여야 한다.

[그림 5.11]축전기 안의 유전체.

풀이: 유전체가 없는 공간(공기 중)에서의 전기장과 유전체 내에서의 전기장의 세기부터 구한다.

$$E_0 = \frac{\sigma}{\epsilon_0} = \frac{Q}{\epsilon_0 A}\ ,\ E_D = \frac{E_0}{\epsilon_r}$$

공기 중에서의 전위차는

$$V_0 = E_0(d-l) = \frac{Q}{\epsilon_0 A}(d-l)$$

이 되며, 유전체 내의 전위차는

$$V_D = E_D l = \frac{Q}{\epsilon_r \epsilon_0 A} l$$

이다. 따라서 총 전위차는

$$V = V_0 + V_D = \frac{Q}{\epsilon_0 A}(d - l + \frac{l}{\epsilon_r}) = \frac{Q}{\epsilon_0 A}[d + l(\frac{1}{\epsilon_r} - 1)]$$

이다. $C = Q/V$ 이므로,

$$C = \frac{\epsilon_0 A}{d + l(1/\epsilon_r - 1)}$$

이다. 유전체가 없다면 $\epsilon_r = 1$ 이므로 $C = \frac{\epsilon_0 A}{d}$ 이다.

[보기문제 5] 평행판 축전기의 두 판 사이에 같은 크기를 갖는 두개의 유전 물질이 그림 5.12와 같이 나란히(병렬연결) 가득 채워져 있다. 각각의 유전상수가 $\epsilon_{r1}, \epsilon_{r2}$ 라 할 때 이 축전기의 전기용량을 구하라. LCD에서 액정에 의한 축전기(C_{LC})와 저장축전기(C_{st})와 같은 경우이다.

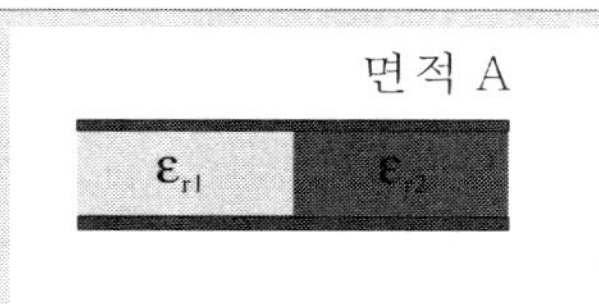

같은 면적을 갖는 두개의 유전체가 나란히 끼워져 있다면 전기용량은?

[그림 5.12]축전기 안의 두개의 유전체.

풀이: 축전기가 병렬로 연결된 경우와 같다. 유전체가 없을 때의 전기용량을 C_0 라면

$$C_0 = \frac{\epsilon_0 A}{d}$$

이다. 여기서 A는 축전기의 단면적이다. 유전체 각각의 전기용량은

$$C_1 = \frac{\epsilon_{r1}\epsilon_0(1/2)A}{d} = \frac{\epsilon_{r1}}{2}C_0$$

$$C_2 = \frac{\epsilon_{r2}\epsilon_0(1/2)A}{d} = \frac{\epsilon_{r2}}{2}C_0$$

이다. 따라서 구하고자 하는 전기용량은 다음과 같다.

$$C = C_1 + C_2 = \frac{(\epsilon_{r1} + \epsilon_{r2})}{2}C_0$$

5.3 분극과 전기 쌍극자모멘트

분극(polarization)은 단위체적 내의 쌍극자모멘트로 정의되는 양이다. 즉,

$$\vec{P} = \frac{1}{\Delta v}\sum_{i=1}^{n\Delta v}\vec{p_i} \tag{5.20}$$

이다. 여기서 n은 단위체적당 쌍극자의 수이며 $\vec{P}$ 단위는 C/m^2이다. 이러한 전기분극값은 어떤 미소체적 Δv (그러나 충분히 많은 분자를 포함한다) 내에서 취한 평균값을 그 점의 분극으로 생각한다.

앞에서 다루었던 축전기의 유전체를 다시 쳐다보기로 하자. 전기장이 가해지면 각 분자들은 쌍극자 모멘트 $\vec{p} = Q\vec{d}$를 갖게 된다. 유전체의 표면적을 A, 미소면적 벡터를 $\Delta\vec{A}$ 라 하고, 쌍극자는 면적벡터(면적에 수직인 방향)와 각 θ를 이룬다고 하자.

그림 5.13에서 보는 것처럼 구속전하들이 $\Delta\vec{A}$를 통하여 이동하게 되면 양의 전하는 표면적의 수직인 방향으로 $1/2d\cos\theta$ 만큼 위쪽으로 이동하는 결과를 가져온다. 이와 반면에 처음에 표면 위쪽에 있던 음전하들은 아래쪽으로 $1/2d\cos\theta$만큼 이동하게 된다. 결국 표면적 $\Delta\vec{A}$를 통하여 이동하는 알짜 전체 전하량은

$$\Delta Q_b = nQ\vec{d}\cdot\Delta\vec{A} \tag{5.21}$$

가 된다. 이러한 전하는 구속전하를 뜻하며, 분극 $\vec{P}$ 로 표시하면 다음과 같다.

$$\Delta Q = \vec{P}\cdot\Delta\vec{A} \tag{5.22}$$

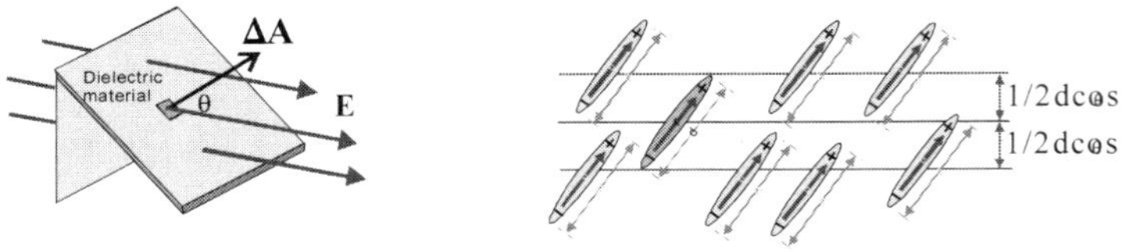

전기장이 존재하면 유전체 내의 무극성분자들은 쌍극자모멘트 **p**와 그에 따른 분극 **P**을 일으킨다. 그러면 미소면적 **ΔA**를 통하여 구속전하들의 이동이 일어난다.

[그림 5.13] 유전체의 분극.

$\Delta\vec{A}$를 유전체의 폐곡면의 면적소라고 하면 이 면적벡터는 유전체 밖으로 향하는 벡터이다. 따라서 폐곡면 내의 구속전하의 알짜 증가량은 다음과 같은 적분으로 얻을 수 있다.

$$Q_b = -\oint_s \vec{P} \cdot d\vec{A} \qquad (5.23)$$

폐곡면 내의 구속전하와 자유전하를 합친 총 전하량에 대한 가우스 법칙은 다음과 같이 주어진다.

$$Q_t = \oint_s \epsilon_0 \vec{E_0} \cdot d\vec{A} \qquad (5.24)$$

여기서 $Q_t = Q_0 + Q_b$ 이다. 결국 우리는 다음과 같은 자유전하에 대한 식을 얻는다.

$$Q_0 = Q_t - Q_b = \oint_s (\epsilon_0 \vec{E} + \vec{P}) \cdot d\vec{A} \qquad (5.25)$$

여기서 **전기변위(electric displacement)** $\vec{D}$는 다음과 같이 정의 된다.

$$\vec{D} = \epsilon_0 \vec{E} + \vec{P} \qquad (5.26)$$

자유전하 및 외부전기장을 뜻하는 밑 첨자는 생략하였다.

이러한 $\vec{D}$는 사실상 전하의 면밀도 단위(C/m^2)와 같으므로 변위다발밀도(displacement flux density) 혹은 변위밀도(displacement density)라고도 불린다.
따라서 자유전하량은

$$Q = \oint_s \vec{D} \cdot d\vec{A} \qquad (5.27)$$

가 된다.

$\vec{P}$와 $\vec{E}$사이의 선형관계는 다음과 같다.

$$\vec{P} = \chi \epsilon_0 \vec{E} \qquad (5.28)$$

여기서 χ는 물질이 전기장에 반응하는 민감성을 나타내는 척도로 물질의 전기감수율(electric susceptibility; 혹은 전기민감도)이라고 부른다. 그러면

$$\vec{D} = \epsilon_0 \vec{E} + \chi \epsilon_0 \vec{E} = (\chi + 1)\epsilon_0 \vec{E} \qquad (5.29)$$

가 되고 유전상수 ϵ_r는

$$\epsilon_r = \chi + 1 \qquad (5.30)$$

로 주어진다. 결국,

$$\vec{D} = \epsilon_r \epsilon_0 \vec{E} = \epsilon \vec{E} \qquad (5.31)$$

이다.

만약에 유전체가 등방성(isotropic)이 아니라 이방성(unisotropic)을 갖는다면 모든 방향으로의 유전율의 값은 달라지고 결국 다음과 같은 행렬방정식이 된다.

$$\begin{aligned} D_x &= \epsilon_{xx} E_x + \epsilon_{xy} E_y + \epsilon_{xz} E_z \\ D_y &= \epsilon_{yx} E_x + \epsilon_{yy} E_y + \epsilon_{yz} E_z \\ D_z &= \epsilon_{zx} E_x + \epsilon_{zy} E_y + \epsilon_{zz} E_z \end{aligned} \qquad (5.32)$$

네마틱 액정분자인 경우 장축의 방향을 z라 하면, 유전율이방성은

$$\begin{aligned} D_x &= \epsilon_\perp E_x \\ D_y &= \epsilon_\perp E_y \\ D_z &= \epsilon_\parallel E_z \end{aligned}$$

이다.

[보기문제 6] 테플론 판이 $0 \le x \le a$인 영역에 놓여 있고 외부는 자유공간이라 생각하자. 외부로부터 균일한 전기장이 다음과 같이 가해졌다.

$$\vec{E}_{out} = \hat{i}\, E_0 (V/m)$$

각 영역에서의 $\vec{D}$, $\vec{P}$, $\vec{E}$ 를 구하라.

풀이: 테플론은 $\epsilon_r = 2.1$, $\chi = 1.1$의 값을 갖는다.
외부에서는 $\vec{D}_{out} = \hat{i}\epsilon_0 E_0$ 이다.
내부에서는 다음과 같은 관계식을 얻는다.

$$\vec{D}_{in} = 2.1\epsilon_0 \vec{E}_{in}$$
$$\vec{P}_{in} = 1.1\epsilon_0 \vec{E}_{in}$$

따라서 내부에서의 전기장을 알아야 하는데 이는 유전체의 경계조건으로부터 풀 수가 있다. 즉 $\vec{D}$ 의 법선성분은 경계면에서 연속이어야 하므로, 테플론 내부에서는 $\vec{D}_{in} = \vec{D}_{out} = \hat{i}\epsilon_0 E_0$ 가 된다. 그러면, 내부 전기장은

$$\vec{E}_{in} = \frac{\vec{D}_{in}}{2.1\epsilon_0} = \hat{i}\,\frac{\epsilon_0 E_0}{2.1\epsilon_0} = \hat{i}\,0.476\,E_0$$

이다. 또한 유전체내의 분극은

$$\vec{P}_{in} = 1.1\epsilon_0 \vec{E}_{in} = \hat{i}\,0.524\epsilon_0 E_0$$

이다.

분자전기장과 분극도

유전체 내에서 한 분자를 분극시키는 전기장을 분자전기장(molecular field in a dielectric) 혹은 줄여서 분자장이라고 부른다. 이러한 분자전기장은 외부전기장뿐 아니라 측정되는 위치에서의 분자를 제외한 나머지 분극분자들에 의해 발생한다.

분자전기장은 다음과 같은 방법으로 계산할 수 있다. 첫째로, 그림 5.14에서 보는 바와 같이 유전체 내에 전기장이 계산되는 위치를 둘러싼 작은 영역을 잘라내어(보통 공꼴 형태를 가정함) 동공(cavity)으로 만든다. 다음으로, 이 동공에 유전체를 채워 넣는데, 계산되는 동공의 중심점을 제외하고서 분자들을 하나하나 집어넣는다고 가정한다. 그러면 동공 내의

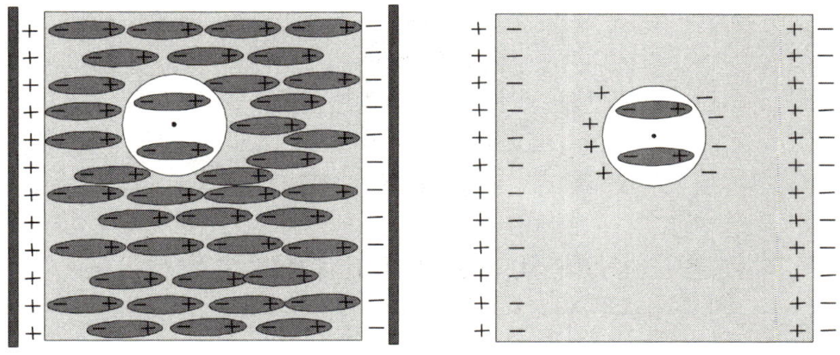

[그림 5.14] 분자 전기장.

분자들은 개별적으로 취급된다.

앞에서 다른 바와 같이 유전체가 평행판 축전기에 의해 분극이 되었다고 하자. 그러면 동공을 제외한 유전체는 분극 전하들(즉 구속 전하들)의 체계로 되며 동공 중심에서의 분자전기장은 다음과 같이 주어질 수 있다.

$$\vec{E}_m = \vec{E}_0 + \vec{E}_b + \vec{E}_s + \vec{E}_{in} \tag{5.33}$$

이다. 여기서 $\vec{E}_0$는 외부 전기장, $\vec{E}_b$는 유전체 내의 구속전하들에 의한 전기장(보통 depolarization field, 즉 탈분극장이라고 함), $\vec{E}_s$는 동공의 폐곡면에 의한 전기장, $\vec{E}_{in}$는 동공 안의 쌍극자들에 의한 전기장이다. 동공 안에서의 쌍극자들은 멋대로 배열되어 있다고 가정하여 $\vec{E}_{in} = 0$ 으로 취급하자. $E_0 = \sigma_0/\epsilon_0$ 이다. 또한 $\sigma_b = P_n = \pm P$ 관계로부터

$$\vec{E}_b = -\frac{\vec{P}}{\epsilon_0} \tag{5.34}$$

이다. 이제 유전체 내에서의 전기장을 $\vec{E}$ 라고 표기하도록 하자. 즉 거시적인 전기장(macroscopic electric field)을 뜻한다. 그러면

$$\vec{E} = \vec{E}_0 + \vec{E}_b$$

이다(앞에서 평행판 축전기에서 다룰 때에는 $\vec{E}_D$ 로 표기하였다). 따라서 식 (5.33)은

$$\vec{E}_m = \vec{E} + \vec{E}_s \tag{5.35}$$

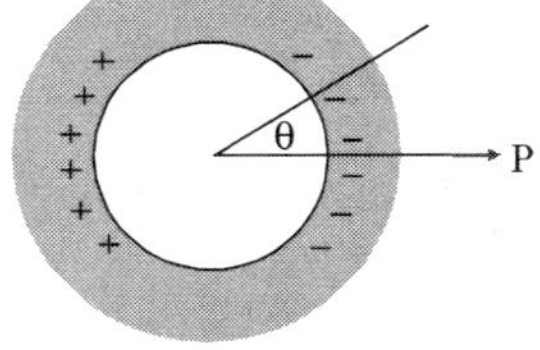

[그림 5.15] 분자 동공 표면 전하들에 의한 분극도.

으로 된다. 여기서 $\vec{E}_s$는 동공의 표면 분극분자들에 의해 발생한다.
따라서 그림 5.15와 같이 공꼴좌표계를 생각하면 다음과 같은 식을 얻는다.

$$d\vec{E}_s = \frac{(-P\cos\theta)}{4\pi\epsilon_0 r^3}\vec{r}\,ds \tag{5.36}$$

여기서, $\vec{r}$ 벡터는 표면으로부터 중심을 향하는 방향이며, 따라서 음의 부호가 사용되었다.
$ds = r^2\sin\theta d\theta d\phi$ 이므로,

$$\vec{E}_s = \frac{1}{4\pi\epsilon_0}\vec{P}\int_0^{2\pi}d\phi\int_0^{\pi}\cos^2\theta\sin\theta d\theta = \frac{1}{3}\frac{\vec{P}}{\epsilon_0} \tag{5.37}$$

을 얻는다. 따라서

$$\vec{E}_m = \vec{E} + \frac{1}{3\epsilon_0}\vec{P} \tag{5.38}$$

이다. 보통 분자의 쌍극자모멘트는 가해진 전기장에 비례한다. 즉,

$$\vec{p}_m = \alpha_e\vec{E}_m \tag{5.39}$$

여기서 α_e를 분자 분극도(molecular polarizability)라고 부른다.

단위체적당 N개의 분자들이 있다면, 분극은

$$\vec{P} = N\vec{p}_m = N\alpha_e(\vec{E} + \frac{1}{3\epsilon_0}\vec{P}) \tag{5.40}$$

이 된다. 식 (5.28)과 (5.30)으로부터

$$\vec{P} = \chi\epsilon_0 \vec{E} = (\epsilon_r - 1)\epsilon_0 \vec{E}$$

인 관계식을 얻는다. 그러면,

$$(\epsilon_r - 1)\epsilon_0 \vec{E} = N\alpha_e (\vec{E} + \frac{1}{3\epsilon_0}(\epsilon_r - 1)\epsilon_0 \vec{E})$$

가 되고,

$$(\epsilon_r - 1)\epsilon_0 = N\alpha_e (1 + \frac{\epsilon_r - 1}{3}) = N\alpha_e (\frac{\epsilon_r + 2}{3})$$

이다. 결국 분극도는 다음과 같이 주어진다.

$$\alpha_e = \frac{3\epsilon_0 (\epsilon_r - 1)}{N(\epsilon_r + 2)} \qquad (5.41)$$

식 (5.41)을 **클라우지스-모소티(Clausius-Mossotti) 방정식**이라고 부른다.

만약 분자의 동공표면에 의한 분극을 무시한다면 $\vec{E}_m = \vec{E}$ 이고,

$$\vec{P} = N\alpha_e \vec{E}$$

이다. 그리고 $\vec{P} = \chi\epsilon_0 \vec{E} = (\epsilon_r - 1)\epsilon_0 \vec{E}$ 로부터

$$\alpha_e = \frac{\epsilon_0 (\epsilon_r - 1)}{N} \qquad (5.42)$$

이다. 그런데 식 (5.41)(식 (5.42) 포함)의 중요성은 분자들의 운동과 관계되는 미시적인 (microscopic) 양의 분극과 거시적인(macroscopic)양인 유전율과 결부되었다는 점이다. 식 (5.41)을 거시적인 양인 상대유전율로 표현하면

$$\frac{\epsilon_r - 1}{\epsilon_r + 2} = \frac{N}{3\epsilon_0}\alpha_e \qquad (5.43)$$

이다. 그리고 식 (5.42)는

$$\epsilon_r = 1 + \frac{N}{\epsilon_0}\alpha_e \tag{5.44}$$

이다.

[보기문제 7] 실리콘(Si) 결정에 있어 원자 당 가전자들에 의한 전자분극도를 구하라. 실리콘 결정의 유전상수는 $\epsilon_r = 11.9$이다. 이로부터 외부에서 가해준 전기장과 내부의 분자전기장의 크기를 비교해 보라.

풀이: 전자분극도는 Clausius-Mossotti 식으로부터 구한다. 즉

$$\alpha_e = \frac{3\epsilon_0(\epsilon_r - 1)}{N(\epsilon_r + 2)} = \frac{(3)(8.85\times10^{-12}F/m)(11.9-1)}{(5.0\times10^{28}/m^3)(11.9+2)} = 4.17\times10^{-40}F\cdot m^2$$

이다. 여기서 단위체적당 원자수는 실리콘의 밀도로부터 얻었으며 구하는 방법은 다음 보기문제를 참고하라.

분자전기장은 식 (5.38)로부터

$$E_m = E + \frac{1}{3\epsilon_0}P$$

이고, $P = \chi\epsilon_0 E = (\epsilon r - 1)\epsilon_0 E$로부터

$$E_m = E + \frac{1}{3}(\epsilon_r - 1)E$$

인 관계를 얻는다. 따라서

$$\frac{E_m}{E} = \frac{1}{3}(\epsilon_r + 2) = 4.63$$

이다. 분자전기장이 공급된 전기장보다 4.63배나 세다.

[보기문제 8] 아르곤(Ar)원자의 전자분극도 α_e는 $1.7\times10^{-40}F\cdot m^2$이다. 고체 아르곤(84 K 이하온도) 정적 유전상수를 구하라. 아르곤의 밀도는 $1.8\,g/cm^3$이다.

풀이: 먼저 단위체적당 아르곤원자 수가 필요하다. 이는 밀도(ρ)와 몰질량(M_{mol}) 그리고 아보가드로 수(N_A)와의 관계로부터 구할 수 있다. 단위체적당 원자수를 N이라 하면

$$N = \frac{N_A \rho}{M_{mol}} = \frac{(6.02 \times 10^{23}/mol)(1.8 g/cm^3)}{(39.95\, g/mol)} = 2.71 \times 10^{22}/cm^3 = 2.71 \times 10^{28}/m^3$$

이다. 따라서 구하고자 하는 유전상수는 식 (5.43)으로부터

$$\epsilon_r = \frac{1 + \dfrac{2N\alpha_e}{3\epsilon_0}}{1 - \dfrac{N\alpha_e}{3\epsilon_0}} = \frac{1 + \dfrac{(2)(2.71 \times 10^{28}/m^3)(1.7 \times 10^{-40} F \cdot m^2)}{(3)(8.85 \times 10^{-12} F/m)}}{1 - \dfrac{(2.71 \times 10^{28}/m^3)(1.7 \times 10^{-40} F \cdot m^2)}{(3)(8.85 \times 10^{-12} F/m)}} = 1.63$$

이다. 만약 식 (5.44)를 이용하면

$$\epsilon_r = 1 + \frac{(2.71 \times 10^{28}/m^3)(1.7 \times 10^{-40} F \cdot m^2)}{(8.85 \times 10^{-12} F/m)} = 1.52$$

이다. 내부 분극을 고려하지 않았을 때의 유전율이 약 7% 작게 나왔다.

[보기문제 9] 네마틱 액정 중 MBBA는 밀도가 $1.088\, g/cm^3$ 이고 정적유전상수는 $\epsilon_r^{\parallel} = 4.7$, $\epsilon_r^{\perp} = 5.4$ 이다. 그리고 분자식은 $C_{18}H_2ON$ 이다. 이 액정분자의 장축과 단축에 대한 분자분극도를 구하라.

풀이: 이 액정분자의 몰질량은

$$M_{mol} = [(12 \times 18) + (2 \times 1) + 16 + 14] g/mol = 248\, g/mol$$

이다. 그리고 단위체적당 분자수는

$$N = \frac{N_A}{M_{mol}} \rho = \frac{(6.02 \times 10^{23}/mol)(1.088\, g/cm^3)}{(248\, g/cm^3)} = 2.64 \times 10^{27}/m^3$$

이다. 그러면 식 (5.41) $\alpha_e = \dfrac{3\epsilon_0 (\epsilon_r - 1)}{N(\epsilon_r + 2)}$ 로부터

$$\alpha_e^{\parallel} = \frac{(3)(8.85\times10^{-12}F/m)(4.7-1)}{(2.64\times10^{27}/m^3)(4.7+2)} = 5.5\times10^{-39}F\cdot m^2$$

이다. 그리고

$$\alpha_e^{\perp} = \frac{(3)(8.85\times10^{-12}F/m)(5.4-1)}{(2.64\times10^{27}/m^3)(5.4+2)} = 6.0\times10^{-39}F\cdot m^2$$

이다.

유도 쌍극자(induced dipoles)

원자나 분자들은 전기적으로는 중성이다. 원자인 경우 원자의 중심에 양의 전하로 이루어진 원자핵이 있고 음으로 대전된 전자들이 그 주위를 구름형태로 존재한다. 원자나 분자들은 그 모양이 공꼴로 볼 수 있으며 결국 양의 전하와 음의 전하들의 중심은 공의 중심에 있다고 볼 수 있다. 이와 같이 양과 음전하의 중심이 일치하면 겉으로는 극성을 띠지 않는다.

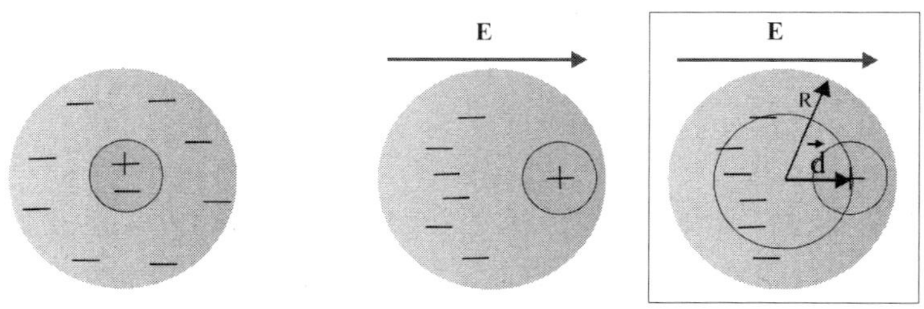

(a) 외부전기장이 없으면 양전하와 음전하의 중심은 일치한다.

(b 외부전기장이 걸리면 양전하 중심과 음전하의 중심은 서로 다르게 되며 쌍극자모멘트가 유도된다.

[그림 5.16] 원자나 비극성 분자의 쌍극자 모멘트.

그러나 외부 전기장이 걸리면 양전하와 음전하는 서로 반대 방향으로 힘을 받아 움직이게 되며 그림 5.16과 같이 어느 정도 분리가 된다. 이때 원자나 분자는 분극이 되었다(polarized)고 하며 마치 쌍극자모멘트처럼 행동한다.

그림 5.16에서처럼 한 원자가 전기장의 영향을 받아 분극이 되었다 하자. 원자의 반지름을 R, 원자핵(양전하)과 전자구름(음전하)의 중심 간 거리는 d이다. 원자번호가 Z라면 전자들은 $-Ze$의 전하 크기를 갖고 있다. 그러면 쌍극자 모멘트는

$$\vec{p} = Ze\vec{d} \tag{5.45}$$

이다. 중심으로부터 거리 d에서 전자들에 의한 전기장 $\vec{E}$을 계산해보자. 가우스 법칙

$$\oint \vec{E} \cdot d\vec{A} = \frac{Q_{in}}{\epsilon_0}$$

으로부터

$$E_n(4\pi d^2) = \frac{Q_{in}}{\epsilon_0}$$

이고, 따라서 전기장은

$$E_n = \frac{Q_{in}}{4\pi\epsilon_0 d^2}$$

이다. 그리고 반지름 d를 갖는 공의 내부전하는

$$Q_{in} = \rho\frac{4}{3}\pi d^3 = \frac{-Ze}{\frac{4}{3}\pi R^3}\frac{4}{3}\pi d^3 = -Ze\frac{d^3}{R^3}$$

이다. 그러면

$$E_n = \frac{Q_{in}}{4\pi\epsilon_0 d^2} = -\frac{Ze}{4\pi\epsilon_0 d^2}\frac{d^3}{R^3} = -\frac{Ze}{4\pi\epsilon_0 R^3}d \tag{5.46}$$

이고, $d = -(4\pi\epsilon_0 R^3/Ze)E_n$ 이다. 그런데 E_n은 가우스 표면으로 들어가는 전기장이므로 음이다. 따라서

$$d = \frac{4\pi\epsilon_0 R^3}{Ze}E$$

가 된다. 결국 쌍극자모멘트는 다음과 같이 주어진다.

$$p = Ze\,d = 4\pi\epsilon_0 R^3 E = \alpha_e E \tag{5.47}$$

따라서 원자의 분극도(polarizability)는

$$\alpha = 4\pi\epsilon_0 R^3 \tag{5.48}$$

이다.

이러한 결과를 앞에서 얻은 Clausius-Mossotti 방정식과 연계 시키면, 원자 반지름에 대한

$$R^3 = \frac{3(\epsilon_r - 1)}{4\pi N(\epsilon_r + 2)} \tag{5.49}$$

식을 얻을 수 있다. 위 식은 거시적인 양으로부터 원자의 반지름을 예측할 수 있다는 결과를 가져다주는 데, 실제적으로 실험들의 결과는 R의 크기가 옹스트롬(angstrom) 단위, 즉 $\text{Å} = 10^{-10}m$ 임을 보여준다.

[보기문제 10] (a) Clausius-Mossotti 방정식을 사용하여 공기 중에 있는 N_2, O_2 분자들의 원자에 대한 분극도를 구하라.
(b) 식 (5.49)를 이용하여 공기분자들을 이루는 원자의 반지름을 구해보라.

풀이: 단위체적당 분자수는
$N = N_A / V = 6.02 \times 10^{26} / 22.4m^3 = 2.69 \times 10^{25} / m^3$
이고, 질소분자의 유전상수는 $\epsilon_r = 1.00059$ 이다. 그러면 질소분자의 분극도는

$$\alpha_{mol} = \frac{(3)(8.85 \times 10^{-12} F/m)(1.00059 - 1)}{(2.69 \times 10^{25}/m^3)(1.00059 + 2)} = 1.94 \times 10^{-40} F \cdot m^2$$

이다. 원자의 분극도는 위의 값의 1/2이므로

$$\alpha_{atom} = 9.7 \times 10^{-41} F \cdot m^2$$

이다.

(b) $\alpha_{atom} = 4\pi\epsilon_0 R^3$ 에서,

$$R = \left(\frac{\alpha_{atom}}{4\pi\epsilon_0}\right)^{1/3} = \left(\frac{9.7 \times 10^{-41} F \cdot m^2}{4 \times 3.14 \times 8.85 \times 10^{-12} F/m}\right)^{1/3} = 0.96 \times 10^{-10} m$$

이다.

극성 분자의 방향분극

이미 앞에서 언급했듯이 극성분자들은 영구 쌍극자모멘트를 갖는다. 이러한 극성분자들의 분극은 식 (5.20)으로 주어진다. 그러나 외부적으로 전기장이 존재하지 않으면 쌍극자들은 멋대로 분포하고 쌍극자모멘트의 벡터를 전부 합하면 0이 되므로 분극은 없게 된다. 그러나 극성분자들이 전기장에 놓이게 되면 쌍극자들은 토크를 받아 전기장에 나란히 배열하게 되며, 분극은

$$\vec{P}=N\vec{p}_m \tag{5.50}$$

이 된다. 여기서 N은 단위체적당 분자수(the number of molecules per unit volume)이다. 이러한 분극을 방향분극(orientational polarization)이라고 부르며, 이러한 지향(orientation) 효과는 유도 쌍극자 효과에 더해지는 결과를 가져온다. 우리는 이미 액정을 다루면서 방향분극을 여러 번 언급한 바가 있다.

그러나 전기장에 의한 쌍극자들에 대한 한 방향으로의 지향은 완전하지가 않다. 왜냐하면 분자의 열적 에너지에 의해 교란이 일어나 그만큼 분극이 약화되기 때문이다. 그렇다면 분자에 있어 유효평균 쌍극자 모멘트가 의미를 지닌다고 할 수 있다. 열역학과 통계법칙에 따르면 온도 T에서 에너지 E를 갖는 분자를 발견할 확률은 볼쯔만 식을 따른다. 즉,

$$e^{-E/k_BT} \tag{5.51}$$

에 비례한다. 여기서 k_B는 볼쯔만 상수(Boltzmann's constant)이며 T는 절대온도이다. 에너지 E는 운동에너지와 퍼텐셜에너지의 합으로 주어진다. 분자들의 운동에너지는 전기장에 의존하지 않으므로 무시할 수 있으며, 영구 쌍극자 모멘트 p_0의 퍼텐셜 에너지는 다음과 같이 주어진다. 즉,

$$U=-p_0E\cos\theta$$

이다. 한 분자의 유효 쌍극자 모멘트(effective dipole moment)는 전기장의 방향으로의 쌍극자 크기이고 $p\cos\theta$로 주어진다. 볼쯔만 관계식으로부터 유효쌍극자 모멘트의 평균값은

$$< p_0\cos\theta > = \frac{\int p_0\cos\theta e^{p_0E\cos\theta/k_BT}d\Omega}{\int e^{p_0E\cos\theta/k_BT}d\Omega} \tag{5.52}$$

이다. 여기서 $d\Omega$는 입체각(solid angle)으로 $2\pi\sin\theta\, d\theta$이다. $\frac{p_0E}{k_BT}=a$

라 두면 결과는 다음과 같다.

$$< p_0 \cos\theta > = p_0 (\frac{e^a + e^{-a}}{e^a - e^{-a}} - \frac{1}{a}) \quad (5.53)$$

이 방정식을 랑쥐벵 공식(Langevin formula)이라고 부른다.

[보기문제 11] 식 (5.52)에서 식 (5.53)의 결과를 도출하라.

풀이: $p_0 E / k_B T = a$, $a\cos\theta = x$ 라 두자. 그러면 적분 구간은 $\theta = 0 \rightarrow x = a$, $\theta = \pi \rightarrow x = -a$ 으로 된다. 또한 $a\sin\theta d\theta = dx$ 이다. 그러면

$$< p_0 \cos\theta > = \frac{\int_0^{\pi} p_0 \cos\theta e^{p_0 E \cos\theta / k_B T} \sin\theta d\theta}{\int_0^{\pi} e^{p_0 E \cos\theta / k_B T} \sin\theta d\theta} = \frac{\frac{p_0}{a^2} \int_{-a}^{a} x e^x dx}{\frac{1}{a} \int_{-a}^{a} e^x dx}$$

이고, 이를 풀어 정리하면 다음과 같다.

$$< p_0 \cos\theta > = \frac{p_0}{a} \left(\frac{a(e^a + e^{-a}) - (e^a - e^{-a})}{e^a - e^{-a}} \right) = p_0 (\frac{e^a + e^{-a}}{e^a - e^{-a}} - \frac{1}{a})$$

대부분의 유전체에 있어 쌍극자모멘트는 a의 값이 극히 작은 값을 가지며 선형적이다. $a \ll 1$ 조건에서 지수는 power series로 전개할 수 있다. 즉

$$e^a = 1 + a + \frac{a^2}{2!} + \frac{a^3}{3!} + \cdots$$

$$e^{-a} = 1 - a + \frac{a^2}{2!} - \frac{a^3}{3!} + \cdots$$

이다. 2차항까지만 고려하면

$$\frac{e^a + e^{-a}}{e^a - e^{-a}} = \frac{2 + a^2}{2a + a^3/3} = \frac{2 + a^2}{2a(1 + a^2/6)}$$

이고, 이를 다시 정리하면

$$\frac{2+a^2}{2a(1+a^2/6)} \simeq \frac{2+a^2}{2a}(1-\frac{a^2}{6}) = \left(\frac{1}{a}+\frac{a}{2}\right)\left(1-\frac{a^2}{6}\right) \simeq \frac{1}{a}+\frac{a}{2}-\frac{a}{6} = \frac{1}{a}+\frac{a}{3}$$

이다. 따라서,

$$< p_0 \cos\theta > = p_0\left(\frac{1}{a}+\frac{a}{3}-\frac{1}{a}\right) = \frac{p_0}{3}\frac{p_0 E}{k_B T} = \frac{p_0^2 E}{3k_B T} \qquad (5.54)$$

이다. 이것이 우리가 구하고자 한 분자의 유효쌍극자 모멘트이다. 이에 대한 방향분극은 $\vec{P} = N < p_0 \cos\theta >$ 이므로

$$\vec{P} = N(\frac{p_0^2}{3k_B T})E \qquad (5.55)$$

이다. 유효쌍극자 모멘트는

$$\vec{p}_m = \frac{p_0^2}{3k_B T}\vec{E} \qquad (5.56)$$

이고, 따라서 영구쌍극자에 의한 방향 분극도 α_d는

$$\alpha_d = \frac{p_0^2}{3k_B T} \qquad (5.57)$$

이다. **이것이 4장의 액정의 유전성에서 다루었던 내용이다**. 이제 근본적인 원리를 이해하였을 것이다.

그런데 위와 같은 결론은 유도 쌍극자는 무시하여 얻은 결과이다. 따라서 방향분극도 (orientational polarizability)라고 부른다. 일반적으로 유도쌍극자에 의한 효과도 고려해야 하고 이러한 경우의 분극의 정도를 **변형분극도(deformation polarizability)** α_0라 하자. 그러면 분자의 총 분극도는

$$\alpha_t = \alpha_0 + \frac{p_0^2}{3k_B T} \qquad (5.58)$$

이며, 식 (5.58)을 랑쥐벵-디바이(Langevin-Debye) 방정식이라고 부른다. 물론 유도쌍극자에는 앞에서 다룬 분자분극도는 물론 이온분자라면 이온분극도가 포함된다. 모두 Clausius-Mossotti 식과 관계된다.

[보기문제 12] 표 6.1에서 보면 최근에 사용되는 네마틱 액정들의 전기 쌍극자 모멘트의 크기는 2-7 Debye 정도이다. MBBA 액정의 쌍극자모멘트를 2.0 Debye라고 가정하여 방향분극도를 구하라. 온도는 20℃이다.

풀이: 절대온도는 $T=(273+20)K=293K$이다. 그러면 구하고자하는 방향분극도의 크기는

$$\alpha_d=\frac{p_0^2}{3k_BT}=\frac{(2\times 3.3\times 10^{-30}C\bullet m)^2}{(3)(1.38\times 10^{-23}J/K)(293K)}=3.6\times 10^{-39}F\bullet m^2$$

이다. 그런데 보기문제 8에서 우리는 이 분자에 대한 분자분극도가 약 $6\times 10^{-39}F\bullet m^2$이라는 사실을 알았다. 그러므로 총 분극도는

$$\alpha_t\approx 9\times 10^{-39}F\bullet m^2$$

정도이다.

강유전성(ferroelectricity)과 영구분극(permanent polarization)

식 (5.38)의 관계식에서 대부분의 분자에서는 외부전기장이 없으면 분자분극에 의한 전기장도 없어진다. 그러나 특수한 조건에서는 외부 전기장이 사라져도 분극이 유지되는데 이를 영구분극(permanent polarization) 혹은 자발분극(spontaneous polarization)라고 부른다. 즉

$$\vec{E}_m=\frac{1}{3\epsilon_0}\vec{P}_0 \tag{5.59}$$

이다. 다시 말해, 영구분극 $\vec{P}_0$이 존재하면 분자에는 전기장이 발생한다는 뜻이다. 그런데, 이러한 분극장이 존재하면 다시 분자를 $\vec{P}_0$와는 다르게 분극 시키려고 한다. 따라서,

$$\vec{P}_0=N\alpha\vec{E}_m=\frac{N\alpha}{3\epsilon_0}\vec{P}_0 \tag{5.60}$$

가 되고,

$$\frac{N\alpha}{3\epsilon_0}=1 \tag{5.61}$$

인 결과를 얻는다. 이것이 영구 분극에 대한 조건식이다. 대부분의 물질은 위 $N\alpha/3\epsilon_0$ 값은

1보다 작다. 그러나 특정의 결정 고체인 경우 1에 가까운 값을 가지는데 이러한 물질을 강유전체(ferroelectric)라고 부른다. 가장 대표적인 것이 barium titanate($BaTiO_3$; 티탄산바륨)으로 120° 에서 강유전성을 나타낸다. 이러한 온도를 해당물질의 퀴리 점(Curie point)이라고 한다.

앞에서 살펴보았듯이 유전체는 분극이 되면 내부에서 전기장이 발생하게 되는데 이러한 전기장은 사실상 탈분극(depolarization) 형태이다. 즉,

$$\vec{E}_b = -\frac{\vec{P}}{\epsilon_0}$$

이다. 참고로 유전체인 경우 $\vec{E}_D = \vec{E}_0 - \vec{E}_b$에서 $\epsilon_0\vec{E}_D = \epsilon_0\vec{E}_0 - \epsilon_0\vec{E}_b$이므로 $\vec{D} = \epsilon_0\vec{E} + \vec{P}$ (식 5.26)의 관계식이 나온다.

따라서 강유전체에서는 이러한 분극장이 존재하지 않는다는 것을 알 수 있다. 강유전체인 경우 평행판 축전기에서 나온 자유전하들과 유전체 표면에 형성된 구속전하들이 서로 중성을 유지하는 형태로 되어 있다고 볼 수 있으며 내부적으로는 다음 그림과 같이 그려볼 수가 있다.

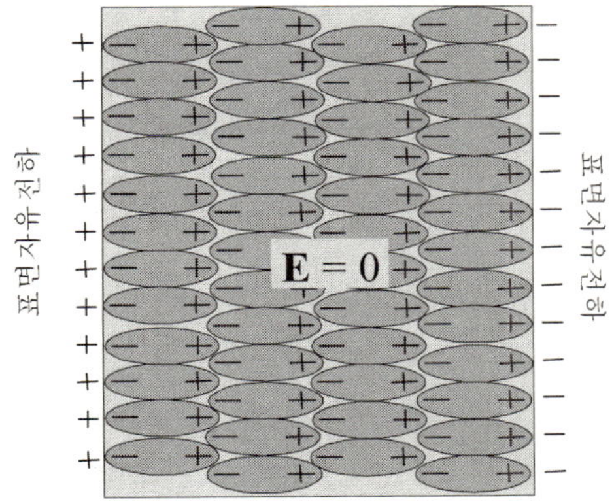

[그림 5.17] 강유전체의 분극모습.

6장 | 전기와 쌍극자

6.1 전기력

오늘날은 전기가 없으면 살아갈 수 없는 세상이다. 여러 가지 전등은 물론 TV, 컴퓨터, 휴대전화, 디지털카메라 등의 작동은 전하들 사이의 전기적 상호작용에 의한 것이다. 여기서 전하라고 하는 것은 전기효과를 만들어 내고 경험하게 하는 물질의 고유한 성질이다.

전하가 움직이지 않고 정지해 있을 때 나타나는 전기적 현상을 정전기학(electrostatics)이라고 한다. 반면에 전하가 움직이면 전기적인 성질뿐만 아니라 자기적인 성질도 함께 나타나는데 이러한 상호작용을 전자기학(electromagnetism)이라고 부른다.

전기와 자기 현상을 만들어 내는 성질을 갖는 전하의 크기는 다음과 같은 최소 단위로 주어진다.

$$e = 1.602 \times 10^{-19}\ C \tag{6.1}$$

여기서 C는 전하의 단위로 쿨롱(Coulomb)이라고 부른다. 중성인 물질은 같은 수의 양전하와 음전하로 구성된 원자들의 집합체이다. 원자는 양전하를 이루는 원자핵과 그 주위에 음전하를 갖는 전자로 구성되어 있으며 원자핵은 다시 양전하를 갖는 양성자와 중성의 중성자로 이루어져 있다. 이때 여러 개의 양성자 또는 전자들의 전하량은 다음과 같이 주어진다.

$$q = \pm ne \tag{6.2}$$

여기서 n은 정수이다.

물질 중 전하가 자유롭게 움직이며 전기를 일으킬 수 있을 때 이를 도체(conductors)라고 부른다. 금속 도체 안에서 자유롭게 움직이는 전하의 실체가 자유 전자(free electrons)이다. 이온화 된 기체나 전해액에서는 두 종류의 부호를 갖는 전하들, 즉 양이온과 음이온들이 모두 움직인다. 이와 반면에 나무, 고무, 유리 등은 부도체(절연체)라고 불린다. 도체와 절연체 중간 성질을 갖는 물질을 반도체(semiconductors)라고 하며 대표적인 것이 실리콘(Silicon; Si)과 게르마늄(Germanium; Ge)이다.

쿨롱의 법칙(Coulomb's Law)

전하들 사이에서 일어나는 정전기적인 힘의 법칙을 쿨롱의 법칙이라고 한다. 쿨롱

(Charles Coulomb; 1736-1806)은 전하 Q로 대전된 금속 공으로부터 r 만큼 떨어진 곳에 시험 전하 q를 놓았을 때 이러한 두 점전하 사이의 힘은 다음과 같이 주어질 수 있다는 것을 밝혀내었다.

$$F = k_e \frac{Qq}{r^2} \tag{6.3}$$

여기서 비례상수 k_e 는 약

$$k_e = 8.99 \times 10^9 \ N \cdot m^2/C^2 \tag{6.4}$$

이다. 보통 계산할 때는 $k_e = 9.0 \times 10^9 N \cdot m^2/C^2$ 의 수치를 사용한다. 따라서 $1\,C$이란 두 개의 전하가 $1\,m$ 떨어져 있을 때 $9.0 \times 10^9\,N$힘으로 상호작용하는 전하량이다. 빗이나 책받침 등의 플라스틱을 문질렀을 때 생기는 전하의 크기는 보통 $1\mu C = 10^{-6}\ C$ 정도이다.

비례상수 k_e 다음과 같은 형태로 나타낸다.

$$k_e = \frac{1}{4\pi\epsilon_0} \tag{6.5}$$

이때 ϵ_0를 자유공간에서의 유전율(permittivity)이라고 하며 그 값은 다음과 같다.

$$\epsilon_0 = 8.85 \times 10^{-12}\ C^2/N \cdot m^2 \tag{6.6}$$

여기서 자유공간이라 함은 물질이나 물질을 이루는 입자들이 없는 공간을 말한다. 즉 진공상태의 공간을 말하나 보통 대기의 공간도 이 범주에 속한다. 숱하게 나온 바가 있지만 자유공간이 아닌 곳에서의 유전율은 $\epsilon = \epsilon_r \epsilon_0$의 형태로 기술된다.

정전기력은 입자를 연결하는 선상에 작용하는 중심력(central forces)의 일종이며 오직 원점으로부터의 거리 r 의 함수로 주어지는 공꼴 대칭성(spherical symmetry)을 갖는 힘이다. 쿨롱의 법칙을 벡터 형태로 표시하면 다음과 같다.

$$\vec{F} = \frac{1}{4\pi\epsilon_0} \frac{Qq}{r^2} \hat{r} \tag{6.7}$$

여기서 $\hat{r}$ 은 힘의 근원을 원점으로 하는 단위벡터이다. 즉, 그림 6.1에서 보듯이 위 식에서 q에 작용하는 힘을 찾는다면 $\hat{r}$의 원점은 Q에 놓여 있어야 한다.

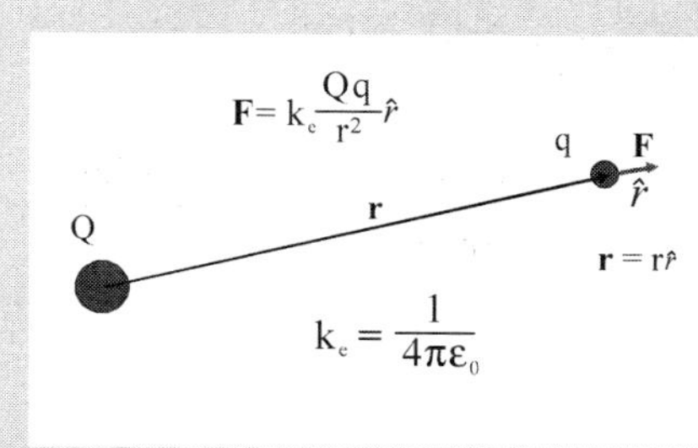

두 전하 사이와의 전기적인 힘은 두전하의 곱에 비례하고 거리의 제곱에 역비례한다.
두 전하의 부호가 같으면 척력이, 다르면 인력이 작용한다.

[그림 6.1] 쿨롱의 법칙.

만약에 $\vec{F} = +F\hat{r}$ 이면 밀쳐 내는 힘, 즉 척력(repulsive force)이며, $\vec{F} = -F\hat{r}$ 이면 끌어당기는 힘, 즉 인력(attractive force)이다. 따라서 같은 부호의 전하들끼리는 서로 밀쳐내며 다른 부호 전하들 사이에서는 끌어당기는 인력이 작용하게 된다.

[보기문제 1] 그림 6.2와 같이 세 개의 전하가 분포하고 있다. 즉 두 개의 전하는 $2d$ 만큼 떨어져 있고 제3의 전하가 두 전하의 거리 중심에서 r 만큼 떨어져 있다. 제3의 전하 q에 작용하는 힘을 구하라. 만약 제3의 전하가 아주 멀리 떨어져 있다면 그 힘의 성질은 어떻게 되는가?

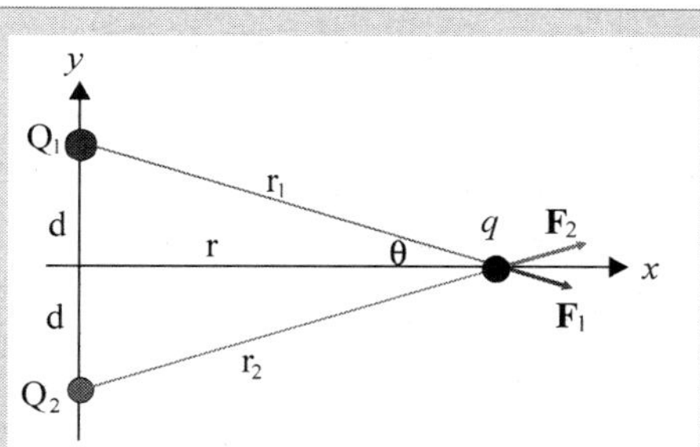

[그림 6.2] 보기문제 1.

풀이: 힘의 크기는 각각

$$F_1 = k_e \frac{Q_1 q}{r_1^2}, F_2 = k_e \frac{Q_2 q}{r_2^2}$$

이다. 이러한 힘들은 x 성분과 y 성분으로 나눌 수 있다. r_1과 r_2는 같으므로

$$r_1 = r_2 = \sqrt{r^2 + d^2}$$

이고, $\cos\theta = \dfrac{r}{\sqrt{r^2+d^2}}$, $\sin\theta = \dfrac{d}{\sqrt{r^2+d^2}}$ 이다. 힘의 x 성분은

$$F_x = F_{1x} + F_{2x} = F_1\cos\theta + F_2\cos\theta = k_e\frac{Q_1 q}{(r^2+d^2)^{3/2}}r + k_e\frac{Q_2 q}{(r^2+d^2)^{3/2}}r$$

이고, y 성분은

$$F_y = F_{1y} + F_{2y} = -F_1\sin\theta + F_2\sin\theta = -k_e\frac{Q_1 q}{(r^2+d^2)^{3/2}}d + k_e\frac{Q_2 q}{(r^2+d^2)^{3/2}}d$$

이다. 따라서

$$\vec{F} = F_x\hat{i} + F_y\hat{j} = k_e\frac{q}{(r^2+d^2)^{3/2}}[(Q_1+Q_2)r\hat{i} - (Q_1-Q_2)d\hat{j}] \qquad (6.8)$$

이다. 만약 $r \gg d$ 라면,

$$\vec{F} \approx k_e\frac{q(Q_1+Q_2)}{r^2}\hat{i} \qquad (6.9)$$

가 된다. 즉 힘은 크기가 (Q_1+Q_2)인 점전하가 작용하는 것과 같게 된다. 그런데 위 식 (6.9)는 $Q_1+Q_2=0$ 이라면 성립하지 못한다. 다시 말해서 전하의 크기가 같고 부호가 다른 두개의 전하인 경우 위와 같은 결론은 타당하지가 않다. 여기서 전하의 크기가 같고 부호가 다른 두개의 전하가 가깝게 붙어 있는 전하 쌍을 **전기 쌍극자(electric dipole)**라고 하며 혼동이 초래하지 않는 한 간단히 쌍극자라고 부르기도 한다.

[보기문제 2] 보기문제 1에서 $Q_1=+Q$이고 $Q_2=-Q$일 때 q에 작용되는 알짜 힘을 구하라.

풀이: 식 (6.8)에서 $Q_1=+Q$, $Q_2=-Q$이면

$$\vec{F} = -k_e\frac{q(Q2d)}{(r^2+d^2)^{3/2}}\hat{j} \qquad (6.10)$$

이다. 이때 $\vec{p} = 2dQ\hat{j}$ 라고 하면

$$\vec{F} = -k_e\frac{q\vec{p}}{(r^2+d^2)^{3/2}} \qquad (6.11)$$

가 된다. 여기서 $\vec{p}$를 쌍극자 모멘트라고 하며 그 크기는 전하의 크기와 거리의 곱으로 주어진다. 그리고 그 벡터 성분은 음전하로부터 양전하를 향하는 방향이다.

만약 $r \gg d$ 라면

$$\vec{F} = -k_e \frac{q\vec{p}}{r^3} \tag{6.12}$$

이다. 흥미롭게도 전하 q에 작용하는 힘은 쌍극자로부터 전하로의 방향이 아니라 이 방향에 수직으로 작용한다는 사실에 주목하자. 더욱이 이러한 힘의 크기는 쌍극자와 전하사이 거리의 제곱이 아니라 세제곱에 역비례한다. 이렇게 알짜 전하의 크기가 0이라 할지라도 아직 다른 전하에 대해서 작용할 수 있는 힘이 있을 수 있으며 이 힘은 두 점전하 사이에 작용하는 쿨롱의 힘과 같지 않고 거리가 증가함에 따라 더 빨리 감소하는 특징을 갖는다.

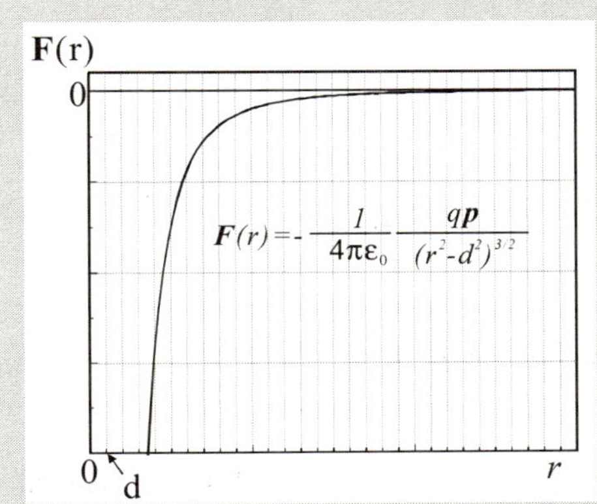

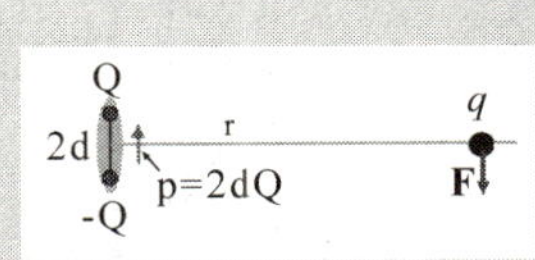

전기쌍극자의 중심선상에서 수직인 거리에서의 힘의 분포. 쌍극자 거리(2d)의 3배 이상에서 힘은 급격히 감소된다.

[그림 6.3] 전기 쌍극자의 힘분포.

6.2 전기장

전기장은 전하에 의해 전기력이 미치는 공간을 의미한다. 그런데 이러한 전기장(전기마당이라는 뜻)을 종종 전계(電界)라고 부르는 경우가 많은데(특히 공학계열에서 이렇게 부름) 이는 잘못된 표현이다. 잘못된 일본식 용어에서 유래한 것으로 전기장이 올바른 표현이다. 전하는 그 주위에 전기장을 생성시켜 영향을 미친다. 마치 질량이 있는 큰 물체, 예를 들면 지구가 그 주위에 중력장을 만드는 것과 같다. 한 점에서의 전기장의 세기는 그 점에 놓인 시험전하 q_0에 미치는 단위전하당 힘으로 정의된다. 즉

$$\vec{E} = \frac{\vec{F}}{q_0} \tag{6.13}$$

이다. 전기장의 방향은 양전하가 받는 힘의 방향이다. 따라서, 쿨롱의 법칙으로부터 점전하 Q에 의해 생성된 전기장은

$$\vec{E} = \frac{1}{4\pi\epsilon_0}\frac{Q}{r^2}\hat{r} \tag{6.14}$$

으로 주어진다.

그런데 전하는 점전하로 취급할 수 없는 경우가 더 많다. 사실상 전하를 갖는 물질들은 무수한 전자들의 집합에 의해 거시적인 크기의 전하로 나타나는 것이다. 이것은 물체의 질량이 물체를 이루는 원자나 분자들의 총 질량과 같은 경우와 같다고 할 수 있다. 한 물체의 질량 요소의 분포를 밀도로 나타냈듯이 전하에 있어서도 전하물질의 연속적인 전하분포를 전하밀도로 나타내면 편리하다.

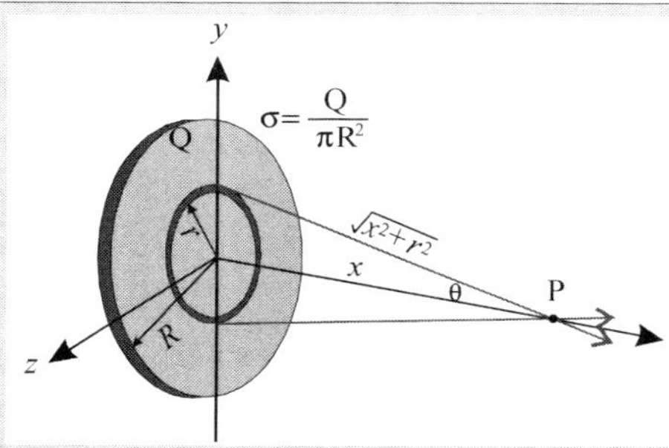

[그림 6.4] 균일하게 대전된 원판의 전기장.

그림 6.4는 양전하 Q로 대전되어 있는 원판(disk)을 나타낸다. 이제 이 원판의 전하에 의해서 생기는 전기장이 원판 중심으로부터 x만큼 떨어진 곳에서는 어떻게 나오는지 알아보자. 전하는 균일하게 분포되어 있다고 가정한다. 먼저 우리는 원판의 각 점에서의 미소전하에 의한 전기장의 세기를 구해야 한다. 이러한 경우 총 전하를 구하기 위해서는 전하밀도를 도입하여 해결하면 된다. 두께가 없는 평면으로 간주한다면 이러한 원판인 경우 면전하밀도를 가정하면 된다. 면전하밀도를 σ라 한다면

$$\sigma = \frac{Q}{A}$$

이다. 여기서 $A = \pi R^2$이다. 그림과 같이 반지름이 r이고 dr만큼의 두께에 대한 면적소는 $dA = 2\pi r dr$이다. 그리고 이에 대한 전하는

$$dq = \sigma dA = 2\pi\sigma r dr$$

이 된다. 그런데 그림을 보면 원판의 평면 방향(y와 z방향)으로의 전기장은 대칭에 의해 서로 상쇄되어 0이 됨을 알 수 있다. 따라서 전기장의 성분은 오직 x방향뿐이고

$$dE_x = dE\cos\theta = dE\frac{x}{\sqrt{x^2+r^2}}$$

이다. 그리고

$$dE = k_e\frac{dq}{(x^2+r^2)}$$

이므로,

$$dE_x = k_e x\pi\sigma\frac{2rdr}{(x^2+r^2)^{3/2}}$$

가 된다. 따라서 총 알짜 전기장은

$$E_x = k_e x\pi\sigma\int_0^R\frac{2rdr}{(x^2+r^2)^{3/2}}$$

이다. 적분을 계산하기 위해서 변수를 다음과 같이 변형하자. $u = x^2 + r^2$.
그러면 $du = 2rdr$이 되고, 적분 범위는 $u = x^2$에서 $u = x^2 + R^2$으로 된다. 그러면

$$E_x = k_e x\pi\sigma\int_{x^2}^{x^2+R^2} u^{-3/2}du = k_2 x\pi\sigma\left|\frac{u^{-1/2}}{-1/2}\right|_{x^2}^{x^2+R^2} = -2k_e\pi\sigma x\left(\frac{1}{\sqrt{x^2+R^2}} - \frac{1}{\sqrt{x^2}}\right)$$

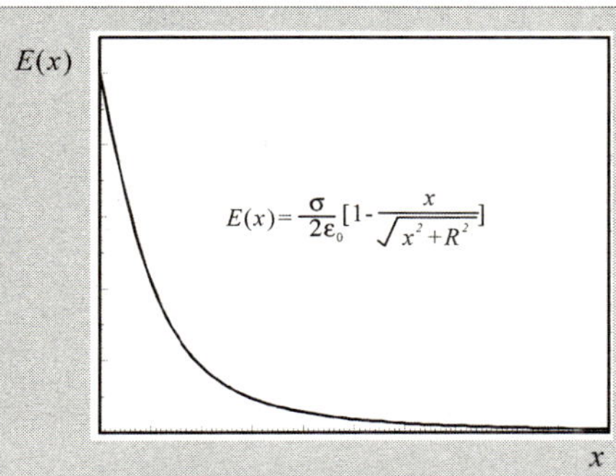

[그림 6.5] 균일하게 대전된 원판의 전기장의 분포 곡선.

이고, 이 식은 다음과 같은 형태로 나타낼 수 있다.

$$E_x = 2\pi k_e \sigma \left[1 - \frac{x}{\sqrt{x^2 + R^2}}\right] \tag{6.15}$$

이제 재미있는 현상을 도출해 보자. 우선 원판에서 아주 멀리 떨어진 지점에서의 전기장이 어떻게 되는지 살펴보기로 한다. 이러한 경우 x는 R에 비해 상당히 크므로, 즉 $x \gg R$이다. 그러면 식 (6.15)에서 두 번째 항은

$$\frac{x}{\sqrt{x^2 + R^2}} = \frac{1}{\sqrt{1 + (\frac{R}{x})^2}} = [1 + \frac{R^2}{x^2}]^{-1/2}$$

로 정리될 수 있는데 여기서 우리는 다음과 같은 조건을 이용하여 이 문제를 풀도록 하자. 이항전개에 있어 $a \ll 1$ 의 조건이면 $(1+a)^n \approx 1 + na$인 결과를 얻을 수 있다(각자 a의 값을 아주 작은 값으로 놓고 확인해보도록 하라). 여기서 $a = R^2/x^2$ 이라 놓으면 $a \ll 1$인 조건을 만족하므로,

$$(1+a)^{-1/2} \approx 1 + (-\frac{1}{2})a = 1 - \frac{R^2}{2x^2}$$

이 된다. 따라서

$$E_x \approx 2\pi k_e \sigma (1 - 1 + \frac{R^2}{2x^2}) = k_e \frac{\sigma \pi R^2}{x^2} = k_e \frac{Q}{x^2}, x \gg R \tag{6.16}$$

이다. 이러한 결과는 x가 아주 크면 대전된 원판의 전기장은 원점에 점전하 Q가 있는 것과 같다는 것을 의미한다.

이번에는 원판이 아주 큰 경우를 살펴보자. R을 무한대로 보내면 (6.15) 식의 두 번째 항은 0으로 수렴된다. 따라서

$$E_x = 2\pi k_e \sigma, x > 0 \tag{6.17}$$

이다. x의 음의 방향으로는

$$E_x = -2\pi k_e \sigma, x < 0$$

이 된다. 한편 $k_e = 1/4\pi\epsilon_0$에서

$$E_x = \frac{\sigma}{2\epsilon_0}\ (x > 0),\ E_x = -\frac{\sigma}{2\epsilon_0}\ (x < 0) \tag{6.18}$$

와 같이 표현되기도 한다.

전기력선

양의 점전하 Q에 의해 만들어진 전기장의 세기를 화살표로 나타내어 보면 그림 6.6과 같이 된다. 이러한 역선은 양전하에서 나와 음전하로 들어가는 형태를 취한다. 역선은 전기장의 세기에 대한 정보를 제공한다. 전기장이 강한 곳은 역선 수가 밀집되어 있고 전기장이 약한 곳은 단위면적에 비하여 역선 수가 적게 분포되어 있다. 다시 말해 전기장의 세기는 역선의 밀도에 비례한다는 것이다. 즉 전기장의 세기는 전기장에 수직인 단위면적을 통과하는 역선의 수에 비례한다. 고립된 점전하에서 나오는 N개의 역선을 생각해 보자. 전하에서 r만큼 떨어진 곳에서의 역선은 표면적이 $4\pi r^2$인 공꼴 면에 퍼져 있게 된다. 따라서 역선의 밀도는 $N/4\pi r^2$이 되며 결국 전기장의 세기는 $1/r^2$로 감소하게 된다. 이것이 쿨롱의 법칙에서 $1/r^2$이 나온 기하학적인 이유이다. 다음의 가우스 법칙은 이와 같은 기하학적인 관계를 명확하게 보여준다.

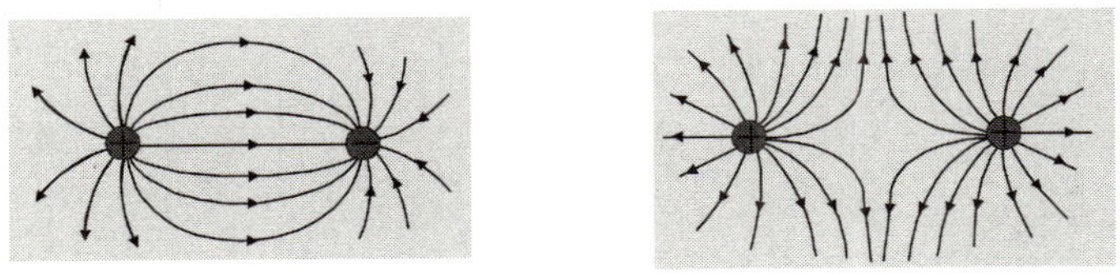

(a) 양의 전하의 전기력선은 밖으로 음의 전하에 의한 전기력선은 안으로 들어가는 방향이다.

(b) 서로 다른 전하들(a)은 끌어 당기고 같은 전하끼리(b)는 반발하는 모습을 볼 수 있다.

[그림 6.6] 전기력선.

가우스 법칙(Gauss's Law)

앞에서 다룬 전기장의 역선들이 어떠한 면을 가로 지르는 경우를 생각하자. 이때 균일한 전기장이 면적 $\vec{A}$의 편평한 면적을 통과하는 물리량을 전기다발(electric flux, 한자말로 선속이라고도 부른다)이라고 부르며 다음과 같이 정의된다.

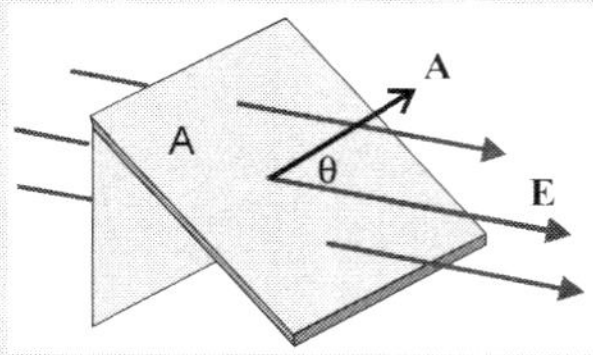

[그림 6.7] 전기 다발.

$$\Phi_E = \vec{E} \cdot \vec{A} = EA\cos\theta \qquad (6.19)$$

여기서 면적 벡터 $\vec{A}$는 표면에 수직한 방향이다.
만약 표면이 일정하지 않거나 전기장이 균일하지 않으면 전기다발은 다음과 같이 정의된다.

$$\Phi_E = \int \vec{E} \cdot d\vec{A} \qquad (6.20)$$

만일 면이 닫혀져 있을 때, 즉 폐곡면(closed surface)에서의 전기다발은 폐곡면을 나갈 때는 양의 값으로 들어 올 때는 음의 값으로 주어진다. 이제 양의 점전하 Q가 있고 이러한 전하를 중심으로 하는 공꼴 형태의 폐곡면을 생각하자(그림 6.8). 이러한 가상의 면을 가우스 면이라고 부른다. 이러한 가우스 면을 통과하는 총 전기다발은 다음과 같다.

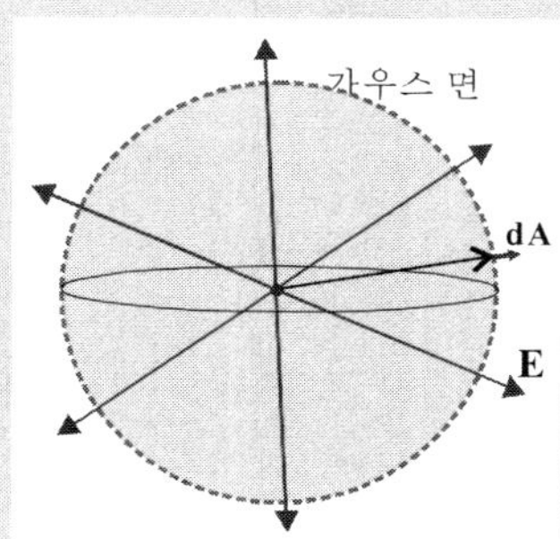

[그림 6.8] 점전하의 공꼴형 가우스 면.

$$\Phi_E = \oint E dA = E \oint dA = E(4\pi r^2)$$

쿨롱의 법칙으로부터 다음과 같은 관계식을 얻는다.

$$\Phi_E = E(4\pi r^2) = \frac{1}{4\pi\epsilon_0}\frac{Q}{r^2}(4\pi r^2) = \frac{Q}{\epsilon_0}$$

만약 가우스 면이 임의의 모양을 갖고 있어도 같은 결론을 얻는다. 이러한 결과로부터 가우스 법칙은 다음과 같이 정의된다.

$$\oint \vec{E} \cdot d\vec{A} = \frac{Q}{\epsilon_0} \tag{6.21}$$

위 식의 뜻은 '**폐곡면을 지나는 알짜 전기다발**(net electric flux)**은 가우스 면으로 둘러싸인 알짜 전하의 크기를 유전율로 나눈 값과 같다**'이다.

[보기문제 3] 균일한 면전하밀도 $\sigma(C/m^2)$를 갖는 무한 평면판이 있다. 전기장을 구하라.

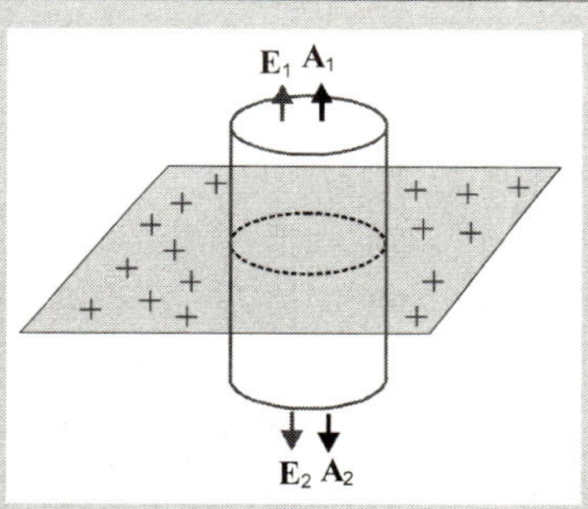

[그림 6.9] 무한평면판에 대한 가우스면.

풀이: 그림과 같이 가우스 면을 그리면 가우스 법칙은 다음과 같이 된다.

$$\oint \vec{E} \cdot d\vec{A} = E_1A_1 + E_2A_2 = \frac{\sigma A}{\epsilon_0}$$

$A_1 = A_2 = A$ 이므로, $2EA = \dfrac{\sigma A}{\epsilon_0}$ 가 되고 결국

$$E = \frac{\sigma}{2\epsilon_0}$$

이다. 이 결과는 앞에서 쿨롱의 법칙을 이용하여 풀었던 식 (6.18)의 결과와 같다.

[보기문제 4] 균일한 면전하밀도 σ를 갖는 무한 도체판에 의한 전기장을 구하라.

풀이: 무한평면 도체판의 가우스면을 그림 6.10과 같이 잡는다. 전하는 오직 도체 표면에만 존재하기 때문에 도체 내에서의 전기장은 존재하지 않는다. 만약 면적이 A이면, 가우스법칙에 의해

$$EA = \frac{\sigma A}{\epsilon_0}$$

가 된다. 따라서 전기장은

$$E = \frac{\sigma}{\epsilon_0} \tag{6.22}$$

이다.

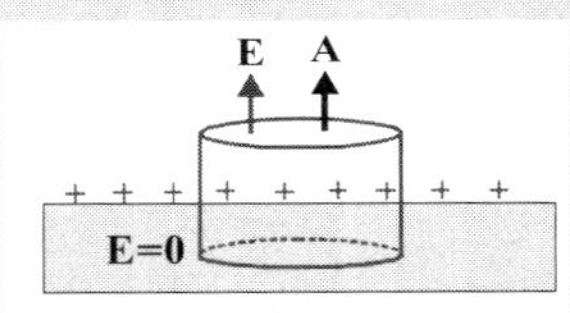

도체의 안쪽은 전기장이 존재하지 않는다. 따라서 원통형 가우스 면 중 윗면으로만 전기다발이 존재한다.

[그림 6.10] 도체에 대한 가우스 면.

이러한 결과는 같은 면전하밀도를 갖는 무한평면으로부터 얻은 값의 2배이다. 도체인 경우 모든 전기다발은 한쪽 방향으로만 향하는 반면에, 평면인 경우에는 두 방향으로 나뉘기 때문이다.

[보기문제 5] 음극선관(Cathode Ray Tube; CRT라고 부른다)은 텔레비전, 컴퓨터 모니터, 오실로스코프와 같은 전자기기에 사용되는 디스플레이용 소자(device)이다. 전자총(electron gun)이라고 부르는 곳에서 전자가 방출되는데 전자는 가열된 필라멘트로부터 나온다. 방출된 전자는 구멍이 난 두 개의 구멍에 의해 연필 심 모양으로 집속이 되어 스크린을 향하게 된다. 스크린에는 형광 물질인 황화아연(ZnS, Zinc Sulfide)이 입혀져 있고 전자가 이곳에 닿으면 빛을 발하게 되면서 디스플레이가 실현된다. 전자는 스크린에 도달하는 과정에서 길이가 l인 수직편향판에 의해 경로가 바뀐다. 수직편향판은 그림에서 보듯이 전기장 $\vec{E} = -E\hat{j}$에 의해 작동이 된다. 전자의 초기 속도를 $v\hat{i}$라 하고 다음 물음에 답하라.

(a) 전자가 수직편향판을 나올 때의 수직 y_F를 구하라.

(b) 그때의 각도를 구하라.

(c) 수직편향판에서 거리 L만큼 떨어진 스크린에서의 최종 수직 변이를 구하라.

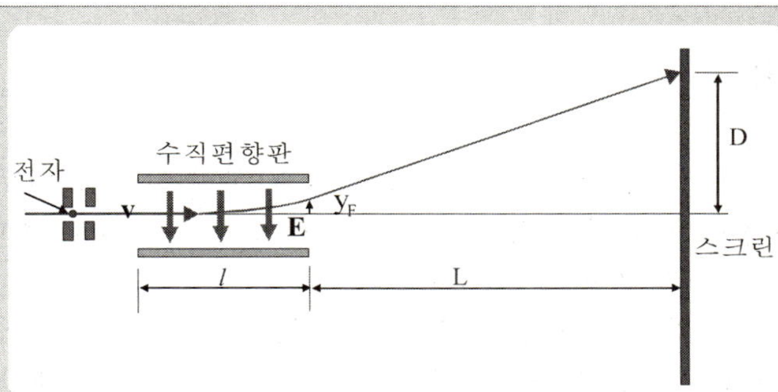

[그림 6.11] 음극선관(브라운관)의 원리.

풀이: (a) 뉴턴의 제2운동법칙 $m\vec{a}=q\vec{E}=eE\hat{j}$에서 가속도는

$$\vec{a}=\frac{eE}{m}\hat{j}$$

이다. 판의 길이가 l이기 때문에 $l=vt$이고 이로부터 걸린 시간은 $t=\frac{l}{v}$이다. 따라서 수직편향 길이는 다음과 같이 주어진다.

$$y_F=\frac{1}{2}at^2=\frac{1}{2}(\frac{eE}{m})(\frac{l}{v})^2$$

(b) 수평성분과 수직성분의 속도는 각각 $v_x=v$, $v_y=at=\frac{eEl}{mv}$이다. 그러므로 각도는 $\tan\theta=\frac{v_x}{v_y}=\frac{eEl}{mv^2}$이다.

(c) 스크린까지의 거리를 고려하면 각도는

$$\tan\theta=\frac{(D-y_F)}{L}$$

이고 따라서

$$D = y_F + L\tan\theta = \frac{1}{2}\frac{eEl^2}{mv^2} + \frac{eElL}{mv^2} = \frac{eEl^2}{2mv^2}(1 + \frac{2L}{l})$$

이다.

6.3 전기 쌍극자

크기가 같고 부호가 반대인 한 쌍의 전하가 약간의 거리를 두어 이루어진 형태를 전기 쌍극자라고 하였다. 양전하의 중심과 음전하의 중심이 일치하지 않고 비대칭적으로 분포되어 있는 분자들은 보통 전기 쌍극자 형태를 취한다.

물(H_2O), 염화수소(HCl), 일산화탄소(CO) 등은 물론 앞에서 다룬 바가 있듯이 액정은 외부의 영향을 받지 않고서도 전기 쌍극자를 이루는데 이와 같은 형태의 쌍극자를 영구 쌍극자(permanent dipoles)라고 부른다. 이와 반면에 평상시에는 극성을 갖지 않으나 외부의 전기장으로부터 전하의 분포가 달라져 일시적으로 쌍극자 형태를 갖는 경우를 유도 쌍극자(induced dipoles)라고 부른다.

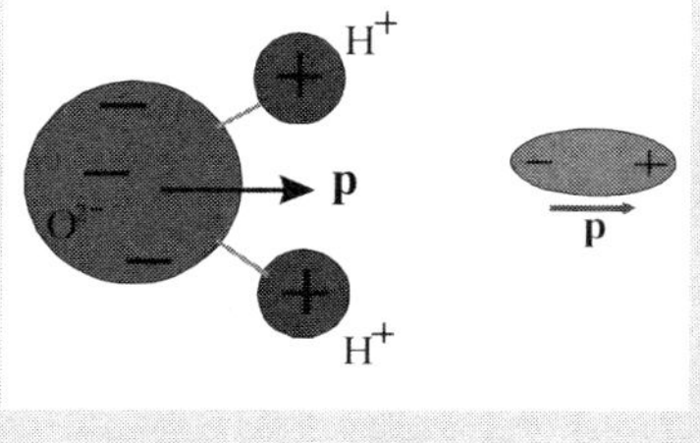

물분자는 수소원자 근처에는 양전하가, 산소원자 근처에는 음전하가 분포하여 쌍극자를 만든다. 이러한 전하 분포의 비대칭은 전자들의 확률 분포로부터 나온다.

[그림 6.12] 물분자와 전기 쌍극자.

이러한 전기 쌍극자에 의해 생성되는 전기장은 어떻게 표현될 수 있는지 알아보기로 하자. 그림 6.12는 거리 $d = 2a$ 만큼 떨어져 있는 전기 쌍극자를 나타낸다. 문제를 간단히 하기 위하여 쌍극자의 중심에서 r 만큼 떨어져 있는 곳에서의 전기장을 구해보자.

그림 6.13에서 보는 것처럼 두 점전하에 의해 발생하는 전기장의 x 성분은 크기가 같고 부호가 반대이므로 상쇄되어 0이 된다. 반면에 y 성분은

$$E_y = -(E_+ + E_-)\cos\theta$$

이다.

$$E_+ = E_- = \frac{1}{4\pi\epsilon_0}\frac{Q}{r^2 + a^2}$$

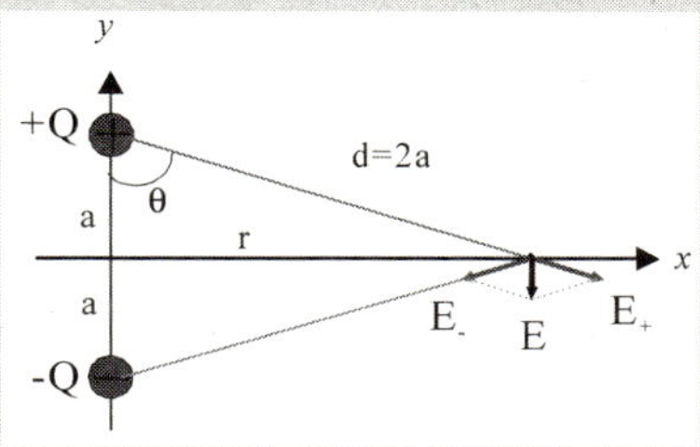

전기 쌍극자의 이등분선에 대한 전기장.

[그림 6.13] 전기쌍극자와 전기장.

$$\cos\theta = \frac{a}{\sqrt{r^2 + a^2}}$$

이므로,

$$E_y = -\frac{1}{4\pi\epsilon_0}\frac{2aQ}{(r^2 + a^2)^{3/2}} \qquad (6.23)$$

가 된다.

위 식에서 우리는 보기문제 2번에서 마주쳤던 $2aQ = Qd$ 라는 양을 다시 만나게 되는데 바로 전기 쌍극자 모멘트이다. 이러한 전기 쌍극자 모멘트는 다음과 같이 정의된다.

$$\vec{p} = Q\vec{d} \qquad (6.24)$$

여기서 d는 쌍극자의 길이에 해당된다. 전기 쌍극자 모멘트는 음전하에서 양전하로 향하는 벡터이다.

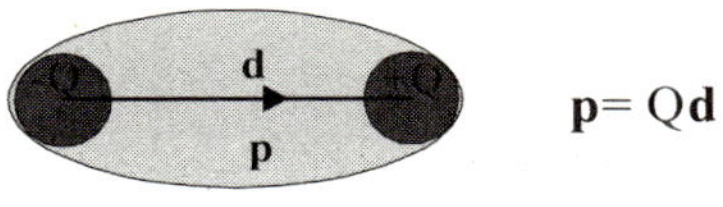

[그림 6.14] 전기 쌍극자 모멘트의 정의

쌍극자의 전기장은 쌍극자 크기에 비해 훨씬 큰 거리에서 구하는 것이 보통이므로 위에서 구한 식에서 $r \gg a$ 인 경우를 살펴보자. 그러면 $(r^2 + a^2)^{3/2} \rightarrow r^3$ 이 되며,

$$E = \frac{1}{4\pi\epsilon_0}\frac{p}{r^3} \qquad (6.25)$$

이다. 이와 반면에 쌍극자 축에서는 다음과 같이 주어진다.

$$E = \frac{1}{4\pi\epsilon_0}\frac{2p}{r^3} \tag{6.26}$$

이제 이러한 전기 쌍극자가 균일한 전기장에 놓여 있을 때 어떠한 현상이 일어나는지 살펴보자. LCD에서 액정층에 전압이 가해지는 경우와 같다.

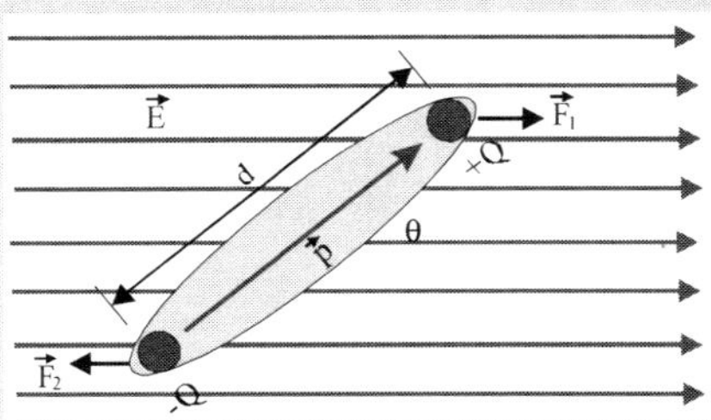

쌍극자가 균일한 전기장에 놓이면 알짜힘은 없지만 크기가 같고 서로 반대 방향인 힘을 받아 돌림힘(토크)이 생긴다.

[그림 6.15] 전기 쌍극자와 돌림힘.

균일한 외부 전기장은 전기 쌍극자에 알짜 힘은 미치지 않지만 쌍극자를 전기장 방향으로 돌리게 하는 돌림힘(torque)을 미친다. 이러한 돌림힘의 크기는 그림 6.15에서 보듯이

$$F_1 d\sin\theta = QEd\sin\theta = pE\sin\theta$$

가 된다. 그리고 돌림힘은 쌍극자모멘트 $\vec{p}$ 가 전기장 $\vec{E}$ 의 방향으로 돌리도록 하기 때문에 지면을 향하는 방향이다. 즉 돌림힘은 $\vec{p}$ 와 $\vec{E}$ 의 벡터곱(cross product; 가위곱이라고도 부름)으로 나타낼 수 있다.

$$\vec{N} = \vec{p} \times \vec{E} \tag{6.27}$$

이때 전기쌍극자가 $d\theta$ 만큼 회전되면 전기장은 일을 하며 다음과 같이 주어진다.

$$dW = -Nd\theta = -pE\sin\theta d\theta$$

여기서 음의 부호는 돌림힘은 θ 의 증가 방향과는 반대로 작용하기 때문이다. 퍼텐셜 에너지의 변화는 일의 반대이므로

$$dU = -dW = pE\sin\theta d\theta$$

이다.

위 식을 적분하면 다음과 같다.

$$U = -pE\cos\theta + U_0$$

여기서 $\theta = 90^0$ 일 때 퍼텐셜에너지를 0이 되도록 선택하면 전기 쌍극자 모멘트에 의한 퍼텐셜에너지는 다음과 같이 주어진다.

$$U = -pE\cos\theta = -\vec{p} \cdot \vec{E} \qquad (6.28)$$

[보기문제 6] 크기가 $0.02\,e \cdot nm$인 전기쌍극자 모멘트가 $3 \times 10^3\,N/C$인 전기장에 20^0의 각도를 이루고 있다.
(a) 전기 쌍극자가 받는 돌림힘의 크기는 얼마인가?
(b) 퍼텐셜 에너지를 구하라.

[풀이] (a) 쌍극자모멘트의 크기는
$p = 0.02\,e \cdot nm = (0.02)(1.6 \times 10^{-19}C)(10^{-9}m) = 3.2 \times 10^{-30}\,C \cdot m$ 이다.
따라서 돌림힘의 크기는

$$N = pE\sin\theta = (3.2 \times 10^{-30}\,C \cdot m)(3.0 \times 10^3\,N/C)(\sin 20^0)$$
$$= 3.28 \times 10^{-27}\,N \cdot m$$

이다.
(b) 퍼텐셜 에너지는 $U = -pE\cos\theta$ 이다. 따라서

$$U = -(3.2 \times 10^{-30}\,C \cdot m)(3.0 \times 10^3\,N/C)(\cos 20^0)$$
$$= -9.0 \times 10^{-27}\,J$$

이다.

[보기문제 7] HCl의 분자는 약 $3.5 \times 10^{-30}\,C \cdot m$의 쌍극자 모멘트를 갖는다. 그리고 두 원자는 $1.0 \times 10^{-10}\,m$ 정도 떨어져 있다. 다음 물음에 답하라.
(a) 각 원자의 알짜 전하는 얼마인가?
(b) 알짜 전하의 값은 기본 전하 e의 정수배가 되는가? 아니면 그 이유는 무엇인가?
(c) HCl 쌍극자가 $2.5 \times 10^4\,N/C$의 전기장에 놓인다면 최대로 받는 돌림힘은 얼마인가?

(d) 최소 퍼텐셜에너지의 평형 위치로부터 HCl 한 분자를 45^0 회전시키는데 얼마의 에너지가 필요한가?

답: (a) $3.5 \times 10^{-20} C$, (b) 아니다. 쌍극자 모멘트의 정의를 생각하라. 그리고 질량과 관성모멘트와의 관계를 상기할 것. (c) $8.8 \times 10^{-26} N \cdot m$, (d) $6.2 \times 10^{-26} J$.

한편 화학 분야에서는 극성분자의 쌍극자 모멘트의 크기를 나타낼 때 디바이(Debye; D로 표기함)를 사용하는 경우가 많다. 이러한 디바이의 크기는 한 개의 음전하(전자)가 한 개의 양전하와 $0.1\,nm(=10^{-10}m)$ 떨어져 있을 때 $4.8\,D$의 쌍극자모멘트를 가지는 것으로 정의된다. 즉,

$$4.8\,D = (1.6 \times 10^{-19}\,C)(10^{-10}\,m) = 1.6 \times 10^{-29}\,C \cdot m$$

이다. 그러면

$$1\,D = 3.3 \times 10^{-30}\,C \cdot m \qquad (6.29)$$

이다. 액정을 포함한 몇 가지 분자들에 대한 전기 쌍극자 모멘트의 크기들을 표 6.1에 실었다.

<표 6.1> 보통의 분자들과 액정분자들의 쌍극자 모멘트.

분자	쌍극자 모멘트(Debye) D	액정분자*	쌍극자 모멘트(Debye)
HF	1.91	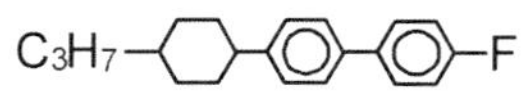	2.1243
HCl	1.08	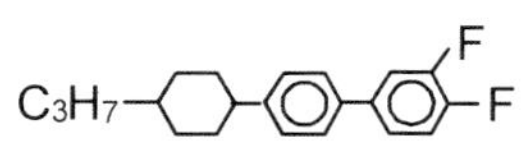	3.4325
HBr	0.80	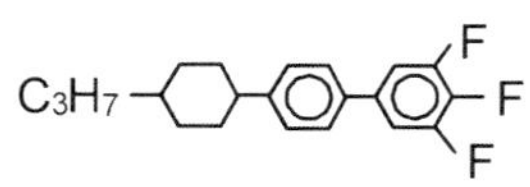	4.1592
HI	0.42	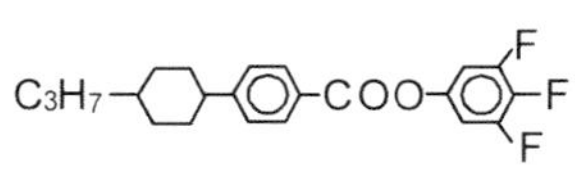	6.1141
CO	0.12	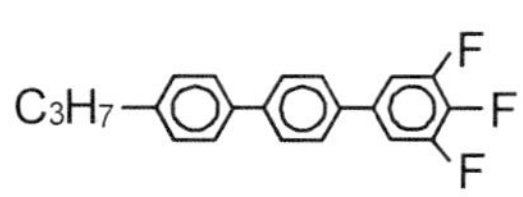	4.2514
ClF	0.88	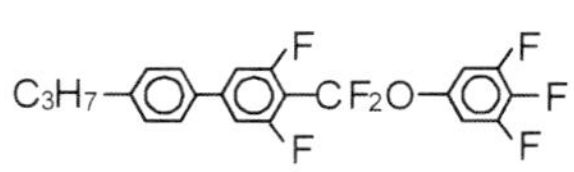	7.1154
NaCl	9.00		
CsCl	10.42		
H_2O	1.85		
NH_3	1.47		

* 이 액정분자들은 최근 고속응답에 적합하다고 알려진 불소화합물들이다.

물의 커다란 쌍극자모멘트 ($6.1 \times 10^{-30} C \cdot m = 1.85 D$)는 물분자의 중요한 성질을 나타내는 역할을 한다. 예를 들면, 소금 결정을 물속에 넣으면 극성 물분자의 전하들과 소금의 Na^+ 이온과 Cl^- 이온들 사이에서 큰 인력이 생겨 이온결합이 깨지게 된다. 따라서 소금은 쉽게 물에 녹는다.

물질이 극성이면 물질의 쌍극자는 물의 쌍극자와 쉽게 결합할 수 있다. 기름은 비극성 분자로 구성되어 있으며 따라서 물과 섞이지 않는다. 마이크로파 오븐(microwave oven; 전자레인지)으로 하는 요리는 고주파 ($2.45 \times 10^9 Hz$)로 진동하는 전기장에 대한 물의 쌍극자의 반응과 관련이 있다. 전기장에 반응하여 쌍극자가 회전하면 쌍극자는 주위 매개물에 열에너지를 발생시켜 음식을 데우게 한다. 종이나 유리처럼 전기장에 반응할 쌍극자가 없으면 데워지지 않는다.

반데르발스 힘 - 쌍극자들의 상호작용

중성원자에 유도된 전기쌍극자들은 서로간의 상호작용에 의해 원자들을 약하게 결합시켜 분자를 형성하게 한다. 이 결합력을 반데르발스(van der Waals; 1837-1923) 힘이라고 한다. 한 원자 내에 유도된 쌍극자모멘트를 p_1이라 하자. 이 쌍극자가 놓여 있는 축을 따라 멀리 떨어진 곳에서의 전기장은 식 (6.26)으로부터

$$E_1 = \frac{1}{4\pi\epsilon_0}\frac{2p_1}{x^3}$$

와 같이 주어진다. 이 전기장은 다시 가까이 있는 원자에 쌍극자 p_2를 유도한다. 따라서 두 번째 원자는 첫 번째 원자를 향한 방향으로 다음과 같은 힘을 느낀다.

$$F_2 = p_2\frac{dE_1}{dx}$$

왜냐하면

$$F = -\frac{dU}{dx} = -\frac{d}{dx}(-\vec{p} \cdot \vec{E}) = p\frac{dE}{dx}$$

이기 때문이다. 이렇게 유도된 쌍극자모멘트는 외부전기장의 세기에 비례하므로 즉 $p_2 \propto E_1$ 이다. 그리고

$$\frac{dE_1}{dx} \propto \frac{1}{x^4}$$

이므로, 두 쌍극자 사이에서 작용하는 힘은

$$F \propto \frac{1}{x^7} \tag{6.30}$$

으로 변한다. 결국 쌍극자에 의한 전기장의 불 균일은 대전이 되지 않은 원자들 사이에서 알짜 인력으로 나타난다. 이러한 반데르발스 힘은 기체를 액체로 응축시키는 역할을 하기도 한다. 운모가 쉽게 판들로 쉽게 쪼개지는 이유도 이러한 형태의 약한 결합력으로 설명이 된다.

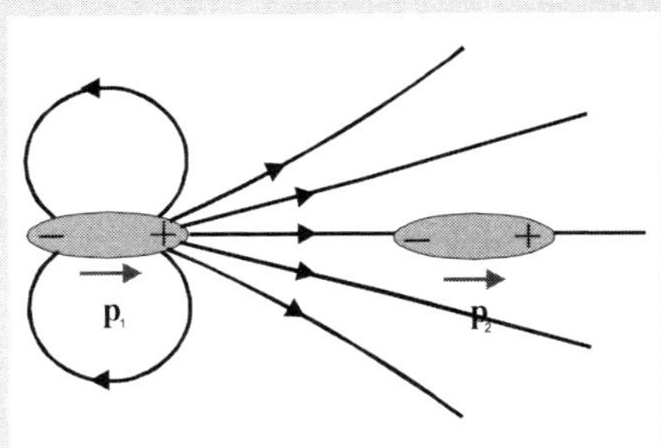

한 개의 전기쌍극자에 의한 전기장은 근처에 있는 원자나 분자에 다른 쌍극자를 유도시켜 서로간에 인력을 발생시킨다.

$$F = C\frac{1}{x^7}$$

[그림 6.16] 반데르발스의 힘.

6.4 전 위

이제 전기장에서 퍼텐셜에너지 차이를 논의해보자. 이제 전기장에 점전하 q_0가 놓여 있다면 전기장이 점전하에 작용하는 힘은

$$\vec{F} = q_0 \vec{E} \tag{6.31}$$

이다. 따라서 전기장 속에서 점전하가 변위 $\vec{ds}$ 만큼 이동하면 퍼텐셜 에너지의 변화량은

$$dU = -q_0 \vec{E} \cdot \vec{ds} \tag{6.32}$$

가 된다. 이때 단위전하당 퍼텐셜에너지의 변화량을 전위차(electric potential difference)라고 부르며 다음과 같이 정의된다.

$$dV = \frac{dU}{q_0} = -\vec{E} \cdot \vec{ds} \tag{6.33}$$

전기장 내에서 점전하가 그림 6.17과 같이 점 A에서 점 B까지 움직였다면 위와 같은 전위차는 다음과 같이 된다.

$$\Delta V = V_B - V_A = \frac{\Delta U}{q_0} = -\int_A^B \vec{E} \cdot \vec{ds} \qquad (6.34)$$

여기서, 함수 V를 전위(electric potential)라고 하며. SI 단위로 보통 볼트(Volt)라고 부른다. 즉,

$$1\,V = 1\,J/C \qquad (6.35)$$

이다.

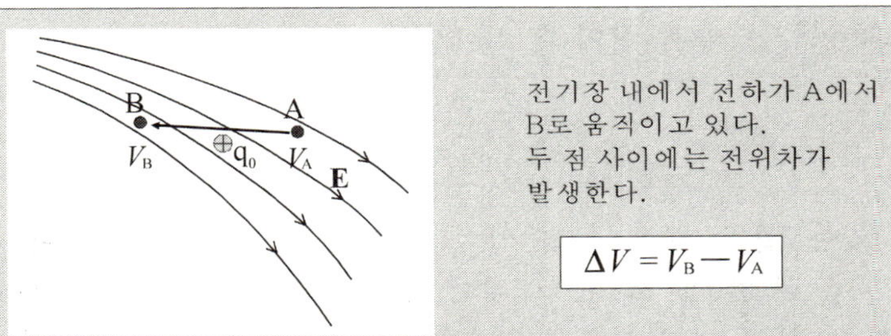

[그림 6.17] 전기장과 전위.

이러한 전위차를 일상생활에서나 공학에서는 종종 전압이라고 부른다. 그런데, 식 (6.34)로부터 전기장의 단위는 다음과 같이 표기되기도 한다.

$$1\,N/C = 1\,V/m \qquad (6.36)$$

[보기문제 8] 외부에서 $3.0\mu J$ 의 일을 해주어 전하 $q_0 = 0.05\mu C$를 가진 입자를 점 A에서 점 B까지 일정한 속도로 움직이게 하였다.
(a) 전위차 $V_B - V_A$ 를 구하라.
(b) 이 동안에 전기력이 q_0 에 한일은?
답: (a) $60\,V$, (b) $-3.0\mu J$

[보기문제 9] 점 A와 점 B와의 전위차가 $42\,V$라면
(a) 외부 힘을 작용하여 전하 $q_0 = 5.0\times10^{-5}\,C$ 의 입자를 A에서 B까지 일정한 속도로 움직이도록 하는데 필요한 일과

(b) 이 전하를 A에서 B로 움직일 때 전기력에 의해 하여진 일의 양을 각각 구하라.

답: (a) $2.1\times10^{-3}J$, (b) $-2.1\times10^{-3}J$

전기장이 일정한 곳에서의 전위차는 $\Delta V=-\vec{E}\cdot\Delta\vec{x}$ 로 쓸 수 있다. 여기서 $\Delta x=d$라 놓으면, 전위차는 일반적으로는 다음과 같이 표현된다.

$$\Delta V= \mp Ed \tag{6.37}$$

식 (6.44)에서 d는 전기장과 나란하거나 반대인 변위 성분이다. 음의 부호는 전기장과 나란한 경우이며 양의 부호는 반대인 경우에 해당된다.

전기장 내에서 전하를 가진 입자들이 운동을 하는 경우에는 에너지 보존 법칙의 관점에서 논의될 수 있다. 퍼텐셜 에너지의 관점에서 보면 운동에너지의 변화량이 전기 퍼텐셜 에너지의 변화량과 같고 이는 다음과 같이 쓸 수 있다.

$$\Delta K=-q\Delta V \tag{6.38}$$

만약 양의 전하를 갖는 입자, 예를 들면 양성자가 전위가 감소하는 방향 $(\Delta V<0)$으로 움직이면 양성자는 운동 에너지를 얻게 될 것이다. 그런데 원자나 핵에 갇혀 있는 전자 또는 양성자 같은 입자들은 수천 내지 수백만 볼트의 전위차 속에서 운동을 한다. 에너지는 전하에 전위차를 곱한 단위를 가지므로 이러한 경우에는 전자의 전하량 e와 전압 V를 곱하여 사용하는 것이 편리하다. 이러한 단위를 전자볼트(electron volt; eV)라고 부른다. 따라서 $1eV$는 다음과 같다.

$$1eV=1.60\times10^{-19}C\cdot V=1.60\times10^{-19}J \tag{6.39}$$

이러한 단위는 원자나 분자의 에너지 혹은 반도체의 에너지띠를 나타낼 때 사용된다.

두 점 사이의 전위차 보다는 한 점에 의한 전위만을 고려하는 경우가 더욱 편리할 때가 많다. 중력의 퍼텐셜 에너지를 취급할 때 보통 지구 표면을 0으로 잡는 경우가 이에 속한다. 따라서 식 (6.34)에서 한 점을 기준점으로 잡아 그 기준점의 전위를 0으로 잡으면 된다. 만약 A점을 기준점으로 잡고 $V_A=0$으로 하면,

$$V_B=\int_B^{ref}\vec{E}\cdot d\vec{s} \tag{6.40}$$

가 된다. 보통 기준점은 전위를 만드는 전하분포로부터 무한대의 거리에 있는 것으로 잡는

다. 그러면 전위는 다음과 같이 주어진다.

$$V_B = \int_B^\infty \vec{E} \cdot d\vec{s} \qquad (6.41)$$

점전하에 의한 전위를 구해보자. 점전하 Q에 의한 전기장은

$$\vec{E} = k_e \frac{Q}{r^2} \hat{r}$$

이다. 여기서 $\hat{r}$은 그림 6.18에서 보듯이 점전하로부터 밖을 향하는(동경 방향) 단위벡터이다. 점전하로부터 r만큼 떨어진 곳에서의 전위는 식 (6.41)을 이용하면 구할 수 있다.

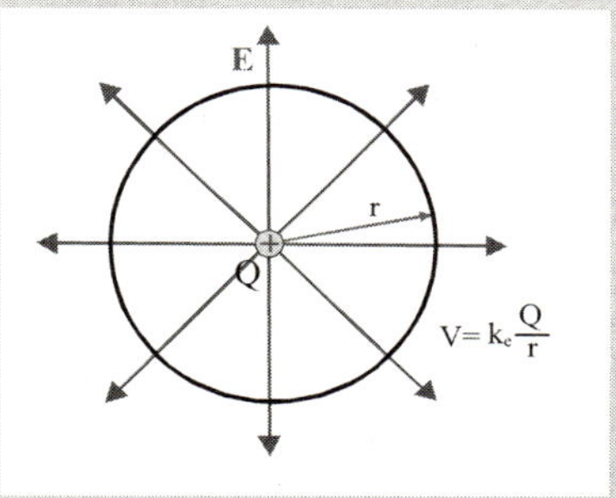

양의 점전하 Q에 의해 주위에는 밖을 향하는 전기장이 형성되고 전기적인 퍼텐셜인 전위가 생긴다.

[그림 6.18]점전하의 전위.

전기장과 적분 경로는 같은 방향이기 때문에

$$V = k_e Q \int_r^\infty \frac{1}{r^2} dr = k_e Q \left| -\frac{1}{r} \right|_r^\infty = k_e \frac{Q}{r} = \frac{1}{4\pi\epsilon_0} \frac{Q}{r} \qquad (6.42)$$

이다.

그런데 점전하로부터 r만큼 떨어진 곳에서의 전위는 모두 같다. 이와 같이 전위가 같은 선을 등전위선이라고 한다. 마치 산에 있어서 같은 높이를 표시하는 등고선과 같은 의미를 지닌다. 점전하인 경우 3차원을 생각하면 공의 반지름 r의 표면을 고려해야하기 때문에 이 때는 등전위면이라고 불러야 옳다.

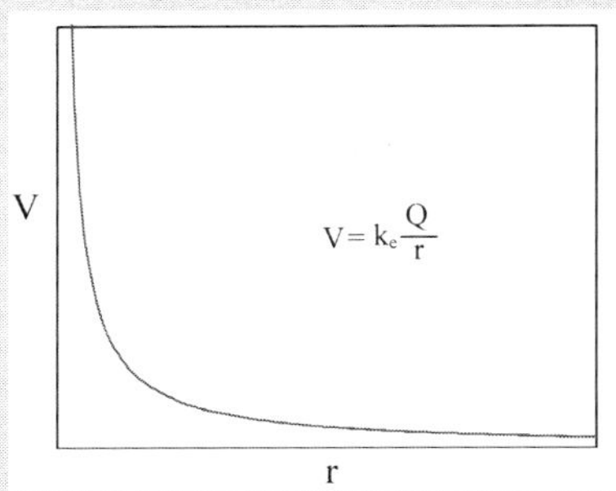

양의 점전하 Q에 의한 전위는 거리에 역비례한다.

[그림 6.19]점전하 전위 그래프 .

6.5 전 류

전기가 흐르는 도선을 생각하자. 전기가 흐른다는 것은 전하들(보통 전자들인 경우가 대부분임)이 도선을 통하여 움직이고 있기 때문이다. 그림 6.20을 보라.

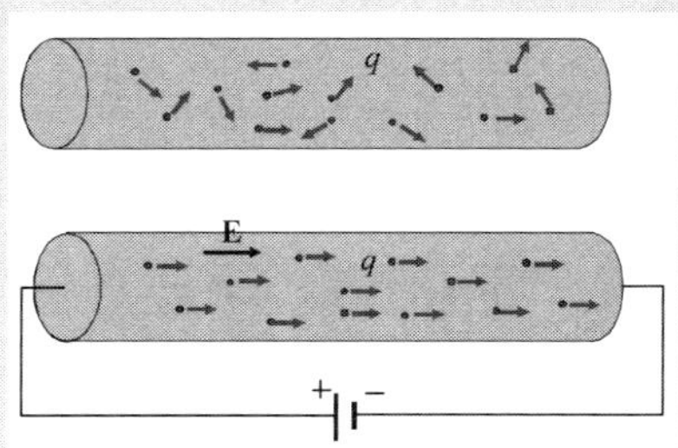

도체내의 전하 입자는 전자이다. 이러한 전자들은 도체를 이루는 원자들의 규칙적인 격자 주위에서 무질서한 운동을 하고 있다. 외부로부터 전기가 주어지면 도체에는 전기장이 발생하고 이로부터 전자는 힘을 받아 한 방향을 향하여 움직인다. 이러한 흐름이 전류이다. 전자는 음의 전하를 가지기 때문에 전기장의 방향과는 반대로 움직인다. 그림은 양전하를 가정하여 그린 것이다.

[그림 6.20] 전하의 흐름과 전류.

이때 Δt 라는 짧은 시간에 전하의 흐른 양이 ΔQ 라면 전류는 다음과 같이 정의 된다.

$$I = \frac{\Delta Q}{\Delta t} \tag{6.43}$$

하지만, 위의 전류는 사실상 평균 전류를 의미하며 전하의 흐름이 일정하지 않으면 전류는 다음과 같이 순간 전류로 정의되어야 한다.

$$I = \frac{dQ}{dt} \tag{6.44}$$

전류의 단위는 암페어(*Ampère, Marie*; 1775 - 1836)이며 보통 A로 표기된다. 즉,

$$1A = \frac{1C}{s} \tag{6.45}$$

이다.

도선 내에서 움직이는 전자들은 원자나 분자에 구속된 전자들이 아니라 자유롭게 움직일 수 있는 자유전자들이며 이를 전도전자들이라고 부른다. 이러한 전도전자들은 용기 내에 들어 있는 기체 분자들과 비슷하게 운동을 한다. 즉 매우 빠른 속도로 임의의 방향으로 움직이면서 정지해 있는 무거운 이온들과 자주 충돌을 한다. 한 방향으로 움직이는 전자 수는 반대 방향으로 움직이는 전자 수와 거의 같게 균형을 이룬다. 그러나, 만약 도선에 건전지 등이 연결되어 전기장이 생기면 전도전자들은 전기장에 의한 힘($F = -eE$)에 의해 전체적으로 전기장의 반대 방향으로 움직이려는 경향을 띤다. 이러한 전자들의 움직임은 마치 못이 박힌 경사면을 따라 내려오는 작은 쇠공과 같은 운동 모습을 갖게 된다. 즉 전자들은 한 이온과 충돌하여 다시 다른 이온과 충돌하는 사이에서는 무척 빠른 속도로 움직이는 데 이를 열적 속도(thermal velocity, v_t)라고 부른다. 이와 반면에 전기장의 반대 방향으로 일정하게 흐르는 속도는 열적 속도에 비해 무척 느린 편이다. 이를 유동속도(혹은 표류속도라고도 부름; drift velocity, v_d)라고 한다. 이때 무거운 이온들은 전자들의 흐름을 사실상 방해하고 있다고 볼 수 있는데 이러한 결과는 전류의 **저항**으로 나타난다. 비슷한 보기를 바람에서 볼 수 있다. 공기 중에서 공기 분자들은 소리의 속도(330 m/s)보다 조금 큰 열적 속도를 가지고 멋대로 움직인다. 만약 두 지역 사이에 압력의 차(도선에 있어 전기장에 해당 됨)가 생기면 공기 중의 분자들은 한 방향으로 움직이게 되는데 이를 바람(전류에 해당됨)이라고 부른다. 약 10 m/s의 바람이라도 사실상 멋대로 움직이는 공기 분자들의 열적 속도에 비해서는 훨씬 낮은 속도라는 것을 알 수 있다.

전류 밀도(current density)

이제 전류는 전자들의 열적 속도에 의한 것이 아니라 유동속도에 의한 것임을 알았다. 다음 그림 6.21은 길이가 l이고 단면적이 A인 도선을 따라 유동속도 v_d로 움직이는 전하 q

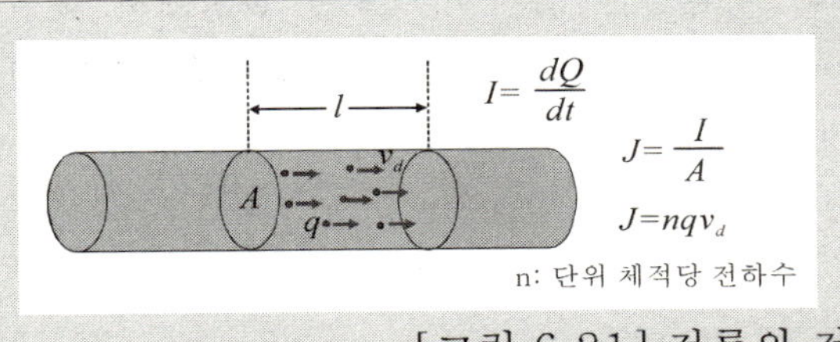

단면적 A인 도선에 유동속도로 이동하는 전하의 모습. 전류밀도는 단위면적당 흐른 전류의 양이며 유동속도의 방향이다.

[그림 6.21] 전류와 전류밀도.

를 갖는 전도 입자의 운동 모습이다. 만약 입자가 전자라면 $q=-e$가 된다.
단위체적당 n개의 입자가 있으면 체적 Al에 분포하는 전하의 크기는

$$\Delta Q = nAlq \tag{6.46}$$

이다. 이때 전하 입자가 유동속도로 길이 l을 지나는데 걸리는 시간을 Δt라 하면

$$\Delta t = \frac{l}{v_d} \tag{6.47}$$

이 된다. 그러면 전류의 정의에 의해 전류는 다음과 같이 주어진다.

$$I = \frac{\Delta Q}{\Delta t} = nAqv_d \tag{6.48}$$

식 (6.48)은 만약 우리가 도선에 흐르는 전류를 측정하고 도선의 밀도와 단면적이 주어진다면 도선에서 흐르는 전자들의 유동속도를 계산할 수 있다는 것을 보여준다. 그런데 식 (6.48)에 있어서 유동속도는 벡터량으로 단면적과의 관계가 중요하다. 여기서 단위면적당 전류인 전류밀도를 도입하기로 하자. 즉 전류밀도는

$$J = \frac{I}{A} \tag{6.49}$$

으로 주어지며 단위는 A/m^2이다. 이러한 전류밀도는 단면적과 벡터인 유동속도와 관계되므로 벡터량이다. 따라서 **전류는 스칼라량으로 정의되지만 전류밀도는 벡터량으로 정의 되며 그 방향은 유동속도에 해당된다.** 다시 말해 전류밀도는 위에서 주어진 식 (6.48)로부터 다음과 같이 주어진다.

$$\vec{J} = nq\vec{v}_d \tag{6.50}$$

전류가 스칼라량이라고 하는 것은 I는 거시적 관점에서 측정된 양, 즉 도선의 면을 지나가는 전하로 정의되기 때문이다. 이와 반면에 전류밀도 $\vec{J}$는 미시적인 관점에서 표현된 벡터양으로 각 점에서 각각 다를 수가 있다. 만약 전류밀도가 균일하지 않다면 면을 지나는 전류는

$$I = \int \vec{J} \cdot d\vec{A} \tag{6.51}$$

로 구해야 한다.

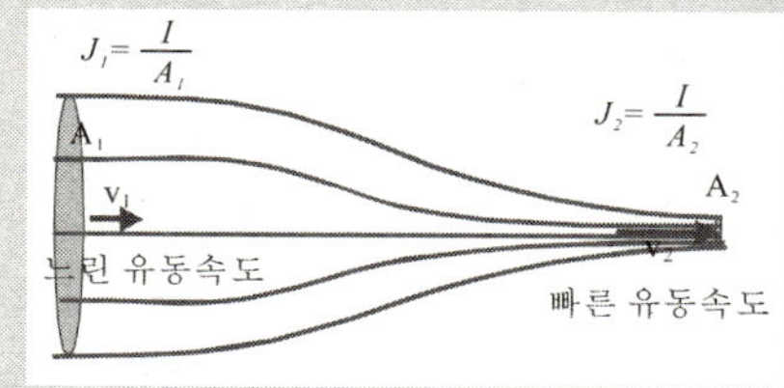

전류밀도가 변하면 유동속도도 변한다.

[그림 6.22] 전류밀도와 유동속도.

[보기문제 10] 단면적이 $0.05\,cm^2$인 구리(Cu)로 만들어진 송전선에 $10\,A$의 전류가 흐른다. 전류밀도와 유동속도를 구하라. 구리의 밀도는 $\rho = 8.9\,g/cm^3$이며 몰질량은 $M = 63.5\,g/mol$이다.

풀이: 먼저 단위체적당 전자수를 알아야 하므로 결국 단위체적당 구리의 수를 계산해야 한다. 구리의 몰질량을 M, 질량을 m, 아보가드로 수를 N_A, 구리 원자 수를 N이라 하자. 그러면,

$$\frac{N}{N_A} = \frac{m}{M}$$

인 관계식을 얻는다. 그러면 $N = (m/M)N_A$가 되고 체적 $V = m/\rho$이므로, 단위체적당 구리 원자의 수는

$$n = \frac{N}{V} = \frac{\rho N_A}{M}$$

이다. 따라서

$$n = \frac{(8.9 \times 10^3\,kg/m^3)(6.02 \times 10^{23}\,atoms/mol)}{63.5 \times 10^{-3}\,kg/mol} = 8.4 \times 10^{28}\,atoms/m^3$$

의 값을 얻는다. 구리 원자가 하나의 자유전자를 가진다고 하면 이 값이 전도 전자수의 밀도 값이 된다. 전류밀도는

$$J = \frac{I}{A} = \frac{10\,A}{5.0 \times 10^{-6}\,m^2} = 2.0 \times 10^6\,A/m^2$$

이고, 따라서 유동속도는 다음과 같다.

$$v_d = \frac{J}{ne} = \frac{2.0\times 10^6\, A/m^2}{(8.4\times 10^{28}\, electrons/m^3)(1.6\times 10^{-19}\, C)} = 1.5\times 10^{-4}\, m/s$$

1초에 겨우 $0.15\, mm$를 이동한다는 것으로 유동속도는 대단히 작은 값을 갖는다. 이와 같이 유동속도는 멋대로 운동하는 열적 운동에 비해 무척 느리다. 도선 내의 불규칙한 열적 속도는 보통 $10^6\, m/s$ 정도로 알려져 있다.

6.6 저 항

한편 도선의 두 점 사이에 전위차 V가 주어진다면 전류와는 어떠한 관계가 성립할까? 전위차는 중력에 있어서 위치의 차이라고 보면 이해하기가 쉽다. 같은 높이의 위치(등고선 혹은 등고면으로 등전위면과 같은 의미임)에서는 물은 흐르지 않는다. 물은 반드시 높이 차이가 있어야 높은 곳(전위가 높은 곳)에서 낮은 곳으로 흐를 수 있듯이 전류 역시 전위차가 있어야 생성된다. 그런데 물의 흐름은 높이의 경사가 크면 즉 퍼텐셜 차가 크면 그만큼 빨리 흐른다. 즉 속도가 빠르다. 마찬가지로 전류 역시 전위차의 크기에 비례하며 이는 실험적으로 확인이 된다. 따라서 전류는

$$I \propto V \tag{6.52}$$

이다. 이제 물의 속도에 영향을 주는 경우를 생각해 보자. 그림 6.23에서 보듯이 물은 밑바닥

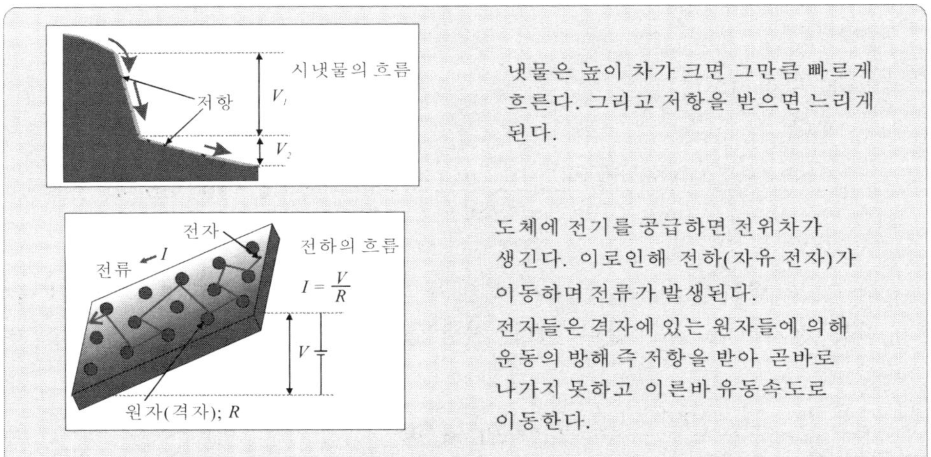

[그림 6.23] 전류, 전위, 저항.

이 거칠거나 돌멩이가 있는 경우보다 밑바닥이 매끈한 곳에서 빠르게 흐른다. 밑바닥이 거칠면 그만큼 방해를 받기 때문이다. 전류를 만드는 전하 입자(전자) 역시 도선의 성질에 따라 흐름에 영향을 받게 된다. 이렇게 흐름을 방해하는 요소를 저항(resistance)이라고 부르며 보통 R로 표시를 한다.

이러한 저항은 전류가 흐르는 물질의 고유 성질과 기하학적 요인에 의해 결정이 된다. 저항을 R이라 하면

$$I=\frac{1}{R}V \tag{6.53}$$

의 관계가 성립한다. 이 관계를 옴(Ohm, Georg Simon; 1789-1854)의 법칙이라고 부른다. 그러나 이러한 법칙을 따르지 않는 물질도 있는데 다이오드가 대표적이다. 식 (6.53)은 저항이 크면 클수록 전류의 세기는 감소한다는 것을 의미한다. 그리고 저항의 역을 보통 전도성(conductance)이라고 부르며 공학에서 자주 사용된다.

$$g=\frac{1}{R} \tag{6.54}$$

저항은 식 (6.53)에 의해 다음과 같은 관계를 갖게 된다.

$$R=\frac{V}{I} \tag{6.55}$$

저항의 단위 차원은 V/A가 되는데 이를 옴(Ohm)이라고 부르며 Ω로 표시를 한다. 이러한 저항은 그림 6.24에서 보듯이 도선의 길이에 비례하고(길면 길수록 저항이 증가함) 도선의 단면적에는 역비례(면적이 넓을수록 저항은 줄어듦)하는 것으로 알려져 있다.

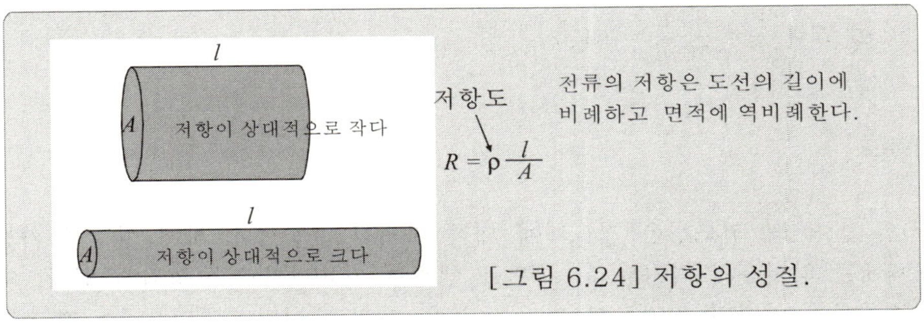

[그림 6.24] 저항의 성질.

따라서 저항은 $R \propto \frac{l}{A}$ 인 관계를 가지며 다음과 같이 정의된다.

$$R = \rho \frac{l}{A} \tag{6.56}$$

여기서 ρ는 도선의 매질에 따라 다르게 나타나는 교유 값으로 저항도(resistivity)라고 부른다. 저항도의 단위는 $\Omega \cdot m$ 이다. 이러한 저항도를 비저항이라는 용어를 사용하는 경우가 많은데 이것 역시 일본식 한자용어에 속한다. 한편 위와 같은 저항도의 역을 전도도(conductivity)라고 한다. 즉,

$$\sigma = \frac{1}{\rho} \tag{6.57}$$

이다. 위와 같은 옴의 법칙은 전류밀도가 전기장에 비례한다는 의미이기도 하다. 즉 전류밀도는 전기장과 다음과 같은 관계를 가진다.

$$\vec{J} = \sigma \vec{E} \tag{6.58}$$

[보기문제 11] 구리선(저항도 $\rho = 1.7 \times 10^{-8} \Omega \cdot m$)의 반지름은 $1.63 mm$ 이다. 이 도선의 길이가 $20 m$ 이고 여기에 $60\ V$의 전위차를 가해 주었을 때
(a) 저항; (b) 전류; (c) 전기장을 각각 구하라.

답: (a) $R = \frac{\rho l}{A} = \frac{(1.7 \times 10^{-8} \Omega \cdot m)(20 m)}{(3.14)(1.63 \times 10^{-3} m)^2} = 0.04 \Omega$,

(b) $I = \frac{V}{R} = \frac{60\ V}{0.04 \Omega} = 1500 A$,

(c) $E = \frac{V}{l} = \frac{60\ V}{20 m} = 3\ V/m$.

전자의 이동도

옴(Ohm)의 법칙 및 전도성은 전도체에 대한 미시적인 모형에 의해 설명이 가능하다. 금속성 전도체에는 양이온의 격자와 그 주위를 맴도는 자유전자로 구성되어 있다. 외부로부터 전기장이 존재하지 않으면 전자들의 열적 운동은 멋대로 이며(random) 그 평균속도는 0이 된다. 그러나 외부로부터 전기장이 가해지면 전기장의 방향으로 속도, 즉 유동속도가 생겨난다. 그러면 유동속도의 변화는 Newton의 제2법칙에 따른다. 즉,

$$m\frac{d\vec{v}_d}{dt} = q\vec{E}$$

이다. 여기서 전자의 질량을 m, 전하를 q라 두었다. 하지만, 만약 정적 전류(steady current)가 흐르는 매질에서는 유동속도는 일정하게 되어 입자에 작용하는 힘은 0이 되어 버린다. 실질적으로는 입자에 작용하는 다른 힘이 존재하게 되는데 그것은 매질에 의한 저항력(retarding force)이다. 이러한 저항력은 앞에서 언급한 바와 같이 격자에 있는 원자들 즉 이온들과의 충돌에 의해 생기며 보통 속도에 비례하는 것으로 알려져 있다. 이와 같은 매질의 저항력에 있어 속도의 비례성은 공기의 저항에서도 유사하게 나타난다. 그러면 위의 뉴턴 방정식은 다음과 같이 주어진다.

$$m\frac{d\vec{v}_d}{dt} = q\vec{E} - \gamma\vec{v}_d \tag{6.59}$$

물론 $d\vec{v}_d/dt = 0$ 이면

$$\vec{v}_d = \frac{q}{\gamma}\vec{E} \tag{6.60}$$

이다. 이것이 유동속도에 대한 정상상태 해(steady-state solution)이다. 일반해는 다음과 같이 주어진다. 이 문제를 푸는 데는 부록을 참조하면 가능하다.

$$\vec{v}_d = \frac{q}{\gamma}\vec{E}(1 - e^{-\gamma t/m}) \tag{6.61}$$

이때 전자가 한 이온(격자)과 충돌하여 다른 이온과 충돌하는 시간을 지연시간(relaxation time)이라 하는데 이를 τ라 하면,

$$\tau = \frac{m}{\gamma} \tag{6.62}$$

으로 주어진다. 따라서 위와 같은 국부적인 유동속도는 시간이 지남에 따라 지수 $e^{-t/\tau}$ 함수적으로 정상상태의 값으로 접근한다. 이때의 정상상태의 유동속도는

$$\vec{v}_d = \frac{q\tau}{m}\vec{E} \tag{6.63}$$

로 된다. 따라서 전류 밀도는

$$\vec{J} = nq\vec{v}_d = \frac{nq^2\tau}{m}\vec{E} \tag{6.64}$$

으로 주어지고 이것은 곧 Ohm의 법칙과 같다. 왜냐하면 전도도를

$$\sigma = \frac{nq^2\tau}{m} \tag{6.65}$$

이라 두면 $\vec{J} = \sigma\vec{E}$ 이기 때문이다.

지연시간은 도체라든지 반도체 내에서 전하운반자(charge carrier), 즉 전자들이 이온원자들과 충돌하는 데 걸리는 평균 시간에 해당된다. 만약 충돌과 충돌 사이의 속도, 즉 열적속도를 v_t 라면 이러한 평균 충돌 시간(mean collision time)에 걸쳐 이동한 거리, 즉 평균 자유 행로(mean free path)는

$$l = v_t\tau$$

이다. 앞에서 이미 강조하였듯이 열적속도는 유동속도에 비해 상당히 빠르다. 금속에 있어 평균 자유 행로는 몇 십 $nm(10^{-9}m)$ 수준이기 때문에 평균 충돌 시간인 지연시간은 대략

$$\tau \approx \frac{10^{-8}m}{10^6 m/s} = 10^{-14}s$$

정도의 값을 갖는다. 금속에 있어 전하 운반자는 오직 전자들뿐이므로

$$\vec{J} = -ne\vec{v}_d \tag{6.66}$$

$$\sigma = ne\frac{v_d}{E} = \frac{ne^2\tau}{m} \tag{6.67}$$

가 된다.

여기서 유동속도를 단위 전기장으로 나눈 양, 즉 v_d/E를 전자의 이동도(mobility)라고 하며 보통 다음과 같이 표기된다.

$$\mu = \frac{v_d}{E} \tag{6.68}$$

단위는 $(m/s)/(V/m)$인 관계로부터 $m^2/V \cdot s$이다. 그러나 보통 미터 단위가 아닌 센티미

터 단위로 사용된다. 즉 $(cm/s)/(V/cm)$ 이며, 이러한 이동도는 앞으로 자주 만나게 될 것이다. 이동도는 물질이 전기를 얼마나 잘 통하느냐 하는 척도로 사용된다. 오늘날은 반도체의 일종인 실리콘(Si)에 있어 결정형보다는 값이 싼 비정질 실리콘을 사용하여 대면적의 필름 트랜지스터(TFT)나 태양전지(solar cell)를 제조하는 경우가 많다. 이때 중요한 문제가 비정질 실리콘의 전자 이동도를 높이는 것이다.

7장 | 액정과 빛

이 장에서는 빛의 본질이 무엇인지 알아보기로 하자. 우리가 빛이라고 하는 것은 사실상 전자기파 중 파장이 400 nm ~ 800 nm 사이의 가시광선(visible light)을 의미할 때가 많다. 그러나 눈에 보이지 않는 적외선, 자외선, 엑스선, 감마선은 물론 라디오파, 마이크로파 등도 모두 빛의 일종이며 전자기파이다.

7.1 빛과 전자기파

빛은 전자기파의 일종이다.

다음의 그림은 안테나의 원리와 그 주위에 형성된 전기장과 자기장의 모습을 보여주는 그림이다.

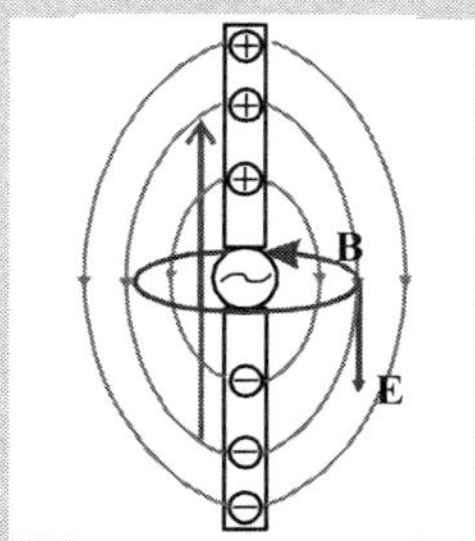

두개의 금속막대로 이루어진 반파장의 안테나이다. 순간 전류의 방향이 위쪽일 때의 전기장 E와 자기장 B의 모습이다.

[그림 7.1] 안테나.

일반적으로 원자에 속해 있지 않은 자유 전하(전자)는 가속될 때 전자기파를 발생시킨다. 물론 전하가 정지해 있을 때에도 전기장이 존재하지만 일정한 값만을 갖고 자기장을 유도하지는 못한다. 오직 전하가 가속이 될 때에만 패러데이의 전자기 유도 법칙에 따라 전기장과 자기장이 만들어진다. 그리고 이러한 장(Field)은 시간에 따라 변하면서 새로운 장을 만들고 계속 넓게 퍼져나간다.

가장 간단한 전자기파 발생장치가 그림 7.1에서와 같이 양전하와 음전하로 이루어져 직선상에서 서로 진동하는 쌍극자이다. 이러한 전자기파는 물질이나 전하를 운반하지 않으면서도 빛의 속도로 에너지와 운동량을 운반한다. 라디오나 TV의 송신파, 가시광선(visible light)은 물론이고 자외선, 엑스선(X rays), 감마선(γ rays) 등도 모두 이러한 전자기파에 의한 복사 에너지의 일종이다. 가시광선과 자외선 복사는 원자나 분자의 가장 바깥에 있는 전자들이 재배치될 때 나온다. 이때 원자의 쌍극자 모멘트가 이러한 복사의 가장 중요한 광원이 된다.

그림 7.2는 안테나에서 발생하는 전기장의 분포를 나타낸 그림이다. 이러한 전기장의 분포는 전기쌍극자에서 나타나는 전기장의 모습과 거의 같다. 그림 7.1에서 보듯이 이와 같은 안테나에서 발생되는 전기장과 자기장은 서로 수직을 이루며 전파된다.

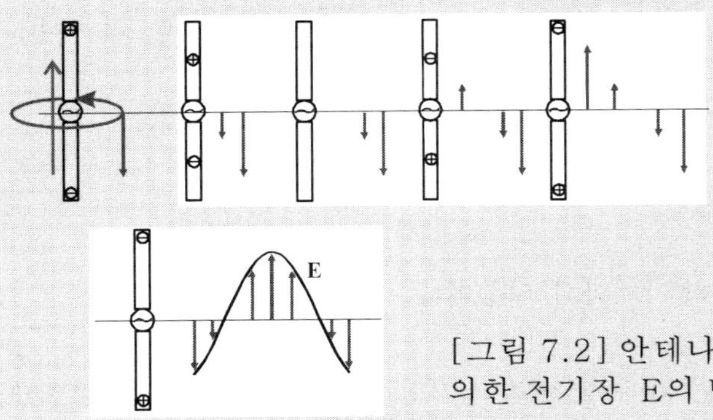

[그림 7.2] 안테나에서 진동하는 전기 쌍극자에 의한 전기장 E의 발생 모습.

이때 전기장의 방향을 y, 자기장의 방향을 z축으로 잡으면 전자기파의 진행 방향은 x축이 된다. 그림 7.3이 이러한 전자기파의 진행 모습을 보여주고 있다.

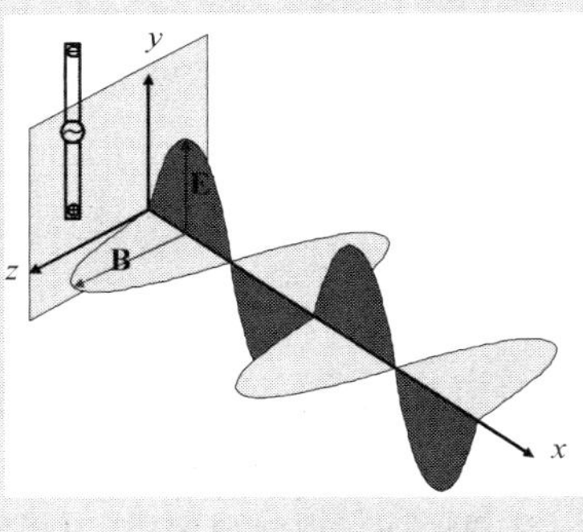

[그림 7.3]안테나에 의한 전자기파 발생 모습.

그렇다면 이러한 전자기파는 어떠한 속도로 진행되는 것일까? 위와 같이 전기장(자기장도 마찬가지임)이 x축을 따라 진행을 한다면 전기장은 위치(x)와 시간(t)에 의존하게 되며, 만약 x의 양의 방향을 향하여 v의 속도로 전기장이 퍼져 나간다면 위치는 $x = vt$가 될 것이다. 따라서 전기장은 $E(x,t) = E(x-vt)$와 같은 형태의 독립 변수의 형태로 표현된다. 물론 음의 방향으로 퍼진다면 $E(x,t) = E(x+vt)$ 형태가 된다. 다음 보기문제를 풀면서 파동 방정식을 이해하도록 하자.

[보기문제 1] 전자기파에서 전기장은 보통 다음과 같은 형태로 표현된다.

$$E(x,t) = E_0 \sin k(x-vt) \tag{7.1}$$

그렇다면 위 식은 다음과 같은 미분방정식을 만족함을 보여라.

$$\frac{\partial^2 E}{\partial x^2} = \frac{1}{v^2}\frac{\partial^2 E}{\partial^2 t} \tag{7.2}$$

여기서 $\partial/\partial x$는 x와 t 변수 중 오직 x만을 변수로 취급하여 미분을 하라는 소위 편미분 기호이다.

풀이: 먼저 전기장에 대한 x의 편미분을 구하면

$$\frac{\partial E}{\partial x} = kE_0 \cos k(x-vt)$$

이다. 다시 한 번 x에 대하여 편미분을 하면 다음과 같다.

$$\frac{\partial}{\partial x}\left(\frac{\partial E}{\partial x}\right) = \frac{\partial^2 E}{\partial x^2} = -k^2 E_0 \sin k(x-vt)$$

이것은 곧 다음과 같이 표현된다.

$$\frac{\partial^2 E}{\partial x^2} = -k^2 E \tag{7.3}$$

다음으로 시간에 대한 2차 편미분을 구하자.

$$\frac{\partial E}{\partial t} = -kvE_0 \cos k(x-vt)$$

이고, 한 번 더 시간에 대하여 편미분을 하면

$$\frac{\partial^2 E}{\partial t^2} = -k^2 v^2 E_0 \sin k(x - vt)$$

가 된다. 위 식은 다시

$$\frac{\partial^2 E}{\partial t^2} = -k^2 v^2 E \qquad (7.4)$$

로 표현될 수 있다. 식 (7.3)과 식 (7.4)를 비교하면

$$\frac{\partial^2 E}{\partial x^2} = \frac{1}{v^2} \frac{\partial^2 E}{\partial^2 t}$$

임을 알 수 있다.

위와 같은 식 (7.2)를 파동 방정식이라고 부른다. 영국의 물리학자 맥스웰(Maxwell, James Clerk; 1831-1879)은 전자기파의 전기장과 자기장에 있어서 위와 같은 파동 방정식이 성립한다는 사실을 발견하였다. 즉

$$\frac{\partial^2 E}{\partial x^2} = \epsilon_0 \mu_0 \frac{\partial^2 E}{\partial t^2} \qquad (7.5)$$

$$\frac{\partial^2 B}{\partial x^2} = \epsilon_0 \mu_0 \frac{\partial^2 B}{\partial t^2} \qquad (7.6)$$

이다. 그런데 식 (7.5)와 식 (7.2)를 비교해보면 전자기파의 속도는 다음과 같이 주어짐을 알 수 있다. 즉,

$$v = \frac{1}{\sqrt{\epsilon_0 \mu_0}} \qquad (7.7)$$

이다. 그리고 이 속도를 구해보면 놀라운 사실이 드러난다.
$\epsilon_0 \mu_0 = (8.85 \times 10^{-12}\, C^2/Nm^2)(4\pi \times 10^{-7}\, Ns^2/C^2) = 11.12 \times 10^{-18}\, s^2/m^2$
이므로 식 (7.7)로 주어지는 속도의 크기는 다음과 같다.

$$v = \frac{1}{\sqrt{\epsilon_0 \mu_0}} \approx 3 \times 10^8\, m/s \qquad (7.8)$$

놀랍게도 이 값은 진공에서의 빛의 속도와 정확히 일치하고 있다. 따라서 **빛은 전자기 유도 법칙에 따라 전자기장의 형태로 전파되는 전자기파의 일종**이라고 결론을 내릴 수 있다. 보통 빛의 속도는 c로 표기되며 진공 중에서의 정확한 값은 다음과 같다.

$$c = 2.99792458 \times 10^{8}\ m/s$$

그림 7.3을 보면 전자기파는 전기장과 자기장이 한 평면($y-z$ 평면)을 이루면서 진행한다는 사실을 알 수 있다. 물론 이러한 평면은 전기장과 자기장이 서로 수직인 관계를 유지한다. 이렇게 공간을 통하여 전파되는 전자기파는 다음과 같은 성질을 갖는다.

첫째, 전기장과 자기장은 동시에 발생하며 서로 수직이다. 그림 7.3을 보면 전자기파의 진행 방향이 x라면 전기장은 $\pm y$방향으로, 자기장은 $\pm z$방향으로만 변화한다.

둘째, 파동의 전파 속력은 파동이 전파해 나가는 매질의 전자기적 성질에만 관계되며 전기장과 자기장의 진폭과는 상관이 없다. 진공에서의 전기장과 자기장의 크기는 광속도와 $\frac{E}{B} = c$의 관계를 갖는다.

셋째, 전기장과 자기장은 전자기파의 진행 방향과 항상 수직이다. 그러므로 횡파(가로파)이다.

전자기파의 스펙트럼

복사에너지를 갖는 전자기파가 파장이나 진동수의 넓은 영역에 걸쳐 구분하여 나타내는 것을 전자기 스펙트럼(electromagnetic spectrum)이라고 부른다. 보통 7개의 영역, 파장이 긴 것에서부터 짧은 것으로 나열하면, 라디오파-초단파(마이크로파)-적외선-가시광선-자외선-엑스선-감마선 등으로 나누는데 7개의 영역은 진동수나 파장이 명확하게 구별되지는 않는다. 다음의 그림은 이러한 전자기파 스펙트럼들의 분포와 그 발생원인을 간단히 정리한 것이다.

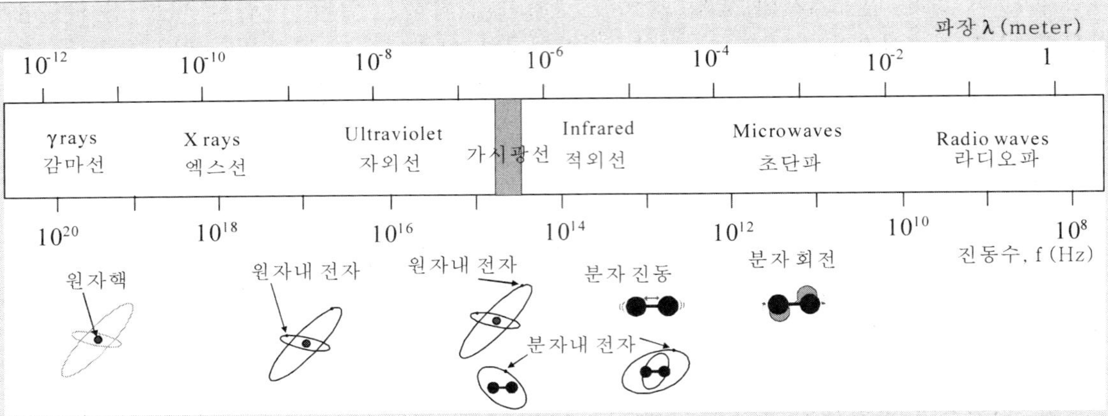

감마선은 원자핵을 이루는 핵자들(양성자와 중성자)의 결합된 에너지(MeV)로부터 나온다.
엑스선은 원자내에서 운동하는 안쪽 전자들의 에너지 준위(keV)들로부터 나온다.
자외선과 가시광선 역시 원자를 이루는 전자들의 에너지 준위들과 상관이 있다.
특히 가시광선 영역은 분자를 이루는 전자들의 에너지 준위와도 밀접한 관계를 가진다.
적외선은 주로 분자들의 진동 운동에 의해 발생한다. 또한 분자들의 회전 운동에 의하여
적외선은 물론 마이크로파가 발생되기도 한다.

가시광선(visible light)의 파장영역은 400nm에서 800nm 정도이다.

[그림 7.4] 전자기 스펙트럼과 그 종류.

7.2 빛과 광자

빛은 입자이기도 하다. 빛의 입자를 광자(photon)라고 부른다.

가장 간단한 수소원자를 들여다보자. 핵은 양의 전하를 가진 양성자이며 그 주위를 음의 전하인 전자가 궤도를 돌고 있다. 그리고 양의 전하인 원자핵과 음의 전하인 전자가 서로 진동하는 모습으로 그려볼 수 있는데 이로부터 빛의 에너지가 발산한다는 사실을 알 수 있다. 그림 7.5를 보라.

그렇다면 전자가 궤도에서 단순히 원 운동한다는 것으로부터 빛이 나올까? 그렇지가 않다. 수소원자로부터 빛이 나오게 하려면 우선 외부로부터 에너지가 공급되어야 한다. 수소원자가 빛과 같은 에너지를 받으면 가장 안쪽 궤도에 있던 전자가 두 번째 혹은 세 번째 궤도 등으로 일순간 점프하며 이동을 하게 되는데 이러한 들뜸상태들에서는 전자가 오래있지를 못한다. 따라서 다시 바닥상태로 내려와 안정을 되찾는데 이때 들뜸상태에서 바닥상태로 내려오면서(전이된다고 부름) 그 에너지 차이만큼 해당되는 빛을 발한다.

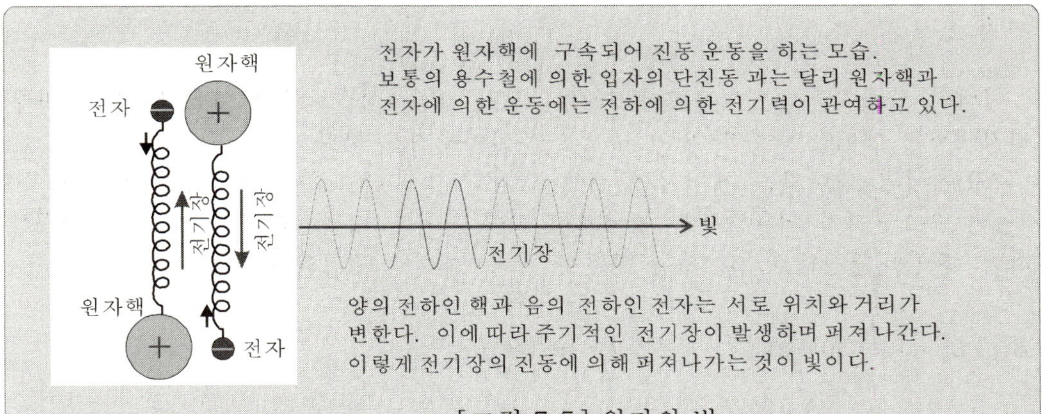

[그림 7.5] 원자와 빛.

그런데 이러한 과정에서 주의할 점은 빛의 에너지가 연속적인 분포가 아니라 특정의 값만을 갖는다는 사실이며 이러한 특정의 값만을 갖고 나오는 빛을 **광자(photon)**라고 부른다.

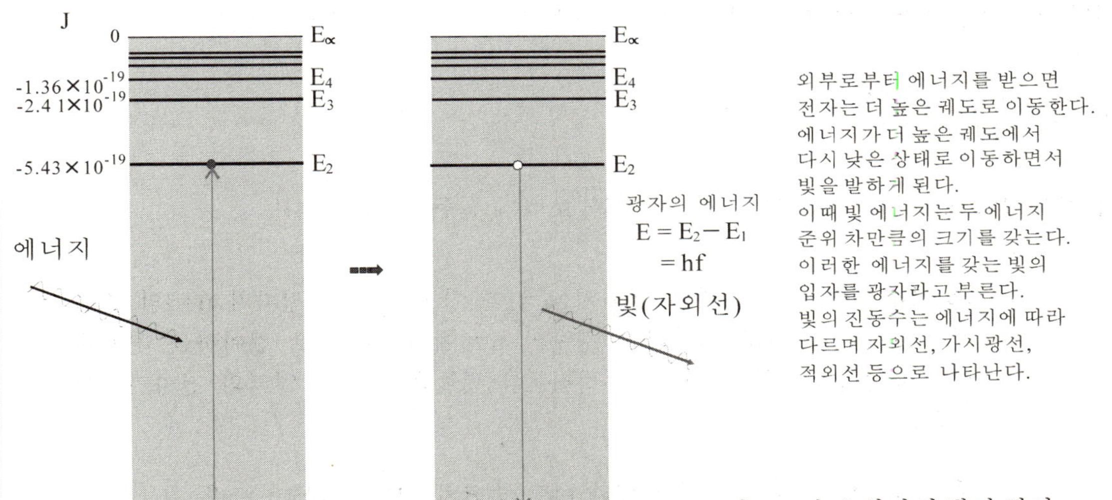

[그림 7.6] 수소원자의 빛과 광자.

다시 말해 빛을 일종의 전자와 같은 입자로 보는 관점이다. 이러한 광자 하나의 에너지는 다음과 같이 주어진다.

$$E = hf \tag{7.9}$$

여기서 h를 플랑크 상수(Plank's constant)라고 부르며 그 값은

$$h = 6.626 \times 10^{-34}\, J \cdot s \tag{7.10}$$

이다. 이러한 플랑크 상수는 자연이 가지고 있는 고유 성질로부터 나온다. 이를 바탕으로 수소원자에서는 어떠한 종류의 빛이 나오는지 알아보기로 하자.

식 (7.9)에서의 에너지는 에너지 준위에 있어 특정의 두 준위 에너지의 차이를 뜻한다. 예를 들면 수소원자가 외부로부터 에너지를 받아 전자가 바닥상태에서 첫 번째 들뜸상태로 이동하여 다시 바닥상태로 전이하는 경우를 살펴보자. 두 준위의 에너지 차는

$$E = E_2 - E_1 = (-5.43 + 21.7) \times 10^{-19}\, J = 16.3 \times 10^{-19}\, J$$

이다. 이 값을 식 (7.9)에 대입하여 진동수를 구하면

$$hf = 16.3 \times 10^{-19}\, J$$

$$f = \frac{16.3 \times 10^{-19}\, J}{6.63 \times 10^{-34}\, Js} = 2.46 \times 10^{15}\, /s$$

이다. 이 빛은 어떤 종류의 전자기파일까? 진동수를 파장으로 변환해 보자.

$$\lambda = \frac{c}{f} = \frac{3.0 \times 10^{8}\, m/s}{2.46 \times 10^{15}\, /s} = 1.22 \times 10^{-7}\, m$$

이 값은 $122\,nm$ 이며 우리 눈의 영역에서는 보이지 않는 자외선이다!

[보기문제 2] 수소원자의 에너지 준위를 참고로 하여 전자가 n=3의 준위에서 n=2의 준위로 전이하는 경우와 n=4에서 n=3으로 전이하는 경우에 있어 진동수와 파장을 각각 구하라. 이 빛들은 어떠한 영역의 전자기파에 속하는가?

풀이: 그림 7.5에 의하면 n=3과 n=2 준위의 에너지 차는

$$E = E_3 - E_2 = (-2.41 + 5.43) \times 10^{-19}\, J = 3.02 \times 10^{-19}\, J$$

이다. 이를 바탕으로 진동수를 구하면 다음과 같다.

$$f = \frac{3.02 \times 10^{-19}\, J}{6.63 \times 10^{-34}\, Js} = 4.56 \times 10^{14}\, /s$$

이에 해당되는 파장은

$$\lambda = \frac{3.0 \times 10^{8}\, m/s}{4.56 \times 10^{14}\,/s} = 6.58 \times 10^{-7}\, m$$

이다. 파장이 $658\, nm$는 우리 눈에 보이는 가시광역 영역이다. 비로소 수소원자가 우리가 볼 수 있는 빛을 발했다.

수소원자뿐만 아니라 모든 원자들도 외부로부터 에너지를 받으면 각각 고유의 빛을 발한다. 나트륨(Na, 영어로는 Sodium이라고 부름) 가로등이 붉은색을 띠는 것은 Na 원자의 에너지 스펙트럼이 그에 해당되는 파장을 갖고 있기 때문이다. 형광등인 경우 수은 기체(정확히는 플라즈마 상태)로 채워져 있으며 수은은 우리 눈에 보이지 않는 자외선을 내 보낸다. 이러한 자외선은 형광등 내부에 발라져 있는 형광체(빛을 발하는 물질)의 분자들에게 에너지를 주고 형광체의 분자들이 다시 가시광선을 발하는 구조로 되어 있다. 원자들인 경우 주로 자외선 영역의 빛을 발하는 경우가 많으나 분자들은 주로 가시광선 혹은 적외선을 내놓는다. 유기발광디스플레이(OLED, Organic Light Emitting Diode)는 유기성 분자가 가시광선을 발하는 원리를 응용한 디스플레이의 한 종류이다. 이러한 OLED는 전자종이, 전자신문 등 구부러지는 디스플레이에 응용되고 있으며 미래형 디스플레이 기술 개발에 핵심적인 역할을 하고 있다.

7.3 굴절률

액정과 같은 유전체와 전자기파 사이에서 일어나는 상호작용은 디스플레이 공학에서 특히 중요하다. 자유 공간 내에서 유전체(액정, 렌즈, 프리즘, 평유리판, 필름 등)를 놓았을 때 빛의 속도(광속)는 다음과 같다.

$$v = \frac{1}{\sqrt{\epsilon\mu}}$$

진공에서의 광속과 매질 내에서의 광속의 비를 그 물질의 절대 굴절률(absolute index of refraction)이라고 하며 n으로 표시한다. 따라서

$$n = \frac{c}{v} = \sqrt{\frac{\epsilon\mu}{\epsilon_0\mu_0}} \qquad (7.11)$$

이다. 여기서 $\epsilon = \epsilon_r \epsilon_0$, $\mu = \mu_r \mu_0$이다. ϵ_r은 상대유전율(relative permittivity) 혹은 유전상수(dielectric constant), μ_r은 상대투자율(relative permeability)이라고 부른다. 따라서 굴절률은

$$n = \sqrt{\epsilon_r \mu_r} \tag{7.12}$$

가 된다.

그런데, 강자성체를 제외하면 대부분의 매질은 자기장과 약하게 상호작용을 하며, 보통 μ_r 은 1.001 ~ 1.01 정도의 값을 갖는다. 따라서 μ_r 을 1로 놓으면 굴절률은 다음과 같다.

$$n = \sqrt{\epsilon_r} \tag{7.13}$$

여기서 ϵ_r 를 정적 유전상수(static dielectric constant)라고 부른다. 이러한 굴절률과 유전상수와의 관계는 단순한 기체에는 잘 맞는다. 그러나 문제가 되는 것은 ϵ_r 가 입사하는 빛의 진동수에 따라 달라지는 경우이다. 이때 **굴절률이 파장(즉 색)에 따라 달라지는 현상을 분산**(dispersion)이라고 한다.

7.4 분 산

진동수에 따라 굴절률이 변하는 분산은 매질의 원자적 성질 중 진동수와 관련된 성질과 밀접하게 연관되어 있다. 액정과 같은 유전체에 전기장이 작용하게 되면 유전체 내부 전하 분포는 일그러지며 전기 쌍극자가 형성된다는 사실은 여러 번 언급을 하였다. 이렇게 생긴 전기 쌍극자는 다시 내부 전기장을 변화시키게 된다. 이때 단위체적당 쌍극자 모멘트를 전기분극(electric polarization)이라고 하며 흔히 $\vec{P}$로 표시한다. 대부분의 매질에서 $\vec{P}$와 $\vec{E}$는 비례하며 다음과 같은 관계를 갖는다.

$$\vec{P} = (\epsilon - \epsilon_0)\vec{E} \tag{7.14}$$

위 식은 5장에서의 식 (5.28)과 같은 식이다.

전하의 재 분포와 이에 따르는 분극은 다음과 같이 전자의 분포와 직접 관련된다. 즉, 어떤 분자에서 가전자(valence electrons)의 분포가 불균일하면 영구 쌍극자 모멘트(permanent dipole moment)를 갖게 된다. 이러한 분자를 극성 분자(polar molecules)라고 부르며 산소와 수소가 각을 이루어 결합하고 있는 물 분자와 액정 대부분이 이에 속한다. 열적 교란으로 인하여 이러한 개별 쌍극자 모멘트는 임의의 방향으로 분포하고 있는데, 외부에서 전기장이 작용하게 되면 전기장 방향으로 쌍극자는 재배치된다. 우리는 이러한 현상을 이미 다룬 바가 있으며 이를 **방향분극(orientational polarization)**이라고 하였다.

이와 반면에 무극성 분자(nonpolar molecules)나 원자(atoms)인 경우는 보통 때는 극성을 갖고 있지 않지만 외부 전기장이 가해지면 핵 주위에 분포하는 전자구름이 모양을 바꾸어 쌍극자 모멘트를 형성하게 되는데 이러한 쌍극자를 유도쌍극자 모멘트(induced dipole moment)라고 하며 이 현상을 **전자분극(electronic polarization)**이라고 부른다. 또 하나의 분극은 NaCl과 같은 이온결합 분자에서 주로 나타나는데, 전기장이 가해지면 양이온과 음이온이 서로에 대하여 이동하여 쌍극자를 만든다. 이와 같이 유도되는 쌍극자를 **이온분극(ionic polarization) 혹은 원자분극(atomic polarization)**이라고 한다.

유전체에 조화 진동하는 전자기파가 입사하면, 내부의 전하분포는 입사 전자기파의 전기장의 세기와 비례하며 시간에 따라 변하는 힘(torque)을 받는다. 극성 유전체 분자들은 전기장의 방향으로 정렬하기 위하여 매우 빠르게 회전한다. 그러나 분자들의 크기가 상대적으로 크고 관성모멘트가 크므로 높은 진동수로 입사하는 빛인 경우 전기장의 변화를 따라가지는 못한다. 따라서 $\vec{P}$에 대한 기여도는 감소하며, ϵ_r 또한 매우 작게 된다. 물의 상대 유전율은 $10^{10}\,Hz$까지는 약 80 정도이나 그보다 높은 진동수에서는 급격하게 감소한다.

이와 반면에 전자들은 매우 작은 관성모멘트를 갖고 있으므로 가시광선의 진동수 ($\sim 5\times10^{14}$) 정도의 진동수를 갖는 전자기파에 대해서는 진동수에 의존하는 $\epsilon_r(\omega)$ 값을 갖는다.

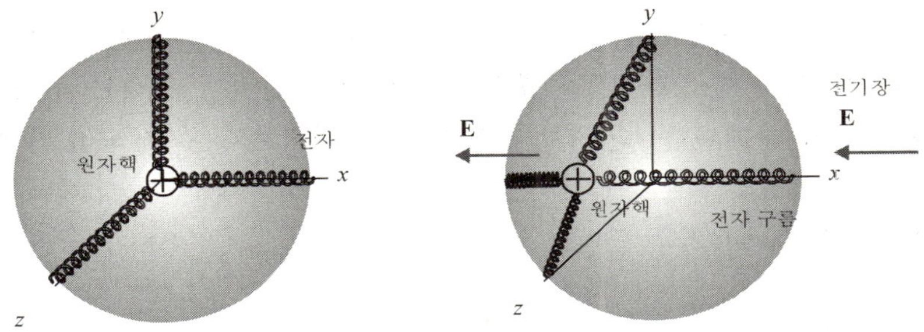

원자는 외부로부터 전기장을 받으면 전자 와 양전하의 핵의 전하 분포가 분리된다. 전자는 용수철에 매달린 입자처럼 단진동 운동을 한다.

[그림 7.7] 원자의 분극 현상.

원자에서 전자구름은 양전하를 갖는 핵의 인력으로 인하여 평형 상태를 유지하면서 형성된다. 이때 작은 교란이 일어나면 원래 상태로 원상회복시키는 알짜힘이 존재하게 된다. 특히 평형점 부근에서 변위가 매우 작다면 이 힘은 변위 x에 비례하게 되며 복원력은 $F=-kx$의 형태를 갖는다. 즉 후크(Hooke)의 법칙으로 기술될 수 있다. 전자의 질량을 m_e라고 하면 뉴턴(Newton)의 제2법칙에 따라 다음과 같은 방정식을 얻는다.

$$m_e\frac{d^2x}{dt^2}=-kx \qquad (7.15)$$

위 식은 가장 간단한 이차미분방식에 속하며 이에 대한 풀이 과정을 부록에 제시하였으니 참고하기 바란다. 식 (7.15)에 대한 해는

$$x(t) = A\cos\omega_0 t \quad \text{혹은} \quad x(t) = A\sin\omega_0 t \tag{7.16}$$

이다. 그리고

$$\omega_0 = \sqrt{\frac{k}{m_e}} \tag{7.17}$$

이며, 이를 고유진동수(natural frequency) 혹은 공명진동수(resonant frequency)라고 부른다.

일반적으로 매질은 많은 원자들의 집합체이며 이들의 크기는 입사하는 빛의 파장에 비하여 매우 작고 서로 가까이 붙어 있다. 따라서 광파가 이곳에 입사하게 되면 각 원자들은 x축을 따라 가해진 전기장, $E(t)$에 의해 진동하는 고전적 강제 진동자와 같이 행동한다. 그림 7.7은 이와 같은 상황을 표현한 것으로, 음전하의 껍질(전자구름에 해당함)이 양전하의 핵에 각 방향으로 같은 세기의 용수철로 매달려 있다. 이때 가장 센 태양광이 입사한다 하더라도 그 변위는 $10^{-17}m$를 넘지 못한다. 따라서 전하 Ze인 전자에 작용하는 진동수 ω에 대한 조화파의 힘 F_E는 다음과 같이 주어진다. 여기서 전자의 전하는 원자번호보다는 원자들의 최외각전자수와 관계된다. 만약 탄소인 경우 실제적으로는 $Ze = 4e$가 되어야 한다.

$$F_E = ZeE(t) = ZeE_0\cos\omega t \tag{7.18}$$

어떤 물체에 작용하는 모든 힘의 합은 그 물체의 질량과 가속도의 곱과 같다는 뉴턴(Newton)의 제2법칙($\sum\vec{F} = m\vec{a} = m_e\frac{d^2x}{dt^2}$)을 적용하면 다음과 같은 식을 얻는다.

$$ZeE_0\cos\omega t - m_e\omega_0^2 x = m_e\frac{d^2x}{dt^2} \tag{7.19}$$

좌변의 첫 항은 구동력(driving force)이며 두 번째 항은 반대로 작용하는 복원력(restoring force)이다. 이 식을 만족하기 위해서는 x의 2차 미분은 비슷한 모양이어야 하고, 전자는 구동력에 의한 진동수 ω로 진동할 것이기 때문에 x는 다음과 같이 주어질 수 있다.

$$x(t) = x_0\cos\omega t$$

위 식을 식 (7.19)에 대입하면 x_0를 구할 수 있고 그 결과는 다음과 같다.

$$x(t) = \frac{Ze}{m_e(w_0^2 - w^2)} E_0 \cos \omega t \tag{7.20}$$

이것은 양전하를 갖는 핵과 음전하를 갖는 전자구름 사이의 상대적인 변위를 의미한다. 일반적으로 Ze를 양으로 잡고 변위를 표시한다. 구동력이 없는 경우, 즉 입사광이 없을 때 진동자는 공명진동수 ω_0로 진동한다. 진동수가 ω_0보다 작은 빛이 입사하면 $E(t)$와 $x(t)$는 같은 부호를 갖는다. 이것은 진동자가 구동력과 같은 위상임을 의미한다. 그러나 $\omega > \omega_0$인 경우, 변위 $x(t)$는 순간적인 힘 $q_eE(t)$과 방향이 반대로 되며 반대위상이 된다. $\omega < \omega_0$인 경우 진동하는 쌍극자는 전기장 방향으로 진동하는 양전하의 상대적인 운동으로 잡으며, 결국 양전하는 전기장과 180° 벗어난 운동을 하며 쌍극자의 위상은 π라디안 늦어지게 된다.

쌍극자 모멘트는 전하 e와 변위 x와의 곱이다. 단위체적당 쌍극자의 수를 N이라고 하면 전자분극은 다음과 같다.

$$P = Nex \tag{7.21}$$

따라서

$$P = \frac{NZe^2}{m_e(\omega_0^2 - \omega)} E(t) \tag{7.22}$$

이며 식 (7.14)로부터 다음과 같은 결론을 얻는다.

$$\epsilon = \epsilon_0 + \frac{P}{E} = \epsilon_0 + \frac{NZe^2}{m_e(\omega_0^2 - \omega^2)} \tag{7.23}$$

$n^2 = \epsilon_r = \epsilon/\epsilon_0$인 관계식을 이용하면 굴절률은 다음과 같이 주어진다.

$$n^2 = 1 + \frac{NZe^2}{\epsilon_0 m_e}\left(\frac{1}{\omega_0^2 - \omega^2}\right) \tag{7.24}$$

위 식을 **분산 방정식(dispersion equation)**이라고 부른다.

진동수가 공명진동수보다 크면, 즉 $(\omega_0^2 - \omega^2) < 0$ 이면 진동자의 변위는 구동력과 180° 위상차를 나타내며 전기분극 역시 외부전기장과 같이 180° 위상차를 나타낸다. **따라서 유전상수와 굴절률 모두 1보다 작은 값을 갖는다.** 이와 반면에 입사하는 빛의 진동수가 공명진동수보다 작으면, 즉 $(\omega_0^2 - \omega^2) > 0$이면 전기분극은 외부전기장과 거의 같은 위상이 되며 유전상수와 굴절률은 1보다 크게 되는데, 이러한 현상은 모든 종류의 매질에서 잘 관측된다.

식 (7.24)를 파장으로 표현하면 $\lambda_0 = 2\pi c/\omega_0$, $\lambda = 2\pi c/\omega$ 로부터

$$n^2 = 1 + \frac{NZe^2}{\epsilon_0 m_e}\left(\frac{\lambda_0}{2\pi c}\right)^2\left(\frac{\lambda^2}{\lambda^2 - \lambda_0^2}\right) \tag{7.25}$$

가 된다.

[보기문제 3] 네마틱 액정분자의 파장에 따른 굴절률이 다음과 같이 측정되었다.

$\lambda = 42.7\,\mu m$ 에서 $n_{\parallel} = 1.609, n_{\perp} = 1.497$

$\lambda = 51.0\,\mu m$ 에서 $n_{\parallel} = 1.584, n_{\perp} = 1.485$

식 (7.25)는 다음과 같이 두개의 상수로 표현될 수 있다.

$$n^2 = 1 + \alpha\left(\frac{\lambda^2}{\lambda^2 - \beta^2}\right)$$

여기서 $\alpha = \dfrac{NZe^2\lambda_0^2}{4\pi^2 c^2 \epsilon_0 m_e}$, $\beta = \lambda_0$ 에 해당된다. 위와 같은 실험데이터로부터 각 굴절률에 대한 상수 α, β를 구하여 그 결과를 식으로 나타내어라.

풀이: 먼저 $n_{\parallel}$에 대한 데이터로부터 2개의 방정식을 얻어 이에 대한 상수를 구하자.

$$(1.609)^2 - 1 = \alpha\frac{(42.7)^2}{(42.7)^2 - \beta^2} \tag{i}$$

$$(1.584)^2 - 1 = \alpha\frac{(51)^2}{(51)^2 - \beta^2} \tag{ii}$$

연립방정식 (i)과 (ii)는 어렵지 않게 풀 수 있다. 그 결과는 $\alpha = 1.351$, $\beta^2 = 273, \beta = 16.5$이다. 따라서

$$n_{\parallel}^2 = 1 + 1.351\frac{\lambda^2}{\lambda^2 - 273}$$

이다. 여기서 λ는 μm 단위이다. $n_{\perp}$에 대해서는 각자 해보기 바란다. 이

와 같이 실험값을 토대로 파장에 대한 굴절률 식을 구하면 직접측정하지 않은 파장에 대한 굴절률을 예상할 수 있게 된다.

결정성 고체에 있어서도 공유결합에 관여되는 전자들과 그 상호작용 등을 고려하면 분산 방정식은 더욱 복잡한 양상을 드러낸다. 결국 각 결정성 고체들에 대한 실험값을 토대로 실험적인 공식을 유도하는 경우가 많다. 예를 들면 GaAs인 경우 파장의 범위가 $\lambda = 0.89 \sim 4.1\,\mu m$ 에서

$$n^2 = 7.10 + \frac{3.78\lambda^2}{\lambda^2 - 0.2767} \qquad (7.26)$$

이다. 여기서 λ는 μm 단위이다.

[보기문제 4] GaAs의 굴절률에 대한 분산방정식은 식 (7.26)으로 주어진다. $1\,eV$의 광자가 이 물질에 입사한다면 이 광자에 대한 GaAs의 굴절률은 얼마인가?

풀이: 광자의 에너지를 파장으로 변환시켜야 한다. 광자의 에너지는 $E = hf$ 이고 h는 플랑크 상수이다. $\lambda = c/f$ 의 관계로부터

$$\lambda = \frac{hc}{hf} = \frac{(6.63 \times 10^{-34} J \cdot s)(3.0 \times 10^8 m/s)}{(1.0\,eV)(1.6 \times 10^{-19} J/eV)} = 1.24\,\mu m$$

이다. 그러면

$$n^2 = 7.10 + \frac{3.78\lambda^2}{\lambda^2 - 0.2767} = 7.10 + \frac{(3.78)(1.24)^2}{(1.24)^2 - 0.2767} = 11.71$$

이고, 결국 굴절률은

$$n = 3.42$$

이다.

그런데 식 (7.22)에 따르면 전자분극도는

$$\alpha_e = \frac{Ze^2}{m_e(\omega_0^2 - \omega^2)} \qquad (7.27)$$

가 된다. 이를 Clausius-Mossotti 방정식인 식 (5.41)

$$\alpha_e = \frac{3\epsilon_0(\epsilon_r - 1)}{N(\epsilon_r + 2)}$$

에 대입하여 정리하면 다음과 같은 결론을 얻을 수 있다.

$$\frac{\epsilon_r - 1}{\epsilon_r + 2} = \frac{NZe^2}{3\epsilon_0 m_e(\omega_0^2 - \omega^2)} \tag{7.28}$$

[보기문제 5] 다이아몬드에 분산방정식을 적용해보자. 다이아몬드인 경우 가전자가 4개이고 이것은 $Ze^2 = 4e^2$ 라고 할 수 있다. $\omega = 0$일 때의 정적 유전상수는 $\epsilon_r = 5.7$ 이고 단위체적당 원자수는 $N = 1.8 \times 10^{29}/m^3$ 이다.
(a) 고유 각진동수 ω_0를 구하라.
(b) $\lambda = 0.5\mu m$ 일 때의 굴절률울 구하라.

풀이: (a) 식 (7.28)로부터

$$\omega_0^2 = \frac{N4e^2}{3\epsilon_0 m_e}\left(\frac{\epsilon_r + 2}{\epsilon_r - 1}\right) = \frac{(1.8 \times 10^{19}/m^3)(4)(1.6 \times 10^{-19}C)^2}{(3)(8.85 \times 10^{-12}F/m)(9.1 \times 10^{-31}kg)}\left(\frac{7.7}{4.7}\right)$$

$$= 12.5 \times 10^{32}(rad/s)^2$$

이다. 따라서 $\omega_0 = 3.5 \times 10^{16}\ rad/s$ 이다.

(b) 식 (7.28)을 굴절률로 표현하면

$$\frac{n^2 - 1}{n^2 + 2} = \frac{N4e^2}{3\epsilon_0 m_e(\omega_0^2 - \omega^2)}$$

이 된다. 주어진 파장을 각진동수로 변환시키면

$$\omega = \frac{2\pi}{\lambda}c = \frac{(2)(3.14)(3.0 \times 10^8 m/s)}{(5.0 \times 10^{-7}m)} = 3.8 \times 10^{15}\ rad/s$$

이다. 그리고

$$\frac{N4e^2}{3\epsilon_0 m_e(\omega_0^2 - \omega^2)} = 0.63$$

이며 따라서 $n^2-1=0.63(n^2+2)$인 관계를 얻는다. 결국 굴절률은 다음과 같다.

$$n=2.47$$

7.5 굴절률 타원체와 복굴절

광학적으로 비등방성을 갖는 물질의 복굴절 등의 광학적 특성을 알기 위해서는 굴절률 타원체(index ellipsoid)를 사용하면 좋다. 그림 7.8과 같이 네마틱 액정에 있어서 방향자 벡터 $\hat{n}$을 광학축으로 삼는 회전 타원체를 고려하자.

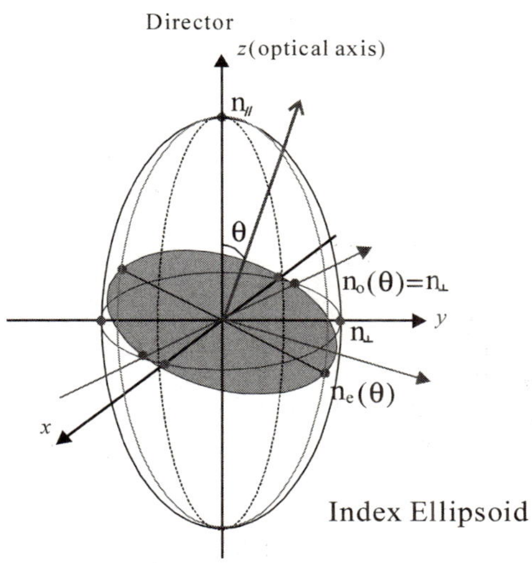

[그림 7.8] 액정분자와 굴절률 타원체.

빛은 타원체의 장축, 즉 광학축에 대하여 각 θ로 입사한다고 하자. 그러면 빛의 방향과 수직인 면이 타원체와 만나는 선은 그림에서 보는 것처럼 타원이 된다. 이때 이러한 타원의 장축의 길이가 이상광에 대한 굴절률의 크기에 해당되며(n_e), 단축인 방향의 크기가 정상광의 굴절률(n_o)이 된다. 이때 정상광의 굴절률은 광축에 대한 수직방향의 굴절률과 같으나, 이상광의 굴절률은 입사각에 따라 달라진다. 즉

$$\frac{1}{n_e^2}=\frac{\cos^2\theta}{n_\perp^2}+\frac{\sin^2\theta}{n_\parallel^2} \tag{7.29}$$

인 관계가 성립한다. 광학축으로 입사한 빛의 이상광의 굴절률은 $n_e = n_\perp$ 이다. 액정과 같은 1축성 물질은 세 방향으로의 굴절률, 즉 (n_x, n_y, n_z) 중 두 개의 굴절률이 같고 즉 $n_x = n_y = n_\perp$ 이고 $n_z = n_\parallel$ 인 경우이다. 이때 동등한 두 개의 굴절률이 나머지 한 개의 굴절률보다 작은 경우를 양 일축성 결정(positive uniaxial crystal)이라고 하며, 큰 값을 갖는 물질을 음 일축성 결정(negative uniaxial crystal)이라고 부른다. Nematic 액정은 광학적으로 양 일축성에 속한다. 이와 반면에 방해석은 음 일축성 결정이다. 그리고 이상광의 굴절률과 정상광의 굴절률 차이 $\Delta n = n_e - n_o$ 가 복굴절의 크기를 결정하는 값이다.

여기서 주의 할 점은 이상광선의 굴절률 n_e 은 식 (7.29)와 같이 빛의 진행방향에 따라 달라진다는 사실이다. 만약 진행방향을 언급하지 않았을 때의 네마틱 액정 물질의 복굴절 값은 $(n_e - n_o)$ 가 아니라 $(n_\parallel - n_\perp)$ 가 된다.

액정에서 복굴절이 일어나는 모습을 다시 한 번 살펴보기로 하자. 빛이 매질에 입사하게 되면 매질 속에서의 빛의 속도 v 는 진공 중의 광속도 c 에 비해 $v = c/n$ 으로 주어진다. 네마틱 액정의 방향자, 즉 광축에 대하여 각도 θ 를 갖고 입사하는 빛을 보기로 하자.

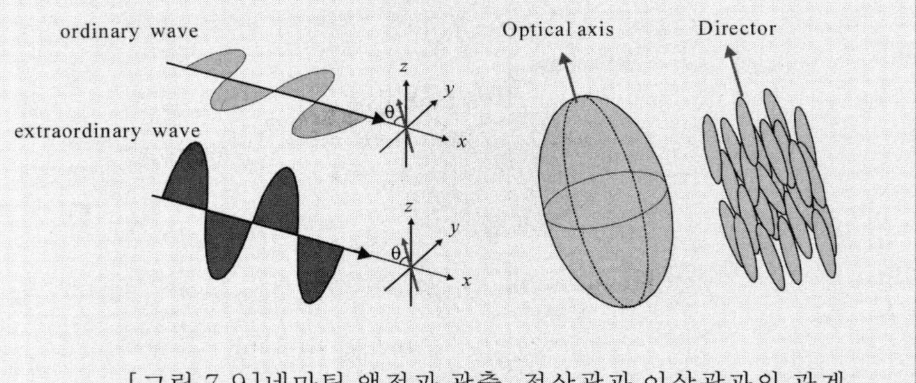

[그림 7.9]네마틱 액정과 광축. 정상광과 이상광과의 관계.

그림 7.9에서 보듯이 정상광은 전기장 벡터 $\vec{E}$ 가 광축과 파의 진행방향이 이루는 평면에 대하여 수직으로 진동하는 파이고(x-y 면에 놓인다), 이상광은 이 평면(x-z 면)에서 진동하며 나아간다.

7.6 액정분자와 광투과 제어

유전 이방성이 양인 네마틱 액정을 고려하자. 전기장이 가해지지 않았을 때는 액정은 장축, 즉 방향자는 정렬층의 방향으로 되어 있다. 그러나 전기장이 가해지면 액정은 분자 쌍극자 모멘트에 의해 전기장과 나란하게 배열된다. 그러한 배열은 액정분자가 정렬 처리된 전극부분과 표면의 경계부분에서는 정렬층의 영향으로 액정분자의 변화가 힘든데 이러한 영역을 정렬 전이 영역이라고 한다. 그러나 전기장이 충분히 강하면 액정분자는 모든 영역에서 전기장에 나란히 정렬된다고 보아도 좋다.

앞에서 언급한 바와 같이 광축(여기에서는 $\hat{n}$)과 θ의 각도로 입사하는 빛은 복굴절에 의해 정상광과 이상광으로 나뉘고 이에 대한 굴절률은 식 (7.29)와 같이 주어진다. 그리고 그림 7.10을 보라.

진공 중에서의 광속도를 c라 하면 액정에서의 정상광과 이상광의 속도는 각각 다음과 같이 주어진다.

$$v_o = \frac{c}{n_o} = \frac{c}{n_\perp} \tag{7.30}$$

$$v_e = \frac{c}{n_e} = c\sqrt{\frac{\sin^2\theta}{n_\perp} + \frac{\cos^2\theta}{n_\parallel}} \tag{7.31}$$

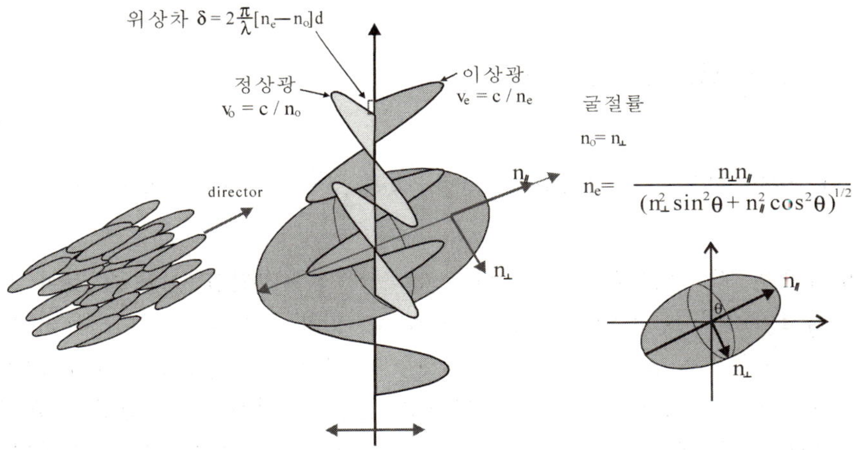

[그림 7.10] 액정분자들의 방향자와 일정한 각도로 전파되는 빛의 편광 모습과 해석.

그리고 두 편광의 위상차는

$$\delta = k \cdot x = \frac{2\pi}{\lambda}[n_e - n_o]d \tag{7.32}$$

이다. 여기서 d는 빛이 이동한 거리로써 액정의 두께에 해당된다. 이러한 위상차를 빛의 위상차지연(retardation)이라고 부르기도 한다. 액정 디스플레이에 있어서 이러한 지연성은 보통

$$\Delta nd = (n_{\parallel} - n_{\perp})d \tag{7.33}$$

으로 주어진다.

[보기문제 6] 표 4.3에 의하면 MBBA 네마틱 액정의 굴절률은 $n_{\parallel} = 1.75$, $n_{\perp} = 1.54$이다. 이 액정으로 이루어진 층의 두께가 $5\mu m$이다.
(a) 이 액정의 지연성은 얼마인가?
(b) $650nm$의 빛이 입사한다면 위상차는 얼마인가?

풀이: (a) $\Delta nd = (n_{\parallel} - n_{\perp})d$에서

$$\Delta nd = (1.75 - 1.54)(5 \times 10^{-6}m) = 1.05 \times 10^{-6}m$$

이다.
(b) 위상차는 $\delta = \frac{2\pi}{\lambda}\Delta nd$이다. 따라서

$$\delta = \frac{2(3.14)}{6.5 \times 10^{-7}m}(1.05 \times 10^{-6}m) = 0.101\ rad$$

이다. 이를 각도로 변환하면 $\delta = 10.1\ rad(\frac{180}{3.14}\deg/rad) = 580^{o}$이다.

[보기문제 7] 복굴절에 따른 위와 같은 위상차지연을 이용한 것이 복굴절 위상차지연판(birefringence retarding plates)이라고 한다. 그리고 위상차가 $\pi/2$ 즉 90^{0}가 되도록 두께를 조절하여 만든 것을 1/4 파장판(quarter-wave plate retarder)이라고 한다. 이러한 1/4파장판에 파장이 $\lambda = 680nm$인 레이저가 입사한다면 그 두께는 얼마인가? 이 파장판의 굴절률은 $n_e = 1.549$, $n_o = 1.541$이다.

풀이: 위상차가 $\pi/2$이어야 하므로 $\frac{\pi}{2} = \frac{2\pi}{\lambda}(n_e - n_o)d$이다. 따라서 두께는

$$d = \frac{\lambda}{4(n_e - n_o)} = \frac{6.8 \times 10^{-7}m}{4(1.549 - 1.541)} = 2.13 \times 10^{-5}m = 21.3\mu m$$

이다.

이제 빛의 투과성을 논하여 보자. 그림 7.11을 참조하라. 두 개의 편광판에 있어서 서로의 편광 각도를 β라고 하면, 이 각도는 TN 형에서는 90^0가 된다. 그리고 입사 축 편광판의 편광축과 이상광선의 편광면(전기장이 진동하는 면)이 이루는 각도를 ϕ라 두자. 편광판을 통과하여 액정물질에 입사한 직선편광된 빛의 진폭을 E라 하면 정상광의 진동면은 그림에서 보듯이 $y-z$ 면에 놓이며 이상광선의 진동면은 $x-z$ 면에 놓이게 된다. 여기서 각도 ϕ는 액정이 그림과 같이 x축으로 정렬된 상태를 고정된 것으로 보고 편광축이 변하는 것을 가정한 각도이다. 만약 x축 방향으로 편광축이 된 경우 물론 $\phi=0$이다. 거꾸로 편광축이 고정되고 액정의 방향자가 편광축과 이루는 각도라고 여겨도 좋다.

그러면, 정상광선의 진폭은 $E_o = E\sin\phi$, 이상광선의 진폭은 $E_e = E\cos\phi$가 된다. 따라서 액정을 통과하여 두 번째 편광판을 투과하여 나오는 파들의 진폭은 다음과 같이 된다.

$$E'_o = E\sin\phi\sin(\phi+\beta) \tag{7.34}$$

$$E'_e = E\cos\phi\sin(\phi+\beta) \tag{7.35}$$

두 편광상태의 위상차는 δ이므로, 정상광과 이상광이 합성된 투과광의 강도, 즉 복사조도는

$$I' = E'^2_o + E'^2_e + 2E'_oE'_e\cos\delta = E^2[\cos^2\beta - \sin2\phi\sin2(\phi+\beta)\sin^2(\delta/2)] \tag{7.36}$$

으로 주어진다.

이제 전압 상태에 따라 액정분자들의 방향은 달라지고 이에 대한 광학적 성질이 어떻게 변하는지 알아보자. 전압이 닫힘(off)인 경우 그림 7.11에서 보이는 것처럼 액정들은 광축이

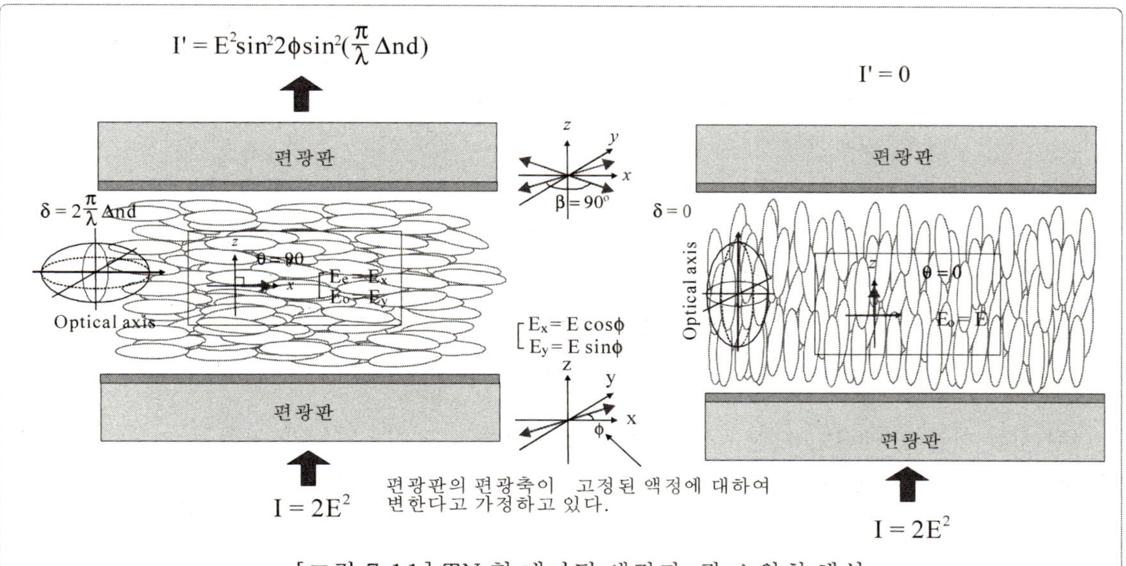

[그림 7.11] TN 형 네마틱 액정과 광 스위칭 해석.

편광판과 나란한 굴절률 타원체로 보아도 무방하다. 광원에서 나온 빛이 편광판을 지나면 직선편광이 되고 이러한 직선편광은 액정판에 수직으로 입사한다. 그리고 두 번째 편광판은 입사 쪽 편광판의 편광 축에 대하여 수직이다. 액정분자들의 광축은 전압 닫힘인 경우 기판면과 나란하므로 $\theta = 90^0$ 이다. 그러면 위상차는 $\delta = (2\pi/\lambda)\Delta nd$ 가 된다. 편광판은 서로 직교하므로 $\beta = 90^0$ 이므로 식 (7.36)으로부터 최종 디스플레이판에서 관측되는 빛의 강도는 다음과 같이 된다.

$$I' = E^2 \sin^2 2\phi \sin^2 (\frac{\pi}{\lambda}\Delta nd) \qquad (7.37)$$

결국 $\sin^2(\frac{\pi}{\lambda}\Delta nd)$ 값은 액정 물질의 복굴절성 Δn 과 두께 d 에 의해 결정된다. **이와 같이 LCD의 광학적 설계에 있어 Δnd 라는 값은 대단히 중요하다.** 이러한 이유로 Δnd 를 지연성(retardation)이라고 부르는 것이다.

[보기문제 8] 식 (7.37)에 의하면 투과광의 최대값은 $2\phi = 90^0$ 일 때이다. 그러면 $\phi = 45^0$ 가 된다. 그 이유를 설명하라.

풀이: 앞에서 지적하였듯이 각 ϕ 는 액정배열이 고정된 경우 그에 대한 입사 편광축과의 상대적인 각도라고 하였다. 만약 $\phi = 0^0$ 인 경우를 살펴보자. 그러면 x 축으로 진동하는 광은 그대로 액정층을 지나 두 번째 편광판에 다다르게 된다. 두 번째 편광축은 입사 편광축과는 직각, 즉 y 축이기 때문에 빛은 통과하지 못한다. 물론 $\phi = 90^0$ 이면 입사광은 아예 액정층에 들어서지 못한다. 거꾸로 보면 처음편광축이 x 방향으로 두번째 편광축이 y 방향으로 되어 있다면 액정의 방향자가 변하는 것으로 볼 수 있다. 그림 7.11에서처럼 방향자가 x 방향으로 정렬되었다면 역시 빛은 두번째 편광판에서 막히게 된다.

$\phi = 45^0$ 에서 최대값이 나온 것은 $\phi = 0^0$ 와 $\phi = 90^0$ 사이의 평균을 의미한다. TN-LCD에서는 실제적으로 액정의 방향이 처음 x 방향에서 최종적으로 y 방향으로 변하도록 비틀린 형태(twisted)로 배열되어 있다. 이러한 결과 전기장의 방향은 위에서 보았을 때 원을 그리며 액정층을 통과하게 된다. 이러한 원편광에 대한 해석은 다음 8장에서 자세히 다루게 된다.

이번에는 전압이 열린(on) 경우를 살펴보자. 이번에는 액정분자들의 광축은 기판 면에 대하여 수직이 된다. 따라서 빛의 진행방향과 일치하고 $\theta = 0^0$ 이다. 이러한 경우 이상광의 속도는

$$v_e = \frac{c}{n_\perp}$$

가 되고 정상광의 속도와 같다. 따라서 액정분자의 복굴절성은 나타나지 않는다. 즉 $\delta = 0$ 이다. 따라서 입사한 직선편광 빛은 그 상태로의 편광면(진동면)을 갖고 액정층을 통과하게 되며 결국 두 번째 편광판에서 빛은 차단되게 된다. 식 (7.36)에서 $\delta = 0$, $\psi = 90^0$ 이면 $I' = 0$ 이다.

다시 말해, 액정 디스플레이의 후면 쪽 편광판에 의해 직선편광이 된 빛이 입사하여 최종적으로 디스플레이 판에서 보게 될 때 전압이 off 인 상태에서는 밝게 보이고, 전압이 열림인 상태에서는 어둡게 보이게 된다. 즉 전압의 열림-닫힘에 의해 투과광의 세기를 제어하는 광 조절(switching)이 가능하며 이를 TN Mode라고 부른다.

7.7 액정분자의 광투과와 타원편광

이번에는 액정분자에 입사한 직선편광이 액정분자를 통과하여 나갈 때 어떻게 편광이 되는지를 도식적으로 알아보자.

그림 7.12는 빛이 액정분자에 대하여 수직으로 입사할 때 액정 분자의 장축으로 진동하며 나갈 때 이상광선으로 되는 모양과 액정분자의 단축 방향으로 진동하며 나가는 빛이 정상광으로 편광 되는 모습을 다시 그린 것이다.

보통은 굴절률 n_e 가 n_o 보다 크기 때문에 수직으로 진동하는 이상광의 속도가 정상광의 속도보다 느리게 된다. 그러면 정상광과 이상광은 서로 수직을 이루면서 위상차를 갖게 된다. 이러한 경우 전기장 벡터 $\vec{E}_x$ 와 $\vec{E}_y$ 의 관계식에서 서로 크기가 다르고 위상차가 있게 된다. 다음 장에서 자세히 배우게 될 것이다.

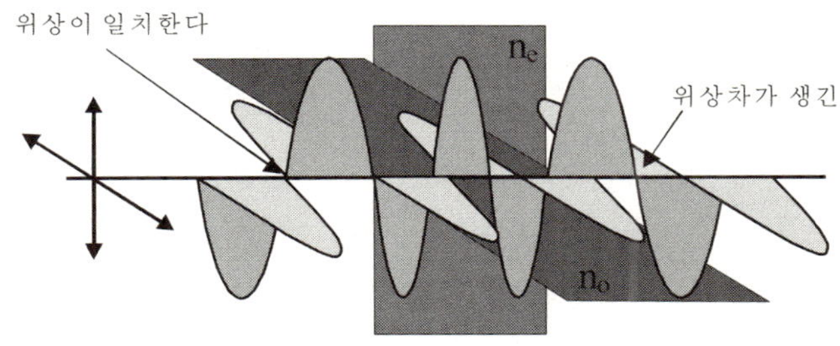

[그림 7.12] 복굴절과 위상차.

이렇게 수직한 두 개의 성분이 위상차가 있고 더욱이 그 크기가 서로 다르다면 합성된 파는 타원편광으로 편광 된다. 그림 7.13은 액정분자에 의한 복굴절현상에 의해 발생하는 정상광과 이상광의 모습과 서로의 위상차에 의해 타원편광으로 편광되는 모습을 그린 것이다.

따라서 편광판으로 입사한 직선 편광 빛은 액정 분자를 통과하면서 위와 같은 복굴절에 의해 타원 편광으로 변하게 된다. 이렇게 타원 편광된 빛이 윗면에 놓인 검광 편광판을 지나게 되면 편광기의 편광축과 나란한 빛만이 통과하게 된다. 결국 빛의 세기는 약해지면서 입사각으로 다른 각도로 편광된 직선편광으로 변한다. 액정 디스플레이에서 이러한 효과를 이용하는 것을 복굴절 mode라 한다.

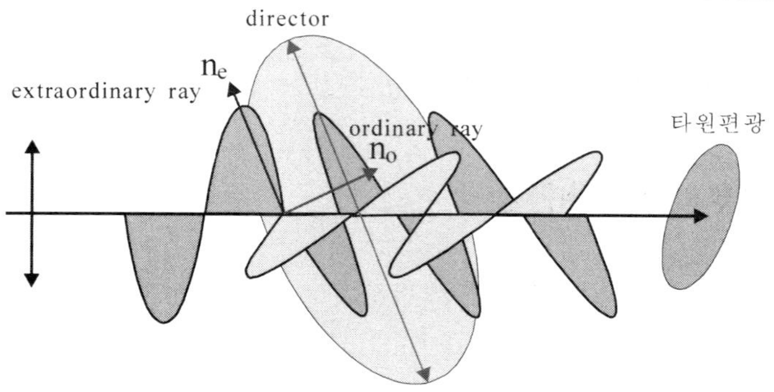

[그림 7.13] 타원편광.

8장 | 편 광

8.1 파동운동과 조화파

빛은 파동성질을 갖는다. 사실상 파동운동은 일상생활에서 매우 친근하게 접하게 되는데 줄을 따라 이동하는 펄스, 호수에 만들어지는 잔물결, 태양에서 나오는 빛 등이 파동 현상의 보기들이다. 우리는 우선 파동운동이 어떻게 수학적인 표현 즉 함수로 나타낼 수 있는지 알아보기로 하자.

일정한 속력으로 진행하는 진행파의 분포를 y 라고 표기하자. 이러한 파의 분포는 그림 8.1에서 보는 것과 같이 호수 위의 물결파의 수직 변위이거나 전자기파(electromagnetic waves)의 전기장(electric field) 혹은 자기장(magnetic field)에서 그 보기를 찾을 수 있다. 위치 변위를 x, 시간변위를 t 라 하자. 그러면 임의 시간에 위치에 대한 파동은

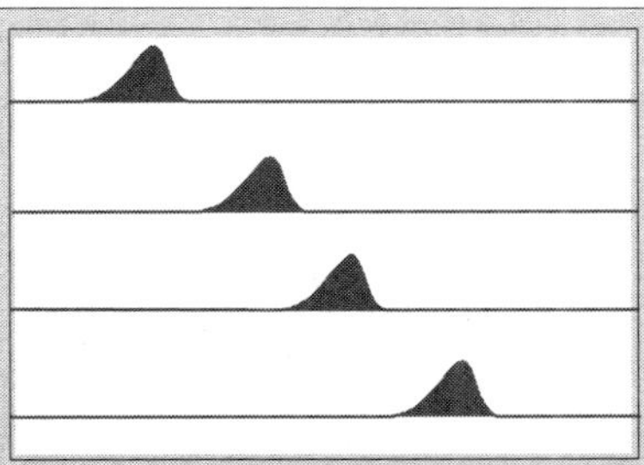

[그림 8.1] 호수 위에 파생되는 물결의 파동.

$$y = f(x,t) \tag{8.1}$$

으로 나타낼 수 있다. 어느 순간, 예를 들면 시간 $t=0$ 에서의 분포는 시간을 상수로 놓으면 구할 수 있다. 즉,

$$y_{t=0} = f(x,0) = f(x) \tag{8.2}$$

이다. 식 (8.2)는 그 순간에 있어서 파동의 모양이나 형태를 나타낸다. 예를 들면 상수 a를 갖는 가우스 함수 $f(x) = e^{-x^2}$ 는 종 모양의 형태를 갖는다. 앞으로 파동은 파동이 공간을 이동하면서 그 모양이 변하지 않는 경우만을 다루기로 한다.

다음 그림 8.2는 시간 간격이 t인 가우스 형태의 파의 분포를 이중 촬영한 모습을 나타낸다. 펄스가 x축을 따라 vt만큼 이동한 것으로 모양은 변하지 않았다. 처음 $t=0$에 위치한 파동은 시간이 $t=x/v$일 때 $x=2$인 곳으로 이동하였다. 그리고 그 순간에서의 파동의 모습은

$$f(x,t)=e^{-(x-vt)^2} \tag{8.3}$$

이다. 그림에서는 $vt=2$인 경우이다. 일반적으로 시간에 따라 이동하는 파의 표현은

$$y(x,t)=f(x-vt) \tag{8.4}$$

으로 주어진다. 이 경우 x축의 양의 방향으로 속력 v로 이동하는 파를 나타낸다. x의 음의 방향으로 v의 속력으로 이동하는 파의 모습은

$$y(x,t)=f(x+vt) \tag{8.5}$$

으로 나타낼 수 있다.

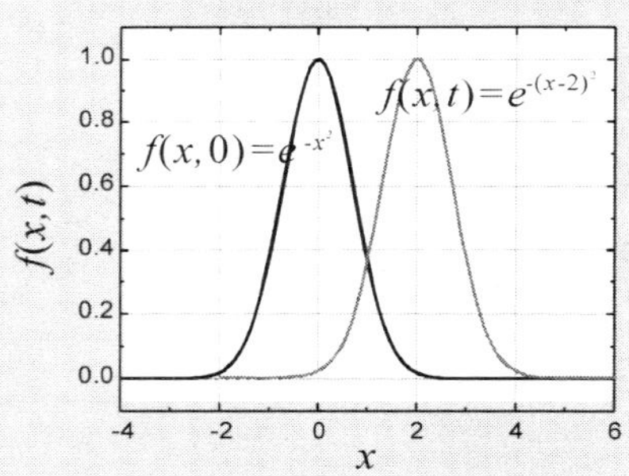

가우스 함수로 표현되는 파가
시간 t=0에서 t=2/v로 이동한 모습.

[그림 8.2] 가우스 함수와 파동의 이동.

조화파(harmonic wave)

파동의 형태가 사인(sine) 또는 코사인(cosine) 곡선으로 주어지는 파동을 삼각함수파, 단순조화파 또는 조화파(harmonic wave)라고 한다. 우리는 이미 여러 번에 걸쳐 이러한 조화진동의 운동을 다룬 바가 있다. 모든 파동은 이러한 조화파의 중첩으로 표현될 수 있다. 파동의 분포가 다음과 같이 간단한 사인함수인 경우를 보자.

$$y_{t=0}=y(x)=A\sin kx=f(x) \tag{8.6}$$

여기서 k는 이미 배운 바가 있지만 전파수(propagation number) 또는 파수(wave number) 라고하며 kx 단위는 라디안(radian)으로 주어진다. 위 식을 속력 v로 양의 x 방향으로 진행하는 진행파(progressive wave)로 표현하면 다음과 같다.

$$y(x,t) = A\sin k(x - vt) = f(x - vt) \qquad (8.7)$$

x 또는 t를 고정시키면, 삼각함수 꼴의 분포를 가지므로 이 파동도 공간과 시간에 대하여 주기적이다. 우리는 공간주기(spatial period)를 파장(wave length)이라고 하였으며, 보통 λ로 표기하였다.

위치 x가 λ만큼 증가하거나 감소하여도 파동의 모양은 같다. 따라서 다음과 같이 쓸 수 있다.

$$y(x,t) = y(x \pm \lambda, t) \qquad (8.8)$$

사인함수(코사인함수)인 경우 $\pm 2\pi$ 변한 것과 같으므로,

$$k\lambda = 2\pi$$

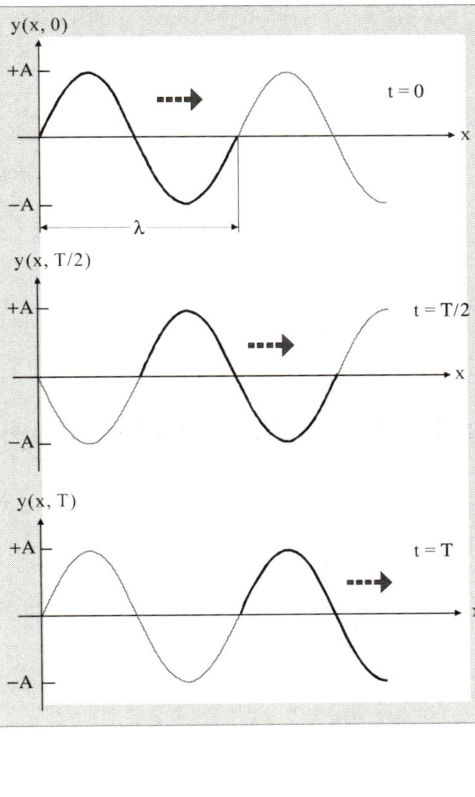

[그림 8.3] 한 주기 동안의 파동의 이동 모습.

이다. 따라서

$$k = \frac{2\pi}{\lambda} \tag{8.9}$$

인 관계를 얻는다.

이번에는 시간주기(temporal period)를 구해보자. 보통 시간주기는 T로 표기한다. 이러한 시간주기는 한 개의 파동이 정지한 관찰자를 지나가는 데 걸린 시간이다. 파동은 시간적으로 반복이 되므로,

$$y(x,t) = y(x,t \pm T)$$

이고,

$$\sin k(x - vt) = \sin k[x - v(t \pm T)] = \sin[k(x - vt) \pm 2\pi]$$

이다. 따라서,

$$kvT = 2\pi$$

이다. 또한

$$\frac{2\pi}{\lambda} vT = 2\pi$$

이므로

$$T = \frac{\lambda}{v} \tag{8.10}$$

를 얻는다. 즉 주기는 단위파동당 걸린 시간이다. 그리고 주기의 역수를 진동수(frequency)라고 하며 보통 f로 표기 한다 . 따라서 진동수는

$$f = \frac{1}{T}\, cycles/s\,(\text{or } Hertz; Hz) \tag{8.11}$$

이다. 파의 속력은 다음과 같이 주어진다.

$v = \lambda f$

주기에 있어 위치의 전파상수 k와 대비되는 양이 각진동수(angular frequency)인데 다음과 같이 주어진다.

$$\omega = \frac{2\pi}{T}\ radians/s \tag{8.12}$$

전파상수와 각진동수에 의한 조화파는 다음과 같이 주어진다.

$$y(x,t) = A\sin(kx \mp \omega t) \tag{8.13}$$

조화파의 중첩

다음과 같은 조화파를 고려하자.

$$y_1 = A\sin(kx - \omega t)$$

여기서 사인함수의 변수 전체를 파동의 위상(phase)이라고 하며 θ로 표기하자. 즉 $\theta = kx - \omega t$이다. 그러면

$$y_1 = A\sin\theta$$

가 된다. 그리고 다음과 같이 표현되는 두 번째 파를 고려하자.

$$y_2 = A\sin(\theta - \delta)$$

여기서 δ를 초기위상(initial phase)이라고 부른다. 이렇게 두 개의 조화파가 존재하면 다양한 형태로 변하게 된다. 이제 두 개의 파를 합성해 보자. 두 파의 합성파는 다음과 같이 주어진다.

$$y_1 + y_2 = A\sin(kx - \omega t) + A\sin(kx - \omega t - \delta)$$

그리고 위상을 구별하기 위해 $\theta_1 = kx - \omega t$, $\theta_2 = kx - \omega t - \delta$라 두면,

$$y_1 + y_2 = A\sin\theta_1 + A\sin\theta_2$$

가 된다. 삼각함수의 덧셈공식을 쓰면, 즉

$$\sin\theta_1 + \sin\theta_2 = 2\cos\frac{1}{2}(\theta_1 - \theta_2)\sin\frac{1}{2}(\theta_1 + \theta_2)$$

으로부터

$$y_1 + y_2 = 2A\cos(\frac{1}{2}\delta)\sin(\theta_1 - \frac{1}{2}\delta) \tag{8.14}$$

가 된다. 동일한 파수와 동일한 진동수를 갖는 조화파의 중첩은 같은 파수와 같은 진동수를 갖는 조화파가 된다는 것을 알 수 있다. 다만, 합성파는 원래의 파동과 위상차가 다르고 진폭은 $2A\cos\frac{\delta}{2}$ 이다. 같거나 거의 같은 진동수를 갖는 두 개 이상의 파가 중첩되어 만들어지는 파의 무늬를 **간섭(interference)**이라고 한다. 두 파동이 같은 위상을 가지면 $\delta = 0$, $\cos 0 = 1$이고 따라서 진폭은 원래 진폭의 두 배가 된다. 이를 **보강간섭(constructive interference)**이라고 부른다. 이와 반면에 위상차가 180° 다르면 $\delta = \pi$, $\cos\frac{\pi}{2} = 0$ 이 되어 진폭은 0이 된다. 이러한 간섭을 **소멸간섭(destructive interference)**이라고 한다. 다음의 그림 8.4는 위상차를 갖는 두 개의 조화파와 그 합성파들을 위상차 별로 나타낸 것이다. 위상차가 작을수록 합성파의 진폭이 크고 위상차가 클수록 진폭이 작아지는 현상을 볼 수 있다.

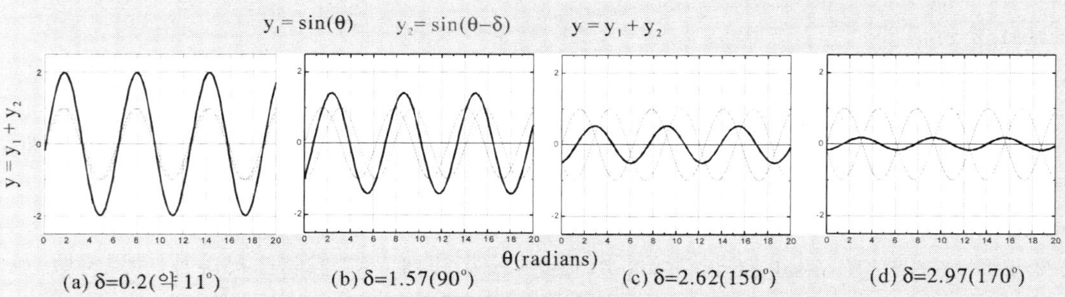

두 조화파의 위상차가 아주 작으면 보강간섭이 일어나고 (a), 위상차가 크면 소멸간섭이 일어난다 (d).

[그림 8.4] 두 조화파의 합성과 간섭 현상.

파동함수의 복소수 표현

파동 현상을 다루는 데 있어 앞에서 사용한 사인 혹은 코사인 함수는 불편을 초래하는 경우가 많다. 왜냐하면 표현식들이 복잡하게 연결되면 삼각공식을 이용한 지루한 계산이 요구되기 때문이다. 그러나, 복소수(complex variables)를 이용하면 파동을 표현하는 데 간단해진다. 사실상 복소수 지수 형태의 파동 방정식은 광학에서뿐만 아니라 공학 전반에 걸쳐 광범위하게 사용된다.

복소수 z는 다음과 같은 형태로 표현된다.

$$z = x + iy \tag{8.15}$$

여기서 $i = \sqrt{-1}$ 을 나타내는 허수단위이며, x와 y를 복소수 z의 실수부와 허수부라고 한다. 극좌표 형태 (r, θ)로 표현하면

$$x = r\cos\theta\,,\ y = r\sin\theta$$

에서

$$z = x + iy = r(\cos\theta + i\,\sin\theta) \tag{8.16}$$

이다. 오일러(Euler) 공식에 의하면,

$$e^{i\theta} = \cos\theta + i\sin\theta \tag{8.17}$$

이고, 결국 복소수 z는 다음과 같이 표현된다.

$$z = re^{i\theta} = r\cos\theta + i\sin\theta \tag{8.18}$$

여기서 r은 z의 크기(amplitude)이고, θ는 z의 위상각(phase angle)으로 단위는 radian이다. 복소수의 크기를 $|z|$로 표시되기도 하는데 복소수의 계수(modulus) 혹은 절대값

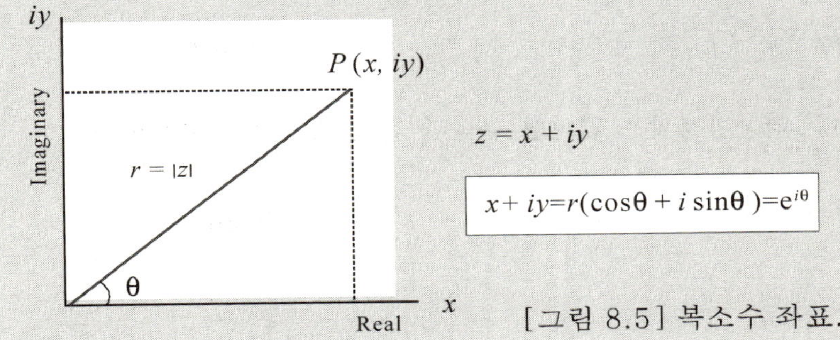

[그림 8.5] 복소수 좌표.

(absolute value)을 의미한다. 켤레복소수(complex conjugate)는 별표(*)로 표시되며 i를 $-i$로 바꾸어 주면 얻을 수 있다. 즉,

$$z^* = re^{-i\theta} = r\cos\theta - i\sin\theta \tag{8.19}$$

이다. $\cos 2\pi = 1$, $\sin 2\pi = 0$이므로

$$e^{i2\pi} = 1 \tag{8.20}$$

이다. 마찬가지 방법으로 하면 다음과 같은 결과를 얻는다.

$$e^{i\pi} = e^{-i\pi} = -1,\ e^{\pm i\pi/2} = \pm i \tag{8.21}$$

복소수는 실수(real)부 $Re(z)$와 허수(imaginary)부 $Im(z)$로 나눌 수 있다.

$$z = Re(z) + i\,Im(z) \tag{8.22}$$

극좌표인 경우는 다음과 같다.

$$Re(z) = r\cos\theta,\ Im(z) = r\sin\theta \tag{8.23}$$

따라서 파동함수는 실수부나 허수부 중 하나를 택하여 조화파를 기술할 수 있다. 일반적으로는 다음과 같이 실수부로 표현한다.

$$y(x,t) = Re[A\,e^{i(kx-\omega t+\delta)}] \tag{8.24}$$

이것은

$$y(x,t) = A\cos(kx-\omega t+\delta) \tag{8.25}$$

와 동등한 식이다. 파동방정식은 편의상 다음과 같이 표현하여 사용한다.

$$y(x,t) = Ae^{i(kx-\omega t+\delta)} = Ae^{i\phi} \tag{8.26}$$

8.2 빛의 편광(polarization)

빛은 가장 진동하기 어려운 방향과 가장 쉬운 방향으로 선택하여 진행한다.

이번에는 빛의 전자기파적인 성질에 의해 극명하게 나타나는 편광에 대하여 다시 한 번 살펴보자. 빛은 전자기파이고 진행 방향에 대하여 전기장 혹은 자기장은 수직 방향을 이루는 횡파에 속한다고 배웠다. 편의상 우리는 빛이 진행할 때 전기장의 모습만 쳐다보기로 한다. 일반적으로 빛은 진행 방향에 수직인 면에 그 크기가 나타나는 전기장의 모습이 어느 한 방향만을 향하는 것은 아니다.

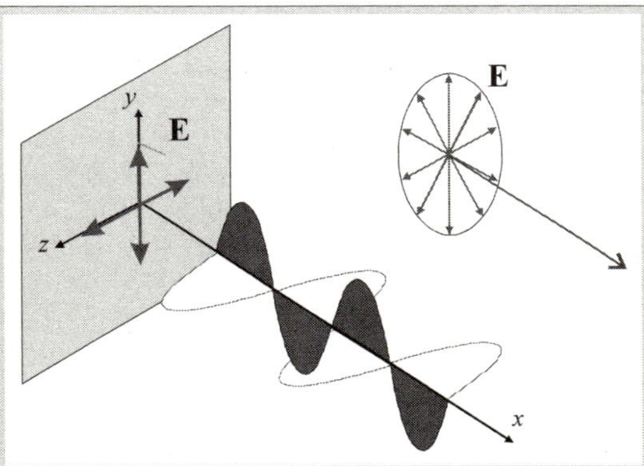

자연광(natural light)을 비편광(unpolarized light)이라고 부른다. 이러한 자연광의 전기장은 진행방향의 수직인 면에 대하여 임의의 방향을 향한다.

[그림 8.6] 자연광.

전기장의 방향은 그림 8.6과 같이 전기장의 크기가 나타나는 면(여기에서는 $y-z$면)에 대하여 균일하게 분포되어 있다. 즉 어느 한 방향으로 고정되어 있지가 않다. 이러한 빛을 자연광이라고 부른다. 그리고 이러한 균일한 분포가 상황에 따라 어느 한 방향으로 쏠리게 될 때 편광이 되었다(polarized)고 하고 이러한 현상을 편광(polarization)이라고 부른다. 이러한 의미로 자연광을 비편광빛(unpolarized light)으로, 편광된 빛을 편광빛(polarized light)이라고 구분하여 부르기도 한다.

복굴절과 이색성

이러한 편광 현상은 빛의 전기장과 매질 속의 원자나 분자의 전자분포와의 상호작용과 밀접한 관계를 갖는다고 하였다. 광학적 성질을 좌우하는 전자들은 원자들의 주위를 중립적인 위치에서 탄성적으로 연결되어 있다. 이러한 전자들은 비대칭적인 원자 주변의 환경에 따라 영향을 받게 되며 그 결과로 전자를 연결하는 결합력은 방향에 따라 달라지게 된다. 따라서 입사하는 빛에 의한 전자기파의 조화 전기장에 대하여 전자들은 전기장의 방향에 따라 다르게 반응한다. 그림 8.7과 같이 빛이 한 매질을 통과하며 진행하는 경우를 살펴보자. 이 매질의 구조는 원자의 분포가 직육면체와 비슷한 단위체로 구성되어 있다. 빛의 전기장은 $y-z$ 평면에 대하여 진동하므로 y방향으로 진동하는 전기장이 원자들과 가장 강하게 반응을 한다. 이러한 결과 투과된 빛은 전기장의 성분 중 수평 방향으로의 전기장이 선택된 형태로 나온다. 그리고 이러한 수평방향으로의 성분은 반드시 수직인 성분 즉 z방향으로의 전기장과 짝을 이루어 나타나는 것으로 알려져 있다. 즉 **빛은 가장 진동하기 어려운 방향과 가장 쉬운 방향으로 선택하여 진행한다.** 이를 **이색성(dichroism)**이라고 부른다.

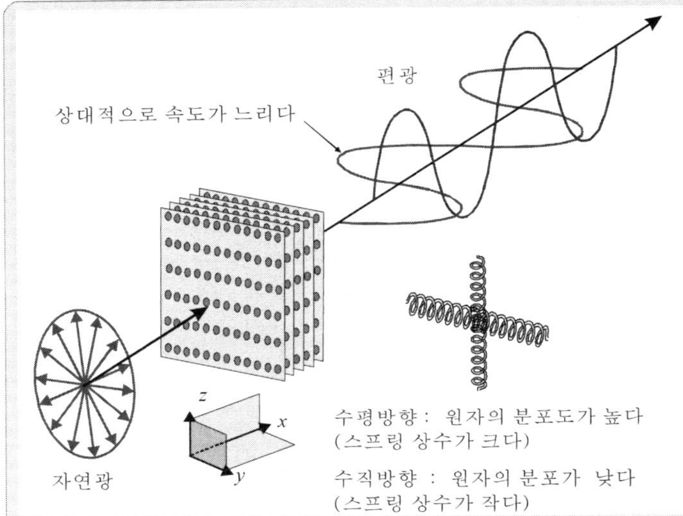

매질의 원자나 분자의 분포가 특정의 방향으로 분포되어 있으면 이러한 매질을 통과하는 빛은 편광된다. 그림과 같은 경우에는 원자의 분포가 조밀한 수평방향과 이에 수직인 방향으로 편광된다. 수평방향으로는 원자의 분포가 높아 빛의 전기장에 의한 상호작용이 크며 따라서 상대적으로 속도가 느려진다. 이러한 결과는 굴절률의 차이로 나타난다.

[그림 8.7] 빛의 편광과 이색성.

그런데 그림 8.7에서 보면 수평방향의 원자 분포와 수직 방향의 원자 분포의 밀도는 다르다. 수평방향으로 원자가 더욱 조밀하게 분포되어 있어 이 방향으로의 전기장의 상호작용(진동)이 클 뿐만 아니라 이에 따른 저항도 크게 된다. 따라서 매질을 통과하여 나올 때 수평방향의 전기장과 수평방향의 전기장과는 위상차가 발생하게 된다. 이렇게 특수한 매질에 의하여 두 개의 전기장의 성분으로 나뉘는 현상을 복굴절(birefringence, double refraction)이라고 부른다. 복굴절을 일으키는 물질로는 방해석과 운모가 유명하다. 그리고 속도가 느린 광을 **이상광선(extraordinary light)** 상대적으로 속도가 빠른 광을 **정상광선(ordinary light)**으로 구분하여 부르기도 한다. 또한 이러한 복굴절 현상은 액정에서 현저하게 나타난다는 사실을 여러 번에 걸쳐 배운 바가 있다.

8.3 직선편광(linearly polarized light)

직선편광은 전기장의 크기와 부호는 바뀌더라도 진행 방향이 항상 일정한 빛으로 혹은 면편광(plane polarization)이라고도 부른다. 이때 전기장은 진동면(plane of vibration)에 있게 되고, 이 고정된 면에는 전기장 벡터 $\vec{E}$와 전파벡터 $\vec{k}$가 자리잡고 있다. 같은 진동수를 갖고

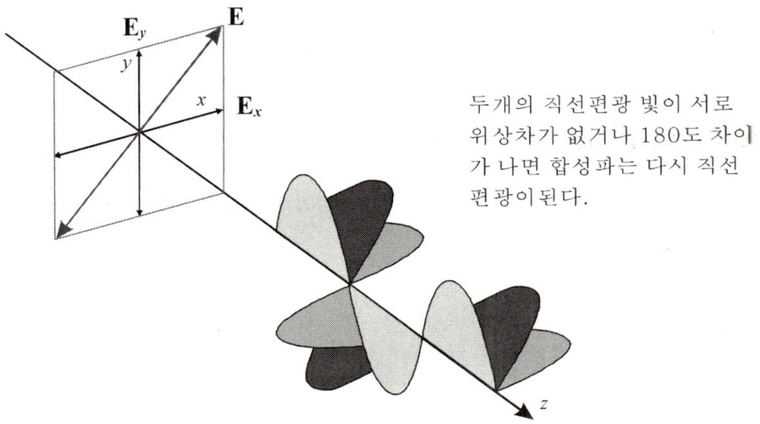

[그림 8.8] 두 직선조화파의 직선편광.

같은 방향으로 향하는 두 개의 조화적이고 직선 편광된 빛을 고려하자. 이 빛은

$$\vec{E}_x = \hat{i}\, E_{0x} \cos(kz - \omega t) \tag{8.27}$$

와

$$\vec{E}_y = \hat{j}\, E_{0y} \cos(kz - \omega t + \delta) \tag{8.28}$$

로 나타낼 수 있다.

여기서 δ는 z 방향으로 진행하는 두 파들 사이에서의 상대적 위상차이다. 위상은 $(kz - \omega t)$ 로 주어지기 때문에 양수 δ를 더하는 것은 식 (8.28)과 식 (8.27)의 코사인 함수값이 같지 않다는 것을 뜻한다. 즉 E_y는 E_x를 $\delta > 0$ 만큼 지연시킨다. 두 조화파의 합은 다음과 같이 전기장의 벡터 합으로 주어진다.

$$\vec{E}(z,t) = \vec{E}_x(z,t) + \vec{E}_y(z,t) \tag{8.29}$$

위상차 δ가 0이거나 $\pm 2\pi$의 정수배라면 이 두 개의 파들은 같은 위상을 갖고, 식 (8.29)는 다음과 같이 된다.

$$\vec{E}(z,t) = (\hat{i}\, E_{0x} + \hat{j}\, E_{oy}) \cos(kz - \omega t) \tag{8.30}$$

식 (8.30)의 진폭은 고정된 값 $\sqrt{E_{0x}^2 + E_{0y}^2}$ 을 가지므로 합성파 역시 그림 8.8에서 보듯이 직선 편광된 빛이다. 위상차가 $\delta = \pm\pi$ 라면 두 개의 파는 180° 위상차를 갖고 다음과 같이

표현된다.

$$\overrightarrow{E}(z,t) = (\hat{i}\,E_{0x} - \hat{j}\,E_{oy})\cos(kz - \omega t) \quad (8.31)$$

8.4 원편광(circularly polarized light)

이번에는 위상차가 $\delta = -\pi/2$ 인 경우를 살펴보자. 진폭이 서로 같다고 하면, 즉 $E_{0x} = E_{0y} = E_0$ 이면

$$\overrightarrow{E}_x = \hat{i}\,E_0\cos(kz - \omega t) \quad (8.32)$$

이고,

$$\overrightarrow{E}_y = \hat{j}\,E_0\cos(kz - \omega t - \frac{\pi}{2}) = \hat{j}\,E_0\sin(kz - \omega t) \quad (8.33)$$

이다. 따라서 합성 파는 다음과 같이 된다.

$$\overrightarrow{E}(z,t) = E_0[\cos(kz - \omega t)\hat{i} + \sin(kz - \omega t)\hat{j}] \quad (8.34)$$

그런데 이 식은 바로 반지름이 E_0 인 원의 방정식이다. 즉 전기장의 진폭은 같으나 방향은 시간에 따라 변한다. 그러나 전기장의 방향은 단일 평면에 놓여 있지는 않다. 그림 8.9를 보라.

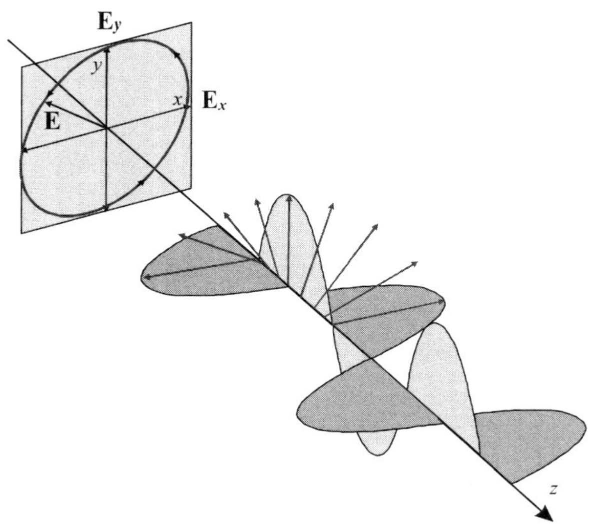

[그림 8.9] 두 직선조화파에 의한 원편광.

전기장 벡터 $\vec{E}$ 는 파가 진행하는 쪽에서 볼 때 ω의 진동수를 갖고 그림에서 보는 것처럼 시계 방향으로 회전한다. 이러한 파를 우회전원편광(right-circularly polarized wave)라고 하며, 간단히 우회전광(right circular light)이라고도 한다. 광파가 한 파장 전진하면 전기장은 완전히 한 바퀴 돌게 된다.

이번에는 위상차가 $\delta = \pi/2$ 라면, 합성파는

$$\vec{E}(z,t) = E_0[\cos(kz-\omega t)\hat{i} - \sin(kz-\omega t)\hat{j}] \tag{8.35}$$

가 된다. 이 경우는 전기장 벡터가 반시계방향으로 도는 원편광이다. 이를 좌회전원편광(left-circularly polarized wave)이라고 부른다.

그런데 직선편광은 같은 진폭을 갖고 서로 반대 방향으로 편광된 두 개의 원편광으로 나눌 수 있다. 즉 식 (8.34)와 (8.35)를 더하면

$$\vec{E}_x = 2E_0\cos(kz-\omega t)\hat{i} \tag{8.36}$$

가 된다.

8.5 타원편광(elliptically polarized light)

수학적으로 보자면 직선편광과 원편광은 타원편광의 특수한 경우에 속한다. 일반적으로 전기장 벡터는 회전하면서 그 크기 또한 변하기 때문이다. 다음의 경우를 보자.

$$E_x = E_{0x}\cos(kz-\omega t) \tag{8.37}$$

$$E_y = E_{0y}\cos(kz-\omega t+\delta) \tag{8.38}$$

식 (8.38)을 다음과 같이 전개시켜

$$\frac{E_y}{E_{0y}} = \cos(kz-\omega t)\cos\delta - \sin(kz-\omega t)\sin\delta$$

이를 E_x/E_{0x} 와 결합시키면 다음과 같이 된다.

$$\frac{E_y}{E_{0y}} - \frac{E_x}{E_{0x}}\cos\delta = -\sin(kz-\omega t)\sin\delta \tag{8.39}$$

식 (8.37)로부터

$$\sin(kz-\omega t)=\sqrt{1-\cos^2(kz-\omega t)}=\sqrt{1-(E_x/E_{0x})^2}$$

이고, 이를 식 (8.39)에 대입하면 다음과 같은 결론을 얻는다.

$$\left(\frac{E_y}{E_{0y}}-\frac{E_x}{E_{0y}}\cos\delta\right)^2=\left[1-\left(\frac{E_x}{E_{0x}}\right)^2\right]\sin^2\delta$$

다시 잘 정리하면 다음과 같다.

$$\left(\frac{E_x}{E_{0x}}\right)^2+\left(\frac{E_y}{E_{0y}}\right)^2-2\left(\frac{E_x}{E_{0x}}\right)\left(\frac{E_y}{E_{0y}}\right)\cos\delta=\sin^2\delta \qquad (8.40)$$

이 식은 (E_x, E_y) 좌표계에서 다음과 같은 각도 값을 갖는 타원 방정식에 해당된다.

$$\tan 2\alpha=\frac{2E_{0x}E_{0y}}{E_{0x}^2-E_{0y}^2}\cos\delta \qquad (8.41)$$

여기서 각도 α는 타원의 장축과 좌표축 (E_x, E_y)과의 각도이다. 그림 8.10을 보라.

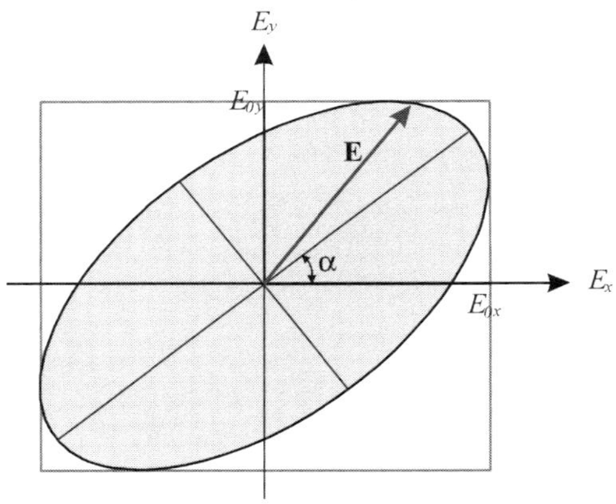

[그림 8.10] 타원편광과 기하학적관계.

만약에 타원의 주축들(즉 타원의 장축과 단축)이 좌표축과 일치할 때 α값은 0이고 이는 $\delta=\pm\pi/2, \pm 3\pi/2, \cdots$ 에 해당되며 식 (8.40)은 다음과 같은 익숙한 모습의 타원방정식이 된다.

$$\frac{E_x^2}{E_{0x}^2}+\frac{E_y^2}{E_{0y}^2}=1 \tag{8.42}$$

더욱이 전기장의 세기가 같다면, 즉 $E_{0x}=E_{0y}=E_0$ 이면 위 식은 원의 방정식이 된다.

$$E_x^2+E_y^2=E_0^2 \tag{8.43}$$

만약 위상차 δ가 π의 짝수 배이면 식 (8.40)은

$$E_y=\frac{E_{0y}}{E_{0x}}E_x \tag{8.44}$$

가 되며, 만약 δ가 π의 홀수정수의 배이면

$$E_y=-\frac{E_{0y}}{E_{0x}}E_x \tag{8.45}$$

가 된다. 식 (8.44)와 (8.45)는 각각 양의 기울기 (E_{0y}/E_{0x})와 음의 기울기 (E_{0y}/E_{0x})를 갖는 직선들의 방정식이며 이는 곧 직선 편광임을 뜻한다.

자연광(natural light)과 비편광(unpolarized light)

일반적으로 광원은 제멋대로 배열된 수많은 원자들, 즉 원자 복사체들이다. 원자는 대략 $10^{-8}\,s$ 동안에 편광된 빛을 발하는데, 이는 원자들의 들뜸상태(excited state)가 보통 이 시간 동안에만 유지되기 때문이다. 이렇게 짧은 시간에 나오는 똑같은 진동수의 복사파들이 서로 결합하여 단일 편광파가 되는 것이다. 새로운 파열들은 일정하게 방사되고 전체적인 편광상태는 수시로 변하여 예측이 불가능하다. 이렇게 편광상태가 빠르게 변하여 편광 상태를 식별할 수 없는 파를 보통 자연광이라고 부르며 또한 비편광(unpolarized light)이라고도 한다. 물론 엄밀한 의미에서, 비편광이라는 표현은 잘못된 것이다.

8.6 콜레스테릭액정과 광회전능

5장에서 보기를 든 콜레스테릭 액정분자를 그림 8.11과 같이 배열해 보자. 거울을 사이에 두고 서로 마주보고 있는 형상인데 이 두개의 분자는 어느 쪽을 향하든 겹치는 일이 일어나지 않는다. 마치 오른손과 왼손이 겹쳐지지 않는 것과 같다. 이때 비대칭(카이랄)탄소가 특별한 것은 이렇게 뒤집어진 구조가 존재하면 광학적으로 다른 모습을 보이는데 있다. 따라서 이러한 2개의 분자를 광학이성질체라고도 부르는 것이다.

이러한 광학이성질체는 융점, 비등점, 밀도 등은 같은 값을 가지나, 빛에 관한 성질은 다른 모습을 보인다. 콜레스테릭액정은 그림 8.12와 같이 층간에 나선형(helical)의 축을 따라 방향자의 변위가 변하는 구조를 갖는다. 위에서 쳐다보면 액정분자는 기다란 모양을 하고 있으며, 나선을 따라 원추의 능선을 빙빙 돌며 올라간다. 이 때 두개의 이성질체는 서로 반대 방향으로 회전한다. 따라서 위에서 쳐다보면 방향자가 그림 8.11과 8.12에서와 같이 원을 따라 회전하게 된다.

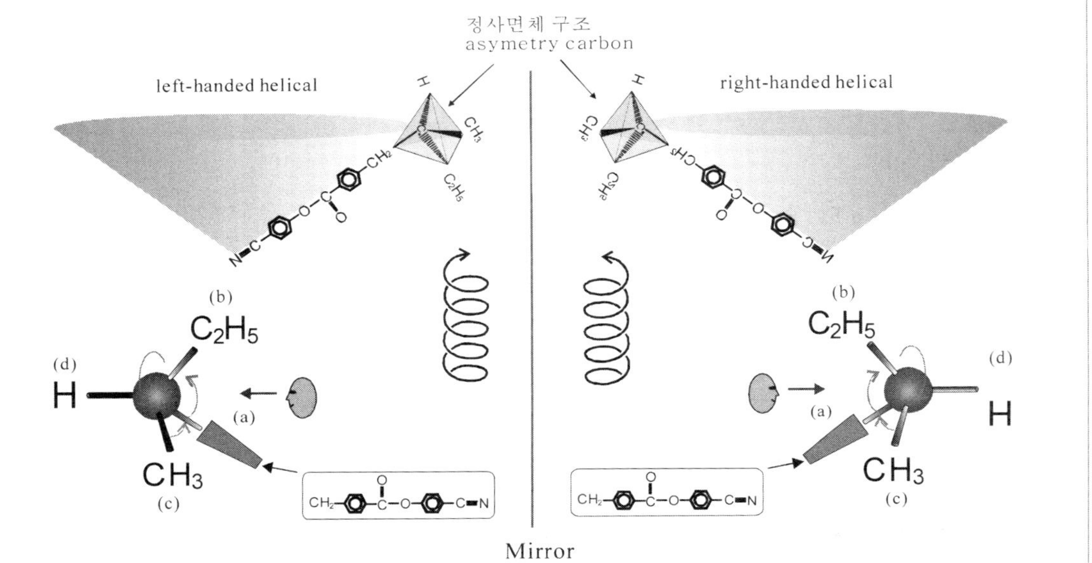

[그림 8.11] 콜레스테릭액정의 거울상과 회전성.

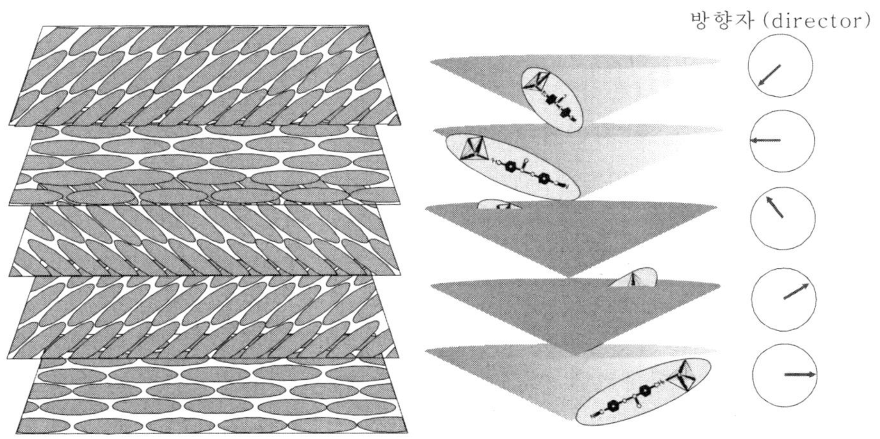

[그림 8.12] 콜레스트릭 액정의 나선형 배열.

이러한 직선형 콜레스테릭 액정분자는 좌우대칭인 직선의 그룹(사실상 이 부분만을 보면 네마틱 혹은 스멕틱 구조이다)과 그 끝에 비대칭탄소가 있는 그룹으로 이루어져 있다.

네마틱 상에 비대칭, 즉 카이랄 탄소(C^*)를 갖는 그룹을 첨가하면 콜레스테릭 상으로 된다. 다시 말해 카이랄 네마틱은 콜레스테릭과 동일한 의미가 된다. TN 모드에 사용되는 네마틱 액정의 배열 역시 콜레스테릭 액정 배열과 동일한 구조를 갖고 있음을 알 수 있다. 따라서 앞에서 언급한 콜레스테릭 액정은 카이랄 네마틱 상으로 기울어진 나선배열 즉 원추형 능선을 회전하는 구조로 되어 있다. 또한 스멕틱상 중에서도 SmC^* 는 위와 같은 카이랄 구조를 갖고 나선형 배열을 이룬다. 그림 8.13을 보라.

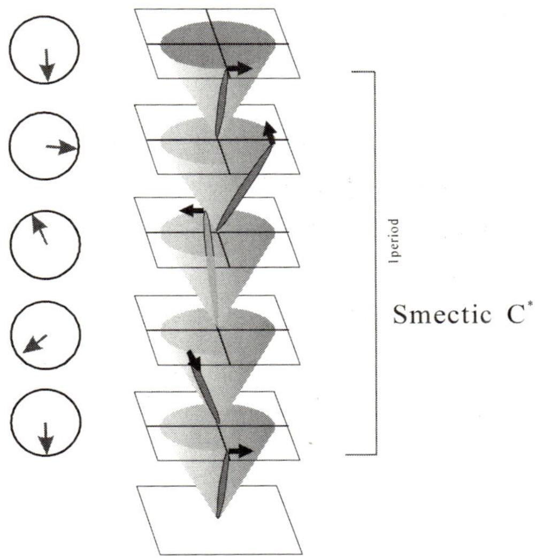

[그림 8.13] 스멕틱 C^* 액정의 나선형 구조.

광회전능

이제 콜레스테릭 액정이 빛을 회전시키는 능력을 살펴보기로 하자. 빛이 직선 편광(linear polarized ray)인 경우 그러한 효과를 쉽게 볼 수 있다. 그림 8.14에서 보는 것처럼 직선편광의 편광면이 나선배열의 콜레스테릭 액정 물질을 통과하게 되면 편광면이 회전하게 된다. 이때 회전되는 각도는 콜레스테릭 액정과 같은 카이랄성 물질의 농도와 두께 등에 비례한다. 이렇게 입사평면파의 전기장의 회전을 일으키는 물질을 광학적으로 활성화된(optically active) 물질이라고 부르며 편광면을 따라 빛을 회전시키는 성질을 광회전능(optical rotatory power)이라고 한다. 광학활성 물질이 그림 8.14에서 보듯이 광원이 진행하는 방향으로 진동면을 오른쪽으로 돌리면(오른손 법칙) 우회전성(dextrorotatory, 여기서 dextro는

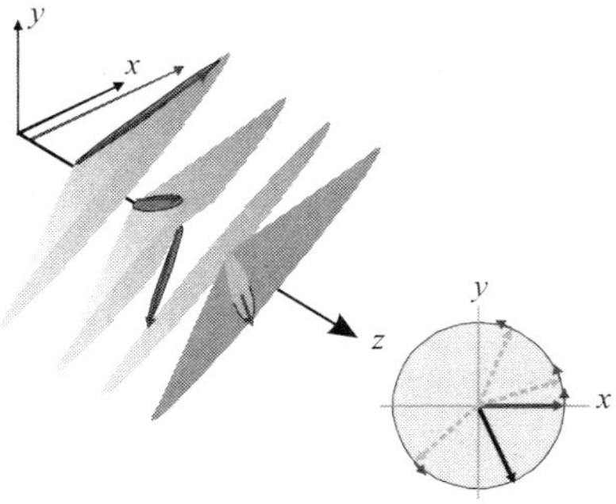

콜레스테릭 액정은 빛을 회전시킬 수 있는 능력을 갖는다.
이러한 성질을 광활성(optical activity)이라고 하며 그러한 능력을 광회전능(optical rotatory power)이라고 부른다.
이 액정은 직선편광된 빛을 오른쪽으로 (dextrorotatory, d-rotatory) 회전시키고 있다..

[그림 8.14] 콜레스테릭 액정의 광회전능.

오른쪽 의미의 라틴어임)이라고 하며 왼쪽 방향으로 회전시키면 좌회전성(levorotatory)이라고 부른다. 유기화학에서 다루는 라세미 형태(혹은 라세미체; racemate)의 물질인 경우는 원편광 시키지 않는다. 여기서 라세미 형태란 두개의 카이랄 이성질체를 같은 몰수만큼 혼합시킨 혼합물(mixture)을 말한다.

위와 같은 광학활성을 갖춘 물질 중 대표적인 것이 수정이다. 수정(quartz, SiO_2)은 우회전성과 좌회전성의 두 가지 결정으로 존재한다는 것이 1822년 발견되었는데 두 가지 형태가 곧 거울상이라는 것이 밝혀졌다.

8.7 원편광 복굴절

한편 복굴절에서 다룬 바가 있듯이 광학활성체에 의한 회전편광 역시 복굴절에 의한 위상차를 고려해 볼 수가 있다. 우리는 이미 원편광에 대한 전기장의 표현을 식 (8.34)와 (8.35)에서 다룬 바가 있다. 그리고 우회전원편광과 좌회전원편광을 더하면 바로 직선편광이 된다는 사실을 배웠다. 식 (8.36)에서 크기 2를 제거하기 위해 원편광에 대한 식을 다음과 같이 새로 표현하자. 즉 우회전 원편광을

$$\vec{E}_R = \frac{E}{2}[\cos(k_R z - \omega t)\hat{i} + \sin(k_R z - \omega t)\hat{j}] \qquad (8.46)$$

으로 좌회전 원편광을

$$\vec{E}_L = \frac{E}{2}[\cos(k_L z - \omega t)\hat{i} - \sin(k_L z - \omega t)\hat{j}] \qquad (8.47)$$

으로 표기하기로 한다. 그리고 각각의 전파상수는 굴절률을 고려하면 $k_R = k_0 n_R$, $k_L = k_0 n_L$ 이다. 이제 두 파를 합성해보자. 그러면

$$\vec{E} = E_0 \cos\left[\left(\frac{k_R + k_L}{2}\right)z - \omega t\right]\left[\hat{i}\cos\left(\frac{k_R - k_L}{2}\right)z + \hat{j}\sin\left(\frac{k_R - k_L}{2}\right)z\right] \quad (8.48)$$

이 된다. $Z=0$ 이면

$$\vec{E} = \hat{i}\, E_0 \cos\omega t$$

이다. 즉 직선편광이다. $z=d$에서는 $k_R > k_L$이면, 식 (8.48)에 따라 전기장 벡터는 $x-y$ 좌표 상에서 반시계방향으로 돌아간다는 사실을 알 수 있다. 이와 반면에 $k_R < k_L$이면 시계방향으로 돌아간다. 전통적으로 좌표 상에서 시계방향의 각도를 양으로 잡는 경우가 있기 때문에 결국 두께 d를 거치는 동안 진동면이 회전한 각도는 다음과 같이 주어진다.

$$\delta = \frac{\pi}{\lambda_0}(n_L - n_R)d \quad (8.49)$$

[보기문제 1] 수정은 $589nm$의 파장에 대하여 $n_R = 1.5447$, $n_L = 1.54420$ 으로 측정된다. 수정 두께가 $1mm$라면 원편광에 대한 위상차는 얼마인가?

풀이: 식 (8.49)를 이용하면 된다.

$$\delta = \frac{3.14}{5.89\times10^{-7}m}(1.54420 - 1.54427)(1\times10^{-3}m) = -0.373\,rad$$

이다. 이를 각도로 환산하면 $\delta = -21.4^0$ 가 된다.

편광기(polarizer)

자연광 즉 비편광 빛을 편광 시켜주는 필름 재료를 편광판이라고 부르고 편광 장치를 편광기(polarizer)라고 한다. 빛을 편광시키는 것 중 유명한 것이 폴라로이드(polaroid)라고 불리는 편광 필름이다. 이 판은 두 장의 플라스틱으로 되어있고 그 사이에 바늘과 같은 형태의 키니네황산요오드(kinine iodosulfate) 결정의 얇은 층으로 구성되어 있다. 이 결정은 일렬로 배열되어 있으며 한 편광면을 가진 빛만을 투과시킨다.

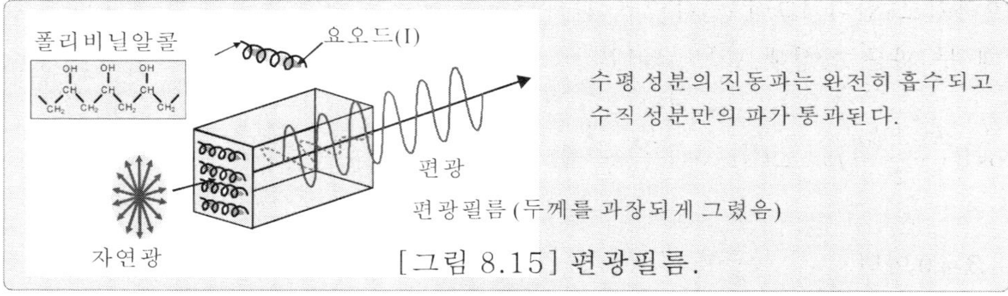

[그림 8.15] 편광필름.

편광 필름은 위에서 설명한 복굴절 현상에 있어 이상광선이 매질을 통과하면서 완전히 흡수되도록 고안되어 있다. 이렇게 한 방향으로만 강하게 흡수하는 성질을 흡수이색성이라고 부른다. 편광 필름은 보통 폴리비닐알코올로 만드는데 폴리비닐알코올은 기다란 탄소 사슬(chain)에 1개의 알코올기(OH 기)가 붙어있는 유기성 물질이다. 이러한 탄소의 사슬은 상당히 길며 따라서 고분자에 속한다. 이러한 폴리비닐알코올의 막을 기계적으로 한 방향으로 잡아당기면 곡선인 탄소 사슬이 마치 스프링과 같이 나선 방향으로 배열된다. 여기에다 흡수율이 높은 요오드(I; iodine) 등을 첨가한다. 이렇게 되면 나선(helical) 방향으로 진동하는 빛만이 강하게 흡수하게 되는데 경사지게 입사하는 빛인 경우에도 수평방향의 성분만 흡수된다. 이때 필름의 두께를 적당히 조절 하면 한 방향의 진동광은 완전히 흡수되고 이와는 다른 방향의 진동편광만이 통과된다. 이러한 파를 직선편광(linearly polarized light)이라고 부른다고 하였다.

이러한 편광필름(혹은 편광판)이 빛의 성질을 분석하는 데 사용될 때 편광기 혹은 편광자(polarizer)라고 한다. 그림 8.16은 편광기 두 개를 사용한 빛의 분석장치 모습이다. 광원에서 가까운 쪽의 것은 1차로 편광시키는 역할을 하여 편광기, 두 번째 것은 편광된 빛을 각도에 따라 분석하는 역할을 하여 분석기 혹은 검광기(analyzer)라고도 부른다. 편광기와 검광기가

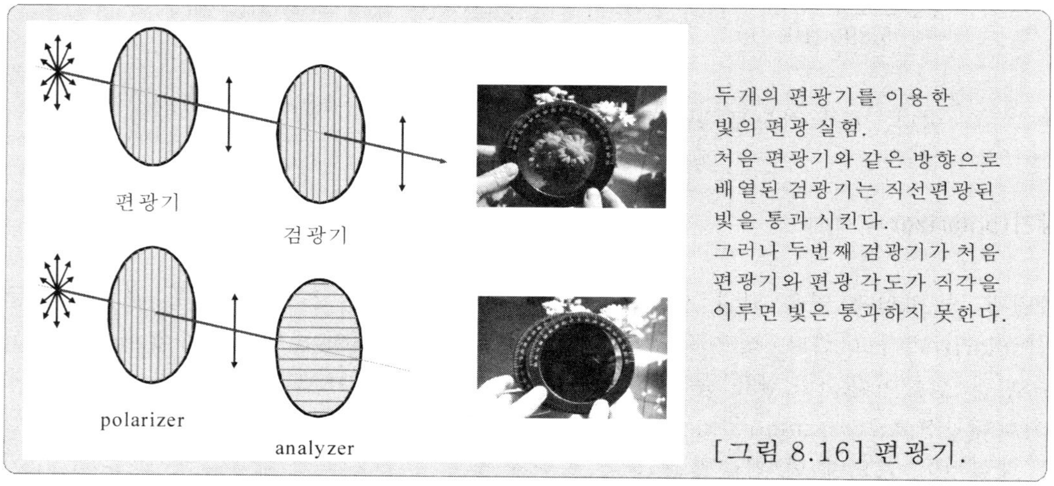

[그림 8.16] 편광기.

같은 방향으로 배열되어 한 방향으로 직선 편광된 빛이 투과되는 모습과 직각으로 배열되어 빛이 투과하지 못하는 모습을 보여주고 있다.

이제 검광기의 편광축과 편광기의 편광축과 각도를 가질 때 최종 빛의 세기가 어떻게 되는지 알아보기로 하자. 우선 우리는 다음과 같은 의문을 가지게 된다. 비편광된 빛의 처음 세기와 편광기를 지났을 때 편광된 빛의 세기는 같을까? 당연히 달라야 한다. 왜냐하면 비편광 빛의 전기장과 편광된 빛의 전기장의 세기가 다르기 때문이다. 비편광이 처음 편광기에 입사하면 전기장의 방향은 편광기에 대하여 시간에 따라 편광 축과의 각도는 수시로 변한다. 결국 전기장의 각 위치는 평균적으로 0° 와 90° 사이인 45°가 된다. 입사광의 전기장의 세기를 E라 하고 전기장이 편광축과 θ의 각도를 이루고 있다고 하자. 그러면 편광축에 평행한 전기장의 세기는 $E_{\parallel} = E\cos\theta$이고 수직인 전기장의 세기는 $E_{\perp} = E\sin\theta$이다. 그러나, 편광기는 수직인 성분은 흡수하고 수평의 성분만 통과시킨다. 빛의 세기는 이미 배운 바와 같이 전기장의 제곱에 비례하므로

$$I = I_0 \cos^2\theta \tag{8.50}$$

가 된다. 여기서 I_0는 편광기에 입사하는 처음 빛의 세기이다. 그러면 비편광 빛이 처음 편광기를 통과하면 그 세기는

$$I = I_0 \cos^2 45^o = \frac{1}{2} I_0$$

가 된다. 식 (8.49)를 프랑스의 과학자 말뤼(E. L. Malus; 1775-1812)의 이름을 따 말뤼의 법칙이라고 부른다.

[보기문제 2] 자연광인 비편광된 빛이 두 편광판에 입사하여 투과되고 있다. 두 번째 편광판인 검광기의 편광축은 처음 편광기의 편광축과 70° 를 이루고 있다. 비편광 빛의 세기가 2.0 W/m^2 이었다면 최종 편광된 빛의 세기는 얼마인가?

풀이: 처음 편광기를 통과한 1차 편광의 세기는

$$I_1 = \frac{1}{2} I_0 = 1.0\ W/m^2$$

이다. 따라서 2차 편광된 빛의 세기는 다음과 같다.

$$I_2 = I_1 \cos^2 80^o = 0.03\ W/m^2$$

반사와 편광

편광되지 않은 빛이 공기와 유리 또는 물과의 경계면에서 반사될 때 반사된 반사광은 부분적으로 편광된다. 편광의 정도는 입사각과 두 매질의 굴절률에 의존한다. 특히 반사광이 완전히 편광되는 입사각의 조건이 있는데 이를 편광각(polarizing angle; θ_p)이라고 부른다. 이 조건에서 반사광과 굴절광은 서로 직각을 이룬다. 그리고 편광각을 이 현상을 처음 규명한 브루스터(Brewster, David; 1781-1868)의 이름을 따서 브루스터 각이라고 부른다.

그림 8.17에서와 같이 비편광 빛이 반사광이 완전히 편광되는 각도인 편광각으로 들어올 때를 고찰해보자. 입사광은 비편광이기 때문에 전기장의 진동 방향은 지면에 수직인 방향과 수평한 방향의 성분으로 나누어 볼 수 있다. 반사광인 경우 지면에 수직한 방향 즉 입사면에 평행한 성분으로 편광된다. 굴절에 대한 스넬의 법칙은

$$n_1 \sin\theta_p = n_2 \sin\theta_2$$

이다. 편광각의 조건은 반사파의 진행 방향과 굴절파의 진행 방향이 직각을 이루는 경우이다. 따라서

$$\theta_2 = 180^o - \theta_p - 90^o = 90^o - \theta_p$$

이다. 그러면

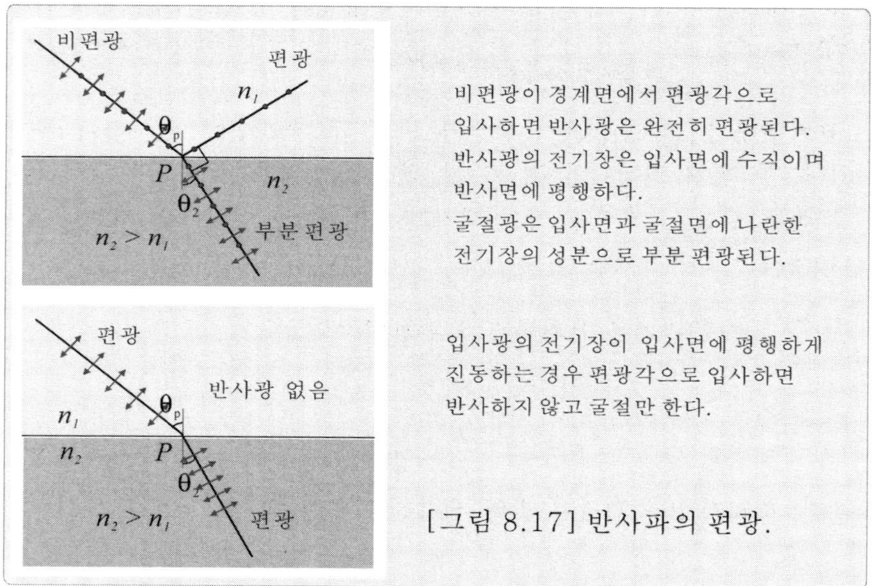

[그림 8.17] 반사파의 편광.

$$n_1 \sin\theta_p = n_2 \sin(90^o - \theta_p) = n_2 \cos\theta_p$$

가 되어 다음의 결과를 얻는다.

$$\tan\theta_p = \frac{n_2}{n_1} \tag{8.51}$$

반사광은 입사각에 대하여 완전히 편광되는 반면에 투과된 굴절광은 입사한 일부만이 반사되기 때문에 부분적으로 편광된다. 만약 입사광의 전기장의 성분이 입사면에만 편광되어 있는 경우 편광각으로 입사하면 반사되는 빛은 없게 된다. 입사하는 매질에서의 원자나 분자들이 굴절광의 전기장에 의해 진동을 하게 되면 전기쌍극자의 진동 에너지는 진동 방향으로는 전달되지 않기 때문에 반사광이 생기지 않는 것이다.

[보기문제 3] 잔잔한 호수의 표면에서 반사된 빛이 완전히 편광되기 위한 반사각은 얼마인가? 호수의 굴절률은 1.33, 공기의 굴절률은 1이다.

풀이: 반사각과 입사각은 같고 편광의 조건으로부터

$$\tan\theta_p = \frac{n_2}{n_1} = 1.33$$

이다. 따라서 $\theta_p = \tan^{-1}(1.33) = 53^o$ 이다.

8.8 TN LCD와 존스 벡터

네마틱 액정의 TN 모드를 생각하자. 네마틱 액정들은 액정층 내에서 서로 다른 배열각도를 갖는다. 그림 8.18에서 보는 것처럼 이러한 액정들의 방향은 정렬층이 $x-y$평면이라 한다면 $x-y$좌표가 z축을 중심으로 회전한다고 볼 수 있다. 이러한 회전에 따른 좌표 변환에 대한 일반적인 식을 구해보기로 하자.

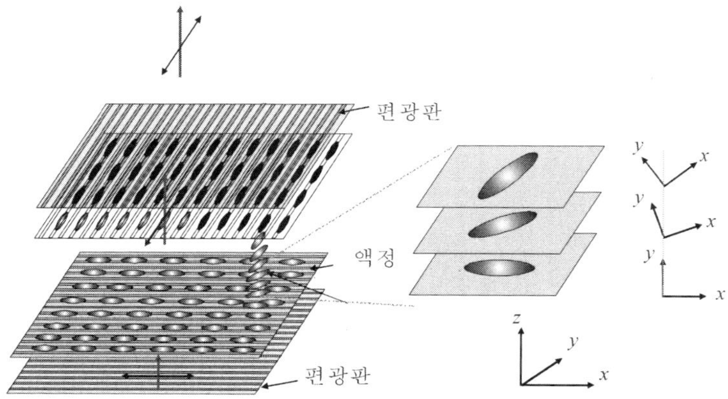

[그림 8.18] 네마틱 액정의 TN 배열과 좌표 회전과의 관계.

다음 그림 8.19는 $x-y$ 평면에서 원점에 대하여 회전했을 때의 새로운 좌표 (x', y')에 대한 관계를 나타낸다.

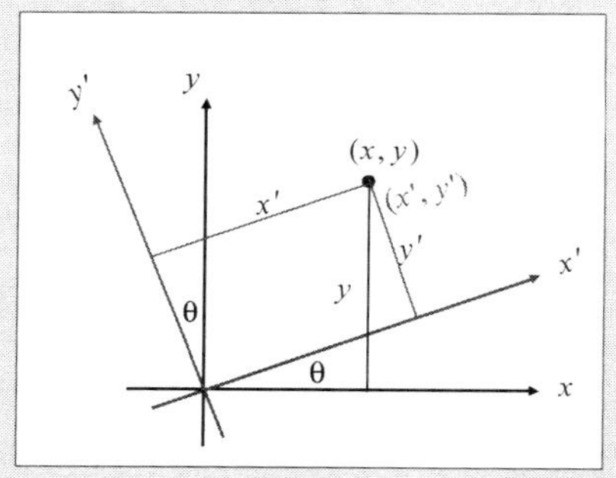

[그림 8.19] 좌표 회전.

회전 각도가 θ 라면 다음과 같은 식이 성립한다.

$$x' = x\cos\theta + y\sin\theta \tag{8.52}$$

$$y' = -x\sin\theta + y\cos\theta \tag{8.53}$$

위 식들은 다음과 같은 행렬 방정식으로 표현될 수 있다.

$$\begin{pmatrix} x' \\ y' \end{pmatrix} = \begin{pmatrix} \cos\theta & \sin\theta \\ -\sin\theta & \cos\theta \end{pmatrix} \begin{pmatrix} x \\ y \end{pmatrix} \tag{8.54}$$

여기서,

$$R = \begin{pmatrix} \cos\theta & \sin\theta \\ -\sin\theta & \cos\theta \end{pmatrix} \tag{8.55}$$

이라 할 때 R을 회전 행렬(rotational matrix)이라고 부른다. 이 회전행렬은 TN 모드에서 광의 투과와 관련하여 중요한 몫을 차지한다.

1941년 미국의 물리학자 존스(R. Clark Jones)는 편광에 대한 행렬 표기를 제안하였는데 이를 존스행렬이라고 부른다. 이 기법은 간섭을 일으키는 광속에 적용할 수 있으며 오로지 편광된 파에만 적용 가능한 방법이다. 광속에 대한 전기장 성분의 벡터 형태는 다음과 같은 존스 열(column) 벡터 형태로 쓸 수 있다.

$$\vec{E} = \begin{pmatrix} E_x(t) \\ E_y(t) \end{pmatrix} \tag{8.56}$$

여기서 $E_x(t)$, $E_y(t)$는 $\vec{E}$의 순간적인 스칼라 성분이다. 위상을 고려하여 위식을 다시 쓰면,

$$\vec{E} = \begin{pmatrix} E_{0x}e^{i\phi_x} \\ E_{0y}e^{i\phi_y} \end{pmatrix} \tag{8.57}$$

가 된다. 여기서 ϕ_x, ϕ_y는 두 성분에서의 위상들이다. x축에 해당되는 수평(horizontal)과 y축에 해당되는 수직(vertical)의 직선편광 상태는 다음과 같이 주어진다.

$$\vec{E}_x = \begin{pmatrix} E_{0x}e^{i\phi_x} \\ 0 \end{pmatrix} \tag{8.58}$$

$$\vec{E}_y = \begin{pmatrix} 0 \\ E_{0y}e^{i\phi_y} \end{pmatrix} \tag{8.59}$$

만약 $E_{0x} = E_{0y}$이고 $\phi_x = \phi_y$이면

$$\vec{E} = \begin{pmatrix} E_{0x}e^{i\phi_x} \\ E_{0x}e^{i\phi_y} \end{pmatrix} \tag{8.60}$$

가 되고 공통 인수를 행렬(matrix) 앞으로 내 놓으면

$$\vec{E}= E_0 e^{i\phi}\begin{pmatrix} 1 \\ 1 \end{pmatrix} \tag{8.61}$$

이 된다. 이 결과는 $+45^o$ 의 직선편광 상태의 표현이며 진폭이 같고 위상차가 없는 경우이다. 일반적으로 정확한 진폭과 위상 상태를 알 필요가 없는 경우가 많은데 이럴 때에는 복사조도의 크기를 1로 규격화시켜 표현할 수 있다. 이것은 두 개의 벡터 요소를 두 성분의 제곱의 합이 1로 되도록 하는 스칼라 양이다. 식 (8.61)을 예를 들면 다음과 같이 된다.

$$\vec{E}_{45} = \frac{1}{\sqrt{2}}\begin{pmatrix} 1 \\ 1 \end{pmatrix} \tag{8.62}$$

마찬가지 방법으로,

$$\vec{E}_x = \begin{pmatrix} 1 \\ 0 \end{pmatrix} \tag{8.63}$$

$$\vec{E}_y = \begin{pmatrix} 0 \\ 1 \end{pmatrix} \tag{8.64}$$

으로 표현된다.

원편광은 $E_{0x} = E_{0y}$ 이고, y 의 위상이 x 성분에 비해 90° 앞서는데, 따라서 $\phi_y = -\pi/2$ 이다. 그러면,

$$\vec{E}_R = \begin{pmatrix} E_{0x}e^{i\phi} \\ E_{0x}e^{i(\phi-\pi/2)} \end{pmatrix}$$

가 되며, 두 성분을 $E_{0x}e^{i\phi}$ 로 나누면 다음과 같은 결론을 얻는다.

$$\begin{pmatrix} 1 \\ e^{-i\pi/2} \end{pmatrix} = \begin{pmatrix} 1 \\ -i \end{pmatrix}$$

그러므로 우회전원편광과 좌회전원편광의 규격화된 존스 벡터는 다음과 같이 주어진다.

$$\vec{E}_R = \frac{1}{\sqrt{2}}\begin{pmatrix} 1 \\ -i \end{pmatrix} \tag{8.65}$$

$$\vec{E}_L = \frac{1}{\sqrt{2}}\begin{pmatrix} 1 \\ i \end{pmatrix} \tag{8.66}$$

그리고 위 두 원편광의 합은

$$\vec{E}_R+\vec{E}_L=\frac{1}{\sqrt{2}}\begin{pmatrix}1+1\\-i+i\end{pmatrix}=\frac{2}{\sqrt{2}}\begin{pmatrix}1\\0\end{pmatrix}$$

이다. 이와 같은 결과는 각 성분의 두 배의 진폭을 가진 x축 수평(horizcntal) 직선편광을 나타낸다. 식 (8.36)을 상기하라.

타원편광에 대한 존스 벡터는 원편광에 사용했던 방법으로 얻을 수 있다. 다만, E_{0x}와 E_{0y}가 같지 않고 위상차도 90° 일 필요가 없다. 예를 들면,

$$\frac{1}{\sqrt{5}}\begin{pmatrix}2\\-i\end{pmatrix}$$

는 수평이며 오른쪽 타원편광을 나타낸다.

이제 TN 모드를 고려하자. 그림 8.18에서처럼 처음 입사광의 편광이 수평인 x축으로 되어 있다. 입사광의 존스벡터를 $\vec{E}_i$, 액정층을 통과하고 난 후의 투과광을 $\vec{E}_t$라 하자. 즉 액정층에 의해 입사광 $\vec{E}_i$은 투과광 $\vec{E}_t$로 변환된다. 이때 변환인자는 수학적으로 식 (8.53)에서와 같이 2×2 행렬로 기술될 수 있다. 즉,

$$\vec{E}_t=\vec{J}\vec{E}_i \tag{8.67}$$

으로 표현될 수 있고,

$$J=\begin{pmatrix}j_{11}&j_{12}\\j_{21}&j_{22}\end{pmatrix} \tag{8.68}$$

이다. 그러면 식 (8.67)은 다음과 같은 행렬식으로 표현될 수 있다.

$$\begin{pmatrix}E_{tx}\\E_{ty}\end{pmatrix}=\begin{pmatrix}j_{11}&j_{12}\\j_{21}&j_{22}\end{pmatrix}\begin{pmatrix}E_{ix}\\E_{iy}\end{pmatrix} \tag{8.69}$$

식 (8.69)는 식 (8.54)와 같은 꼴이다. TN 모드에 의하면 $\theta=\pi/2$이므로

$$R=\begin{pmatrix}0&1\\-1&0\end{pmatrix}$$

이고 $E_{iy}=0$이므로

$$\begin{pmatrix}E_{tx}\\E_{ty}\end{pmatrix}=\begin{pmatrix}0&1\\-1&0\end{pmatrix}E_{ix}\begin{pmatrix}1\\0\end{pmatrix}=E_{ix}\begin{pmatrix}0\\-1\end{pmatrix}$$

가 된다. 입사수평 편광에서 투과수직편광으로 바뀌었다는 것을 알 수 있다.

다음에 있는 표는 여러 편광판에 대한 존스 행렬을 나타내는 표이다. 원편광에 대한 표현은 식 (8.55)에서 $e^{\pm i\theta} = \cos\theta \pm i\sin\theta$의 관계를 고려하면 이해가 쉽게 갈 것이다. 이러한 존스 행렬이 어떻게 쓰일 수 있는지 알아보자. $+45°$로 직선편광된 입사광이 1/4파장판(위상차가 $\pi/2$인 경우임) y축 방향, 즉 수직으로 빠른 축이 되어 있는 편광판을 통과한다고 한다. 그러면 투과광은 다음과 같은 형태로 표현될 수 있다.

$$\begin{pmatrix} 1 & 0 \\ 0 & -i \end{pmatrix}\begin{pmatrix} 1 \\ 1 \end{pmatrix} = \begin{pmatrix} E_{tx} \\ E_{ty} \end{pmatrix}$$

따라서,

$$\vec{E}_t = \begin{pmatrix} 1 \\ -i \end{pmatrix}$$

가 되며, 우회전원편광을 나타내고 있다.

[보기문제 4] TN-LCD에서 투과광에 대한 전기장은 다음과 같이 주어진다.

$$E_x = E_{0x}\, e^{i(kn_{\parallel}z - \omega t)}$$
$$E_y = E_{0y}\, e^{i(kn_{\perp}z - \omega t)}$$

여기서 $n_{\parallel}$과 $n_{\perp}$은 네마틱 액정의 방향자에 대한 평행성분과 수직성분의 굴절률이다. 이러한 굴절률 차에 따른 위상차 $\delta = \dfrac{2\pi}{\lambda}(n_{\parallel} - n_{\perp})d$ 관계를 이용하여 입사광과 투과광에 대한 행렬의 관계식을 구하라.

풀이: 주어진 식을 행렬방정식으로 나타내보자. 그러면

$$\begin{pmatrix} E_x(d) \\ E_y(d) \end{pmatrix} = \begin{pmatrix} e^{i(kn_{\parallel}d - \omega t)} & 0 \\ 0 & e^{i(kn_{\perp}d - \omega t)} \end{pmatrix}\begin{pmatrix} E_{0x} \\ E_{0y} \end{pmatrix}$$

이다. 위 식을 다시 다음과 같이 쓰고 앞 지수를 무시하면

$$\begin{pmatrix} E_x(d) \\ E_y(d) \end{pmatrix} = e^{i(kn_{\perp}d - \omega t)}\begin{pmatrix} e^{ik(n_{\parallel} - n_{\perp})d} & 0 \\ 0 & 1 \end{pmatrix}\begin{pmatrix} E_{0x} \\ E_{0y} \end{pmatrix},$$

$$\begin{pmatrix} E_x(d) \\ E_y(d) \end{pmatrix} = \begin{pmatrix} e^{i\delta} & 0 \\ 0 & 1 \end{pmatrix} \begin{pmatrix} E_{0x} \\ E_{0y} \end{pmatrix}$$

가 된다. 다시 이를 정리하면 다음과 같다.

$$\begin{pmatrix} E_x(z) \\ E_y(z) \end{pmatrix} = e^{i\frac{\delta}{2}} \begin{pmatrix} e^{i\frac{\delta}{2}} & 0 \\ 0 & e^{-i\frac{\delta}{2}} \end{pmatrix} \begin{pmatrix} E_{0x} \\ E_{0y} \end{pmatrix}$$

여기서 $\dfrac{\delta}{2} = \dfrac{\pi}{\lambda}(n_{\parallel} - n_{\perp})d$이다. 이러한 위상차는 사실상 원편광 복굴절에서 나왔던 (8.49) 식인

$$\delta = \frac{\pi}{\lambda_0}(n_L - n_R)d$$

와 같은 꼴이다. 원편광을 일으키는 복굴절 매질에서 나오는 굴절률과 TN-LCD에서 배열된 네마틱 액정이 갖고 있는 굴절률은 같은 의미를 갖는다는 사실을 알 수 있다. TN-LCD에서의 존스행렬은

$$\begin{pmatrix} e^{i\frac{\delta}{2}} & 0 \\ 0 & e^{-i\frac{\delta}{2}} \end{pmatrix} \tag{8.70}$$

이다.

<표 8.1> 여러 가지 편광기에 대한 존스 행렬.

Linear optical element	Jones matrix
Horizontal linear polarizer	$\begin{pmatrix} 1 & 0 \\ 0 & 0 \end{pmatrix}$
Vertical linear polarizer	$\begin{pmatrix} 0 & 0 \\ 0 & 1 \end{pmatrix}$
Linear polarizer at +45°	$\frac{1}{2}\begin{pmatrix} 1 & 1 \\ 1 & 1 \end{pmatrix}$
Linear polarizer at -45°	$\frac{1}{2}\begin{pmatrix} 1 & -1 \\ -1 & 1 \end{pmatrix}$
Quarter-wave plate, fast axis vertical	$e^{i\pi/4}\begin{pmatrix} 1 & 0 \\ 0 & -i \end{pmatrix}$
Quarter-wave plate, fast axis horizontal	$e^{i\pi/4}\begin{pmatrix} 1 & 0 \\ 0 & i \end{pmatrix}$
Homogeneous circular polarizer right	$\frac{1}{2}\begin{pmatrix} 1 & i \\ -i & 1 \end{pmatrix}$
Homogeneous circular polarizer left	$\frac{1}{2}\begin{pmatrix} 1 & -i \\ i & 1 \end{pmatrix}$

9장 | 필름트랜지스터(TFT)

9.1 에너지띠의 형성

원자는 원자 특유의 전자 궤도에 대한 에너지 준위를 갖는다. 이러한 전자의 에너지 준위는 N개의 원자들이 모여 분자가 되면 그 분자는 N개의 전자 궤도를 갖게 된다. 그리고 분자를 이루는 원자의 수가 많으면(아보가드로수를 생각해보라) 해당 궤도들의 간격이 좁아져 결국은 하나의 띠(band)와 같은 형태로 나타난다. 이러한 띠의 형성은 주로 고체에서 볼 수 있는데 결정성 고체는 고체를 이루는 원자가 질서정연하게 배열되어 에너지띠가 뚜렷이 나타난다. 즉 고체에서는 원자들이 3차원적 배열을 이루면서 물질 전체에 걸쳐 주기적인 결합을 형성하고 있다.

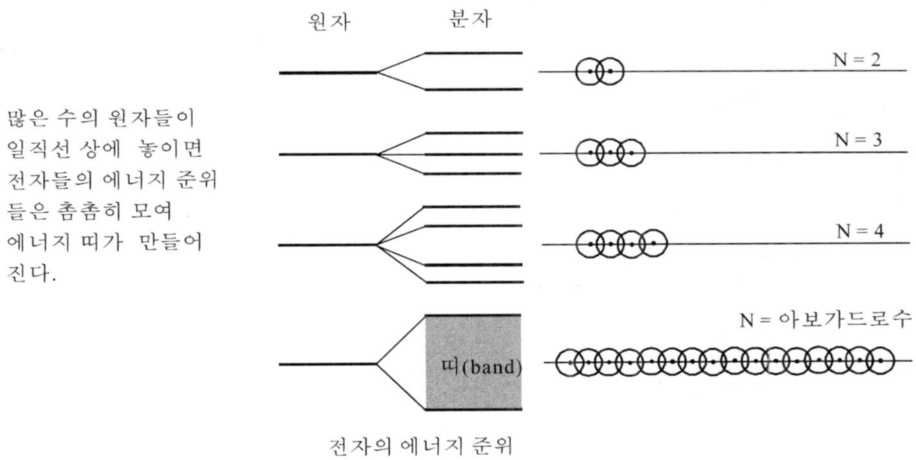

[그림 9.1]고체의 에너지 띠 형성.

이와 같은 에너지띠를 조금 더 자세히 들여다보자. 그림 9.1에서 보듯이 분자를 형성하게 되면, 한 원자는 특정한 에너지를 갖는 s 궤도 하나에 두 번째 원자가 그 궤도에 겹쳐지면서 결합궤도함수와 반결합궤도함수가 형성된다. 세 번째 원자가 가까이 다가오면 이들 세 개의 원자로부터 다시 새로운 궤도함수가 형성되는데 이웃원자들 사이의 결합과 반결합의 중간궤도에 해당하는 비결합 궤도함수이다. 마찬가지로 네 번째 원자가 접근하면 넷째 번 분자궤도함수가 만들어진다. 이렇게 원자들이 점점 많아지면 분자궤도함수들이 차지하는 에너지 범위는 약간씩 넓어지고 그 에너지 범위 안에는 더 많은 궤도들이 채워진다. 따라서 N개의 원자들을 차례로 더해지면 N개의 분자궤도가 유한한 넓이의 띠 안에 만들어진다.

원자들의 *s* 궤도로 만들어진 띠를 *s* 띠, *p* 궤도로 만들어진 띠를 *p* 띠라고 부른다. 원자의 *p* 궤도의 에너지 준위가 *s* 궤도 준위보다 높으면 *p* 띠가 *s* 띠보다 높은 곳에 위치한다. 이때 두 띠 사이에는 궤도함수가 없는 영역인 띠간격(band gap)이 생긴다.

전자 하나만을 내어 놓을 수 있는 원자들로 구성된 고체(알칼리 족 금속, Na 등)의 전자 구조를 살펴보자. 원자의 궤도는 N개이며 따라서 N개의 밀집된 분자 궤도함수들이 외견 상 연속적인 에너지띠를 만들어 낸다. *s* 궤도에는 전자 두 개가 들어갈 수 있으므로, N개의 원자들로 만들어진 *s* 띠는 2N개의 전자를 가질 수 있다. 따라서 *s* 띠에는 N개의 전자들이 띠의 반만을 채우게 된다. 이때 이러한 전자들의 에너지 상태를 페르미(Fermi) 준위라고 부른다. 화학에서 다루는 분자의 HOMO(highest occupied molecular orbital)에 해당된다고 보면 된다. 불연속적인 에너지 준위를 갖는 분자와는 달리 이러한 Fermi 준위 바로 위에는 비어 있는 궤도들이 있기 때문에 전자들이 들뜨는데 거의 에너지가 필요하지 않다. 결국 전자들은 높은 이동성을 가지며 전기전도성을 띠게 된다.

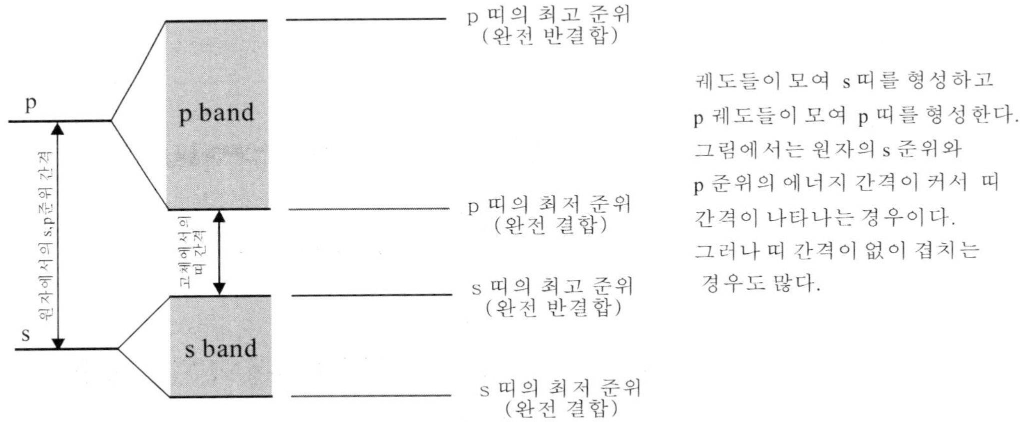

[그림 9.2] 에너지 띠의 구조.

위와 같은 결과는 절대온도가 0K인 경우이다. 그러나 절대온도가 0K보다 높으면, T > 0K, 전자들은 원자들의 열운동에 의해 들뜨게 되고 결국 페르미 에너지보다 낮은 에너지를 갖는 전자들도 더 높은 에너지 상태로 옮아갈 수 있다. 이때의 페르미 에너지는 채워질 확률이 50%인 에너지 준위를 나타낸다. 페르미 에너지에 대한 자세한 내용은 10장의 10.7절에서 다루게 된다.

9.2 고체의 에너지띠

고체 내의 전자는 에너지띠 내에 들어 있는 에너지들만을 가질 수 있다. 그림 9.2와 같이 에너지띠들이 중첩되지 않고 떼어져 있으면 띠 간격에는 전자들이 들어갈 수 없는 영역이 된다. 이러한 간격을 금지띠(forbidden band) 혹은 띠간격(band gap)이라고 부른다. 그러나 띠 간격이 없이 에너지띠들이 중첩될 수도 있는데 이러한 경우에는 원자가전자(valence electrons)에 허용되는 에너지가 연속적인 분포를 갖는다.

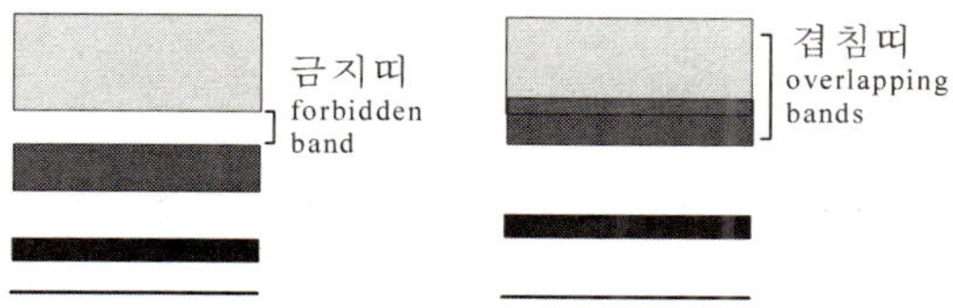

[그림 9.3] 에너지띠와 띠간격.

수소원자 두 개가 모여 수소분자가 만들어 질 때 1s 에너지 준위는 대칭 혹은 비대칭 공간 파동함수를 형성하게 된다. 즉 에너지 준위가 두 갈래로 나누어진다는 것이다. 이것이 결합과 반결합 궤도이다. 원자들의 수가 늘어나면 상호작용을 하는 원자의 수가 커지고 그들 각각의 원자가(valence) 파동함수가 만드는 준위의 수들도 따라서 커진다. 사실상 고체에서는 에너지 준위가 존재하고 있는 원자의 수(아보가드로수를 생각하면 된다)에 필적할 만큼 많은 준위들로 분리된다. 따라서 너무 조밀하여 실제상으로는 에너지들의 연속적인 퍼짐으로 이루어진 에너지띠가 형성된다.

도체

그림 9.4는 나트륨(Na, Sodium) 원자들의 에너지 준위를 보다 현실적인 모형에 입각하여 나타내 보이는 그림이다. 3s 준위가 띠로 넓어져 점유되는(occupied) 첫 번째 준위가 된다. 더 낮은 준위인 2p 궤도 준위는 2p 파동함수가 3s 파동함수보다 핵에 훨씬 가까이 있어 핵간 거리가 더욱 좁아질 때까지 퍼지지 않는다. 3s 평균 에너지는 처음에 감소하는데 이는 원자 간의 힘이 인력임을 나타낸다. 나트륨 고체의 핵간 거리는 3s 전자의 평균 에너지의 최소에 해당되는 거리이며 0.367 nm이다. 나트륨 원자는 하나의 원자가 전자를 가지고 있다. 3s 준위에는 스핀이 각각 up, down인 2개의 전자가 들어갈 수 있으므로 N개의 나트륨 원자들로 이루어진 s 띠는 2N개의 전자를 가질 수 있다. 따라서 고체 나트륨의 3s 띠에는 전자들이 반만 채워지며, 페르미 에너지는 띠 중간에 위치하게 된다.

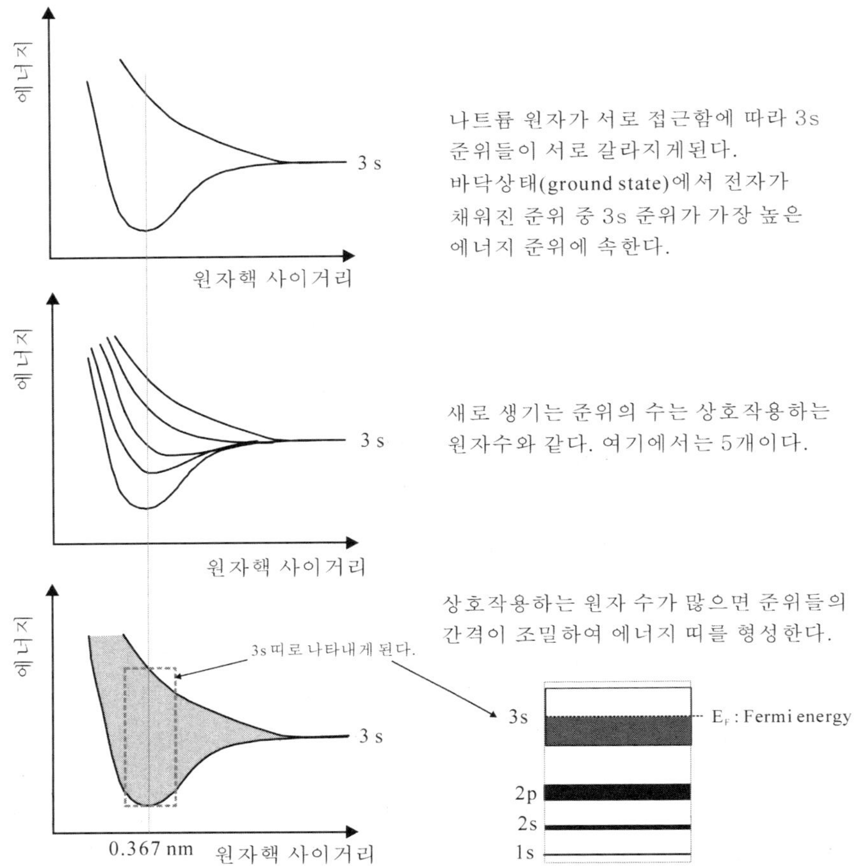

[그림 9.4]고체 나트륨(Na)의 에너지띠 형성 과정.

이러한 나트륨 고체에 전위차를 걸어주면 3s 전자들은 원래의 에너지띠에 그대로 머물면서도 추가되는 에너지를 쉽게 받아들인다. 이러한 추가 에너지는 곧 바로 운동에너지(kinetic energy)로 되어 전자들의 이동을 쉽게 하여 전류를 만들어 낸다. 따라서, 나트륨은 좋은 전도성을 갖는 도체이다. 이렇게 에너지띠가 부분적으로만 채워져 있는 다른 고체 결정들도 도체가 된다.

마그네슘(magnesium, Mg) 원자는 3s 준위가 두 개의 전자들로 채워진다. 만약 마그네슘 고체에서 3s 준위들이 단순히 3s 띠로 퍼진다면 바로 위에는 금지띠가 있게 된다. 그렇다면 위에 있는 3p 띠로 뛰어 오르는 데는 상당한 에너지가 필요하게 되고 외부에서 전위차를 주어도 쉽게 전류가 흐를 수가 없다. 그럼에도 불구하고 마그네슘은 도체에 속한다. 그 이유는 앞에서 언급한 띠의 중첩성에 있다. 즉, 마그네슘 원자들이 서로 접근함에 따라 3p와 3s 띠가 서로 중첩되어 그림 9.5와 같은 구조를 갖는다.

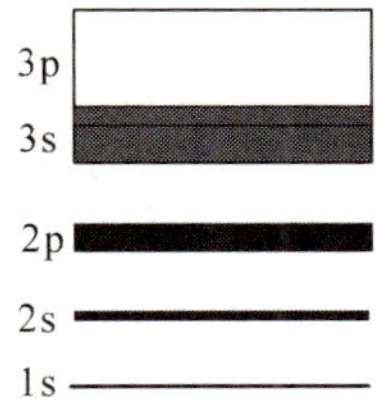

[그림 9.5]고체 마그네슘의 에너지띠 구조.

3p 띠에는 6N 개의 전자들이 들어갈 수 있으므로 이렇게 중첩된 띠에는 3s 띠의 2N 전자와 함께 8N 개의 전자들이 점유될 수 있다. 이 띠에는 단지 2N 전자들만 있으므로 마그네슘은 도체가 된다.

부도체(절연체, insulator)

다이아몬드는 탄소로 이루어진 부도체이다. 탄소 원자는 2p 껍질에 두 개의 전자를 갖는데, p 껍질에는 6개의 전자가 들어갈 수 있으므로 탄소 역시 나트륨과 같이 도체이어야 한다. 그러나 탄소는 부도체이다. 그 이유는 무엇일까?

다음 그림을 보기로 하자. 탄소원자들은 서로 접근함에 따라 2s와 2p 띠는 서로 중첩된다. 이러한 중첩된 띠는 8N 개의 전자를 가질 수 있게 된다. 그런데 더 가까이 접근함에 따라 이번에는 중첩된 띠가 두 개로 다시 분리가 되는데, 이렇게 분리된 띠에는 각각 4N의 전자들이 들어갈 수 있다.

탄소로 이루어진 다이아몬드에서 4N 개의 전자들은 분리된 두 띠 중 낮은 띠인 원자가띠(valence band)를 완전히 채우게 된다. 분리된 두 띠 중 높은 띠는 이른바 전도띠(conduction band)로서 원자가 띠와 $E_g = 6eV$의 에너지 간격을 갖는다. 따라서 전자가 자유롭게 움직일 수 있는 전도띠로 올라가기 위해서는 최소한 $6eV$의 에너지가 필요하다. 보통 실온의 에너지는 $k_BT = 0.025eV$ 이므로 다이아몬드의 원자가 전자들은 에너지 간격을 뛰어 넘지 못한다. 더욱이 전기장을 가해도 자유전자를 얻기가 무척 힘들다. 왜냐하면 전자들은 결정 결함과의 잦은 충돌로 인하여 전기장으로부터 받은 에너지 대부분을 잃어버리기 때문이다. 따라서 다이아몬드는 전기를 통할 수 없는 부도체에 속한다.

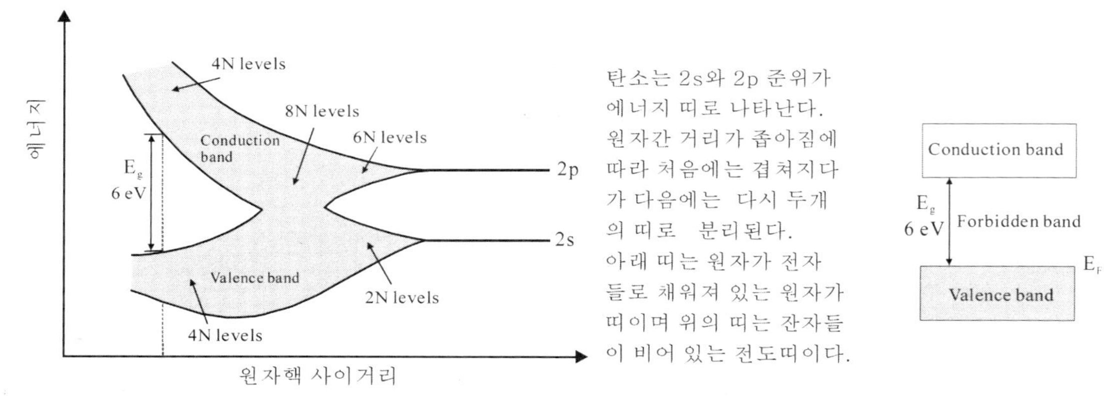

[그림 9.6] 탄소의 에너지띠와 띠간격.

9.3 반도체

실리콘은 다이아몬드와 비슷한 결정성 구조를 가지고 있다. 그러나 가전자띠와 전도띠 사이 간격이 매우 좁아 그 폭이 1 eV에 불과하다. 그림 9.7을 보라.

낮은 온도에서는 다이아몬드처럼 부도체이다. 실온에서는 원자가띠에 있는 전자들이 얼마간 금지띠를 넘어 전도띠로 올라 갈 수 있는 확률이 존재한다. 이러한 전자의 수는 적기는 하지만 전기장이 주어지면 약간의 전류를 흐르도록 한다. 그러므로 실리콘의 저항도는 도체와 부도체의 중간정도의 값을 갖는다. 실리콘과 이와 비슷한 구조를 갖는 고체를 반도체

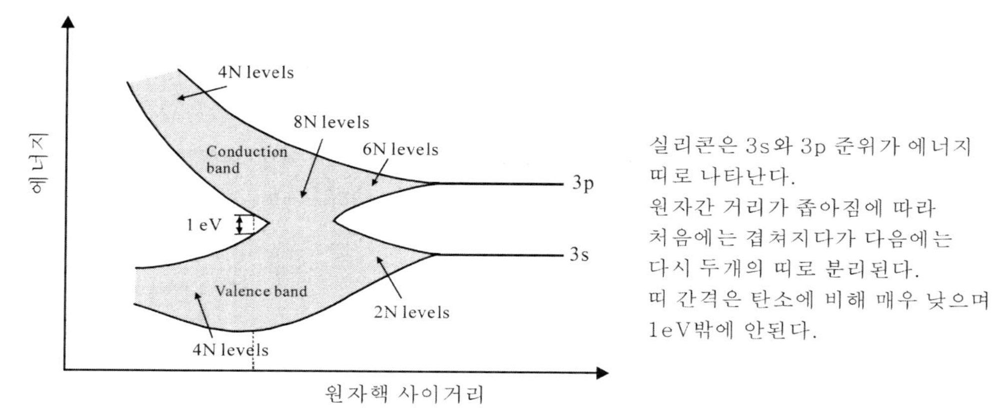

[그림 9.7] 실리콘(Si)의 에너지띠와 띠간격.

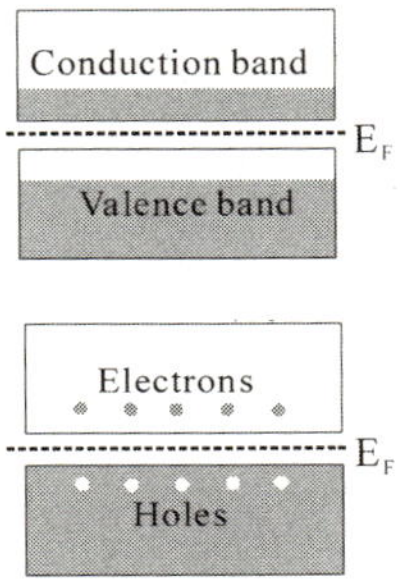

(a) 반도체인 경우 원자가 띠와 전도 띠 사이 간격이 비교적 낮다. 따라서 원자가 띠에 있는 적은 수의 전자들이 열에너지를 받으면 전도 띠로 들떠 올라 갈 수 있다. 결국 페르미 에너지가 올라간다.

(b) 전자가 있던 자리에는 전자들로 둘러 쌓인 바다에 구멍이 생기며, 이러한 구멍은 양의 전하를 가지며 이를 정공이라고 부른다.

[그림 9.8] 반도체와 전자 그리고 정공.

(semiconductors)라고 한다. 순수한 반도체, 예를 들면 불순물이 없는 silicon이나 GaAs 등을 진성 반도체(intrinsic semiconductor)라고 한다. 이와 반면에 이러한 진성반도체에 소량의 불순물을 첨가하여 만든 반도체를 불순물 반도체(impurity semiconductor)라고 부른다.

가전자 띠에 있는 한 전자가 열적인 에너지를 받고 전도띠로 이동하게 되면 가전자 띠에는 하나의 비점유 상태(unoccupied state)가 만들어 지는데, 이를 정공(hole)이라고 한다. 이러한 정공은 전자와 같은 전하의 크기를 갖지만 전하의 부호가 양이다. 전도띠에 있는 전자가 자유롭게 움직이며 전류를 발생 시키듯이 가전자 띠에 있는 정공 역시 양의 전하가 움직이며 전류를 만들어 내는 것과 같은 역할을 한다.

위와 같은 전자와 정공은 또한 빛, 즉 광자(photon)에 의해서도 만들어 진다. 만약에 광자의 에너지(hf)가 띠 간격(E_g)보다 크게 되면, 즉

$$hf > E_g \tag{9.1}$$

이면 가전자 띠에 있는 한 전자를 전도띠로 들뜨게 할 수 있다. 이로 인하여 가전자 띠에는 정공이 만들어 진다. 이때 광자는 전자-정공 쌍(electron-hole pair)을 만들었다고 한다. **태양전지의 원리**가 바로 이것이다. 반대로, 전도띠에 있는 전자가 가전자띠로 내려와 정공과 만나면 빛을 발하는데 이러한 현상을 전자-정공 재결합(electron-hole recombination)이라고 부른다. 이러한 전자-정공 재결합에 의해 빛을 내는 반도체는 주로 GaAs, InSb 등이다. 발광다이오드(LED)가 이 원리에 의해 탄생하는 것이다. 실리콘이나 게르마늄과 같은 반도체는 위와 같은 재결합이 일어나면 빛(photon)을 발하는 것이 아니라 소위 포논(phonon)을 만들어 내는데 이것은 반도체의 격자 진동에 해당되며 열로 소모된다.

다음의 표는 여러 가지 반도체 물질들에 대한 띠간격 에너지를 나타낸다.

<표 9.1> 반도체들의 띠간격 에너지.

	Si	Ge	GaAs	InP	GaN	GaP
E_g (eV)	1.12	0.66	1.42	1.35	3.4	2.26

불순물 반도체

다이오드, 태양전지, 트랜지스터와 같은 대부분의 장치는 진성 반도체에 불순물을 첨가하여 만든 불순물 반도체로부터 만들어진다. 실리콘 결정에 소량의 비소(arsenic, As)를 주입한다고 하자. 이러한 과정을 도핑(doping)이라고 한다. 실리콘은 최외각(가장바깥껍질의 한자식 표기임; most outer shell) 전자를 네 개 가지며($3s^2 3p^2$), 비소원자는 다섯 개의 최외각 전자를 갖는다($4s^2 4p^3$). 실리콘 결정에서 실리콘 원자 하나를 비소원자로 바꾸어 놓으면 비소원자의 전자 네 개는 가장 가까이 있는 실리콘 원자와 공유결합을 한다. 그런데 다섯번째 전자는 공유결합에 참가할 수 없어 매우 작은 에너지로도 결정 내를 움직일 수 있게 된다. 실리콘인 경우 그러한 에너지는 약 $0.05 eV$, 게르마늄인 경우 $0.01 eV$ 정도이다.

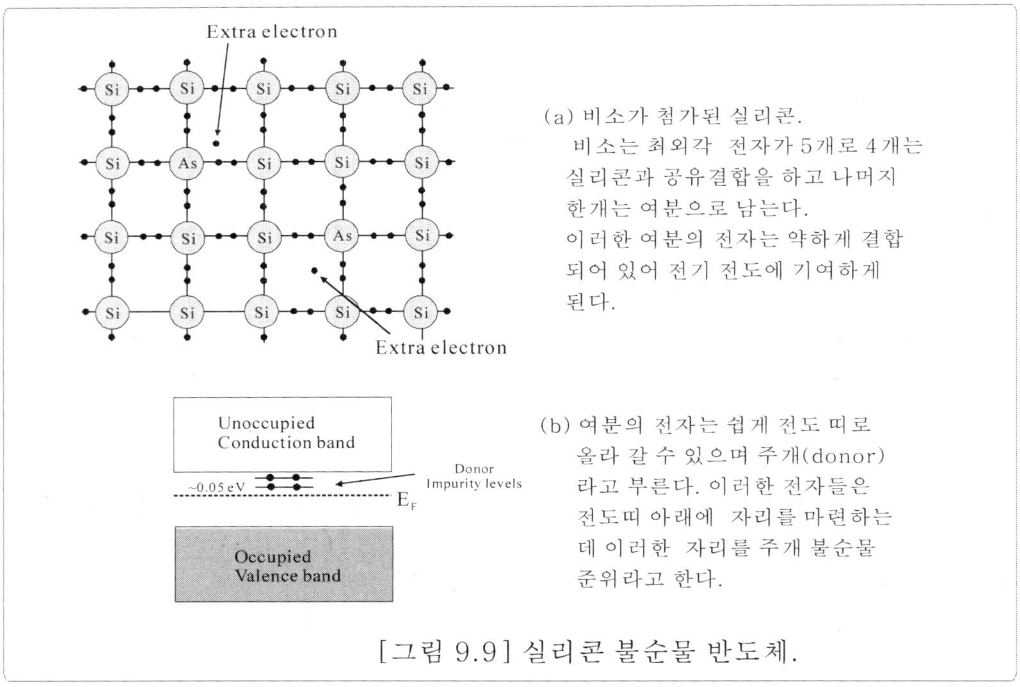

[그림 9.9] 실리콘 불순물 반도체.

그림 9.9에서 보는 것처럼 실리콘에서의 불순물에 의한 준위들은 전도띠 바로 아래에 형성된다. 이들 준위는 원자가띠에 정공을 남기지 않고 전도띠에 바로 전자를 줄 수 있기 때

문에 주개준위(donor level)라고 부른다. 이러한 반도체는 주요 전하 운반자가 전자이기 때문에 n-형 반도체(n-type semiconductor)라고 부른다. 불순물이 첨가된 반도체의 전기 전도도는 불순물의 양을 제어하면 조절된다.

이번에는 실리콘 원자에 원자가 전자가 세 개인 갈륨(galium, Ga)을 첨가하여 보자. 갈륨 원자는 실리콘 원자에 있는 네 개의 최외각 전자와 공유결합하기 위하여 원자가 띠에 하나의 정공을 만들면서 전자 하나를 받아들인다. 원자가 띠 바로 위에 있는 준위는 이온화 된 갈륨원자의 정공에 의해 생긴다. 이러한 갈륨 정공 준위는 원자가띠에 있는 전자를 쉽게 받아들이므로 받개준위(acceptor level)라고 부르며 이러한 형태의 불순물 반도체를 p-형 반도체(p-type semiconductor)라고 한다.

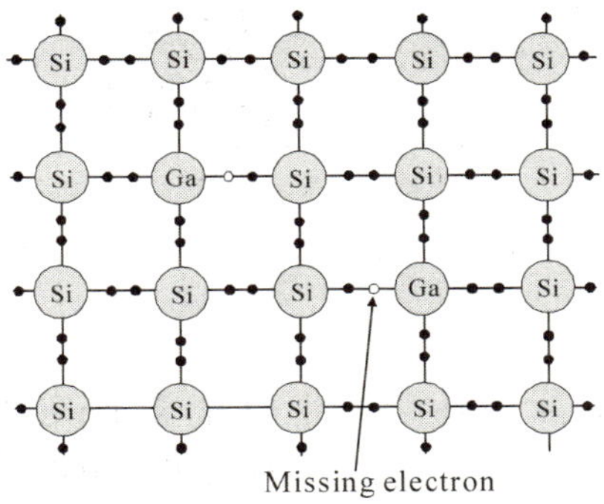

(a) 갈륨이 첨가된 실리콘.
갈륨은 최외각 전자가 3개로 4개의 실리콘과 공유결합을 하기 위하여 한개는 정공으로 남는다. 이러한 정공은 전자가 정공으로 이동할 때 전류의 흐름에 기여하게 된다.

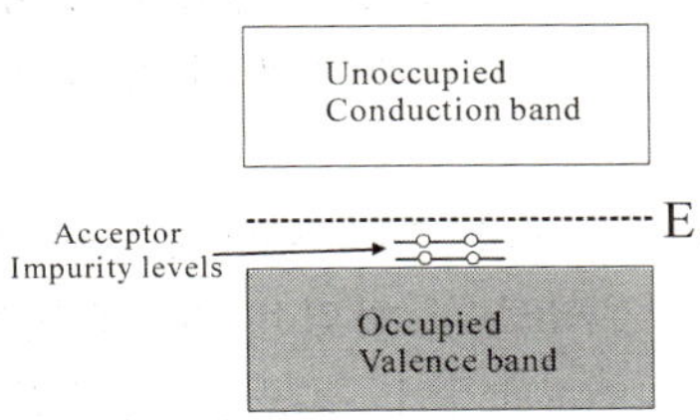

(b) p-형 반도체의 에너지 띠 구조.
정공은 쉽게 원자가 띠에 있는 전자를 받아 드릴 수 있는 자리를 마련한다. 따라서 받개 준위(acceptor level)라고 부른다.

[그림 9.10] 실리콘 p-형 반도체.

9.4 다이오드

가장 간단한 반도체 소자 중 하나가 pn 접합 다이오드(pn junction diode)이다. 이 장치는 다음 그림 9.11에서 보는 것처럼 n-형 반도체와 p-형 반도체를 접합하여 만든 것이다.

n-형 반도체와 p-형 반도체가 접촉되면 전자와 정공의 밀도차이에 의하여 서로 간에 이동이 일어나는 확산(diffusion)현상이 나타난다. 즉, 전자는 n-형 반도체 영역에서 p-형 반도체 영역으로 이동하고 정공은 p-형 반도체 영역에서 n-형 반도체 영역으로 이동한다. 그러나 전기전도성이 좋은 도체와는 달리 반도체에서는 전자와 정공의 확산이 멀리까지 일어

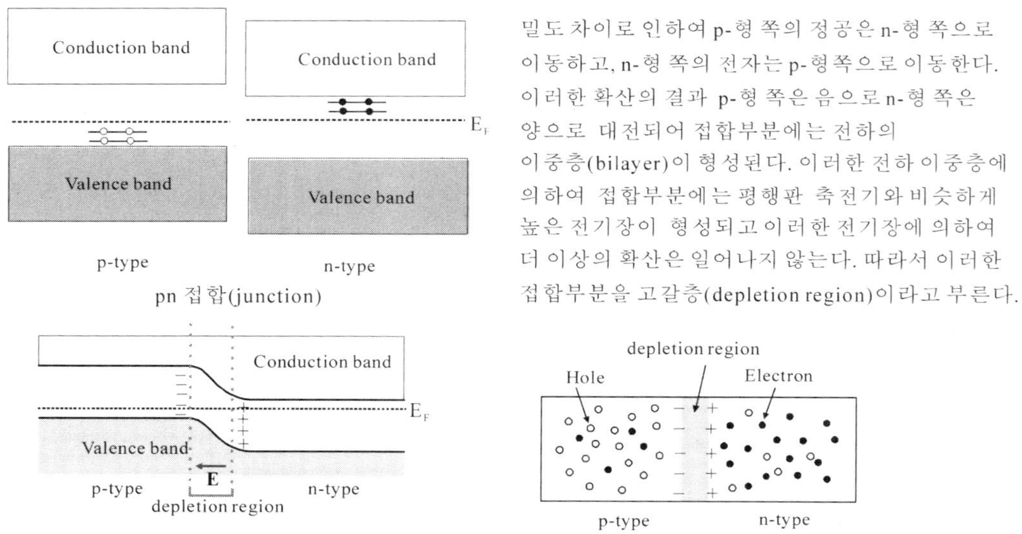

[그림 9.11] pn-접합 다이오드.

나지 않고 접촉부분에서만 일어난다. 이러한 확산의 결과 접촉점 영역 중 n-형 반도체 쪽은 양의 순전하가 모이고 p-형 반도체 쪽은 음의 순전하가 모여 있게 된다. 따라서 **평행판 축전기처럼 전하의 이중층이 이루어지며 이러한 영역에는 전위차 V가 형성하게 된다.** 이러한 전위차는 확산을 억제하는 역할을 하고 결국 접합영역은 전하 운반자의 수가 적은 이른바 고갈 영역(depletion region)이 된다.

pn 접합 다이오드는 정류기로 사용된다. 그림 9.12를 보라. 다이오드에 전지와 저항(예를 들면 전구)을 연결할 때 전지의 양극이 p-형 쪽에 걸리도록 하였을 때 순방향 바이어스(forward bias)라고 한다. 그러면 외부 기전력에 의하여 전자와 정공은 접합점(junction)으로 서로 향하게 되며 재결합(recombination)한다. 이때 전자들은 에너지를 잃으면서 열로 나타나거나 혹은 빛(LED)을 만들어 낸다. 이와 같이 다이오드는 계속 전하 운반자(전자와 정공)를 잃어버리게 된다. **하지만 외부 전지는 계속하여 n-형 쪽에 전자들을 공급하면서 p-형 전자들을 밖으로 잡아당기며 정공들을 만들어 낸다. 따라서 다이오드에는 계속하여 전자와 정공의 전하 운반자들이 생성되며 꾸준히 전류가 흐르게 된다.**

이와 반면에 외부 기전력의 양극을 n-형 쪽에 연결되었을 때를 역방향 바이어스(reverse bias)가 걸렸다고 한다. 이번에는 전자와 정공들을 접합점에서 멀리 떨어지도록 외부 전지가 작용한다. 따라서 전하 운반자들이 없는 고갈영역(depletion region)의 폭이 대폭 늘어나는 결과를 초래하며 강한 전기장이 생성된다. 이러한 강한 전기장은 외부 전기장과 균형을 이루게 되면서 전류의 흐름은 멈추게 된다. 이와 같이 pn 다이오드는 전류를 한 방향으로만 흐르게 하는 정류 작용을 한다.

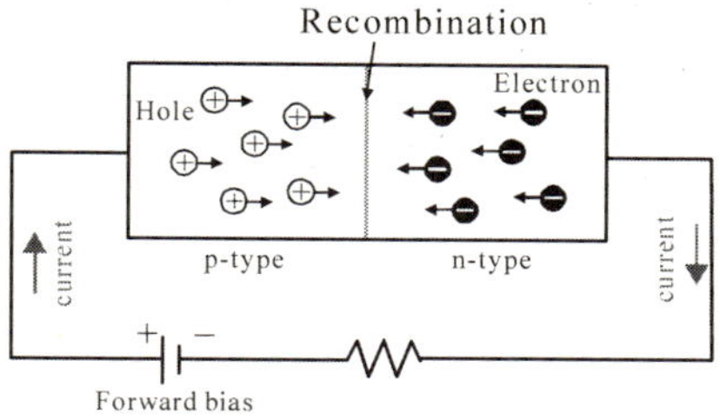

(a) Forward bias

(a) 순방향 바이어스가 걸린 다이오드.

전자와 정공들은 접합 부근으로 향하여 재결합된다.
외부 전지는 n-형 쪽에 전자를 p-형쪽에 정공을 제공하여 전류가 흐르게 된다.

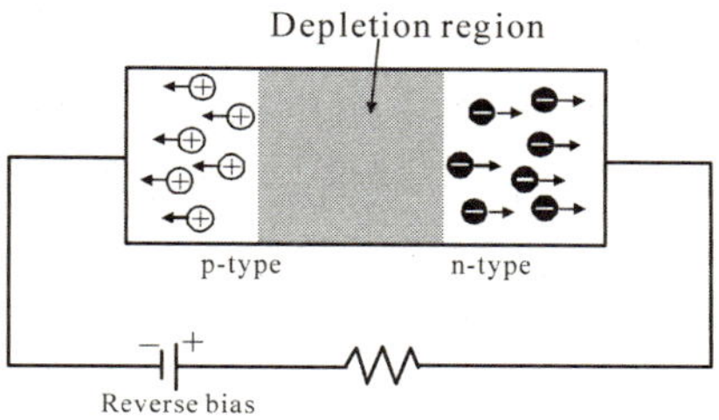

(b) Reverse bias

(b) 역방향 바이어스가 걸린 다이오드.

외부 전지는 전자와 정공들을 접촉부근에서 떨어지게 하여 넓은 고갈층을 만들어 전류를 차단시킨다.

[그림 9.12] pn-접합 다이오드와 정류 작용.

발광 다이오드(light-emitting diode; LED)

전자-정공쌍(electron-hole pair)을 만들기 위해서는 외부 에너지가 필요하고 이 에너지는 다시 전자와 정공이 재결합할 때 방출된다. 보통의 반도체, 즉 실리콘이나 게르마늄인 경우 전자와 정공이 재결합할 때 방출되는 에너지는 결정에 열로 전달되어 소모된다. 그 이유는 전자들이 정공들과 재결합할 때 어느 정도의 운동량을 잃어버리기 때문인데 이것을 간접 띠간격 물질이라 한다. 만약 빛을 방출하려면 전자의 에너지가 재결합에너지에만 쓰일

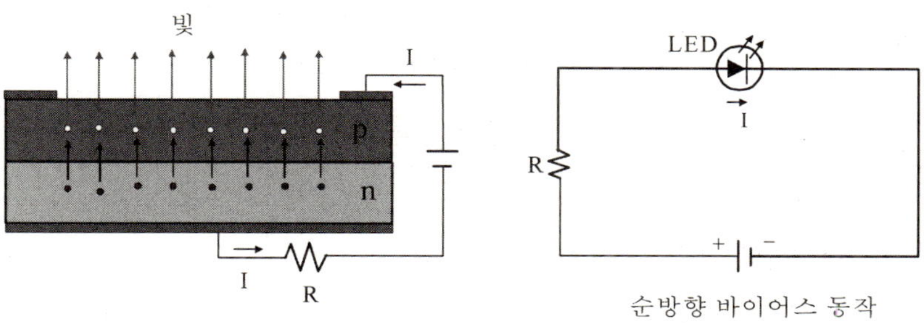

[그림 9.13] 발광다이오드와 회로 기호.

수 있어야 하며 이러한 반도체를 직접 띠간격 물질이라 한다. 대표적인 물질이 GaAs (gallium arsenide)이며, 전자와 정공이 재결합할 때 가시광선 에너지에 해당하는 빛(광자)이 방출된다. 이 현상을 이용한 반도체 소자가 발광 다이오드(LED)이다.

방출되는 광자의 파장은 다음과 같이 주어진다.

$$\lambda = \frac{hc}{E_g} \quad (9.2)$$

여기서 h는 플랑크 상수이다. LED의 바탕은 순방향 바이어스가 걸린 pn 접합 반도체이며 접합부분에서 전자와 정공들이 재결합할 때 효율적으로 빛이 발생하도록 되어 있다. 어떠한 반도체를 사용할 것인가는 어떤 파장의 빛을 얻을 것인가에 달려 있다. LED를 디스플레이에 사용하려면 가시광선 영역에서 동작해야 하고 광섬유 통신에 이용하려면 $860nm$, $1.3\mu m$, $1.55\mu m$ 등의 적외선 영역의 파장의 광자가 방출되어야 한다. 다음의 표 9.2는 LED에 사용되는 반도체들과 방출되는 광자의 파장 영역을 나타낸다.

<표 9.2> LED 종류와 출력 파장. GaAs와 GaP의 파장은 Si, N, Zn, O와 같은 불순물을 도핑하여 조정할 수 있다.

물질	파장(nm)	색깔
GaAs	910~1020	적외선
$GaAs_{0.35}P_{0.65}$	632	빨강
$GaAs_{0.15}P_{0.85}$	589	노랑
GaP	570~700	녹색~빨강
SiC	427	파랑

[보기문제 1] 표 9.2에 따르면 $GaAs_{0.35}P_{0.65}$ 는 $632nm$의 파장을 갖는 빛을 발한다. 그렇다면 이 LED의 띠간격 에너지 E_g는 얼마인가? eV단위로 나타내어라.

풀이: $E_g = \dfrac{hc}{\lambda}$ 이므로

$$E_g = \frac{(6.63\times 10^{-34} J \bullet s)(3.0\times 10^{8} m/s)}{(6.32\times 10^{-7} m)} = 3.15\times 10^{-19} J$$

이다. 이를 eV 단위로 환산하면

$$E_g = \frac{3.15\times 10^{-19} J}{1.6\times 10^{-19} J/eV} = 1.97 eV$$

이다.

9.5 트랜지스터

트랜지스터(transistor)는 스위치나 증폭기(amplifier) 등에 쓰이는 3-단자 소자(3-terminal device)로써 낮은 입력 신호를 높은 출력 신호로 바꾸어 주는 역할을 한다. 트랜지스터에는 크게 두가지 종류로 나누어지는데, 쌍극 접합 트랜지스터(bipolar junction transistor; BTJ)와 전기장 효과 트랜지스터(field-effect transistor; FET)이다.

쌍극접합 트랜지스터

쌍극 트랜지스터는 그림 9.14와 같이 두 개의 pn 접합 반도체를 서로 붙여 놓은 구조이다. npn과 pnp 등 두 가지 형태가 있다. npn 트랜지스터는 얇은 층을 이루는 p-형 반도체가 두 개의 n-형 반도체에 의해 샌드위치 된 형태를 갖는다. 이와 같이 가운데 얇은 층-보통 1μm 이하의 두께임-을 베이스(base)라고 부르며 나머지 두 곳을 이미터(emitter), 컬렉터(collector)라고 부른다.

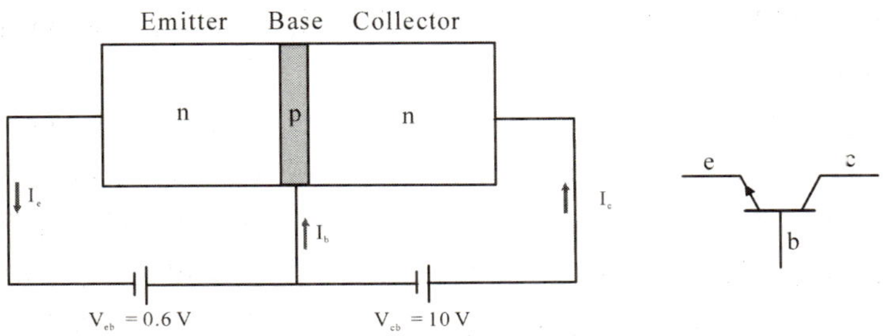

[그림 9.14]npn 쌍극접합 트랜지스터와 기호.

이제 npn 트랜지스터가 어떻게 동작하는지 살펴보기로 하자. 그림 9.14에서 보는 바와 같이 트랜지스터가 한 회로에 쓰이게 되면 이미터-베이스 접합 영역은 약 V_{eb} = 0.6 V의 외부 전지로 순방향 바이어스가 걸리게 하며 컬렉터-베이스 영역에는 약 V_{cb} = 10 V로 강하게 역방향 바이어스가 걸리도록 한다. 다음 그림 9.15는 위와 같은 조건 하에서의 띠 구조와 전자의 흐름을 나타낸다.

이미터-베이스 영역은 순방향이 걸려있기 때문에, 전자들은 n-형 이미터에서 p-형 베이스로 흐르게 된다. 물론 간단한 pn 접합 다이오드라면 모든 전자들은 베이스에 있는 정공들과 결합하게 될 것이다. **하지만 베이스 영역은 아주 얇은 층으로 되어 있기 때문에 이미터를 떠난 전자들은 베이스에 있는 정공들과 재결합할 수 있는 기회를 갖기 전에 컬렉터로 확산(diffuse)되고 만다.** 더욱이 베이스의 p-형 반도체는 정공이 덜 만들어지도록 도핑되어 있어

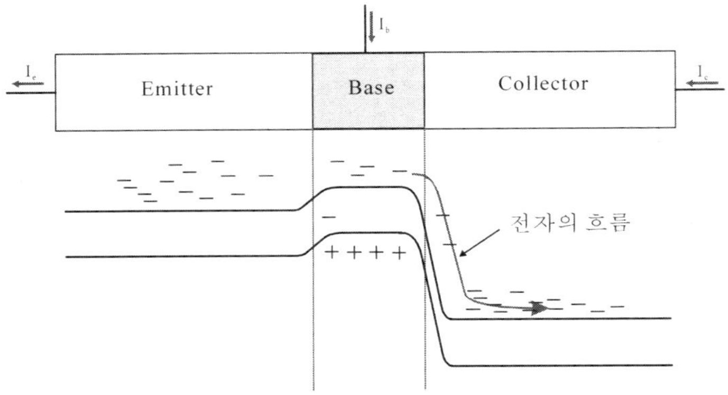

[그림 9.15]npn 트랜지스터의 동작 원리도.

전자-정공 재결합 비율이 보통의 pn 접합 다이오드에 비해 낮다. 전자들이 일단 컬렉터-베이스 접합 부분에 도착하게 되면 강한 역방향 바이어스로 인해 전자들은 급격하게 컬렉터 방향으로 쓸려가게 된다. 이때 p-형 베이스에서 전자들은 소수 운반자(minority carriers)에 해당되기 때문에 컬렉터-베이스 접합의 p-형 쪽에서 n-형 쪽으로 커다란 유동전류(drift current)가 만들어진다.

트랜지스터의 증폭 기능은 다음과 같다. 그림 9.14를 보라. 먼저 베이스 전류 I_b에 작은 증가가 일어났을 때 어떤 일이 일어나는지 살펴보자. I_b가 증가되었다고 하는 것은 p-형 베이스에 더 많은 정공들이 들어찼다는 것을 의미한다. 베이스에 양전하들이 많아지면 결국 전자의 에너지 준위는 내려가게 되는데 이는 순방향으로 바이어스된 이미터-베이스 전압, V_{eb},을 증가시키는 결과를 가져온다. 이러한 작은 전압의 증가는 전류를 크게 증가시키게 되는데 그 이유는 다이오드의 전압-전류 곡선에 있어 가장 급격하게 증가하는 부분에 있기 때문이다. 이와 같이 베이스 전류, I_b,의 작은 증가로 인하여 이미터 전류, I_e,는 크게 증가하게 된다. 이미터 전류는 사실상 작은 전류를 갖는 베이스 전류와 큰 전류를 갖는 컬렉터 전류로 나뉘고 있다. 즉,

$$I_e = I_b + I_c$$

이다. 컬렉터 전류는 베이스 전류에 비례하는데, 즉 $I_c = \beta I_b$ 이며, β값은 보통 100 정도이다.

9.6 금속산화물 전기장효과 트랜지스터(MOSFET)

보통의 트랜지스터는 많은 장점에도 불구하고 낮은 입력 임피던스(impedence)로 인하여 간혹 결점을 일으킨다. 더욱이 많은 수의 트랜지스터를 가지고 집적회로(integrated circuit; IC)를 만들면 적지 않은 전력을 소비하게 된다. 이러한 결점을 보완해주는 장치가 전기장효

과 트랜지스터(field-effect transistor; FET)이며 오늘날 광범위하게 사용되고 있다.

전기장 효과 트랜지스터는 많은 형태가 있으나 그 중 금속산화물 반도체 전기장효과 트랜지스터(metal oxide semiconductor field-effect transistor; MOSFET)를 보기로 들어 동작 원리를 설명한다. 이러한 MOSFET는 이 장의 핵심인 TFT의 기본 구조이기도 하다.

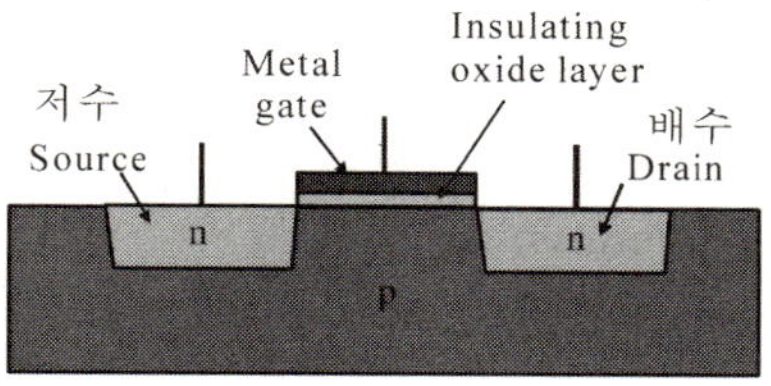

(a) MOSFET
(metal oxide semiconductor
field-effect transistor)

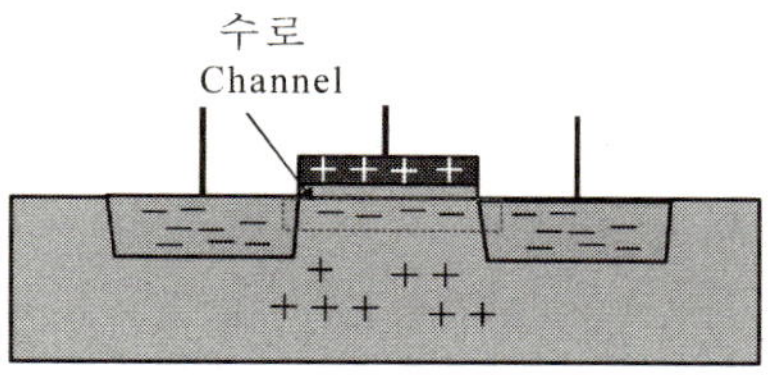

(b) 게이트에 양의 커다란 전압이 걸리면 게이트 밑의 p-형 반도체에 있는 정공들은 반발이 되면서 전자들이 모여든다. 이로 인하여 저수(source)와 배수(drain) 사이에는 전도 수로(channel)가 만들어 진다.

[그림 9.16]MOSFET의 구조와 동작원리.

그림 9.16에서 보듯이 MOSFET는 이름 그대로 게이트(gate; 문의 역할을 함)라고 불리는 금속 전극과 반도체(보통 Si)로 이루어 졌는데 게이트와 반도체 사이에는 얇은 절연산화물 층(보통 SiO_2)으로 절연되어 있다. 게이트와 산화물 층 바로 아래에는 p-형 실리콘 반도체가 있으며 양 옆에는 n-형 반도체가 있다. 이러한 n-형 반도체의 한쪽을 저수(source) 다른 한쪽을 배수(drain)라고 부른다. 이러한 MOSFET 구조는 npn 쌍극 트랜지스터와 구조가 비슷한데 source, gate, drain은 각각 emitter, base, collector와 대응될 수 있기 때문이다. 기본적으로 다른 점은 MOSFET는 가운데 p-형 영역이 얇지가 않을 뿐만 아니라 외부에 직접 전기적으로 연결되어 있지 않다는 사실이다.

MOSFET의 가장 큰 특징은 게이트에 전압을 걸면 저수와 배수 사이의 저항이 큰 영향을 받는다는 사실이다. 전압이 걸리지 않은 상태에서는 저수와 배수 사이의 전기적 저항은 상당히 높은 편이다. 왜냐하면 npn 구조가 마치 pn 접합 다이오드를 서로 합쳐 놓은 것처럼 행동하게 되는데 저수와 배수 사이에 어떠한 전위차가 존재하더라도 한쪽에는 역방향 바이어스로 작용하기 때문이다. 하지만 그림 9.16(b)에서 보는 것처럼 게이트에 양 전압이 걸리면 게이트에 있는 양전하는 p-형 반도체에 있는 정공들은 밀쳐내고 전자들은 끌어당기게 된다. 이러한 결과 게이트에는 전하 이동에 따른 전기장이 만들어 지고 이러한 전기장은 반도체에 있는 전하 운반자의 밀도에 영향을 미치게 된다. 이러한 사실로부터 전기장-효과(field effect) 트랜지스터라는 용어가 나왔다. 여기서 field라함은 전기장(electric field)을 뜻한다. 만약 게이트 전압이 약 1V 정도의 문턱 값을 넘으면 산화물 밑의 얇은 층에는 전도 전자들이 정공수보다 훨씬 많아지며, 이로 인해 p-형 실리콘은 마치 n-형 반도체처럼 행동하게 된다. 이러한 역전층(inversion layer)은 저수와 배수 사이에서 전류가 흐를 수 있는 수로 즉 전도수로(conducting channel)를 형성하는 결과를 낳는다. 이와 같이 MOSFET는 저수와 배수 사이의 저항을 게이트 전압으로 제어하는 스위치 역할을 한다.

이러한 MOSFET의 큰 장점은 입력 신호, 즉 게이트 전압을 전류가 거의 없이 가할 수 있어 입력 일률(input power, P = VI)을 극도로 낮게 할 수 있다는 사실이다. 이러한 낮은 일률은 MOSFET가 집적회로에서 사용될 수 있는 이상적인 스위치 역할을 할 수 있게 한다. MOSFET는 기본적으로 고갈(depletion; D) 형과 증진(enhancement; E) 형의 두 가지 형태가 있다.

고갈형 MOSFET (D-MOSFET)

D-MOSFET의 기본 구조는 다음 그림과 같다. 배수와 저수는 바닥층 반도체 속으로 확산되어 있고, 절연된 게이트에 인접한 좁은 채널에 의해 연결되어 있다.

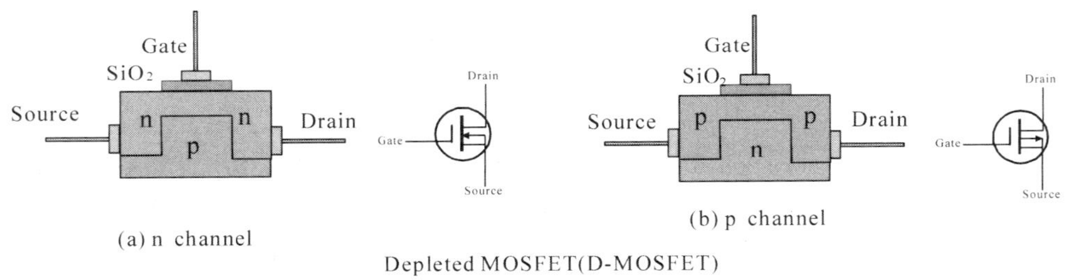

[그림 9.17] 고갈형 MOSFET.

D-MOSFET는 고갈모드(depletion mode) 혹은 증진모드(enhancement mode) 중 하나로 동작되는데 이로 인해 고갈/증진(depletion/enhancement) MOSFET라고 부르기도 한다. 게이트가 채널에서 절연되어 있으므로 양의 전압과 음의 전압 모두를 걸 수 있다. 다음 그림에서 보듯이 게이트에 음의 전압이 걸리면 고갈모드에서 작동하고 게이트에 양의 전압이 걸리면 증진모드로 동작하게 된다.

고갈모드(Depletion Mode)

게이트를 평행판 축전기(capacitor)의 한쪽 판으로 보고 채널을 다른 한쪽 판으로 본다. 이산화규소(SiO2)는 축전기에 삽입된 유전체(dielectric)의 역할을 한다. 게이트에 음전압이 걸리면 게이트에 있는 음전하(전자)는 채널 속의 전자들을 밀어내며 결과적으로 채널 속에는 양전하가 유도된다. 따라서 n 채널의 전자들이 일부 없어진 관계로 채널의 전기전도성이 감소하게 된다. 게이트의 음전압이 커질수록 n 채널의 전자 수는 더욱 감소한다. 충분히 큰 음의 게이트-저수 전압($V_{GS(off)}$)에서 채널은 완전히 비게 되며 결국 배수 전류는 0이 된다. 이러한 n 채널 D-MOSFET에서는 게이트-저수 전압이 $V_{GS(off)}$ 와 0V 사이일 때 배수 전류가 흐른다.

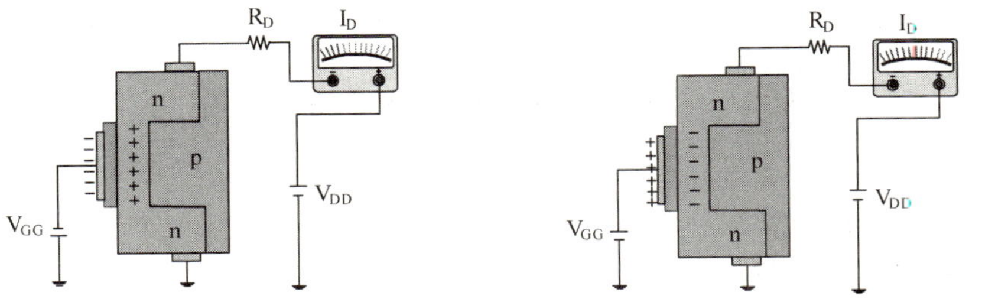

(a) Depletion mode: $V_{GS(off)}$ 보다 작은 음의 V_{GS} (b) Enhancement mode: 양의 V_{GS}

[그림 9.18]n-고갈형 MOSFET의 동작원리.

증진모드(Enhancement mode)

게이트에 양의 전압이 걸리면 채널 쪽으로 많은 전도 전자들이 끌려간다. 따라서 그림에서 보듯이 채널의 전도율이 증가하는 즉 증진되는 결과를 낳는다.

증진형 MOSFET (E-MOSFET)

E-MOSFET는 증진모드에서만 동작한다. 그림 9.19에서 보는 것처럼 바닥층이 SiO_2 절연층까지 이어져 있다. n 채널 소자인 경우 게이트에 문턱(threshold)값을 넘는 양의 전압(V_T)이 가해지면 SiO_2 층 근처의 바닥 영역에 음전하가 형성되며 수로(채널)를 만든다. 채널의 전도율은 게이트-저수 전압이 증가하면 증진된다. 문턱 전압 이하에서는 채널이 형성되지 않는다.

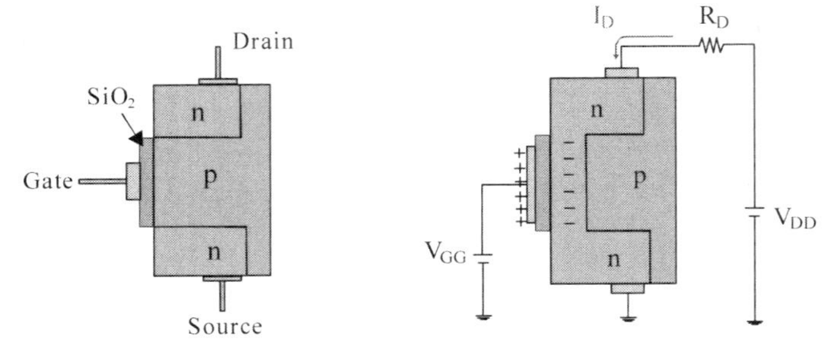

(a) 기본 구조

(b) 유도된 채널($V_{GS} < V_{GS(th)}$)

[그림 9.19] E-MOSFET의 구조와 동작.

V_{DD} : 배수-저수 사이의 공급 전압

V_{DS} : 배수-저수 사이의 전압

V_{GS} : 게이트-저수 사이의 전압

V_{GG} : 게이트-저수 사이의 역방향 바이어스 전압

I_D : 배수 전류

$V_{GS(off)}$: 차단전압. I_D 를 대략 0으로 만드는 V_{GS} 값.

I_{DSS} : 게이트가 단락된 경우 배수에서 저수로 흐르는 전류

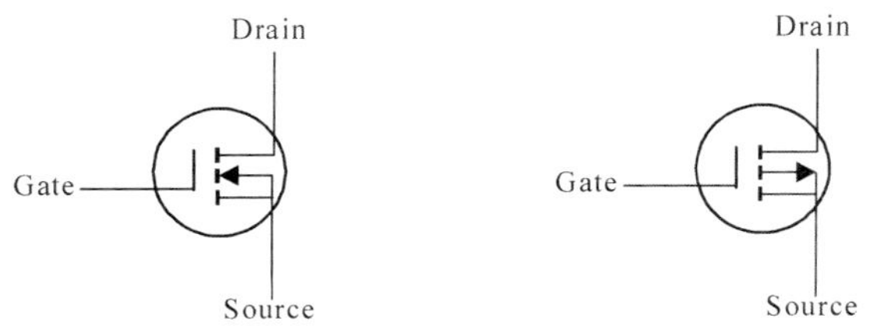

(a) n channel

(b) p channel

[그림 9.20] E-MOSFET의 기호.

[보기문제 2] 다음의 회로에서 V_{GS} 를 구하라. $V_{GS(off)}$ = -8V, I_{DSS} = 12mA이다.

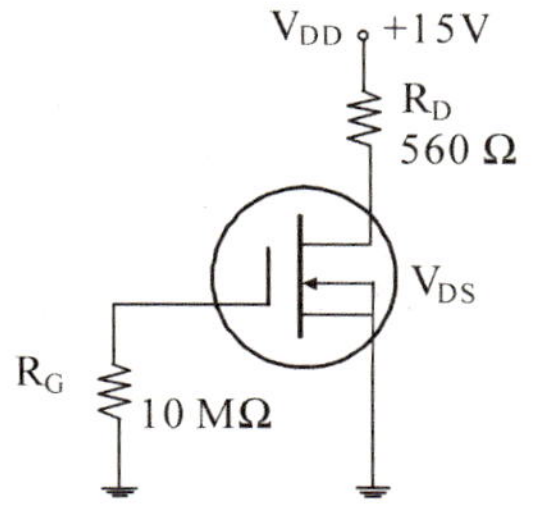

[그림 9.21] 보기문제 2.

풀이: 배수 전류 I_D = I_{DSS} = 12mA 이므로,

$$V_{DS} = V_{DD} - I_{DSS}R_D = 18\,V - (12 \times 10^{-3}A)(560\Omega) = 11.3\,V$$

[보기문제 3] 다음의 회로에서 배수 전류를 구하라. $V_{GS(th)}$ = 3V 이다.

풀이: 이 회로에서 게이트 전류는 무시할 수 있으므로 R_G 에서의 전압 강하는 없다. 따라서 V_{GS} = V_{DS} 이다. 즉 V_{GS} = V_{DS} = 8.5 V이다. Ohm 법칙으로부터,

$$I_D = \frac{V_{DD} - V_{DS}}{R_D} = \frac{15\,V - 8.5\,V}{4.7k\Omega} = 1.38mA$$

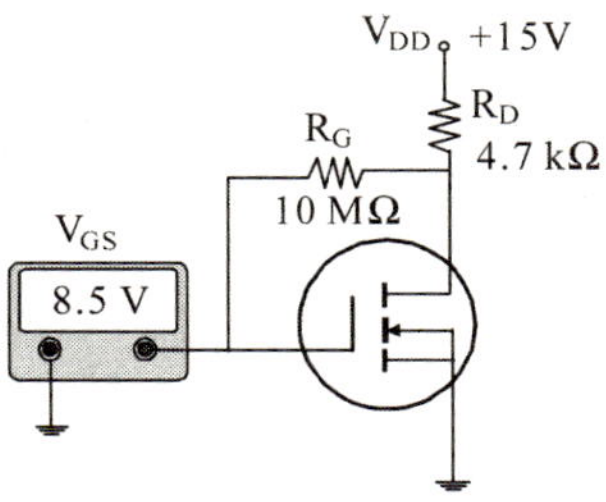

[그림 9.22] 보기문제 3.

작은 V_{DS} 값들에 대해서 채널 영역은 저항의 특성을 나타낸다. 따라서 배수 전류는 다음과 같은 식으로 표현될 수 있다.

$$I_D = g_D V_{DS} \tag{9.3}$$

여기서 g_D는 $V_{DS} \rightarrow 0$ 으로 접근할 때의 전도(conductance)이며, 다음과 같이 주어진다.

$$g_D = \frac{W}{L}\mu_n\sigma_n \qquad (9.4)$$

W와 L은 MOSFET의 채널 폭과 길이를 나타내고, μ_n는 반전층 내에서의 전자 이동도(mobility)이다. 그리고 σ_n은 단위면적당 반전층에서의 전자 전하량 즉 면전하밀도($-Ne/A$)이다.

이제부터 다음과 같은 MOSFET의 구조를 중심으로 식 (9.4)를 유도해 보기로 하자.

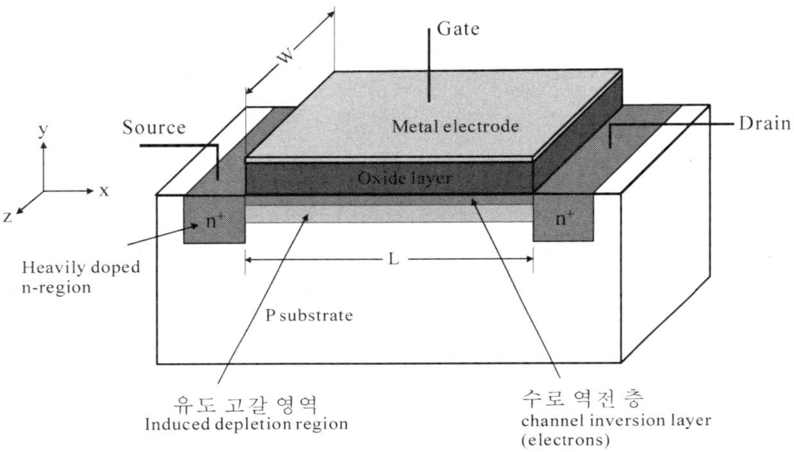

[그림 9.23] MOSFET의 전류전압 관계를 유도하기 위한 구조도.

옴(Ohm) 법칙에 따르면 전류 밀도(Current density, A/m²)는 $\vec{J} = \sigma\vec{E}$ 이며 배수-저수 전압에 따라 형성되는 전기장의 방향을 x로 잡으면,

$$J_x = \sigma E_x \qquad (9.5)$$

가 된다. 여기서 σ는 전도도(conductivity)이며 전도(conductance)와는 다음과 같은 관계에 있다.

$$g = \sigma\frac{A}{L} \qquad (9.6)$$

A는 면적을 L은 길이를 나타낸다. 한편 저항은 $R = 1/g$, 저항도 $\rho = 1/\sigma$인 관계에 있다. 이동도는 유동속도(drift velosity)와 $\vec{v}_d = -\mu_n\vec{E}$ 인 관계에 있으며 $\vec{J} = -ne\vec{v}_d$ 이므로

$$\sigma = -e\mu_n n(y) \tag{9.7}$$

으로 주어진다. 여기서 μ_n은 전자 이동도, $n(y)$는 전자의 전하 밀도(단위체적당 전자수)로써 y 방향으로 변하는 값이다. 따라서 총 채널 전류는 y와 z 방향으로 단면적 전체에 걸쳐 J_x 를 적분한 값이 된다. 그림 9.23을 자세히 살펴보기 바란다.

$$I_x = \iint J_x\, dydz = -\iint e\mu_n E_x n(y) dydz \tag{9.8}$$

이고, 따라서

$$I_x = -\mu_n E_x \int_0^W dz \int e\, n(y)dy = \mu_n \sigma_n W E_x \tag{9.9}$$

이다. 여기서 전자전하들에 의한 면전하 밀도는

$$\sigma_n = -e\int n(y)dy$$

이다. 식 (9.9)는 다음과 같이 표현할 수 있으며 식 (9.3)과 일치한다는 것을 알 수 있다.

$$I_D = \frac{W}{L}\mu_n \sigma_n E_x L = g_D V_{DS}$$

여기서 $g_D = \frac{W}{L}\mu_n \sigma_n$ (식 9.4)이고, $V_{DS} = E_x L$ 이다.

그림 9.24는 MOSFET의 V_{GS} 전압 값에 대한 배수전류 I_D 대 배수-소스 전위차 V_{DS} 의 특성을 보여주고 있다.

$V_{DS} < V_T$ 일 때 배수(drain) 전류는 0이다, 그림 9.24(a). V_{DS} 가 문턱전압 V_T보다 크기 시작하면 채널의 반전 전하밀도는 증가하기 시작하고 수로 전도성(conductance)이 올라가기 시작한다, 그림 9.24(b). 큰 전도도의 값은 특성 I_D 대 V_{DS} 곡선의 기울기를 증가시킨다.

그러나 배수 전압이 계속 증가하게 되면 배수 단자 근처의 산화막 양단 전압의 강하, 즉 $V_{GS} - V_{DS}$ 가 감소되는데 이는 유도된 반전전하 밀도의 감소에 따른 것이다. 결국 배수에서 채널의 전도성이 감소하게 되며 I_D 대 V_{DS} 에서 곡선의 기울기를 가져온다. V_{DS} 가 배수 단자에서 산화막 양단의 전압강하가 V_T와 같아지는 점까지 증가할 때 유도된 반전층 전하밀도는 배수 단자에서 0이 된다. 이 지점에서 배수에서의 전도성은 0이고 I_D 대 V_{DS}

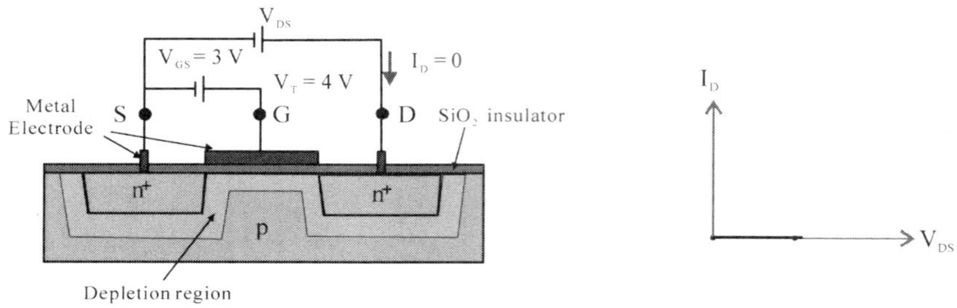

(a) Below threshold $V_{GS} < V_T$ and $V_{DS} > 0$

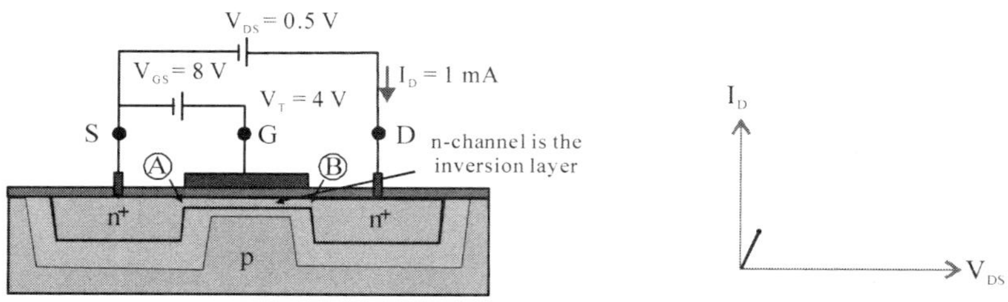

(b) Above threshold $V_{GS} > V_T$ and $V_{DS} < V_{DS(sat)}$

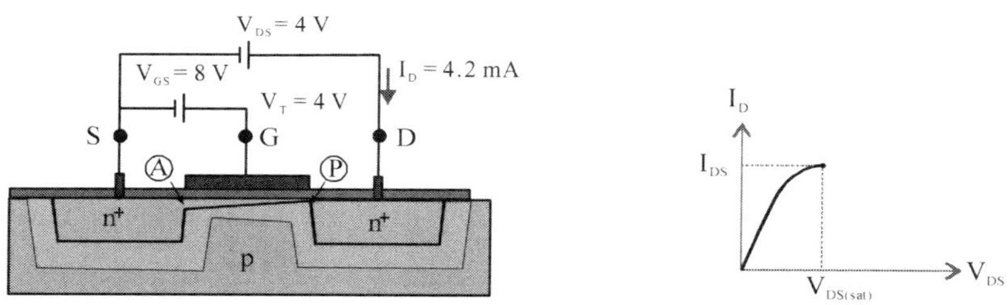

(c) Above threshold $V_{GS} > V_T$ and saturation, $V_{DS} = V_{DS(sat)}$

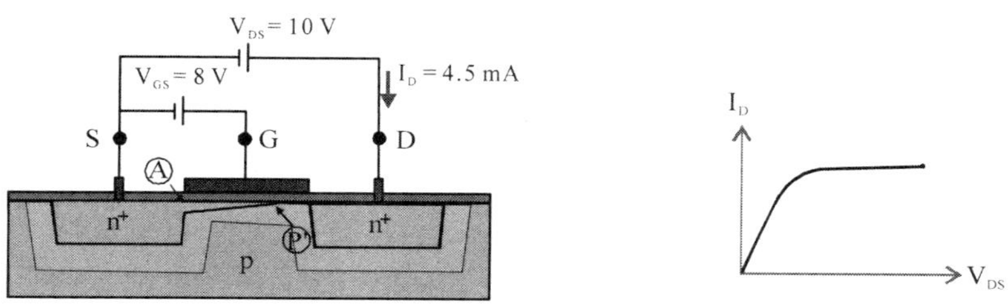

(d) Above threshold $V_{GS} > V_T$ and saturation region, $V_{DS} > V_{DS(sat)}$

[그림 9.24] MOSFET의 전류 대 전압 특성.

의 곡선의 기울기가 0이 된다, 그림 9.24(c). 이러한 상태에서는,

$$V_{GS} - V_{DS}(sat) = V_T \tag{9.10}$$

즉,

$$V_{DS}(sat) = V_{DS} - V_T \tag{9.11}$$

인 관계가 성립된다. 여기서 $V_{DS}(sat)$는 배수 단자에서 0의 반전전하 밀도를 생성하는 배수(drain)-저수(source) 전압이며 sat는 포화(saturaion)를 의미한다. 이때 $V_{DS} > V_{DS}(sat)$이면 배수 전류는 일정한 값을 갖고 I_D 대 V_{DS} 의 곡선에서 이러한 영역을 포화 영역(saturation region)이라고 부른다, 그림 9.24(d).

V_{GS} 가 변하면 I_D 대 V_{DS} 의 곡선도 변하는데 V_{GS}가 증가하면 I_D 대 V_{DS} 의 초기 기울기가 증가하기 때문이다.

n채널 MOSFET(일반적으로 NMOS라고 부른다)에 대한 일반적인 전류-전압 관계식은 다음과 같다.

$$I_D = \frac{W\mu_n C_x^A}{2L}[2(V_{GS} - V_T)V_{DS} - V_{DS}^2] \quad ;\ \text{비포화 영역} \tag{9.12}$$

$$I_D = \frac{W\mu_n C_x^A}{2L}(V_{GS} - V_T)^2 \quad ;\ \text{포화 영역} \tag{9.13}$$

여기서 C_x^A는 **단위면적당** 산화막 전기용량(capacitance), 즉

$$C_x^A = \frac{C}{A} = \frac{1}{A}(\epsilon\frac{A}{t_{ox}}) = \frac{\epsilon}{t_{ox}} \tag{9.14}$$

이다. 여기서 t_{ox}는 산화막의 두께이다. 다시 말해 단위길이 당 유전율과 같은 차원이다. 그러나 포화 영역에서의 곡선을 보면 식 (9.13)에 따른 완전한 평행 곡선은 아니다. 즉 V_{DS} 효과가 어느 정도 영향을 끼치고 있다. 이에 대한 보정은 다음과 같다.

$$I_D = \frac{W\mu_n\epsilon}{2Lt_{ox}}(V_{GS} - V_T)^2(1 + \alpha V_{DS}) \tag{9.15}$$

여기서 α는 상수이며 보통 볼트 당 0.01 정도의 값을 갖는다.

전하 운반자(carrier)가 정공(hole)이고 전류 방향과 전압 극성이 바뀐 것을 제외하면 p 채널 소자의 동작은 n 채널 소자와 같다.

이동도와 문턱전압 매개변수들(parameters)을 실험적으로 결정하는 데는 $I-V$ 관계를 이용하면 된다. 매우 작은 V_{DS} 값들에 대해서는 직선적(linear)으로 나타나고,

$$I_D = \frac{W\mu_n \epsilon}{Lt_{ox}}(V_{GS} - V_T)V_{DS}\,;\, V_{DS} \ll 1 \qquad (9.16)$$

로 표현될 수 있으며 이때 직선의 기울기는

$$S = \frac{W\mu_n \epsilon}{Lt_{ox}} V_{DS} \qquad (9.17)$$

이다. 낮은 V_{GS} 에서의 편차는 문턱전압 아래에서의 전도성 때문이며, 높은 V_{GS} 값에서의 편차는 게이트 전압과 관련되는 이동도 때문이다. 위의 직선을 전류가 0이 되는 지점까지 연결하면 문턱전압을 얻을 수 있다. 그림 9.25를 보라.

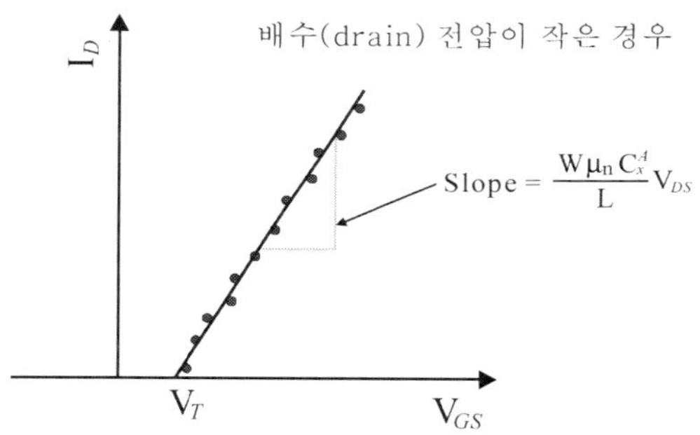

[그림 9.25] MOSFET의 배수전류 대 게이트 전압 특성.

또한 포화 영역에서의 식 (9.13)을 양변에 제곱근을 취하면 다음과 같은 직선의 방정식을 얻는다.

$$\sqrt{I_D(sat)} = \sqrt{\frac{W\mu_n \epsilon}{2Lt_{ox}}}\,(V_{GS} - V_T) \qquad (9.18)$$

따라서 기울기가

$$S = \sqrt{\frac{W\mu_n \epsilon}{2Lt_{ox}}} \qquad (9.19)$$

인 직선에서 전류가 0인 점이 포화 영역에서의 문턱 전압이 된다. 그림 9.26을 참조하라.

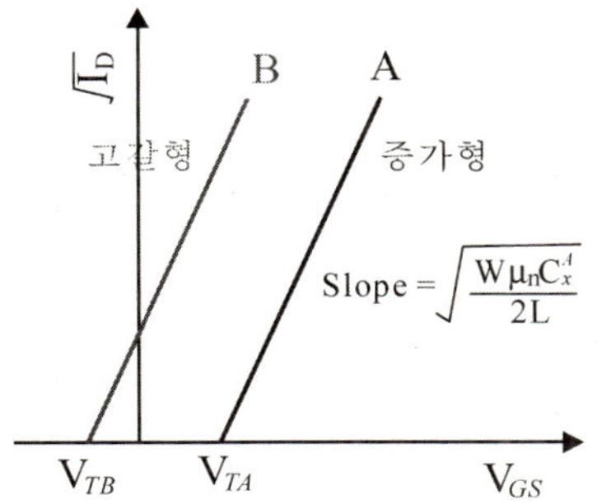

[그림 9.26] 포화 영역에서의 n 채널 MOSFET의 제곱근 배수 전류값과 게이트 전압과의 관계.

[보기문제 4] 다음과 같은 조건들, 즉 $L = 1.25\,\mu m$, $\mu_n = 650\,(cm/s)/(V/cm)$, $C_x^A = 6.9\times 10^{-8}\,F/cm^2$, $V_t = 0.65\,V$ 인 n채널 MOSFET(NMOS)가 있다. $V_{GS} = 5\,V$에 대하여 $I_D(sat) = 4\,mA$가 되도록 MOSFET의 폭을 구하라.

풀이: 식 (9.13) $I_D = \dfrac{W\mu_n C_x^A}{2L}(V_{GS} - V_T)^2$ 으로부터

$$W = \frac{2LI_D}{\mu_n C_x^A (V_{GS} - V_T)^2}$$

이다. 따라서

$$W = \frac{(2)(1.25\times 10^{-4} cm)(4.0\times 10^{-3} A)}{(650\,cm^2/V\cdot s)(6.9\times 10^{-8}\,F/cm^2)(5\,V - 0.65\,V)^2} = 1.18\,\mu m$$

이다.

[보기문제 5] NMOS의 매개변수가 $\mu_n = 650\,cm^2/V\cdot s$, $W/L = 50$, $V_T = 0.4\,V$이다. 그리고 산화막의 두께는 $t_{ox} = 20\,nm$이다. 트랜지스터가 포화 영역에서 바이어스 될 때 $V_{GS} = 1, 2, 3\,V$ 에 대해 배수 전류를 구하라. 산화막 SiO_2 의 유전상수는 $\epsilon_r = 3.9$이다.

풀이: 이미 앞에서 밝혔지만 단위면적당 전기용량과 유전율과는 관계는

$$C_x^A = \frac{\epsilon}{t_{ox}} = \frac{\epsilon_r \epsilon_0}{t_{ox}}$$

이다. $t_{ox} = 20\,nm$에 해당되므로 단위면적당 전기용량은

$$C_x^A = \frac{(3.9)(8.85 \times 10^{-14}\,F/cm}{2.0 \times 10^{-6}\,cm} = 1.73 \times 10^{-7}\,F/cm^2$$

이다. 그러면 $V_{GS} = 1\,V$일 때의 전류는

$$I = \frac{50\,L}{2L}(650\,cm^2/V \cdot s)(1.73 \times 10^{-7}\,F/cm^2)(1.0\,V - 0.4\,V)^2 = 1.01 \times 10^{-3}\,A$$

이다. 나머지는 각자 해보도록 한다.

[보기문제 6] 위 문제에서 다룬 NMOS의 배수 전류가 $I_D = 100\,\mu A$가 되도록 W/L의 값을 변화시켰다. 트랜지스터가 포화영역에서 바이어스 되고 $V_{GS} = 1.75\,V$ 이면 W/L의 값은 얼마인가?

답: $W/L = 0.976$.

전달전도성(transconductance)

MOSFET의 전달전도성은 게이트전압 변화에 대한 배수 전류의 변화량으로 정의된다. 즉,

$$g_m = \frac{\partial I_D}{\partial V_{GS}} \tag{9.20}$$

이다. 이것은 사실상 앞에서 다루었던 기울기의 식 (9.17)과 같은 의미이다. 만약, n 채널 MOSFET가 비포화 영역에서 동작한다면, 식 (9.12)

$$I_D = \frac{W\mu_n C_x^A}{2L}[2(V_{GS} - V_T)V_{DS} - V_{DS}^2]$$

에서 g_m은 다음과 같다.

$$g_m = \frac{\partial I_D}{\partial V_{GS}} = \frac{W\mu_n C_x^A}{L} V_{DS}$$

물론 식 (9.17)과 같다.

[보기문제 7] 포화 영역에서의 전달전도성을 구하라.

풀이: 식 (9.13)

$$I_D = \frac{W\mu_n C_x^A}{2L}(V_{GS} - V_T)^2$$

에서

$$g_m = \frac{\partial I_D}{\partial V_{GS}} = \frac{W\mu_n C_x^A}{L}(V_{DS} - V_T)$$

이다.

전달전도성은 소자(devices)의 기하학적(geometrical) 함수일 뿐만 아니라 운반자(carrier)의 이동도와 문턱전압의 함수이다. 전달전도성은 소자의 폭(W)이 증가함에 따라 증가하며 채널길이와 산화막 두께가 감소함에 따라 증가한다. 따라서 MOSFET의 회로 설계에서 트랜지스터의 크기, 특히 채널 폭은 중요한 공학적 설계 매개변수이다.

9.7 필름트랜지스터(Thin Film Transistor; TFT)

a-Si:H TFT

TFT는 절연성 기판(주로 유리나 석영) 위에 Si과 같은 반도체 물질을 얇은 형태로 막을 형성하여 만든 전기장효과 트랜지스터이다. MOSFET와 마찬가지로 저수(Source), 배수(Drain), 조절문(Gate) 등의 세가지 단자를 가지며 LCD에 있어서 스위칭 기능을 담당한다.

TFT 소자는 제조공정에 따라 수소화된 비정질 실리콘(hydrogenated amorphous silicon; a-Si:H) TFT와 다결정 실리콘(poly-crystalline silicon; p-Si) TFT로 나뉜다. a-Si:H를 사용한 TFT는 비교적 낮은 온도(350°C 이하)에서 증착이 가능하기 때문에 보통

의 유리 기판에 필름을 형성할 수 있어 TFT-LCD는 물론 태양전지(Solar Cell) 등에 폭넓게 사용되고 있다. 이와 반면에, p-Si은 비교적 고온(600°C 이상)에서만 공정이 가능하기 때문에 석영 유리 기판이 필요한 실정이다. 따라서 가격이 비교적 저렴한 유리기판을 사용하는 a-Si:H TFT-LCD가 디스플레이의 대형화에 적합하여 가장 먼저 대량 생산이 이루어졌다. 여기에서는 이러한 수소화된 비정질 실리콘(Hydrogenated Amorphous Silicon; a-Si:H) TFT에 대하여 자세히 알아보기로 한다.

구조와 특징

보통의 실리콘 고체는 결정성의 다이아몬드 구조를 갖는다. Si 원자는 이웃 원자와 결합을 이룰 때 혼성화 된 궤도인 sp^3 결합을 하며 사면체 구조를 갖는다. 혼성궤도에 대해서는 11장을 참고하기 바란다. 이러한 공유결합에 따른 규칙적인 결합은 정확한 결합 길이(bond length)와 결합 각(bond angle)을 갖는 다이아몬드 구조를 갖게 한다. 다이아몬드 구조에 있어 실리콘 원자는 각자 4개의 가장 가까운 이웃 원자를 가지며 그 다음으로는 12개의 원자들과 두 번째로 가깝게 이웃해 있는데 전체적으로 한 변의 격자상수가 a인 정사면체 구조이다. 이때 실리콘 결정체는 3차원적으로 규칙성을 갖는데, 단거리 질서도(short range order)는 물론 장거리 질서도(long-range order)를 갖고 있다고 말한다. 그림 9.9와 9.10을 다시 한 번 쳐다보라.

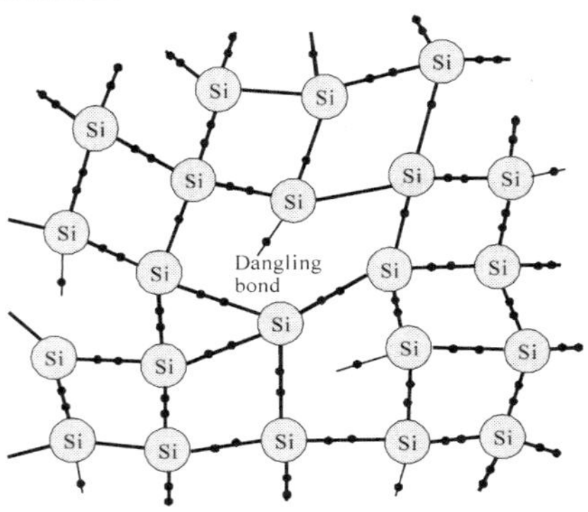

비정질(amorphous) 실리콘은 주위의 실리콘 원자와 결합하지 못하여 비어있는 궤도가 존재한다. 이를 끊긴 결합 (dangling bond) 이라고 부른다. 이러한 구조는 장거리 질서(long-range order)가 없다.

[그림 9.27] 비정질 실리콘의 2차원 구조.

이와 반면에, 비정질 실리콘은 말 그대로 형태(morphous)가 없는, 다시 말해 장거리 규칙성이 없는 실리콘 고체를 말한다. 이러한 비정질 실리콘은 기판(substrate)이라고 불리는 고체표면에 Si을 증착시켜 필름 형태로 형성된다. 그림 9.27이 비정질 실리콘의 2차원 구조 모습이다. 결정 실리콘처럼 실리콘 원자들은 4개의 이웃한 원자들끼리 결합을 하나 장거리 질서도는 존재하지 않는다. 왜냐하면 그림에서 보는 것처럼 결합각이 규칙적이지 못하기 때문이다. 특히 결정 실리콘과 크게 다른 점은 결합들 간에 변형(strain)이 작용하여 결합의 왜곡을 가져오고 이로 인하여 이웃 원자와 결합되지 않는 불완전 결합(incomplete bond)이 존재한다는 점이다. 이러한 불완전 결합을 **끊긴결합(dangling bond)**이라고 부른다.

이미 앞에서 배운 바가 있지만, 실리콘 결정의 띠 구조에 있어 가전자띠(valence band)와 전도띠(conduction band)와의 에너지 간격은 실온에서 약 1.1 eV 이다. 그런데 비정질 실리콘인 경우 끊긴결합에 따른 비공유 전자들의 에너지 준위가 금지띠 내에 국부적으로 존재하게 된다. 이를 국부 상태들(localized states)이라고 한다. 이러한 끊긴결합에 의한 국부 상태들은 전자 또는 정공의 뛰어오름(hopping)을 유발시켜 전도를 일으키고 결국 전하 운반자들의 이동도를 감소시킨다. 또한 소자에서의 공간 전하 층의 폭과 퍼텐셜 형태, 도핑 효율 그리고 재결합 등에 영향을 미치게 된다.

끊긴결합의 밀도를 줄이기 위해서는 비정질 실리콘에 수소를 주입시켜 불완전 결합을 없애는 방법이 가장 좋다. 왜냐하면 수소원자는 한 개의 전자만을 갖고 있기 때문에 실리콘의 끊긴결합에 쉽게 연결되어 끊긴결합을 제거시켜 주기 때문이다. 이렇게 수소가 함유된 비정질 실리콘을 수소화된 비정질 실리콘(hydrogenated amorphous silicon)이라고 부르며 간단히 **a-Si:H**로 표기한다. 그림 9.28을 보라.

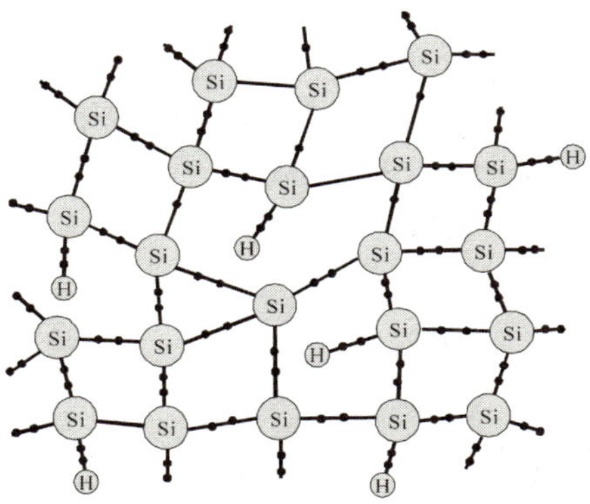

[그림 9.28]수소화된 비정질 실리콘의 2차원 구조.

a-Si:H 얇은막은 다음 그림과 같이 플라즈마 화학증기 증착법(plasma-enhanced chemical vapor deposition; **PECVD**)에 의해 만들어진다. 실리콘과 수소를 포함하는 사일랜 기체(SiH_4)가 플라즈마 내에서 분해가 되면 실리콘과 수소원자들이 기판위에 증착되어 막이 만들어진다. 보통 기판의 온도가 약 250°C에서 얇은 막이 형성된다.

진공으로 만든 용기 안에 SiH_4, 수소 희석 기체와 PH_3(phosphine) 또는 B_2H_6(diborane)과 같은 도핑 기체를 넣고 압력이 0.1-1 Torr가 될 때까지 전압을 걸어준다. 플라즈마는 두 개의 평행한 전극 사이에만 발생한다. rf power는 지름이 1m가 넘는 전극의 표면 전체에 골고루 분포하여 대면적 기판에도 균일하게 막을 만들 수 있도록 되어 있다.

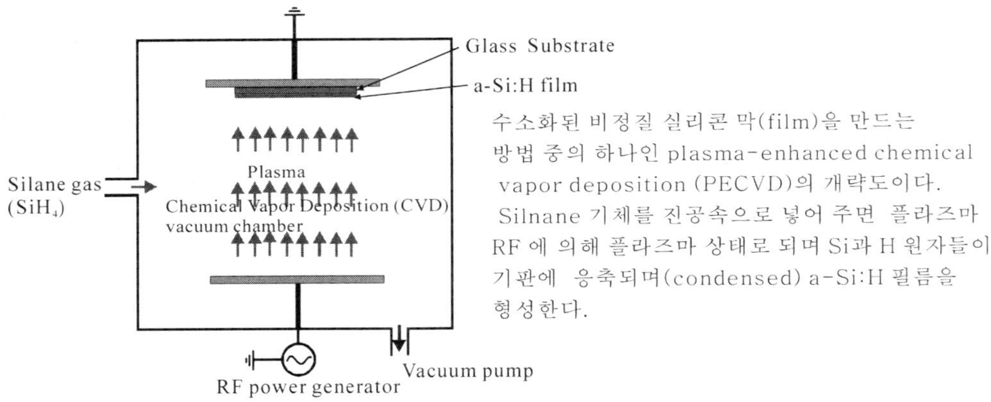

[그림 9.29]a-Si:H 필름 만드는 방법.

에너지띠 구조

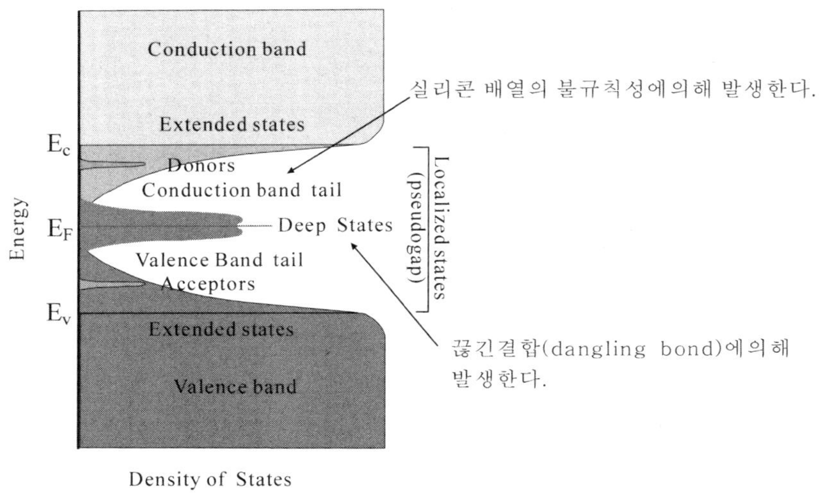

[그림 9.30] a-Si:H 의 띠구조와 에너지 상태 밀도 분포.

그림 9.30은 a-Si:H의 상태밀도(density of states)의 분포를 나타낸다. 전도띠와 가전자띠는 띠간격 부분에서 확산 된 모습을 보이는데 이를 띠꼬리(band tail)라고 한다. 또한 띠간격 중앙에도 상태들이 몰려 있는 것을 볼 수 있는데 이러한 준위 분포를 깊은 상태(deep states)라고 부른다. 꼬리상태들(tail states)은 비정질 실리콘의 원자 배열의 불규칙성과 무질서로부터 생겨나며 깊은상태는 끊긴결합(dangling bond)으로부터 생겨난다. 따라서

a-Si인 경우 국부상태들과 꼬리상태들 때문에 정확한 띠간격(band gap)을 결정할 수 없다.

a-Si:H인 경우 결함 밀도는 $10^{15} \sim 10^{17}/cm^3$로 a-Si의 $10^{20}/cm^3$보다 낮다. 따라서 $10^{18} \sim 10^{19}/cm^3$의 불순물을 띠 내에 도핑(doping)할 수 있으며 결정 실리콘에서와 같이 주개(donor) 혹은 받개(acceptor) 준위를 형성할 수 있다. 즉, **a-Si:H 제작시 SiH_4 기체에 PH_3(phosphine)이나 B_2H_6(diborane)을 첨가 시키면 P 또는 B이 Si이 있을 자리에 치환 도핑이 된다.** 여기서 전자를 줄 수 있는 주개(donor)는 5족인 P이고 전자를 받을 수 있는 받개(acceptor)는 3족 원소인 B이다. 이로 인해 a-Si:H 필름은 pn 접합이나 전기장 효과 트랜지스터(FET)등의 소자 제작에 쓰이게 되었다.

a-Si:H의 전도띠와 가전자띠에서의 전하 운반자의 이동도는 수 $cm^2/V \cdot s$의 값을 갖는다. 국부상태에 포획된 전하가 전도띠로 열적 들뜸(thermal excitation)에 의해 전달(transfer)이 일어나면 trapping이라고 하며, 국부상태 사이에서 양자적 터널링에 의해 직접 이동되면 hopping이라고 부른다. a-Si:H에서는 hopping은 그다지 중요하지 않다. 따라서 a-Si:H에서의 전도(conductance)는 확장된 상태(extended state)내의 전달로부터 결정된다. n형 혹은 도핑하지 않은 a-Si:H에서 정공에 의한 전도는 낮은 이동도 때문에 일반적으로 무시되므로 결국 전자 전달에 의해 전도가 이루어진다. 그림 9.30을 자세히 살펴보기 바란다.

장점

a-Si:H는 액정 디스플레이는 물론 유기발광다이오드(OLED)를 구동하는 소자 중 가장 중요한 몫을 차지하고 있다. 주요 장점들은 다음과 같다.

1. 비정질 물질이기 때문에 타 물질과의 경계가 용이하다. 즉 절연체(유리, 산화물, 질화물 등)는 물론, 금속, 반도체로 이루어진 기판위에 쉽게 증착할 수 있다. 특히 게이트 절연층으로 사용되는 SiN는 물론, Cr, Al, Ta과 같은 전극 물질과 ITO와도 좋은 경계면을 이룬다.

2. 저온에서 증착이 가능하다. 보통 유리를 투명기판으로 사용하기 때문에 500°C 이하에서 증착이 되어야 한다. PECVD로 증착할 때 Silane 분자들은 rf plasma에 의해 해리(dissociation)되는데 이로 인하여 기판 온도는 CVD 시스템에 비하여 온도가 낮게 유지된다. 수소가 비정질 구조에 들어가면 양질의 a-Si:H 얇은막이 형성되기 때문에 기판의 온도는 낮아야 하다. 만약 기판의 온도가 450°C 이상이면 수소는 막 안에 더 이상 존재하지 않는다.

3. 대 면적 증착이 가능하다. 앞에서 언급한 PECVD 방법으로 증착을 하면 a-Si:H의 필름을 대면적의 유리기판에 형성시킬 수 있다. rf 주파수는 보통 13.56MHz이다.

4. a-Si:H는 높은 전기 저항을 갖고 액정의 저항과 좋은 조화를 이룬다. 즉 a-Si:H TFT의 닫힘 상태의 저항과 액정 셀의 저항이 대등한 관계에 있다. 반면에 도핑이 되었을 경우에는 좋은 전도성을 갖는다.

5. 긁힘에 강하여 광-석판인쇄법(photo-lithography)을 이용하여 미세하게 본뜨기(patterning)를 할 수 있다. 미세 본뜨기는 1μm까지 가능하다.

TFT의 전류-전압 특성

디스플레이에 응용되는 TFT의 전류-전압 특성은 다음 그림과 같다. 주어진 배수전압(V_d)에서 게이트전압(V_g)에 따른 배수전류(I_d)는 MOSFET와 같은 특성을 지니는 것을 알 수 있다. 그림을 보면 배수 전류의 열림(on) 전류는 10^{-6}A 이상이며 전류의 포화 영역이 명백히 나타난다는 사실을 알 수 있다. 이해를 하기 위해 그림 9.24를 다시 들여다보기 바란다. 이 TFT의 문턱전압 V_T는 5V이며 V_D = 10V, V_S = 20V일 때 전달전도성은 $g_m = 0.3\,/\mu\Omega$ 이다. 또한 전기장 효과 이동도(mobility)는 전도도로부터 $0.4(cm/s)/(V/cm)$의 값을 얻는다.

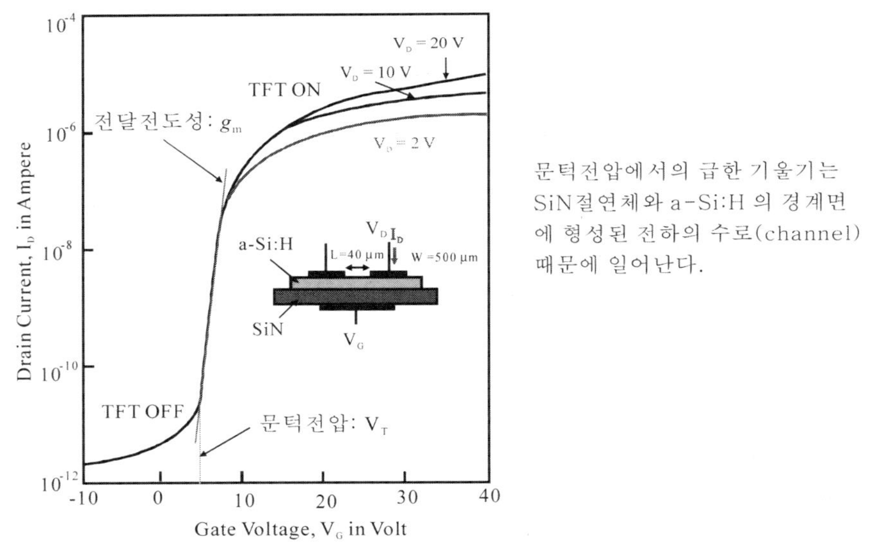

[그림 9.31] a-Si:H TFT의 전류-전압 특성.

게이트 전압이 가해지면 실리콘 표면에 전자가 축적되어 수로(channel)가 형성되고 저수지(source)를 출발한 전자가 이러한 터널층을 통과하여 배수지(drain)에 전류를 흐르게 한다. 따라서 그림에서 보는 것처럼 TFT의 스위칭 기능 즉 열림/닫힘(ON/OFF)이 가능하게 된다.

MOSFET와 마찬가지로 TFT의 직선영역에서의 배수전류는 다음과 같다.

$$I_D = \frac{W\mu_n\epsilon}{2Lt_{ox}}[2(V_G - V_T)V_D - V_D^2] \qquad (9.21)$$

그리고 전달전도성은,

$$g_m = \frac{\partial I_D}{\partial V_D} = \frac{W\mu_n\epsilon}{2Lt_{ox}} \cdot V_D \qquad (9.22)$$

이다. 한편 포화 영역에서의 배수 전류는

$$I_D = \frac{W\mu_n\epsilon}{2Lt_{ox}}(V_G - V_T)^2 \qquad (9.23)$$

으로 주어진다. 그리고 전달전도성은

$$g_m(sat) = \frac{\partial I_D}{\partial V_D} = \frac{W\mu_n\epsilon}{Lt_{ox}} \cdot (V_D - V_T) \qquad (9.24)$$

이다. 전달전도성은 TFT의 폭(W)이 증가함에 따라 증가하며 채널길이(L)와 산화막 두께가 감소함에 따라 증가한다.

TFT 종류

TFT의 종류는 비정질 실리콘 층을 중심으로 게이트 전극과 배수 및 저수 전극이 위치하는 구조 형태에 따라 크게 평면형(coplanar)과 엇물림형(staggered)으로 나뉜다. 평면형은 비정질 실리콘 층을 기준으로 3개의 전극이 한 평면상에 놓이는 구조이다. 반면에 엇물림

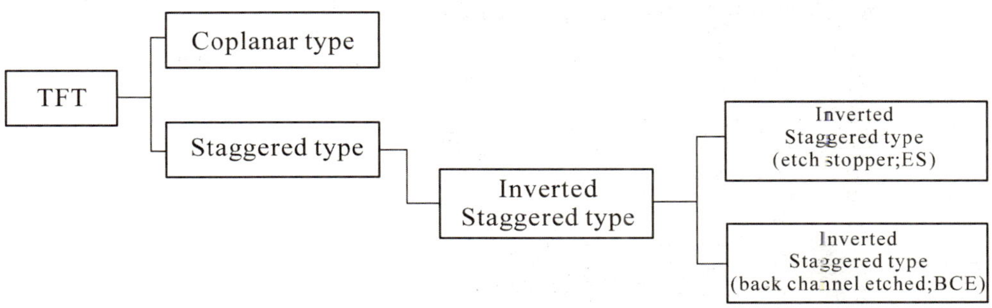

[그림 9.32] TFT의 종류.

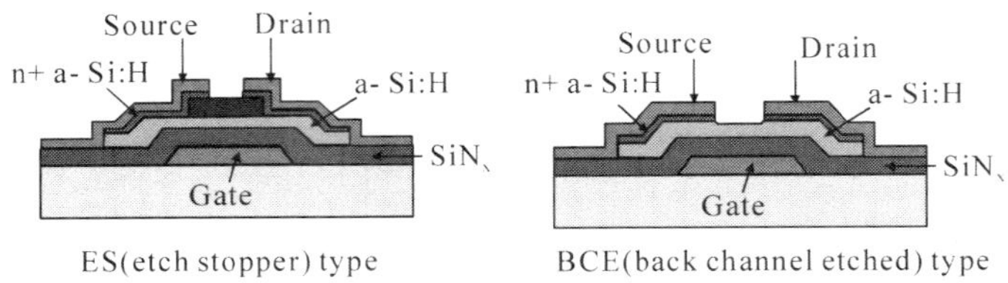

[그림 9.33] 역엇물림형(Inverted Staggered) TFT.

(staggered) 형태는 3개의 전극이 서로 분리되어 있으며 동일 평면이 아닌 엇물림 구조를 갖는다. 이러한 엇물림 형태는 다시 게이트의 위치가 아래쪽에 위치하는 역엇물림형(inverted staggered)으로 구분된다.

a-Si:H TFT에서는 주로 역엇물림 구조가 많이 사용되며 이를 보통 바닥게이트(bottom gate) 형이라고 부른다. 시스템에 있어 게이트 절연층, 비정질실리콘층, n^+ 비정질실리콘 층의 순서대로 증착시킬 수 있고, 이로 인하여 공정 시간을 단축시킬 수 있는 장점이 있다. 더욱이 비정질실리콘층과 절연층과의 경계면의 특성을 우수하게 유지시켜준다.

우리는 여기서 TFT의 구조와 전류-전압 특성을 살펴보았다. 이제 다시 3장으로 돌아가 TFT-LCD의 구성 및 그 동작원리를 들여다보면 전체적인 윤곽이 머리에 그려질 것이다. 그림 9.34를 보면서 3장의 내용을 기억하기 바란다.

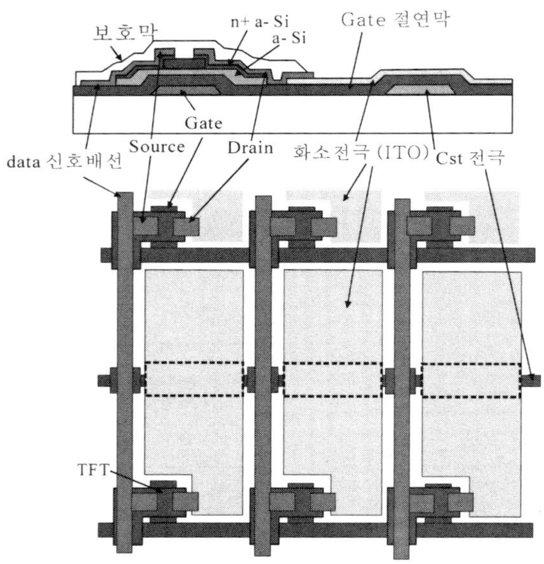

3장에서 다루었던 TFT의 그림들과 동작 내용을 다시 들여다보면 TFT에 대한 전반적인 이해가 가능하게 될 것이다.

[그림 9.34] TFT와 LCD 화소.

다결정 실리콘(poly-Si) TFT

앞에서 다루었던 a-Si TFT는 많은 장점에도 불구하고 하나의 큰 약점이 있다. 그것은 전기 전도성이 낮다는 점이다. 전기 전도성이 낮은 이유는 a-Si의 구조상 전자들의 이동도가 결정 실리콘에 비하여 현저히 떨어지기 때문이다. 이러한 a-Si의 약점을 극복해주는 재료가 다결정실리콘(poly-Si)이다. 다결정 실리콘은 다시 고온 다결정실리콘(High Temperature Poly-Si; HTPS)과 저온 다결정실리콘(Low Temperature Poly-Si; LTPS)으로 나눈다.

HTPS는 a-Si을 이온주입 장치 등을 사용하여 고온(보통 1000°C 부근)에서 열처리(furnace)하여 만든다. 기존의 반도체 웨이퍼 공정을 그대로 사용할 수 있다. 그러나 고온에서 성장을 시켜야 하기 때문에 값이 비싼 석영(Quartz)을 기판으로 사용해야 하는 단점이 있다. 따라서 상품화 되거나 신규 개발 중인 제품은 모두 2인치 이하의 고해상도 TFT-LCD에 응용되는 실정이다.

LTPS는 a-Si을 우선 만들고 기판의 온도가 a-Si을 형성할 때의 온도보다 그다지 높지 않도록 레이저 빔 결정화로 poly-Si 화하여 만든다. 하지만 a-Si TFT와 동일한 조건으로 만들어진 a-Si에는 약 10%의 수소가 포함되어 있어 전처리 없이 레이저로 결정화하면 수소가 기화하여 Si막에 손상을 입힌다. 따라서 결정화되기 전에 수소농도를 줄여야 하는데 보통 2% 이하라야 한다. 이러한 탈수소 처리는 크게 두 가지가 있는데 하나는 결정화하기 전에 탈수소화 하는 방법이고, 다른 하나는 a-Si 생성 시 처음부터 수소의 함유량이 2% 정도로 막을 형성시키는 방법이다. 전처리 방법은 보통 430°C에서 2시간 정도 열처리함으로써 수소농도를 2% 이하까지 수소를 제거시킨다. 또 다른 방법은 엑시머(Excimer; Excited dimer) 레이저로 100W 정도의 약한 출력으로 결정화시켜 수소만을 막중에서 제거시키고 출력을 올려 poly-Si화 시키는 방법이 있다. 처음부터 수소가 포함되지 않기 위해서는 진공증착에 의해 a-Si막을 만드는 방법이다. 그러나 이렇게 하여 생성된 막에는 끊긴 결합들이

<표 9.3> a-Si:H와 poly-Si TFT의 특성비교.

	a-Si:H	Low Temperature poly-Si, LTPS	High Temperature poly-Si, HTPS
공정 온도	< 350°C	< 450°C	> 1000°C
기판	유리(Glass)	유리(Glass)	석영(Quartz)
구조	Bottom gate	Top gate	Top gate
전자 이동도	$0.5 \sim 1.5\,(cm/s)/(V/cm)$	$100 \sim 150\,(cm/s)/(V/cm)$	$600 \sim 700\,(cm/s)/(V/cm)$
구동 회로	외부에 부착	내장	내장
정밀도	80μm pitch(100ppi)	40μm pitch(200ppi)	20μm pitch(400ppi)
공정 크기	~70"	~15"	~2"
구멍비	small	large (small TFT)	large (small TFT)

다수 만들어져 누설전류가 많이 발생하는 단점이 있다. 아직도 LTPS는 개선되어야 할 점들이 산재해 있는 실정이지만 앞으로 이러한 LTPS에 의한 디스플레이가 주류를 이룰 것으로 예견되고 있다. 다음의 표는 a-Si과 poly-Si TFT이 특성들을 보여주는 표이다.

10장 | 원자와 전자

우리는 원자에 관한 이야기를 많이 듣는다. 원자는 사실상 물질의 기본이다. 더욱이 디스플레이 제품을 비롯한 현대의 최첨단 정보기기들의 출현에 직접적인 영향을 미친 것이 원자의 구조 연구에서 비롯되었다. 그럼에도 불구하고 우리나라 공학 교육에서는 원자의 구조에 대한 근원적인 원리에는 등한시 하는 경우가 많다. 이 장에서는 원자의 구조를 기초적으로 알아보면서 왜 이러한 지식이 필요한지를 더듬어 보기로 한다.

10.1 입자와 파동

돌멩이가 운동하는 모습과 음파가 전달되는 모습은 엄연히 다르다. 전자를 입자(particle)라고 하며 후자를 파동(wave)이라고 구별한다. 이렇게 일상생활에서는 입자와 파동은 분명히 구별된다. 그러나 우주를 이루는 원자나 전자들은 입자와 파동의 두 성질을 모두 갖고 있다. 빛도 그렇다. 빛인 경우 반사, 굴절, 간섭 현상 등은 분명히 파동적인 성질로부터 나온다. 이와 반면에 빛이 금속에 닿으면 금속 안에 있던 전자가 튀어나오게 하는 성질은 입자라고 할 수 있다. 왜냐하면 운동에너지를 가진 당구공이 다른 당구공에 충돌하여 다른 당구공을 움직이게 한 것과 같기 때문이다. 우리는 이러한 빛의 입자를 광자(photon)라고 부르며 그 에너지는 다음과 같이 주어진다.

$$E_n = nhf \quad n = 1,2,3,... \tag{10.1}$$

여기서 $h = 6.626 \times 10^{-34} J \cdot s$로 주어지는 플랑크 상수이다. 그리고 이러한 플랑크 상수의 차원은 각운동량과 같다. 그리고 자연수 n은 개별 광자의 수이다. 광자라고 하는 빛 입자의 운동량은

$$p = \frac{h}{\lambda} \tag{10.2}$$

으로 주어진다. 즉 질량이 존재하지 않더라도 운동량은 존재한다.

그런데 원자나 전자 등은 분명 질량을 갖는 입자에 속한다. 그럼에도 불구하고 미시적인 입자들은 입자처럼 에너지를 전달하기도 하지만 파동과 같이 전파되기도 한다. 이러한 성질은 자연의 속성에 속하며 결코 두 가지 성질이 동시에 나타나지는 않는다. 이를 입자-파동 이중성(particle-wave duality)이라고 부른다. 우리는 빛의 두 가지 성질 중 파동성인 모습

을 관찰한다면 파동적인 성질이, 입자적인 모습을 관찰하면 입자적인 성질을 얻을 수 있다.

[보기문제 1] 파장이 $650\,nm$ 인 한 광자의 에너지를 구하라.

풀 이 : $E = hf = \dfrac{hc}{\lambda} = \dfrac{(6.626\times10^{-34}\,Js)(3.0\times10^{8}\,m/s)}{6.5\times10^{-7}\,m} = 3.06\times10^{-19}\,J$이다. 이를 eV단위로 환산하면

$$E = \frac{3.06\times10^{-19}\,J}{1.60\times10^{-19}\,J/eV} = 1.9\,eV$$ 이다.

[보기문제 2] 인간의 눈은 전자기파 에너지를 약 $10^{-18}\,J$까지 감지할 수 있다고 한다. 그렇다면 인간의 눈은 $550\,nm$ 인 광자를 최소한 몇 개까지 감지할 수 있을까?

풀이: $E_n = nhf = n\dfrac{hc}{\lambda}$ 에서

$$n = \frac{\lambda}{hc}E_n = \frac{(5.5\times10^{-7})(10^{-18})}{(6.626\times10^{-34})(3.0\times10^{8})} = 2.7$$

따라서 3개의 광자가 눈에 들어오면 그 빛의 감도를 느낄 수 있게 된다.

[보기문제 3] 태양에서 방출된 복사 에너지는 지구에 도달하면 빛의 방향에 수직인 표면에 평균 $1.4\,kW/m^2$의 율로 전달된다. 빛의 진동수를 평균하여 $5.0\times10^{14}\,Hz$라고 가정하고 다음 물음에 답하라. 지구의 공전궤도는 원이라고 간주하며 그 반지름은 $1.5\times10^{11}\,m$이다.

(a) 태양과 수직에 있는 지구표면 $1\,cm^2$에는 초당 몇 개의 광자가 도달하는가?

(b) 태양의 출력(전력)은 얼마인가? 그리고 초당 몇 개의 광자를 방출하는가?

풀이: (a) $E = nhf$ 에서

$$n = \frac{E}{hf} = \frac{(1.4\times10^{3}\,W/m^2)(10^{-4}\,m^2)}{(6.626\times10^{-34}\,Js)(5.0\times10^{14}/s)} = 4.2\times10^{17}\,photons/s$$

이다.

(b) 지구에 도달된 복사에너지를 지구 공전궤도에 대한 전 면적으로 계산해주면 태양의 초당 총 에너지가 나온다. 따라서

$$P = (1.4\times10^{3}\ W/m^{2})(4\pi r^{2}) = (1.4\times10^{3}\ W/m^{2})(4)(3.14)(1.5\times10^{11}\ m)^{2}$$
$$= 4.0\times10^{26}\ W$$

이다. 그리고 이에 대한 초당 광자의 수는

$$n = \frac{P}{hf} = \frac{4.0\times10^{26}\ W}{(6.626\times10^{-34}\ Js)(5.0\times10^{14}/s)} = 1.2\times10^{45}\ photons/s$$

이다.

물질파와 양자화

입자도 보편적으로 파동의 성질을 가질 수 있으며 이를 증명한 사람이 프랑스의 물리학자 드브로이(de Broglie; 1892-1987)이다. 빛이 식 (10.1)과 같이 입자와 같은 성질을 갖는다면 전자와 같은 입자들도 비슷하게 표현될 수 있다는 사실에 주목하자. 즉 어떤 입자의 운동량이

$$p = \frac{h}{\lambda}$$

와 같이 주어질 수 있다면 그 입자의 질량이 m, 속도가 v라 할 때 파장은 다음과 같은 식으로 나타낼 수 있게 된다.

$$\lambda = \frac{h}{mv} \qquad (10.3)$$

이렇게 모든 입자들에 있어 위와 같은 파장으로 주어질 때 이를 물질파 혹은 드브로이파라고 부른다. 다음 보기문제를 쳐다보자.

[보기문제 4] TV 브라운관에 있는 전자총은 전자를 5000V로 가속시킨다. 전자의 파장을 구하라.

풀이: 전자의 에너지는 $E = eV$이므로,
$E = (1.6\times10^{-19}\ C)(5\times10^{3}\ V) = 8.0\times10^{-16}\ J$이다. 그리고

$$E=\frac{1}{2}m_e v^2=\frac{(m_e v)^2}{2m_e}=\frac{p^2}{2m_e}$$ 에서 운동량은

$$p=\sqrt{2m_e E}=\sqrt{2(9.1\times10^{-31}kg)(8.0\times10^{-16}J)}=3.8\times10^{-24}\,kg(m/s)$$

이다. 그러므로 구하고자 하는 파장은

$$\lambda=\frac{h}{p}=\frac{6.626\times10^{-34}}{3.8\times10^{-24}}=1.7\times10^{-10}\,m$$

이다. 원자 크기 정도의 파장에 속한다. 따라서 전자의 파동 성질을 이용하면 원자와 같은 작은 입자들의 모습을 그려보는데 적합하다. 이 원리를 이용한 것이 전자 현미경이다.

그렇다면 위와 같은 물질파의 개념은 과연 무엇을 가져다주는 것일까? 이제 원자, 분자, 아니면 태양계 등과 같은 체계(system)를 고려하자. 원자나 분자인 경우 그 안에서 전자가 구속되어 운동하고 있으며 태양계에서는 지구나 화성 등의 행성들이 그러하다. 이제 이러한 체계를 한 정육면체로 단순화하고 그 안에서 운동하는 입자를 고려해 보기로 한다. 일단 우리는 원자와 같은 미시세계에 흥미가 있으므로 상자는 원자계라고 하고 입자는 전자라고 하자. 이러한 전자가 상자 속에서 안정된 운동을 유지하려면 드브로이에 의한 입자의 파동성은 입자의 파장이 운동 경로에 대하여 정상파를 이루어야 한다는 것을 의미한다. 그림 10.1과 같이 길이가 L인 일차원적 방향만 고려하면 그 조건은 $\lambda=2L$, $\lambda=L$, $\lambda=2L/3$ 등이다. 따라서 정상파의 조건은

$$\lambda_n=\frac{2L}{n}\quad n=1,2,3,\cdots \tag{10.4}$$

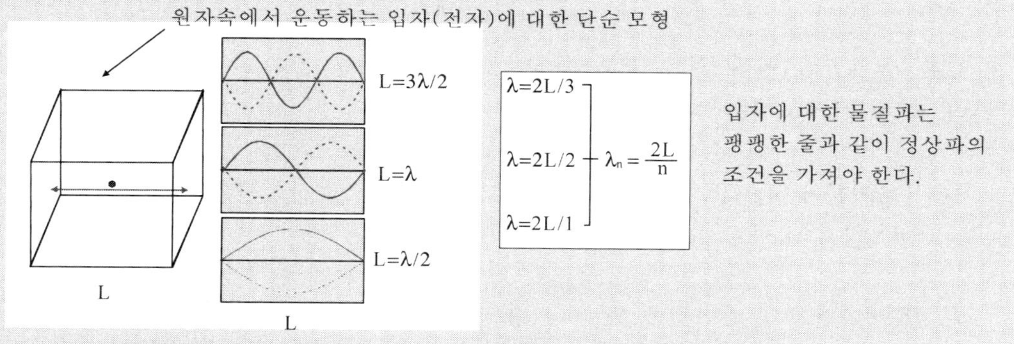

[그림 10.1] 물질파의 운동 조건과 양자화.

가 된다. 그러면 식 (10.3)으로부터 운동량은 다음과 같이 주어진다.

$$p_n = \frac{h}{\lambda_n} = \frac{h}{2L}n \tag{10.5}$$

운동량의 값을 알았으므로 위 물질파에 대한 에너지를 구할 수 있다. 즉,

$$E_n = \frac{p_n^2}{2m} = \frac{h^2}{8mL^2}n^2 \tag{10.6}$$

이다. 이제 에너지는 더 이상 연속적인 값이 아니라 특정의 기본 값의 정수의 곱으로 나온다. 여기서 n을 **양자수(quantum number)**라고 하며 에너지가 양자화 되었다고 부른다. 여기서 quantum은 독일어로 (에너지의) '덩어리'라는 뜻이다. 이러한 용어는 빛의 복사 에너지가 연속적인 값이 아니라 $E=hf$이라고 하는 기본 값의 정수배로 주어진다는 사실로부터 나왔다. 그렇다면 위 (10.6) 식은 어떠한 정보를 가져다주는 것일까? 다음의 보기문제를 다루어 보자.

[보기문제 5] 원자의 크기는 일반적으로 $10^{-10}m(0.1nm)$ 범위이다. 전자 하나가 원자 속에서 가질 수 있는 최소 에너지를 구해보라. 원자는 폭이 $0.1nm$라고 생각하라.

풀이: 식 $E_n = \frac{h^2}{8mL^2}n^2$에서 $n=1$, $L=10^{-10}m$ 인 경우이다. 그러면

$$E_1 = \frac{(6.626\times10^{-34}J\cdot s)^2}{(8)(9.1\times10^{-31}kg)(10^{-10}m)^2} = 6.0\times10^{-18}J$$

이다. 이 에너지를 eV단위로 환산하면

$$E_1 = \frac{6.0\times10^{-18}J}{1.6\times10^{-19}J/eV} = 38\,eV$$

가 된다. 이러한 결론은 원자가 가질 수 있는 전자들의 구속된 에너지가 수십 eV에 해당된다는 것을 알려준다.

위와 같은 보기문제의 결과는 원자들의 이온화 에너지와 방출 스펙트럼들의 에너지가 가지는 수에서 수십 eV의 값들과 견줄만하다는 것을 보여주고 있다. 이 얼마나 놀라운 사실인가? 여기서 양자수가 1인 에너지의 준위(level)를 **바닥상태(ground state**; 기저상태라고

도 하는데 이것 역시 일본식 한자 용어이다)라고 하며 가장 안정된 상태에 속한다. 그리고 $n=2, 3, \cdots$에 해당되는 에너지 준위들을 **들뜸상태(excited states**; 여기상태라고 하는데 이 용어 역시 일본식 한자 용어이다)라고 부른다.

이번에는 미시적인 세계가 아니라 우리가 경험할 수 있는 크기의 체계에서의 물질파의 개념을 적용해 보자.

[보기문제 6] 폭의 길이가 10 cm인 상자에 탁구공(5g)이 갇혀 있다고 가정하자. 이 탁구공을 물질파로 간주했을 때 가질 수 있는 최소 에너지는 얼마인가?

풀이:

$$E_1 = \frac{h^2}{8mL^2} = \frac{(6.626\times 10^{-34} J\bullet s)^2}{(8)(5\times 10^{-3} kg)(10^{-1} m)^2} = 1.1\times 10^{-63} J = 6.9\times 10^{-45}\, eV$$

이러한 에너지 값은 너무나 작아 측정조차 할 수 없다. 다시 말해 거시적인 세계에서는 입자의 파동적인 성질을 감지할 수 없을 정도로 양자화가 너무 작다. 이 탁구공의 속도를 계산해보면

$$v = \sqrt{\frac{2E_1}{m}} = \sqrt{\frac{(2)(1.1\times 10^{-63} J)}{(5\times 10^{-3} kg)}} = 6.6\times 10^{-34}\, m/s$$

인데, 이 속도를 감지할 수 있겠는가? 정지하고 있는 것과 다름이 없다.

10.2 보어 원자(atom)

이제부터는 실제적인 수소원자에 대한 양자적인 이론을 탐색해 보기로 하자. 이 길을 처음으로 닦은 사람이 덴마크의 물리학자 보어(Bohr, Niels; 1885-1962)이다. 다음 보기문제를 다루면서 보어원자를 이해하도록 하자.

[보기문제 7] 수소 원자는 가운데 원자핵의 역할을 하는 양성자 하나와 그 주위를 도는 하나의 전자로 구성된 가장 간단한 원자 구조를 갖고 있다. 그림 10.2와 같이 양성자는 정지해 있고 전자가 원형궤도를 돌며 운동하는 경우를 고려한다. 그러면 원형 운동을 유지시켜주는 구심력은 양성자와 전자간의 전기적인 힘으로부터 나온다. 고전적인 뉴턴의 제2법칙을 이용하여 다음 물음에 답하라.

(a) 전자의 속도를 질량, 반지름, 전하로 나타내어 보아라.

(b) 수소 원자가 가질 수 있는 총 에너지를 구하라.

(c) 반지름의 값을 구하라.

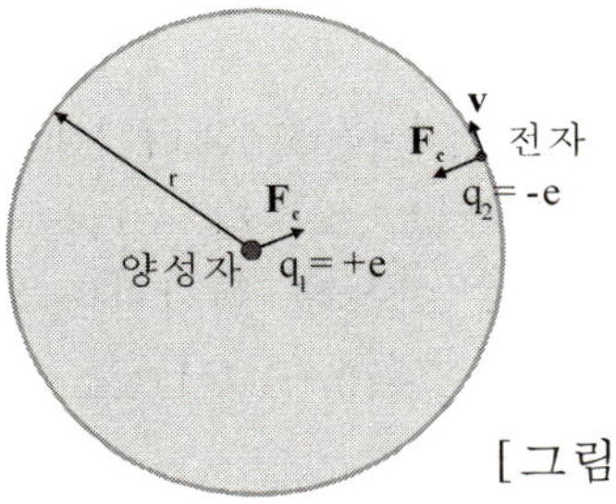

[그림 10.2] 수소 원자 모형.

풀이: (a) 구심력은 $F_c = m\frac{v^2}{r}$ 이고 이 힘이 전기력 $F_e = \frac{1}{4\pi\epsilon_0}\frac{q_1 q_2}{r^2}$ 과 같아야 한다. 그리고 양성자와 전자의 전하의 크기는 같고 이를 $e(=1.6\times10^{-19}\ C)$라고 하면,

$$m\frac{v^2}{r} = \frac{1}{4\pi\epsilon_0}\frac{e^2}{r^2}$$

이다. 이로부터 전자의 속도는

$$v = \frac{e}{\sqrt{4\pi\epsilon_0 mr}} \tag{10.7}$$

이 된다.

(b) 원자 안에서의 전자의 총 에너지는 운동에너지와 퍼텐셜에너지의 합이므로

$$E = \frac{1}{2}mv^2 - \frac{1}{4\pi\epsilon_0}\frac{e^2}{r}$$

이고, 여기에 (a)에서 구한 전자의 속도를 대입하면 다음과 같은 결론을 얻는다.

$$E = \frac{e^2}{8\pi\epsilon_0 r} - \frac{e^2}{4\pi\epsilon_0 r} = -\frac{1}{2}\frac{e^2}{4\pi\epsilon_0 r} \tag{10.8}$$

이것이 수소원자의 총 에너지이다. 이러한 음의 값은 전자가 구속되어 있다는 것을 의미하며 그 값은 $-13.6\,eV$이다. 보기문제 5번에서 간단히 구한 값과 비슷하지 않은가?

(c) 위와 같은 총 에너지는 실험적으로 이온화 에너지에 속하며 직접 측정되는 값이다. 따라서 이러한 에너지 값으로부터 우리는 수소 원자의 반지름을 구할 수 있게 되는 것이다. 이온화 에너지는 $E=-13.6\,eV=-(13.6\,eV)\times(1.6\times10^{-19}\,J/eV)=-2.2\times10^{-18}\,J$이므로,

$$r=-\frac{e^2}{8\pi\epsilon_0 E}=\frac{(1.6\times10^{-19}\,C)^2}{(8)(3.14)(8.85\times10^{-12}\,F/m)(2.2\times10^{-18}\,J)}$$

$$=5.3\times10^{-11}\,m$$

이다.

[보기문제 8] 연필의 재료는 흑연이며 흑연은 탄소(C)로 구성되어 있다. 연필심의 지름이 $0.4\,mm$라고 하면 길이 $5\,cm$의 연필심 안에는 몇 개의 탄소 원자가 들어 있겠는가? 탄소 원자의 반지름을 $0.1\,nm$라고 가장하라.

풀이: 연필심의 체적 안에 탄소 원자의 공(sphere)이 들어간다고 가정한다면 원자 수는

$$N=\frac{(\pi r^2 l)_{연필}}{(\frac{4}{3}\pi r^3)_{탄소원자}}=\frac{(3.14)(2.0\times10^{-4}\,m)^2(5\times10^{-2}\,m)}{(1.33)(3.14)(10^{-10}\,m)^3}=1.5\times10^{21}$$

이다.

그런데 수소 원자에 있어 전자가 고속으로 원운동을 한다면 전자기적인 성질에 의해 모순이 생겨난다. 무엇일까? 그것은 가속되는 전하 입자는 복사 에너지를 방출한다는 사실에서 나온다. 쌍극자에 의한 전자기파의 발생을 상기하면 쉽게 이해가 갈 것이다. 그렇다면 전자는 복사 에너지를 발생하면서 에너지를 소모하게 되고 결국엔 핵 속으로 빨려 들어가야 한다. 따라서 가운데 양성자의 핵이 있고 그 주위를 전자가 운동하는 모형은 전자기적 이론에 모순된다. 이러한 모순을 제거하여 수소 원자의 구조를 처음으로 밝혀낸 사람이 보어이다.

보어는 수소의 전자가 안정된 궤도를 가지기 위해서는 두 가지 조건이 필요하다는 가설을

내세웠다. 이를 보어의 양자 가설이라고 부른다.

보어의 양자 가설

가설 1: 전자는 복사를 발생시키지 않고도 특별한 궤도에서 운동할 수 있으며 이를 정상상태라고 한다. 그리고 특별한 궤도들은 각운동량에 대하여 다음과 같은 양자 궤도 조건을 만족하여야 한다.

$$L = mvr = n\frac{h}{2\pi} \quad n = 1, 2, 3, \cdots \tag{10.9}$$

가설 2: 전자가 한 정상상태에서 다른 정상상태로 전이(transition)하면 에너지를 방출하거나 흡수하는 전자기 복사가 발생한다. 처음 정상상태의 에너지를 E_i 나중 정상상태의 에너지를 E_f 라 하면 방출되거나 흡수된 에너지는 다음과 같아야 한다.

$$E_i - E_f = hf \tag{10.10}$$

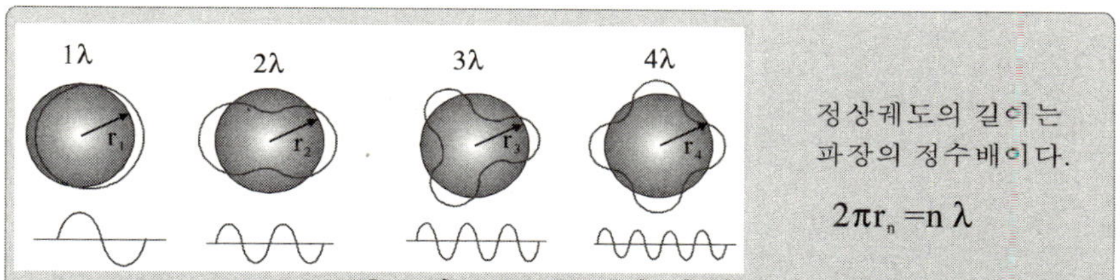

[그림 10.3] 보어 가설 1.

각운동량의 값이 $h/2\pi$의 정수배가 되어야한다는 가설 1의 조건은 실제적으로 무엇을 의미할까? 드브로이의 물질파 조건인 식 (10.3)을 식 (10.9)에 대입하여 정리하면 파장과 반지름에 대한 다음과 같은 관계를 얻을 수 있다.

$$2\pi r_n = n\lambda \tag{10.11}$$

원의 둘레 길이가 파장의 정수배가 되어야 한다는 결론을 얻은 것이다. 그림 10.3을 보기 바란다. 이러한 결론은 앞에서 논의한 정상파의 조건과 일맥상통한다. 즉 전자를 물질파 즉 파동의 성질로 간주되어야한다는 의미이다.

이번에는 식 (10.7)인 $v = \frac{e}{\sqrt{4\pi\epsilon_0 mr}}$ 을 가설 1에 적용해보자. 식 (10.9)에서

$$mr\frac{e}{\sqrt{4\pi\epsilon_0 mr}} = nh$$

가 되고, 양변을 제곱하여 반지름에 대한 식을 구하면 다음과 같다.

$$r_n = \frac{\epsilon_0 h^2}{\pi m e^2} n^2 \ \ ; n = 1, 2, 3, \cdots \tag{10.12}$$

r_1 값을 구해보자.

$$r_1 = \frac{(8.85\times10^{-12}\,C^2/Nm^2)(6.63\times10^{-34}\,Js)^2}{(3.14)(9.1\times10^{-31}kg)(1.6\times10^{-19}C)^2} = 5.3\times10^{-11}\,m$$

이제 우리는 수소 원자의 가장 안쪽 반지름의 크기를 근본적으로 알게 되었으며 수소원자의 크기에 대한 비밀을 파헤치게 되었다. 이와 같은 보어의 위대한 업적을 기리어 r_1을 보어 반지름(Bohr's radius)이라고 이름이 붙었으며 종종 a_0로 표기된다. 이러한 보어 반지름을 기준으로 삼아 반지름에 대한 양자화 조건을 표현하면

$$r_n = n^2 r_1 \tag{10.13}$$

으로 주어진다.

다음으로 총 에너지를 구해보자. 식 (10.8)에 식 (10.12)를 대입하여 정리하면 다음과 같다.

$$E_n = -\frac{1}{2}\frac{e^2}{4\pi\epsilon_0 r_n} = -\frac{me^4}{8\epsilon_0^2 h^2}\frac{1}{n^2} \tag{10.14}$$

식 (10.14)가 수소원자에 있어서의 에너지 양자화 식이다. 가장 낮은 에너지 즉 바닥상태의 에너지는 $n=1$인 때이므로 그 값은

$$E_1 = -\frac{(9.1\times10^{-31}kg)(1.6\times10^{-19}\,C)^4}{(8)(8.85\times10^{-12}\,C^2/Nm^2)^2(6.63\times10^{-34}\,Js)^2} = -2.17\times10^{-18}\,J$$

$$= -13.6\,eV$$

이다. 수소의 이온화 에너지 값이 왜 그렇게 나오는지에 대한 이유를 알게 되었다. 그리고 그 다음 $n=2$의 에너지는 $E_2 = -0.54\times10^{-18}\,J = -3.4\,eV$ 가 된다. 이 결과를 우리는 7장에서 미리 살펴본 바가 있다(그림 7.6을 보라). 자연에 숨어 있는 비밀을 파헤친 것이다. 다음의 보기문제는 위와 같은 보어 가설에 의한 양자화의 관점을 다른 시각에서 쳐다 본 것이다.

[보기문제 9] 수소 원자의 총 에너지는 $E=\frac{p^2}{2m}-\frac{1}{4\pi\epsilon_0}\frac{e^2}{r}$ 으로 주어진다. 여기서 $p=mv$ 이다. 보어의 수소에 대한 양자가설 중 $pr=\frac{h}{2\pi}$ 라는 조건을 총에너지에 적용시켜 다음 물음에 답하라.

(a) 총 에너지의 값을 반지름 r에 대한 식으로 표현하고 그 그래프를 그려라.

(b) 그래프에 대한 최소값을 구하고 최소값에 해당되는 거리를 구하라.

풀이: (a) 식 $E=\frac{p^2}{2m}-\frac{1}{4\pi\epsilon_0}\frac{e^2}{r}$ 에서 운동량을 $p=\frac{h}{2\pi r}$ 로 대체시켜 정리하면

$$E=\frac{h^2}{8\pi^2 mr^2}-\frac{e^2}{4\pi\epsilon_0 r}$$

이다. 알려진 상수 값들을 대입하면 다음과 같이 된다.

$$E=10^{-19}\left(\frac{6.1}{r^2}-\frac{23}{r}\right)J=0.625\left(\frac{6.1}{r^2}-\frac{23}{r}\right)eV$$

단 여기서 r은 $10^{-10}\,m$단위이다. 따라서 이에 대한 그래프는 다음과 같다.

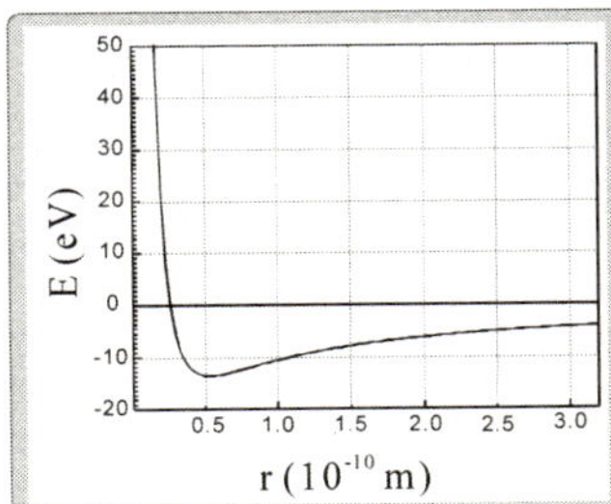

[그림 10.4] 수소원자의 총에너지 곡선.

(b) (a)에서 구한 에너지 식에서 그래프의 최소값을 구하려면 미분을 이용하면 된다. 즉,

$$\frac{dE}{dr}=-6.1\times 2r^{-3}+23r^{-2}=0$$

으로부터 최소가 되는 거리는 $r=0.53$ 이다. 즉 $r=0.53\times 10^{-10}\,m$의

값을 얻는다. 이때의 최소 에너지는

$$E = 0.625\left(\frac{6.1}{(0.53)^2} - \frac{23}{0.53}\right) eV = -13.6\, eV$$

이다. 그래프를 쳐다보면 이 값들이 그래프의 최소점에 해당되는 에너지와 거리임을 알 수 있다.

10.3 수소원자의 스펙트럼

이번에는 보어의 두 번째 가설인 $E_i - E_f = hf$를 논의하기로 한다. 처음의 안정된 궤도의 양자수를 n_i, 나중 궤도의 양자 상태의 수를 n_f라 하자. 그러면 식 (10.10)과 (10.14)로부터

$$hf = E_i - E_f = \frac{me^4}{8\epsilon_0^2 h^2}\left(\frac{1}{n_f^2} - \frac{1}{n_i^2}\right) \tag{10.15}$$

가 된다. 식 (10.15)는 수소 원자의 복사 에너지에 해당되는 빛의 스펙트럼을 나타내는 식이라고 할 수 있다. 만약에 외부로부터 에너지를 받으면 전자는 처음 상태(대부분 바닥상태인 $n=1$)의 에너지 준위에서 더 높은 에너지 준위로 올라갈 수 있다. 이러한 상태를 앞에서도 언급을 했지만 원자가 들뜬다(excited)는 의미로 들뜸상태라고 부른다. 그런데 이러한 들뜸 상태들은 안정된 궤도가 아니라서 전자는 아주 짧은 시간에(대략 $10^{-8}\,s$) 다시 안정된 바닥상태로 전이 하게 된다. 이때 전이하는 과정에서 두 에너지 준위 상태들의 에너지 차에 해당되는 빛을 발하게 되며 이를 수소의 선스펙트럼(line spectrum)이라고 부른다. 물론 이러한 스펙트럼들은 전자기파의 일종이다. 스펙트럼들의 진동수는 다음과 같이 표현된다. 즉, 식 (10.15)로부터

$$f = \frac{me^4}{8\epsilon_0^2 h^3}\left(\frac{1}{n_f^2} - \frac{1}{n_i^2}\right) = 3.29 \times 10^{15}\left(\frac{1}{n_f^2} - \frac{1}{n_i^2}\right)\ /s \tag{10.16}$$

이다. 그리고 이에 대한 파장은 $f = c/\lambda$로부터

$$\frac{1}{\lambda} = \frac{me^4}{8\epsilon_0^2 h^3 c}\left(\frac{1}{n_f^2} - \frac{1}{n_i^2}\right) = 1.097 \times 10^7\left(\frac{1}{n_f^2} - \frac{1}{n_i^2}\right)/m \tag{10.17}$$

이다.

[보기문제 10] 1885년 스위스의 수학자인 발머(Balmer, Johann Jakob; 1825-1898)는 수소 원자의 가시광선의 스펙트럼을 연구하는 과정에서 스펙트럼선들의 진동수에 대하여 다음과 같은 결과를 발표하였다.

$$f = R(\frac{1}{n_f^2} - \frac{1}{n_i^2})$$

이 공식에서 발머는 $n_f = 2$로 정하고 , 가시광선 중 빨간색인 경우 $n_i = 3$, 초록색인 경우 $n_i = 4$, 파란색인 경우 $n_i = 5$, 보라색인 경우 $n_i = 6$을 대입하여 R의 값을 구하였다. 다음의 표는 그 당시 알려졌던 수소스펙트럼선들의 파장과 진동수의 값들이다. 이러한 실험값들로부터 발머가 했던 것처럼 R의 값을 정해보라.

수소원자의 방출 스펙트럼선들의 실험값

가시광선 스펙트럼 종류	파장($10^{-9}\,m$)	진동수($10^{12}\,Hz$)
빨간색(red)	656.210	457.170
초록색(green)	486.074	617.190
파란색(blue)	434.01	691.228
보라색(violet)	410.12	731.493

풀이: $n_f = 2$를 고정시키고 네 가지 스펙트럼선들에 대한 R값을 편의 상 R_1, R_2, R_3, R_4라 하자. 그러면

빨간색에 대해서는 $457.170 = R_1(\frac{1}{2^2} - \frac{1}{3^2})$,

초록색에 대해서는 $617.190 = R_2(\frac{1}{2^2} - \frac{1}{4^2})$,

파란색에 대해서는 $691.228 = R_3(\frac{1}{2^2} - \frac{1}{5^2})$,

보라색에 대해서는 $731.493 = R_4(\frac{1}{2^2} - \frac{1}{6^2})$ 이다.

각각을 구해보면

$R_1 = 3291.62 \times 10^{12}\,Hz$

$R_2 = 3291.68 \times 10^{12}\,Hz$

$R_3 = 3291.56 \times 10^{12}\,Hz$

$R_4 = 3291.72 \times 10^{12}\,Hz$

이다. 이러한 값들을 평균하면 우리가 원하는 값이 된다. 즉

$R = 3291.65 \times 10^{12}\ Hz$

이다. 이러한 결과는 이론적으로 도출된 값과 일치하며 보어 이론의 뛰어남을 증명해주고 있다.

위와 같은 발머의 식으로부터 스웨덴의 뢰드베르그(Rydberg, Johannes; 1854-1919)는 수소원자의 파장에 대한 일반 공식-식 (10.17)-을 추출해 낼 수 있었다. 따라서 오늘날 이러한 R의 값을 **뢰드베르그 상수**라고 부른다. (국내의 물리학 책들에서는 이러한 Rydberg를 **리드베리**라고 번역하는데 필자로서는 이해가 가지 않는 부분이다. Cambridge 대학에서 펴낸 과학자 인명사전에도 Rydberg의 발음을 [$r\ddot{u}dberg$]로 표기되어 있어 리드베리와는 거리가 멀다고 하겠다. 아니면 그냥 영어식으로 **리드버그**라고 번역하는 것이 좋다고 본다.) 위와 같은 발머의 공식으로부터 발머는 n_f가 2가 아닌 경우의 영역, 즉 자외선($n_f = 1$) 및 다양한 적외선($n_f = 3, 4, 5$)의 스펙트럼선들을 예견할 수 있었다. 그림 10.5는 수소원자의 스펙트럼선들의 종류를 수소원자의 에너지 준위에 입각하여 나타낸 그림으로 각 스펙트럼 계열의 이름들은 실험적으로 발견한 사람들의 이름에 해당된다.

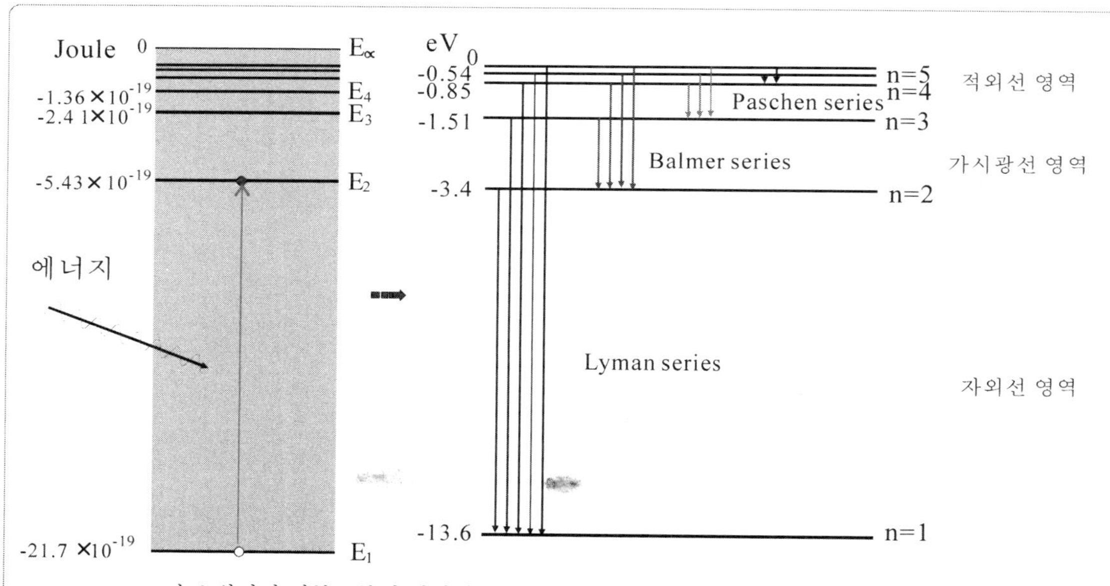

수소원자가 외부로부터 에너지를 받으면 전자는 높은 에너지 준위 상태로 이동하게 된다. 들뜬 전자가 다시 낮은 에너지 상태로 내려오면서 처음 상태와 나중 상태의 에너지 차이에 의해 다양한 에너지의 스펙트럼선들을 방출한다.

[그림 10.5] 수소원자의 에너지준위와 방출 스펙트럼.

위와 같이 보어 이론은 수소원자에 대한 스펙트럼선들의 속성을 밝히는데 큰 공헌을 하였다. 그러나 그 한계점들이 곧 드러내기 시작하였다. 예를 들면 에너지 준위 사이에서 일어나는 전이들에 대한 상대적인 확률을 계산할 수가 없으며 수소원자를 제외한 다른 원자들의 스펙트럼을 설명해주지 못한다. 더욱이 수소 원자의 선 스펙트럼들을 더 정밀하게 관측한 결과 기존의 선들에서 더 미세한 부분으로 나누어지는 현상이 발견되었다. 즉 수소원자에 자기장을 걸면 그림 10.6에서 보듯이 하나의 선스펙트럼이 세 가닥으로 갈라지는 제만효과(Zeeman effect) 현상이 나왔다. 이러한 결과는 양자수가 n 이외에 더 존재할 수 있다는 것을 의미한다.

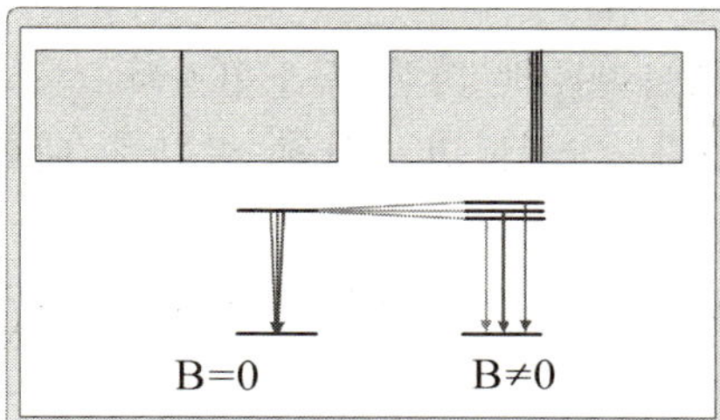

자기장을 가하면 하나의 스펙트럼선이 세개로 갈라지기도 한다. 이러한 현상을 제만 효과(Zeeman Effect)라고 부른다.

[그림 10.6] 스펙트럼선의 분리

10.4 전자의 양자수

식 (10.4)의 $\lambda_n = 2L/n$ 은 오직 한 방향 즉 1차원만 고려된 파장이다. 그림 10.7에서 보듯이 상자는 사실상 3차원 공간을 점유하고 이에 대한 좌표는 (x, y, z)이다. 따라서 파장 역시 3가지 성분으로 나누어져야하며 이에 대응되는 양자수는 n_x, n_y, n_z가 된다. 따라서 양자 에너지를 표현하는 식 (10.6)은 다음과 같이 주어지게 된다.

$$E_n = \frac{p_n^2}{2m} = \frac{h^2}{8mL^2}(n_x^2 + n_y^2 + n_z^2) \tag{10.18}$$

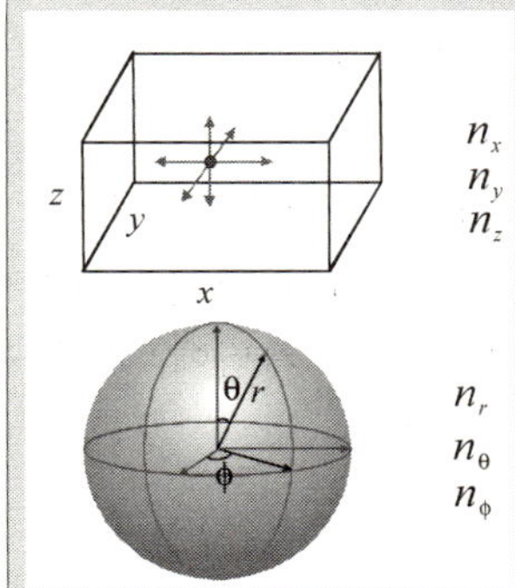

실제적인 상자는 3차원 공간 (x, y, z)을 갖는다. 따라서 이에 대응되는 양자수 n 역시 세가지이어야 한다.

원자의 모형은 공꼴에 가깝기 때문에 3차원을 묘사하는 좌표는 공꼴좌표 (r, θ, ϕ)가 편리하다. 이에 대응되는 양자수 역시 세가지이어야 한다.

[그림 10.7] 3차원 공간과 대응 양자수

그런데 원자는 상자 모양이 아니라 공(sphere) 모양이라는 사실이다. 즉 전자는 원자의 핵을 중심으로 공꼴 형태로 운동하고 있다. 따라서 상자와 같은 형태를 나타내는데 사용되는 (x, y, z) 좌표계는 전자의 운동을 기술하는데 불편하다. 이에 알맞은 좌표계가 공꼴 좌표계(spherical coordinates)이다. 공꼴 좌표계는 그림 10.7에서 보듯이 (r, θ, ϕ)로 나타낸다. 그렇다면 이러한 좌표계에 의한 수소 원자의 양자화 된 에너지는 다음과 같이 표현될 수 있을까?

$$E_n = -\frac{me^4}{8\epsilon_0^2 h^2}\left(\frac{1}{n_r^2} + \frac{1}{n_\theta^2} + \frac{1}{n_\phi^2}\right)$$

결론은 '안된다'이다. 위와 같이 표현될 수 있다면 보어이론에 의한 수소원자의 선스펙트럼들에 대한 정확한 결과는 무의미해져 버리기 때문이다. 그렇다면 3차원 공간에 대한 다른 양자수는 어떠한 형태로 나타나는 것일까?

그것은 전자의 각운동량과 관계가 있다. 양자화 된 전자의 각운동량은 다음과 같이 정의된다.

$$L = \sqrt{l(l+1)}\,\hbar,\ \hbar = \frac{h}{2\pi};\ \ l = 0, 1, 2, 3, \cdots, (n-1) \qquad (10.19)$$

여기서 l을 궤도양자수(orbital quantum number)라고 부르며 각운동량의 크기 L을 결정한다. 이에 반해 n을 주양자수(principal quantum number)라고 부른다. 주양자수 n에는 n개의 서로 다른 궤도양자수가 존재한다. 만약 주양자수가 $n=2$라면 궤도양자수는 $l=0$과 $l=1$등 두 개를 갖는다. 그런데 이러한 궤도양자수는 각운동량의 크기만을 결정할 뿐 방향에 대한 정보는 갖고 있지 않다. 따라서 각운동량의 방향을 결정해주는 양자수 도입이 필요하며 이러한 양자수를 자기양자수(magnetic quantum number)라고 한다.

원자가 외부 자기장에 걸려 있을 때 자기양자수가 분리되어 나오며 이러한 이유로 자기양자수라고 부른다. 자기양자수는 보통 m_l로 표기하며 궤도양자수에 대하여 다음과 같은 값을 갖는다.

$$m_l = -l, -l+1, \cdots, -1, 0, 1, \cdots, l-1, l \qquad (10.20)$$

만약 $l=2$라면 자기양자수는 $m_l = -2, -1, 0, 1, 2$ 등 5가지를 갖는다. 그림 10.8은 각운동량의 양자화된 모습을 알기 쉽게 그려본 것이다. 각운동량의 크기가 같다하더라도 자기장에 나란한 성분의 크기가 5개로 나누어진 모습에서 공간의 양자화의 개념에 대한 윤곽이 잡힐 것이다.

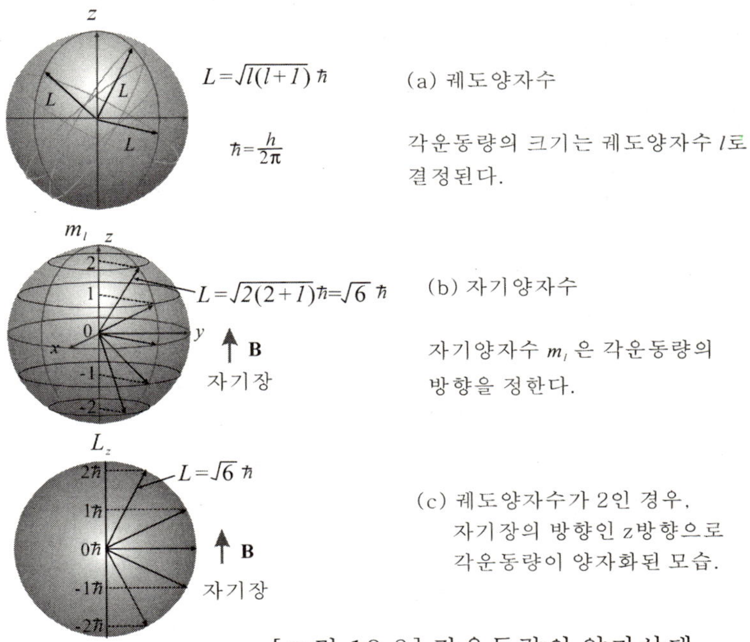

[그림 10.8] 각운동량의 양자상태.

수소원자의 전자 확률분포

그렇다면 수소원자에 있는 전자는 실제적으로 어떠한 궤적을 그리며 운동하는 것일까? 그림 10.1과 그림 10.3을 보면 전자의 궤도는 입자의 성질이 아니라 파동적인 성질로 그려졌다는 것을 알 수 있다. 이때 전자의 성질과 정보를 담은 함수를 파동함수라고 부르며 보통 다음과 같이 표현된다.

$$\psi(r,\theta,\phi)= R(r)\Theta(\theta)\Phi(\phi) \tag{10.21}$$

여기서 r,θ,ϕ는 공꼴 좌표들이다(그림 10.7을 보라). 식 (10.21)로 주어지는 함수는 슈뢰딩거 방정식이라고 불리는 복잡한 미분방정식을 풀어야 얻을 수 있으며 이는 이 책의 범위를 훨씬 벗어난다. 따라서 그 결과만을 취급하기로 하자. 앞에서 언급한 양자수들은 위와 같은 함수들에 대하여 다음과 같이 대응된다.

$$\psi_{n,l,m_l}= R_{n,l}\Theta_{l,m_l}\Phi_{m_l} \tag{10.22}$$

그리고 $n=1$과 $n=2$에 대한 파동함수는 다음과 같다.

$$\psi_{1,0,0} = \frac{1}{\sqrt{\pi}\, a_0^{3/2}} e^{-r/a_0} \tag{10.23}$$

$$\psi_{2,0,0} = \frac{1}{4\sqrt{2\pi}\, a_0^{3/2}} \left(2 - \frac{r}{a_0}\right) e^{-r/2a_0} \tag{10.24}$$

$$\psi_{2,1,0} = \frac{1}{4\sqrt{2\pi}\, a_0^{3/2}} \frac{r}{a_0} e^{-r/2a_0} \cos\theta \tag{10.25}$$

$$\psi_{2,1,\pm 1} = \frac{1}{8\sqrt{\pi}\, a_0^{3/2}} \frac{r}{a_0} e^{-r/2a_0} \sin\theta\, e^{\pm i\phi} \tag{10.26}$$

위와 같은 파동함수들이 실제적으로 의미를 갖기 위해서는 그 제곱의 값이어야 하며 이를 전자의 확률밀도함수라고 한다. 다시 말해 파동함수를 제곱하면 전자들이 어떠한 경로를 따르고 어디에 위치해 있는지에 대한 정보를 얻을 수 있다.

이제 식 (10.25)를 다음과 같이 표현해보자. 즉

$$\psi_{2,1,0} = \frac{1}{4\sqrt{2\pi}\, a_0^{3/2}} \frac{r}{a_0} e^{-r/2a_0} \cos\theta = r\cos\theta\, f(r)$$

이고, $z = r\cos\theta$ 인 관계를 고려하면

$$p_z = z f(r) \tag{10.27}$$

이다. 식 (10.27)은 $m_l = 0$ 인 궤도함수로 z 축 성분이 0인 각운동량을 갖는다는 것을 내포하고 있다. 이 파동함수는 $\cos\theta$ 에 비례하고 따라서 확률밀도는 $\cos^2\theta$ 에 비례하게 되며 양쪽 z 축 상($\theta = 0^0$ 와 $\theta = 180^0$)에서 최대값을 갖는다. 따라서 이러한 p 궤도함수의 확률 표면은 그림 10.9(a)와 같은 모습을 갖는다.

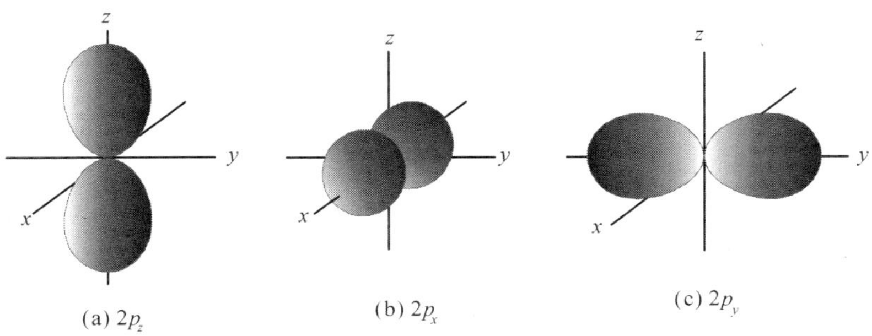

p 궤도의 확률밀도의 경계 표면 분포로 마디면은 핵을 통과하며 공꼴 부분을 갈라놓는다. 분자 결합에서 분자의 성질과 관련된 중요한 역할을 담당한다.

[그림 10.9] $2p$ 궤도함수들의 확률 분포.

이번에는 식 (10.26)을 살펴보자. $e^{\pm i\phi} = \cos\phi \pm i\sin\phi$이므로

$$\psi_{2,1,\pm 1} = \frac{1}{8\sqrt{\pi}\, a_0^{3/2}} \frac{r}{a_0} e^{-r/2a_0} \sin\theta(\cos\phi \pm i\sin\phi)$$

이며 이를 다음과 같이 표현하자.

$$p_{\pm l} = f(r) r \sin\theta(\cos\phi \pm i\sin\phi)$$

그러면, $x = \sin\theta\cos\phi$, $y = \sin\theta\sin\phi$로부터

$$p_x = \frac{p_{+l} + p_{-l}}{2} = f(r) r \sin\theta\cos\phi = x f(r) \tag{10.28}$$

$$p_y = \frac{p_{+l} - p_{-l}}{2} = f(r) r \sin\theta\sin\phi = y f(r) \tag{10.29}$$

이다. 위와 같은 p_x, p_y 함수들은 x축 상과 y축 상에 있는 각운동량을 나타내며 확률밀도 분포는 그림 10.9에서 보는 바와 같다. 이러한 2p 궤도 함수의 확률분포는 원자와 원자 간의 결합에서 아주 중요한 역할을 담당하게 되며 특히 탄소와 결합된 유기분자에서 혼성화 이론과 관련이 깊다.

전자의 스핀(spin)

그런데 전자의 성질을 파악하는 데 위와 같은 3개의 양자수를 가지고도 설명이 안 되는 현상이 발견되었다. 그것은 전자스핀(electron spin) 현상이다. 전자의 스핀은 전하와 같이 전자 고유의 성질로 각운동량에 대한 성질을 나타내는 고유 개념이다. 이러한 스핀은 마치 지구의 자전처럼 전자의 자전 운동으로 비교되는 경우가 있으나 근본적으로 자전 현상과는 다른 양자적 성질로 자연 속에 내재되어 있는 입자의 고유 성질 중 하나이다.

그림 10.10을 보자. 전자의 스핀은 오른손 법칙에 따른 벡터를 기준으로 위쪽 방향의 스핀을 업(up), 아래쪽 방향의 스핀을 다운(down) 상태라고 한다. 그런데 이러한 전자의 스핀을 나태내기 위한 양자수는 1/2이라는 사실에 주목하자. 이때 두 개의 스핀 방향을 결정해 주는 양자수를 스핀 양자수라고 하며 보통 m_s로 표기한다. 그러면 스핀업의 양자수는 $m_s = +1/2$, 스핀다운의 양자수는 $m_s = -1/2$이 된다. 주양자수는 물론 궤도양자수와 자기양자수가 정수로 나타나는 반면에 스핀 양자수는 정수 1의 반값으로 나오는 것이 이상하다고 여기지 않는가? 그러나 아무리 이상하다고 여겨도 어쩔 수가 없다. 원자나 분자와 같은 작은 세계에서 드러나는 양자화의 성질들은 그야말로 수수께끼와 같기 때문에 일상적인 경험으로는 이해하기가 어려운 경우가 많다.

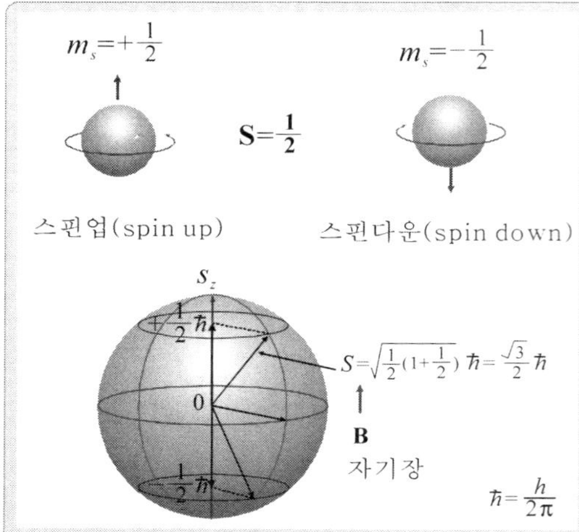

[그림 10.10] 전자의 스핀

이로써 원자 내에 존재하는 전자의 성질을 나타내는데 필요한 양자수가 모두 드러난 셈이다. 이상의 양자수를 정리하면 다음 표와 같다.

<표 10.1> 원자 안에 있는 전자에 대한 양자수.

명칭	기호	값	물리량
주양자수	n	$1, 2, 3, \cdots$	전자의 에너지
궤도양자수	l	$0, 1, 2, \cdots, n-1$	각운동량의 크기
자기양자수	m_l	$-l, \cdots, 0, \cdots, l$	각운동량의 방향
스핀양자수	m_s	$1/2, -1/2$	스핀의 방향

10.5 원자들의 전자배치 - 주기율표

대부분의 원자들은 두 개 이상의 전자를 갖는다. 그렇다면 이러한 다전자 원자들의 구조 즉 전자들의 배치는 어떻게 이루어지는 것일까? 원자번호가 8인 산소원자는 전자를 8개 가지고 있다. 그렇다면 8개의 전자들은 양자상태를 어떻게 점유해 나갈까? 8개의 전자들은 주양자수가 $n=1$인 상태에 모두 들어갈 수 있을까? 그렇지 못하다면 $n=2$ 상태들에는 몇 개가 들어갈 수 있을까? 놀랍게도 양자수에는 전자들이 점유할 수 있는 제약이 있다는 원리가 존재한다. 이를 배타원리라고 부른다.

배타원리(exclusion principle)

표 10.1에 나타난 양자수에 대한 각각의 값들은 고유 양자상태를 나타낸다고 하겠다. 이

때 이러한 양자상태에는 오직 전자 한 개만이 점유될 수 있다. 예를 들면 $n=1$이고 따라서 $l=0$인 경우에는 $m_s=+1/2$ 상태에 전자 하나, $m_s=-1/2$ 상태에 전자 하나가 점유된다. 따라서 주양자수가 $n=1$인 상태에는 전자가 2 개 들어갈 수 있다고 하겠다. 물론 엄밀히 말하자면 같은 상태의 전자가 아니라 하나는 스핀 업 다른 하나는 스핀다운 상태를 갖는다. 이와 같은 원리는 오스트리아의 물리학자인 파울리(Pauli, Wolfgang; 1900-1958)에 의해 발견되어 파울리의 배타원리라고 알려져 있다. 이제 이러한 배타원리에 입각하여 전자들이 어떻게 배열되는지 살펴보기로 한다.

우선 양자수에 해당되는 궤도에는 발견에 대한 역사적인 이유로 인하여 특별히 명칭이 부여되어 있는 경우가 많다. 우선 주양자수에 해당되는 궤도의 공간을 주(main) 껍질(shell)이라고 부른다. 이러한 주양자수의 껍질에 대한 각각의 기호는 다음 표와 같다.

<표 10.2> 주양자수에 대한 껍질 기호.

n	1	2	3	4	5
기호	K	L	M	N	O

이와 반면에 궤도양자수 l에 의해 점유되는 공간은 부껍질(subshell)이타 한다. 이러한 부껍질에 대해서도 그 명칭 즉 기호가 있는데 다음의 표와 같다.

<표 10.3> 궤도양자수에 대응되는 부껍질과 그 명칭.

l	0	1	2	3	4	5	6
명칭	s	p	d	f	g	h	i

그리고 위와 같은 주양자수와 궤도양자수를 조합한 전자들의 양자상태들에 대한 기호는 표10.4와 같다.

<표 10.4> 원자 안의 전자의 양자상태들에 대한 기호.

	$l=0$	$l=1$	$l=2$	$l=3$	$l=4$
$n=1$	$1s$				
$n=2$	$2s$	$2p$			
$n=3$	$3s$	$3p$	$3d$		
$n=4$	$4s$	$4p$	$4d$	$4f$	
$n=5$	$5s$	$5p$	$5d$	$5f$	$5g$

이번에는 주양자수가 받아드릴 수 있는 즉 점유할 수 있는 전자들의 개수가 어떻게 되는지 살펴보기로 한다. 예를 들어 $n=2$인 경우를 들여다보자. 그림 10.11을 보라. 우선 궤도양자수에 해당되는 부껍질이 두 개 존재한다. 하나는 $l=0$이고 다른 하나는 $l=1$이다. $l=0$에서는 자기양자수는 존재할 수 없으므로 스핀상태인 스핀업과 스핀다운에 전자 하나씩이 점유되어 결국 두 개의 전자가 들어갈 수 있다. 이와 같은 점유 상태를 기호로 표시하면 $2s^2$가 된다. 이와 반면에 $l=1$ 인 부껍질 $2p$에는 자기양자수가 3개 존재한다. 즉 $m_l=-1, 0, 1$이다. 이러한 자기양자수 각각에 스핀업과 스핀다운 상태가 존재할 수 있으므로 결국 모두 6개의 양자상태가 존재하게 되어 결국 최대로 전자 6개가 들어갈 수 있다. 이를 기호로 표시하면 $2p^6$이다. 따라서 $n=2$인 껍질에는 최대 8개의 전자가 점유할 수 있다.

일반적으로 껍질 n에 대하여 모두 $2n^2$개의 양자상태가 존재하며 이 만큼의 전자들이 점유할 수 있게 된다. 그림 10.11은 $n=2$인 전자의 양자상태들을 이해하기 쉽도록 도표화한 것이다. 보통 스핀업의 상태를 화살표 ↑로, 스핀다운 상태를 화살표 ↓로 표기하는 경우도 있다.

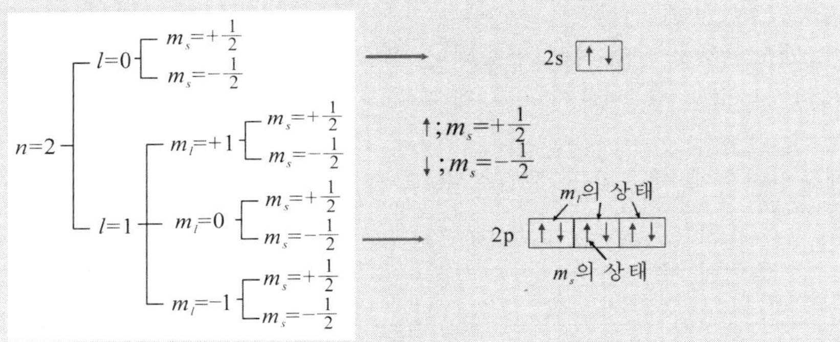

[그림 10.11] 주양자수 n=2인 전자의 양자상태.

전자가 배치될 때 주껍질 혹은 부껍질을 완전히 채우게 되는 경우 이를 닫힌 껍질(closed shell)을 이룬다고 한다. 전자들의 배치(configuration, 혹은 배위라고도 부름)가 이렇게 닫힌 껍질을 이루게 되면 전자들의 총 스핀은 0이 되어 이에 해당되는 원자는 자기쌍극자 모멘트를 갖지 못한다. 이러한 결과 닫힌 껍질에 있는 전자들은 외부의 전자들과 상호 반응을 하지 않게 되어 안정된 원자상태를 이룬다. 이러한 원자들이 주기율표 상 8족 원소들인 불활성 기체들(inert gases)이다.

그런데 다전자원자들에 있어서 전자배치는 주양자수에 따라 차례대로 채워지지 않는다. 다음 그림 10.12에서 보듯이 주양자수 4에 해당하는 $4s$상태의 에너지준위가 주양자수 3의 $3p$궤도준위보다 낮다. 가령 원자번호 19번인 K(칼륨, 영어로는 potassium)인 경우 $3p$를 채우고 나서 $3d$로 가는 것이 아니라 $4s$상태에 먼저 전자가 배치된다.

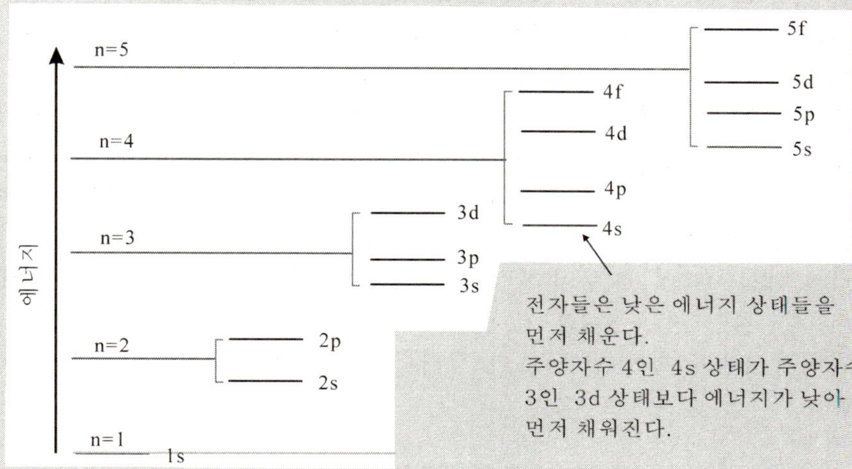

[그림 10.12] 다전자원자의 전자 궤도의 양자 에너지 상태 순서도.

수소원자부터 원자번호 11번까지의 몇몇 원자들에 대한 전자배치(electron configuration)를 표 10.5에 실었다. 여기서 전자스핀은 가장 바깥쪽 부껍질에 배치된 전자-이를 최외각 전자라고 부름-의 스핀상태를 의미한다.

<표 10.5> 원자번호 11번 이하 원자들의 전자 배치표.

원소(element)	원자번호 (atomic number)	전자배치 (electron configuration)	전자스핀 (electron spin)
수소(H)	1	$1s^1$	↑
헬륨(He)	2	$1s^2$	↑ ↓
탄소(C)	6	$1s^2 2s^2 2p^2$	↑ ↑
산소(O)	8	$1s^2 2s^2 2p^4$	↑ ↓ ↑ ↑
붕소(F)	9	$1s^2 2s^2 2p^5$	↑ ↓ ↑ ↓ ↑
네온(Ne)	10	$1s^2 2s^2 2p^6$	↑ ↓ ↑ ↓ ↑ ↓
나트륨(Na)	11	$1s^2 2s^2 2p^6 3s^1$	↑

주기율표

원소의 주기율표는 다음 쪽에 그려 넣었다. 주기율표와 전자배치도와의 상관성을 알아보자. 주기율표에서 1A족을 보면 모두 s^1 전자배치를 갖고 있다는 것을 알 수 있다. 2A족은 s^2 전자배치를, 3A인 경우 s^2p^1 전자배치를 하고 있다. 각 족마다 이러한 형태로 구분되어 있으며 각 족들에서 나타나는 비슷한 화학적 성질들이 결국은 전자배치의 유사성에서 나오는 것임을 알 수 있다. 주기율 표 상에서 1A, 2A 족 원소들은 부껍질에 해당하는 s 궤도를 채우고 있는데 이를 s-블록 원소(s-block elements)라고 하고, 3A에서 8A족까지의 원소들은 p 궤도를 채우고 있어 p-블록 원소(p=block elements)라고 부른다. 이와 반면에 표의 중앙 전이금속들은 d 궤도를 채우고 있어 d-블록 원소(d-block elements)라고 한다.

이러한 d-블록 원소들 중 철(Fe), 코발트(Co), 니켈(Ni) 등은 자석의 성질이 강한 것이 특징이다. 그 이유는 $4s$를 채우고 난 다음 나머지 전자들이 $3d$ 부껍질을 채우면서 스핀이 같은 상태를 유지시키려는 속성 때문이다. 이러한 전자들의 성질은 훈트의 규칙(Hund's rule)으로 알려져 있다. 철인 경우 6개의 전자 중 $3d$껍질의 다섯 개의 방 중 1개의 방에서만 짝을 이루고 나머지 4개의 방에 같은 스핀 상태의 전자들이 배치되어 그 만큼 자기모멘트의 크기가 세어져 강자성 물질이 된다.

<표 10.6> 강자성 원자들의 전자 배치표

원소(element)	원자번호 (atomic number)	전자배치 (electron configuration)	전자스핀 (electron spin)
철(Fe)	26	$1s^2 2s^2 2p^6 3s^2 3p^6 4s^2 3d^6$	↓ ↑ ↑ ↑ ↑ ↑
코발트(Co)	27	$1s^2 2s^2 2p^6 3s^2 3p^6 4s^2 3d^7$	↓ ↑ ↓ ↑ ↑ ↑ ↑
니켈(Ni)	28	$1s^2 2s^2 2p^6 3s^2 3p^6 4s^2 3d^8$	↓ ↑ ↓ ↑ ↓ ↑ ↑ ↑

[보기문제 11] 수소 원자 내의 전자가 $n=2$인 상태에 있다.

(a) L_z의 값은 얼마인가?

(b) $\vec{L}$과 L_z 각도를 구하라.

풀이: (a) $l=0$, $l=1$ 값만을 가지므로, $L_z=0$과 $L_z=+\frac{h}{2\pi}, -\frac{h}{2\pi}$를 갖는다.

(b) 그림 10.8을 참고해보면 $\cos\theta=\frac{L_z}{L}$이라는 사실을 알 수 있다.

$L=\sqrt{1(1+1)}\,\frac{h}{2\pi}=\sqrt{2}\,\frac{h}{2\pi}$ 이고, $L_z=0$과 $L_z=\pm\frac{h}{2\pi}$를 가지므로 구하고자 하는 각도는 $\theta=90^0$와 $\theta=45^0$이다.

[보기문제 12] 수소 원자에 있어 전자의 궤도각운동량의 크기가 $2.583\times10^{-34}J\cdot s$로 측정되었다. L_z의 최대값을 구하라.

Periodic Table of the Elements

주족(Main groups) … 주족(Main groups)

Group numbers recommended by the International Union of Pure and Applied Chemistry

주기(Period) \ 족(Group)	1A 1	2A 2	3B 3	4B 4	5B 5	6B 6	7B 7	8B 8	8B 9	8B 10	1B 11	2B 12	3A 13	4A 14	5A 15	6A 16	7A 17	8A 18
1	1 H 1.008																	4 He 4.0026
2	3 Li 6.94	4 Be 9.01											5 B 10.81	6 C 12.01	7 N 14.01	8 O 15.999	9 F 19.00	10 Ne 20.18
3	11 Na 22.99	12 Mg 24.31											13 Al 26.98	14 Si 28.09	15 P 30.97	16 S 32.06	17 Cl 35.45	18 Ar 39.95
4	19 K 39.10	20 Ca 40.08	21 Sc 44.96	22 Ti 47.90	23 V 50.94	24 Cr 52.00	25 Mn 54.94	26 Fe 55.85	27 Co 58.93	28 Ni 58.70	29 Cu 63.55	30 Zn 65.38	31 Ga 69.72	32 Ge 72.59	33 As 74.92	34 Se 78.96	35 Br 79.90	36 Kr 83.80
5	37 Rb 85.47	38 Sr 87.62	39 Y 88.91	40 Zr 91.22	41 Nb 92.91	42 Mo 95.94	43 Tc (97)	44 Ru 101.1	45 Rh 102.9	46 Pd 106.4	47 Ag 107.9	48 Cd 112.4	49 In 114.8	50 Sn 118.7	51 Sb 121.8	52 Te 127.6	53 I 126.9	54 Xe 131.3
6	55 Cs 132.9	56 Ba 137.3	57-71 *	72 Hf 178.5	73 Ta 180.9	74 W 183.9	75 Re 186.2	76 Os 190.2	77 Ir 192.2	78 Pt 195.1	79 Au 197.0	80 Hg 200.6	81 Tl 204.4	82 Pb 207.2	83 Bi 209.0	84 Po (209)	85 At (210)	86 Rn (222)
7	87 Fr (223)	88 Ra 226.0	89-103 †	104 Rf (257)	105 Ha (260)													

원자번호 (atomic number) — 1; 화학원소 (Chemical Elements) — H; 원자질량 (atomic mass) — 1.008

질량수 (mass number): $^{12}_{6}C_{6}$, $^{13}_{6}C_{7}$; 양성자수 (proton number); 중성자수 (neutron number)

동위원소(Isotopes) 표기법

*Rare earths (Lanthanides)	57 La 138.9	58 Ce 140.1	59 Pr 140.9	60 Nd 144.2	61 Pm (145)	62 Sm 150.4	63 Eu 152.0	64 Gd 157.3	65 Tb 158.9	66 Dy 162.5	67 Ho 164.9	68 Er 167.3	69 Tm 168.9	70 Yb 173.04	71 Lu 174.97
†Actinides	89 Ac (227)	90 Th 232.0	91 Pa 231.04	92 U 238.03	93 Np (237)	94 Pu (244)	95 Am (243)	96 Cm (247)	97 Bl (247)	98 Cf (251)	99 Es (254)	100 Fm (257)	101 Md (258)	102 No (255)	103 Lr (260)

Elements created in the laboratory (93–103)

[그림 10.13] 주기율 표(Periodic Table of the Elements)

풀이: $L=\sqrt{l(l+1)}\,\dfrac{h}{2\pi}$ 로부터

$$\sqrt{l(l+1)}=\frac{2\pi L}{h}=\frac{(2)(3.14)(2.583\times10^{-34}J\cdot s)}{6.626\times10^{-34}J\cdot s}=2.448$$

이다. 따라서 $l^2+l-6=0$이고 $l=2$ 이다. 그러므로 L_z의 최대값은

$L_z=2\dfrac{h}{2\pi}$ 이다.

[보기문제 13] 수소원자의 각운동량에 대한 양자화는 오직 L_z의 값만이 정확하게 나온다. L_x와 L_y에 대한 값은 다음과 같이 주어짐을 보여라.

$$\sqrt{L_x^2+L_y^2}=\sqrt{l(l+1)-m_l^2}\,\frac{h}{2\pi}$$

풀이: $L^2=l(l+1)(\dfrac{h}{2\pi})^2$ 이고, 또한

$$L^2=L_x^2+L_y^2+L_z^2=L_x^2+L_y^2+m_l^2$$

인 관계가 성립한다. 위 두 식을 비교하면

$$L_x^2+L_y^2=[l(l+1)-m_l^2](\frac{h}{2\pi})^2$$

이고 이는 $\sqrt{L_x^2+L_y^2}=\sqrt{l(l+1)-m_l^2}\,\dfrac{h}{2\pi}$ 과 같다.

10.6 광전효과(Photoelectric Effect)

빛이 금속에 닿으면 전자가 튀어나오는 경우가 있는데 이러한 현상은 빛이 파동이라면 설명을 하지 못한다. 왜냐하면 이 현상은 입자의 운동 에너지가 금속에 갇혀있던 전자에게 전달되어 전자가 구속에서 벗어나는 결과로 해석되기 때문이다. 즉 빛의 입자인 광자적 관점을 통해서만 이 현상이 설명될 수 있다. 이 현상을 광전효과(photoelectric effect)라고 부른다. 여기서 광은 물론 광자를 뜻하며 전은 전자를 의미한다. 물질은 원자로 구성되어 있기 때문에 물질 특히 한 원자로 이루어진 물질에 있어 최외각 전자의 배열 상태는 그 물질 특유의 물리적 성질들을 결정하는데 핵심 역할을 한다. 도체, 반도체, 부도체와 같은 전기적 성질은 물질내의 전자들의 배치와 직접 관련이 있다.

광전효과는 독일의 물리학자인 Hertz가 실험하는 도중 전자기파 발생기의 한쪽 금속에

자외선을 쪼여주면 방전이 잘 일어나는 현상에서 비롯되었다. 연구 결과 빛의 에너지 즉 진동수가 충분히 큰(파장인 경우는 짧은 쪽 영역) 경우에 전자가 발생한다는 사실을 알게 되었고 이로부터 빛의 입자적인 성질이 중요하다는 것이 알려지게 되었다.

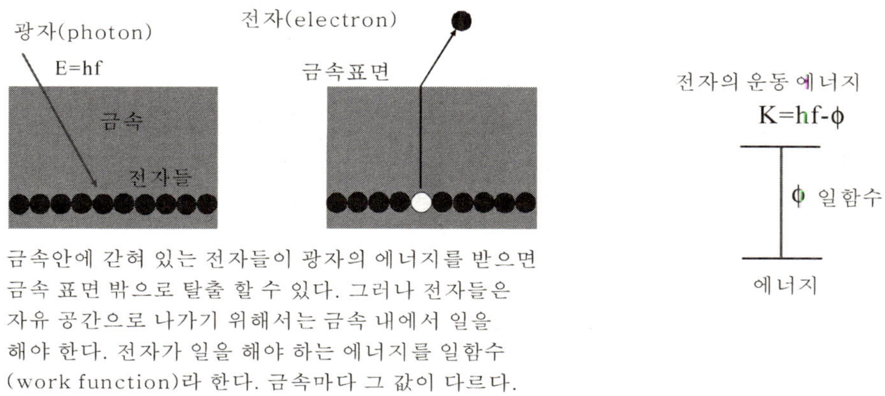

[그림10.14] 광전 효과와 일함수.

이 현상은 1905년 아인슈타인(Albert Einstein; 1879-1955)이 빛은 광자(photon)라고 하는 입자를 도입하여 규명이 되었는데 이를 광전효과라고 불렀다. 이때 광자는 앞에서 언급을 했듯이 hf 의 에너지를 가진다. 즉

$$E = hf$$

이다.

광전 효과 실험에 따르면 금속에 따라 특정의 진동수 이상인 경우에만 전자가 발생하는데 이러한 진동수를 문턱 진동수(threshold frequency)라고 부른다. 이러한 문턱 진동수는 전자가 특정 금속에 있어 금속 표면을 벗어나는 데는 최소 에너지가 필요하다는 것을 의미한다. 이러한 최소 에너지를 해당 금속의 일함수(work function)라고 하며 다음과 같이 표기된다.

$$\phi = hf_0 \qquad (10.30)$$

이러한 일함수의 에너지는 보통 eV 단위로 나타낸다. 대표적인 금속들에 대한 일함수는 다음 표와 같다.

<표 10.7> 여러 가지 금속물질들의 일함수.

금속	기호	일함수, eV
세슘	Cs	1.9
칼륨	K	2.2
나트륨	Na	2.3
리튬	Li	2.5
칼슘	Ca	3.2
구리	Cu	4.7
은	Ag	4.7
백금	Pt	6.4

전자를 금속 표면에서 떼어내는데 필요한 에너지는 그 금속의 원자에서 전자를 떼어내는데 필요한 에너지(이온화 에너지)의 반 정도이다. 예를 들어 세슘(Cs)의 이온화 에너지는 $3.9eV$ 인데 반해 일함수는 $1.9eV$ 이다.

가시광선의 진동수는 $f=(4.3\sim7.5)\times10^{14}\,Hz$ 이며 이것은 $E=1.7\sim3.3\,eV$ 에 해당된다. 따라서 광전 효과가 일어나는 영역은 빛의 자외선 및 가시광선 영역이라는 것을 알 수 있다. 광전자 효과에 의한 공식은 다음과 같다.

$$hf=K_{\max}+\phi \tag{10.31}$$

여기서 hf 는 광자 에너지, $K_{\max}$ 는 최대 광전자 에너지이다. 따라서 전자의 최대 에너지는 다음과 같이 주어진다.

$$K_{\max}=hf-\phi \tag{10.32}$$

[보기문제 14] 파장이 350nm이고 세기가 1.00 W/m^2 인 자외선이 나트륨(Na) 금속의 표면에 입사했다.
(a) 광전자의 최대 에너지를 구하라.
(b) 입사한 광자의 0.5%가 광전자를 만드는데 기여하였다면 나트륨 표면이 1.00cm^2 일 때 단위시간당 나오는 광자의 수는 얼마인지 계산하라.

풀이: (a) $\lambda=350\,nm=3.5\times10^{-7}\,m$이고, $f=\dfrac{c}{\lambda}$이므로 광자의 에너지는

$$E = h\frac{c}{\lambda} = (6.63\times 10^{-34}\ Js)\frac{(3\times 10^{8}\, m/s)}{(3.5\times 10^{-7} m)} = 5.7\times 10^{-19}\ J$$

이다. 이 에너지는 $3.5\,eV$에 해당된다. 나트륨의 일함수는 $2.3\,eV$ 이므로 광전자의 최대 에너지는

$$E_{\max} = hf - \phi = 3.5\,eV - 2.3\,eV = 1.2\,eV$$

이다.

(b) 매초 금속 표면에 도달하는 광자의 수는 자외선의 세기(초당 복사 에너지에 해당됨)를 (a)에서 구한 에너지로 나누어 주면 된다. $1\,cm^2$에 입사한 자외선 광자들의 초당 에너지는

$$(1.0\,\frac{W}{m^2})(1.0\times 10^{-4}\, m^2) = 1.0\times 10^{-4}\ W$$

이므로, 광자의 수는

$$n_p = \frac{1.0\times 10^{-4}\ J/s}{5.7\times 10^{-19}\ J/photon} = 1.7\times 10^{14}\, photons/s$$

이다. 이러한 광자 수에 대하여 전자는 0.5%의 비율로 방출되므로 광전자의 수는

$$n_e = (1.7\times 10^{14})\times(0.005) = 8.5\times 10^{11}\, electrons/s$$

이다.

10.7 금속과 자유전자 – 페르미 에너지

우리는 9장에서 고체의 에너지띠를 살펴본 바가 있다. N개의 전자로 이루어진 금속인 경우 해당되는 에너지띠에 채워졌을 때의 가장 높은 상태의 에너지를 페르미 에너지라고 하였다. 나트륨과 같은 알칼리 금속인 경우에는 s띠에서 반만 채워지고 이때의 에너지가 페르미 에

너지에 해당된다. 금속에 있어 전자가 가질 수 있는 이러한 페르미 에너지가 어떻게 물리적인 양들과 연관이 되는지 알아보기로 하자.

금속 내에서는 전자가 자유스럽게 움직일 수 있으므로 자유전자로 볼 수 있다. 더욱이 이러한 자유전자의 수는 아보가드로수를 생각하면 마치 기체와 같이 취급할 수 있다. 자유전자 하나에 대한 양자화 된 에너지는 식 (10.6)으로 주어진다. 즉

$$E_n = \frac{p_n^2}{2m} = \frac{h^2}{8mL^2} n^2 \tag{10.6}$$

이다. 금속에 있는 자유전자들의 총 수를 N이라 하면 이러한 자유전자들이 점유할 수 있는 상태의 수는 연속적인 분포로 보아도 된다. 에너지띠를 상상해보라. 그러한 양자상태에 대한 수를 계산하기 위해서 자유전자가 점유하는 상태의 공간을 공(sphere)이라 생각하자. 그림 10.7을 보라. 그리고 공의 반지름을 n이라 하면 n상태와 $n+dn$상태의 수는 $4\pi n^2 dn$이 될 것이다. 그러면 자유전자에 대한 상태 수는

$$f(n)dn = 2 \cdot \frac{1}{8} \cdot 4\pi n^2 \cdot dn = \pi n^2 dn \tag{10.33}$$

이 된다. 여기서 앞 2는 전자의 스핀업과 스핀다운 상태를 고려한 것이고 1/8은 공의 체적을 구하는데 사실상 양의 양자수만을 고려하여야 하기 때문이며 이는 공의 8분의 1 체적에 해당되기 때문이다. 식 (10.6)으로부터 다음과 같이 에너지와 에너지상태수와의 관계를 도출할 수 있다. 즉 양변에 서로 미분을 취하면

$$dE = \frac{h^2}{8mL^2} 2ndn$$

이고, 이로부터

$$ndn = \frac{4mL^2}{h^2} dE \tag{10.34}$$

의 관계를 얻는다. 그리고

$$n = \sqrt{\frac{8mL^2}{h^2} E} \tag{10.35}$$

이다. 식 (10.34)와 (10.35)를 식 (10.33)에 대입하여 정리하면 다음과 같다.

$$f(E)\,dE = \frac{8\sqrt{2}\,\pi\,Vm^{3/2}}{h^3}\sqrt{E}\,dE \qquad (10.36)$$

여기서 $V = L^3$ 은 체적이다. 이제 페르미 에너지를 구해보자. 페르미 에너지상태는 에너지가 $E = 0$ 에서부터 시작하여 에너지가 증가하는 방향으로 계속 채워나가는 것이므로 결국 식 (10.36)을 에너지 $E = 0$에서 $E = E_F$까지 적분을 하는 것과 같다. 즉

$$N = \int_0^{E_F} f(E)dE = \frac{8\sqrt{2}\,\pi m^{3/2}}{h^3} V \int_0^{E_F} \sqrt{E}\,dE$$

$$= \frac{16\sqrt{2}\,\pi m^{3/2}}{3h^3} VE_F^{3/2}$$

이다. 그러면 페르미 에너지 E_F는

$$E_F = \frac{h^2}{2m}\left(\frac{3n}{8\pi}\right)^{2/3} \qquad (10.37)$$

이다. 여기서 $n = N/V$로 전자수의 밀도에 해당된다.

[보기문제 15] 구리(Cu) 금속의 페르미 에너지를 구하라. 구리는 $4s$ 궤도에 단 하나만의 전자를 갖고 있으므로 자유전자는 구리원자 당 하나라고 가정한다. 구리의 밀도는 $\rho = 8.94\,g/cm^3$ 이고 원자량은 $63.5\,g/mol$ 이다.

풀이: 우선 단위체적당 자유전자의 수를 구한다. 밀도와 원자량으로부터

$$n = \frac{\rho N_A}{M} = \frac{(8.94\,g/cm^3)(6.02 \times 10^{23}\ \text{전자}/mol)}{(63.5\,g/mol)}$$

$$= 8.48 \times 10^{22}\ \text{전자}/cm^3 = 8.48 \times 10^{28}\ \text{전자}/m^3$$

이다. 6장 보기문제 3번을 기억하라. 따라서 페르미 에너지는

$$E_F = \frac{(6.63 \times 10^{-34}\,J \cdot s)^2}{(2)(9.1 \times 10^{-31}\,kg)}\left[\frac{(3)(8.48 \times 10^{28}\ \text{전자}/m^3)}{(8)(3.14)}\right]^{2/3}$$

$$= 1.13 \times 10^{-18}\,J = 7.04\,eV$$

이다.

한편 페르미에너지와 앞에서 다루었던 일함수와의 관계는 그림 10.15를 보면 쉽게 이해가 갈 것이다. 그리고 표 10.8은 구리를 비롯한 금속물질들의 페르미 에너지 값들이다.

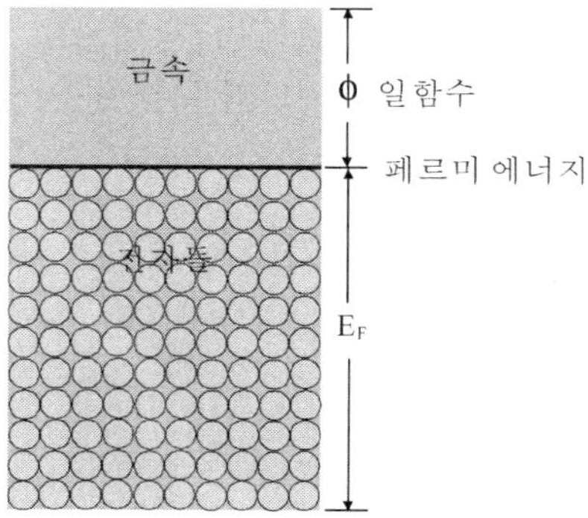

[그림10.15] 페르미 에너지와 일함수와의 관계.

<표 10.8> 여러 가지 금속물질들의 페르미 에너지.

금속	기호	페르미에너지, eV
세슘	Cs	1.53
칼륨	K	2.14
나트륨	Na	3.12
리튬	Li	4.72
칼륨	K	2.14
구리	Cu	7.04
은	Ag	5.51
금	Au	5.54

11장 | 분자와 발광스펙트럼

11.1 분자의 형성

지구상에는 단일 원자보다는 원자들이 모여 형성된 분자가 대부분을 차지한다. 원자가 모여 분자를 이룰 때는 다양한 결합 형태가 존재하는데 그 중 공유결합과 이온결합이 주를 이룬다. 수소분자인 경우를 보자. 수소와 수소가 서로 결합하여 분자를 이룰 때 가장 중요한 역할을 하는 힘은 전기적인 힘이다. 이때 수소원자의 핵인 양성자와 그 주위를 도는 전자들 사이의 정전기력에 의해 인력과 반발력이 생겨나는데 이는 2개의 원자가 얼마나 서로 가까이 접근하느냐에 따라 다르다.

다음 그림 11.1은 수소분자의 핵간 거리에 대한 퍼텐셜 에너지 분포를 나타낸다. 수소분자는 두개의 수소핵들 간격이 약 0.074 nm($0.74\times10^{-10}\ m$)일 때 형성된다. 이를 결합길이(bond length)라고 부른다.

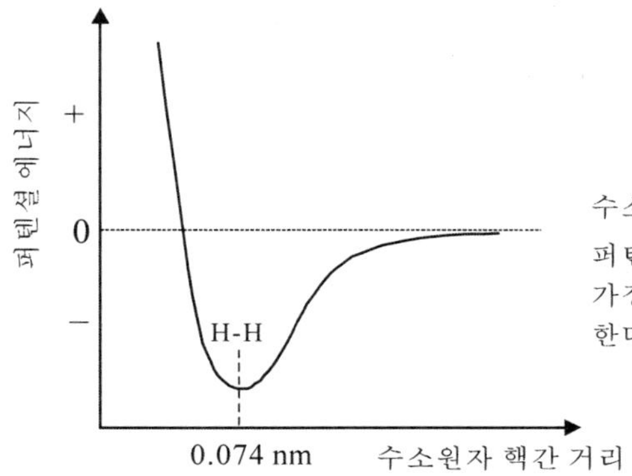

수소원자 두개가 접근하여 수소 분자(H_2)를 형성할 때의 퍼텐셜 에너지 분포 곡선이다. 0.74 옹스트롬(10^{-10} m)일 때 가장 안정된 분자를 이룬다. 이 길이를 결합길이라고 한다. 수소원자들이 너무 가까우면 반발력이 작용한다.

[그림 11.1] 수소분자의 형성.

이러한 공유결합은 한 쌍의 전자 또는 그 이상의 전자쌍을 두 개의 원자가 공유하며 결합하는 형태를 말한다.

이와 반면에 이온결합은 한 원자의 전자가 다른 쪽 원자로 옮겨가 결국 두 개의 양이온과 음이온의 인력에 의해 형성되는 경우이다. 소금인 고체 NaCl은 분자인 NaCl로 이루어진 것이 아니라 Na^+ 양이온이 주위에 많은 Cl^- 음이온을 끌어당기고, Cl^- 음이온은 주위에 많은 Na^+ 양이온을 끌어당기는 이온들의 3차원 구조로 되어 있다.

루이스(Lewis) 구조

원자간 공유전자를 표시하는데 가장 편리한 방법 중 하나가 전자를 점구조로 표기하는 루이스(Lewis) 표기 방법이다. 예를 들면 다음 그림에서 보는 것처럼 H_2 분자인 경우 H 원자사이에 한 쌍의 점으로 표시하여 H 원자가 이들 전자를 공유하여 결합하고 있음을 나타내는 방법이다.

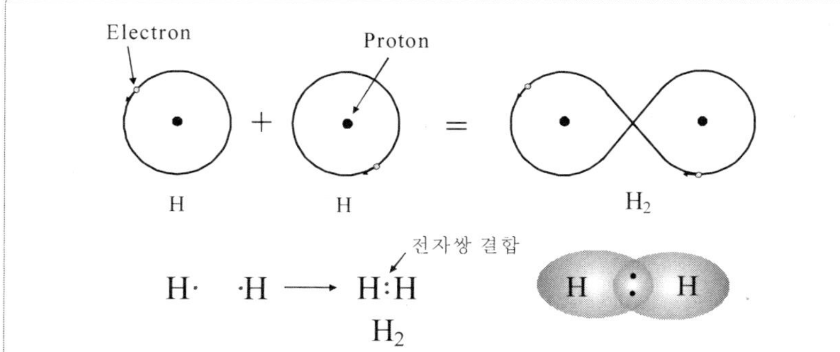

[그림 11.2] 수소분자의 궤도 모형과 루이스 구조.

7A족인 F원자가 F_2 분자를 이루는 Lewis 구조를 살펴보자. F원자는 가전자를 7개 가지고 있는데, 이중 6개는 자체적으로 짝을 이루고 있으므로 나머지 한 개가 다른 F 원자와의 공유결합에 참여한다. 이때 공유결합에 참여하지 않는 3쌍의 전자들을 고립전자쌍(lone pair), 공유전자쌍을 결합전자쌍(bonding pair)이라고 부른다.

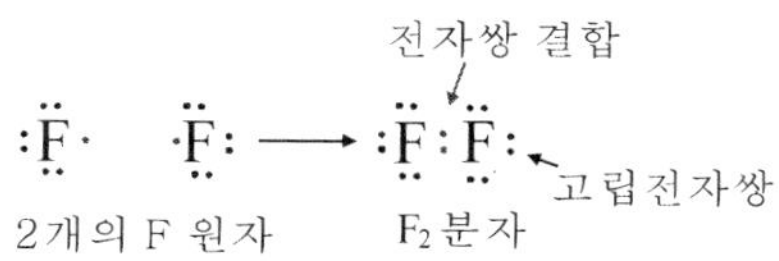

[그림 11.3] F_2 분자의 루이스 구조.

중요한 2주기 원소들에 의한 분자의 Lewis 구조는 다음과 같다.

① B (3A 족) ; BH_3

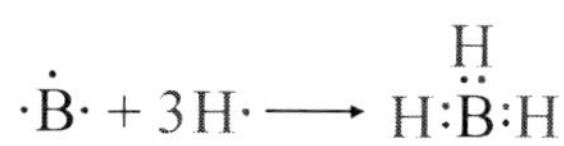

② C (4A 족) ; CH_4

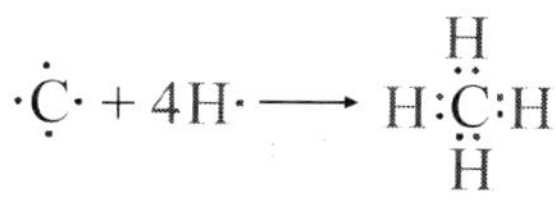

③ N (5A 족) ; NH_3

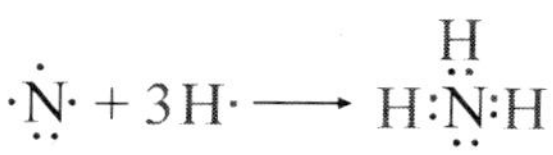

④ O (6A 족) ; H_2O 

⑤ F (7A 족) ; HF 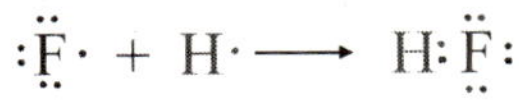

⑥ Ne (8A 족) ; 공유결합을 이루지 않는다.

공유결합 화합물은 위에서 논의한 것과 다르게 결합하는 경우도 있다. 예를 들면 O_2 분자는 O 원자가 4개의 전자, 즉 2개의 전자쌍을 공유하여 이중결합(double bond)을 이룬다. 또한 N_2 분자는 N 원자들이 6개의 전자를 공유하며 삼중결합(triple bond)을 이룬다. 이러한 다중결합(multiple bond)인 경우는 다음 그림과 같이 나타내기도 한다.

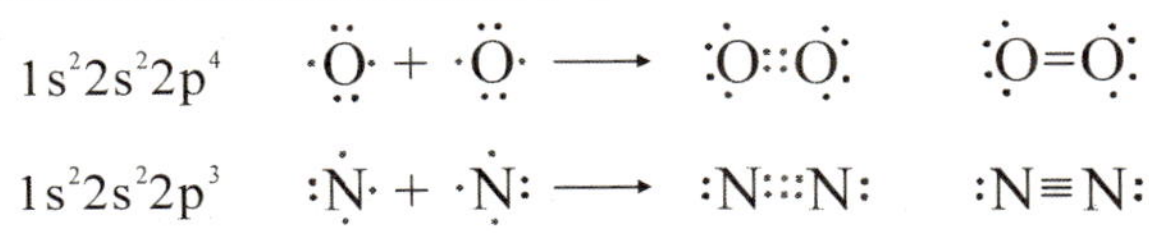

[그림 11.4] 이중결합과 삼중결합에 대한 루이스 구조.

마지막으로 배위결합을 언급하자. 대부분의 공유결합은 2개의 원자가 각각 1개의 전자를 내어 형성한다. 그런데 한 원자가 2개의 전자(고립쌍)를 다른 원자의 빈 궤도에 주어 결합을 이루는 경우가 있는데 이를 배위공유결합(coordinate covalent bond)이라고 하며 간단히 배위결합이라고 부르기도 한다. 다음은 암모니아(NH_3)가 N 원자에서 2개의 전자가 H^+ 이온에 결합하여 암모늄 이온(NH_3^+)이 되는 배위결합을 보여주는 그림이다.

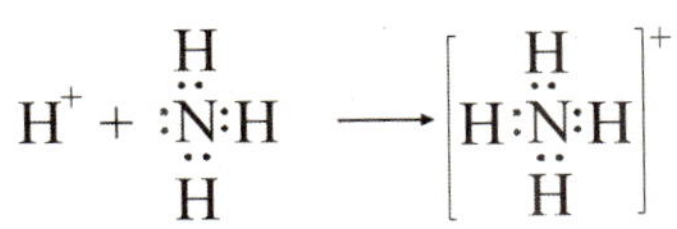

[그림 11.5] 암모늄 이온의 배위공유결합.

극성 공유결합(polar covalent bond)

원자 간의 결합은 주로 공유결합과 이온결합으로 이루어지는데 앞에서 언급한 공유결합은 주로 무극성 공유결합이었다. 공유결합을 할 때 결합전자가 완전히 대칭적으로 분포하는 것이 아니라 어느 한 원자에 강하게 끌려 비대칭적으로 분포하는 경우가 있다. 이렇게 비대칭적으로 전자가 분포하면 극성이 생겨나며 이를 극성 공유결합(polar covalent bond)이라고 한다. 이때 부분 전하를 나타내는 기호로 그리스 글자인 δ(델타)를 사용하게 되며 부분 양극을 δ^+, 부분 음극을 δ^- 로 표기한다. 다음과 같은 3개의 화합물을 비교해 보자.

NaCl : 염화나트륨의 결합은 Na^+ 이온과 Cl^- 이온 간의 이온 결합이다.

Na^+Cl^- 이온 결합

HCl : 염화수소의 결합은 극성 공유 결합이다. Cl 원자는 결합 전자쌍을 H 원자보다 강하게 끌어간다. 따라서 전자의 비대칭 분포가 생겨난다. 결과적으로 Cl 원자는 부분적인 음전하를 H 원자는 부분적인 양전하를 갖는다.

$^{\delta+}H-Cl^{\delta-}$ H :Cl

극성 공유 결합 : 결합전자는 H 원자보다 Cl원자에 보다 강하게 끌린다

Cl_2 : 염소분자의 결합 형태는 무극성 공유 결합이다. 결합 전자는 2개의 동등한 Cl 원자사이의 중심에 대하여 대칭적으로 분포한다.

Cl－Cl 무극성 공유 결합

위와 같이 공유 결합에서의 극성은 사실상 원자의 전기음성도(electronegativity; EN)의 차이에서 나온다. 전기음성도라 함은 분자내의 원자가 결합에서 공유전자를 끌어당기는 능력을 말한다. 이러한 전기음성도는 주기율표에서 1A 족이 가장 약하며 7A족이 가장 강하다. 즉 알칼리금속이 전기음성도가 가장 작은 원소이며 F, O, N, Cl 등이 가장 큰 음전기를 갖는 원소에 속한다.

일반적으로 비슷한 전기음성도를 갖는 원자들 간의 결합은 무극성 공유 결합을 하며 전기음성도 차가 2이상인 경우에 이온결합을 한다. 반면에 전기음성도의 차이가 2이하인 원자간 결합을 할 때 극성 공유결합을 하게 된다. 예를 들면, $CHCl_3$에서 C-Cl 결합은 극성 공유결합이고, NaCl에서 Na^+Cl^- 결합은 주로 이온 결합이다. 이러한 극성공유결합에 의한 분자들은 전기쌍극자 모멘트를 갖는다.

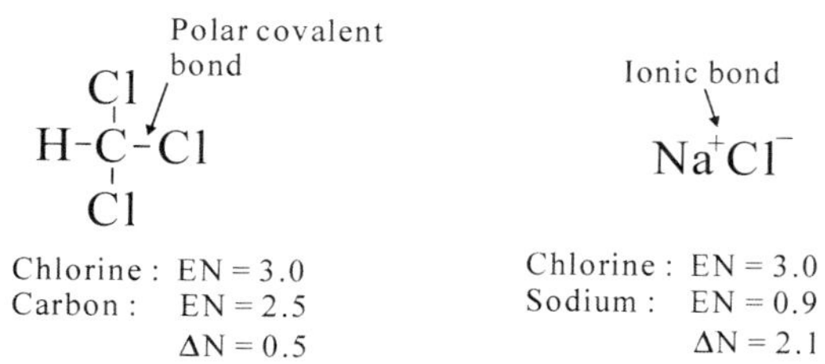

분자의 모양 : VSEPR 모형

그림 11.6은 물, 암모니아, 메탄 분자들의 모형이다. 이와 같이 공유결합 분자들은 일정한 3차원 모양을 갖는데, 생물학적으로 중요한 분자들에 있어서 이러한 3차원 구조는 분자의 화학적 성질을 결정하는데 중요한 역할을 차지한다.

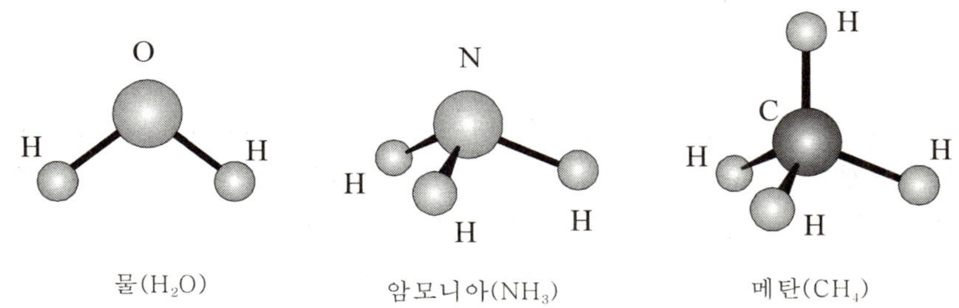

[그림 11.6] 물, 암모니아, 메탄의 모형도.

분자의 많은 성질은 물론 분자의 모양은 원자주위에 있는 원자가 전자수에 의해 결정된다. 그런데 분자의 모양은 **원자가껍질 전자쌍반발(valence-shell-electron-pair repulsion: VSEPR)**이라는 모형을 써서 예측할 수 있다. 이러한 VSEPR 방법은 다음과 같은 2단계로 적용할 수 있다.

단계 1: 중심 원자 주위의 전자의 전하구름(charge cloud) 수를 계산한다. 전하구름이란 결합을 하고 있거나 고립쌍에 있는 일단의 전자들을 말한다. 따라서 전하구름 수는 결합과 고립쌍의 전자수의 합이다. 다중 결합은 단일결합과 똑 같이 계산한다. 왜냐하면 전자수보다는 전하구름 수에만 관계되기 때문이다.

단계 2: 원자의 전하 구름이 공간에 배열(arrangement)되었을 때 이들이 가능한 한 멀리 떨어져 있는 기하학적 모양을 갖도록 한다.

① 2개의 전하 구름 : $BeCl_2$의 Be 원자(2개의 단일결합에 있는 전자들) 또는 CO_2의 C 원자(2개의 이중 결합에 있는 전자들)와 같이 2개의 전하구름만 있다면 이 구름들은 서로 반대방향에 있을 때 가장 멀리 떨어져 있다. 따라서 분자들은 모두 결합각(bond angle)이 180°인 직선(linear) 분자들이다.

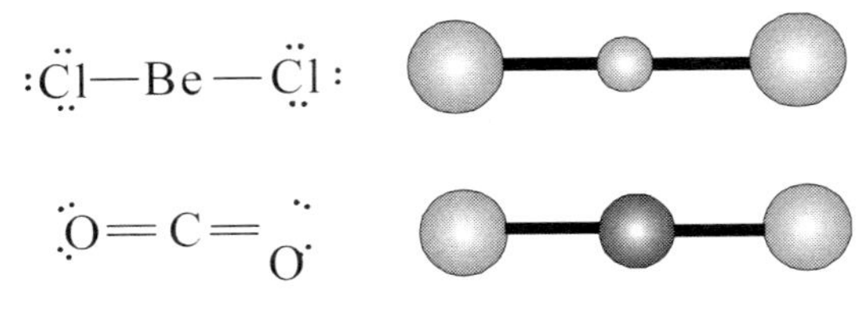

[그림 11.7] 결합각이 180° 인 분자.

② 3개의 전하 구름 : BF_3의 B 원자(3개의 단일결합) 또는 SO_2의 S 원자(1개의 단일결합, 1개의 이중결합, 1개의 고립쌍)와 같이 3개의 전하구름이 있다면, 이 구름들은 동일평면에 있고 정삼각형의 꼭지점을 향한다. 따라서 BF_3 분자는 F-B-F 결합각이 120° 인 삼각평면(trigonal planar)을 이룬다. 마찬가지로, SO_2 분자는 S 원자에 3개의 전하구름을 갖는 삼각형의 배열을 가지며 삼각형의 한 점은 고립쌍이 다른 두 점은 O 원자들이 차지한다.

③ 4개의 전하 구름 : CH_4의 중심원자(4개의 단일결합), NH_3의 N 원자(3개의 단일결합과 1개의 고립쌍) 및 H_2O의 O 원자(2개의 단일결합과 2개의 고립쌍)와 같이 4개의 전자구름들이 있을 때 이들 전하구름들은 정사면체의 꼭지점을 향하며 서로 멀리 떨어져 있으려고 한다(그림 11.9). 정사면체(regular tetrahedron)는 4개의 면이 정삼각형인 기하학적인 입체 구조를 갖는다. 중심원자는 정사면체의 중심에 위치하며 전하구름들은 정사면체의 꼭지점을 향한다. 중심에서 두 꼭지점을 잇는 사잇각은 109.5° 이다.

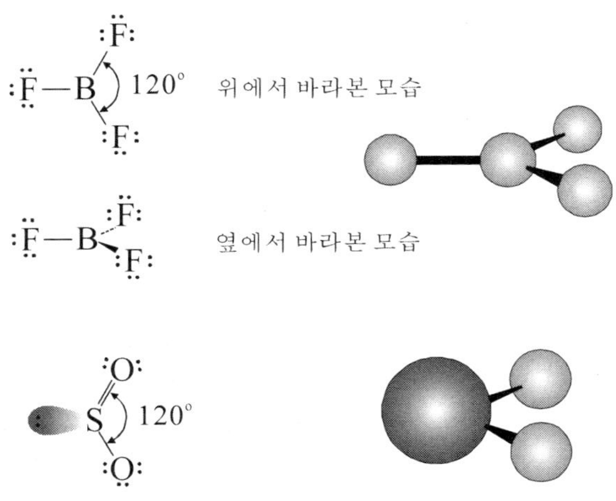

[그림 11.8] 결합각이 120° 인 분자.

정사면체의 3차원 모양을 표기하는 데는 다음과 같은 규칙을 따른다. 보통의 선은 책의 평면상을, 점선은 책의 면에 대하여 뒤쪽 방향을 그리고 굵은 선은 책면의 앞 방향을 나타낸다. 그림 11.9는 정사면체의 기하학적 구조와 분자의 위치를 보여주는 정사면체분자의 모습을 그린 것이다.

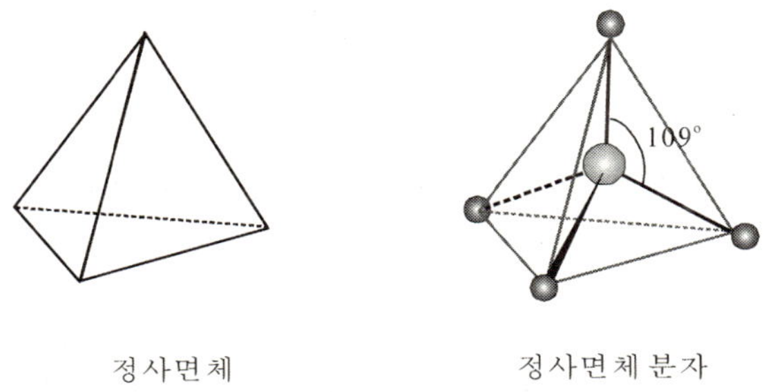

[그림 11.9] 정사면체 구조의 분자.

대표적인 정사면체구조를 갖는 메탄(CH_4)인 경우 C 원자는 H-C-H의 결합각이 109.5° 인 사면체구조를 갖는다.

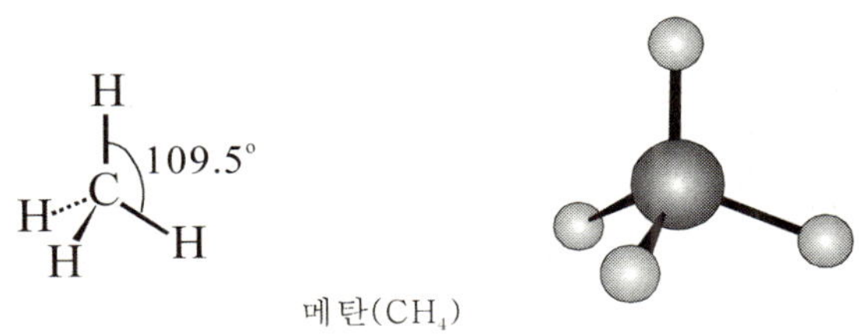

[그림 11.10] 메탄의 정사면체 구조.

암모니아(NH_3)에서 N 원자는 4개의 전하구름의 사면체 배열을 갖고 있으나 사면체의 1개의 꼭지점은 고립쌍이 점유한다. 따라서 암모니아는 결합각이 107°인 삼각뿔(trigonal pyramidal)의 분자구조를 갖는다.

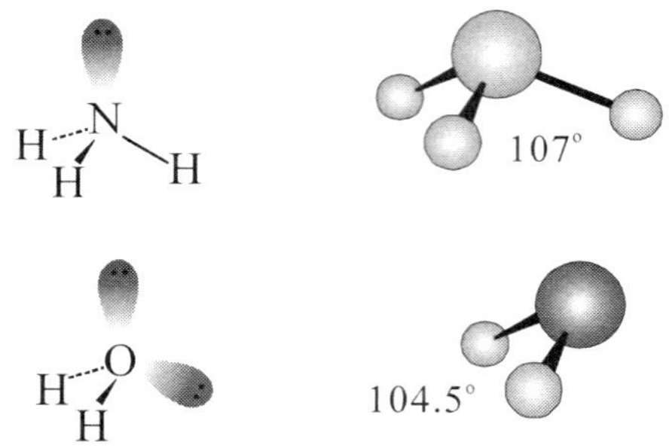

[그림 11.11] 암모니아와 물 분자의 입체적 구조.

마찬가지로 물(H_2O) 분자는 사면체의 두 꼭지점을 고립쌍이 점유하여 굽은 모양을 갖는데, 그 결합각은 104.5°이다. NH_3에서 H-N-H의 결합각(107°)과 H_2O에서 H-O-H의 결합각(104.5°)은 사면체 구조의 이상적인 값 109.5°에 가까운 값을 가지나 똑 같지는 않다. 그 이유는 고립쌍에 의하여 이상적인 값에 비하여 다소 감소되었기 때문이다. 고립쌍을 갖고 있는 전하구름은 두 원자사이에 한정되어 있지 않기 때문에 결합전자를 갖고 있는 전하구름보다 더 퍼져서 존재하게 된다. 이로 인해 다소 확장된 고립 쌍 전하구름이 분자내의 다른 결합각을 줄이게 된다.

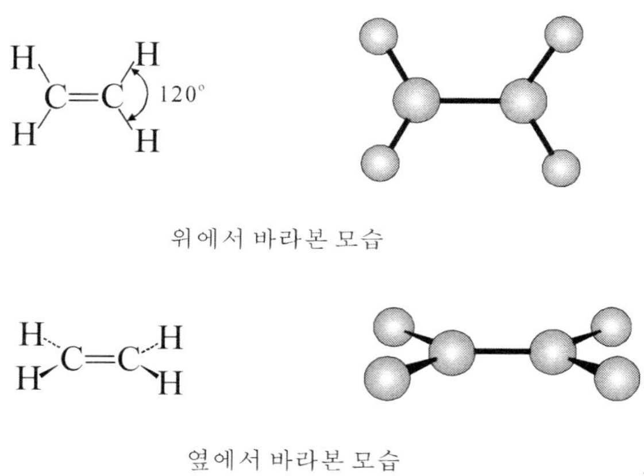

[그림 11.12] 아세틸렌 분자의 입체적 구조.

큰 분자인 경우도 위와 같은 규칙으로부터 예측이 가능하다. 예를 들면 아세틸렌(C_2H_4)인 경우 2개의 C 원자는 각각 3개의 전하구름을 갖고 있으며 따라서 삼각평면을 이루게 된다. 전체적으로 보아 아세틸렌 분자는 그림 11.12에서와 같이 H-C-C와 H-C-H의 결합각이 거의 120°를 갖는 평면을 이룬다.

원자가결합 이론(valence bond theory)

원자가결합 이론은 공유결합에서 전자쌍이 어떻게 공유되어 있는가를 양자역학적 궤도함수 모양으로 시각화 시켜주는 이론이다. 예를 들면, 수소분자 H_2에서 H-H 결합은 한 개의 전자가 들어 있는 수소의 2개의 1s 궤도함수의 겹침의 결과이다.

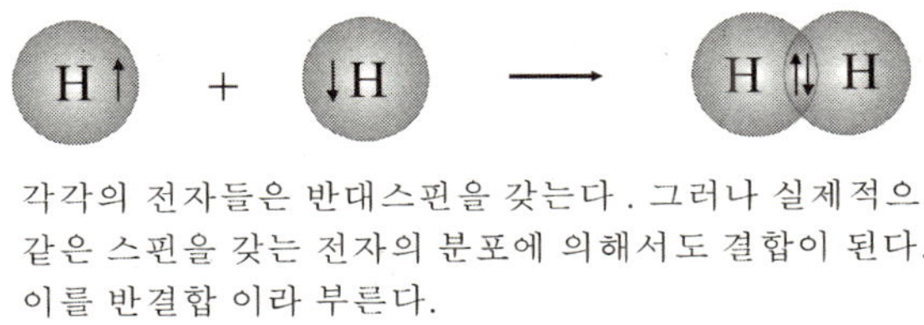

[그림 11.13] 수소분자의 원자가결합 형태.

원자가결합 이론의 주요 개념은 다음과 같다.

① 공유결합은 원자 궤도함수가 겹쳐서 이루어지며 궤도함수 각각은 반대 스핀을 갖는 하나의 전자를 갖는다.

② 결합한 원자 각각은 그 자신의 원자 궤도함수를 유지하나 겹친 궤도함수에 있는 전자쌍은 두 개의 원자에 의하여 공유된다.

③ 궤도함수의 겹침의 정도가 클수록 결합은 더 강하다. 이러한 현상은 s 궤도함수보다는 다른 궤도함수가 관여할 때 결합에 대한 방향성을 나타나게 한다.

예를 들어, F_2 분자에서 각각의 F 원자는 $[He]2s^2 2p_x^2 2p_y^2 2p_z^1$의 전자 배열을 하고 있다. 따라서 F-F 결합은 한 개의 전자가 들어 있는 2개의 $2p_z$ 궤도함수와의 겹침에 의해 이루어지며 궤도함수의 축 방향으로 결합을 한다.

HCl의 공유결합은 수소의 1s 궤도함수(비방향성)와 염소의 3p 궤도함수가 겹쳐서 p궤도함수 축방향으로 이루어진다.

11.2 분자의 혼성궤도 이론

sp^3 혼성화

앞에서 언급한 원자가결합 이론은 이원자 분자의 전자구조와 기하학적 구조를 설명할 수 있다. 메탄인 경우를 살펴보자. 탄소원자는 $[He]2s^2 2p_x^1 2p_y^1$ 와 같은 바닥상태(ground state)의 전자 배열(electron configuration)을 하고 있으며 4개의 원자가전자를 갖고 있다. **그런데 여기서 문제가 되는 것은 4개의 원자가전자 중 2개는 짝으로 존재하는데 어떻게 하여 탄소원자가 4개의 결합을 할 수 있는가**이다.

이러한 문제에 대한 답은 하나의 전자가 낮은 에너지 상태인 2s 궤도에서 비어 있는 보다 높은 에너지 상태인 2p 궤도에 들떠 4개의 홀 전자가 존재하는 $[He]2s^1 2p_x^1 2p_y^1 2p_z^1$ 와 같은 들뜸상태 배열(excited state configuration)을 갖는 것이다(그림 11.14).

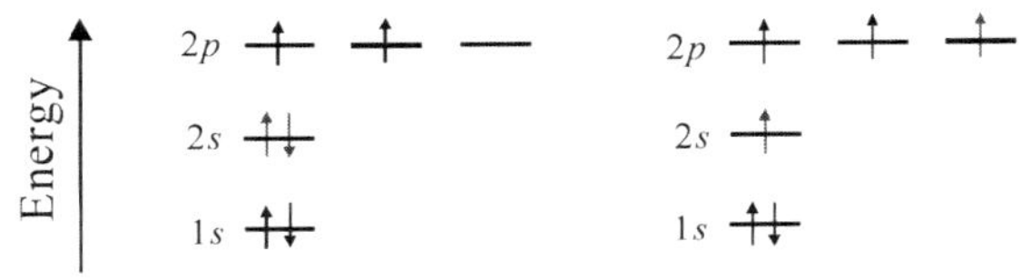

[그림 11.14] 탄소전자궤도의 들뜸 배열상태.

그러나 두 번째 문제점이 발생한다. 즉, 들뜸 상태의 탄소가 결합을 위해 두 종류의 2s, 2p 궤도함수를 사용한다면 어떻게 동등한 4개의 결합을 이루는 것일까? 더욱이 탄소원자 3개의 2p 궤도함수는 서로 90°의 각을 이루고 2s 궤도함수는 방향성을 갖고 있지 않다면 탄소원자가 109.5°의 정사면체 각을 이루며 결합하는 실험 관찰결과를 어떻게 설명할 수 있을까?

[그림 11.15] 탄소원자의 혼성궤도 준위.

위와 같은 의문들에 대한 답은 1931년 혼성 궤도함수(hybrid orbital)개념을 도입한 폴링(Pauling, Linus; 1901-1994)에 의하여 주어졌다. 폴링은 슈뢰딩거(Shrödinger) 방정식으로부터 유도된 s와 p 궤도함수들의 양자역학적 파동함수들을 수학적으로 결합하여 혼성 원자 궤도함수(hybrid atomic orbital)라 알려진 한 벌의 동등한 파동함수를 새롭게 만들어 해결할 수 있었다. 하나의 s 궤도함수가 들뜸 상태의 탄소 원자에 존재하는 3개의 p 궤도함수와 결합할 때, 소위 sp^3 혼성(hybrid)이라 부르는 4개의 동등한 새로운 궤도함수가 아래 그림 11.15와 같이 생겨난다.

이때 4개의 동등한 sp^3 혼성 궤도함수 각각은 원자 p 궤도함수 모양과 같이 두 개의 귓불(lobe)을 가지기는 하나 이 둘 중 하나는 다른 것보다 훨씬 더 크다. 이렇게 큰 4개의 귓불은 정사면체의 꼭지점을 향한다.

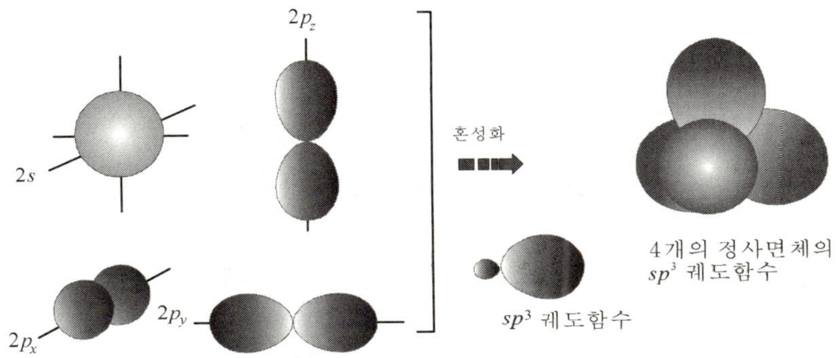

[그림 11.16] sp^3 혼성궤도함수 모형.

방향성이 큰 혼성궤도에 의해 이루어진 공유결합에 존재하는 공유전자는 두 개의 핵 사이 영역에서 대부분의 시간을 보내게 되며, 결국 sp^3 에 의한 공유결합의 결합력은 매우 강하다. 실제로 CH_4에서 4개의 강한 C-H 결합을 이루며 방출한 에너지는 탄소를 들뜸 상태로 유지시키는데 필요한 에너지로 충분하다.

그림 11.17은 CH_4에서 C-H 결합이 탄소의 sp^3 혼성궤도와 수소의 $1s$ 궤도함수의 겹침으로 형성된 모습을 보여주고 있다.

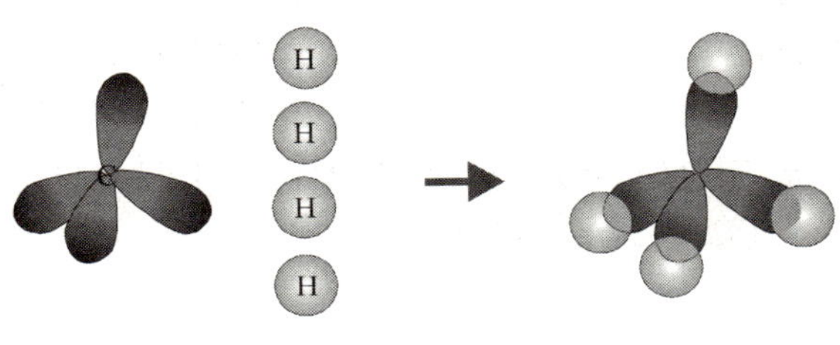

[그림 11.17] 메탄 CH^4 의 sp^3 혼성궤도에 의한 모습.

정사면체의 모양을 설명하는 sp^3 혼성화 개념은 암모니아의 삼각뿔 모양, 물의 굽은 모양을 갖는 이유도 잘 설명할 수 있다. 전하구름이 정사면체 배열을 하고 있다는 것은 결국 sp^3 혼성화를 의미한다.

sp 혼성화

2개의 전하구름을 갖는 원자는 하나의 원자 s 궤도함수와 하나의 p 궤도함수를 결합하여 혼성화를 이루는데 이러한 결합을 sp 혼성화라고 한다. 이때 180° 선형으로 배열된 2개의 sp 혼성궤도함수가 만들어 진다. 그림 11.18을 보라. 그런데 혼성화에 참여하지 않은 나머지 두개의 p 궤도 함수는 어떻게 될까?

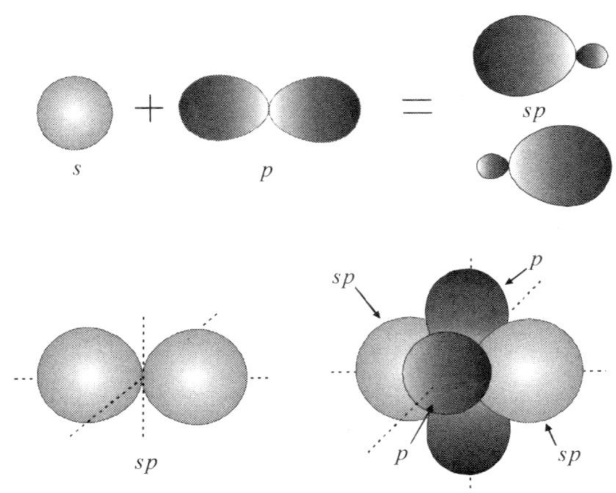

[그림 11.18] sp 혼성궤도함수 모형.

sp 혼성화된 원자에 있어 혼성이 안된 2개의 p 궤도함수가 존재한다는 것은 다음과 같은 흥미 있는 결과를 가져다준다. 용접에 사용되는 아세틸렌($H-C\equiv C-H$)인 경우를 보자. 아세틸렌 분자내의 탄소원자가 갖고 있는 p 궤도 중 혼성화가 안된 2개의 p 궤도함수 또한 서로 접근하여 결합을 이룬다. 그런데, 이러한 결합은 측면으로(sideways) 평행하게 접근하여 결합을 형성한다. 즉 공유전자가 두 개의 핵을 연결한 선의 위와 아래 영역을 점유하는 모습이다. **이러한 결합을 π 결합(π bond)이라고 한다. 이와는 달리 정면 겹침**(head on overlap)**에 의한 결합을 σ 결합**(σ bond)이라고 한다.

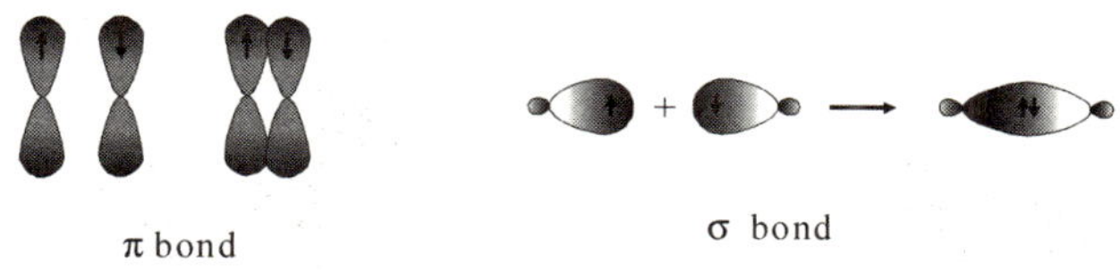

[그림 11.19] π 결합과 σ 결합의 모습.

아세틸렌의 구조는 다음과 같다. 2개의 p 궤도는 위와 아래로 배열되어 있으며 2개의 p 궤도는 앞뒤로 배열되어 있다. 따라서 *sp* 혼성궤도가 겹쳐서 형성된 1개의 σ 결합과 함께 p 궤도의 겹침으로 이루어진 2개의 서로 수직인 π 결합을 이루며 **3중결합**을 한다. 나머지 2개의 *sp* 혼성 궤도는 수소 1s 궤도와 겹쳐 2개의 C-H 결합을 하여 아세틸렌을 형성한다(그림 11.20).

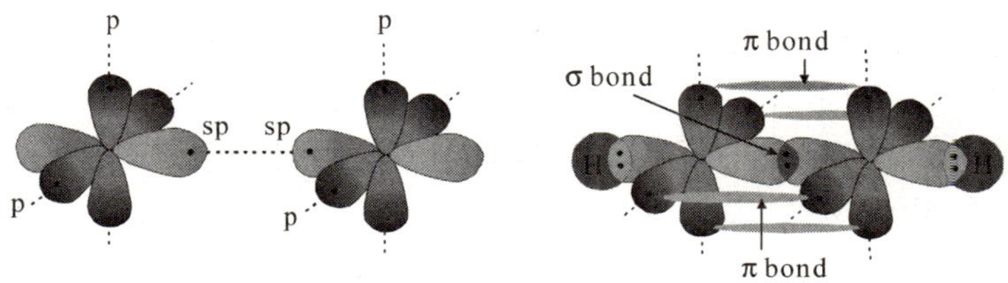

[그림 11.20] 아세틸렌(C_2H_2)의 sp 혼성결합과 모습.

sp^2 혼성화

3개의 전하구름을 갖는 원자는 1개의 원자 s 궤도와 2개의 p 궤도가 결합하여 혼성화를 이루며 결국 3개의 sp^2 혼성궤도가 형성된다. 이들 3개의 sp^2 혼성궤도는 동일 평면상에 놓이며 정삼각형의 꼭지점을 향해 있다. 1개의 p 궤도는 변하지 않고 sp^2 궤도평면에 수직으로 배열되어 있다. 그림 11.21을 보라.

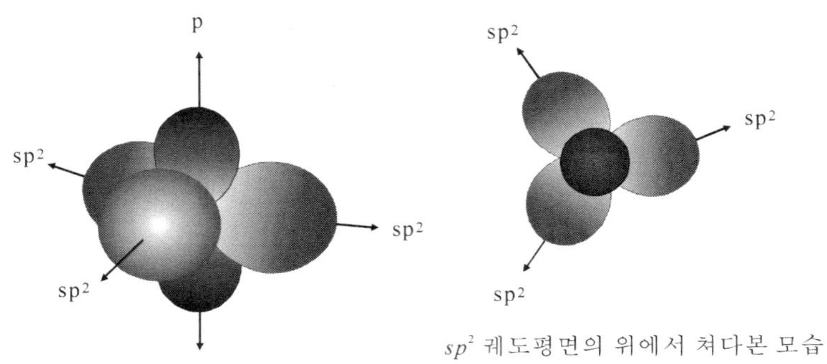

[그림 11.21] sp^2 혼성궤도함수 모형.

sp^2 혼성화와 이에 대한 기하학적 중요성을 가장 잘 나타내어 주는 보기를 에텐(에틸렌, $H_2C=CH_2$)에서 찾아 볼 수 있다. 에틸렌은 폴리에틸렌을 공업적으로 합성하는데 사용되는 무색 기체이다. 에틸렌에서 탄소 원자 각각은 3개의 전하구름을 가지고 sp^2 혼성화 되어 있다. sp^2 혼성화된 탄소 원자 2개가 서로 접근하면 sp^2 혼성궤도들끼리 정면으로 겹쳐 σ 결합을 이루고 혼성화가 안된 p 궤도는 옆으로 겹쳐 π 결합을 이룬다. 탄소원자에 있어 혼성에 참가하지 않는 p 궤도함수는 혼성궤도함수가 포함되어 있는 평면에 수직으로 분포되어 있다. 이러한 결과 탄소-탄소 결합은 이중 결합을 이루게 된다. 각 탄소에 남아 있는 2개의 sp^2 혼성궤도는 수소와 결합하여 $H_2C=CH_2$ 구조를 완성한다(그림 11.22).

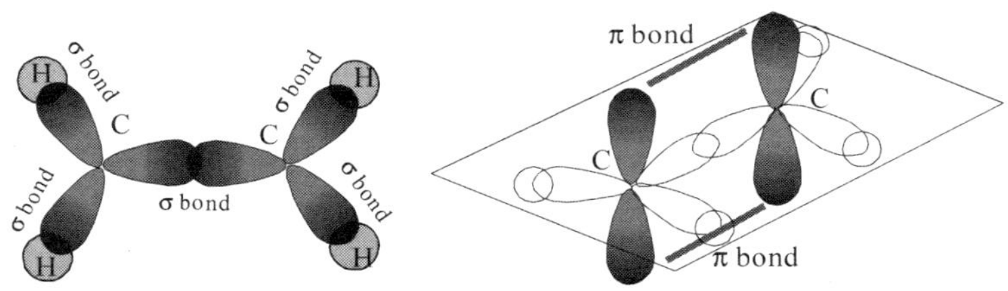

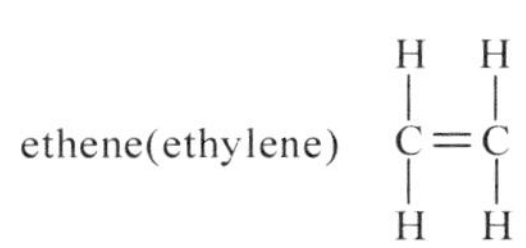

같은 평면에 있는 sp^2 혼성궤도에 의하여 세개의 σ 결합(왼쪽)이 이루어진다. 이중 하나는 탄소와 탄소와의 결합이다. 또한 혼성에 참가하지 않는 p 궤도함수에 의하여 p 결합(오른쪽)을 이루며, 결국 이중결합을 형성하게 된다.

[그림 11.22] 에틸렌 (C_2H_4)의 구조.

벤젠

벤젠(C_6H_6)의 구조 역시 sp^2 혼성화 개념으로 설명될 수 있다. 그림 11.23(a)에서 보이는 것처럼, 세 개의 sp^2 혼성궤도들 중 두개는 탄소원자들끼리 σ 결합하고 나머지 하나는 수소원자들과 σ 결합을 이룬다.

혼성화에 참가하지 않는 나머지 6개의 p 궤도는 혼성궤도들이 참여하는 육각형 고리 평면에 수직으로 분포되어 있으며 각각 1개의 전자를 갖고 있다. 이러한 p 궤도는 이웃한 p 궤도와 측면으로 π 결합을 형성한다[그림 11.23(b)]. 그러나 전자들은 특정의 탄소 짝에 국한되어(localized) 분포되지 않는다는 사실이 실험적으로 밝혀졌다. 즉 그림 11.23에서 보는 것처럼 두가지 형태의 π결합에 의한 벤젠의 분자성질은 동등하다는 것이다. 이러한 사실은 전자들의 확률분포가 연속적으로 분포되어 있다는 것을 의미한다. 따라서 벤젠고리의 구조를 나타내는 기호는 6각형 속에 원을 그려 넣어 표기된다. 이렇게 한 분자 내에 단일결합과, 이중결합 또는 삼중결합이 교대로 반복될 때 π전자가 상호작용을 하는 현상을 켤레(conjugation, 공액(共軛)이라는 용어는 일본식 한자어임)상태라고 부른다. 이러한 **π-켤레결합은 특히 폴리머에서 전기전도성** 규명에 중요한 역할을 한다.

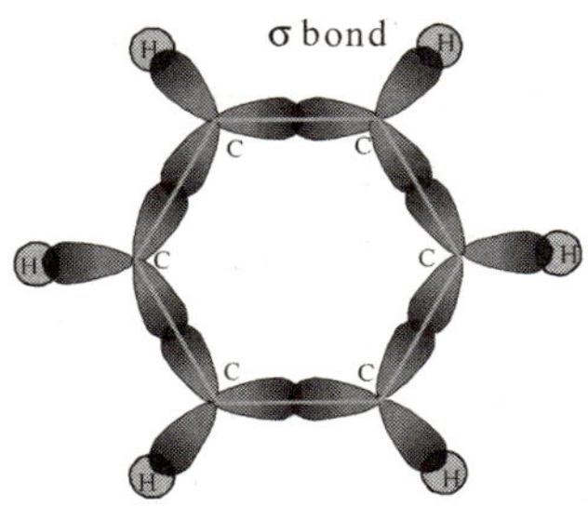

(a)같은 평면에 있는 sp^2 혼성궤도에 의하여 세개의 σ 결합이 이루어진다.

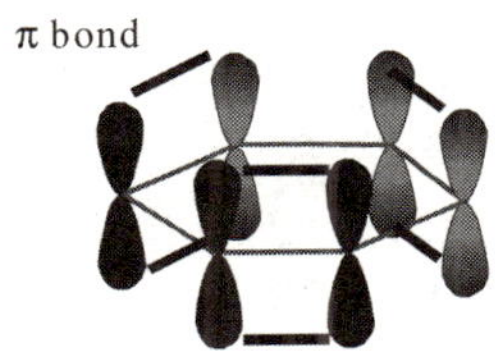

(b) 혼성에 참가하지 않는 p 궤도함수에 의하여 하나의 전자를 공유하는 π 결합을 이룬다.

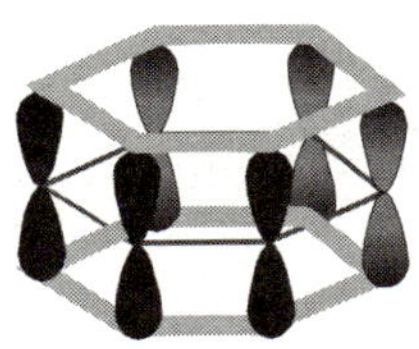

(c) 전자는 어느 한곳에 고정되어 분포하지 않고 연속적인 확률분포를 갖는다. 이렇게 탈국부화된 전자의 분포 현상을 켤레(conjugated)상태라고 부른다.

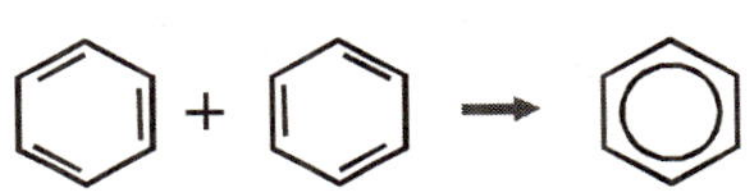

(d) 그림의 왼쪽 부분의 두 가지 상태는 동등하다는 것이실험적으로 밝혀 졌으며 이는 전자들이 탈국부화 (delocalized)되어 있다는 것을 의미한다. 오른쪽 표기가 벤젠 고리의 켤레구조를 나타내는 기호이다.

[그림 11.23] 벤젠(C_6H_6)의 구조.

11.3 분자궤도함수 이론(molecular orbital theory)

앞에서 언급한 공유결합에 있어서의 원자가 결합 모형은 대부분의 분자들에 대하여 시각적으로 묘사할 수 있었다. 그러나 이 모형은 때때로 전자의 분포 상태를 정확하게 기술해 주는데 어려움을 주기도 한다. 이러한 결점을 보완해 주는 다른 방법이 분자궤도함수(molecular orbital, MO) 모형이다. 특히 MO 이론은 원자가 결합 모형에 비하여 큰 분자에 대한 화학 및 물리적 성질을 계산하는데 보다 만족스러운 결과를 가져다준다.

분자궤도 이론은 우선 원자 궤도함수에서 출발한다. 이러한 원자 궤도함수는 앞에서 언급한대로 파동함수의 개념으로 취급되며 그 제곱은 주어진 공간 영역에서 전자를 발견할 수 있는 확률을 뜻한다. **분자궤도함수 이론은 분자를 개별적인 원자로 취급하지 않고 하나로 생각하여 분자궤도함수를 원자궤도함수처럼 다루는 방법이다.** 즉 분자 궤도함수는 파동함수이며 그 제곱은 분자 내에서 전자를 발견할 수 있는 확률을 나타낸다. 이러한 분자궤도함수는 고유한 에너지 준위와 함께 분포 모양을 갖고 있으며, 이들 궤도함수에는 최대로 2개의 전자가 서로 반대의 스핀을 갖고 점유할 수 있다.

수소분자(H_2)에서의 분자 궤도함수 형성을 보기로 하자. 두 개의 수소원자가 서로 접근하여 수소분자를 형성할 때 두 개의 고립 전자의 1s 궤도함수(정확한 표현으로는 파동함수)는 서로 섞이기 시작하고 전자들은 두 원자에 걸쳐 퍼진다. 이때 궤도함수가 상호작용하여 결합하는 데는 두 가지 방법이 존재한다. 하나는 두전자의 스핀이 반평행(antiparallel)한 분포이고 다른 하나는 전자스핀이 평행(parallel)한 분포이다. 여기서 반평행이라 함은 한 전자의 스핀이 스핀업(spin up) 상태이면 다른 전자는 스핀다운(spin down)상태로 결합하는 경우이고 스핀평행이라함은 두전자의 스핀방향이 모두 같은 방향일 때의 분포함수를 뜻한다. 당연히 스핀반평행인 결합이 훨씬 안정하며 원자로 존재할 때보다 더 낮은 에너지를 갖는다. 이와 반면에 스핀평행 결합은 같은 양자상태의 전자는 같은 방에 들어갈 수 없다는 파울리의 배타원리에 따라 가까이 가면 서로 밀어내는 작용을 하게 된다. 따라서 이러한 결합은

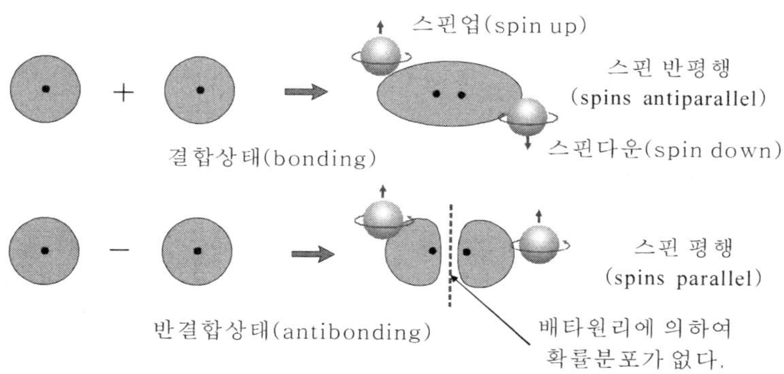

[그림 11.24] 수소분자의 두가지 결합상태.

극히 불안정하다. 이로 인해 인접한 원자핵사이에는 전자구름분포가 없는 마디(node)가 생긴다. 그림 11.24를 보라.

결국 분자의 에너지 상태는 두 가지 상태로 존재한다는 것을 알 수 있다. 수소분자에 대한 에너지 상태분포는 그림 11.25와 같이 된다. 9장에서 나트륨 원자가 분자를 형성하며 에너지띠를 만들 때 왜 두 가닥으로 에너지 분포가 갈리는지 이제 이해가 갈 것이다.

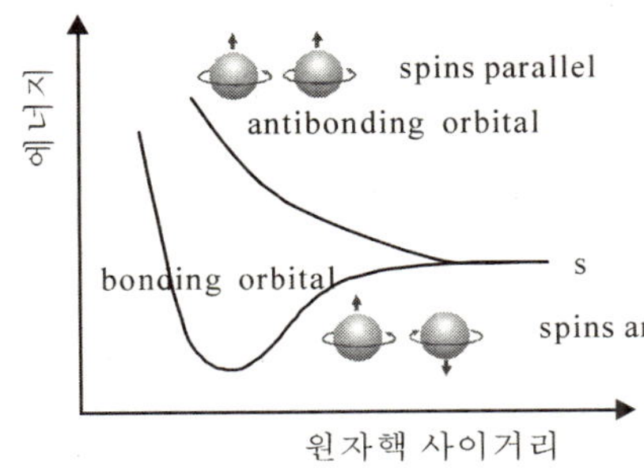

[그림 11.25] 수소분자의 결합상태에 따른 에너지 분포도.

화학에서는 위와 같은 스핀반평행에 의한 전자분포 상태를 '더하기 상호작용 결합'이라는 다소 모호한 표현을 쓰기도 한다. 그리고 보통 σ로 표기하며 이를 결합성 분자궤도함수(bonding molecules orbital)라고 부른다. 화학에서는 orbital을 궤도가 아니라 궤도함수라는 용어를 사용한다. 정확한 표현은 아니다. 실제적으로는 파동함수의 제곱에 해당되는 확률밀도함수라고 불러야 한다. 여기에서는 혼동을 피하기 위하여 궤도함수라고도 부르기로 한다. 두 개의 전자는 두 핵 사이에서 형성되는 이러한 분자 궤도함수에서 대부분의 시간을 보내면서 결합을 형성하게 된다. 스핀평행 상태에 대한 빼기결합의 표기는 σ^*로 나타낸다. 이 때 이러한 결합 상태는 에너지 적으로 고립된 원자의 에너지보다 높은 상태에 있으며, 이를 반결합성 분자궤도함수(antibonding molecules orbital)라고 한다. 이러한 분자궤도에는 어느 전자도 두 핵 사이의 중앙 영역을 점유할 수 없어 결합에 기여할 수 없다. 10장에서 배운 파울리의 배타원리를 다시 한 번 들여다보기 바란다.

에너지 준위를 그릴 때는 다음과 같은 방식을 따른다. 즉 그림 11.26에서 보듯이 두 개의 고립된 수소원자 궤도는 양쪽에 그리고 두 개의 수소분자 궤도는 가운데에 표시한다.

다음으로 몇 개의 2주기 분자들(N_2, O_2, F_2)에 대한 분자 궤도함수이론을 고찰하자. H_2에서와 비슷하게 N와 O에서는 2s 궤도에서 σ_{2s} 및 σ_{2s}^* 분자궤도함수(MO)를 형성하게 된다. 다음으로 2p 궤도를 보자. 이미 10장에서 다룬 바가 있듯이 $l=1$인 궤도함수의 확률분포는 원점을 중심으로 8자 모양을 그린다. 이러한 p궤도는 분자를 이룰 때 두 가지 형태로 결합을 할 수 있는데 하나는 정면으로 다른 하나는 측면으로의 결합이다. 우리는 앞에서 이 두 가지 결합 형태를 σ와 π 결합이라고 배웠으며 sp^2 혼성궤도에서 중요한 역할을 한다는 사실

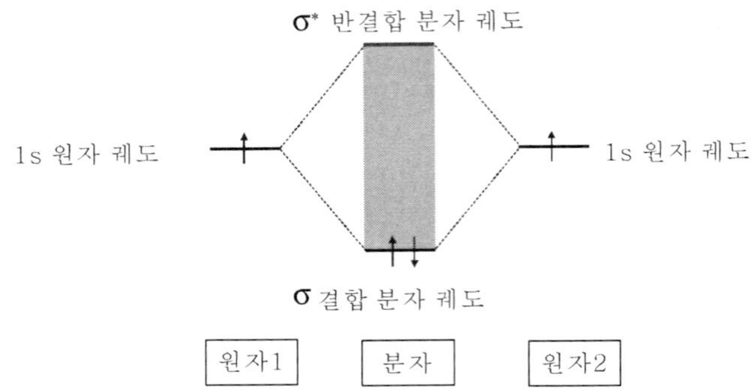

[그림 11.26] 이원자 분자의 에너지 준위도.

을 알았었다. 따라서 정면으로 상호작용을 하는 σ 결합은 다시 σ_{2p} 와 σ_{2p}^{*} 의 MO를 형성하게 되고 π 결합에서도 π_{2p} 와 π_{2p}^{*} 의 MO를 형성한다. 이상을 종합한 것이 그림 11.27이며 그림 11.28은 이에 따른 2주기분자들에 대한 에너지 준위(energy levels)도이다. σ_{2p} 와 π_{2p} 혹은 이들에 대한 반결합 준위들은 분자들에 따라 그림과는 달리 서로 에너지 준위순서가 바뀔 수도 있다.

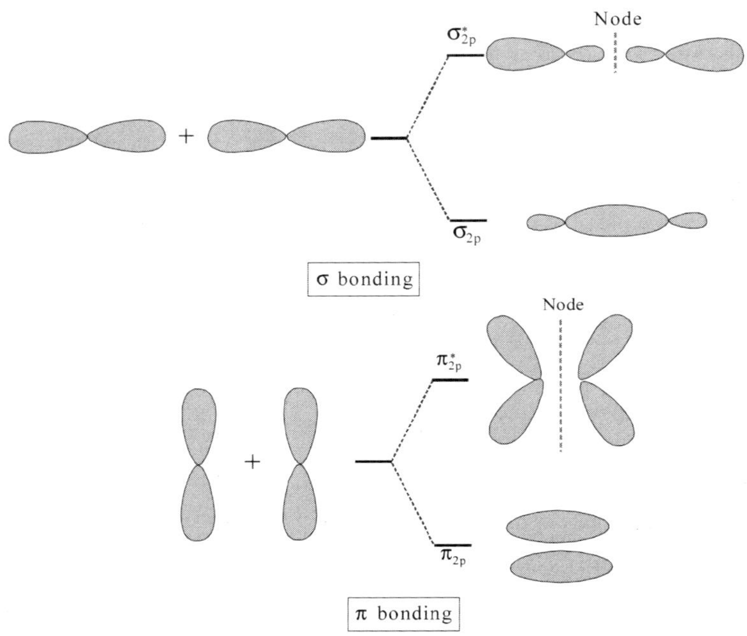

[그림 11.27] 2p 궤도의 결합 형태.

분자의 전자들은 이러한 분자궤도에 에너지가 낮은 순서대로 궤도를 점유해 나간다. 이때 전자들이 점유한 가장 높은 궤도를 HOMO(highest occupied molecular orbital)라고 부르고, 전자들이 채워지지 않은 가장 낮은 영역의 궤도를 LUMO(lowest unoccupied molecular orbital)라고 부른다.

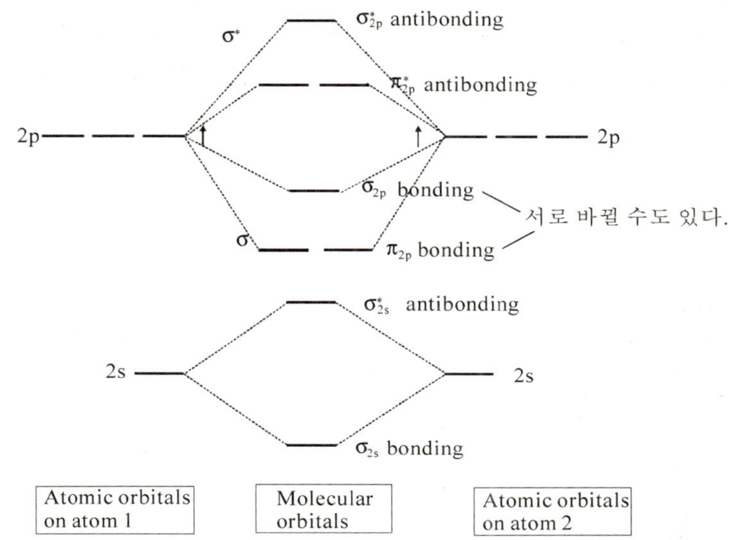

[그림 11.28] 2주기 이원자 분자에 대한 분자 궤도의 에너지 준위.

11.4 분자의 에너지 스펙트럼

이제까지 우리는 분자가 외부적으로 에너지를 받지 않아 가장 안정된 상태, 즉 바닥상태(ground state)만을 취급해왔다. 그러나 분자에 대한 정보들은 분자로부터 나오는 분자의 에너지 스펙트럼을 통하여 얻는다. 이러한 스펙트럼은 분자가 들뜸상태(excited state)로 되었다가 다시 바닥상태로 전이(transition)되는 과정에서 나온다. 이때 분자에 있는 최외각 전자(원자가 전자)가 바닥상태에서 들뜸상태로 올라가 형성되는 에너지 준위를 전자 준위(electronic levels)라고 한다. 또한 분자는 진동운동과 회전운동을 할 수 있기 때문에 분자의 에너지 스펙트럼은 분자 자체의 진동운동과 회전운동에 의해서도 나타난다.

전자 에너지준위(electron energy levels)

이미 앞에서 언급이 있었듯이 두 개의 원자가 접근하여 분자를 형성할 때에는 가장 안정된 분자를 이루는 두 원자의 핵 간격이 존재한다. 마찬가지로 외부로부터 에너지를 받아 전자가 들뜸 상태로 올라갔을 때에도 비슷한 모양의 에너지 곡선을 이루게 된다. 다음 그림 11.29는 핵 간격에 따른 분자의 3가지 에너지 상태에 대한 분포를 나타내고 있다. 이러한 에너지 분포에서 가장 안정된 골짜기의 에너지들, 즉 E_1^{el}, E_2^{el}, E_3^{el} 등이 분자에 있어 전자들에 대한 에너지준위(energy level)들에 해당된다. 여기서 위첨자 el은 다음에 논의할 진동과 회전에너지와 구별하기 위한 것이다. 이러한 전자준위들은 수 eV정도의 간격을 갖는다. 따라서 한 높은 에너지 준위에서 낮은 에너지 준위로 전자가 전이하게 되면 수 eV의 빛(광자, photon)을 발하게 되는데 일반적으로 가시광선 영역 혹은 자외선 부근에 해당되는 경우가 많다.

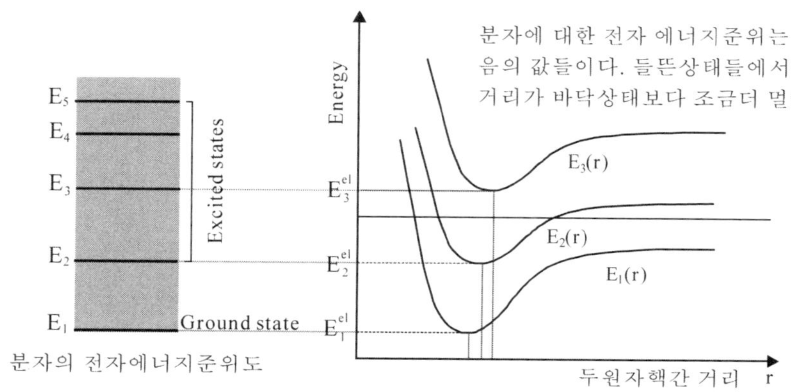

[그림 11.29] 이원자 분자의 전자의 들뜬궤도와 이에따른 에너지준위도.

진동 에너지준위(vibration energy levels)

분자는 에너지를 받으면 진동운동을 하게 된다. 그림 11.30은 이원자 분자에 있어 퍼텐셜 에너지의 변화를 분자의 핵 간의 거리 함수로 나타낸 모형이다. 분자가 에너지를 받게 되면 가장 안정된 위치(r_0)를 중심으로 진동 운동을 하며 그 모양은 포물선 구조를 이룬다. 따라서 이 영역에서의 퍼텐셜 에너지는 다음과 같이 주어진다.

$$U = U_0 + \frac{1}{2}kx^2 \tag{11.1}$$

여기서 변위 $x = r - r_0$이다. 이러한 퍼텐셜 에너지에 의한 힘은

$$F = -\frac{dU}{dx} = -kx \tag{11.2}$$

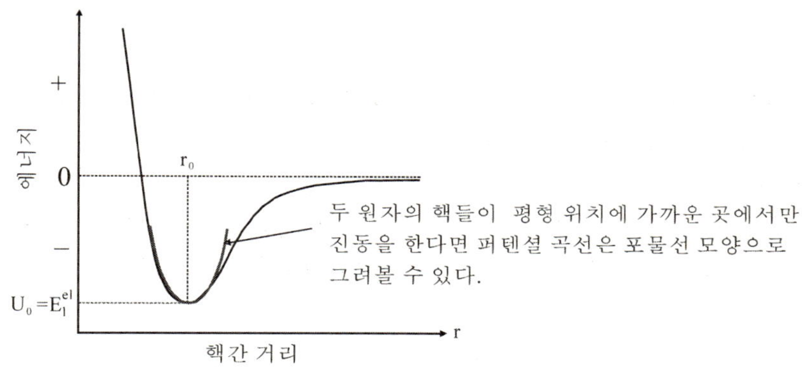

[그림 11.30] 이원자분자의 진동운동에너지 곡선.

이다. 이 힘은 용수철 운동과 같으며 보통 후크(Hooke)의 법칙으로 알려져 있다. 이러한 용수철 운동에 있어 진동수는 다음과 같이 주어진다.

$$f = \frac{1}{2\pi}\sqrt{\frac{k}{m}} \tag{11.3}$$

이원자 분자인 경우 각각의 원자는 m_1, m_2의 질량을 갖고 있으므로 실제로는 환산 질량을 고려해 주어야 한다. 즉

$$m' = \frac{m_1 + m_2}{m_1 m_2} \tag{11.4}$$

이며, 진동수는

$$f = \frac{1}{2\pi}\sqrt{\frac{k}{m'}} \tag{11.5}$$

이다. 이러한 조화 진동자에 대한 양자역학적 계산 결과는 진동에너지에 대하여 다음과 같은 결과를 가져다준다.

$$E_n^{vib} = (n + \frac{1}{2})hf,\ n = 0, 1, 2, 3, \cdots \tag{11.6}$$

혹은

$$E_n^{vib} = (n + \frac{1}{2})\hbar\omega\,,\ n = 0, 1, 2, 3, \cdots \qquad (11.7)$$

여기서 h는 플랑크상수이며 $\hbar = h/2\pi$, $\omega = 2\pi f$에 해당된다. 그리고 정수 n을 진동 양자수(vibrational quantum number)라고 한다.

그러면 분자의 진동에너지의 방출 혹은 흡수는 어떠한 규칙을 가질까? 그것은 분자를 이루는 구성 원자들의 상대적 위치가 변해야 하며 이때 양자수의 변화가 오직 1일 때만 가능한 것으로 알려져 있다. 따라서 에너지를 흡수하여 방출을 할 때의 방출 에너지는

$$E_{n+1} - E_n = (n + 1 + \frac{1}{2})hf - (n + \frac{1}{2})hf = hf \qquad (11.8)$$

가 된다.

[보기문제 1] 소금분자(NaCl)의 가장 낮은 진동 에너지 간격은 $1.0 \times 10^{-20}\,J$이다. 소금분자의 힘 상수를 구하라. Na의 질량수는 23, Cl의 질량수는 35이다.

풀이: 우선 Na과 Cl의 질량수와 NaCl의 환산질량을 구해야 한다. Na의 질량수는 수소원자의 질량수의 23배, Cl은 35배에 해당된다. 수소원자의 질량은 양성자의 질량과 거의 같으므로 $1.67 \times 10^{-27}\,kg$이다. 환산질량은

$$m' = \frac{23 \times 35}{23 + 35}(1.67 \times 10^{-27}\,kg) = 2.32 \times 10^{-26}\,kg$$

이 된다. 그러면 진동수는

$$f = \frac{E}{h} = \frac{1.0 \times 10^{-20}\,J}{6.63 \times 10^{-34}\,Js} = 1.5 \times 10^{13}\,/s$$

이다. 힘 상수는

$$k = 4\pi^2 m' f^2$$

이므로,

$$k = (4)(3.14)^2(2.32 \times 10^{-26}\,kg)(1.5 \times 10^{13}\,/s)^2 = 206\ N/m$$

이다.

[보기문제 2] 수소분자(H_2 molecule)는 힘상수 $k = 573\ N/m$를 갖고 진동하는 조화 진동자처럼 행동한다. 가장 낮은 진동에너지의 간격과 그에 따른 파장을 구하라.

풀이: 우선 진동수를 구해야 한다. 수소의 질량은 $m_H = 1.67 \times 10^{-27}\ kg$이고 수소분자의 환산질량은

$$m' = \frac{m_H m_H}{m_H + m_H} = \frac{1}{2} m_H = 8.35 \times 10^{-28}\ kg$$

이다. 따라서 진동수는

$$f = \frac{1}{2\pi}\sqrt{\frac{k}{m'}} = \frac{1}{(2)(3.14)}\sqrt{\frac{573\ N/m}{8.35 \times 10^{-28}\ kg}} = 1.32 \times 10^{14}\ /s$$

이다. 그러면

$$E_{1\to 0} = hf = (6.63 \times 10^{-34}\ J \cdot s)(1.32 \times 10^{14}/s) = 8.75 \times 10^{-20}\ J$$

이고, 이를 eV로 환산하면

$$E = \frac{8.75 \times 10^{-20}\ J}{1.60 \times 10^{-19}\ eV/J} = 0.547\ eV$$

이다. 전자의 에너지준위에 비하여 약 10배정도 작은 값이다. 한편 이러한 빛의 파장을 구해보면

$$\lambda = \frac{c}{f} = \frac{3.0 \times 10^8\ m/s}{1.32 \times 10^{14}/s} = 2.27 \times 10^{-6} = 2270\ nm$$

이다. 즉 적외선 영역의 빛이다.

분자 진동에 대한 선택규칙에 대하여 좀 더 논의를 하기로 하자. 구성 원자들의 상대적 위치가 변위(displacement)된다는 것은 분자의 쌍극자 모멘트가 변해야 한다는 것이다. 이러한 진동을 적외선 활성이라고 부른다. 물론 분자는 반드시 영구쌍극자 모멘트를 가질 필요는 없으며 다만 쌍극자 모멘트가 변하기만 하면 된다. 그런데 등핵 이원자 분자인 경우

진동을 하여도 쌍극자의 변화에는 아무런 영향을 주지 못한다. 따라서 이러한 진동은 복사선을 흡수하거나 방출하지 못하여 적외선 불활성을 갖는다고 한다. CO_2, H_2O, $CH_2=CH_2$, C_6H_6 등은 모두 적외선 활성을 가지며 진동 흡수 스펙트럼을 나타내지만, N_2는 그렇지 못하다. 진동 전이에 대한 구체적인 선택규칙(selection rule)은 다음과 같다.

$$\Delta n = \pm 1 \tag{11.9}$$

여기서 +기호는 흡수에 해당하고 -인 경우는 방출에 해당한다. 분자의 전자에너지 준위와 진동에너지 준위는 그림 11.31과 같이 나타낼 수 있다.

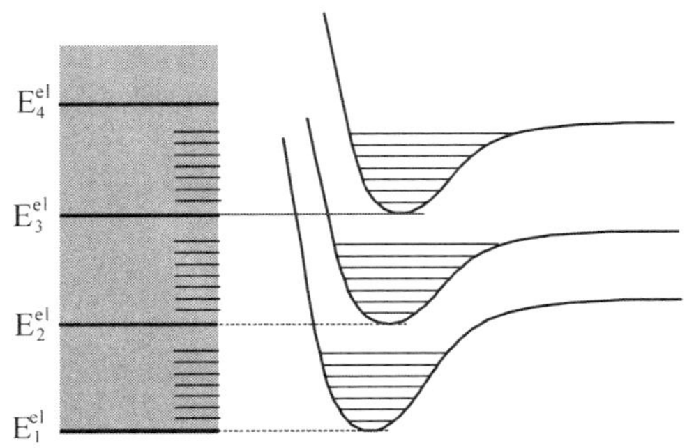

[그림 11.31] 분자의 전자 에너지 준위와 진동 에너지 준위.

회전 에너지준위(rotation energy levels)

우리는 10장에서 궤도양자수를 접한 바가 있다. 그리고 궤도양자수는 공간에 대한 양자화이며 이는 각운동량과 연관된다는 사실도 알았다. 이때 반드시 등장하는 상수가 플랑크 상수 h이다. 식 (10.19)를 보면 각운동량에 대한 양자 조건은

$$L = \sqrt{l(l+1)}\,\hbar$$

이다. 플랑크상수의 차원을 보면 에너지×시간의 차원($J \cdot s$)이라는 것을 알 수 있는데 이는 각운동량의 차원과 같다. 플랑크 상수는 각운동량의 크기를 나타내는 물리량인 것이다. 따라서 원자나 분자에서 회전하는 전자의 각운동량은 플랑크 상수로 나타난다. 이제 각운동량이 주어졌으므로 분자에 대한 회전운동에너지는

$$E_l^{rot} = \frac{L^2}{2I} = \frac{l(l+1)\hbar^2}{2I}, \; l = 0, 1, 2, 3, \cdots \qquad (11.10)$$

이다. 여기서 I는 관성모멘트이다.

[보기문제 3] 일산화탄소(CO)는 탄소원자(^{12}C)와 산소원자(^{16}O)로 이루어진 이원자분자 중의 하나이다. 탄소와 산소의 결합길이는 0.113 nm 이고 탄소와 산소원자의 질량은 각각 $1.99 \times 10^{-26}\,kg$, $2.66 \times 10^{-26}\,kg$ 이다. 환산질량과 관성모멘트를 구하라.

풀이: 환산질량은

$$m' = \frac{m_1 m_2}{m_1 + m_2} = \frac{(1.99) \times (2.66)}{1.99 + 2.66} 10^{-26}\,kg = 1.14 \times 10^{-26}\,kg$$

이고, 관성모멘트는 다음과 같다.

$$I = m' r^2 = (1.14 \times 10^{-26}\,kg)(1.13 \times 10^{-10}\,m)^2 = 1.46 \times 10^{-46}\,kgm^2$$

[보기문제 4] 일산화탄소 분자의 (a) 가장 낮은 회전 운동에너지와 (b) 그에 따른 각속도를 구하라.

풀이:
(a) 가장 낮은 에너지는 $l = 1$ 일 때이다. 따라서

$$E_1^{rot} = \frac{\hbar^2}{I} = \frac{(6.63 \times 10^{-34}\,J \cdot s/2\pi)^2}{(1.46 \times 10^{-46}\,kg \cdot m^2)} = 7.61 \times 10^{-23}\,J$$

이다. eV 단위로는 $7.61 \times 10^{-23}\,J/1.60 \times 10^{-19}\,J/eV = 4.76 \times 10^{-4}\,eV$ 이다.

(b) 각속도는 $E^{rot} = \frac{1}{2} I\omega^2$ 으로부터 얻을 수 있다.

$$\omega = \sqrt{\frac{2E_1^{rot}}{I}} = \sqrt{\frac{(2)(7.61 \times 10^{-23}\,J)}{1.46 \times 10^{-46}\,kg\,m^2}} = 3.23 \times 10^{11}\,rad/s$$

그리고 진동수는 각속도를 2π로 나누어주면 되므로

$$f = \frac{\omega}{2\pi} = 5.14 \times 10^{10} \, /s$$

이다. 이러한 진동수는 사실상 마이크로파 영역에 속한다.

원자스펙트럼은 전자가 높은 궤도에서 낮은 궤도로 옮길 때 두 궤도에서의 에너지 차에 해당되는 빛이다. 그리고 그러한 양자화 된 에너지는 $E = hf$에 해당되는 진동수를 갖는다. 그렇다면 분자의 회전 스펙트럼 역시 높은 궤도에서 낮은 궤도로 회전 상태가 변할 때 그 에너지 차이만한 에너지를 발할 것이다. 물론 역으로 분자가 빛의 에너지를 받는다면 낮은 회전 상태에서 높은 회전 상태로 들뜨게 된다. 그런데 회전 운동에너지는 오직 궤도양자수가 1만큼만 변화할 때 발생하는 것으로 알려져 있다. 그러므로 우리는 회전 운동에너지의 차이를 식 (11.10)에 l과 $(l+1)$를 대입하여 구할 수 있다. 그러면

$$E_{l+1} - E_l = [(l+1)(l+2) - l(l+1)]\frac{\hbar^2}{2I} = (l+1)\frac{\hbar^2}{I} \qquad (11.11)$$

그리고 이러한 에너지차가 광자의 에너지 hf에 해당되므로, 회전에 의한 빛(광자)의 진동수는

$$f = \frac{E_{l+1} - E_l}{h} = (l+1)\frac{h}{4\pi^2 I} \qquad (11.12)$$

가 된다.

[보기문제 5] 일산화탄소의 $l = 1$에서 $l = 0$의 궤도로 회전 상태가 변할 때 방출되는 빛의 진동수를 구하라.

풀이: 식 (11.120에서 $l = 0$을 대입하면 된다.

$$f = \frac{6.63 \times 10^{-34} \, Js}{(4)(3.14)^2(1.46 \times 10^{-46} \, kg\,m^2)} = 1.15 \times 10^{11} \, Hz$$

그리고 파장을 구해보면

$$\lambda = \frac{c}{f} = \frac{3.0 \times 10^{8}\, m/s}{1.15 \times 10^{11}\, /s} = 2.6 \times 10^{-3}\, m = 2.6\, mm$$

이다. 마이크로파 영역이라는 것을 알 수 있다.

우리는 앞에서 일산화탄소에 대한 관성 모멘트를 구한 바가 있다. 그것은 일산화탄소의 결합 길이를 이미 알고 있을 때나 가능하다. 그러나 우리는 nm 정도의 길이를 직접 자를 갖고 측정할 수는 없는 노릇이다. 그렇다면 일산화탄소에 대한 관성 모멘트는 어떻게 구할까? 다음의 보기 문제를 보고 이 난관을 해쳐나가기로 하자.

[보기문제 6] 일산화탄소는 외부로부터 진동수가 $1.15 \times 10^{11}\, Hz$인 빛을 흡수하여 가장 낮은 회전상태에서 다음의 회전 상태로 들뜨게 된다. 이러한 실험 사실로부터 일산화탄소의 결합 길이를 구하라.

풀이: 식 (11.12)로부터 $l = 0$일 때의 관성 모멘트는 다음과 같이 주어진다.

$$I = \frac{h}{4\pi^2 f} = \frac{6.63 \times 10^{-34}\, Js}{(4)(3.14)^2 (1.15 \times 10^{11}\, /s)} = 1.46 \times 10^{-46}\, kg \cdot m^2$$

보기문제 3번에서 우리는 일산화탄소에 대한 환산질량을 구한 바가 있으며 그 값은

$$m' = 1.14 \times 10^{-26}\, kg$$

이고, $I = m'r^2$으로부터

$$r = \sqrt{\frac{1.46 \times 10^{-46}\, kg \cdot m^2}{1.14 \times 10^{-26}\, kg}} = 1.13 \times 10^{-10}\, m$$

이다. 이 결과가 우리가 원하는 답이다! 다시 말해 분자의 회전 스펙트럼을 분석하면 해당 분자의 결합 길이가 측정된다는 것이다. 우리는 회전하는 분자에서 나오는 빛의 스펙트럼을 관측하여 길이를 측정하는 정교한 자로 사용하였다.

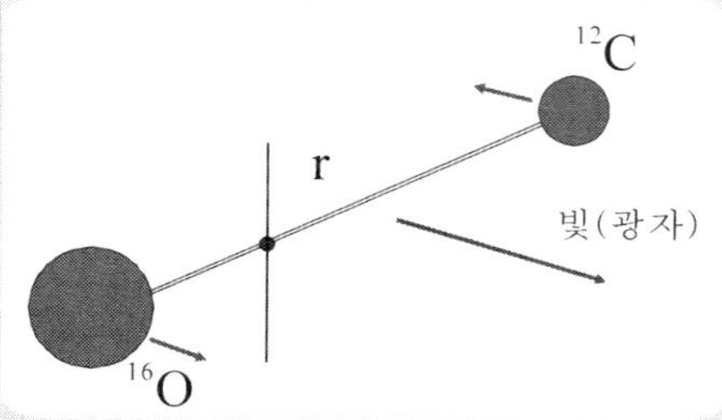

일산화탄소는 회전 운동에 의해 빛을 흡수하거나 방출 한다.
빛의 파장이나 진동수를 관측하면 일산화탄소의 결합 길이를 측정할수 있다.

[그림11.32] 일산화탄소의 회전과 빛 스펙트럼

이제 수소분자의 회전운동에너지와 진동운동에너지를 비교해보기로 하자. 수소분자는 두 개의 수소원자가 $r = 7.42 \times 10^{-11}\,m$ 의 거리를 평형으로 하여 결합되어 있다. 수소분자의 관성 모멘트는

$$I = m'r^2 = \frac{1}{2}(1.67 \times 10^{-27}\,kg)(7.42 \times 10^{-11}\,m)^2 = 4.64 \times 10^{-48}\,kg \cdot m^2$$

이다. 그러면 가장 낮은 회전에너지 준위는

$$E_1^{rot} = \frac{h^2}{4\pi^2 I} = \frac{(6.63 \times 10^{-34}\,J \cdot s)^2}{(4)(3.14)^2(4.64 \times 10^{-48}\,kg \cdot m^2)} = 2.4 \times 10^{-21}\,J$$

의 값을 얻는다. 즉 $0.015\,eV$이다. 우리는 보기문제 2에서 이미 수소분자의 진동에너지를 구한 바가 있으며 그 값은 $E_{1\to 0} = hf = 8.75 \times 10^{-20}\,J$ 이다. 따라서 **이러한 회전운동에너지는 진동운동에너지에 비해 약 1/36 정도에 불과하다는 사실을 알 수 있다.**

한편 각운동량과 각속도와의 관계 $L = I\omega = 2\pi I f^{rot}$ 로부터 회전 진동수는

$$f^{rot} = \frac{L}{2\pi I} = \frac{\sqrt{l(l+1)}\,h}{4\pi^2 I}$$

이다. $l = 1$ 이면

$$f_1^{rot} = \frac{\sqrt{2}\,h}{4\pi^2 I} = \frac{(1.41)(6.63 \times 10^{-34}\,J \cdot s)}{(4)(3.14)^2(4.64 \times 10^{-48}\,kg \cdot m^2)} = 5.10 \times 10^{12}\,/s$$

의 결과를 얻는다.

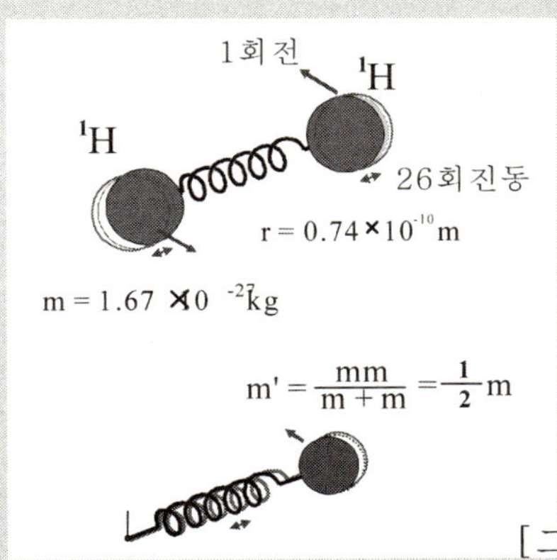

수소분자는 두개의 수소원자의 질량중심을 축으로하여 회전운동을 하며 동시에 진동운동도 한다.

한번 회전할때마다 진동은 26회를 반복한다.

[그림 11.33] 수소분자의 회전운동과 진동운동.

진동할 때의 진동수는 $1.32 \times 10^{14}/s$이었으므로 1회전할 때 진동은 약 26회 일어난다. 즉 진동이 훨씬 빠르게 일어난다. 이러한 결과는 다음과 같이 생각해 보면 쉽게 이해가 될 것이다. 만약 진동에 비해 회전이 훨씬 빠르게 일어난다면 원운동에 의한 원심력이 수소원자들에 작용하게 된다. 이렇게 되면 두개의 수소원자는 평형 점에서 벗어난 거리를 유지하며 계속 회전을 하게 되고 결국 진동운동은 발생하지 않게 될 것이다.

그런데 위와 같은 분자의 회전운동에 의한 진동수는 빛의 어느 영역에 속할까? 회전 진동수를 파장으로 변환하면

$$\lambda = \frac{c}{f} = \frac{3.0 \times 10^{8} m/s}{5.1 \times 10^{12}/s} = 5.9 \times 10^{-3} m$$

가 되는데 이는 마이크로파(microwave)-파장이 약 1m에서 1mm로 고주파라고도 부른다-의 영역에 속한다. 우리는 앞장에서 일산화탄소의 회전운동에 의한 빛도 마이크로파에 속한다는 결과를 얻은 바가 있다.

종합적으로 분자의 에너지 크기를 비교해보면 전자에너지준위는 수 eV이고, 진동에너지준위는 $0.1 eV$ 그리고 회전운동에너지는 $0.001 eV$ 정도이다.

전자 전이(electron transitions)

분자에 있는 전자의 분포를 변화시키는데는 수 eV가 필요하다는 것을 앞에서 살펴보았다. 따라서 이러한 에너지 변화가 일어날 때 광자가 흡수되거나 방출되는 스펙트럼은 적외선, 가시광선 혹은 자외선 영역이 된다.

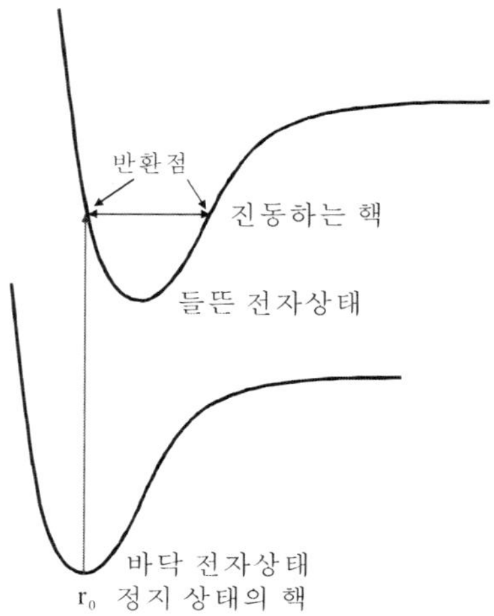

[그림 11.34] 바닥 진동상태로부터 바로 수직 상부로 전이되는 진동-전자 전이.

분자 안에서 전자 전이가 일어나면 핵들 사이에 작용하는 정전기적인 힘이 변하게 되면서 분자의 진동 상태가 달라지게 된다. 핵에 비하여 전자의 질량은 무시할 수 있을 정도로 가볍기 때문에 전자 전이는 핵이 미처 감응하기 전에 빠르게 일어난다. 이러한 전자 전이에 의하여 분자내의 전하 밀도는 급격하게 변하게 되며 본래 정지하고 있던 핵들이 새로운 힘을 받게 된다. 즉 전자 들뜸에 의하여 분자의 핵은 처음 정지해 있던 위치에서 앞뒤로 왔다 갔다 하며 진동을 시작한다.

에너지를 받기전의 분자, 즉 광 흡수가 일어나기전의 분자는 가장 낮은 전자 준위에서 n=0인 진동 상태에 있다. 이 상태에서 핵들은 평형 위치 r_0에 분포할 확률이 가장 높다. 따라서 핵이 이러한 평형 위치에 있을 때 대부분의 전자 전이가 일어난다. 전자가 들뜰 때 핵들의 골격은 거의 변하지 않으며 결국 전자 전이는 그림 11.34와 같이 수직선을 따라 올라간다고 보아도 된다. 이러한 수직 전이는 들뜸 전자 상태의 여러 진동 준위들을 가르며 나간다. 이와 같이 수직선을 따라 올라간 준위에서 핵이 평형 위치에서 발견될 확률이 가장 높으며 들뜸 전이가 멈출 최대 확률의 상태이다. 그렇지만 다른 들뜸 진동 준위로도 전이가 일어날 확률은 존재한다.

11.5 분자의 발광

형광(fluorescence)

들뜬 전자 상태에 있는 분자가 에너지를 잃어 바닥상태로 되돌아 갈 수 있는 방법은 여러 가지가 있다. 분자가 흡수한 광자의 에너지(진동수)와 같은 복사(광자)를 내면서 단번에 바닥상태로 내려올 수도 있다.

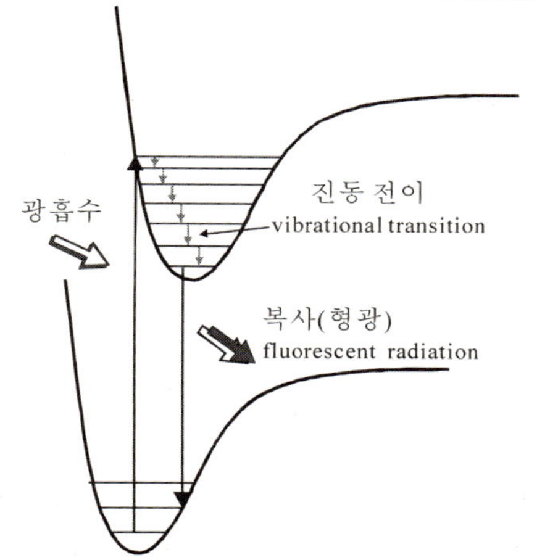

분자는 빛을 흡수하면 높은 전자 에너지준위에 있는 진동 준위로 들뜬다. 곧이어 주위에 에너지를 내주면서 진동상태가 낮은 준위로 내려온다. 이 현상을 비복사 전이라 한다. 다음으로 높은 전자 상태의 바닥 진동준위로부터 바닥 전자 상태의 진동준위로 전이되면서 복사가 이루어지며 이를 형광이라고 한다. 결국 방출된 복사는 흡수된 복사보다 낮은 진동수를 갖는다.

[그림 11.35] 형광의 원리.

이와는 다르게 나타나는 과정의 하나가 형광(fluorescence)이다. 그림 11.35에서 보듯이 형광은 한 분자가 다른 분자들과 충돌을 하며 진동에너지의 일부를 잃어버리고 들뜬 전자 상태의 가장 낮은 진동준위로부터 전자의 바닥상태의 진동준위로 전이되는 과정이다. 이때 방출되는 형광은 진동 에너지의 일부를 주위에다 내준 다음에 복사선을 내놓기 때문에 흡수된 복사의 진동수 보다 낮은 진동수를 갖는다.

형광 염료의 밝은 오렌지색이나 초록색은 이러한 형광작용에서 나온다. 이러한 염료 분자들은 자외선이나 파란색 계통의 빛을 흡수한 다음 가시광선 영역의 형광을 내놓는 것이다.

인광(phosphorescence)

분자 스펙트럼에서 총 스핀이 서로 다른 전자 상태들 사이에서는 선택 규칙에 의해 복사성 전이는 금지된다. 이제까지 다룬 전자의 에너지 상태는 전자의 총 스핀 양자 수, S가 0인 단일항인 경우만 다루었다. 그러나 두개의 전자가 스핀을 나란히 하여 총 스핀수가 1인 상태의 준위도 존재한다. 분자가 결합을 할 때 스핀평행 상태를 언급한 적이 있다. 이러한 스핀평행은 그림 11.36에서 보듯이 스핀양자수가 1인 경우에 해당된다. 스핀이 $S=1$이면 그에 따른 자기 스핀 양자수인 m_s는 -1, 0, 1등 세가지 상태를 가질 수 있다. 이러한 상태를 삼중항(triplet)상태라고 부르며 $S=0$인 경우를 단일항(singlet)상태라고 한다.

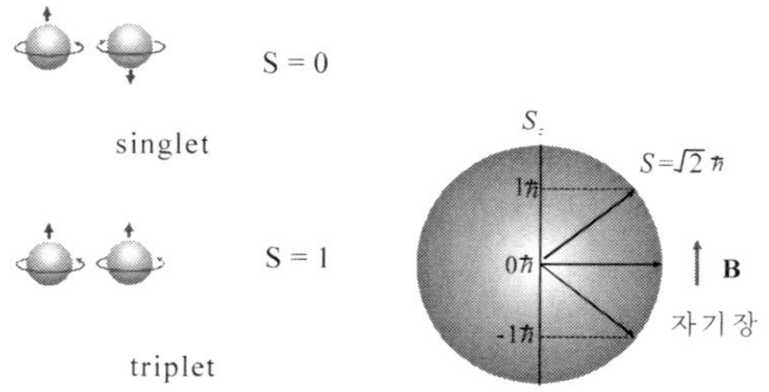

[그림 11.36] 전자스핀 결합 상태.

앞에서 언급한 형광 과정은 단일 바닥상태의 분자가 광자를 흡수하여 단일항 뜰뜬 상태로 올라간 경우이다. 여기서 중요한 것이 선택규칙이며 선택규칙은 삼중항 상태와 단일항 상태와의 전이를 금지한다. 그런데 다음 그림에서 보는 것처럼 분자가 충돌에 의해 비복사성 전이를 하는 과정에서 형광에서와는 달리 낮은 진동준위 중 삼중항 들뜸상태에 있는 진동상태에 있는 준위로 전이되는 경우가 발생한다. 이러한 과정은 서로의 진동에너지 준위가 같을 때 일어날 수 있다. 계속되는 충돌에 의해 삼중항 상태에서 가장 낮은 에너지 준위로 떨어지게 되며 결국 n=0인 진동준위에 갇히게 된다.

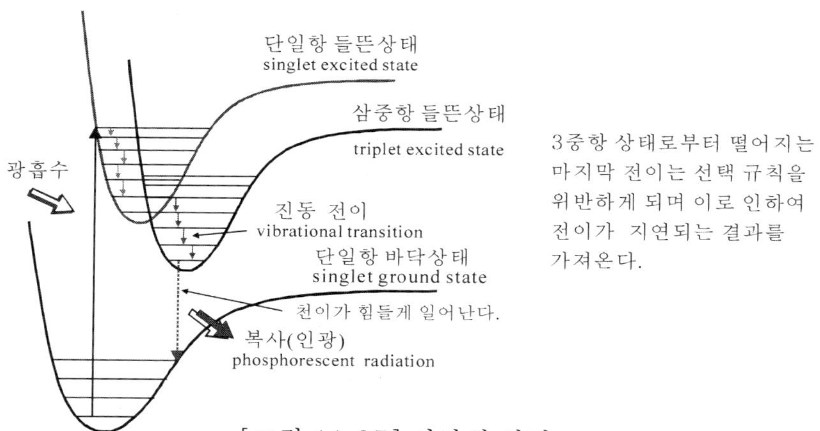

[그림 11.37] 인광의 원리.

그런데, 삼중항 상태에서 단일항 상태로의 복사성 전이는 선택규칙에 의해 금지되어 있다. 그러나 이러한 금지는 확률적으로 불가능한 것이 아니라 극히 낮게 일어난다는 의미를 지닌다. 따라서 이러한 전이는 들뜸상태를 유지하는 시간, 즉 반감기가 길며 흡수 후 몇 분 혹은 몇 시간 후에 방출되기도 한다. 이러한 복사를 인광복사(phosphorescent radiation)라고 부른다. OLED 연구에서 이러한 인광 물질을 탐구하는 것이 가장 중요한 과제이기도 하다.

12장 | OLED와 발광원리

OLED의 기본구조는 이미 1장에서 잠깐 들여다보았듯이 발광층을 양쪽에서 전극으로 채운 샌드위치 구조이다. 그림 1.5를 보라. 양극으로는 투명전극인 ITO가 사용된다. 양쪽 전극에 전압이 걸리면 양극은 유기물 층에 정공(hole)을 주고 음극은 유기물 층에 전자를 주게 된다. 이렇게 만들어진 전자와 정공은 유기물 발광층에서 재결합(recombination)하게 되는데 이때 재결합되면서 에너지가 발생한다. 이러한 전자-정공 재결합 에너지는 유기물의 에너지 준위 중 전자가 점유할 수 있는 전자의 에너지 상태를 바닥상태(ground state)에서 들뜸상태(excited state)로 올려놓는다. 이러한 들뜸상태는 전자가 머물기에는 불안정하여 다시 바닥상태로 내려오고 이때 여분의 에너지가 빛(광자; photon)으로 방출된다. 이러한 현상을 전자발광(electroluminescence: EL)이라고 부르며 전자형광(electrofluorescence)과 전자인광(electrophosphorescence)이 이에 속한다. 형광과 인광 현상의 기본 원리는 이미 앞장에서 다룬 바가 있다.

형광이나 인광을 이용한 재료를 통틀어 형광체라고 부르며 TV의 브라운관에도 형광물질이 사용된다. 주로 희귀원소 무기물질들이며 전자빔이 입사하면 들뜨게 되어 형광색을 발광한다. 유로피움(Eu)은 빨간색(R), 터비움(Terbium, Tb)은 녹색(G), 세륨(Cerium, Ce)은 청색(B)으로 빛난다. 브라운관의 3원색 RGB는 이들 희귀원소들이 사용된다. 그리고 현재 OLED에 발광 재료로 사용되는 저분자 대부분이 형광을 내는 물질들이다. 그러나 형광은 인광에 비해 빛 발생율이 1/3 수준으로 낮으며 전체적으로 약 25%의 효율성밖에는 지니지 못한다는 단점을 갖는다.

최근 들어 인광을 내는 유기분자를 이용한 OLED 개발이 본격화 되고 있다. 강한 가시광선에 해당하는 인광을 내고자 하면 그것에 알맞은 재료를 만들어내야 하는데 보통 배위 섞임화합물(coordination complex)을 이용하여 만든다. 배위 섞임화합물은 중심을 이루는 금속에 유기물을 배위 결합시키는 것을 말한다. 처음 유기물 발광을 발표한 Kodak사의 Tang이 이용한 재료가 이러한 금속섞임화합물로서 중심 금속이 Al인 Aluminaquinone(Alq_3라고 부름)이었다. 그러나 이 Alq_3는 인광을 내는 것이 아니라 형광을 내는 물질로 초록색 영역의 빛을 발한다. 인광형 재료로는 주기율표 상 희귀원소(Rare earth elements)에 속하는 이리듐(Iridium, Ir)이나 백금(Platinum, Pt) 같은 금속이 집중 연구되고 있다.

OLED는 분자량이 작고 발색단이 있으며 광발광(photoluminescence) 특성이 좋은 기능성 분자(fuctional molecules)를 사용하는 경우(현재 대부분의 OLED가 이에 속함)와 단량체(monomer)가 중복 결합되어 고분자를 이루는 폴리머(polymer)를 사용하는 경우 등이 있다. OLED에 사용되는 폴리머는 어느 정도 전도성을 가지고 있다. OLED에 대한 연구는 발광의 기본 소자인 LED에 대한 연구가 많이 진행되고 있는데 이로부터 해결되는 문제들이 곧바로 디스플레이 화소개발에 응용되기 때문이다.

무기물을 이용한 LED 개발은 pn 접합 반도체 기술에 의하여 활발히 발달되어 왔으나, 유기물을 이용한 개발은 발전하지 못하였다. 유기물 LED에 불을 붙인 사람이 1987년 Eastmann Kodak의 Tang이었다. 그는 Aluminaquinone이라는 색소를 진공 증착시켜 필름을 만들어 발광층으로 삼고 전하 수송성이 좋은 물질을 금속과 발광층 사이에 도입하여 소자를 만들어 냈는데 여기서 발광 효율이 좋은 전기발광(EL)이 발견된 것이다. 즉 종래와는 다르게 그림 1.5에서 보듯이 유기물의 발광층을 2층구조로 하였다. 유기물로 제작된 OLED 소자는 유기물의 합성 경로가 다양하고 합성된 분자의 성질이 그대로 나타나므로 청색 발광이 용이하여 완전컬러(full color)화가 가능하다. 그러나 유기물 EL은 기계적 강도가 낮고 열에 의해 결정화가 일어나 소자의 성능을 떨어뜨리는 단점이 있다. 이를 보완하기 위한 연구가 계속되다가 1990년 영국의 Cambrigde 대학에서 PPV(poly-phenylenevinylene)라는 π-결레폴리머(π-conjugated polymer)에서 EL 현상이 관측되어 폴리머를 이용한 EL연구가 본격화 되었다.

우리는 우선 OLED 재료에서 가장 긴요한 배위 섞임화합물의 기본구조와 그 발광에 대하여 알아보기로 한다. 여기서 언급할 점은 complex라는 화학용어의 표기에 관한 점이다. 일반적으로 이 용어를 착체(錯体) 혹은 착물(錯物)이라고 부르는 데 일본식 한자표기이다. 여기서 錯은 섞인다는 한자어이며 우리나라에는 이러한 단어가 어울리지 않는다. 섞임화합물이라면 일반인들도 쉽게 이해가 가리라 생각한다.

12.1 배위결합과 섞임화합물

배위결합은 공유되는 전자쌍이 한 원소에서 나오는 경우로 공유 결합의 특수한 형태라고 할 수 있다. 특히 주기율표상의 d-블럭 원소들은 전자쌍을 받는데 우수하여 전자쌍 주개 역할을 하는 분자나 이온과 배위 공유결합을 형성한다. 예를 들면 황산구리의 푸른색은 Cu^{2+} 이온에 H_2O가 결합하여 배위 섞임화합물(coordination complex,)인 $[Cu(H_2O)_4]^{2+}$ 를 형성한다. 즉, Lewis 산인 Cu^{2+} 이온은 물분자의 4개의 비공유 전자쌍을 받아들여 공유결합을 형성한다. 이때 전자쌍 주개인 4개의 물분자를 리간드(ligand)라고 부른다. 황산구리의 화학식은 $[Cu(H_2O)_4]SO \cdot H_2O$로 표시되며 5번째 물분자는 구리에 배위되어 있지 않다. 배위 결합력은 고체내의 분자 간 인력보다 강하며 공유결합이나 이온결합보다는 약하다. 다음은 섞임화합물의 보기이다.

$$Fe^{2+} + 6CN^- \rightarrow [Fe(CN)_6]^{4-}$$
$$Pt^{4+} + 6NH_3 \rightarrow [Pt(NH_3)_6]^{4+}$$
$$Ni + 4CO \rightarrow [Ni(CO)_4]$$

배위 섞임화합물의 화학식에서 중심 금속과 배위된 리간드를 나타내기 위하여 대괄호를 사용한다. 가령 $[Pt(NH_3)_6]Cl_4$에서 대괄호 부분은 백금(Pt)에 6개의 NH_3가 배위된 양이온의 섞임화합물을 뜻한다. 이러한 대괄호는 섞임화합물의 독특한 성질을 갖고 있다는 것을 강조하기 위한 것으로 중심 금속의 원자 기호가 대괄호의 제일 앞에 위치한다.

많은 생체 반응 내에서도 섞임화합물이 이러한 방식으로 형성된다. 예를 들면, 헤모글로빈과 비타민 B_{12}도 섞임화합물인데 전자는 철(Fe)을 후자는 코발트(Co)를 함유하고 있다. d-블럭 금속의 섞임화합물은 보통 밝은 색을 나타내고 자기적 성질을 보이며 화학적 분석, 색과학, 그리고 여러 가지 촉매로 사용된다. 이러한 섞임화합물은 태양에너지변환, 대기중의 질소 고정, 의약품 목적 등으로 널리 연구되고 있다. 특히 최근 들어 OLED에 쓰이는 발광재료로 각광받고 있다.

$[Fe(CN)_6]^{4-}$와 같은 배위수가 6인 섞임화합물은 리간드가 팔면체의 각 꼭지점에 위치해 있기 때문에 중심인 금속과 팔면체 섞임화합물(octahedral complex)을 이룬다. 이와 반면에 $[Cu(NH_3)_4]^{2+}$와 같은 배위수가 4인 섞임화합물은 리간드가 사면체의 각 꼭지점에 위치하여 사면체 섞임화합물(tetrahedral complex)을 이루거나 혹은 정사각형의 꼭지점에 위치하는 평면사각형 섞임화합물(square planar complex) 구조를 가진다.

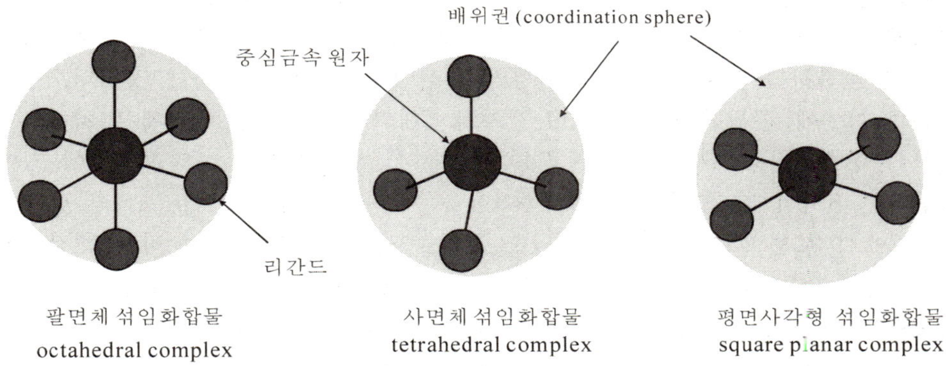

[그림 12.1] 배위 섞임화합물의 입체적 구조.

결정장 이론(Crystal Field Theory)

배위 섞임화합물의 결합에 대한 유용한 모형 중 하나가 결정장 이론(crystal field theory)이다. 이 이론은 금속과 리간드간의 결합을 **이온결합의 관점**에서 설명하는 방법으로 리간드와 금속이온 사이에 공유되는 전자는 무시된다. 이러한 결정장 이론은 음전하를 띠는 리간드가 접근함에 따라 중심 금속 이온이 받는 건드림(섭동, perturbation)의 상호작용을 그 기초로 한다. 따라서 각각의 리간드는 점전하로 표현된다. 이러한 음전하들은 금속원자로 향하는 리간드 고립 전자쌍을 나타내며 섞임화합물의 전자구조는 리간드의 점전하와 중심 금속간의 정전기적 상호작용으로 설명된다.

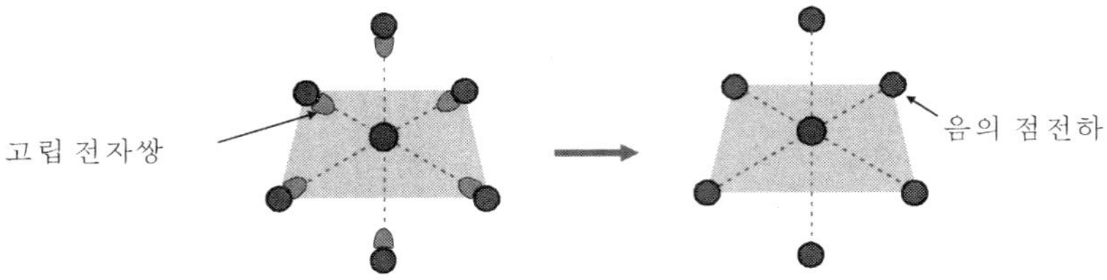

[그림 12.2] 섞임화합물에 대한 결정장 이론.

d 궤도 전자가 하나인 $[Ti(H_2O)_6]^{3+}$(hexaaquatitanium III라고 부름)를 보기를 들어 설명해보자. 이 섞임화합물의 금속원소이온인 Ti^{3+}의 전자 배치는 $[Ar]3d^1$ 이다. 이 금속이온은 양전하를 띠고 있기 때문에 리간드가 제공하는 음전하를 끌어당긴다. 이러한 인력이 섞임화합물을 형성하는 원동력이다. 즉 Ti^{3+} 이온과 6개의 H_2O 리간드의 고립전자쌍으로 표현되는 6개의 음의 점전하가 서로 강하게 끌어당기며 섞임화합물을 형성하는 것이다.

그런데 Ti^{3+} 이온에 존재하는 1개의 3d 전자가 5개의 d-궤도 중 어디에 위치하느냐에 따라 점전하간의 상호작용이 달라진다. $[Ti(H_2O)_6]^{3+}$ 와 같은 팔면체 섞임화합물에 있어서 점전하로 표현되는 6개의 리간드는 중심 금속이온을 기준으로 하여 x, y, z 축 상에 위치한다. 그림 12.3에서 보듯이 3개의 궤도함수(d_{xy}, d_{yz}, d_{zx})는 전자구름이 리간드 점전하의 사이로 향하고 있다. 이러한 3개의 d-궤도함수를 결정장 이론에서는 t-궤도함수(정확하게는 t_{2g}라고 표기함)라고 부른다. 나머지 두 개의 궤도함수(d_{z^2}, $d_{x^2-y^2}$)는 리간드 점전하로 곧바로 향하고 있으며 이를 e-궤도함수(e_g)라고 한다. 공간상에서 서로 다른 배치를 하고 있으므로 t-궤도의 전자는 e-궤도의 전자보다 리간드의 음전하에 대하여 약하게 반발한다. 따라서 t-궤도의 에너지 준위는 e-궤도의 에너지 준위보다 낮은 곳에 위치한다.

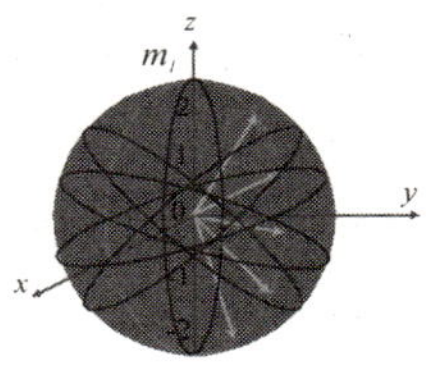

l=2 인 부껍질 궤도는 5개의 자기양자수를 갖는다. 이러한 각운동량의 양자화는 전자의 확률구름이 클로버 모양을 가지도록 한다. m_l =0인 경우에는 확률분포가 z 축상에 집중된다.

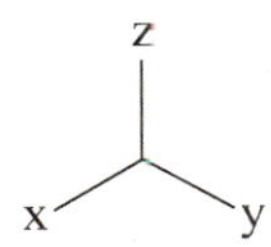

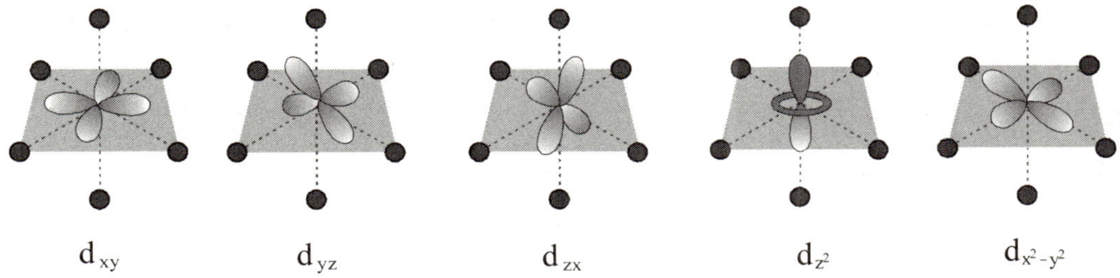

d_{xy}, d_{yz}, d_{zx} -궤도함수들은 리간드의 사이를 향하므로 리간드의 전자에 의한 반발력이 약하므로 비교적 낮은 에너지 상태를 갖는다. 반면에 나머지 두개의 궤도함수들은 리간드에 직접 향하므로 상대적으로 높은 에너지 준위를 갖는다.

[그림 12.3] 중심의 d-금속원자를 갖는 팔면체 섞임화합물에서의 중심원자의 전자 구름 배치도. 참고로 원자의 d 궤도에 대한 각운동량분포와 그에 따른 전자궤도를 그려넣었다.

이러한 t-궤도와 e-궤도사이의 에너지 준위 차이는 중심이온과 리간드간에 작용하는 전체 상호작용 에너지의 약 10% 가량이다. 따라서 섞임화합물의 안정성은 대부분 중심의 양이온과 리간드간의 음전하 사이의 인력에서 나온다. 그럼에도 **t-궤도와 e-궤도 사이의 에너지 차이가 중요한 것은 섞임화합물의 색깔과 자기적 특성에 관여**하기 때문이다.

다음 그림은 섞임화합물의 에너지 준위도로 d-궤도의 에너지가 리간드의 존재에 어떻게 영향을 받는지를 보여주고 있다.

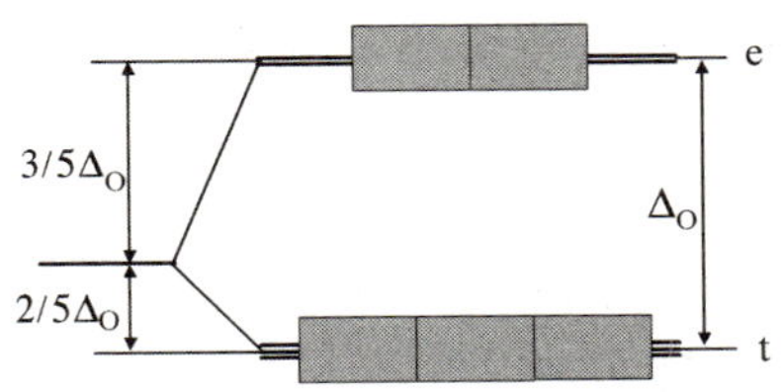

(a) 팔면체 섞임화합물의 에너지 준위.

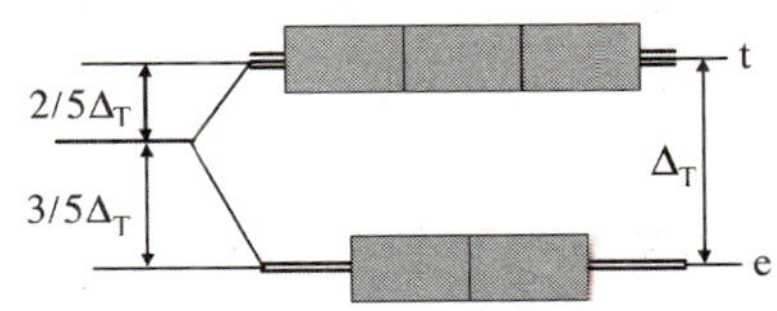

(b) 사면체 섞임화합물의 에너지 준위.

[그림 12.4]섞임화합물의 에너지 준위도.

여기서 두 d-궤도간의 에너지 차이를 리간드장 분리 에너지(ligand field splitting energy)라고 부르며 Δ_O는 팔면체, Δ_T는 사면체 분리 에너지를 뜻한다. 팔면체 섞임화합물의 3개의 t-궤도의 에너지준위는 d-궤도의 평균 에너지준위로부터 $2/5\Delta_O$ 만큼 낮으며 2개의 e-궤도 에너지 준위는 $3/5\Delta_O$만큼 높은 곳에 위치한다. 따라서 $[Ti(H_2O)_6]^{3+}$ 의 바닥상태는 t-궤도에 전자 1개가 채워진 상태이며, 이러한 전자배치를 t^1으로 표기한다.

사면체 섞임화합물에서는 3개의 t-궤도가 2개의 e-궤도보다 리간드에 더 가깝게 향한다. 그 결과 사면체 섞임화합물에서는 t-궤도는 e-궤도보다 더 높은 에너지 준위를 갖는다. 사면체 섞임화합물은 팔면체 섞임화합물에 비해 d-궤도가 리간드의 정면을 향하고 있지 않은 관계로 반발을 일으키는 리간드의 수가 그만큼 적기 때문에 사면체의 에너지 분리 Δ_T는 Δ_O보다 작으며 보통 $\Delta_T \approx 4/9\Delta_O$의 관계를 유지한다.

광흡수

앞에서 언급한 팔면체 섞임화합물인 $[Ti(H_2O)_6]^{3+}$에 Δ_O와 같은 에너지를 갖는 광자가 흡수되면 t-궤도에 있는 전자가 e-궤도로 들뜰 수 있다. 그림 12.5를 보라.

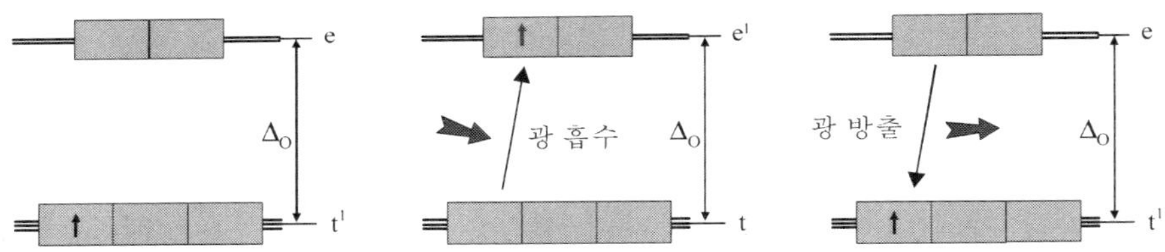

[그림 12.5]팔면체 섞임화합물의 광흡수와 광방출.

이렇게 흡수된 빛의 파장(또는 진동수)을 조사하면 리간드장의 에너지 분리를 구할 수 있다. 아울러 이렇게 들뜬 전자가 다시 t-궤도로 전이되면 섞임화합물은 특유의 빛을 발하게 된다. 특히 가시광선에 해당하는 빛을 복사하는 섞임화합물들은 OLED의 디스플레이 재료로 각광받고 있다.

[보기문제 1] $[Ti(H_2O)_6]^{3+}$ 섞임화합물은 510nm의 빛을 흡수한다. 이 섞임화합물의 리간드장 분리에너지를 구하라.

풀이: 광자의 에너지는 $E = hf$ 로 주어지며, 진동수 $f = c/\lambda$이다. 이 섞임화합물의 리간드장 에너지 분리에 해당되는 에너지가 광의 에너지이므로

$$\Delta_O = \frac{hc}{\lambda} = \frac{(6.63\times10^{-34}J\cdot s)(3.0\times10^{8}m/s)}{5.1\times10^{-7}m} = 3.9\times10^{-19}J$$

이다. eV 단위로는 $2.4eV$에 해당된다.

OLED용 금속 섞임화합물로 유명한 것이 형광물질인 Aluminaquinone(Alq_3)이다. 이러한 Alq_3 섞임화합물은 초록색 계통의 빛을 발하며 파장이 519nm이다. 그러나 오늘날 광범위하게 사용되는 OLED 인광재료로는 백금(Pt)과 이리듐(Ir)을 중심금속으로 하는 섞임화합물들이다. 나중에 소개하게 될 것이다.

12.2 OLED 소자의 구조

기본적인 형태는 유기물을 양극과 음극의 두 전극 사이에 끼워 넣는 방식이다. 그러나 이러한 형태는 현실적이지 못하다. 왜냐하면 유기물을 직접 무기물에 접합시키는 데는 어려움이 있고 발광 효율이 낮기 때문이다. 따라서 전극과 발광용 유기물 사이에 완화(buffer)층을 넣고서 이러한 문제들을 해결하는데 결과적으로 다층구조를 가지게 된다.

일반적인 5층형 OLED 구조를 살펴보자. 발광 측의 전극은 외부로 빛을 내보내기 위하여 광 투과성이 있는 투명전극이 필요하며 주로 ITO가 사용된다. 이러한 양극 ITO와 정공수송층(hole transporting layer; HTL) 사이에 완화층으로써 정공주입층(hole injection layer; HIL)을 넣는다. 이와 반면에 음극은 불투명한 Al 등의 금속재료가 쓰이고 전자수송층(electron transport layer; ETL)과 음극 사이에 전자주입층(electron injection layer; EIL)을 넣는다. 이러한 층들은 경계면에서 접합성을 좋게 하며 전자 또는 정공의 움직임을 빠르게 만들어 주는 역할을 한다. 그런데 발광 재료 중 전자의 수송성이 좋은 것들은 전자

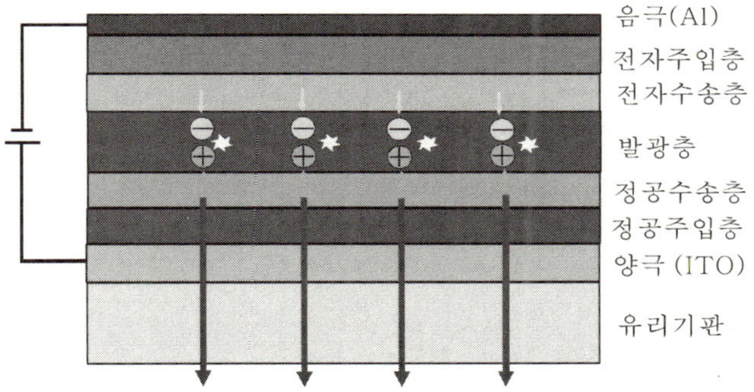

[그림 12.6] 일반적인 OLED 구조(5층형).

수송층과 발광층(luminescence layer)을 겸비할 수 있다. 따라서 위에서 말한 5층형 구조보다 4층형 구조가 가능한데 실제로 이러한 4층형 구조의 OLED가 많은 편이다. 이와 같이 단분자 재료의 OLED는 다층형 구조를 이루고 있으나, 폴리머인 경우는 단층 형태로 제작이 가능하다.

OLED 소자의 여러 가지 구조 형태는 다음과 같다.

1층형 : 가장 단순하고 이상적인 형태이다. 그러나 발광 효율과 더불어 주입과 수송효율을 겸비한 재료를 발견하는 것이 어렵다. 폴리머(고분자)가 유망한 재료에 속한다.

2층형 : 양극(ITO)에서 나오는 정공을 발광층에 효율적으로 운반하기 위해 정공수송성이 우수한 수송층을 설치한 형태이다. 발광층은 전자수송을 겸비한다.

3층형 : 발광층을 독립된 층으로 만들기 위해 정공, 전자수송층 모두를 설치한 형태이다.

4층형 : 양극인 ITO와의 접합성을 고려하여 정공주입층을 추가한 형태이다. 저분자계에서 가장 많이 채택되어 사용되는 구조이다.

5층형 : 정공, 전자 주입층과 수송층 모두를 설치한 형태이다. 전자주입층은 알칼리 금속으로 도핑한 유기층이 사용된다.

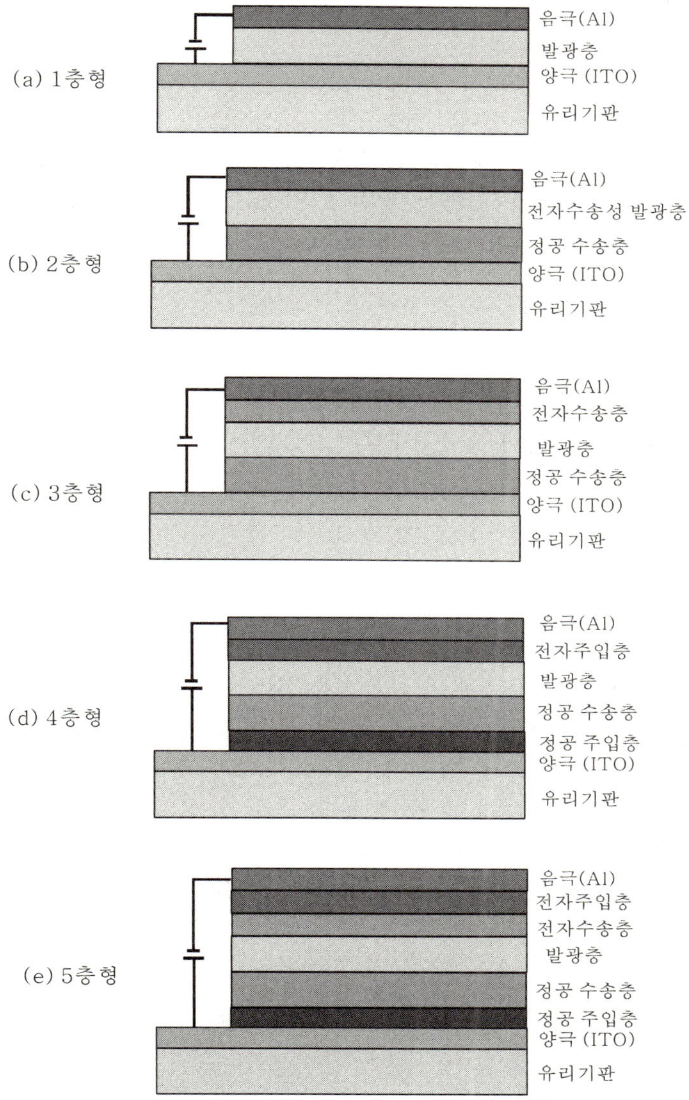

[그림12.7] OLED의 여러가지 구조 형태.

12.3 OLED 필름층의 기능

양극(ITO)

발광한 빛을 외부에 내보내기 위해서는 투명한 전극이 필요하다. 이러한 투명전극 재료로는 정공의 주입 효율이 좋고 표면 저항이 낮은 ITO(Indium Tin Oxide)가 일반적으로 사용된다. 유리기판(glass substrate) 위에 스파터링(sputtering) 증착 등에 의해 형성시킨다.

음극

음극재료는 소자 구조상, 빛을 내보내는 쪽이 아니라 뒷면이 되기 때문에 불투명한 금속재료를 사용한다. 전자주입 효율이 좋은 재료가 적합하다 할 수 있다. 널리 상용되고 있는 재료로는 알루미늄(Al)이다. 마그네슘 • 은 합금(MgAg), 알루미늄 • 리튬 합금(AlLi) 등도 있다.

정공주입층(HIL)

정공주입층을 만드는 이유는 양극과 정공수송층 재료를 직접 닿게 하면 양극으로부터 나오는 정공주입 효율이 떨어지기 때문이다. 전극으로부터 전하운반자(carriers 즉 hole이나 electron을 말한다)를 발광층 쪽으로 효율적으로 밀어내기 위해서는 전극과 내보내는 쪽 재료 간의 전위장벽을 양극인 정공층에는 크게 하고 음극인 전자층에는 적게 할 필요가 있다. 왜냐하면 전자를 주입하기 쉽게 하려면 장벽을 낮게 만들어 주어야 하며, 이와 반면에 정공인 경우에는 장벽을 크게 해주어야 한다. 그 이유는 정공은 전자와는 에너지 방향이 반대이기 때문이다.

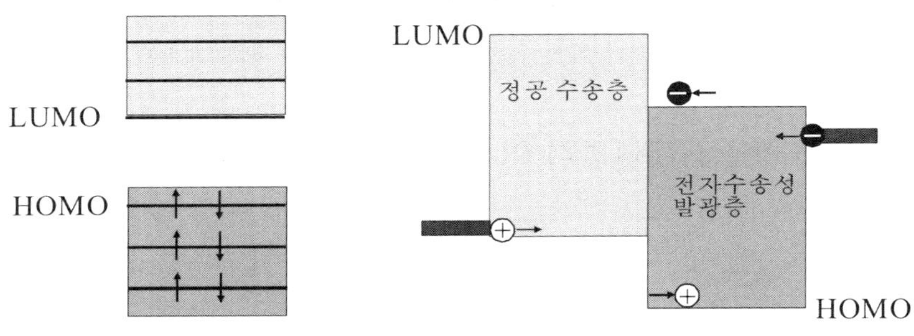

재료에 따라 HOMO와 LUMO의 차이에 의해 전자 혹은 정공의 흐름이 달라진다. pn 접합 다이오드(그림 9.11)와 비교해 보라.

[그림 12.8] 정공 및 전자 수송층과 HOMO와 LUMO와의 관계.

이러한 이유로 전극과 유기층 간의 효율을 좋게 하기 위하여 주입층을 설치하는 것이다. 이러한 전위장벽은 재료들이 갖는 에너지 준위로서 **일함수(work function)**라고 부른다. 일함수는 금속이나 반도체 표면으로부터 1개의 전자를 표면 근방의 바깥쪽으로 내보내는 데 필요한 에너지이다. 10장을 다시 보기 바란다. 따라서, 양극측 재료의 정공 주입율을 좋게 하려면 일함수가 큰 재료가 필요하고, 음극측 재료의 전자 주입율을 좋게 하려면 일함수가 작은 재료가 적합하다. 다시 말하면, 정공주입층은 전극의 일함수와 정공수송층의 HOMO 준위 그리고 LUMO 준위를 잘 맞추어 주는 역할을 한다. HOMO는 분자 궤도에 있어 전자들이 점유되어 있는 궤도 중 가장 높은 준위(Highest Occupied Molecular Orbital)를 뜻하며 LUMO는 빈 궤도 중 가장 낮은 에너지 준위(Lowest Unoccupied Molecular Orbital)를 말한다. HOMO는 엄밀히 말하면 페르미 에너지와 관련이 깊다.

정공수송층(HTL)

정공을 원활하게 발광층으로 이동시키는 역할과 발광층으로 들어온 전자가 정공수송층으로 이동되는 것을 저지하는 역할을 한다. 원활하게 이동시킨다는 것은 수송층 재료의 운반자 이동도가 크다는 의미이다.

발광층

발광층(luminescence layer)은 높은 형광성 또는 인광성을 갖추어 강한 빛을 낼 수 있는 화합물이어야 한다. 발광재료의 조건으로는

-발광효율(양자효율)이 좋을 것,

-전하운반자의 이동도가 좋을 것,

-필름성(보통 성막이라고 부른다)이 좋을 것 등이다.

최근에는 그 자체의 발광휘도는 작지만 필름성이 좋은 발광재료(host)와 발광휘도는 크지만 필름성이 좋지 않은 재료(guest)를 dopant(소량의 첨가물)로써 소량 첨가한 조합방식의 발광재료가 많이 이용되고 있다.

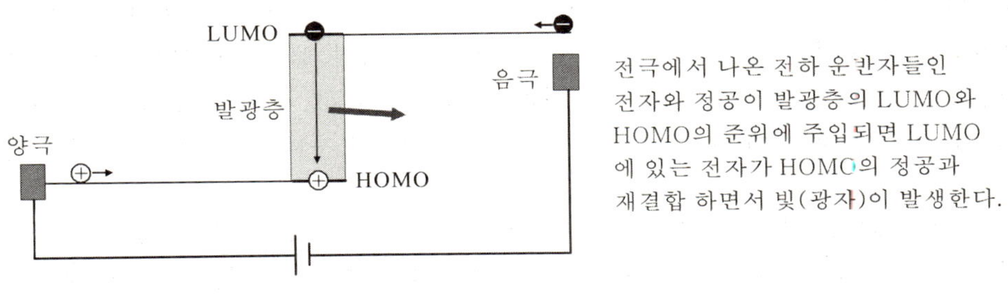

[그림 12.9] OLED의 발광층.

전자주입층(EIL)

전자주입층은 음극과 전자수송층 재료를 직접 맞닿게 하면 음극으로부터의 전자주입효율이 떨어지기 때문에 만드는 층이다. 이 층에 의하여 음극으로부터의 전자주입이 원활해진다.

전자수송층(ETL)

전자가 원활하게 발광층으로 이동시키는 효과와 함께 발광층에 들어온 정공이 전자수송층으로 이동하는 것을 저지하는 역할을 한다.

12.4 OLED 재료

발광층은 OLED에서 핵심되는 부분이다. 발광층은 두께가 매우 얇기(보통 50nm～300nm) 때문에 불순물이 최대한 적어야 한다. 저분자 유기물인 경우 몇 번의 승화 과정을 통하여 순도를 높일 수 있지만 폴리머인 경우 합성 초기부터 잘 정제된 단량체를 사용하여야 한다. 발광재료로 쓰이는 것들은 저분자 형광성 유기물, 인광성 금속배위 섞임화합물, 폴리머 등이다.

Host와 Dopant

발광효율을 증가시키는 방법으로는 발광층에 발광 효율이 매우 높은 여러 가지 유기물 색소를 소량 첨가하는 방법이 많이 사용된다. 이때 소량 첨가되는 물질을 dopant라고 부르며 원래의 발광층 재료를 host라고 구별하여 부른다. dopant가 첨가되면 발광 효율은 물론 내구성도 향상 시킬 수 있는 장점이 있으며 dopant의 종류에 따라 청색부터 빨강색까지 넓은 영역에 걸쳐 빛을 낼 수 있다. 도핑(doping)에 의해 보통 1-2%의 dopant를 host에 추가하게 된다.

dopant를 이용하는 경우 host분자로부터 dopant분자로 에너지가 전이되어 발광하는 형태와 dopant 자체에서 발광하는 형태가 있다. 앞의 경우는 전자와 정공의 재결합이 host분자에서 일어나 host 분자가 들뜸상태가 되고, 그러한 host의 들뜸에너지가 dopant분자로 이동하여 dopant분자를 들뜨게 만들어 발광시키는 형태이다. 그와 반면에 후자인 경우는 전자와 정공이 dopant 분자 내에서 재결합하여 직접 dopant분자를 들뜨게 하여 발광시키는 형태이다.

Host 재료는 전자와 정공의 양 방향에 주입할 수 있는 성질이 있고 필름성(막만들기)이 좋아야 하며 열에 강하고 들뜸 에너지 준위가 높아야 한다. 반면에, dopant 재료는 발광의 양자 효율이 높고, 응집성이 약하여 host 재료 속에 균일하게 분포될 수 있어야 한다. 특히 응집성이 강하면 발광 상태가 나빠지게 된다. 그러나 보통 형광색소류는 딱딱하고 평평하며 응집력이 강한 성질을 갖고 있으므로 설계 시 이러한 상반된 점들이 고려되어야 한다.

형광 재료

현시점에서의 OLED 개발은 저분자 형광 재료가 주류를 이루고 있다. 저분자 재료의 대표적인 것으로는 알루미늄 석임화합물(Complex)인 Alq_3(aluminaquinone)이다. Alq_3는 **초록색 영역의 파장(550nm)**을 갖는다. 이 재료는 전자 이동도가 비교적 크고 또 핀홀이 잘 안 생기며 평평하고 얇게 막을 만들 수 있다는 장점을 갖고 있다. 이러한 Alq_3를 기본으로 하여 많은 녹색발광재료가 개발되어 왔는데 그 중 Alq_3의 제4의 위치에 메틸기를 배위한 tris(4-methyl-8-quinolinolate)aluminum(III), 즉 $Almq_3$가 유명하다. 발광휘도가 140,000 cd/m^2 정도 되는 것으로 보고되었다.

청색발광 재료로는 디스티릴벤젠(DSB)과 그 유도체(PESB), cyclopenadience 유도체(PPCP: 1, 2, 3, 4, 5-pentaphenyl-1, 3-cyclopentadience) 등이 있다. 이러한 청색발광 재료인 경우 색의 순도와 효율 그리고 안정상 등에서 많은 문제점들이 노출되어 충분한 수명을 확보하지 못하고 있는 실정이다. 그만큼 청색발광 재료는 제한적이어서 앞으로도 많은 연구가 필요한 영역이다.

적색발광재료로는 DCJTP가 대표적이다. 이 재료는 황색발광 물질인 rubrene, 청색발광 물질인 NPD를 공동 dopant로 사용할 때 발광효율이 향상되는 것으로 알려져 있다. 그러나 발광파장이 650 nm에 미치지 못하여 넓은 발광스펙트럼에 따른 색순도의 저하와 함께 발광효율이 낮은 단점을 가지고 있다.

<표 12.1> 저분자 유기물 형광성 발광 재료.

화학구조식	약식 기호	발광파장 (nm)	발광색
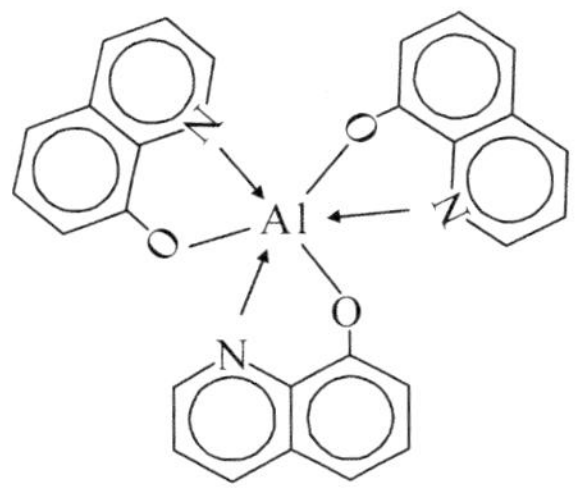	Alq3	519	녹색
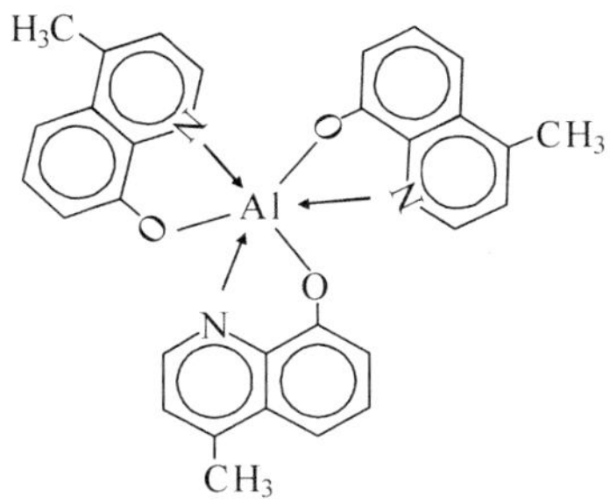	Almq	530	녹색
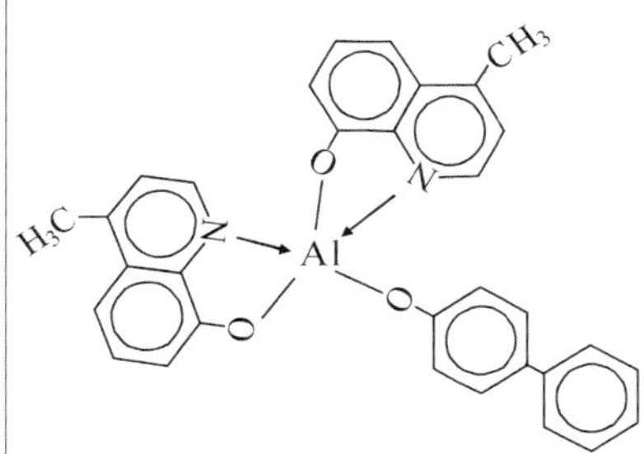	Balq	492	청색
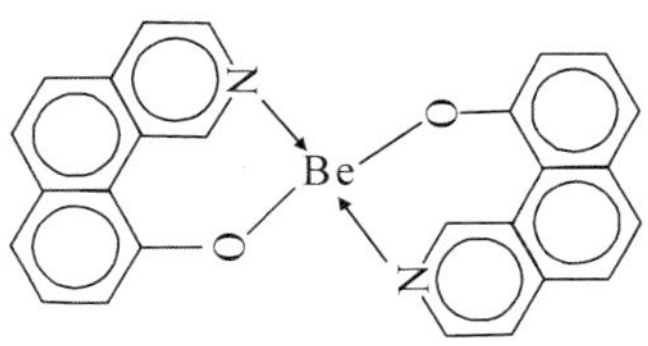	Belq2	516	녹색
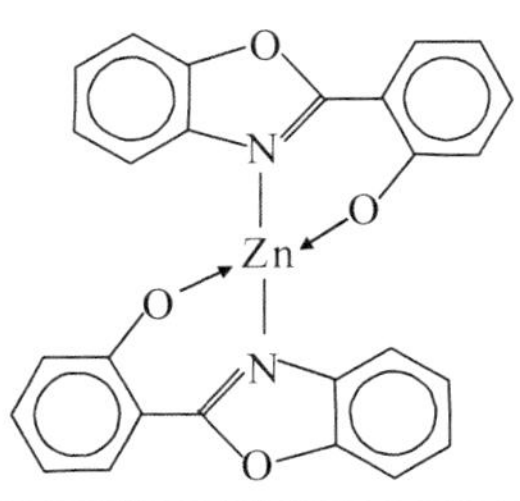	ZnPBO	446	청색

<표 12.2> Dopant로 쓰이는 유기물 발광 재료

화학구조식	약식 기호	발광파장 (nm)	발광색
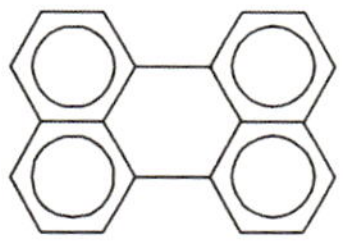	Pe	465	청색
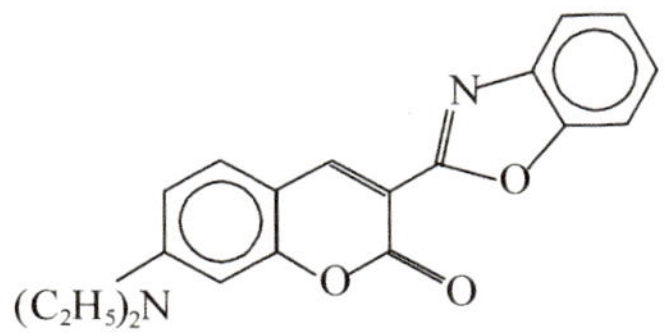	Coumarin 6	503	녹색
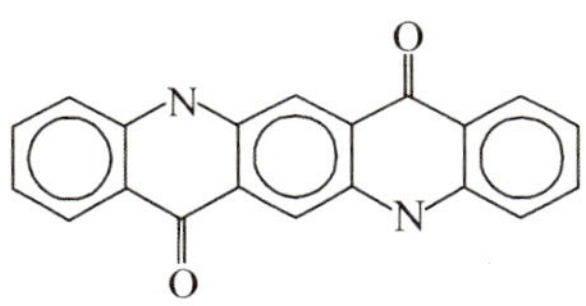	QN1	540	녹색
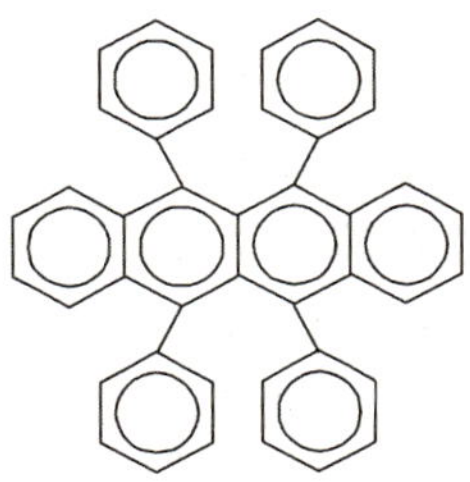	Rb	560	황색
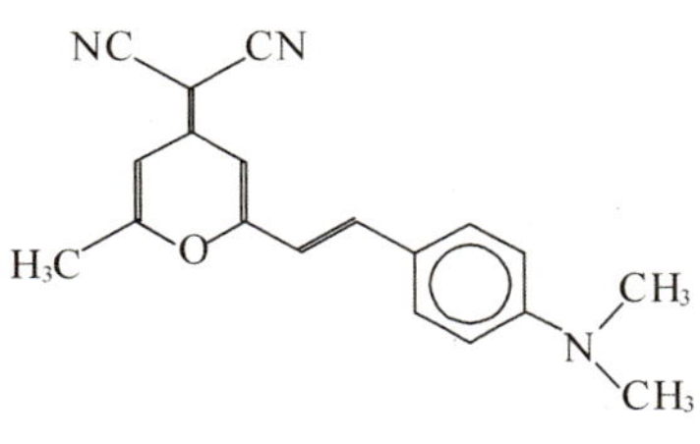	DCM1	600	적색

인광 재료

인광재료로는 이리듐(Ir), 백금(Pt), 유로피움(Eu), 터븀(Tb) 등의 금속중심에 배위결합을 한 석임화합물(coordination complex)이 주로 사용된다. 이러한 금속들은 삼중항 상태를 가지며 궤도-스핀결합(LS coupling)에 따른 인광성 발광을 일으키는 원자들이다. 따라서 이러한 재료들을 전자인광(electrophosphorescence)성 재료라고 부른다. 전자-정공 재결합에 따른 들뜸상태들은 단일항 상태와 삼중항 상태로 존재할 수 있는데 단일항 상태가 25%, 삼중항 상태가 75%의 확률을 갖는다. 따라서 이러한 내부양자효율을 감안한다면 삼중항 상태에 따른 인광이 훨씬 발광효율이 높다고 볼 수 있다.

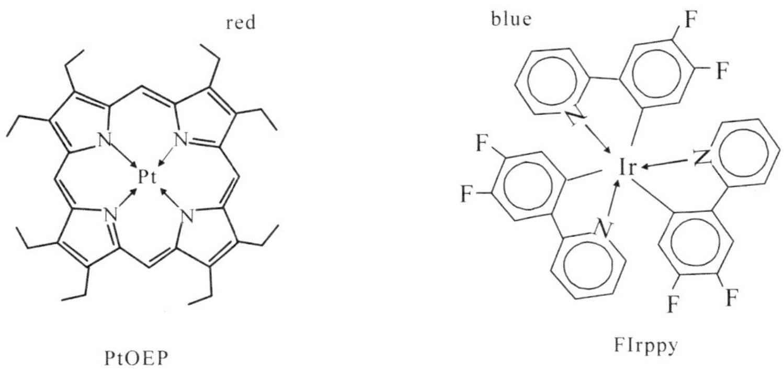

[그림 12.10] 인광재료.

그 중에서 Thompson이 1999년 발견한 백금(PT)을 중심금속으로 하는 섞임화합물 **PtOEP** [2, 3, 7, 8, 12, 13, 17, 18-Octaethyl-12H, 23H-porphyrin platinum(II)]가 유명하다. 이 재료는 650 nm에 해당되는 적색발광 재료에 속하며 높은 열안정성과 색순도가 좋은 장점을 갖는다. 그림 12.11은 이러한 PtOEP를 사용한 OLED 소자의 구조를 보여준다. 최근 들어서는 이리듐 계열의 섞임화합물들이 인광재료로 각광받고 있는 실정이다.

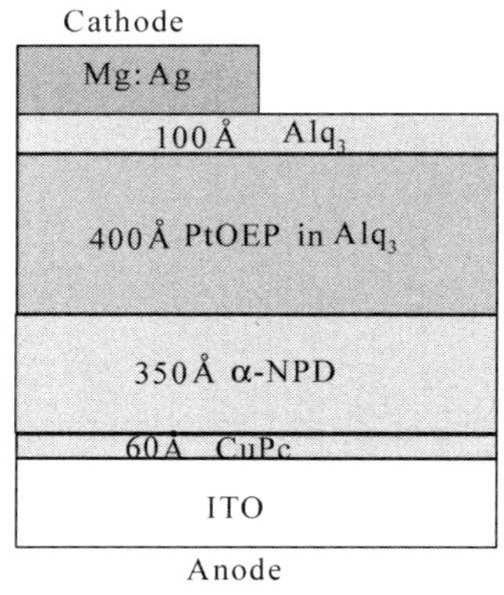

[그림 12.11] 인광재료 PtOEP를 사용한 소자구조.

폴리머 발광 재료

고분자 발광 재료는 화학구조적으로 발광의 근원이 어디에 있는가에 따라 주사슬(main chain) 켤레고분자(conjugated polymer)와 곁사슬(side chain) 켤레고분자로 나누어진다. 주사슬 켤레고분자는 π-켤레 구조가 주사슬에 있으며 사슬을 이루는 구조에 따라 발광색이 다르게 나타난다.

π-켤레 고분자는 전기 전도성을 지니고 다양한 광학적 특성을 갖는 것이 많다. 따라서 다양하게 연구가 되고 있으며 최근 들어 OLED에의 응용성에 큰 주목을 받고 있다. 표 12.3은 대표적인 π-켤레 고분자의 종류와 파장 영역을 나타낸다. 이러한 주사슬형 고분자는 곁사슬형 고분자에 비해 분해 온도(decomposition temperature)가 높아 열안정성이 높은 편이다. 그러나 주사슬 고분자는 HOMO와 LUMO의 에너지 준위 간격이 좁아 녹색보다 장파장 영역인 빨간색 계통이 많아지는데, 이로 인해 파란색을 얻기가 어려운 단점이 있다. 고분자계 OLED는 단층구조를 채용하는 경우가 많으며, 그로 인해 단일재료로 발광층 조건을 만족시킴은 물론이고 주입효율, 수송효율이 좋지 않으면 안된다.

곁사슬 고분자는 색소를 지닌 저분자를 폴리머화한 것으로 색소함유 고분자라고 불리기도 한다. 따라서 전하 수송성이나 발광 특성 등이 저분자 재료와 비슷한 특징을 지닌다. 이러한 색소 함유 고분자는 발광색의 자유도가 높고 파란색으로부터 빨간색까지의 빛을 얻을 수 있다. 예를 들면, 폴리비닐카바졸(PVK)은 정공수송성을 겸비한 고분자 발광재료인데 파란색 발광을 나타낸다.

<표 12.3> 폴리머 발광 재료.

화학구조식	약식 기호	발광파장 (nm)	발광색
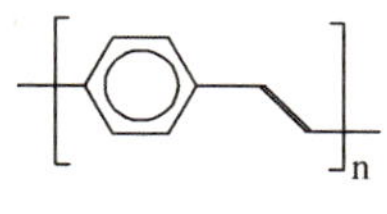	PPV	540	녹색
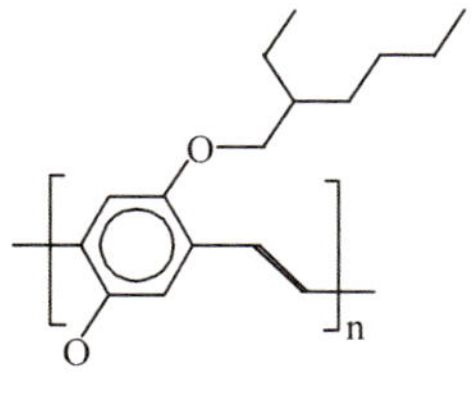	MEH-PPV	590	적색
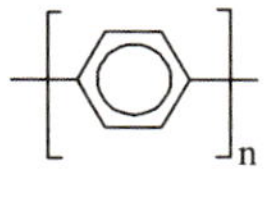	PPP	459	청색

수송층 재료

수송층(Carrier Transporting Layer)은 발광층과 주입층 사이에 위치하기 때문에 전자나 정공의 수송성이 우수해야한다. 수송층에는 정공 수송층과 전자 수송층이 있지만 실제로 사용되고 있는 재료로는 TPD이다. 이러한 TPD는 복사기 분야에서 드럼에 코팅되는 감광재료로 사용되고 있는데 제록스사에서 개발되었다.

이러한 TPD는 OPC(Organic Photoconductor)성 물질로 보통은 전도성은 없지만 높은 전기장이 걸리면 전기가 흐르는 성질을 갖고 있다. 즉 전하 이동도가 높아 외부로부터 전하 운반자가 주입되면 전기가 흐르는 성질을 지닌다. 이러한 높은 전하 이동도가 OLED에 쓰이는 이유이다. 그러나 내열성과 필름성(막만들기) 등에 있어 해결해야할 문제 등이 남아 있다.

전자수송성 유기 재료도 OPC성 재료로 개발이 되어 왔지만 실용적인 단계에는 도달하지 못한 실정이다. 이것은 전자를 방출하여 산화시킨 분자보다 전자를 받아들여 환원시킨 분자의 개발이 어렵기 때문이다. 따라서 OLED에 있어서도 전자수송성 재료 개발은 정공수송성 재료의 개발보다 더디다.

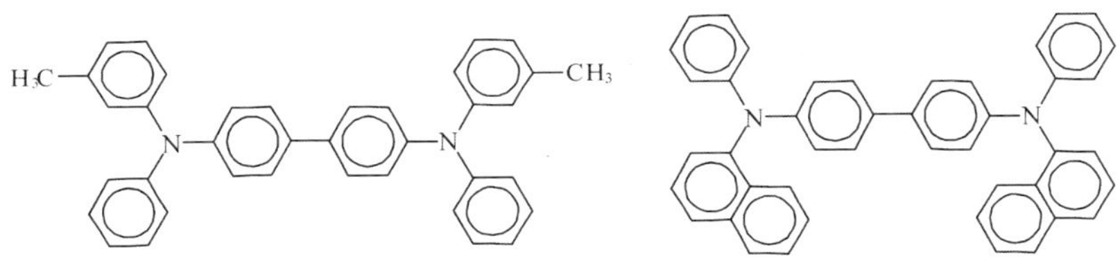

TPD α-NPD

(a) 정공 수송성 재료.

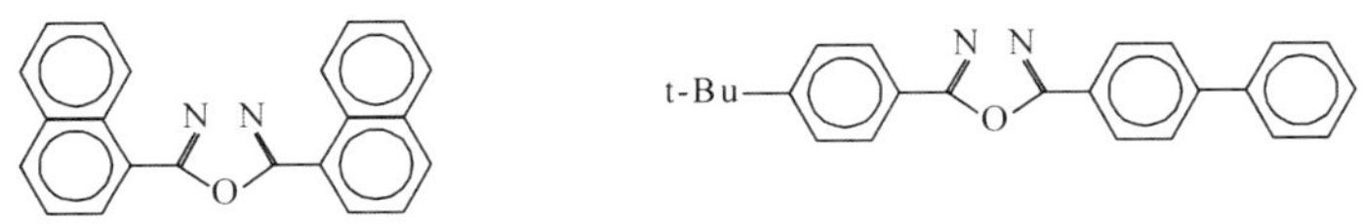

BND PBD

(b) 전자 수송성 재료.

[그림 12.12] 수송성 재료.

주입층 재료

주입층은 전극과 수송층 사이에 놓이는 층이다. 따라서 무기와 유기 물질의 양 쪽 면에 사용되기 때문에 경계면에 맞는 성질을 지니고 있어야 한다. 특히 ITO는 친수성인 반면에 유기물질은 기름성질을 갖고 있어 이러한 상반된 성질의 조합이 중요하다.

정공주입층에는 저분자와 고분자 모두 사용되고 있다. 저분자로는 안료(顔料)로써 널리 사용되고 있는 구리프탈로시아닌(CuPc) 아릴아민계 등이 있다. 특히 CuPc는 내열성과 내구성이 높아 양산되고 있는 기판에도 사용되고 있다.

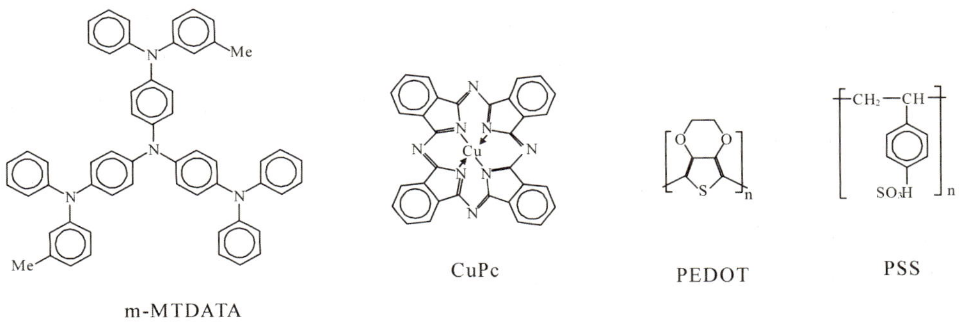

[그림 12.13] 정공 주입층 재료.

고분자 재료로는 전도성을 갖는 폴리티오펜(polythiophene; PT) 유도체(PEDOT 등)나 폴리아닐린 등이 있다. 이러한 전도성 고분자는 전도성을 높이기 위해 산으로 화학 도핑 된다. 이러한 산성은 ITO 표면의 성질을 바꾸어 정공주입성을 향상시키기도 하고 발광층의 경계면을 화학도핑시켜 정공을 쉽게 주입하게 한다. PEDOT의 경우 물에 분산시킨 상태로 기판 위에 코팅하여 열처리를 한 후에 유기 용제에 녹인 발광용 고분자를 코팅한다. 즉 발광층을 형성하는 사이에 정공주입층을 녹이지 않고서도 깨끗하게 2층 구조를 만들어 낼 수 있다.

전자 주입층은 음극의 알루미늄과 유기층 사이에 놓이기 때문에 리튬이나 칼슘 등 일함수가 낮은 금속이나 불화리튬 혹은 산화리튬 등이 쓰인다. 유기물로는 리튬 섞임화합물이 사용된다.

투명전극 재료

투명전극(transparent electrode) 재료로는 일반적으로 ITO가 사용된다. LCD에 반드시 필요한 재료이기도 하다. OLED에 있어서는 LCD에서보다는 더 얇은 막이 요구되기 때문에 표면의 평탄성이 중요하다. 따라서 유리 기판에 ITO 막을 만들기 전에 유리 기판을 잘 연마하여 요철이 없도록 해야 한다. 수동형(passive matrix type) 디스플레이인 경우 유리는 보통 청유리(blue glass)를 사용한다. 유리로부터 ITO 금속 이온이 이동하지 않도록 유리와 ITO 사이에 이산화규소(SiO_2)를 입혀 장벽(Barrier)층을 만든다.

전극에 있어 중요한 것은 전극에 쓰이는 재료의 일함수이다. 양극은 주로 일함수가 큰 재료가 필요하고 이와 반면에 음극은 일함수가 작은 재료가 필요하다. 즉 그림 12.13에서 보는 것처럼 양극(ITO)의 일함수는 정공수송층에 사용되는 재료의 HOMO 에너지 준위에 가깝게 위치해 있어야 정공 주입이 용이해진다는 것을 알 수 있다. 따라서 ITO의 일함수는 커야 한다. 반대로 음극에는 유기분자의 LUMO 에너지 준위에 가깝게 위치하여야 전자를 주입하기 쉬워지기 때문에 일함수가 낮아야 한다. 일함수가 작은 금속으로는 Mg, Li 등이 있다. 그러나 일반적으로 많이 사용되는 음극 재료는 Al이다. Al은 Mg과 Li보다 일함수가 크기 때문에 적합한 재료라고는 볼 수 없다. 따라서 이러한 일함수의 약점을 보충하기 위해 Al 전극 경계면에 전자주입층을 만든다. 실제로는 Li, Ca 등의 금속 혹은 이러한 금속의 불화물 혹은 산화물이 조합되어 사용되고 있다. 이러한 주입층은 전극으로부터 전자 주입만을 돕기 때문에 극도로 얇게, 0.5nm~1.0nm, 만든다. 특히 절연체의 불화물이나 산화물 재료가 두꺼우면 역으로 전자주입을 억제하기 때문에 층 두께의 조절에 유의하여야 한다.

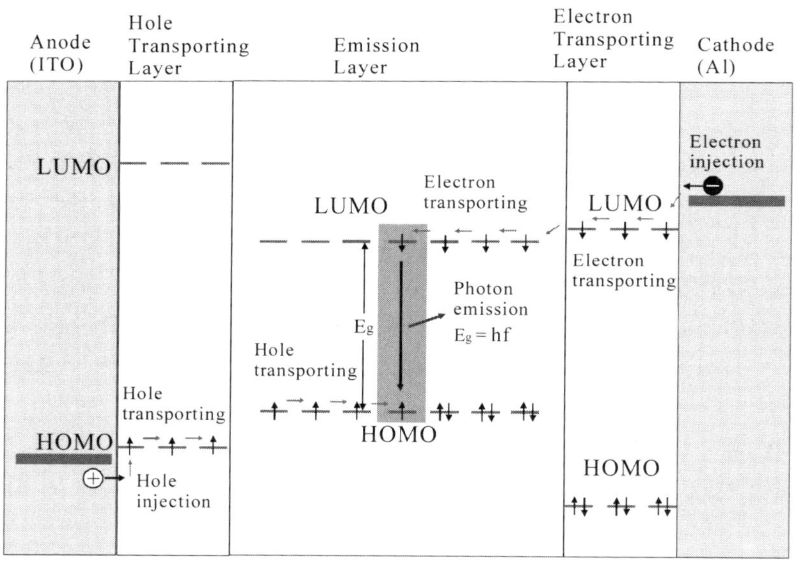

양극은 일함수가가 커서 정공 수송층의 HOMO 준위에 가깝게 위치하여 정공 주입을 용이하게 하고, 음극은 일함수가 낮아 전자 수송층의 LUMO 준위에 가까이 위치하여 전자 주입이 용이한 형태를 취한다. 발광층 중심의 LUMO에 있는 전자는 들떠 있는 상태(들뜸자, exciton라고 부름)로부터 보다 낮은 에너지 상태로 전이하면서 HOMO에 있는 정공과 재결합한다. 이때 LUMO-HOMO의 에너지 차이(E_g)에 해당하는 빛이 방출된다.

[그림 12.14] 전극과 전하 수송층 및 발광층과의 에너지 관계도.

13장 | OLED 구동과 공정

13.1 OLED의 구동 방식

OLED의 구동방식(driving circuit)에는 액정디스플레이의 구동방식과 기본적으로 같으며, 수동행렬(Passive Matrix; PM) 방식과 능동행렬(Active Matrix; AM) 방식이 있다. PM 방식은 구조가 단순해 비용이 싸게 들지만 고선명도(High Definition)에 따른 대화면 제작에는 적합하지 않다. 이와 반면에 AM 방식은 구조는 복잡하지만 고선명도가 가능하며 대화면 제작에 적합해 앞으로 TV 등의 응용에 기대되는 구동 방식이다. 1 화소(pixel)는 RGB 3색의 부화소(sub pixel)로 구성되어 있다.

수동행렬(PM) 방식

PM 방식의 구조는 음극에 세로방향(column, Y방향)의 Y전극을 이루게 하고 유리기판에는 가로방향(Row, X방향)의 양극을 만들어 전극을 X-Y 행렬 상으로 형성시킨 구조이다. Y 전극선을 데이터선(data line)이라고 하며, X 전극선을 주사선(scan line) 혹은 제어선(control line)이라고 부른다. OLED 층(주입층, 수송층, 발광층)은 음극과 양극 간에 샌드위치

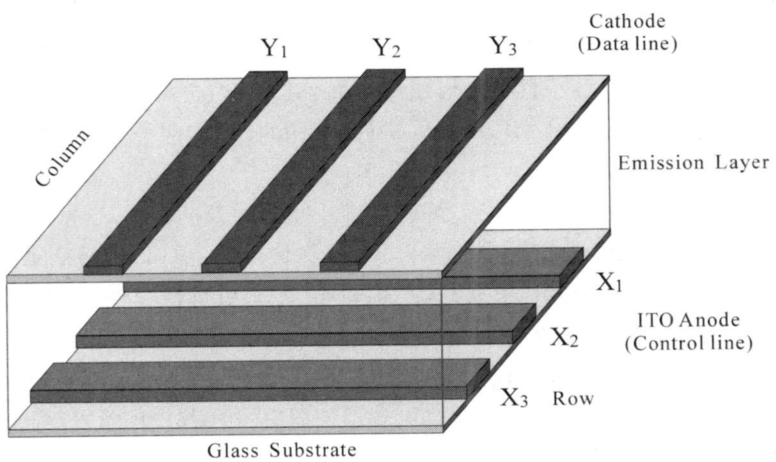

[그림 13.1]수동형(Passive Matrix) OLED 구조.

된 구조이다. 이 방식은 PM 방식 액정 디스플레이의 전극 간에 액정층 대신 OLED 필름층이 들어간 구조라고 생각하면 된다.

데이터선은 화소의 명암을 정하는 데이터(전압치의 대소)가 데이터선 구동회로로부터 화소의 OLED 드라이브 회로로 전달되는 신호선이다. 제어선은 화소스위치의 열림/닫힘을 정하는 데이터(1 or 0)가 주사선 구동회로로부터 화소로 전달되는 신호선이다.

Y전극과 X전극에 시간적으로 전압을 걸어가면 어느 시각에서는 선택된 Y전극(데이터선)과 X전극(제어선)이 교차하는 장소의 OLED 소자층(주입층, 수송층, 발광층)에만 전압이 걸리게 되고, 이렇게 지정된(address)된 발광층에서 들뜸 에너지에 의해 발광이 일어난다.

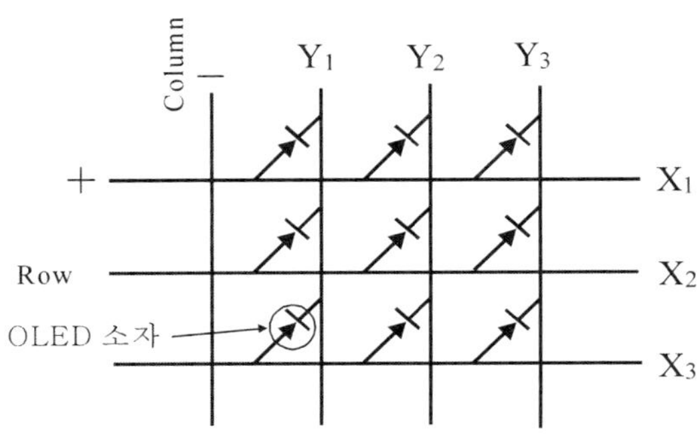

[그림 13.2]수동형(Passive Matrix) OLED 구동 회로.

이제까지의 설명은 X전극과 Y전극의 교차점만이 발광하는 이른바 점순차 구동방식인데, 이것은 지정(address)하는 시간이 짧다. 결국 발광시간이 짧아져 필요로 하는 휘도를 얻지 못한다. 그래서 X전극에 연결되어 있는 라인 하나의 화소 모두가 동시에 발광하는 선순차 구동방식을 OLED 수동행렬 방식에서 이용하고 있다. 선순차 구동방식에서는 목적 화소의 발광기간에는 X전극에 전압이 걸려있는 모든 발광화소가 점등하기 때문에 점순차 방식에 비하면 데이터선 수배의 발광시간을 유지할 수 있다.

그러나, 이 선순차 구동방식에서도 화면전체가 항상 발광하는 능동행렬 방식과 비교하면 발광휘도가 제어선수(control lines) 분의 1이 되어 작은 편이고 필요로 하는 휘도를 얻기 위해서는 커다란 데이터 전압이 필요하다. 따라서 PM 방식은 작은 화면에서는 충분한 성능을 발휘하지만 화소가 많은 대화면에는 부적합하다.

여기서 수동행렬(Passive Matrix) 방식이라 불리는 이유는 능동행렬(Active Matrix) 방식과 비교하여 능동형(active) 소자인 필름트랜지스터를 사용하지 않기 때문이다. 그러나 2장에서 언급을 하였듯이 단순행렬 방식이라고도 부르는 것이 오히려 더 타당하다. 현재 휴대전화나 오디오 제품에 상품화되고 있는 주요한 방식은 이러한 PM 방식의 OLED이다.

능동행렬(AM) 방식

AM 방식은 PM 방식에서의 Y전극과 X전극의 교점인 화소별로 제어 소자인 TFT를 장착하여 각각의 화소를 구동시키는 방식이다. 이러한 구동방식은 TFT-LCD를 다루면서 자세히 알아본 바가 있으며 원리적으로는 TFT-LCD의 구동회로와 같다.

음극은 패턴 전체가 공통인(COMMON) 전극이 된다. 한편 양극이 되는 유리기판 위에는 발광화소와 화소를 구동시키는 TFT 그리고 TFT를 구동시키는 X선 전극과 Y선 전극이 형성

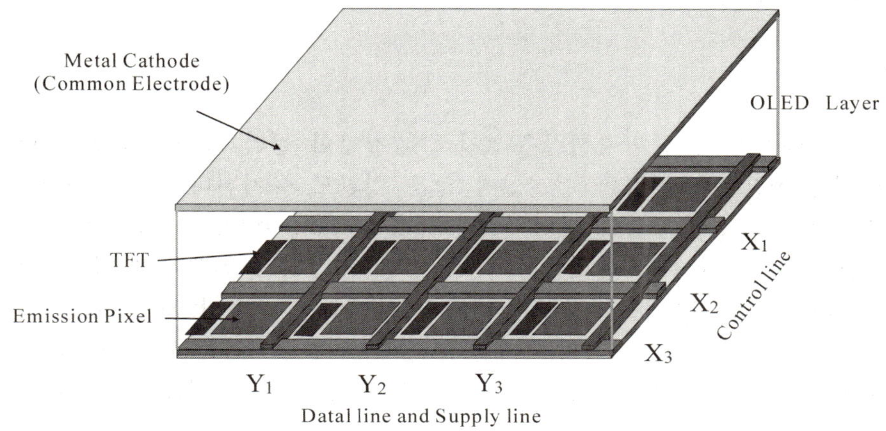

[그림 13.3]능동행렬(Active Matrix) OLED 구동 방식.

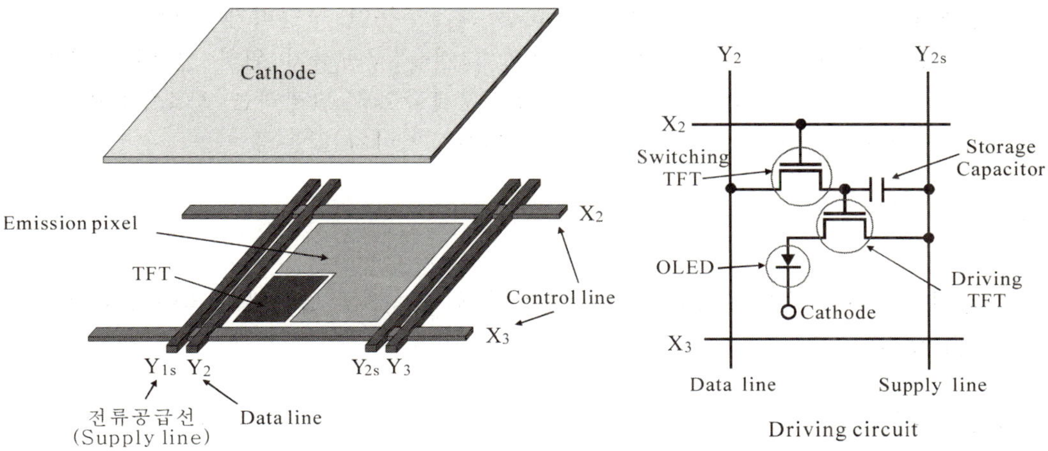

[그림 13.4] AM구동 방식과 화소 구조.

되어 있다.

TFT 회로는 제어 TFT와 전류구동 TFT 그리고 데이터를 기억하기 위한 저장축전기(Storage Capacitor)로 형성되어 있다. OLED는 TFT-LCD와 달리 OLED를 구동시키는 데 큰 전류가 필요하다. 따라서 화소를 선택하는 데이터선(data line), 제어선(control line) 외에 구동TFT에 전류를 공급하기 위한 전류공급선(supply line)이 필요해진다. 전류공급선은 데이터선에서 나오는 전류를 크게 증폭시킨 전류를 공급하는 전극선이라고 생각하면 된다. OLED 드라이브 회로의 TFT는 TFT-LCD에서와 마찬가지로 a-Si;H 등으로 만들어진다.

PM 방식과 AM 방식의 비교

발광시간

PM 방식에서 화소의 동시 발광시간은 X전극에 전압이 걸려 있는 기간인데 반해 AM 방식은 X전극에 전압이 걸려있지 않은 기간도 유지된다. 즉, OLED소자 드라이브 회로에서 축전기가 기억작용(time constant = RC)을 하기 때문에 데이터 구동전압이 보호 유지되어 화소들은 발광하고 있는 상태가 된다. 따라서 PM 방식의 발광시간은 AM 방식에 비해 제어선수 분의 1이 된다. 예를 들면 제어선 수가 480개인 VGA타입 해상도인 경우에 발광시간은 1/480이 되며 휘도도 1/480이 된다. 이것을 보상하기 위해서는 많은 전류가 필요하게 된다.

구멍비

PM 방식은 화소 자체가 배선전극에 의해 이루어지므로 화소를 구동시키기 위한 배선은 필요치 않다. 따라서 발광하는 화소부분인 구멍비가 크다. 이와 반면에 AM 방식은 화소 안에 TFT 회로와 그것을 구동하기 위한 전극들 -데이터선, 주사선, 전류공급선-이 필요하므로 실제적으로 발광하는 화소부분이 작아져 구멍비는 PM 방식에 비하여 1/3～1/4에 지나지 않는다.

휘도

발광시간과 구멍비를 고려할 때 PM 방식의 휘도는 AM 방식에 비하여 1/120～1/160이 된다.

소비전력

PM 방식에서 1화소의 휘도를 AM 방식 수준으로 보상하려고 하면 데이터선에 거는 전압이 약 10배 정도 필요하다. 그러면 소비전력도 10배 증가하게 된다.

수명

OLED는 유기화합물이다. 만일 같은 재료로 만들어진 OLED에 큰 전류를 흘려 보내면 수명은 1/100 정도수준으로 짧아진다.

이와 같이 OLED에서는 PM 방식과 AM 방식은 장단점의 차이가 비교적 뚜렷한 편이다. 이와 반면에 LCD에서는 PM 방식과 AM 방식을 비교하면 화질 면에서 압도적으로 AM 방식이 우수하다. 그러나 LCD가 백라이트 빛을 이용하는 비발광형인데 반하여 OLED의 경우에는 발광소자가 자체 발광이므로 PM 방식이라 해도 소형 크기의 패널의 경우에는 양질의 화질을 얻을 수가 있다.

따라서 OLED는 PM 형태가 곧 저화질이라고 보기에는 어렵다. 다만, 양산할 때 상품용도나 비용 계산을 충분히 고려하고서 두 가지 방식 중 하나를 선택할 필요가 있다. 실제로 PM 방식은 구조가 비교적 간단한데다 제조장치 등에 설비투자가 적게 들어 생산 원가를 낮출 수 있다는 큰 장점이 있다. 따라서 현재 상품화되고 있는 카오디오나 휴대전화의 OLED용 디스플레들은 PM 방식을 채택하는 경우가 많다.

13.2 제조 공정

전처리공정

유리기판 위에 PM 방식인 경우에는 ITO로 전극을 형성시킨다. AM 방식인 경우에는 발광화소나 배선전극을 ITO로 본뜨기(patterning)한다. 또한 TFT 등을 저온 폴리 실리콘으로 형성한다.

필름층 공정

3층형인 경우 양극이 완성된 다음에 정공수송층, 발광층(3색 발광법으로는 RGB를 개별적으로 막을 만듦), 전자수송층 등을 순차적으로 진공증착시켜 필름층을 만든다. 그리고 최상층에 음극(주로 Al) 층을 만든다.

밀봉 공정

완성된 OLED 소자를 대기나 수분으로부터 보호하기위해 밀봉한다. 밀봉할 때의 재료는 극히 얇은 유리막(금속산화물, 질화물 등)이 사용된다.

ITO 본뜨기(patterning)

유리 기판(glass substrate)위에 최초로 올라가는 것이 투명 전극인 ITO이다. 유리 기판에 코팅된 ITO 기판은 양극으로 쓰일 수 있도록 본뜨기(patterning)가 되어야 한다. 왜냐하면 ITO는 양극이기 때문에 나중에 만들 음극과는 바둑판의 줄처럼 되어야하기 때문이다. 따라서 ITO 필름의 불필요한 부분을 제거시켜 만든다. 이 작업을 etching이라고 하는 데 일본식 한자 용어인 식각이라고 부르는 경우가 많다. 부식이라는 의미로 그냥 **에칭**이라고 불러야 좋다고 본다. 다음으로 본뜬 ITO 표면에 발광 부분만 노출되도록 절연층을 입히는 데 일반적으로 PR(Photo resistor)이라고 불리는 고분자 물질이 사용된다.

본뜨기가 끝나면 이물질이나 공기 중의 먼지나 습기 등을 제거하기 위하여 세척(cleaning)을 한다. 먼저 습식(Wet)으로 세척을 하고 최종적으로 건식(Dry) 세척을 행한다. 건식 세척에는 자외선(UV)이나 오존 혹은 산소 플라즈마가 사용된다.

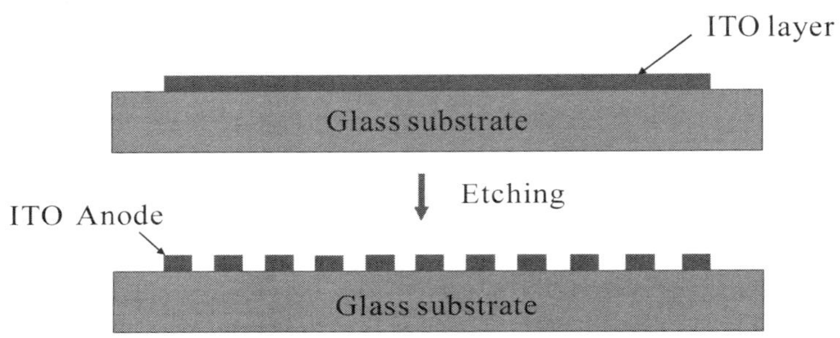

[그림 13.5] ITO 전극 본뜨기.

저분자계 필름층 만들기

다층 구조인 저분자 층은 보통 진공증착기(vacuum evaporator)를 사용한다. 이러한 증착기는 진공실(chamber)내에 미리 본뜨기가 끝난 ITO 기판을 홀더에 넣고 도가니(crucible)에는 증착할 유기분자를 넣어 진공상태로 만든다. 도가니에 높은 전류를 흘려 고온으로 만들면 증착재료가 녹으면서 최종적으로 기화가 되며 기체로 날아가고 이러한 기체가 ITO 기판에 달라붙어 얇은층을 형성하게 된다. 이러한 유기 필름층은 약 20nm～50nm정도의 두께를 유지해야 한다.

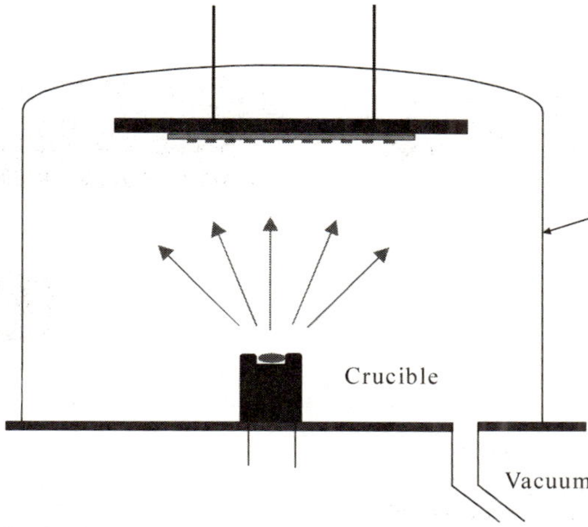

[그림 13.6] 진공증착 방법.

그러나 이러한 진공 증착법에 의한 필름층 만들기는 몇 가지 문제점이 노출된다. 첫째, 유기층 전체가 100nm ~ 200nm 정도로 매우 얇기 때문에 핀홀이 없는 균일한 막을 만드는 것이 중요하나 증착법은 층의 두께를 조절하는 것이 어렵다. 두 번째로는 유기물을 다루기 어렵다는데 있다. 유기물은 금속이나 무기물과는 달리 열전도성이 낮은 관계로 열에 의해 증발되기가 어렵기 때문이다.

RGB 컬러 코팅- Shadow Mask

완전컬러화(Full color)를 실현하기 위해서는 3원색인 R(Red), G(Green), B(Blue) 등의 유기색소 분자를 코팅하지 않으면 안된다. 이러한 저분자계의 증착법에 의한 완전컬러화를 위한 코팅은 보통 금속마스크(shadow mask) 방식을 이용한다.

먼저 코팅하려는 기판 앞에 창을 열어 놓은 얇은 금속판(이를 shadow mask라고 부름)을 놓고 열린 창 부분에만 발광층 유기재료인 RGG 색소를 증착시키는 방법이다. 그림 13.7을 보라. 처음에 빨간색을 증착하고 나서 마스크를 이동시킨 다음 녹색을 증착시키고 다시 마스크를 이동시켜 최종적으로 파란색을 증착시키는 식이다.

그러나, 이러한 금속마스크 방법의 단점은 높은 정밀도의 화소를 얻기 어렵다는데 있다. 예를 들어 $50\mu m \times 100\mu m$ 화소(sub pixel에 해당됨)가 줄지어 있다고 했을 때 마스크를 이동시키는데 적어도 $\pm 5\mu m$의 정밀도로 움직이지 않으면 안 된다. 더욱이 진공증착 시 도가니(crucible)가 200℃ ~ 300℃ 로 가열된다면 이로 인한 복사열로 금속마스크가 팽창하여 정밀도가 떨어지기도 한다. 예를 들면 $400\,mm^2$ 인 금속마스크가 가열로 팽창하면 금속마스크의 크기가 수십 μm 정도 틀어져 버린다. 따라서 $\pm 5\mu m$ 정도의 정밀도로 움직여야하는데 마스크 전체가 수십 μm 정도 팽창해 버리면 RGB 위치가 서로 어긋나며 비어있다든지 겹

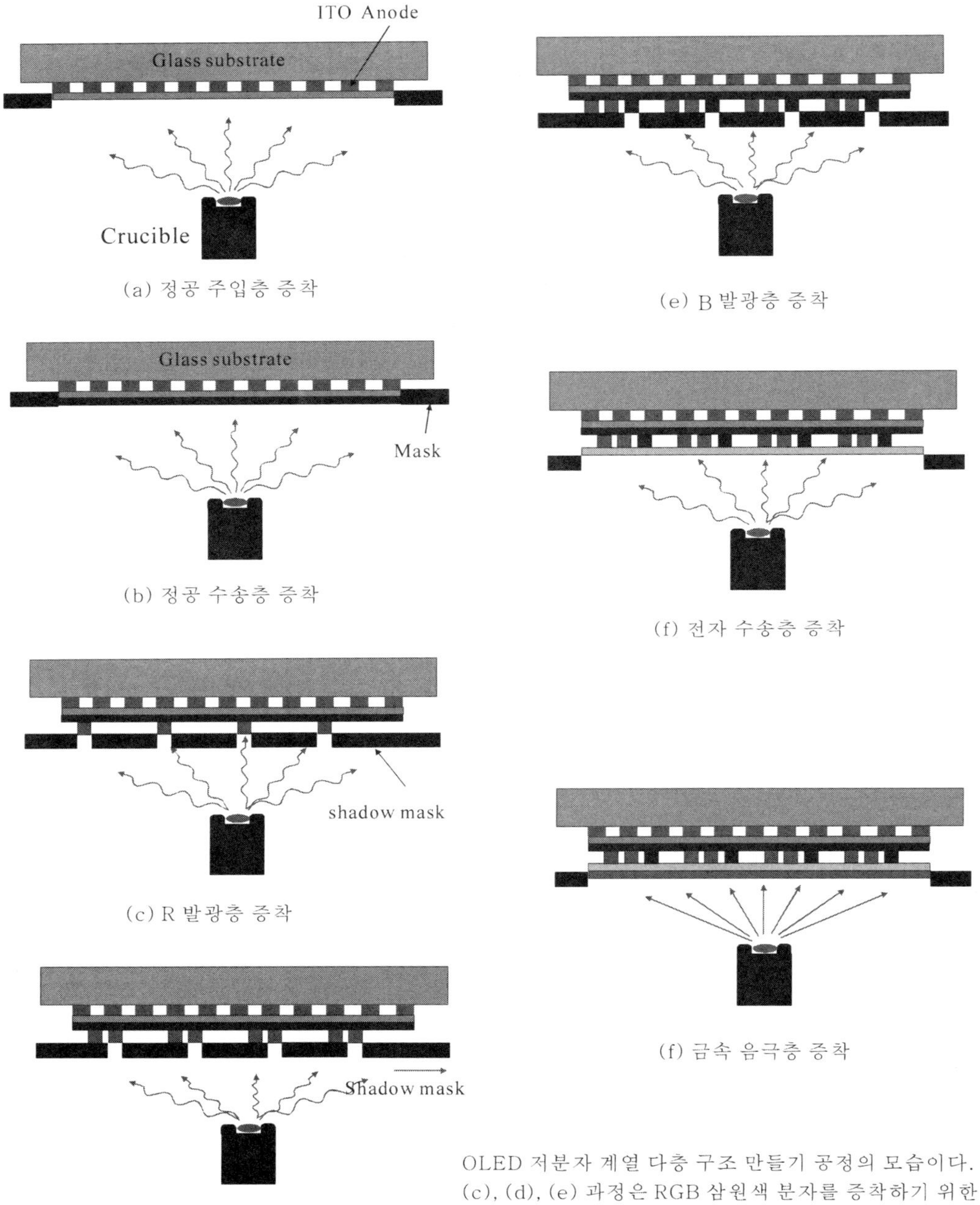

(a) 정공 주입층 증착

(b) 정공 수송층 증착

(c) R 발광층 증착

(d) G 발광층 증착

(e) B 발광층 증착

(f) 전자 수송층 증착

(f) 금속 음극층 증착

OLED 저분자 계열 다층 구조 만들기 공정의 모습이다. (c), (d), (e) 과정은 RGB 삼원색 분자를 증착하기 위한 금속마스크(shadow mask) 방법을 나타낸다.

[그림 13.7] OLED 다층 구조층 만들기 공정.

쳐지게 되어 버린다. 결국 미터 사이즈의 기판에 이러한 방법으로 RGB를 코팅하는 것은 대단히 어려운 공정이다.

그림 13.7은 OLED 소자의 다층구조를 형성시키기 위한 종합적인 공정단계를 보여주는 그림이다.

고분자계 필름층 만들기

고분자계인 경우 단층구조가 주를 이루기 때문에 층 만들기는 비교적 수월한 편이다. 주로 스핀 코팅법이 사용된다. 스핀 코팅은 용액을 막을 형성할 기판에 떨어뜨려 기판을 고속으로 회전시켜 얇은 막을 형성시키는 방법이다. 그림 13.8을 보라.

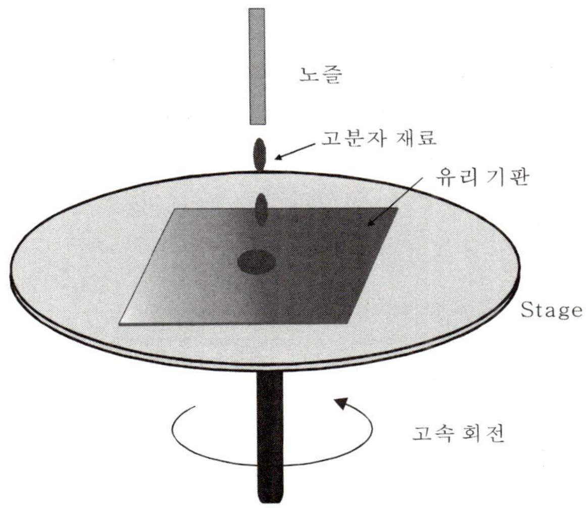

[그림 13.8] 고분자 재료의 스핀 코팅 방법에 의한 필름층 만들기.

그러나 이러한 스핀코팅은 용액의 5 ~ 10% 정도만 층을 형성하고 나머지는 스핀코팅 벽에 달라붙어 버려 재료 효율성이 낮다는 단점이 있다. 더욱이 두께 조절이 어렵다는 점도 단점이다. 더욱이 완전컬러 코팅에는 사용할 수 없기 때문에 단색(mono color) 디스플레이 제작에만 쓰인다.

완전컬러화를 위한 방법으로는 잉크젯(Ink Jet) 코팅 방법이 쓰인다. 즉 잉크젯 헤드로부터 유기재료 용액이나 RGB 색소를 떨어뜨려 얇은 층을 만드는 방법이다. 이러한 방법으로는 'R,G,B,R,G,B...' 순으로 코팅하면서 간격을 수 μm 단위로 조절하는 것이 가능하다. 더욱이 잉크젯 방법은 재료의 이용 효율이 대단히 높은 장점을 지닌다.

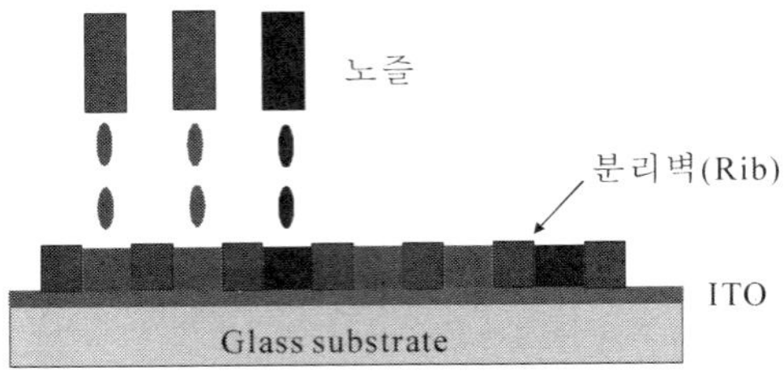

[그림 13.9] 잉크젯(ink jet) 방법에 의한 RGB 색소 코팅.

음극 만들기-분리벽(Rib) 방식

PM 방식인 경우 양극의 줄구조(stripe)와 마찬가지로 본뜨기가 되어야 한다. 그러나 OLED층은 유기물을 이용하기 때문에 전극을 전면에 걸쳐 층을 만들고 난 다음 줄 형태로 에칭하려고 하면 유기층 대부분이 파괴되어 버린다. 이러한 문제를 해결하는 방법이 둑(rib)을 만들어 증착시키는 방법으로 여기에서는 이를 분리벽 증착방법이라고 부르기로 한다. 그림 13.10에서 보듯이 ITO 기판 위에 역사다리꼴 형태의 절연체(resistor)를 광리소그래피

(a) 분리벽 형성. 음극을 형성하기 위하여 절연체로 둑(rib)을 만든다.

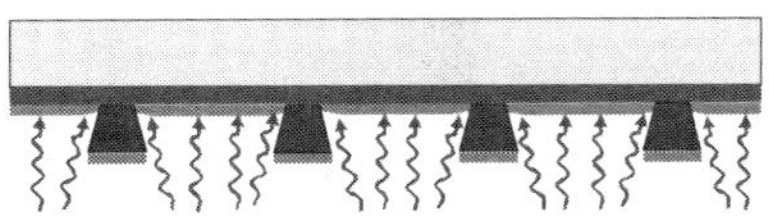

(b) 유기층 증착. 전하 음반자의 수송층, 주입층과 발광층 등을 증착한다. 기체로 증발되는 유기물은 골고루 퍼져 나가 둑의 밑둥까지 축적되며 층을 만든다.

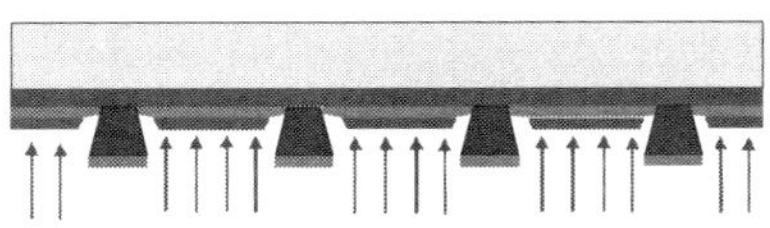

(c) 음극 선 형성. 음극 재료인 Al 등의 금속은 기체로 증발되면 곧 바로 직진하며 퍼져 나간다. 따라서 둑의 밑부분에는 도달하지 못하여 층을 만들지 않는다.

[그림 13.10] 분리벽에 의한 음극선 본뜨기 과정.

(photolithography, 광석판인쇄라는 뜻임) 방법으로 올려놓는데 ITO 양극선과는 직교하도록 한다.

이 기판을 진공 증착기에 넣고 ITO 위에 유기층을 증착시켜 나간다. 유기층은 분말형태로 쌓이기 때문에 역사다리꼴의 밑 부분까지도 기어 들어가 층을 만들어 나간다. 그리고 이 층 위에 전극재료인 Al 등을 증착시킨다. 그러나 음극재료는 유기재료와는 달리 기체가 직선으로 나아가기 때문에 분리벽의 밑부분에는 증착되지 못한다. 다시 말해 분리벽 밑 둥 근처에는 음극층이 형성되지 못하고 결과적으로 양극과 직교하는 형태의 줄 모양의 음극선이 만들어진다.

13.3 컬러화

영역컬러화(area color)

OLED에는 완전컬러화(full color)에 반해 영역컬러화(area color)라 불리는 제품이 있다. 말 그대로 영역컬러화는 영역(area), 즉 화소(pixel) 별로 빨강이나 청색 등의 색이 부여되어 색이 변화하는 일이 없는 제품이다. 예를 들면 차에 설치된 오디오나 AV제품에 사용되고 있는 디스플레이 종류 등이 이에 속한다. 현재 양산되고 있는 많은 OLED 제품은 사실상 이러한 영역컬러화 방식이다.

영역컬러화의 제조는 금속 마스크를 이용하여 필요한 부분에만 발광층이 되는 색소재료를 순차적으로 증착해 만든다. 각각의 영역인 화소가 큰 점에서 마스크 맞춤에는 완전컬러화 같은 정교함을 요하지 않고 비교적 단순하게 증착할 수 있다.

완전컬러화(full color)

OLED의 완전컬러화는 크게 나누어 3방식으로 나뉜다. 즉,

- RGB 3색 발광 방식
- 컬러필터 방식
- 색변환 방식

3색 발광 방식

RGB 3색을 나누어 바르는 방식으로 발광층에 RGB 3색 발광영역을 분할하여 배치하는 방법이다. OLED의 RGB 발광을 위한 발광층의 생성은 기본적으로 이러한 3색의 발광재료를 각각 이용하는 것이다.

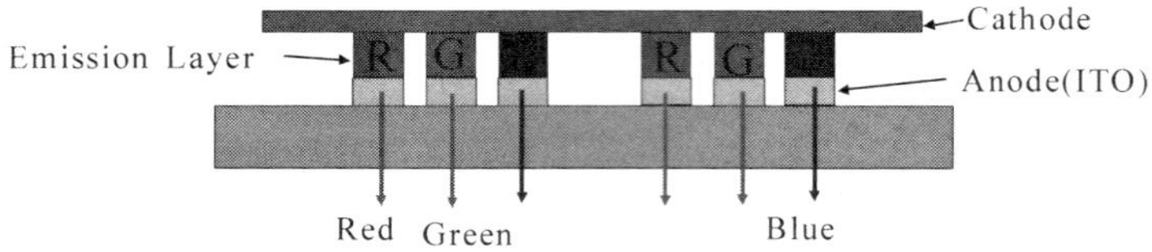

[그림 13.11] 3색 발광 방식.

일반적으로 막만들기에 용이하고 휘도가 좋은 발광재료에다 색소로써 dopant를 소량 첨가 조합해서 3색의 발광재료를 만들어내는 방법을 사용한다. RGB 3색의 발광재료를 금속마스크를 이용하여 진공 증착시켜 순차적으로 발광층을 만들어 낸다. 그림 13.11에서는 음극 측 전극이 공통 전극으로 되어있고 RGB 3색에 대응한 양극(ITO)이 독립되어 있다. 예를 들면, R을 발광할 때는 R 양극에 전압을 걸어 적색 발광층을 빛나게 한다. 이렇게 하여 3색의 독립된 발광 소자로 구성한 것이 3색발광 방식이다.

이 방식은 발광재료의 성능을 완전하게(full) 발휘할 수 있기 때문에 발광효율이나 색 재현성이 압도적으로 우수하다. 그러나 금속 증착 마스크 방법에 의해 크기가 100μm 정도의 미세한 RGB 화소를 기판에 만들 때 정렬(alignment)의 어려움이 뒤따른다.

컬러필터 방식

이 방식에는 발광층이 한 종류의 백색 발광재료 만으로 이루어진다. 여기서 방출된 백색광을 LCD에서 이용하는 것과 같이 컬러필터를 통과시켜 RGB 3색으로 변화시킨다.

발광층이 3색발광과 같은 금속마스크로 나누어 바르지 않기 때문에 제조공정이 비교적 용이하여 OLED의 고선명도(High Definition)에 유리한 방식이다.

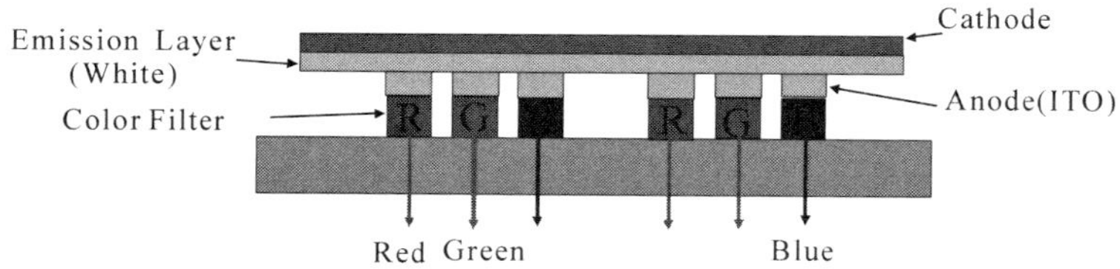

[그림 13.12]칼러필터 방식.

그러나 컬러필터가 광흡수할 때 감쇠(1/3정도)가 발생하기 때문에 총 발광효율이 떨어지는 결점이 있다. 따라서 이 방식으로는 3색발광 방식에 비해 발광휘도가 큰 OLED 소자가 필요하다. 그러나 소비전력이 증대되는 결과를 가져와 제품화에 있어서는 일단 발광효율이 높은 백색 OLED의 개발이 필요한 실정이다.

색변환 방식(CCM; Color Changing Mediums)

발광층은 한 종류의 청색발광 재료만으로 되어있다. 여기서 방출된 청색 발광을 청색인 경우에는 직접 내보내고 적색인 경우에는 적색 형광체를 매개로 하고, 녹색인 경우에는 녹색 형광체를 매개로 하여 색을 변환하여 내보내는 방식이다. 여기서 적색과 녹색의 색 변환은 청색의 광 에너지로 각각의 형광체를 들뜨게 하여 빛을 방출시킨다. 왜냐하면 청색의 광에너지가 가장 높기 때문에 그보다 광에너지가 낮은 빨강과 녹색을 들뜨게 할 수 있기 때문이다. 이러한 들뜸에 의한 방식은 컬러필터로 하는 색변환보다 효율이 우수한 편이다.

이 색변환 방식은 발광층이 컬러필터 방식과 마찬가지로 청색의 한가지 색만으로 생성이 끝나므로 제조공정이 용이하여 제조비용이 상대적으로 절감된다. 그러나 실제로는 형광층이 외광으로 인한 광들뜸을 일으키기 때문에 명암비(contrast)의 저하를 초래한다. 따라서 형광체 자체의 색변환 효율 저하도 겹쳐 실용상으로는 문제점이 많이 남아있다.

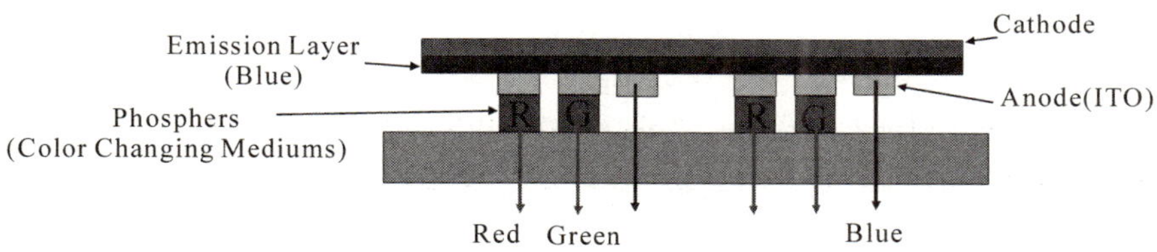

[그림 13.13]색 변환 방식.

13.4 OLED와 LCD 비교

OLED는 차기 디스플레이 소자로 많은 주목과 그에 따른 연구 개발에서 각광을 받고 있다. 자체 발광형이기 때문에 휘도가 높으며 명암비가 좋기 때문이다. 그럼에도 불구하고 현실적으로는 OLED를 탑재한 전자기기의 대량생산화가 당초의 예상보다 늦어지고 있다. 휴대전화기용으로 일시 OLED가 채용된 적도 있었으나 현재는 LCD로 돌아가 버렸다. 그것은 OLED가 우세했던 성능영역에까지 LCD가 급속하게 파고들었기 때문이다. 대량 생산이 이어질 지금부터가 OLED 비즈니스의 각축장이 될 것이라 할 수 있다. OLED 디스플레이와 LCD를 비교해보도록 하자.

휘도(Intensity)와 명암비(Contrast)

OLED는 자체발광이기 때문에 필요성에 따라 구동전류를 증가시켜 휘도를 올릴 수가 있다. 또한 전류를 제로로 하여 완전히 검정화(black) 할 수도 있다. 그러나 액정은 빛의 투과나 차단을 액정에 의한 광투과 제어로 하기 때문에 후면광(back light)의 휘도를 올리면 이번에는 액정스위치를 OFF했을 때 빛이 새어나가 검은색 색감이 약해져 버린다. 이것이 OLED가 LCD보다 반짝이는 느낌이 나고 휘도, 콘트라스트가 높은 이유이다.

> **액정의 개량** : 액정의 모드를 STN 방식에서 MVA(Multi-domain Vertical Alignment) 방식 등으로 휘도와 콘트라스트가 크게 개선되고 있다. 또한 응답속도를 빠르게 하여 명암비를 높이는 방식도 있는데 예를 들면 임펄스 구동방식인 FFD(Feed Forward Driving) 방식 등이다. 이 방식은 후면광의 휘도를 올림으로써 흑색 표시가 약해지는 영향을 제거하기 위해 화상을 바꿀 때 회로와 동기화시켜(synchronized) 후면광을 일순간에 끄는 것이다. 특히 후면광으로 LED를 사용함에 따라 이러한 동기화 기법이 크게 각광받고 있다. 이러한 결과 OLED의 흑색 상태와 같은 수준으로 만들어 진다.

시야각

액정은 비스듬히 혹은 위에서 보면 색이나 명암비 등이 급격하게 악화된다. 그런데 OLED는 액정이 가지고 있는 정열성에 의한 시야각의 제약이 없는 편이다. 이것은 OLED의 커다란 장점이라고 할 수 있다.

> **액정의 개량** : 최근의 액정은 종래의 STN형 대신에 MVA형 같은 방법으로 시야각이 170°나 되는 제품이 등장했다. 따라서 액정도 OLED에 필적할만한 시야각을 갖게 되었다.

소비전력

OLED는 자체발광인데 반해 액정은 후면광을 이용한다. 원리적으로는 OLED 쪽이 유리하지만 현재는 아직 OLED의 발광효율이 나빠 거의 호각 상태이다. 앞으로 소비전력에 관해서는 OLED가 액정에 비해 상당히 유리해 질 가능성이 크다.

> **액정의 개량** : 후면광의 개량(LED 사용)과 아울러 반사시트, 광확산판 등 후면광 단위를 높게 효율화시켜 소비전력을 낮추고 있다.

수명

LCD의 수명이 바로 후면광의 수명(CCFL은 5~6만 시간, LED는 반 영구적임)이다. OLED는 3원색 RGB의 휘도가 떨어질 때가 수명이 다 된 것이다. 더욱이 완전컬러인 경우는 RGB의 휘도가 모두 균일해야 한다. 현재의 OLED의 수명은 수천 시간이다. LCD 수준의 휘도로 끌어올리려면 소비전력이 올라가는 데다 수명마저 짧아지는 것이 최대의 문제점으로 되고 있다.

외형

OLED는 후면광이 없고 또 얇은 필름층 구조이기 때문에 LCD보다 매우 유리하다. 휴대기기나 전자종이 등에 가장 알맞은 소자라고 할 수 있다. OLED에서는 OLED 층의 두께가 0.1~0.2 mm 밖에 안되어 기판을 포함한 디스플레이 모듈로써 1.5mm 정도가 가능하다. 또한 얇고 유기성을 지니기 때문에 구기거나 둘둘 말 수 있는 신축성(flexibility)까지 살릴 수 있다.

응답 속도

OLED의 응답 특성은 보통 수십 μs 정도이다. 이것은 액정에 비해 1000배 정도 빠른 응답속도로 동화상 구현에 절대적으로 유리하다.

> **액정의 개량** : 액정에서도 응답시간이 $10ms$ 이하의 제품이 일반화되고 임펄스 구동 방식 등을 채용하여 동화상의 실용성에는 문제가 없어졌다.

13.5 OLED의 전망

OLED의 본격 실용화의 최대 문제점은 밝기 즉 휘도와 수명이라고 할 수 있다. 자체 발광소자인 OLED는 구동전류를 크게 함으로써 휘도를 올리는 일이 가능하다. 그러나 이로 인해 OLED 소자의 수명-밝기가 당초보다 반감되는 기간-을 단축시킨다. 이러한 상반성(trade-off)이 제품화하는 데에 최대의 고비가 되고 있다. 더욱이 휴대전화의 수명은 최저 5000시간이 요구되는데 반해 현재의 OLED의 수명은 이를 겨우 뛰어넘는 정도이다. TV에 응용이 되려면 3만 시간이 필요하다.

형광만으로는 발광효율(내부발광효율)이 최대한 25%밖에 되지 않는 것을 이미 언급한 적이 있다. 이렇게 낮은 광변환 효율을 올리려면 dopant에 대한 연구와 아울러 인광(electrophosphrescence)을 이용하는 것이 최대의 과제가 된다. 3중항상태에서 바닥상태로 돌아갈 때의 가시광인 인광을 꺼낼 수 있다면 이론적으로 형광과 인광을 합쳐 100%의 발광효율을 올릴 수 있기 때문이다. 따라서 이 내부양자효율 100% 요구에 응할 수 있는 3중항 들뜸상태를 가지며 강력한 인광을 발할 수 있는 유기화합물에 대한 개발이 급선무가 되고 있다. 현재는 이리듐 금속 섞임화합물에 대한 연구가 활발하다. 아울러 인광과 형광이 혼재한 희귀원소(rare earth elements) 금속을 포함하는 인광발광재료의 개발이 필요하다. 현실적으로 보았을 때 발광효율을 높이는 것이야말로 장기 수명화와 저소비전력화에 반드시 필요한 요소라고 할 수 있다.

발광효율을 높이려면 내부양자효율 외에 전하 운반자의 주입효율과 광꺼냄 효율(외부양자효율) 문제가 있다. 운반자의 주입효율은 전자, 정공을 발광층 쪽으로 얼마나 효율적으로 보내고 그리고 손실 없이 이동시키느냐이다. 따라서 수송층(혹은 주입층)과 전극과의 상호성이 중요하다. 광꺼냄 효율(외부양자효율)은 발광층에서 나오는 빛을 얼마나 감퇴시키지 않고 외부로 꺼내느냐에 달려있다. 발광층으로부터 나오는 빛은 층간 굴절률 차이에 따라 전체적으로 반사되거나 출구 쪽으로 가지 못하고 감퇴되어 버린다.

또한 발광화소를 구동시키는 TFT가 휘도에 알맞은 충분한 전류를 보내도록 구동능력을 갖추어야 한다. 이를 위해서는 운반자 이동도가 큰 저온 폴리실리콘 층이 필요하며 또한 휘도가 흩어져 버리지 않도록 구동전류를 균일하게 맞추는 균일성도 필요하다.

OLED의 신기술과 최신 동향

전면 발광(top emission) 방식

종래의 TFT AM 방식의 OLED 디스플레이에서는 TFT 유리기판 쪽으로 발광층에서 나오는 빛을 내보내는데 이를 후면 발광(bottom emission) 방식이라고 한다. 그런데 전면발광식의 구조에서는 이와는 반대로 기판의 상부로부터 빛을 내보내는 구조이다. 이 구조에서는 화소 내에 있던 OLED 소자의 TFT를 발광화소의 아랫면에 배치함으로써 1화소의 거의 모든 영역을 발광화소로 사용할 수 있다. 따라서 발광화소의 구멍비를 상승시켜 고휘도화가 가능해진다. 또한 구멍비가 향상됨으로써 휘도를 보호유지하면서 각 화소를 더욱 세분화 할 수도 있어 화소수를 올려 결국 고선명도를 실현시킬 수 있다.

이러한 전면발광 구조에서는 종래와는 반대로 아래 전극(양극)은 빛을 내보내지 않아도 되기 때문에 후면전극은 투명한 ITO가 필요하지도 않으며 또 기판도 투명한 유리일 필요도 없다. 하지만 음극 측에는 투명전극을 이용해야 한다. 물론 ITO만으로는 음극으로서의 기능을 못하기 때문에 ITO와 유리판의 경계면에는 리튬(Li) 등과 같은 음극용 금속을 얇게 첨가할 필요가 있다.

더욱이 소니에서는 전면발광 구조에 덧붙여 종래의 2개의 TFT를 이용한 OLED 소자 드라이브 회로 대신에 **4개의 TFT**를 사용하여 소위 전류기입회로를 이용하는 TAC(Top Emission Adaptive Current drive) 기술을 채용하고 있다. 이것은 2개의 TFT를 사용할 때 나타나는 휘도의 번짐을 해결하기 위한 방법이다.

발광층의 층구조화 : SOLED(Stacked OLED)

보통 완전컬러화 화소라고 하는 것은 OLED, LCD 모두 평면적으로 배열된 형태이다. 그런데 SOLED는 RGB 컬러 3색의 발광층과 투명전극을 직렬 층으로 만들어 적층(Stacked) 상태가 1화소를 구성하는 형태이다. 발광은 RGB의 발광층을 투명전극을 통해 개별적으로 제어한다.

해상도는 RGB의 평면 배열 타입과 비교하면 직렬로 쌓아올린 것이므로 적어도 3배로 개선된다. 따라서 아주 정교하고 치밀한 휴대기기나 초고선명도가 필요한 화면에 적합하다고 할 수 있다. 투명전극과 발광층을 층구조로 만들려면 앞으로 유기성 적층기술이 필요로 하는데, 만약 실현된다면 OLED에 있어서 커다란 진보를 가져올 것으로 기대된다.

14장 | 유기 분자

탄소로 이루어진 화합물과 혼합물들의 반응을 다루는 분야를 유기화학(organic chemistry)이라고 한다. 탄소는 다양성이 큰 원자로써 우리들이 입는 의류들은 대부분 탄소화합물로 이루어져 있다. 물론 우리들이 먹는 식품과 연료 역시 탄소로 구성되어 있다. 아울러 탄소화합물은 비행기, 컴퓨터, 계산기 등에 쓰이는 재료에도 사용된다. 이렇게 탄소가 다양한 성질을 가지는 것은 탄소가 공유결합을 통하여 서로 연결되면서 다양한 사슬과 고리 화합물을 이룰 수 있기 때문이다. 액정, OLED는 물론 PDP의 형광재료를 근본적으로 이해하기 위해 유기분자의 구조와 그 성질을 알아보기로 한다.

14.1 탄화수소(Hydrocarbons)

구조와 형태

탄소 화합물 중 탄소와 수소만으로 이루어진 화합물을 탄화수소(Hydrocarbons)라고 한다. 그렇지만 탄화수소는 다양하고 어떤 것들은 구조가 매우 복잡하다. 탄화수소의 구조를 나타낼 때 사용하는 방법 중 하나가 막대구조 방법이다. 막대구조(stick structure)는 막대기를 각지게 연결하여 표시하는데 막대의 끝과 각이 지는 지점이 탄소의 위치를 나타낸다. 수소의 수는 탄소가 몇 개의 막대기와 연결되어 있는가를 확인하면 쉽게 분별된다. 그림 14.1은 메틸부탄, 이소플렌, 프로핀, 벤젠 등 네가지 유기 화합물에 대한 구조를 막대형태로 나타내 보이는 그림이다.

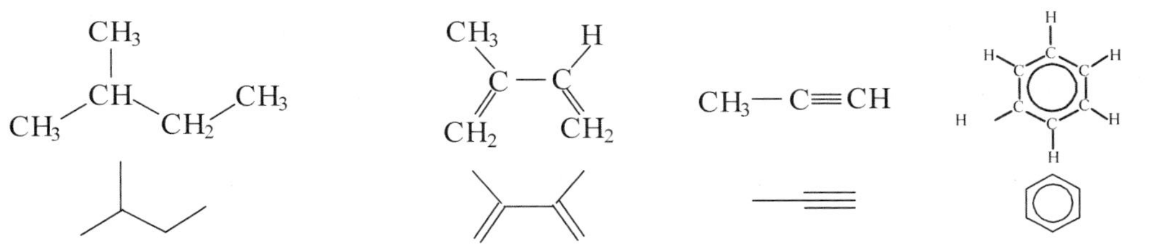

(a) 메틸부탄:$(CH_3)_2CHCH_2CH_3$ (b)이소플렌:$CH_2C(CH_3)CHCH_2$ (c)프로핀:CH_3CCH (d) 벤젠:C_6H_6

[그림 14.1] 탄화수소 종류. 아래그림은 축소구조식이다.

탄화수소의 분자식도 다양한 형태로 표현된다. 이때 중요한 것이 원자들이 어떻게 원자단을 이루고 있는가이다. 예를 들면, 부탄은 $CH_3CH_2CH_2CH_3$인데, 더욱 간단하게는 $CH_3(CH_2)_2CH_3$로 표기된다. 메틸프로판인 경우 $CH_3CH(CH_3)CH_3$인데 괄호 안에 있는 CH_3는 왼쪽에 있는 탄소와 결합되어 있다는 것을 뜻한다.

C-C 단일결합으로 이루어진 분자인 경우 결합을 중심으로 자유롭게 회전할 수가 있다. 따라서 여러 가지 3차원적 구조 또는 형태(conformation)가 생긴다. 부탄인 경우 계속해서 모양이 변하는데 어느 순간에는 완전히 펼쳐지고 어느 순간에는 뒤틀리게 된다. 하지만 대부분의 분자는 주어진 순간에 다소 안정하게 펼쳐진 지그재그 형태를 갖는 것이 보통이다.

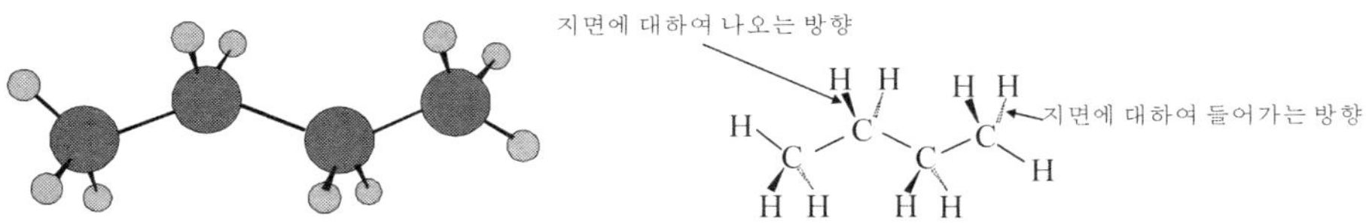

[그림 14.2] 부탄(Butane)의 구조와 표기 방법.

분자구조 내에 벤젠고리를 가지고 있는 화합물을 방향족(aromatic) 탄화수소라고 하며, 벤젠고리를 갖고 있지 않은 화합물을 지방족(aliphatic) 탄화수소라고 한다. 에틸벤젠은 방향족, 펜탄은 지방족 화합물이다. 그러나 그림 14.3(c)와 같이 복잡한 화합물인 경우는 분자 전체를 하나로 분류하지 않고 방향족 부분과 지방족 부분으로 나누어 말한다.

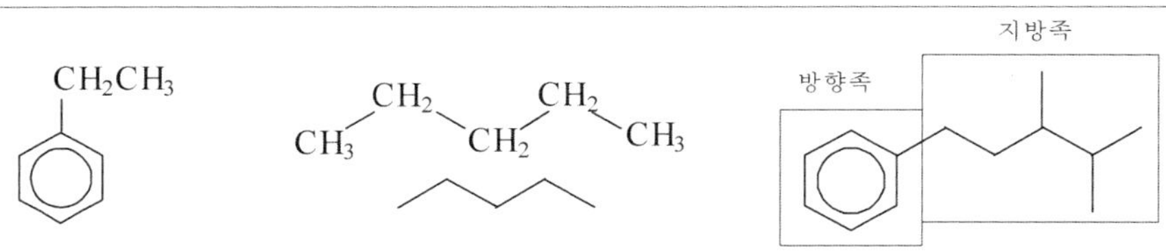

(a)에틸벤젠: $C_6H_5CH_2CH_3$ (b) 펜탄: C_5H_{12} (c) 4-디에틸-1-페닐펜탄

[그림 14.3] 방향족 탄화수소와 지방족 탄화수소.

다중결합이 없는 지방족 탄화수소를 **포화탄화수소**라고 하며, 한 개 이상의 이중 또는 삼중결합을 갖고 있는 탄화수소를 **불포화탄화수소**라고 한다.

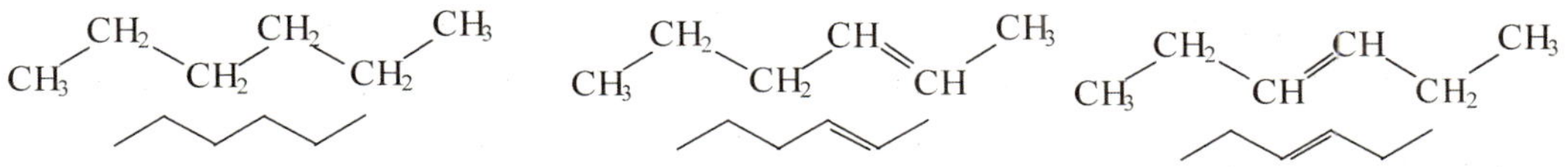

<헥산:C_6H_{14}> <2-헥센:C_6H_{12}> <3-헥센:C_6H_{12}>

(a) 포화탄화수소 (b) 불포화탄화수소

[그림 14.4] 포화 탄화수소와 불포화 탄화수소.

알칸(알케인; Alkane)

일반적인 형태의 탄화수소는 곧은-사슬 알칸(straight-chain alkane)이다. 하나의 탄소가 또 다른 탄소와 단일결합에 의해 연결되어 사슬 형태를 가지며, 각 탄소원자는 수소원자들과 결합되어 4가의 결합수를 유지한다. 가장 간단한 알칸은 메탄(CH_4)이다. 메탄은 유기물질이 부패할 때 발생하며 동물의 분비물이나 쓰레기 처리 시설에서 나와 연료로 쓰이기도 한다. 다른 알칸들은 CH_4 에 CH_2 를 첨가하면 된다. 이러한 알칸의 일반식은 CnH_{2n+2} 이다. 표 14.1에 알칸 분자들의 이름과 분자식이 주어졌다. 알칸분자들의 양끝은 메틸기(CH_3)이고 그 사이는 메틸렌기(CH_2)에 의해 연결된다. 가령, 분자식이 C_5H_{12} 인 펜탄인 경우 사슬구조를 보다 명확히 나타내기 위해 $CH_3CH_2CH_2CH_2CH_3$로 표기되기도 한다.

<표 14.1> 곧은-사슬 알칸(straight-chain alkane). 탄소수 1-4인 알칸은 25℃ 에서 기체이며, 탄소수 5-10인 알칸은 액체 상태이다.

탄소 수	구 조	끓는점(℃)	이 름
1	CH_4	-164	Methane
2	CH_3CH_3	-88.6	Ethane
3	$CH_3CH_2CH_3$	-42.1	Protane
4	$CH_3CH_2CH_2CH_3$	-0.5	Butane
5	$CH_3CH_2CH_2CH_2CH_3$	36.1	Pentane
6	$CH_3CH_2CH_2CH_2CH_2CH_3$	69.0	Hexane
7	$CH_3CH_2CH_2CH_2CH_2CH_2CH_3$	98.4	Heptane
8	$CH_3CH_2CH_2CH_2CH_2CH_2CH_2CH_3$	124.7	Octane
9	$CH_3CH_2CH_2CH_2CH_2CH_2CH_2CH_2CH_3$	150.8	Nonane
10	$CH_3CH_2CH_2CH_2CH_2CH_2CH_2CH_2CH_2CH_3$	174.1	Decane
11	$C_{11}H_{24}$		Undecane
12	$C_{12}H_{26}$		Dodecane

프로판의 임계온도는 상온보다 높으므로 압력을 가하면 액화되는데 이를 'LPG'라고 한다. 끓는점이 -0.5인 부탄은 담배용 라이터에 사용된다. 탄소수에 따라 알칸의 이름이 다르게 주어지는데 표에서 보듯이 그리스어 접두사에 안(ane, 영어로는 에인으로 발음됨)의 접미사가 붙는다. 고리 모양의 알칸을 시클로(혹은 사이클로)알칸(cycloalkane)이라고 한다.

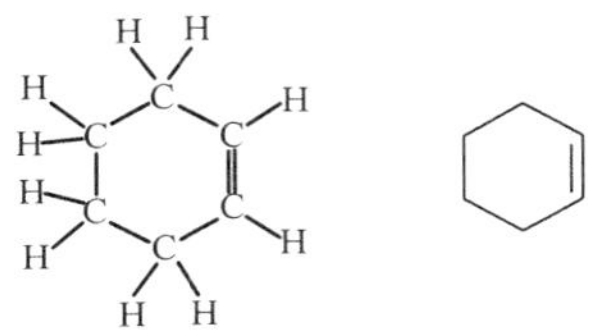

<시클로헥센(cyclohexane)>

[그림 14.5] 시클로 알칸.

알칸은 분자량이 증가할수록 휘발성이 낮아지는데 이는 분자의 런던 힘(London Force)과 관계가 있다. 석유는 높이에 따라 온도가 다른 긴 증류탑을 이용하여 증류된다. 즉, 석유의 분류는 끓는점에 따라 각기 다른 높이의 증류탑에 위치한 증기로부터 응축된다. 메탄에서부터 부탄까지는 상온에서 기체이며 증류탑의 꼭대기까지 올라가게 된다. 탄소의 개수가 늘어감에 따라 끓는점도 증가한다. 표 14.1과 14.2를 보라. 펜탄은 휘발성이 매우 강한 액체이다. 또한 헥산부터 운데칸(Undecane, $C_{11}H_{24}$)도 어느 정도의 휘발성을 갖고 있기 때문에 **펜탄에서 운데칸까지를 휘발유**라 부르며 자동차의 연료로 사용된다. **C_{11}에서 C_{16}까지의 알칸을 등유**라고 부르며 제트엔진이나 디젤엔진의 연료로 사용된다. **윤활유는 C_{17}에서 C_{22}까지의 알칸**이다. 탄소수가 더 큰 알칸들은 파라핀왁스와 아스팔트에 해당된다.

부탄 C_4H_{10}은 4개의 탄소로 구성된 알칸으로, 부탄으로부터 다양한 화합물을 가질 수 있다. C_4H_{10}은 구조적으로 서로 다른 형태를 갖는다. 하나는 곧은-사슬(straight-chain) 형태인 부탄이며 다른 하나는 가지달린-사슬(branched-chain)인 Y자 형태로 메틸프로판이다.

<표 14.2> 석유에 포함되어 있는 탄화수소.

탄화 수소	끓는 범위, ℃	이 름
C_1 ~ C_4	-160 ~ 0	가스
C_5 ~ C_{10}	30 ~200	가솔린
C_{11} ~ C_{16}	180 ~ 400	등유, 연료기름
C_{17} ~ C_{22}	350 이상	윤활유
C_{23} ~ C_{34}	고체(녹는점이 낮음)	파라핀 왁스
C_{35} 이상	무른 고체	아스팔트

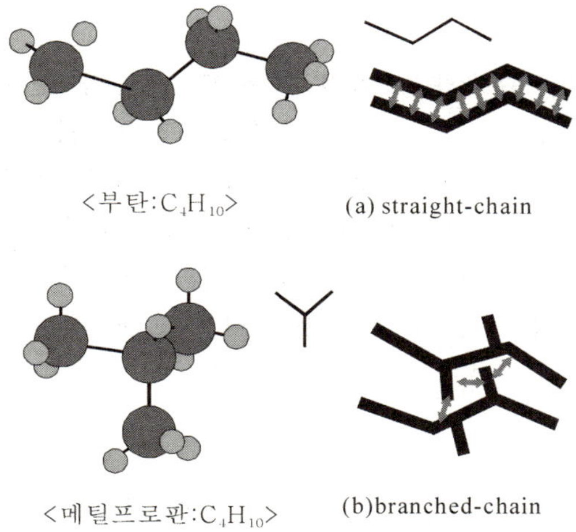

(a) 곧은-사슬형 알칸(straight-chain alkane)은 이웃한 알칸과 매우 가깝게 놓이게 되어 런던 분산력이 강하다.

(b) 가지달린-사슬형 알칸(branched-chain alkane)은 다른알칸과 가깝게 정렬되는 것이 어렵다. 이로 인하여 런던분산력이 곧은-사슬형 알칸에 비하여 작고 결국 더 큰 휘발성을 갖게 된다.

[그림 14.6] 부탄의 이성질체.

이렇게 분자식은 같지만 다른 형태의 배열을 갖는 화합물을 이성질체(isomers)라고 부른다. 여기서 isomer는 그리스어로 '같은 부분(equal part)'의 의미이다. 이성질체들은 같은 분자식을 같지만 물리적 성질은 다르다. 부탄의 끓는점이 -0.5℃인 반면에 메틸프로판은 보다 휘발성이 강하고 끓는점이 -11.6℃이다.

일반적으로 길고 가지가 없는 알칸이 가지달린 알칸에 비하여 끓는점과 녹는점이 높고 증발엔탈피도 크다. 그 이유는 그림 14.6에서 보는 것처럼 곧은-사슬 형태의 알칸은 가지달린 알칸에 비하여 이웃 분자와 더 가깝게 접촉할 수 있어 그 만큼 런던힘이 강하게 작용할 수 있기 때문이다.

런던 분산력(London dispersion forces)

보통 런던힘이라고 부른다. 두개의 무극성 분자들 사이에서 작용되는 인력을 말한다. 무극성 분자의 전하분포는 평균적으로 대칭적이다. 그러나, 전자들은 항상 움직이고 있으며 어느 순간에는 분자의 한 부분에 전자가 더 많이 분포할 수도 있게 된다. 즉 무극성 분자에는 고정된 전하의 비대칭성은 없지만 순간적인 비대칭성은 존재하고 있다. 두 개의 무극성 분자가 충분히 가까워질 때 분자들의 요동하는 전자 분포는 인접하는 부분이 항상 반대 부호를 가지도록 함께 이동하려는 경향이 있다. 따라서 인력이 작용하게 되는데 이러한 힘을 런던 분산력(London dispersion forces)이라고 한다. 예를 들면, 벤젠(C_6H_6)은 쌍극자 모멘트가 0이고, 무극성이며 따라서 쌍극자-쌍극자 힘이 존재하지 않는다. 그럼에도 불구하고 이 분자는 상온에서 기체가 아니라 액체로 존재하기 때문에(mp 5.5 ℃, bp 80.1 ℃), 벤젠 분자 사이에는 분자간 힘이 존재하여야 하며 그 힘이 곧 런던 분산력이다. 런던 힘은 비교적 작으며(1~10 kJ/mol), 그 크기는 한 분자의 전자구름이 주변의 전기장에 의해 뒤틀어지는 정도 즉 분극도(polarizability)에 의존한다.

모양 역시 분산력의 크기에 영향을 줄 수 있다. 왜냐하면, 퍼져 있는 모양일수록 분자의 표면적이 커지기 때문에 분자들 사이에 접촉이 커지고 그에 따라 분산력이 커지기 때문이다. 예를 들면 펜탄(Pentane)과 2,2-디메틸프로판(2,2-Dimethylpropane)은 같은 분자식 (C_5H_{12})을 갖지만 끓는점은 다르다. 즉, 펜탄의 끓는 점은 309.4K인 반면에 2,2-디메틸프로판의 끓는점은 이보다 낮은 282.7K이다. 펜탄이 길고 다소 퍼져 있는 모양을 하고 있는 반면에, 2-2-디메틸프로판은 보다 밀집된 형태를 취하고 있기 때문이다. 그림 14.6를 다시 보라.

시클로알칸(사이클로알케인, cycloalkane)

시클로알칸은 끝과 끝이 서로 이어진 탄소 고리로 이루어져 있다. 이때 또 하나의 C-C 결합이 형성되기 위하여 두 개의 수소가 빠져나가게 되는데 결국 시클로알칸의 일반식은 C_nH_{2n} 이 된다.

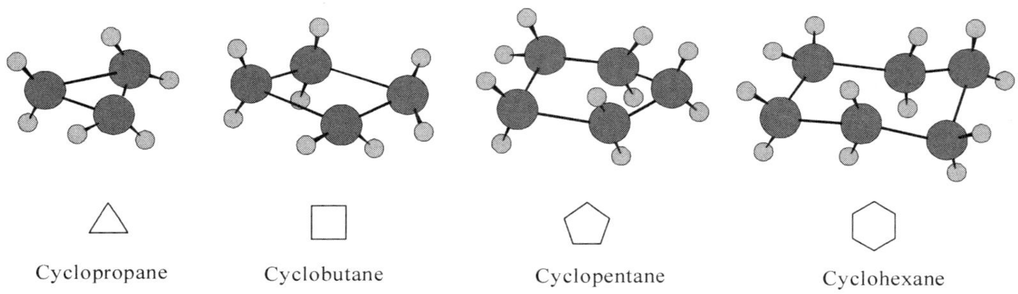

[그림 14.7] 시클로알칸.

축소 구조식마저 고리분자를 나타내기에는 불편하여 유선형 방식이 사용되는데 다각형으로 나타낸다. 삼각형은 시클로프로판, 사각형은 시클로부탄 등이다. 이때 이들 선구조에는 탄소와 수소원자들은 나타나지 않는다. 탄소원자는 접합점(intersection)에 있게 된다. 메틸시클로헥산은 선구조식으로 그림 14.8과 같이 나타낸다.

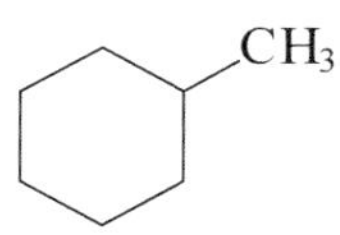

[그림 14.8] 메틸시클로헥산(Methylcyclohexane).

시클로프로판이나 시클로부탄인 경우 C-C 결합각은 이상적인 109.5°와는 거리가 멀게 결합되어 있다. 시클로프로판인 경우 C-C-C 결합각이 60°인 정삼각형의 모양을 갖는데 이로 인하여 세 개의 탄소와 네원자 고리에 있는 결합은 정상적인 결합보다 약하게 된다. 따라서 다른 알칸 분자들보다 반응성이 더 크다.

알칸은 반응성이 매우 작으며 심지어 진한 황산과 질산 등에도 영향을 받지 않는다. 그 이유는 C-C와 C-H 결합이 매우 강하여 생성되는 에너지가 거의 없기 때문이다. 이로 인하여 알칸의 반응에서 가장 흔한 반응이 연소반응이며 이때 이산화탄소와 물이 생성된다.

$$CH_4 + 2O_2 \longrightarrow CO_2 + 2H_2O$$

위 반응에서 C-H 결합(98.kcal/mol)은 보다 강한 H-O 결합(110kcal/mol)으로 바뀌며, 산소의 O-O 결합(118kcal/mol)은 두 개의 강한 C-O 결합(177kcal/mol)으로 바뀐다. 다른 알칸들도 비슷한 발열반응을 일으키므로 좋은 연료가 된다. 알칸의 다른 반응은 치환반응으로 원자나 원자단이 반응물의 수소와 치환되는 반응이다.

메탄과 염소의 반응을 보자. 두 기체는 어두운 곳에서는 반응하지 않는다. 그러나 자외선이나 열을 가하면 다음과 같이 반응한다.

$$CH_4 + Cl_2 \xrightarrow{\text{자외선 혹은 열}} CH_3Cl + HCl$$

염화메탄(CH_3Cl)은 생성 반응물 중의 하나로서, 이염화메탄(CH_2Cl_2), 삼염화메탄($CHCl_3$), 사염화탄소(CCl_4)도 생성된다. 삼염화메탄은 클로로포름이라 하며 마취제의 일종이다. 사염화탄소는 불연성기체이다. 발암성이 있다고 알려지기 전까지는 소화전 및 용매로 사용되었다.

알칸의 명명법

첫째 단계로 먼저 탄소수가 가장 긴 사슬을 택하고 그것에 맞는 이름을 붙인다. 따라서 다음의 화합물은 치환기가 있는 펜탄이다.

$$\begin{array}{l} CH_3CH_2CH_2\underset{\displaystyle |\atop\displaystyle CH_3}{C}HCH_3 \end{array}$$

두 번째로 알킬기는 -안(ane) 대신에 -일(-yl)을 붙인다. 그리스어의 접두사를 사용하여 각각의 치환기가 분자 내에 몇 개 있는지를 표시한다. 여러 개의 다른 기가 존재하면 알파벳 순서에 따라 나열하여 가장 긴 사슬의 이름에 덧붙인다.

세 번째로는 치환기가 탄소골격의 어디에 붙어 있는가를 표시한다. 이때 가장 긴 사슬의 탄소에 번호를 붙이는데 치환기를 위하여 사용된 숫자가 작은 숫자가 되도록 가장 긴 사슬의 끝에서부터 번호를 부여한다. 숫자는 각각의 치환기 앞에 적는다.

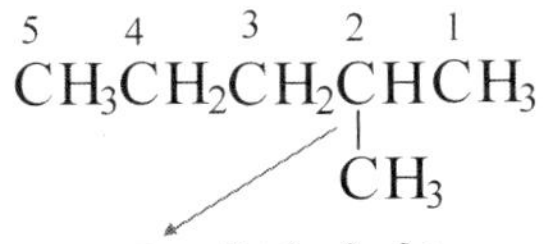

<2-메틸펜탄>

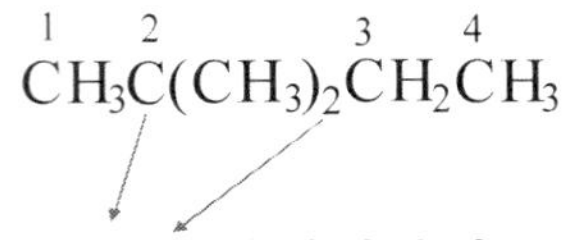

<2,2-디메틸부탄>

다음에서 다룰 알켄과 알킨인 경우에도 비슷하다. 가장 긴 사슬의 탄소에 번호를 붙일 때 다중결합의 두 탄소가 작은 숫자를 가지도록 한다. 번호를 부여할 때 다중결합은 치환기 보다 우선 순위를 갖는다.

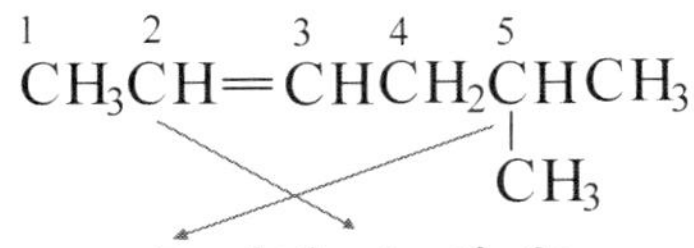

<5-메틸-2-헥센>

CH_4로부터 어떤 수소가 제거되어 메틸기를 형성하는가 또는 CH_3CH_3에서 어떤 수소가 제거되어 에틸기를 형성하는가는 문제되지 않는다. 왜냐하면 각 분자 내에 있는 수소원자들이 모두 동등하기 때문이다. 그러나 프로판, $CH_3CH_2CH_3$에 있는 여덟 개의 수소는 상황이 다르다. 왜냐하면 여섯 개의 수소는 말단 탄소에 있고 두 개의 수소는 중앙의 탄소에 붙어 있기 때문이다. 따라서 어떤 종류의 수소가 떨어져 나가느냐에 따라 두 가지 종류의 프로필기가 생성될 수 있다.

<Propane> <n-Propyl> <Isopropyl>

말단 탄소에 결합된 수소 중 하나가 떨어져 나가면 n-프로필이라고 부르는 곧은-사슬(straight-chain) 프로필기가 생성되고, 중앙의 탄소에 결합된 수소 중 하나가 떨어져 나가면 iso-프로필이라고 부르는 가지-사슬(branched-chain) 프로필기가 형성된다.

알켄(alkene)과 알킨(alkyne)

단일결합만을 갖는 알칸은 포화(saturated) 탄화수소이다. 단일 결합이 아닌 불포화(unsaturated) 탄화수소 중 이중결합 탄화수소를 알켄(alkene), 삼중결합을 갖는 탄화수소를 알킨(알카인, alkyne)이라고 한다.

[그림 14.9] 에틸렌과 아세틸렌.

가장 간단한 알켄이 에텐 CH_2=CH_2 인데, 보통 에틸렌이라고도 한다. 에텐에 -CH_2-을 더함에 따라 다양한 알켄이 만들어 진다. 즉, 에텐에 탄소가 하나 증가하면 프로펜 CH_2=$CHCH_3$ 이 된다. 명명은 탄소수에 따라 알칸에서와 같이 이름을 붙이는데 -ane- 대신 -ene-를 접미사로 붙인다. 가장 간단한 알킨은 에틴 HC≡HC이며 보통 아세틸렌이라고 한다. 알킨 역시 접미사 -yne-을 사용하여 이름을 붙여나간다.

알켄의 이중결합은 sp^2 혼성궤도의 σ-결합과 π-결합으로 되어있다. 이러한 이중결합은 알칸보다 알켄 결합을 더욱 경직되게 만들며 이로 인해 알칸과 알켄의 물리적 성질이 다르게 나타난다. C=C 에는 4개의 다른 원자들이 결합될 수 있는데 붙어 있는 4개의 원자들은 모두 같은 평면에 놓이게 된다.

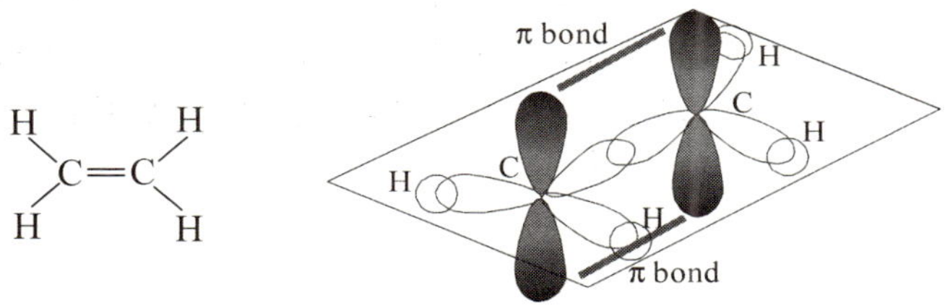

4개의 수소와 C=C, 즉 6개의 원자는 같은 평면상에 있다.
π-C=C 결합을 이루는 알칸분자는 회전할 수가 없다.

[그림 14.10] 에텐(에틸렌)의 기하학적 구조.

그런데 그림 14.10에서 보듯이 네 개의 배치는 π-결합에 의해 고정되어 있다. 그러므로 알칸과는 달리 둥그렇게 말릴 수가 없으며 또한 이웃분자들과 가까이 쌓아 올릴 수도 없어 녹는점이 낮게 된다. 또한 알칸처럼 쉽게 회전하지도 않는다.

탄소가 네 개 이상인 다중 결합인 경우 그 위치를 명시해야 한다. 다중결합을 포함하는 탄소가 작은 숫자를 갖도록 탄소사슬에 번호를 매기고 다중결합을 포함하는 탄소의 번호를 알켄 또는 알킨의 이름 앞에 붙이면 된다. 따라서 분자식이 C_4H_6 인 알킨에는 두 개의 이성질체가 존재한다.

$HC \equiv CCH_2CH_3$ <1-Butyne>　　$CH_3C \equiv CCH_3$ <2-Butyne>

알켄의 C=C 이중결합은 쉽게 회전되지 않는다. 따라서 알켄은 치환기가 이중결합의 한쪽에 몰려 있는지 양쪽에 분산되어 있는지의 여부에 따라 이성질체로 존재한다. 1-Butene은 한 개의 화합물이지만 2-Butene은 두 개의 이성질체로 존재한다.

$CH_3CH_2CH = CH_2$ <1-Butene>　　$CH_3CH = CHCH_3$ <2-Butene>

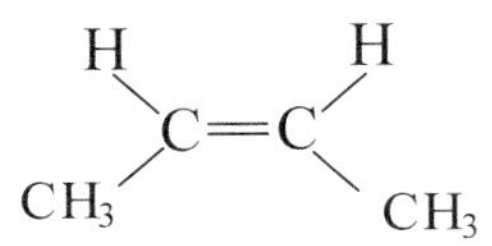

cis-2-Butene

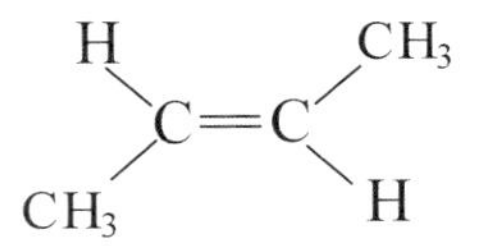

trans-2-Butene

위와 같은 cis-trans 이성질체는 서로 다른 물리적 성질과 비슷하기는 하지만 다른 화학적 반응을 갖는다. cis-2-Butene은 4°C에서 끓고 trans-2-Butene은 0.9°C에서 끓는다. 알켄의 cis-trans 이성질체화는 탄소-탄소 이중결합의 전자구조 때문에 생긴다. 몇 번 언급이 되었지만 이중결합의 π-결합 부분은 p궤도함수의 측면 겹침에 의하여 생성되기 때문에 회전이 일어나면 결합이 깨지고 결국 에너지 적으로 불안정해진다. 실험결과에 의하면 C=C 이중결합을 중심으로 회전을 일으키는 데는 240kJ/mol의 에너지가 필요한 것으로 알려졌다. 따라서 이중결합의 회전은 일어날 수 없고 시스와 트란스의 이성질체는 상호 변환할 수 없다.

방향족 탄화수소

방향족 탄화수소(aromatic hydrocarbon)는 원유에 포함된 탄화수소 가운데 마지막 형태가 된다. 유기화학 초기에는 방향이라는 말은 과일, 나무 및 그 밖의 천연자원으로부터 얻어지는 방향성 물질을 말하는데 사용되었다. 현재 방향성(aromatic)이라는 용어는 세 개의 이중 결합을 가진 여섯 원자고리를 포함하는 부류의 화합물을 의미한다. 그 중 벤젠(benzene)이 가장 간단한 방향족 화합물이다.

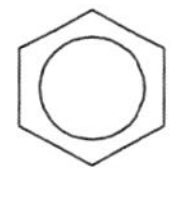

<벤젠: C_6H_6>

방향족 화합물들은 벤젠고리에 다양한 치환기를 가지며 두 개 이상의 벤젠고리가 접합되거나 연결되는 형태로 나타난다. 나프탈렌($C_{10}H_8$)은 벤젠 고리가 두개가, 안트라센($C_{14}H_{10}$)은 세개가 접합된 접합고리(fused ring) 형태이다.

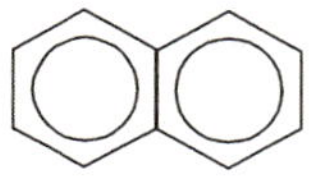

<나프탈렌:$C_{10}H_6$>

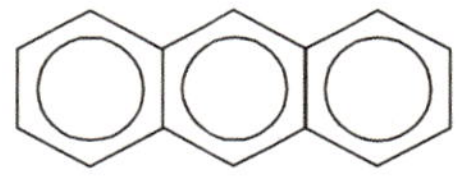

<안트라센:$C_{14}H_{10}$>

벤젠 이외에 석유에 함유되어 있는 방향족 화합물 중 가장 흔한 것이 톨루엔(toluene)이다. 톨루엔은 벤젠 고리 위의 한 수소원자가 메틸기로 치환되어 있다. 또 자일렌(xylene)은 두 개의 수소가 두 개의 메틸기로 치환된 경우이다.

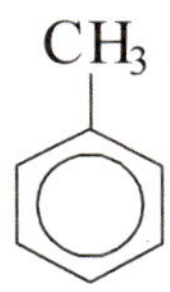

<Toluene>

치환된 방향족 화합물은 어미, -벤젠(benzene)을 사용하여 명명한다. 그러므로 C_6H_5Br은 브롬벤젠, $C_6H_5CH_2CH_3$는 에틸벤젠이다. 벤젠에 붙어 있는 치환기를 위하여 번호를 부여할 때 치환기에 작은 숫자가 돌아가도록 시계방향 혹은 반시계방향으로 돌리면서 번호를 부여한다. 다음 그림에서 보는 것처럼 2개의 치환기가 1,2-, 1,3-, 1,4-의 위치에 있을 때 오르토(ortho, o-), 메타(meta-, m-), 파라(para-, p-)라고 부르기도 한다.

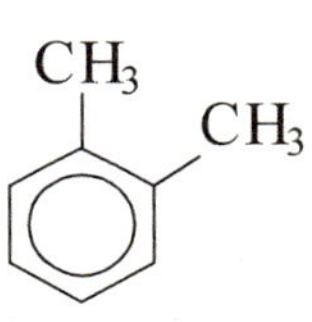

<1,2-Dimethylbenzene o-Xylene>

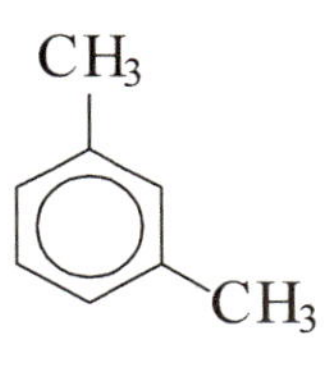

<1,3-Dimethylbenzene m-Xylene>

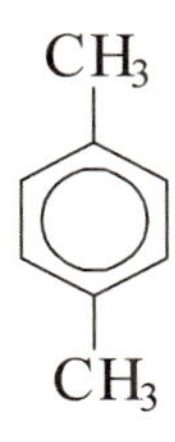

<1,4-Dimethylbenzene p-Xylene>

벤젠고리 자체가 치환기일 때 페닐기(phenyl group)라고 한다.

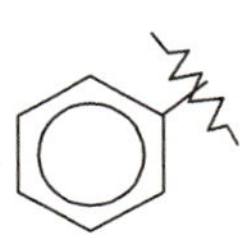

<A phenyl group>

14.2 작용기

탄화수소의 사슬은 산소, 질소, 할로겐 원소, 또는 이러한 원소들 2~3개를 끼워넣거나 덧붙이는 방법을 통하여 다양하게 변화시킬 수 있다. 이때 특정의 원자단들은 유기화합물의 특성과 작용을 주관하며 특성 및 반응성을 다르게 만드는 치환기를 작용기(fuctional group)라고 한다. 이러한 작용기는 탄소 이외의 원소로 구성된 부분과 탄소 이외의 원소들이 붙어있는 부분의 사슬을 말한다.

알코올

알코올(alcohol)은 알킬기에 -OH기가 결합된 화합물이다. 가장 간단한 알코올은 메탄올(CH_3OH)이며 그 다음 크기의 알코올이 에탄올(CH_3CH_2OH)이다. 에탄올은 에틸 알코올 혹은 곡주(grain alcohol)라고도 한다. 알코올은 물 분자의 수소하나가 유기물인 R로 치환되어 형성된 R-OH 분자로 간주할 수 있다.

지방족 알코올은 세 가지로 나뉜다. 유기 기(organic group)를 R로 표시할 때 -OH기가 붙어 있는 탄소에 R이 한 개가 붙어 있으면 RCH_2OH가 되는데 이것을 1차 알코올(primary alcohol)이라 한다. R이 두 개 붙어 있으면 R_2CHOH이고 2차 알코올(secondary alcohol), R이 세 개 붙어 있으면 R_3COH이고 3차 알코올(tertiary alcohol)라고 한다.

분자량이 낮은 알코올은 액체이다. 이로 인해 알코올이 수소결합을 한다는 것을 알 수 있으며, 같은 분자량을 갖는 탄화수소에 비해 증기압이 매우 낮다. 예를 들면 에탄올은 상온에서 액체이지만 비슷한 분자량을 갖는 프로판은 기체이다. 분자량이 적은 알코올은 -OH기의 수소결합 능력으로 인하여 수용성이다. 그러나 분자량이 증가함에 따라 작용기의 존재는 분자 전체의 물리적 성질에 어느 정도 영향을 미치게 되고 데칸올($C_{10}H_{21}OH$) 같은 경우 물에 녹지 않는다.

에테르

에테르(에터, ether)는 R-O-R' 형태의 화합물로 R과 R'은 알킬기 혹은 아릴기이다. 알코올이 물(HOH)의 한쪽 수소 대신에 알킬기를 도입한 경우처럼 에테르는 물의 두 수소를 모두 알킬기나 아릴기로 치환된 화합물로 생각할 수 있다.

$$CH_3CH_2-O-CH_2CH_3$$

<Diethylether>

에테르는 수소결합을 가질 수 없기 때문에 같은 분자량을 갖는 알코올보다 휘발성이 강하다. 그러나 반응성은 매우 낮다.

페놀

페놀(phenol)은 -OH기가 방향족 고리에 직접 붙어 있는 유기화합물이다. 가장 간단한 것이 페놀(C_6H_5OH) 그 자체이며 하얀색 결정으로 된 고체분자이다.

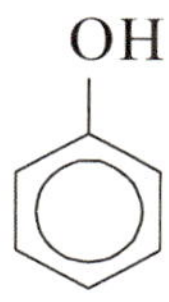

<Phenol>

페놀 유도체들은 자연에서 생성되며 식물 향의 성분이기도 하다. 페놀은 산성을 띠며 석탄의 증류로부터 얻기 때문에 석탄산(carbolic acid)이라고도 한다. 그러나 염기와 반응하여 음이온을 형성하기 때문에 염기성 수용액에는 녹는다. 이러한 성향은 페놀을 다른 유기화합물로부터 분리하거나 확인할 때 이용된다.

알데히드와 케톤

알데히드(알데하이드, aldehyde)는 작용기 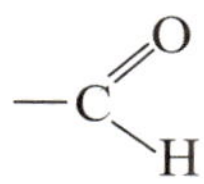 를 포함하는 분자이다. 알데히드는 보통 -CHO로 표기되며 가장 간단한 알데히드는 포름알데히드(form aldehyde)로 HCHO이다. 생물체를 보관하는데 사용되는 액상 포르말린은 포름알데히드의 수용액이다. 나무 연기는 포름알데히드를 포함하고 있는데, 포름알데히드는 박테리아를 파괴하는 작용을 한다. 이와 같은 원리로 인하여 식품을 훈제시키는 것이 식품을 보관하는 좋은 방법이 된다. 그 다음 크기의 알데히드는 아세트알데히드(CH_3CHO)이며 에탄올의 탈수소화 반응을 통하여 얻어진다.

케톤(ketone)은 작용기 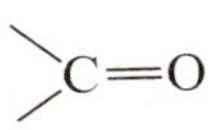 를 갖는 분자이다. 한 개의 탄소 원자가 산소원자와 이중결합을 하고 두 개의 다른 방향족 또는 알킬기의 탄소와 단일결합을 이룬다. 가장 간단한 케톤은 아세톤(CH_3COCH_3)이다. 아세톤은 용매로 널리 사용되며 많은 폴리머 화합물의 합성에 출발 물질로 사용된다.

카복실산과 에스테르

카복실산(carboxylic acid)은 작용기 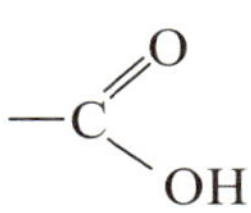 를 갖는 화합물이다. 알데히드가 일차 알코올의 산화를 통하여 얻어지는 것처럼 카복실산은 알데히드의 산화를 통하여 얻어진다. 가장 간단한 지방산은 포름산(formic acid, 개미산) HCOOH이다. 이 화합물은 개미의 독액으로부터 처음 추출되었는데 개미라는 의미의 라틴어 'formica'에서 그 이름이 유래되었다. 또 하나의 흔한 카복실산은 아세트산(CH_3COOH)이다. 아세트산은 식초로 사용된다. 포도주가 변하여 식초로 되는 과정은 에탄올이 아세트알데히드를 거쳐 아세트산이 되는 두 단계 산화 과정이다.

카복실산은 알코올이나 페놀과 반응하여 에스테르(에스터, ester)와 부산물로 물을 생성한다. 보기를 들면, 아세트산이 메탄올과 반응하여 아세트산메틸에스테르를 만든다.

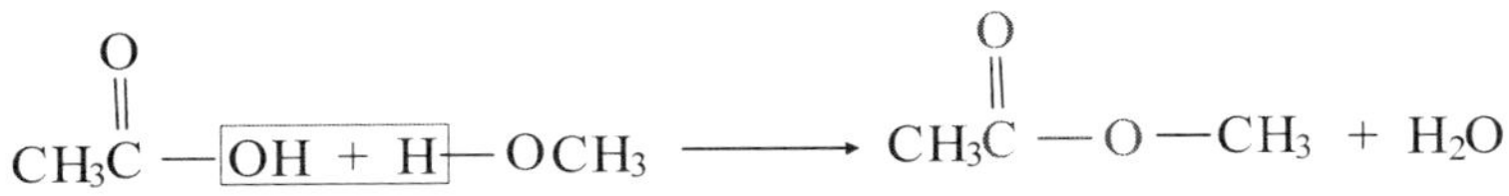

에스테르의 영어 이름은 알코올의 알킬기(위의 경우 메틸) 이름을 앞에 놓고 카복실산의 이름을 어미만 -ate로 바꾸어 연이어 붙이면 된다.

에스테르는 의약, 공업 및 생명체에서 많이 사용된다. 의약계에서는 아스피린과 국부마취제인 벤조카인을 포함한 상당수의 중요한 의약품들이 에스테르이다. 에스테르는 색깔이 없는 휘발성 액체이며 흔히 좋은 향기를 갖는다. 과일과 꽃 속에서 자연적으로 발생한다. 예를 들면 바나나에는 아세트산페닐이 들어 있으며 오렌지에는 아세트산옥틸이 존재한다.

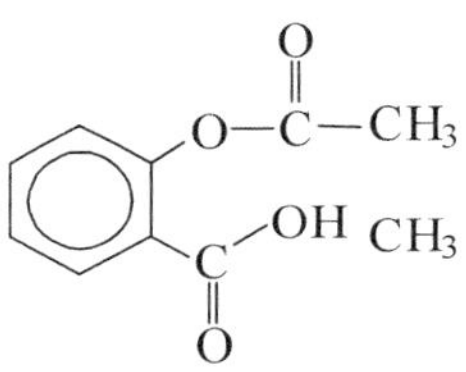

<Aspirin>

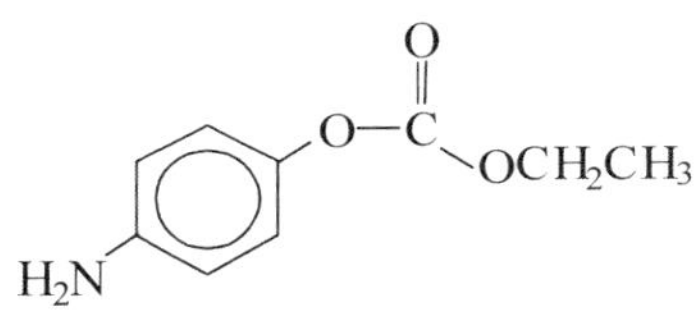

<Benzocaine>

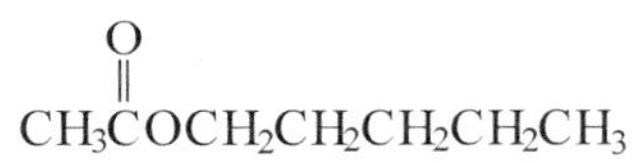

<Pentyl acetate>

아민과 아미드

아민(amine)은 알코올과 에테르가 물의 유기 유도체인 것처럼 암모니아(NH_3)의 유기 유도체이다. 즉 아민에는 한 개 이상의 암모니아의 수소가 유기치환기에 의해 치환되어 있다. 생선의 독특한 냄새는 메틸아민(CH_3NH_2) 으로부터 나온다.

일차 아민과 이차 아민은 카복실산과 반응하여 아미드(아마이드, amide)를 형성한다. 아미드 결합은 모든 단백질 분자에 존재하므로 생화학에서 중요한 위치를 차지한다.

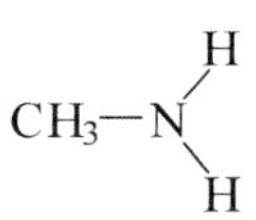

<Methylamine>

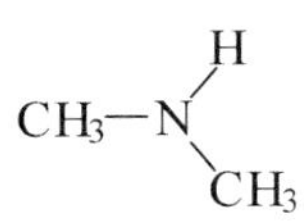

<Dimethylamine>

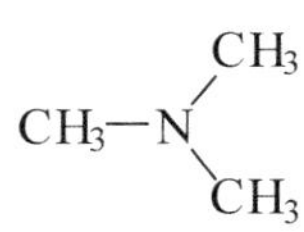

<Trimethylamine>

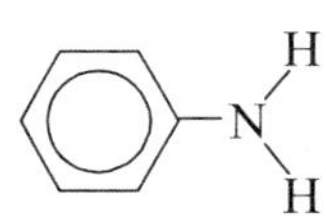

<Benzeneamine>
(Aniline)

이제 4장 액정에서 보았던 표 4.1을 다시 쳐다보기 바란다.

할로겐화 분자

가장 간단한 작용기의 하나는 단일 할로겐 원자로 구성되어 있는 경우이다. 요오드(Iodine, I)를 제외한 할로겐 분자를 알칸과 혼합하여 가열하거나 빛에 노출시키면 할로겐화 알킬(alkyl halide)이 얻어진다.

$$CH_4 + Cl_2 \xrightarrow{200°C\sim400°C \text{ 또는 빛}} CH_3Cl + HCl$$

위 반응은 일종의 연쇄반응이다. 자외선은 염소분자들을 매우 반응성이 큰 원자로 분해시키며 이 반응이 일어나도록 한다. 이러한 개시 단계는 다음과 같이 연계되어 있다.

$$Cl\cdot + CH_4 \rightarrow HCl + \cdot CH_3$$
$$\cdot CH_3 + Cl_2 \rightarrow CH_3Cl + Cl\cdot$$

생성물인 염화메틸(chloromethane or methyl chloride, CH_3Cl)은 메틸기를 유기분자에 부가시키는 합성반응에 사용된다. 염소분자가 더 많이 존재하면 그 만큼 더 많이 치환된 메탄이 형성된다. 이 방법은 염화메틸렌(CH_2Cl_2), 클로로폼($CHCl_3$) 사염화탄소(CCl_4)의 공업적 합성에 이용된다. 이 세가지 할로겐화알킬은 모두 용매로 사용되는데, 그것들의 증기는 마취성을 나타낸다. 클로로폼이나 사염화탄소는 의류의 세탁이나 기름때를 빼기 위한 용매로 사용되었으나 발암물질로 알려진 이후로는 사용되지 않는다.

할로겐화알킬을 만들 때에는 위에서 언급한 라디칼 반응보다 탄소-탄소 이중 결합에 대한 염소의 첨가 반응이 유용하다. 많은 양(일년 수백만 톤)의 1,2-dichloroethane (CH_2ClCH_2Cl)이 ethylene에 염소분자를 첨가하는 방법으로 제조된다.

$$CH_2{=}CH_2 + Cl_2 \longrightarrow CH_2ClCH_2Cl$$

생성된 대부분의 1,2-dichloroethane은 chloroethylene(염화비닐, $CH_2{=}CHCl$)의 제조에 사용된다.

$$CH_2ClCH_2Cl \longrightarrow CH_2{=}CHCl + HCl$$

염화비닐은 1,2-디클로로에탄의 끓는점(84°C)보다 낮으므로(-13°C) 분별증류에 의해 쉽게 분리된다. 염화비닐의 중요한 용도는 폴리염화비닐 플라스틱 폴리머의 합성에 있다.

14.3 이성질체(chemical isomers)

이성질체(isomers)는 분자식은 같으나 서로 다른 성질을 갖는 화합물이다. 이러한 이성질체는 구조 이성질체와 입체 이성질체로 나뉠 수가 있고 입체 이성질체는 다시 기하 이성질체와 광학 이성질체로 나뉜다.

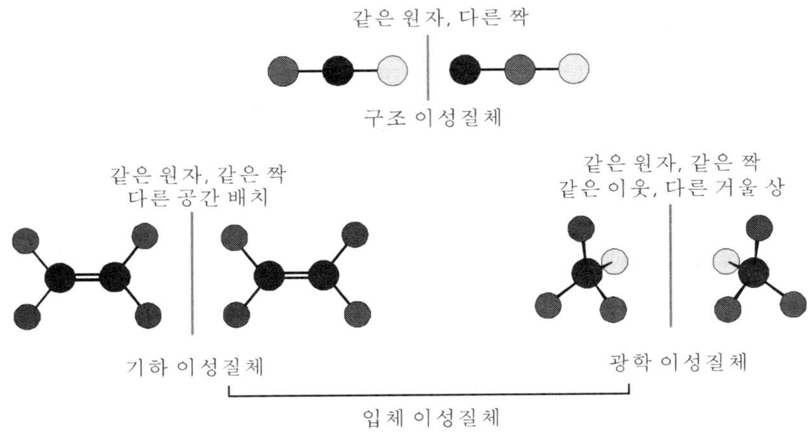

[그림 14.11] 이성질체(Isomers).

구조 이성질체

같은 원자들로부터 구성된 분자들이 서로 결합의 순서가 다른 경우 이들을 구조 이성질체(structural isomers)라고 한다.

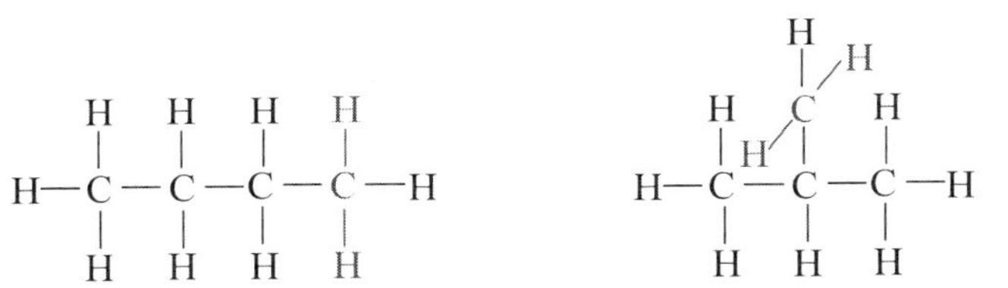

Butane, $CH_3CH_2CH_2CH_3$　　Methylpropane, $CH(CH_3)_3$

[그림 14.12] 구조 이성질체.

그림 14.12는 C_4H_{10}로 이루어진 분자의 구조 이성질체를 나타낸다. C_3H_8분자에 $-CH_2-$기를 넣을 때 두 가지 방법이 있다는 것을 의미한다. 비록 $-CH_2-$를 넣을 공간은 많지만 종류가 틀린 화합물은 위와 같이 두 가지 뿐이라는 것을 알 수 있다. 분자의 한 부분은 회전할 수 있으며 위와 같은 단일결합은 끊임없이 비틀린다. $-CH_3$기는 프로펠러처럼 회전한다고 생각

할 수 있다. 따라서 지면에서 서로 다른 형태처럼 보이는 구조도 회전에 의해 같은 구조임을 알 수 있는데, 회전에 의해 배향만이 바뀐 같은 분자인 것이다.

기하 이성질체

기하 이성질체는 원자들이 똑 같은 이웃에 연결되어 있으나 공간배열이 다른 분자들이다.

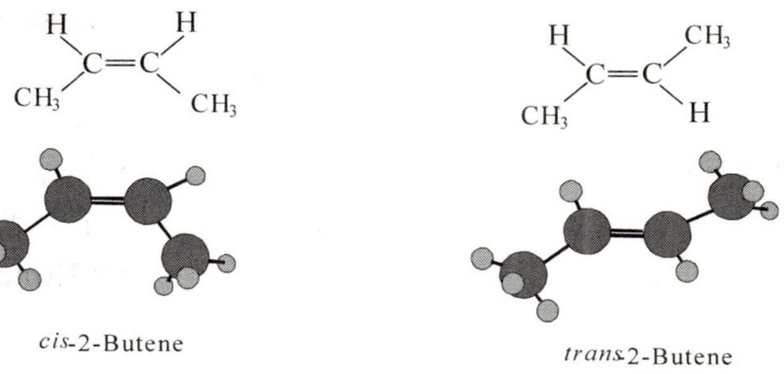

[그림 14.13] 기하 이성질체.

2-Butene은 그림 14.13에서 보는 것처럼 두 가지 다른 화합물로 존재한다. 각 원자에 결합된 이웃 원자들이 같지만 공간적 배치가 다른 기하 이성질체이다. 기하 이성질체는 접두사 cis와 trans를 사용하여 구분한다. 접두사 'cis'는 'on this side'라는 의미이며 접두사 'trans'는 'across'라는 뜻이다. cis 이성질체는 치환기들이 이중결합 또는 고리의 한쪽 방향에 결합되어 있는 경우이며, trans 이성질체는 치환기들이 이중결합이나 고리의 서로 다른 쪽에 결합되어 있는 경우이다.

광학 이성질체

광학 이성질체는 서로 포갤 수 없는 거울상이성질체(enantiomers)이다. 아무리 분자를 돌리거나 비틀어도 거울상체를 원래의 분자에 포갤 수가 없다. 이것은 마치 오른손 거울상이 왼손으로 되지만 오른손과 왼손은 결코 포갤 수 없는 것과 같다. 지금은 광학이성질체라는 용어보다 주로 거울상이성질체로 부른다. 우리는 이러한 거울상 이성질체를 콜레스테릭 액정을 다루면서 자세히 알아본 바가 있다.

거울상이성질체는 다른 거울상 화합물과 반응할 때를 제외하고는 서로 화학적 성질이 동등하다. 이와 같이 거울상이성질체 화합물에 대한 반응성이 다르므로 거울상이성질체들은 냄새와 약리작용이 다르게 나타난다. 냄새를 맡는 수용체나 효소에 작용하려는 분자가 공동이나 어떤 모양에 맞아야 하는데 단지 거울상이성질체 중 한 개만이 맞아 작용할 수 있기 때문이다.

이러한 거울상이성질체는 한 가지 서로 다른 중요한 물리적 성질을 갖고 있는데 그것은 빛에 대한 반응이다. 즉 광학 활성도(optical activity)를 가지고 있는데 그것은 빛의 편광에 대하여 회전시킬 수 있기 때문이다. 액정에서 우리는 이러한 회전능을 자세히 배운 바가 있다. 4장을 다시 공부하기 바란다.

14.4 폴리머(polymer)

낮은 분자량을 갖는 화합물, 다시 말해 저분자 화합물(low molecular weight chemical compounds)이 결합되면 보다 높은 분자량을 갖는 화합물이 형성될 수 있다. 이렇게 하여 얻어진 높은 분자량을 갖는 화합물을 거대분자 또는 고분자(macromolecule)라고 부른다. 이러한 화합물의 합성에서의 핵심은 탄소가 갖고 있는 사슬형 결합에 있다. 왜냐하면, 탄소는 수십만 개 혹은 수백만 개 이상의 원자를 포함하는 거대한 분자의 골격을 형성하는 안정된 사슬을 만들어 낼 수 있기 때문이다. 이외에 단분자 또는 **단량체(monomer)**라고 불리는 작은 분자가 중합되어(polymerization) 거대한 분자를 형성하게 되는데, 이러한 거대 분자를 **중합체(폴리머, polymer)**라고 부른다. 폴리머는 수많은 단량체(monomer) 단위(unit)가 가닥이나 망 형태로 결합되어 있다. 최근에 와서는 고분자를 일반적으로 폴리머라고 부른다.

폴리머는 자연계에서 뿐만 아니라 공업화학적으로 제조되어 사용된다. 대부분의 식품과 섬유는 폴리머이다. 플라스틱은 탄소를 기본으로 합성된 폴리머의 일종이다. 탄소로 이루어진 천연 폴리머는 에너지 저장을 하는 구조물질(녹말, 셀룰로오스 단백질 등)과 촉매작용을 하는 효소 그리고 생명의 복제에 정보를 저장하고 전달하는 DNA, RNA 등이 있다.

첨가 중합 반응

첨가 중합반응(addition polymerization)은 단량체들이 반응하여 원자들의 순 손실 없이 폴리머 사슬을 형성하는 반응이다. 가장 일반적인 첨가중합은 C=C 이중결합을 갖는 분자들의 자유 라디칼 연쇄 반응(free-radical chain reaction)이다. 예를 들면 에텐 분자는 다른 에텐 분자와 결합을 형성하고 그것이 또다시 다른 에텐 분자와 결합을 하며 계속적으로 긴 탄화수소로 늘어난다. 가장 간단한 폴리머는 폴리에틸렌$(-CH_2CH_2-)_n$이며 CH_2CH_2를 단량체 단위로 한 긴 사슬로 되어 있다. 많은 폴리머들은 다수의 가지를 가지고 있는데 이러한 가지는 주사슬(main chain)에서 돋아 나온 곁사슬(side chain)이다.

<표 14.3> 알켄 폴리머와 용도.

단량체	구조	폴리머	용도
에틸렌	$H_2C{=}CH_2$	polyethylene, PE	포장재, 병
프로필렌	$H_2C{=}CH{-}CH_3$	polypropylene, PP	병, 밧줄, 가방, 세척기
염화비닐	$H_2C{=}CH{-}Cl$	polyvinil chloride, PVC	절연재, 구두, 플라스틱 파이프
스타이렌	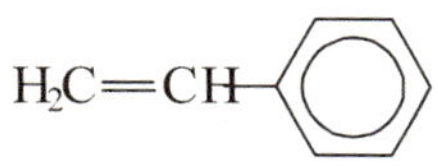	polystyrene, PS	전기제품케이스, 그릇 사무기기
아크릴로니트릴	$H_2C{=}CH{-}C{\equiv}N$	polyacrylonitrile, PAN	아크릴 섬유

플라스틱 공업에 의해 분자식이 $CHX{=}CH_2$인 단량체로부터 여러 가지 폴리머 물질이 개발되었다. 여기서 X는 단일원자(Cl의 경우 염화비닐 $CHCl{=}CH_2$)나 원자단(CH_3의 경우 프로펜 $CH_3CH{=}CH_2$)을 나타낸다. 이렇게 치환된 알켄들의 폴리머는 $-(CHXCH_2)_n-$의 구조를 가진다. 폴리염화비닐(PVC)은 $-(CHClCH_2)_n-$의 구조이며, 폴리프로필렌은 $-(CH(CH_3)CH_2)_n-$이다. 폴리머들은 외관, 딱딱함, 투명성, 기후에 대한 저항력 등에서 차이가 난다. 첨가 반응에 의해서 제조된 대부분의 폴리머들은 녹여서 재생하여 다시 사용할 수 있다. 플라스틱 용기에 표시된 재사용 코드는 용기에 사용된 폴리머가 무엇인지를 말해준다(표 14.4).

<표 14.4> 폴리머 재활용 코드.

재활용 코드	폴리머
1 PET(E)	폴리에틸렌, 테레프탈레이드
2 HDPE	고밀도 폴리에틸렌
3 PVC 혹은 VC	폴리염화비닐
4 LDPE	저밀도 폴리에틸렌
5 PP	폴리프로필렌
6 PS	폴리스타이렌

가장 일반적인 첨가중합은 C=C 이중결합을 갖는 분자들의 자유 라디칼 연쇄 반응(free-radical chain reaction) 이다. 방법은 라디칼의 존재에 의해 좌우된다. 이러한 반응은 전체과정이 개시(initiation), 전파(propagation)-긴 사슬을 만들기 위해 수없이 반복되는

과정-, 및 종결(termination) 등의 세 단계로 이루어진다. 일반적으로 이러한 반응 과정 중 같은 단량체는 약 1000기압 하에서 100℃로 가열된다. 이 때 소량의 유기과산화물이 촉매로 사용되는데 이른바 개시제(initiator)라고 부른다. 유기과산화물의 구조식은 R-O-O-R 이며, 여기서 R은 유기원자단이다. 이 반응은 O-O 결합이 끊어져 두 개의 라디칼이 생성되면서 시작된다.

$$R-O-O-R \rightarrow R-O\cdot + \cdot O-R$$

생성된 라디칼이 단량체 CHX=CH_2(X가 H면 에텐)를 공격하면 반응성이 큰 새로운 라디칼이 생성된다.

$$R-O\cdot + H_2C{=}C(H)(X) \rightarrow R-O-CH_2-\dot{C}(H)(X)$$

이 라디칼은 다른 단량체를 공격하게 되고 사슬은 점점 더 길어진다.

$$R-O-CH_2-\dot{C}(H)(X) + H_2C{=}C(H)(X) \rightarrow R-O-CH_2-C(H)(X)-CH_2-\dot{C}(H)(X)$$

반응은 모든 단량체가 사용될 때까지 계속된다. 그 결과 생성된 긴 사슬의 구조식은 $-(CHXCH_2)_n-$이 되며, 이때 n은 수천에 이르기도 한다.

그런데 이러한 폴리머에 있어 골격내의 어떤 탄소는 손대칭성(chiral carbon)이 될 수가 있다. 이러한 비대칭탄소의 손대칭성은 폴리프로필렌의 경우 개발될 당시에 큰 문제를 불러일으켰다. 왜냐하면 H나 CH_3의 방향성이 불규칙적일 수밖에 없었는데 그 결과 얻어지는 폴리프로필렌은 끈적끈적하여 거의 쓸모없는 물질이 되었기 때문이다. 이러한 손대칭성 문제는 Ziegler-Natta 촉매의 개발로 해결이 되었다. 이 촉매는 $TiCl_4$ 및 $Al(CH_2CH_3)_3$과 같은 알킬 알루미늄으로 구성되어 있다.

폴리머의 기본단위가 동일한 손대칭성을 가지고 있거나 사슬을 따라 한쪽으로만 배열되어 있으면 입체규칙성(stereoregular)을 갖는다고 말한다. 폴리프로필렌의 사슬을 구성하고 있는 모든 탄소의 손대칭성이 같으면, 즉 오른손잡이 혹은 왼손잡이 중 하나로 배열되어 있으면 동일배열(isostactic) 폴리프로필렌이라고 한다. 이와 반면에 교대배열(syndiotactic)은 탄소 골격에 붙어 있는 메틸기의 방향이 교대로 변하는 구조이다. 혼성배열(atactic)은 폴리프로필렌의 메틸기의 규칙성이 없는 분자를 말한다.

Ziegler-Natta 촉매에 의하여 생성된 폴리머는 폴리머 사슬을 따라 붙어 있는 그룹이 일정하게 배치되어 있기 때문에 높은 밀도를 가질 수 있다. 왜냐하면 규칙적인 배열로 인하여 폴리머 사슬이 공간상에 더 잘 채워지며 결정성 또한 높아지기 때문이다. 이렇게 얻어진 고

밀도 폴리프로필렌은 폴리프로필렌 섬유로 만들어져 운동복에 사용되고 있다. **촉매는 또한 폴리머의 전기적인 성질을 높이기 위하여 전기가 통하는 폴리머의 구조를 조절**하는데도 사용되고 있다.

폴리머의 전도성

전도성 폴리머(conductive polymer)는 1977년 한 일본인 화학자에 의해 우연히 발견되었다. 시라카와 히데키(白川英樹), 알렌히거, 알렌 맥다이어미트 등이 폴리아세틸렌 필름에 요오드를 화학 도핑하였는데 놀랍게도 금속처럼 높은 전도성을 가지고 있었다. 이 공로로 2004년도 노벨화학상을 받았다. 전류는 전자의 흐름이며 금속의 전도성은 원자가 전자가 쉽게 움직여 이웃원자들에 전달되기 때문에 생긴다. 공유결합을 하는 고체 물질은 전기 전도성을 갖지 못하는데 그 이유는 전자들이 자유롭게 움직일 수 없기 때문이다. 보통의 유기 분자인 플라스틱은 전기를 통하지 못하는 것으로 알려져 있다.

전도성 폴리머는 금속과는 달리 손쉽게 몰딩이 되고 가볍고 녹이 슬지 않는 장점을 가지며 섬유나 합성수지로 된 얇은 종이로 가공될 수 있어 새로운 대안(디스플레이, 전자 종이 등)을 제공하게 되었다.

그렇다면 폴리머 물질이 어떻게 전기 전도성을 가질 수 있는지 알아보자. 금속의 전도성은 자유전자에 의한 것인데 이는 금속의 에너지 준위띠와 관계가 있다. 금속의 전자들은 에너지 띠 중 전도띠(conduction band)의 일부분만 채우면서 자유롭게 이동할 수 있는 조건을 갖추고 있다.

폴리머 화합물 역시 위와 비슷한 조건의 에너지띠가 존재한다면 전기를 띠게 될 것이다. 전도성 폴리머의 공통된 특징은 sp^2 혼성궤도를 갖는 탄소원자로 구성된 긴 사슬을 갖는다는 사실이다. 이러한 사슬에 황이나 질소 원자가 결합되기도 한다. 맨 처음 만들어진 전도성 폴리머인 폴리아세틸렌은 매우 간단한 구조를 가지고 있다. 즉 수천 개의 $-(HC=CH)_n-$ 단위로 되어 있다.

폴리아세틸렌

이중 결합이 하나 걸러 한 개씩 존재하므로 혼성궤도에 참여하지 않는 p 궤도를 한 개씩 갖고 있다. 이러한 p 궤도는 전자들이 π-결합을 하도록 유도하며 이로 인해 사슬 전체에 걸쳐 전자들의 탈국부화(delocalization)가 이루어진다. 이 배열은 마치 대단히 긴 일차원 구조의 벤젠과도 같다. 이렇게 π-결합에 참여하는 탄소의 p 궤도가 많으므로 가능한 에너지 준위 역시 다양하게 된다. 따라서 에너지 준위들이 아주 작은 간격을 가지게 되며 거의 연속적인 띠를 형성하게 된다. 띠가 연속적으로 존재하므로 전자가 쉽게 이동할 수 있고 결국 폴리머 물질은 전도성을 갖게 된다.

폴리아닐린은 구부리기 쉬운 동축 케이블, 단추모양의 재충전용 배터리, 적층 필름 등에 사용되는 전도성 폴리머이다.

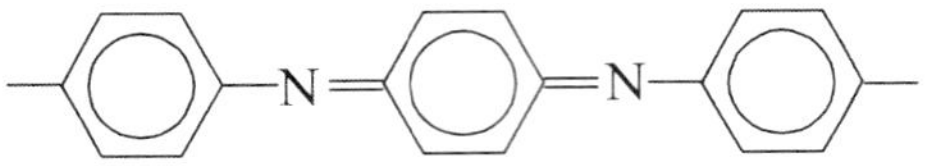

폴리아닐린

폴리아닐린으로 만들어진 필름은 구부릴 수 있는(flexible) 디스플레이 등으로 사용될 수 있을 것이다.

축합 중합반응

카복시기를 가지고 있는 단량체와 알코올기를 가지고 있는 단량체를 연결시켜 만든 폴리머를 폴리에스테르라고 한다. 이러한 폴리머를 축합중합체라고 부르며 이는 연속적인 축합중합반응(condensation polymerization)에 의해 폴리머가 형성되기 때문이다. 이러한 형태의 폴리머는 인공섬유로 만들어져 널리 사용된다.

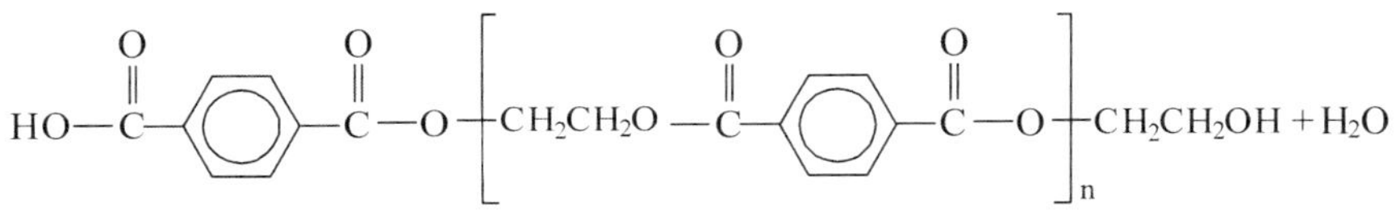

A polyestaer (Dacron, Mylar)

[그림 14.14]마일라로 잘알려진 폴리에스테르.

일반적인 폴리에스테르는 테레프탈산(terephthalic acid)과 에틸렌글리콜(ethylene glycol) 사이의 에스테르화 반응에 의하여 생성되며 다크론(Dacron) 혹은 테릴렌(Terylene)이라고 부른다. 그러나 실제 이름은 폴리에틸렌테레프탈레이트이다. 초기 축합반응은 다음 그림 14.15와 같다.

여기서 또 하나의 에틸렌글리콜 분자는 위 반응의 왼쪽에 생성된 카복시기와 축합되고 또 다른 출발물질인 테레프탈산은 위 반응 생성물의 오른쪽에 있는 히드록시기와 축합된다. 결과적으로 폴리머는 양쪽 끝에서 계속 자라게 되고 그림 14.14에서 보는 것과 같은 구조식의 폴리머가 만들어진다. 작용기가 있는 곳에만 사슬이 자라날 수 있기 때문에 곁가지들이 자라날 확률은 거의 없는 것이 특징이다. 따라서 가열되어 용융된 폴리에스테르는 좁은 구멍으로 압력을 가하여 밀어 넣으면 품질이 좋은 섬유로 만들 수 있다. 마일라(Mylar)는 플라스틱 제품과 레코드 테이프를 만드는데 사용된다.

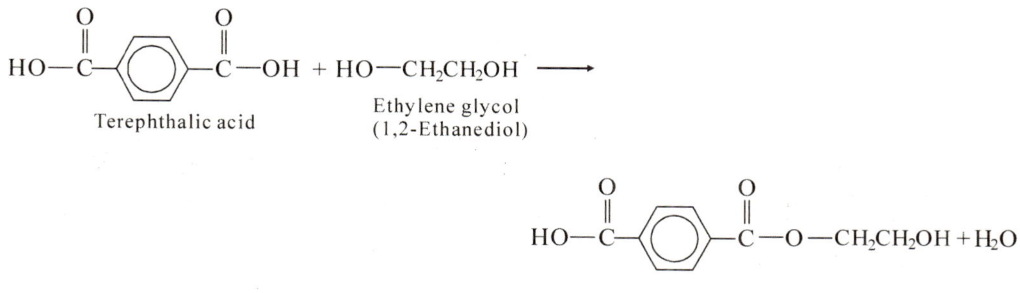

[그림 14.15] 폴리에스테르 축합반응.

아민과 카복시산의 축합 폴리머 반응을 통하여 폴리아미드(polyamide)가 만들어진다. 보통 이야기되어지는 나일론이 바로 폴리아미드이다. 가장 유명한 것이 나일론-66인데 이는 1,6-디아미노헥산, $H_2N(CH_2)_6NH_2$,과 아디프산, $HOOC(CH_2)_4COOH$,을 280°C로 가열하여 만든다. 66이라는 숫자는 두 단량체의 탄소수에 해당된다.

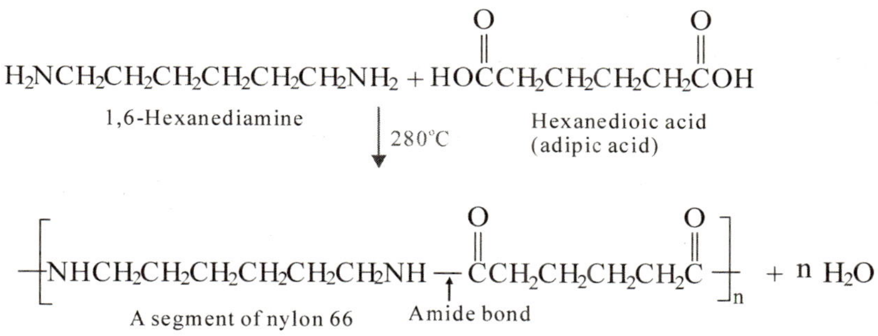

폴리머는 보통 넓은 범위의 온도에서 녹으며, 사슬이 길면 길수록 높은 점성도를 갖는다. 폴리머의 강도는 사슬의 길이, 결정성, 작용기의 극성이 증가할수록 높아진다.

첨가 및 축합 반응은 반응이 진행됨에 따라 사슬길이의 분포가 다르게 나타난다. 첨가 중합에서는 반응이 개시제 자리에서만 시작되기 때문에 어느 순간에 있어서 상대적으로 몇 개의 사슬만이 성장한다. 짧은 시간 안에 반응을 중지시키면 폴리머 분자들과 반응하지 않은 단량체들이 섞여 존재하게 된다. 축합 중합에서는 모든 단량체가 개시제에 해당되므로 가열하자마자 바로 혼합물 전체에서 이합체(dimer)와 삼합체(trimer)가 형성되기 시작한다. 짧은 시간 내에 반응을 중지시키면 반응 혼합물에는 올리고머(oligomer, 소폴리머)가 존재하며 단량체는 존재하지 않는다. 나중에 다시 반응을 시키면 올리고머들은 서로 반응하여 긴 사슬의 폴리머를 형성한다.

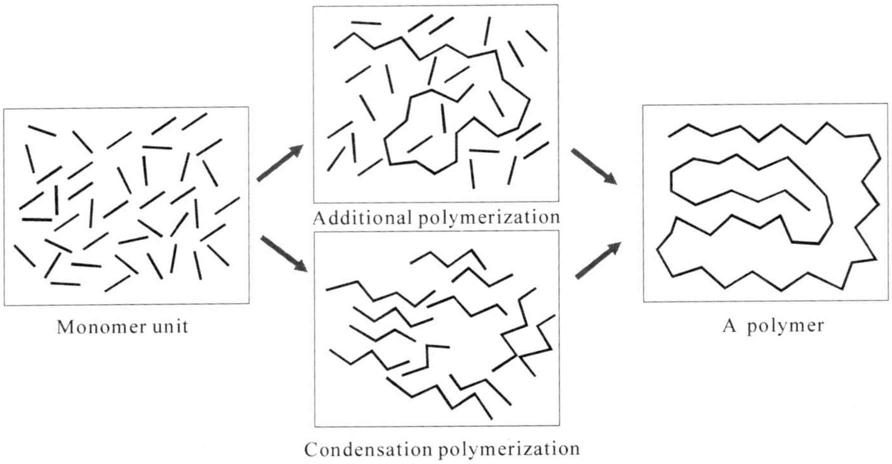

[그림 14.16] 긴사슬 형태의 폴리머 제조 방법.

14.5 액정 폴리머(liquid crytalline polymer)

저분자량 액정 화합물의 큰 특징은 분자의 모양이 폭에 비하여 길이가 길며 직선형이고 전체적으로 견고하다는 점이다. 4장을 보라. 그러나 액정 폴리머는 분자전체가 액정 구성요소로 되어 있는 경우도 있으나 폴리머 사슬의 일부 단위만이 액정 요소로 되어 있을 수도 있다. 일부분만이 액정단위 요소로 되어 있는 경우는 유연한 격자(flexible spacer) 형태나 또는 사슬로 연결되어 있다. 만약 액정 폴리머를 녹여 액정상을 형성시키고 흐르고 있는 동안 굳어지게 한다면 폴리머 사슬이 일정한 방향으로 정렬된 채로 굳어져 탁월한 물성을 지닌 고체상이 얻어 진다. 즉, 액정 폴리머는 유동상인 액정 상에서 폴리머 사슬이 이미 질서도를 갖고 있으므로 이 상태를 그대로 굳힌다면 일반 결정성 폴리머와는 달리 훨씬 높은 방향 질서도를 갖는 액정 폴리머의 고체상을 얻을 수 있다.

이러한 원리를 응용한 보기로써 1970년대 초에 미국의 듀퐁사가 개발한 초강력 섬유인 케블라(Kevlar)를 들 수 있다. 케블라는 방향족 폴리아미드(아라미드)를 액정의 용액 상태로부터 방사하여 만든 섬유의 일종이다. 케블라는 나일론보다 밀도가 약간 높지만 거의 30배나 강하고 같은 무게에 비하여 강철보다도 5배나 강한 성질을 지닌다. 케블라와 마찬가지로 지금까지 개발된 액정 폴리머는 거의 네마틱 형이다. 케블라는 농도에 민감한 농도전이형(lyotropic) 액정이다. 농도전이형 액정은 용매에 임계농도 이상으로 용해시켰을 때 용액이 비등방성을 보이는 액정을 말한다.

대표적인 농도전이형(lyotropic) 액정인 방향족 폴리아미드의 일종인 폴리파라-페닐테레프탈아미드를 살펴보자. 이 액정 폴리머는 파라-페닐디아민과 염화테레프탈로일을 축합 중합에 의해 만들어진다.

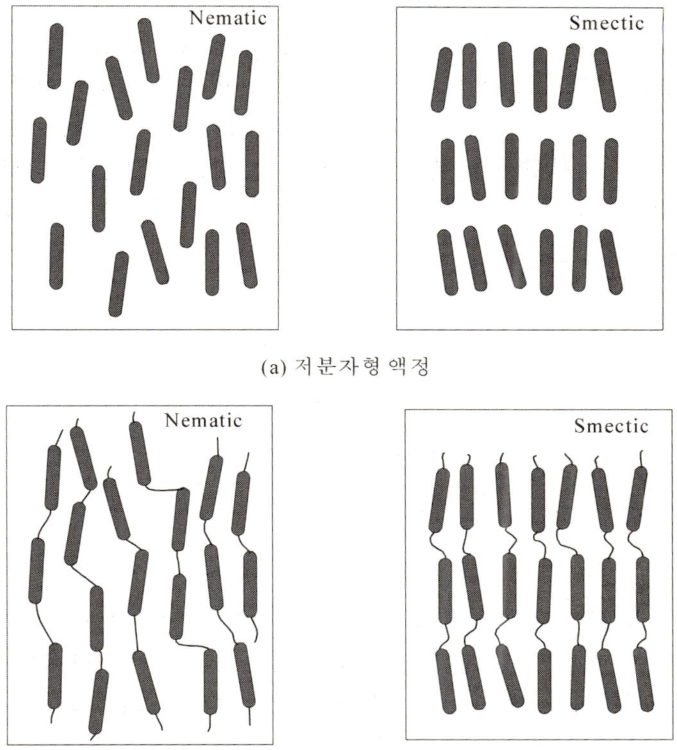

(b) 고분자형 액정(Lquid crytalline Polymer)

[그림 14.17]액정 폴리머. 비교하기 위하여 저분자 액정도 그려 넣었다.

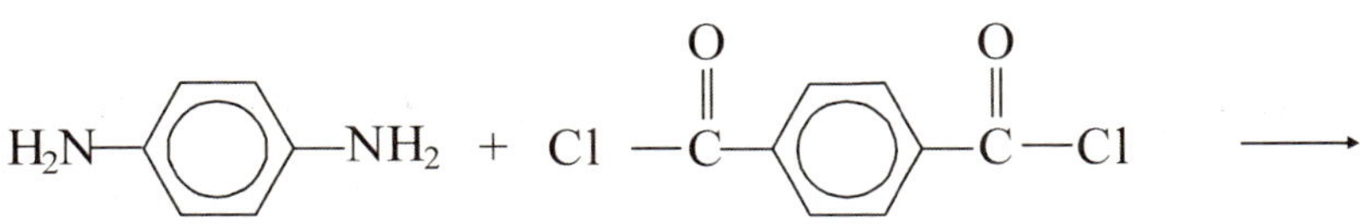

p-phenyldiamine
(다이아민)

Terephthalic cloride
(산염화물)

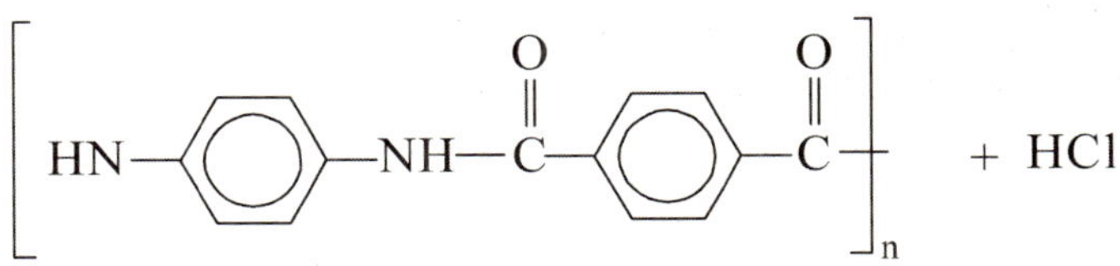

poly-p-phenylterephthalamide
(방향족 폴리아미드)

이때 치환기는 아민(NH_2)과 산염화물(COCl)이며 이 두 작용기가 반응하면 아미드결합(-NHCO-) 1개가 형성되는데 이때 염산(HCl)도 만들어진다. 이렇게 만들어진 poly-p-phenylterephtalamide는 주사슬(main-chain) 형태를 갖는다.

곁사슬형(side chain) 액정 폴리머는 주로 첨가 중합 반응으로 만들어진다. 앞에서 언급한 자유 라디칼 중합에 의한 단량체 스타이렌(비닐벤젠)의 반응을 살펴보자. 첫 번째 단계인 개시(initiation) 단계에서는 단량체가 활성도를 갖도록 과산화물 등의 개시제(initiator)를 단량체에 넣고 가열한다. 이때 먼저 형성된 개시제의 자유 라디칼은 단량체인 스타이렌과 반응하여 스타이렌 라디칼을 만든다.

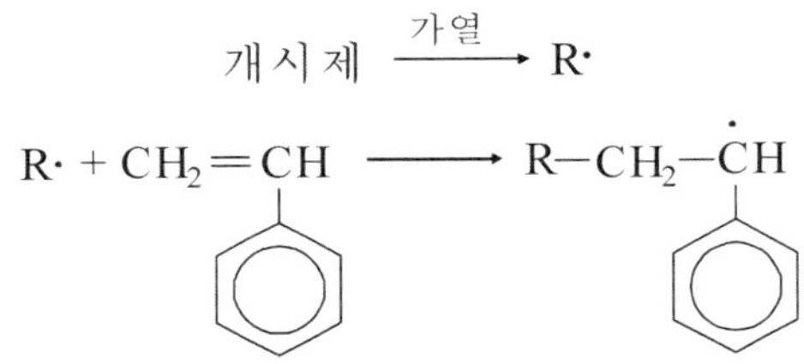

스타이렌

스타이렌 라디칼은 다시 단량체인 스타이렌과 부가 반응하여 단량체 두 개가 연결된 라디칼을 만들게 된다. 다시 단량체 두 개를 갖는 라디칼은 또 다른 단량체와 반응하여 세 개의 스타이렌이 결합된 라디칼을 만들고, 이러한 방식으로 계속 단량체가 연결된다. 이른바 전파(propagation) 단계이다. 이러한 전파 반응은 단량체가 없어질 때까지 계속된다.

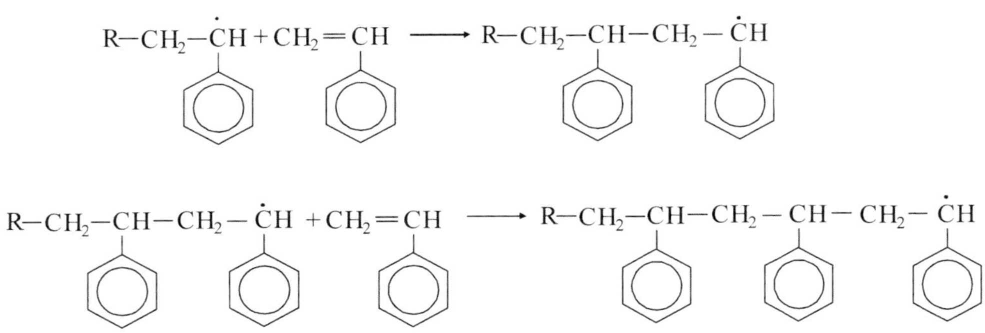

마지막 종결(termination) 단계에서 단량체가 모두 소모되면 마침내 계속 성장하던 사슬 끝의 자유 라디칼들이 서로 만나게 된다.

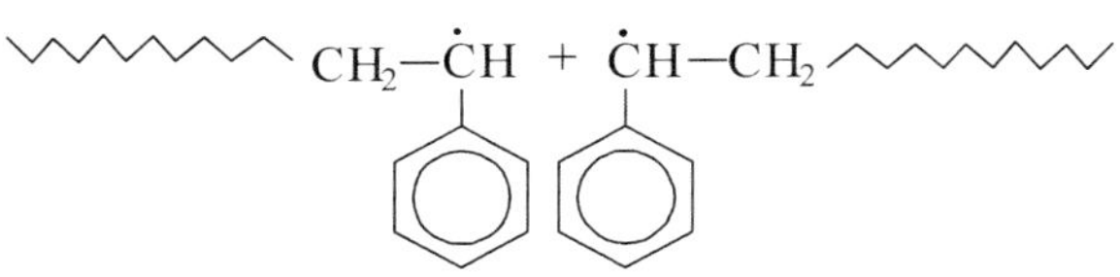

최종적으로 다음과 같은 폴리스타이렌(polystyrene)이 합성된다.

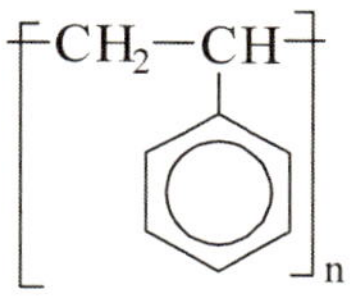

폴리스타이렌은 $1.05g/cm^3$ 의 밀도와 $(1.7\sim10)\times10^5$ g/mol의 분자량을 갖는다. 유리 같은 투명성과 경직성을 가지며 산, 염기, 알코올, 광유(muneral) 등에 잘 견딘다. 폴리스타이렌은 결정성 폴리스타이렌(crystalline polystyrene), 충격성 폴리스타이렌(impact polystyrene, IPS), 발포성 스타이렌(expandable polystyrene, EPS) 등이 있다. 결정성 폴리스타이렌은 비정질 동종폴리머로 우수한 광학적 성질, 치수 안정성 및 강인성을 지닌다. 그러나 자외선에는 약한 편이다. 주방용 전기제품 케이스, 비디오, TV, 라디오, 전축, 카메라, 필름 등의 케이스 등에 쓰인다. 또한 사무기기, 냉장고 부품, 음료용 컵, 그릇, 화장실 부품, 가구 등에 다양하게 쓰인다.

충격 폴리스타이렌은 스타이렌 단량체와 작은 입자의 부타디엔(butadiene) 고무를 혼합하여 만든 폴리머 폴리머이다. 식당에서 먹지 않고 가지고 가는 음식물 그릇, 뚜껑, 컵 등에 사용된다.

발포성 폴리스타이렌은 흔히 '스티로폼(styrofoam)'이란 상호로 잘 알려진 폴리머 발포제이다. 부력, 무게, 에너지 흡수에 대하여 고강직도 성질을 가지며 열흐름에 대한 내성을 지닌다. 일회용 용기, 보호포장의 단열제, 성품전시용, 건축 공업, 빌딩의 단열제, 건조, 절연, 보트 등에 사용된다.

15장 | PDP

15.1 플라즈마의 발광 원리

플라즈마 텔레비전은 진공방전에 의한 발광원리를 이용한다. 진공방전을 사용한 조명은 옛날부터 실용화되어 왔으며 그 대표적인 것이 대부분의 가정에서 사용하고 있는 형광등이다. 형광등은 공기를 뺀 진공상태의 유리관 안에 수은기체가 들어 있고 유리관 벽에는 형광체가 코팅된 구조로 되어 있다. 전압을 걸면 수은기체가 방전되면서 자외선이 방출되고, 자외선은 다시 유리관 내부에 발라져있는 형광체를 들뜨게 하여 가시광선을 내 보내는 것이 형광등의 발광 원리이다.

형광등은 관에다 기체(gas)를 채우고 양쪽 끝에 전압을 걸지만 보통은 전압을 거는 것만으로는 전류가 흐르지 않는다. 왜냐하면 기체 분자의 일부는 이온화가 되어 이온이나 전자가 되긴 하지만 바로 다른 분자와 충돌하여 움직임이 활발해지지 않기 때문이다. 그러나 관 속의 기체의 압력을 낮추면 분자의 밀도가 작아지므로 전자들이 활발하게 움직일 수가 있게 되는데 이것이 진공방전이다. 기체의 압력을 낮추기 위해서는 공기를 빼내어야 하며 대기압보다 훨씬 낮은 기체 상태를 보통 진공(vacuum)이라고 부른다. 전기나 열의 작용으로 원자가 전자를 방출(ionization; 이온화)하면 플라즈마 상태가 되는데 이렇게 **이온화된 기체를 플라즈마(plasma)**라고 한다. 이때 관 속에서 전자나 이온의 수가 늘어 전극 쪽으로 움직이면서 전류가 흐르게 되는 현상이 진공방전이다.

진공방전에서는 충돌로 인해 빛나는 원자가 생겨 기체가 이온화된다. 일단 에너지를 얻으면 충돌이 적어지므로 높은 에너지를 가진 빛인 가시광선이나 자외선이 많이 나온다. 이것을 이용한 것이 네온램프나 네온사인 등과 같은 방전등이다. 속에 넣는 기체는 고유의 색을 낸다. 네온가스를 넣으면 오렌지색으로 빛나고, 수은을 넣으면 청록색을 냄과 동시에 눈에 보이지 않는 자외선을 다량으로 발생시킨다. 형광등은 이 자외선을 이용하고 있다.

방전등에서는 한번 방전이 시작되면 기체가 플라즈마 상태가 되어 전류가 쉽게 흐를 수 있게 된다. 그러나 처음에는 이온이 적기 때문에 높은 전압을 걸지 않으면 방전이 일어나지 않는다. 이러한 전압을 문턱(threshold) 전압이라고 부른다. 여기에 형광등과 플라즈마 텔레비전의 차이점이 있으며, PDP에서도 예비발광이라고 하는 작업이 필요해 진다. 방전등에서는 전극 외에 텅스텐선을 넣어 열을 내어 방전을 돕도록 하고 있다.

DC glow discharge

기체에는 방사선이나 우주선에 의해 이온화된 아주 적은 양의 자유전자가 존재한다. 자유

전자는 빛에 의한 이온화나 강한 전기장에서 전자가 방출(field emission)될 때 생성되기도 한다. 그림 15.1에서 보는 것처럼 기체에 전압이 걸리면 이러한 전자들은 에너지를 얻게 되고 기체의 중성 원자들(분자들 포함)과 충돌하여 에너지를 잃게 된다. 처음에는 전자의 에너지가 충분하지 않아 원자나 분자를 이온화시키지 못하고 그저 탄성 충돌만 하다가 전기장으로부터 에너지를 얻게 되면 비로소 원자(분자)를 이온화시키거나 들뜨게 할 수 있을 정도로 된다. 이러한 반응을 비탄성충돌이라고 부른다. 이온화 과정을 통하여 생긴 전자들은 다시 전기장에 의해 가속이 되고 기체 분자들과 충돌하여 기체 분자들을 이온화시키는 과정을 되풀이 하게 된다. 이렇게 하여 전자 증식(multiplication)이 되며 이러한 증식은 타운센트(townsend) 계수 α_T로 표현된다. 이 계수는 전자가 1cm 진행하는 동안 평균적으로 전자가 이온화하는 수를 말하며, 전기장(E)과 압력(p) 그리고 기체 종류 등의 변수로 표현된다.

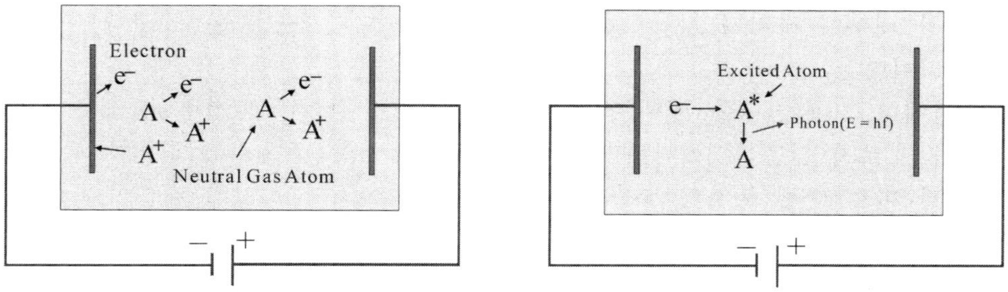

(a) 이온화 과정 : 기체관에 전기장이 걸리면 전자가 이동하게 되고, 이러한 전자들이 중성인 기체의 원자들과 충돌을 하면 이온화가 이루어 진다. 이렇게 원자가 전자를 잃고 이온화 된 고온 기체 상태를 Plasma 라고 부른다. 전자들은 계속 원자와 충돌하여 보다 많은 전자를 만들어 낸다. 더욱이 양이온도 음극에 충돌하면서 전자들을 생성시키게 된다.

(b) 원자의 들뜸과 발광: 기체내의 자유 전자들은 기체 원자를 이온화 시키기도 하지만 원자를 바닥상태에서 들뜸상태로 만든다. 들뜸상태의 원자는 다시 바닥상태로 전이 하면서 바닥상태와 들뜸상태의 에너지 차이에 해당하는 광자, 즉 빛을 내 보낸다.

[그림 15.1] 플라즈마의 발광원리.

전압이 문턱전압에 이르면 다음과 같은 세 가지 과정을 통하여 증식사태(avalanche)가 일어난다.

첫째, 전기장에 의해 가속된 양 이온은 음극을 때리고 2차 전자들(secondary electrons)을 방출시킨다. 방출된 2차 전자들은 다시 기체원자(분자)와 충돌하여 이온을 많이 만들어 낸다.

둘째, 이렇게 생성된 양이온은 다시 음극 쪽으로 달려가 2차 전자들을 만들어 내고 여기서 나온 전자들이 기체를 이온화 시켜 더 많은 이온을 만들어 낸다.

셋째, 이온화 또는 2차 전자 방출로 생긴 전자들은 동시에 표류나 확산으로 플라즈마로부터 빠져 나가고 벽에서 양이온과 재결합한다. 어떤 경우에는 음 이온을 형성하면서 전자가 플라즈마에서 사라진다. 수 mTorr 보다 낮은 압력에서는 벽에서 일어나는 재결합이 주된 전자 손실 과정이다.

전자의 수가 충분히 많아 손실되는 전자만큼 이온을 생성시킬 수 있으면 방전은 정상 상태(steady state)가 된다. 이 상태는 이온 생성율이 전자와 재결합하여 없어지는 손실율과 같아지는 평형상태이다. 이 단계에서 방전은 스스로 유지되며 이를 글로우 방전(glow discharge)이라고 부른다. 이때 기체는 타기(glow)시작하며 전압은 떨어지고 전류는 급격히 증가한다. **이러한 방전에서 나오는 빛은 원자나 분자의 들뜸 상태(excited states)에서 나오는 광자들**이다.

15.2 PDP의 동작 원리

플라즈마 디스플레이의 구조는 유리기판 내에 데이터 전극(Data or Address Line)과 표시 전극(Supply Line and Auxiliary Line)을 병행시켜 부착하고 그 내부에 네온(Ne)이나 제논(Xe) 같은 불활성기체(inert gas)를 넣어 밀봉된 형태로 되어 있다. 이 두개의 전극 간에 전압을 넣어 방전을 시킨다.

이 상태에서 기체는 양이온원자(양전하)와 전자(음전하)로 분리된 플라즈마 상태가 된다. 이러한 플라즈마상태에서 들뜬 원자는 다시 에너지를 잃으며 원래의 상태로 돌아가는데 이 때 방출되는 것이 자외선이다. 발생된 자외선은 다시 유리기판 안쪽에 코팅되어 있는 적색, 청색, 녹색 형광체에 닿아 눈에 보이는 가시광선을 내보낸다.

PDP의 완전컬러화는 RGB 3색에 대응하는 굉장히 작은 형광램프로 된 서브화소(subpixel)가 X행과 Y열의 행렬상(0.5~1mm 피치)으로 배열되어 이루어진다. 즉 그림 15.2

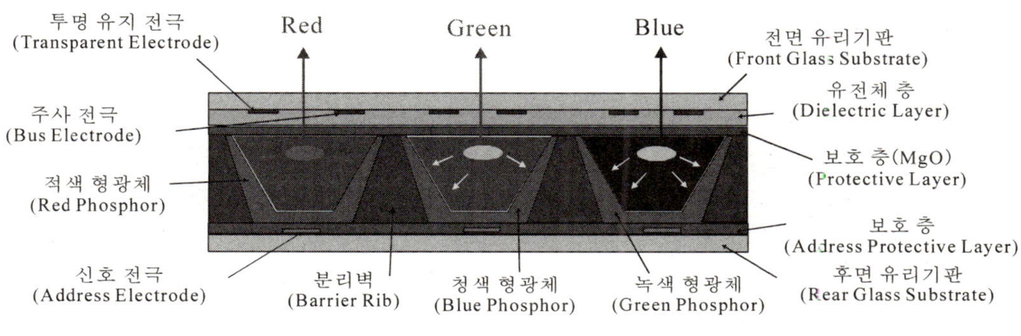

[그림 15.2] PDP의 화소 구조.

에서와 같이 컬러표시에서의 화소(pixel)는 RGB의 세개의 부화소(subpixel)가 모여 1화소가 된다.

부화소(subcell)의 발광 동작원리

표시하는 화소의 선택은 LCD 등에서 했던 방법과 같다. 즉 원하는 화소가 위치하는 곳의 행렬의 교점(신호전극, 표시전극)이 점등되도록 제어회로로 전압을 공급하는 것이다. 선택된 각 화소의 신호전극과 표시전극에 전압을 가하면 플라즈마 발광이 발생한다. 그리고 표시전극은 주사전극과 유지전극의 두 전극으로 구성된다.

표시전극 중에서 주사(혹은 버스)전극은 원하는 화소를 선택하는 기능과 함께 유지전극과의 사이에서 플라즈마 발광을 제어하고 유지하는 역할을 담당한다. 유지전극은 주사전극간의 플라즈마 발광을 제어하고 유지시키기 위한 전극이다. 발광의 순서는 다음과 같다.

예비방전 : 화소(서브화소) 내의 전자를 활성화한다.

표시전극의 주사전극과 유지전극 간에 전압을 공급하여 강제적으로 화소 안에 예비방전을 일으킨다. PDP는 아주 작은 형광램프의 집합체이다. 따라서, 이러한 작은 형광램프를 안정되게 발광시키려면 형광등의 glow 램프 역할을 하는 예비방전이 필요하다.

기록방전 : 발광시킬 화소의 신호(data)전극을 선택한다.

발광시키고 싶은 화소의 주사전극과 신호전극에 전압을 가하여 방전시키고 발광시키고 싶은 화소에 벽전하를 형성시킨다.

방전발광과 유지방전 : 방전발광에 의한 자외선 발생이 계속 이루어지게 하여 화소표시 상태를 유지한다.

주사전극과 유지전극 간에 상호 양전극의 전압극성(플러스와 마이너스)이 변화하도록 **AC전압(펄스전압)**을 공급하여 안정된 면발광 방전을 발생시킨다. 이 경우, 양전극 간에 공급하는 펄스의 주파수(진동수)에 따라 휘도가 변화된다. 주파수가 높을수록 발광횟수가 증가하며 휘도는 밝아진다. 따라서 각 화소에 공급하는 펄스 수에 따라 원하는 화소의 표시휘도가 얻어진다.

소거방전 : 다음 화면을 표시하기 위해 화소 내의 벽전하를 소거한다.

표시전극의 주사전극과 유지전극 간에 낮은 전압을 걸어 약한 방전을 발생시키고 화소 내에 남아 있던 벽전하를 소거한다. 따라서 점등화소와 비점등화소의 화소 내 벽전하는 같은 상태가 되어 화소선택 전과 동일조건의 초기상태로 돌아간다.

여기서 벽전하는 PDP 화소 내의 전극이 직접 돌출되어있는 것이 아니라 보호층(산화마그네슘, MgO)으로 쌓여 있는 데서 발생하는 전하이다. 즉 전자는 전극을 덮고 있는 전극 부근의 보호층 벽면에 부착되는데, 이러한 전하를 벽전하라고 부른다.

15.3 PDP의 구조

패널 구조

시중에서 판매되는 PDP TV는 두께 약 10 mm의 얇은 형태로 되어 있으며 자체적으로 발광하는 구조를 갖고 있다. 몇 백만 개의 아주 작은 형광등의 집합으로 이루어져 있다고 보면 좋다. 전면(front panel)과 후면(rear panel)으로 이루어진 유리기판 사이에 소위 분리벽(rib)이 있고 분리벽 사이의 작은 공간에서 플라즈마 기체에 의한 발광이 이루어진다. 그런데 플라즈마 구조를 보여줄 때 유리기판과 분리벽의 높이를 거의 같게 묘사하여 일반인에게 PDP 구조를 오해시키는 경우가 허다하다. 사실상, 유리기판에 비해 분리벽은 아주 작은 크기이다. 예를 들면 유리기판은 보통 3 mm인 반면 분리벽의 높이는 100 μm, 즉 0.1 mm 정도이다. 다시 말해 유리기판의 두께는 분리벽에 비해 30배 정도이며 따라서 전체적으로는 유리기판이 분리벽에 비해 60배 정도 두꺼운 편이다. 그림 15.3을 보라. 참고로 사람의 머리카락의 두께는 약 100-200 μm 정도이다.

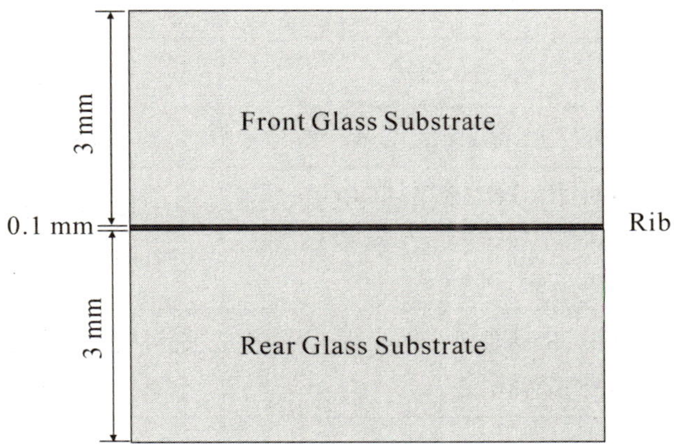

[그림 15.3] PDP의 실제 크기비교.

PDP는 분리벽에 의해 방전셀을 만들고 여기에 다시 빛의 3원색에 해당하는 적색(Red),

녹색(Green), 청색(Blue)의 형광체를 발라 컬러화를 이룬다(그림 15.2). 셀 내부에는 형광등과 같이 진공상태로 만들어 특정의 기체를 집어놓는데 불활성 기체들인 헬륨(He), 네온(Ne), 아르곤(Ar), 제논(Xe) 등이 이에 해당되며 Ne과 Xe으로 이루어진 혼합기체가 주로 사용된다.

AC형과 DC형

PDP는 AC형과 DC형으로 나뉜다. AC형과 DC형의 차이점은 전극(electrode)의 보호층을 갖는가와 형광등과 같이 전극이 튀어 나와 있는가에 달려 있다. DC형의 장점은 명암비(contrast)와 회색등급(gray scale)의 우수성과 응답속도의 빠름에 있다. 1980년대까지는 동작이 느린 AC형 PDP TV는 방송과 같은 동화상을 구현하는데 어려움이 있어 DC 형 PDP가 고화질 TV 등에 유리할 것으로 전망이 되었다. 그러나, DC형인 경우 방전셀을 분리벽에 의해 완전히 에워쌓아야만 하여 구조가 복잡하고 전극이 노출되어 있어 고온에 전극이 마모되기 쉬운 단점이 있어 고선명도(HD)와 수명에 결정적인 약점을 갖고 있다. 이와 반면에 AC형 PDP는 유전체층과 보호층으로 셀을 감싸 방전공간에 직접적으로 노출되지 않는다. 따라서 플라즈마 방전에 의한 마모가 거의 없어 수명이 길다. 방전셀에는 극성을 반주기로 반전시키는 유지 전압이 펄스로 작용한다. 여기에 신호 전압이 들어오면 방전을 시작하여 플라즈마 양이온과 전자는 보호층인 MgO 표면에 축적되며 역전압이 발생하면 방전은 정지된다. 유지전압이 변하면 벽전하에 의한 역방향의 방전이 일어난다. 이러한 벽전하가 중요한 것은 유지펄스의 반주기에 따라 방향이 거꾸로 되는 전압을 반복시키며 메모리 역할을 담당하기 때문이다. 다음 표는 AC형과 DC형 PDP의 장단점을 표시한 것이다.

<표 15.1> AC형 PDP와 DC형 PDP의 특징.

	AC형 PDP	DC형 PDP
전류	교류(Alternating Current)	직류(Direct Current)
구조	분리벽(Rib)을 줄형태(stripe)로 구성하기 때문에 구조 간단. 고선명도에 적합.	분리벽(Rib)을 방전셀 형태로 만들어야 하기 때문에 구조 복잡.
수명	전극이 보호층에 의해 분리되어 수명이 오래감.	전극이 방전에 직접 노출되어 있어 수명이 오래가지 못함.
명암비 (contrast)	DC형에 비해 낮은 편임.	우수
응답시간	비교적 느린 편임.	빠름

그림 15.4는 AC형 PDP의 기본 구조도이다. 간단하게 말해 전면과 후면 두 장의 유리 기판에 여러 층의 구조를 형성하고 그것을 서로 붙여 속을 진공으로 만들고 나서 방전 기체를 넣고 밀봉한 형태이다. 분리벽(Barrier Rib)의 높이는 100μm 정도이며 형광체를 바른 셀 부분의 폭은 60μm 정도이다.

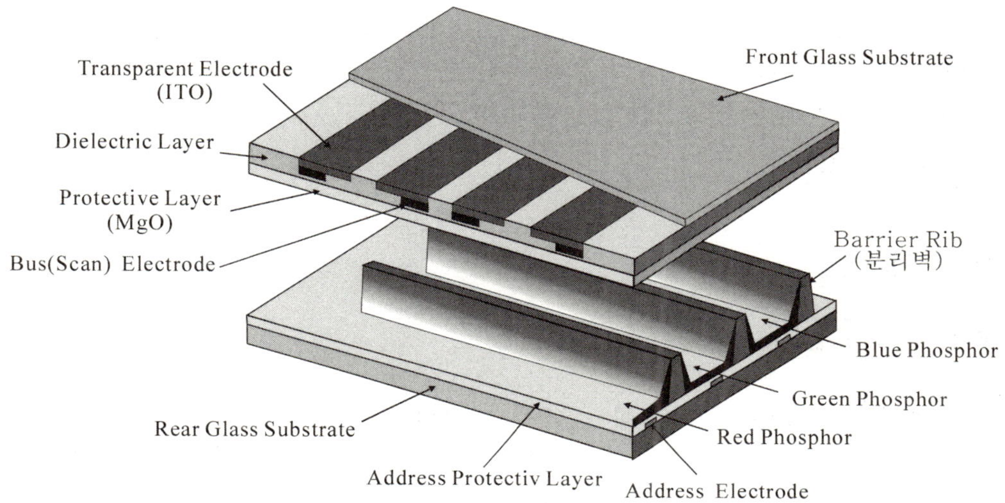

[그림 15.4] AC형 PDP의 구조.

전면 유리기판에는 투명전극(ITO)으로 된 표시전극(display line)과 보조전극(Auxiliary Electrode)인 버스선(bus line)을 만든다. 이러한 전극은 투명한 유전체층으로 감싸고 전극을 보호하기 위한 보호층(MgO)을 붙인다. 보호층은 방전을 위한 전자를 방출하며 메모리 효과를 주어 방전전류를 제한하는 등의 역할도 한다.

후면 유리기판에는 정보를 기입하기위한 쓰기(address) 즉 신호전극과 보호층이 형성되어 있으며 그 위에 분리벽(rib)이 형성된다. 벽과 벽 사이에는 RGB 형광체가 발라져 있다.

전면과 후면 유리기판을 층으로 맞붙여 내부의 공기를 빼고 불활성기체를 넣은 것이 기본 패널에 해당된다. 여기에다 드라이버 IC 같은 부품을 붙이면 PDP 모듈이 된다. 플라즈마 텔레비전에는 전원부나 튜너 단위와의 연결부분 등이 첨가된다.

PDP는 화질에 대응하는 개수의 극소형 형광램프(화소 : 0.5~1mm피치)가 수백 μm 간격을 둔 2장의 유리기판 사이에 매트릭스 형상으로 배열되어 있다. 예를 들면 XGA 타입이라면 1024 x 768 화소이므로 RGB로는 이것의 3배가 되는 1024 x 768 x 3 = 2,359,296개가 된다.

플라즈마 TV의 회로구성

플라즈마 TV의 전자회로 구성은 PDP 화상표시를 하기위한 화상구동회로와 전파 같은 것으로 수신된 기본 고주파신호를 PDP 구동에 맞게 데이터 변환하는 논리 제어회로로 되어있다. 화상 구동회로 중에서 각 화소의 표시(색조, 휘도)를 유지하는 유지회로(sustain 회로)가 회로의 대부분을 점하고 있다.

PDP 표시는 면 표시이기 때문에 각 화소에 고전압 드라이버나 화상데이터를 보호유지하기 위한 메모리 등 방대한 회로소자가 필요하다. 일반적으로 패널구동을 위한 주변회로 비용은 LCD에서는 모듈 전체의 1/2인데 반해 PDP인 경우는 2/3가 되며, 플라즈마TV의 고비용의 한 원인이 되고 있다.

15.4 PDP 재료

유리기판(glass substrate)

PDP에 사용되는 유리기판은 대각선의 길이가 40-100“ 정도의 대형이다. 제조가격, 평탄도, 평행도 및 열특성 등을 감안하여 두께 3mm 정도의 **소다유리**가 사용된다. PDP 제조 시에는 유전체 층, 분리벽 및 형광체 등을 만드는 과정에서 열처리를 거치게 되는데 보통 온도가 500 ~ 600℃ 정도에 달한다. 이러한 열에 의한 유리기판의 변형특성은 곧 PDP의 대화면과 고선명도(HD)에 직결되는 요소가 된다.

유리기판이 가열에 따라 수반되는 크기 변화는 열변형과 열수축으로 나눌 수 있다. 이때 유리의 온도가 올라가면서 점성이 처음으로 감소하는 지점을 변형점(strain point)이라고 부른다. 소다유리인 경우 이러한 변형점은 511℃ 이다. 일반적으로 변형점을 초과하게 되면 점성변화가 일어나서 열변형이 생기기 시작한다. 그런데 열처리가 끝나 온도가 내려가면 이번에는 체적이 줄어드는 열수축 현상이 일어난다. 이와 같은 열변형과 열수축으로 인하여 실제 제조공정에서 보면 소다유리를 벨트도가니(belt furnace)에서 580℃ 로 열처리한 결과, 열처리 전과 후에서 부채꼴 모양으로 변형된다는 것이 알려지기도 했다.

형광체(Phosphor)

PDP에서 요구되는 RGB 삼원색에 대한 발광특성은 다음과 같이 주어질 수 있다.

고휘도
양질의 색 순도성
짧은 잔상 시간
높은 발광 효율

높은 색상 표시 능력
긴 수명

위와 같은 특성들은 다음과 같은 형광체의 특성에 따라 결정될 수 있다. 즉,

스펙트럼의 휘도 즉 세기
알맞은 파장의 발광 스펙트럼
스펙트럼의 잔광 특성
VUV(Vacuum Ultra Violet)에 대한 양자 변환 효율
VUV에 대한 형광체의 포화도
혼합 삼원색의 백색 균형도

등이다. 현재 실용화되어 사용되는 대표적인 형광체들은 다음과 같다.

<표 15.2> PDP의 형광체 재료.

발광색	형광체	CIE* 색좌표		상대 방사 비율	잔광 시간 (ms)	기호
		X	Y			
Red	$(Y,Gd)BO_3:Eu$	0.64	0.35	1.8	9	D
	$Y_2O_3:Eu$	0.65	0.35	1.0	3	E
Green	$Zn_2SiO_4:Mn$	0.24	0.71	1.0	14	B
	$BaAl_{12}O_{19}:Mn$	0.18	0.73	1.1	17	C
Blue	$BaMgAl_{14}O_{23}:Eu$	0.15	0.07	1.5	<1	A

* Commission Internationale d'Eclairage의 약자임.

위 형광체들의 스펙트럼을 보면 A, B, C 등은 해당되는 색깔 정점을 기준으로 세기의 반 근처에서 약 50nm 정도의 폭을 갖는다. 이와 반면에 D와 E의 스펙트럼은 스펙트럼선의 폭이 거의 없이 날카로운 정점 선들로 이루어져 있다. 이는 이트리움(Y, Yttrium) 원자가 갖고 있는 에너지 준위의 특성에서 나온다.

분리벽(Barrier Rib)

분리벽은 PDP에서 방전거리를 유지시키고 인접한 셀 간의 전기적 광학적 혼선을 방지하기 위한 구조물이다. 우물형태나 줄무늬 형태 등으로 되어 있으며, PDP의 뒷면에 폭

50 ~ 100 μm , 높이 100 ~ 200 μm 정도의 크기로 설치된다. 두 장의 유리기판의 간격을 유지시켜주는 역할을 한다.

이러한 분리벽의 재료로는 납유리(glass paste)가 사용된다. paste의 주성분은 $PbO \cdot B_2O_3 \cdot SiO_2$이며 소성(塑性, plasticity)은 580℃에서 10분 정도 소요된다.

이러한 분리벽을 만드는 방법은 스크린인쇄 법, 모래 알갱이를 빠르게 가속시켜 일정부위만 제거하는 방법인 sand blast법, lift-off법, 광석판인쇄법(photolithography), 에칭(etching)법 등이 있다. 처음에는 스크린 인쇄법이 주를 이루었지만 40인치 이상의 패널 제작에서는 sand blast 방법이 주로 이용된다.

투명 유전체(Transparent Dielectrics)

투명 유전체는 앞면 유리기판의 투명 전극 위에 층으로 형성되어 있다. 전극의 절연 피막으로 이용되며 방전할 때 축전기(Capacitor)의 역할을 한다. 절연 저항이 높고 광 투과율이 높아야 하는 데 주로 납유리(glass paste)가 사용된다. 530 ~ 580℃에서 10분 정도 소성을 하였을 때 광 투과율이 80% 이상이 되어야 한다. 또한 은(Ag) 전극은 물론 보호층인 MgO와 잘 조화를 이루어야 한다.

전극(Electrodes)

여러 번 살펴보았지만 AC형의 PDP에는 유지(sustain)전극, 버스(bus)전극과 데이터 신호인 표시(address)전극 등이 있다. 유지 전극은 투명 전극이며 주로 ITO가 사용된다. 이러한 투명전극은 40" 이상 크기의 PDP에서 쓰기에는 저항이 너무 높아 버스전극을 붙여 저항을 낮추게 된다. 버스전극은 100 μm 정도의 가는 전극으로 되어 있으며 전기 전도성이 좋은 얇은 금속(Cu)이 이용된다. 표시전극으로는 70 ~ 80 μm 정도의 선폭을 갖는 Ag paste가 사용된다. 다음은 PDP에 있어 AC형 및 DC형에 쓰이는 전극 재료 및 만드는 방법 등을 정리한 표이다.

<표 15.3> PDP의 전극재료.

전극	투명전극	bus 전극	address 전극	음극	양극
방식	AC	AC	AC	DC	DC
재료	ITO, SnO_2	Cr/Cu/Cr Ag	Ag	$NiLaB_6$ $AlGdB_6$	Ag Au
전극 형성방법	lift-off photolithography screen printing thin film	screen printing, lift-off, photo-lithography, thin film	screen printing, lift-off, photo-lithography, thin film	screen printing, thin film	photo-lithography, screen printing,

보호층(Protective Layer)

투명 유전체층 위에 형성되는 보호층은 전극 사이에서 발생하는 플라즈마 이온에 의한 충돌(sputtering)을 방지하는 역할을 한다. 이러한 보호층은 높은 투과성, 충돌(sputtering)에 대한 내성, 낮은 방전 전압 등의 특성이 요구된다. 현재 가장 적합한 재료로는 MgO로 알려지고 있다. 주로 전자빔 증착에 의해 형성된다.

MgO는 플라즈마 방전 시 낮은 이온화 에너지가 표면에 부딪쳤을 때 비교적 높은 2차 전자 발생 계수의 특성을 갖고 있다. 이로 인해 방전 플라즈마의 구동 및 유지전압을 낮추어 주는 중요한 역할을 담당한다.

패널 밀봉(Sealing)

PDP 유리 기판의 밀봉에는 저융점 유리 분말(glass frit)이 사용된다. 이러한 분말은 기판 유리와 선팽창계수, 유전 특성, 절연 특성, 강도, 화학 특성 등이 잘 맞아야 한다. 현재 사용되고 있는 glass frit의 선팽창계수는 결정성 재료는 $85\times10^{-7} \sim 89\times10^{-7}$/℃, 비결정성 재료는 $71\times10^{-7} \sim 78\times10^{-7}$/℃ 정도이다. 밀봉 온도는 결정성이 430 ~ 450℃, 비결정성이 410 ~ 450℃ 정도이다. 앞으로 공정의 단축이나 MgO 보호층의 틈(crack) 발생 억제를 위해서 이보다 낮은 온도에서 밀봉할 수 있는 재료 개발이 필요하다.

15.5 PDP의 신기술

ALIS 구동 방식

플라즈마 TV에 이용되는 PDP는 휘도와 해상도는 서로 장단점이 상반성(trade off)이 발생하는 관계이다. 즉, 휘도를 올리려고 셀(화소)을 크게 하면 해상도가 올라가지 않고, 이와 반면에 해상도를 올리려고 셀(화소)을 작게 하면 휘도는 올라가지 않기 때문이다. 그 이유는 방전발광이 작아져 발광효율이 내려가 형광체를 두드리는 자외선 발생량이 감소하기 때문이다. 이러한 문제를 해결한 하나의 기술이 Fujitsu가 개발한 **ALIS(Alternate Lightning of Surfaces Method)** 방식이다.

종래의 방식에서는 방전 발광시키는 데에 한쌍의 표시전극이 필요하기 때문에 511 라인을 표시하는 데 1024개(512쌍)의 표시전극을 이용했다. 옆에 있는 1쌍의 표시전극과의 사이에 방전이 일어나지 않도록 공간을 둘 필요가 있기 때문이다. 그림 15.5(a)를 보라.

그런데 ALIS 방식에서는 버스전극과 표시전극을 끼운 상하의 표시전극 간에 홀수선(odd number line)과 짝수선(even number line)을 시간분할에 의해 표시되게 하고 이것을 조합하여 전체 화면을 표시하는 방법이다. 종래의 공간 부분도 사용하여 표시시키므로 구성이 같은 전극수(실제는 1024 + 1 전극수)를 가지고 현행 방식의 2배인 1024라인의 고선명도(HD) 표시가 가능하다. 그림 15.5(b).

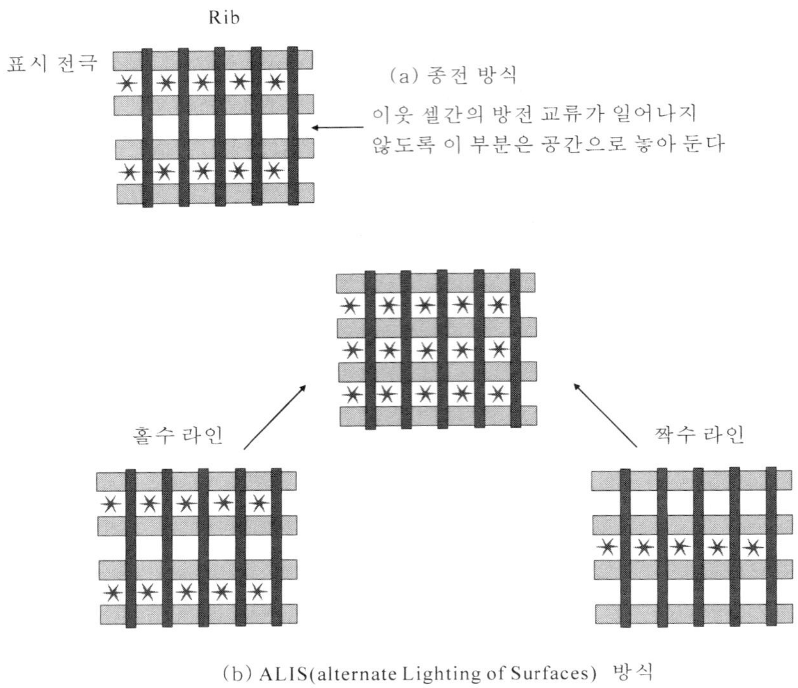

[그림 15.5] ALIS 구동 방식.

격자형 분리벽 방식(Deep Waffle Rib)

기존의 줄형태(stripe) 셀 구조에서는 셀 간에 간섭현상이 발생하므로 고휘도를 얻으려면 셀 간의 전극을 충분히 떼어놓지 않으면 안되었다. 이러한 결점을 보완시켜주는 분리벽 구조가 격자무늬 형태로 만든 Waffle Rib이다(파이오니아). 이러한 격자구조 벽은 상하에 인접하는 셀에서 발광이 새어나오는 것을 방지하여 효율 높은 발광휘도를 실현하고 있다.

최근에는 이러한 격자형 벽을 더욱 더 깊은 도랑 구조로 만든 **Deep Waffle Rib**을 이용해 플라즈마 방전 영역을 확대시켜 자외선 발광량을 대폭적으로 향상시키고 있다.

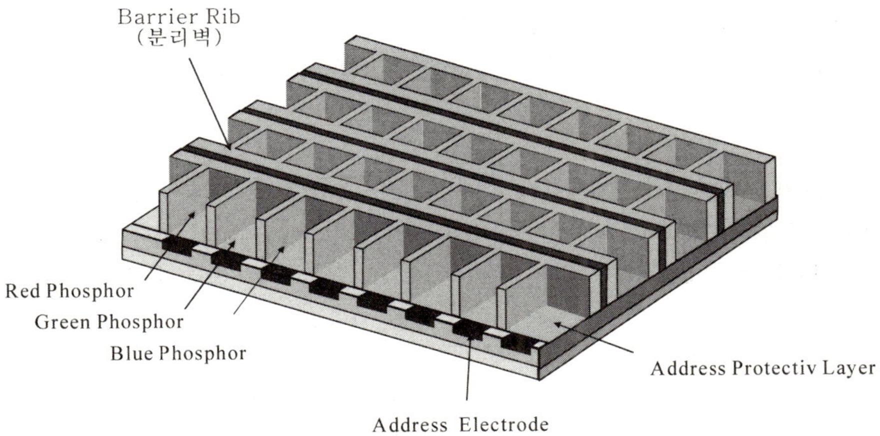

[그림 15.6] PDP의 Waffle Rib 구조.

미안다형 분리벽(Miyanda Type Rib)

종래의 줄 형태(stripe) 셀 구조보다 2배의 고휘도화를 실현시킨 분리벽 구조이다. Fujitsu는 이러한 미안다 구조 분리벽을 이용한 DelTA(Delta Tri-color Arrangement) 셀 패널을 개발하고 있다.

CCF 방식

PDP는 본래 셀 내부에서 발광한 자외선이 코팅된 발광체(RGB 3색)를 때려(irradiation) 가시광선을 발하는 원리이므로 발광 그 자체에 색이 붙어있는 형편이다. 그러나 NEC 플라즈마 디스플레이사에서는 이러한 전면 발광측에다 컬러필터를 덧붙여 병용한 CCF

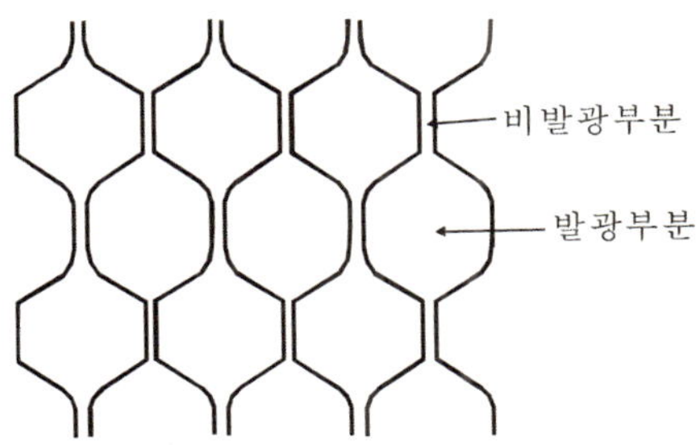

[그림 15.7] PDP의 Miyanda Rib 구조.

(Capsulated Colour Filter) 방식을 채용하여 한 단계 화질 향상을 꾀하고 있다.

발광한 빛이 컬러필터로 인해 깔끔한 색으로 적정화되므로 선명한 영상표시가 가능하며 아울러 플라즈마 특유의 네온가스에서 나오는 불필요한 색들을 차단시켜 색의 순도를 높여 준다.

또한 표시 셀을 상하방향으로 분리하는 Grid형 분리벽을 셀마다 설치하여 셀 간의 방전을 막음과 동시에 구조를 약간 변형시켜 유효한 방전영역을 확대시켰다. 따라서 셀 전체에 걸쳐 방전이 강하게 발생하고 휘도가 높아져 소비전력을 낮추게 된다. 또한 분리벽 상에 검은 줄무늬층(black stripe)을 추가하여 외부의 빛이 침투되는 것을 대폭적으로 감소시켰다.

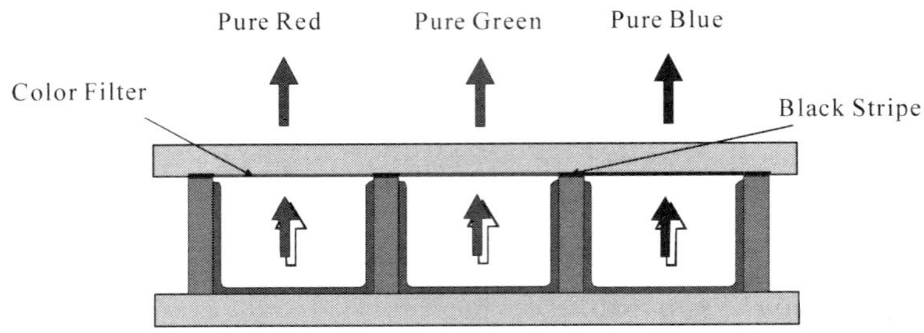

[그림 15.8] CCF(Capsulated Color Filter) 방식.

이외에, 비대칭 셀을 이용하여 3원색의 절묘한 발광 밸런스를 실현하는 방법이 있다. 빛의 3원색인 RGB 중에서 청색(B)이 가장 발광효율이 낮은 색이다. 따라서, 사람 눈으로 보아 윤곽이 뚜렷한 강력한 색을 얻으려면 청색의 발광량을 증가시켜 3원색의 발광에 대하여 균형을 맞출 필요가 있다.

Matsushita 전기산업에서는 R, G, B 셀 비율을 미세하게 바꾼 비대칭 셀 구조를 이용하여 3원색의 절묘한 발광 밸런스를 실현했다. 이 방법으로 휘도와 콘트라스트를 향상시킴과 동시에 밝고 강한 백색을 만들었다.

16장 | PDP와 플라즈마

16.1 플라즈마의 기본 성질

물질을 이루는 상태는 보통 고체, 액체 그리고 기체로 나눈다. 이러한 기준은 지구에서의 물질의 상태가 위와 같은 세가지 형태를 취하기 때문이다. 그러나 지구를 벗어나 태양과 같은 별들이 포함된 우주를 살펴보면 상황은 크게 달라진다. 왜냐하면 우주의 대부분의 질량을 점유하는 태양과 같은 별들은 물질의 제4의 상태라는 플라즈마 상태르 되어 있기 때문이다. 물을 끓이면 기체 상태로 되며 기체 상태의 물분자를 더욱 가열하면 수소와 산소 결합이 깨어진다. 온도가 더욱 올라가게 되면 수소와 산소는 다시 전자를 잃게 되면서 양전하의 이온과 음전하의 전자로 분리가 되어 서로 독립적으로 행동을 하게 된다. 이러한 고온의 이온화된 기체를 플라즈마라고 부른다. 이러한 플라즈마에는 별 내부에서처럼 온도가 수백만도 이상이 아닌 경우에는 이온화된 입자는 물론 중성의 입자들도 함께 존재한다.

플라즈마 내에 있는 중성의 입자(원자 혹은 분자)들은 주위에서 운동하는 입자들의 에너지 또는 전자와 양이온이 재결합을 하면서 나오는 에너지를 받아 들뜨게 되고 이러한 들뜸상태에서 바닥상태로 전이하는 과정에서 기체 고유의 빛을 발하게 된다. 이러한 특이한 성질 때문에 플라즈마는 고체, 액체, 기체와는 다른 물질의 제4의 상태로 취급된다.

플라즈마의 온도

플라즈마의 분류는 보통 온도와 밀도 상태에 따라 이루어진다. 온도의 범위는 수천～수십억 K, 밀도는 단위체적당 입자의 수 n으로 나타내면 $10^6 \sim 10^{22}/m^3$의 넓은 범위를 갖는다. PDP에 사용되는 플라즈마는 전자의 온도가 수만 K, 밀도가 $n = 10^{15} \sim 10^{17}/m^3$ 정도인 글로우 방전(glow discharge) 영역에 해당된다. 이와 같이 glow 방전에서 형성되는 플라즈마 안에서는 전자, 이온, 중성 입자들이 혼재되어 있다. 전극에 펄스를 가하여 플라즈마가 형성되면 가벼운 전자가 전기장에 의해 가속되어 온도가 급격히 올라가면서 충돌을 통해 기체 원자를 들뜨게 하거나 이온화 시키게 된다. 따라서 온도는 전자온도>이온온도>중성입자온도 순으로 되며 플라즈마는 보통 맥스웰-볼쯔만(Maxwell-Boltzmann) 속력분포를 갖는다. 맥스웰-볼쯔만 속력분포는 다음과 같이 주어지며 17장에서 자세히 다루게 된다.

$$f(v) = N\left(\frac{m}{2\pi k_B T}\right)^{3/2} 4\pi v^2 e^{-mv^2/2k_B T} \qquad (16.1)$$

[보기문제 1] 헬륨의 밀도는 $\rho = 0.08994\, g/cm^3$ 이다. 헬륨의 단위체적 m^3 당 개수를 구하라.

풀이: 헬륨의 몰질량은 $4g/mol$ 이고 아보가드로수는 $N_A = 6.02 \times 10^{23}/mol$ 이다. 그러면 단위체적당 헬륨은

$$n = N_A \frac{\rho}{m} = (6.02 \times 10^{23}/mol) \frac{(0.1786\, g/cm^3)}{(4\, g/mol)} = 2.69 \times 10^{22}/cm^3$$

이다. 이 수는 $n = 2.69 \times 10^{28}/m^3$ 에 해당된다.

Maxwell-Boltzmann 속력분포에 따르면 플라즈마 입자들의 평균 속력은 다음과 같이 주어진다. 17장 보기문제 8번(식 17.31)을 참고하기 바란다.

$$\bar{v} = \sqrt{\frac{8k_B T}{\pi m}} \tag{16.2}$$

그리고 속도 제곱에 대한 제곱근평균은

$$\overline{v^2} = \frac{3k_B T}{m} \tag{16.3}$$

이다. 그리고 플라즈마내의 입자들의 평균 운동에너지는 다음과 같이 된다.

$$\frac{1}{2} m \overline{v^2} = \frac{3}{2} k_B T \tag{16.4}$$

[보기문제 2] 플라즈마의 평균 운동에너지가 $1eV$ 라면 이에 해당되는 온도는 몇 도인가?

풀이: $K = \frac{1}{2} m \overline{v^2} = 1eV$ 이므로

$$1eV = \frac{3}{2} k_B T$$

에서

$$T = \frac{(2)(1.6\times 10^{-19}J)}{(3)(1.38\times 10^{-23}J/K)} = 7729\,K$$

이다.

플라즈마는 전기를 띤 입자들의 집합체이다. 이러한 전하 입자들은 전기적인 힘 즉 쿨롱 힘에 의하여 지배되며 전체적으로는 중성을 이루면서 집단적인 운동을 한다. 이와 같은 플라즈마의 성질은 플라즈마 차폐 현상, 준중성의 성질, 전기적인 운동에너지와 퍼텐셜에너지와의 관계 그리고 플라즈마내의 파동 현상(플라즈마 진동) 등에 의하여 이해될 수 있다.

플라즈마 차폐

플라즈마의 전위는 다음과 같이 주어진다.

$$V = \frac{1}{4\pi\epsilon_0}\frac{q}{r}e^{-\frac{r}{\lambda_D}} \tag{16.5}$$

여기서

$$\lambda_D = \sqrt{\frac{\epsilon_0 k_B T}{2ne^2}} \tag{16.6}$$

이며 이를 디바이 차폐거리(Debye shielding distance) 혹은 디바이 길이(Debye length)라고 부른다. n은 플라즈마의 밀도, 즉 전자 혹은 이온의 단위체적당 개수이다.

[보기문제 3] 플라즈마의 온도가 $T = 7800\,K$이고 밀도가 $n = 10^{18}\,ions/m^3$이면 디바이 길이는 얼마인가?

풀이:

$$\lambda_D = \sqrt{\frac{\epsilon_0 k_B T}{2n^2}} = \sqrt{\frac{(8.85\times 10^{-12}F/m)(1.38\times 10^{-23}J/K)(7.8\times 10^3 K)}{2\times(10^{18}/m^3)(1.6\times 10^{-19}C)^2}}$$

$$= 4.31\times 10^{-6}m$$

보통 점전하(point charge) q에 의한 전위는

$$V = \frac{1}{4\pi\epsilon_0}\frac{q}{r} \tag{16.7}$$

으로 주어지므로 플라즈마 내에서의 전하의 전위는 지수형태가 곱해진 형태라는 것을 알 수 있다. 이러한 지수 값은 Debye 길이보다 먼 거리에서는 급격히 작아진다. 결국 Debye 길이 이내에서만 플라즈마의 전하입자들이 주위에 영향을 미치게 되며 이러한 이유로 Debye 차폐라고 부른다. 따라서 한 점전하의 영향은 디바이 거리이내에서는 강하지만 그 이상에서는 그 세기가 급격히 줄어들기 때문에 거시적으로 보았을 때 준 중성상태를 유지하게 된다. 그림 16.1을 보라.

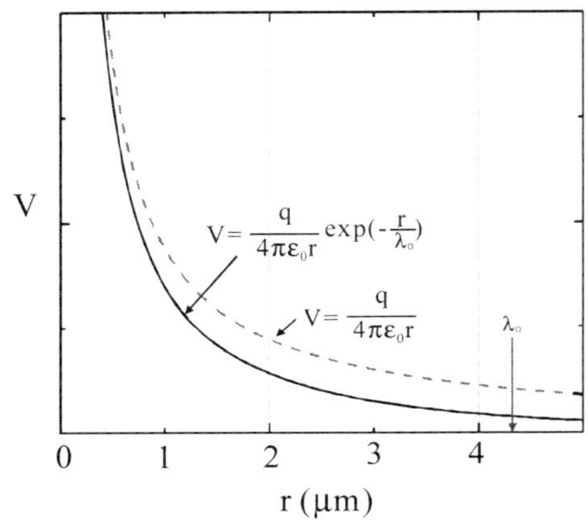

디바이길이가 4.3 μm일 때의 플라즈마 전위 분포를 나타낸다. 비교를 위하여 점전하에 의한 전위곡선을 점선으로 표시하였다.

[그림 16.1] 플라즈마 전위 분포.

플라즈마 조건

플라즈마가 생성되기 위해서는 전자의 평균 운동에너지가 이온과 전자사이에 작용하는 전기력보다 커야한다. 따라서 플라즈마 상태에서는

$$\frac{3}{2}k_B T \gg \frac{e^2}{4\pi\epsilon_0 r} \tag{16.8}$$

의 조건을 만족하여야 한다. 여기서 r은 양이온과 전자간의 평균 간격이다. 전자의 밀도 즉 단위체적당 전자의 수를 n이라고 하면 $n \cdot r^3 \sim 1$가 될 것이다. 그러면 식 (16.8)은 다음과 같은 조건으로 주어질 수 있다.

$$n \cdot \lambda_D^3 \gg 1 \tag{16.9}$$

이 조건을 플라즈마 조건이라고 부른다. 그리고 $n \cdot \lambda_D^3$의 양을 플라즈마 매개변수라고 한다. 이러한 플라즈마 매개변수는 디바이길이에 해당되는 체적안에 플라즈마 입자가 얼마나 들어 있나하는 척도이다. 엄밀하게 말하면 이러한 플라즈마 매개변수는

$$N_D = \frac{4}{3} n\pi\lambda_D^3 \tag{16.10}$$

으로 주어진다.

[보기문제 4] 플라즈마의 온도가 $T = 7800\,K$이고 밀도가 $n = 10^{18}\,ions/m^3$인 플라즈마의 매개변수를 구하라.

풀이: 보기문제 3에서 이 플라즈마에 대한 디바이길이는

$$\lambda_D = \sqrt{\frac{\epsilon_0 k_B T}{2ne^2}} = 4.3 \times 10^{-6}\,m$$

이었다. 그러면 구하고자 하는 플라즈마 매개변수는

$$N_D = \frac{4}{3}(3.14)(10^{18}/m^3)(4.3 \times 10^{-6}\,m)^3 = 333$$

이다.

보기문제로부터 $k_B T > 1\,eV$, $n < 10^{18}/m^3$ 이면 $n \cdot \lambda_D^3 \gg 1$의 조건을 만족한다는 것을 알 수 있다.

쿨롱힘은 장거리 상호작용의 일종이며 전자와 이온에 있어 서로 반대되게 작용하는 전기력이다. 따라서 플라즈마 전체로 보면 전기적인 분극(polarization)은 물론 전류가 생성하게 된다. 이와 같이 고온 플라즈마에서는 전하 입자들에 의한 집단운동을 일으키기 쉽고 이것이 다시 전자기장을 만들어 입자들의 개별 운동에 영향을 미치게 된다.

$N_D \to \infty$ 인 경우의 플라즈마를 완전플라즈마(ideal plasma) 상태라고 부른다. 별들의 내부나 핵융합 발전을 위한 토카막장치 내에서의 플라즈마가 이러한 완전플라즈마에 가깝다. 이러한 플라즈마는 사실상 고온저밀도의 극한상태에 있다고 하겠다. 따라서 이러한 완전플라즈마 상태에서는 전자들의 평균자유행로는 거의 무한대에 가깝다. 평균자유행로에 대해서는 다음 장에서 다르게 된다. 그리고 $N_D \sim 1$인 조건에서의 플라즈마를 강결합플라즈마 상태라고 한다.

플라즈마 덮개(sheath)

PDP에서 플라즈마는 유한한 크기의 분리벽(barrier rib)과 전극 혹은 유전체 층으로 둘러 쌓여 있다. 전하입자들인 양이온과 전자는 벽에 도달하면 재결합을 하면서 소멸하게 되는데 이때 도달되는 이온과 전자의 수가 같지 않으면 표면에는 한 종류의 전하가 쌓이게 된다. 특히 전자는 이온에 비해 열적속도(thermal velocity)가 커서 표면에 먼저 도달하고 이로 인하여 표면 근처에는 음전하가 쌓이게 된다. 이러한 음전하들은 벽면에 음전위를 만들어 플라즈마 본체에서 다가오는 전자들에게는 척력으로 작용하게 하며 이온들에게는 인력으로 작용하게 한다. 시간이 지남에 따라 표면에는 전자들이 더욱 쌓이게 되지만 점차 전자에 대한 퍼텐셜 장벽이 높아간다. 그림 16.2를 보라. 최종적으로는 퍼텐셜장벽을 뛰어넘는 전자 수와 인력에 의해 이끌리는 양이온의 수가 같아지는 평형상태가 이루어진다. 이러한 결과 표면은 플라즈마 본체에 대하여 음전위(negative potential)를 갖게 되며 플라즈마 본체는 접촉하고 있는 표면보다도 항상 높은 전위를 유지한다. 플라즈마와 접촉하는 표면에 생기는 이러한 양전하의 공간은 벽면으로부터 수 Debye 길이 내에 형성이 되며 이러한 층을 플라즈마 덮개(Sheath)라고 부른다. 이러한 덮개가 만들어지는 이유는 전자가 정전기적으로 갇혀지는 전위 장벽을 형성하여 플라즈마 본체가 준중성(quasineutral) 상태를 유지되도록 하기 때문이다. 이러한 덮개 내에서 입자간의 충돌을 무시할 수 있다면 플라즈마 본체로부터 덮개 쪽으로 흘러들어가는 이온의 속도는

$$v_i \geq \sqrt{\frac{k_B T}{m_i}} \qquad (16.11)$$

의 조건을 만족해야 한다. 이 조건을 Bohm Sheath Criterion이라고 부른다.

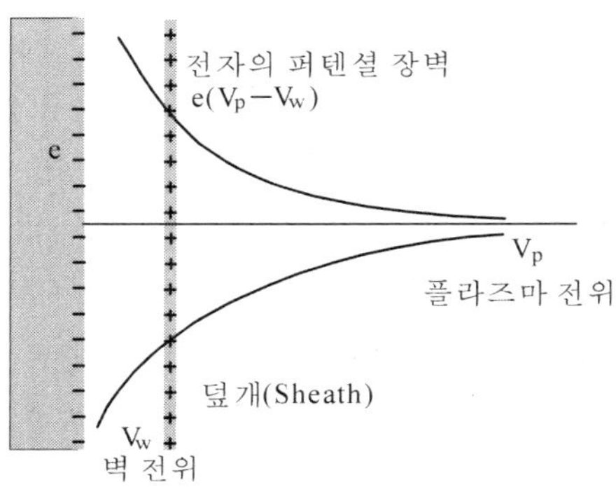

[그림 16.2] 플라즈마의 덮개 형성.

[보기문제 5] 헬륨기체로 채워진 플라즈마가 온도 $T = 7800\,K$로 유지되고 있다. 헬륨이온이 플라즈마의 표면에 형성된 덮개 쪽으로 흘러갈 때의 최소 속도를 구하라.

풀이: 헬륨이온의 질량은 $4u$에 해당된다. 여기서 $u = 1.66 \times 10^{-27}kg$에 해당되는 원자단위질량이다. 그러면 구하고자 하는 최소 속도는

$$v_{He} = \sqrt{\frac{(1.38 \times 10^{-23}J/K)(7800\,K)}{(4)(1.66 \times 10^{-27}kg)}} = 4.0 \times 10^{3}m/s$$

이다.

플라즈마와 벽 사이에 존재하는 전위차인 덮개 전압은 다음과 같이 주어진다.

$$V_s = V_p - V_w \qquad (16.12)$$

여기서 V_p는 플라즈마 전위, V_w는 벽(wall)에 가해진 전압이다.

평판인 경우

$$V_s = \frac{k_B T}{2e} \ln\left(\frac{m_i T_e}{m_e T_i}\right) \qquad (16.13)$$

로 주어진다. 여기서 T_e와 T_i는 전자와 이온의 온도이다. 이러한 덮개 전압은 전자의 에너지에 비해 상당히 크기 때문에 덮개 내에는 전자가 거의 존재할 수가 없게 된다. 만약 덮개 내에 균일한 이온만 존재한다고 가정한다면 덮개의 두께는 다음과 같이 주어진다.

$$d_s = \lambda_D \sqrt{\frac{2e\,V_s}{k_B T}} \qquad (16.14)$$

[보기문제 6] 온도가 $T = 7800\,K$이고 밀도가 $n = 10^{18}/m^{3}$인 헬륨 플라즈마의 덮개의 두께를 구하라.

풀이: 먼저 덮개의 전위차를 구한다. $T_e = T_i$라고 가정한다면,

$$V_s = \frac{k_B T}{2e} \ln\left(\frac{m_{He}}{m_e}\right) = \frac{(1.38\times10^{-23} J/K)(7800 K)}{(2)(1.6\times10^{-19} C)} \ln\left[\frac{(4)(1.66\times10^{-27} kg)}{(9.1\times10^{-31} kg)}\right]$$

$$= 3.0\ V$$

이다. 따라서

$$d_s = \lambda_D \sqrt{\frac{2e V_s}{k_B T}} = (4.3\times10^{-6} m)\sqrt{\frac{(2)(1.6\times10^{-19} C)(3.0 V)}{(1.38\times10^{-23} J/K)(7800 K)}}$$

$$= (4.3\times10^{-6} m)(3.0) = 1.3\times10^{-5}\ m$$

이다.

플라즈마 진동수

플라즈마 진동수(plasma frequency)라고 하는 것은 이미 ITO의 원리를 다룰 때 그 결과만을 더듬어본 적이 있다. 플라즈마 진동은 플라즈마 내에서 이온 간에 외부 교란 등에 의하여 국부적으로 전하분리가 일어날 때 생긴다. 이때 전자는 이온에 비하여 훨씬 가볍기 때문에 전자가 상대적으로 쉽게 움직이고 이로 인하여 이온에 대한 변위(displacement)가 생긴다. 이러한 변위는 전하 분리에 의한 전기장의 영향으로 주기적인 진동 운동 형태를 띠게 된다. 따라서 Newton 제 2법칙으로부터

$$m_e \frac{d^2x}{dt^2} = -eE \qquad (16.15)$$

인 관계를 얻는다. 전기장에 대한 가우스 법칙은

$$\nabla \cdot \vec{E} = \frac{\rho}{\epsilon_0} \qquad (16.16)$$

이다. 이에 대한 전기장은 다음과 같이 된다.

$$E = \frac{\neq x}{\epsilon_0} \qquad (16.17)$$

식 (16.14)를 식 (16.12)에 대입하여 정리하면

$$m_e \frac{d^2x}{dt^2} = -\frac{ne^2}{\epsilon_0} x$$

이 된다. 이 방정식을 다음과 같이 정리하면 간단한 미분방정식 형태가 된다.

$$\frac{d^2x}{dt^2} + \frac{ne^2}{m_e\epsilon_0}x = 0 \qquad (16.18)$$

여기서 $\omega_p^2 = \dfrac{ne^2}{m_e\epsilon_0}$ 라고 두면 이 미분방정식의 해는 다음과 같이 된다.

$x = x_0 \sin\omega_p t$ (혹은 $x = x_0 \cos\omega_p t$)

이때

$$\omega_p = \sqrt{\frac{ne^2}{m_e\epsilon_0}} \qquad (16.19)$$

를 플라즈마 각진동수(angular frequency)라고 부른다. 엄밀하게 말하면 각속도에 해당된다. 진동수와는 $\omega_p = 2\pi f$ 인 관계에 있으므로 플라즈마 진동수는 다음과 같이 주어진다.

$$f_p = \frac{1}{2\pi}\sqrt{\frac{ne^2}{m_e\epsilon_0}} \qquad (16.20)$$

[보기문제 7] 플라즈마 내의 전자의 밀도가 $n = 10^{18}/m^3$ 인 경우 플라즈마 진동수를 구하라.

풀이: 식 (16.20)을 이용하면

$$f_p = \frac{1}{2\pi}\sqrt{\frac{ne^2}{m_e\epsilon_0}} = \frac{1}{(2)(3.14)}\sqrt{\frac{(10^{18}/m^3)(1.6\times10^{-19}\,C)^2}{(9.1\times10^{-31}\,kg)(8.85\times10^{-12}\,F/m)}}$$

$$= 9.0\times10^9/s$$

의 값을 갖는다.

16.2 헬륨 원자

플라즈마의 생성

고온의 기체인 플라즈마는 중성의 원자 또는 분자가 입자의 충돌이나 광자(photon)의 흡수에 의해 이온화가 되거나 들뜸상태가 되어 만들어 진다. 별들의 내부가 플라즈마 상태이다. 태양과 같은 별의 내부는 대부분 수소원자가 이온화되어 수소원자 핵인 양성자와 전자들로 이루어져 있다. 태양에너지는 양성자와 양성자가 서로 충돌하는 과정에서 소위 핵융합반응(nuclear fusion reaction)에 의해 최종적으로 헬륨핵(α 입자라고 부름)이 만들어지는 과정에서 감마선 형태로 나오는 것이다. 따라서 우주를 이루는 대부분의 물질은 사실상 플라즈마 상태라고 하겠다. 그러나 일반인은 물론 학계에서도 플라즈마 상태는 멀고 낮선 영역이었다.

1950년대부터 핵물리학자들은 이러한 핵융합반응을 이용하여 에너지를 얻고자 인공태양을 만드는데 심혈을 기울여 왔다. 이러한 핵융합에너지는 원자력발전에 사용되는 핵분열반응보다 안전하고 방사선을 별로 방출하지 않기 때문에 인류의 미래 에너지로서 가장 유망한 에너지원이라고 하겠다. 하지만 고온의 플라즈마 상태를 유지하여 태양내부에서와 같은 조건으로 핵융합반응을 일으킨다는 것이 결코 쉬운 일이 아님이 밝혀져 현재까지도 답보 상태에 있다.

그런데 이러한 플라즈마 상태가 최근 각광을 받게 된 계기가 바로 디스플레이에의 응용 덕분이라 하겠다. 플라즈마를 이해하기 위해서는 우선 플라즈마 상태에 대한 기체 동역학 이론과 플라즈마를 이루는 원자들의 에너지 준위 상태 등에 대한 양자물리학적 지식이 필요하다. 기체의 동역학에 대한 기초 원리는 다음 장에서 다루기로 하고 여기에서는 원자 중 헬륨(He)의 에너지 준위 구조를 자세히 알아보기로 한다. 왜냐하면 PDP 플라즈마 기체로 사용되는 원자들이 주로 불활성원소들이며 그 중 헬륨이 가장 중요하기 때문이다.

궤도-스핀 결합

원자 안에 있는 각각의 전자는 궤도 각운동량(orbital angular momentum)을 가짐과 동시에 스핀 각 운동량(spin angular momentum)을 갖는다. 이러한 궤도와 스핀에 대한 양자적 성질은 이미 살펴본 바가 있다. 그런데 이러한 궤도와 스핀은 서로 결합을 하며, 결국 전자는 이러한 두개의 각 운동량의 합으로 운동을 하게 된다. 이때 궤도와 스핀의 각운동량의 합을 보통 $\vec{J}$ 로 표기한다. 즉

$$\vec{J}=\vec{L}+\vec{S} \tag{16.21}$$

이다.

$\vec{J}$ 역시 크기와 방향이 양자화 되어 있으며 그 크기는 다음과 같이 주어진다.

$$J = \sqrt{j(j+1)}\,\hbar \qquad (16.22)$$

여기서

$$j = l \pm \frac{1}{2} \qquad (16.23)$$

이다. 이러한 결합 형태를 궤도-스핀 결합(orbital-spin coupling)이라고 부른다. $l=0$인 경우 총 각운동량 값은 $j=\frac{1}{2}$ 하나 만을 갖는다. J의 z 축 방향으로의 성분 즉 총자기 양자수는 다음과 같이 주어진다.

$$J = m_j\hbar\ ; m_j = -j, -j+1, \cdots, j-1, j \qquad (16.24)$$

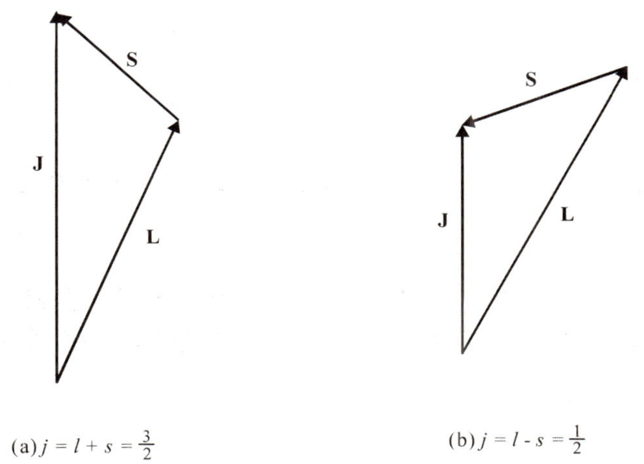

[그림 16.3] 총 각운동량의 결합 모습. 여기서는 l=1, s=1/2 인 경우이다.

예를 들어 $l=1$ 인 경우 총 각 운동량은

$$J = j + s = 1 + \frac{1}{2} = \frac{3}{2}$$

$$J = l - s = 1 - \frac{1}{2} = \frac{1}{2}$$

으로 주어진다. 그림 16.3을 보라. 그리고 자기양자상태는 다음과 같이 된다.

$$m_{j=3/2} = -\frac{3}{2}, -\frac{1}{2}, \frac{1}{2}, \frac{3}{2}$$
$$m_{j=1/2} = -\frac{1}{2}, \frac{1}{2}$$

위와 같은 총 각운동량에 대한 공간의 양자화된 모습은 그림 16.4와 같다.

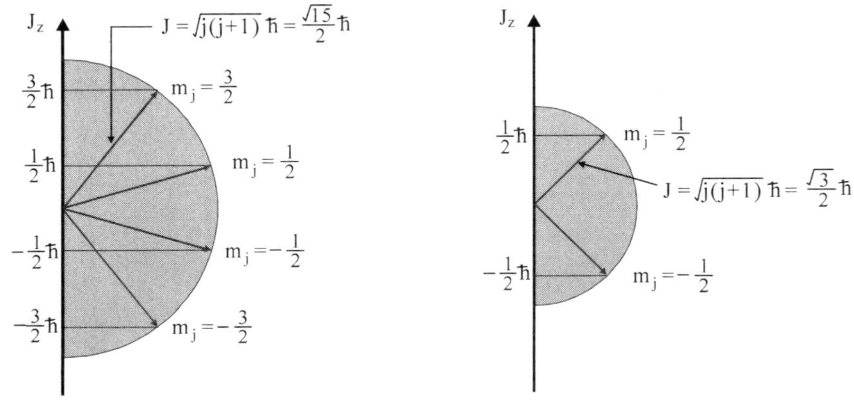

[그림 16.4] $l = 1$일 때의 총 각운동량의 공간 양자화 모습.

둘 이상의 전자로 이루어진 원자의 각 운동량을 고찰해 보자. 전자들이 각각의 각 운동량 l_i과 스핀 각운동량 s_i를 갖고 있다고 하면 이러한 운동량들은 다음과 같이 합을 이루어 총 각운동량 $\vec{J}$를 만들어 낸다.

$$\vec{L} = \sum l_i$$
$$\vec{S} = \sum s_i$$
$$\vec{J} = \vec{L} + \vec{S}$$

위와 같은 각 운동량들에 대한 크기와 z 성분의 양자화에 대한 크기는 다음과 같다.

$$L = \sqrt{L(L+1)}\,\hbar$$
$$L_z = M_L \hbar$$

$S = \sqrt{S(S+1)}\,\hbar$

$S_z = M_S \hbar$

$J = \sqrt{J(J+1)}\,\hbar$

$J_z = M_J \hbar$

여기서 $L > S$ 이면 J는 $2S+1$의 값을 가지며 $L < S$ 이면 $2L+1$의 값을 갖는다.

[보기문제 8] 두개의 전자가 궤도 각운동량을 $l_1 = 1$과 $l_2 = 2$를 갖는다. 이러한 두개의 전자가 $L \cdot S$ 결합을 할 때 총 각운동량의 값들을 구하라. 먼저 궤도 각운동량의 결합을 보면 $|l_1 - l_2|$에서부터 $l_1 + l_2$ 까지의 값을 가질 수 있으므로 $L = 1, 2, 3$이다. 스핀 양자수는 오직 1/2이므로 $S = 0$과 $S = 1$을 갖는다. 총 각운동량 J는 $|L - S|$와 $L + S$ 사이의 모든 값을 가질 수 있으므로

$J = 0, 1, 2, 3, 4$

의 값들을 갖는다.

한 원자의 총 전자궤도 상태를 표시하는 방법은 다음과 같다. 우선 총 궤도 각운동량은 궤도함수를 s, p, d 등으로 표기한 것과 같이 양자수에 따라 이번에는 대문자로 표시한다.

<표 16.1> 총 궤도각운동량과 이에 따른 기호.

L	0	1	2	3	4
Symbol	S	P	D	F	G

만약에 $L > S$ 인 경우 J는 $L+S$에서 0을 거쳐 $|L-S|$ $|L-S|$까지 가질 수 있으므로 결국 $2S+1$개의 값을 갖는다. 이를 상태 **다중도(multiplicity)**라고 부른다.

[보기문제 9] 보기문제 8번에서 $L = 3$이고 $S = 1$일 때의 총 각운동량을 구하라.

풀이: $|L - S| = 2$이고 $L + S = 4$이므로

$J = 2, 3, 4$

등 세개의 값을 갖는다. 이 개수는 $2S+1=2\times1+1=3$과 같다.

따라서 $S=0$일 때는 다중도는 1이며 이를 단일상태 혹은 단일항상태(a singlet state)라고 한다. $J=L$, $S=1/2$ 이면 다중도는 2이며 이를 이중항상태(a doublet state)라고 한다. $J=L\pm1/2$, $S=1$이면 다중도는 3이며 $J=L+1, L, L-1$ J=L+1, L이다. 이를 삼중항상태(a triplet state)라고 부른다. 특히 삼중항상태는 헬륨을 비롯한 여러 원자에서 레이저나 플라즈마 혹은 인광 등의 원인을 제공하는 중요한 물리적 현상이다.

위와 같은 $L \cdot S$ 결합에 따른 총 각운동량 상태의 항기호(term symbol)는 다음과 같이 표기된다.

$$n^{2S+1}L_J \tag{16.25}$$

여기서 n은 주양자수이다.

[보기문제 10] 나트륨(Na)의 바닥상태에 대한 전자상태를 항기호로 나타내고 설명하라.

풀이: 나트륨의 전자배열은 $1s^2 2s^2 2p^6 3s^1$이므로 최외각 전자를 기준으로 한다면 항기호는

$$3\,^2S_{1/2}$$

가 된다. 다중도는 $2S+1=2\times\frac{1}{2}+1=2$이다. 그리고 총 각운동량의 크기는 $J=0+\frac{1}{2}=\frac{1}{2}$이다.

[보기문제 11] 불소(F) 원자의 바닥상태의 항기호를 구하라.

풀이: F의 전자 배열은 $[He]2s^2 2p^5$이다. 그런데 $2p$는 6개의 전자가 들어갈 수 있으므로 이 궤도에 전자 하나가 비어 있는 형태인 $[Ne]2p^{-1}$로도 볼 수 있다. 그러면 $L=1$이다. 그리고 $S=\frac{1}{2}$이므로 $J=L+S=\frac{3}{2}$과 $J=L-S=\frac{1}{2}$이 된다. 따라서 항기호로는

$^2P_{1/2}$과 $^2P_{3/2}$

이다.

[보기문제 12] 탄소(C)의 들뜸 상태인 $1s^2 2s^2 2p^1 3p^1$ 배열에 대한 항 기호를 구하라.

풀이: $2p^1 3p^1$인 경우 $l_1 = l_2 = 1$, $s_1 = s_2 = \frac{1}{2}$인 두전자 문제로 귀착된다. 따라서 $L = 0, 1, 2$, $S = 0, 1$이다. 이에 대한 항기호로는 ^1S과 ^3S, ^1P과 ^3P, ^1D과 ^3D에 해당된다. ^3D일 때는 $L = 2, S = 1$이므로 $J = 1, 2, 3$을 가질 수 있으므로

$$^3D_3, {}^3D_2, {}^3D_1$$

이다. ^1D인 경우 $L = 2, S = 0$이므로 $J = 2$이다. 따라서 $^1D_2$이다. 마찬가지로 ^3P는 삼중상태이고 이는 $^3P_2, {}^3P_1, {}^3P_0$이다. ^1P는 $^1P_1$이다. 마지막으로 ^3S는 $^3S_1$이고 ^1S은 $^1S_0$이다.

선택규칙(selection rules)

선택규칙은 원자의 전이 과정에서 각운동량이 보존되어야 한다는 사실과 전이과정에서 흡수 또는 방출되는 광자(photon)의 스핀이 1($S=1$)이라는 사실에서 나온다. 개개의 전자는 반드시 궤도 각운동량이 변해야 하며 이로부터 이 조건을 표현하면

$$\Delta l = \pm 1 \tag{16.26}$$

이다. $L \cdot S$ 결합에 따른 총 각운동량들에 대한 선택규칙은 다음과 같이 주어진다.

$$\begin{aligned} \Delta L &= 0, \pm 1 \\ \Delta J &= 0, \pm 1 \\ \Delta S &= 0 \end{aligned} \tag{16.27}$$

전체 스핀은 변하지 않는다는 $\Delta S = 0$는 전이 과정에서 빛이 스핀에 직접 영향을 미치지 못한다는 것을 의미한다. 이와 같은 선택 규칙은 항 기호를 사용하여 나타낼 수 있다. 예를

들면, 나트륨의 황색 이중선을 나타내는 전이는 다음과 같이 나타낼 수 있다.

$$3p^{1\,2}P_{3/2} \rightarrow 3s^{1\,2}S_{1/2} \qquad 3p^{1\,2}P_{1/2} \rightarrow 3s^{1\,2}S_{1/2}$$

16.3 헬륨원자의 에너지 준위

PDP에서 플라즈마 기체로 사용되는 원자 중 가장 중요한 몫을 차지하는 헬륨 원자의 에너지 준위 상태를 살펴보자. 수소원자에 있어서는 최외각 전자가 하나로 되어 있어 단 하나의 전자의 양자 상태에 따라 에너지 준위가 결정된다. 그러나, 헬륨인 경우 두개의 $1s$ 궤도 전자가 있기 때문에 궤도 각운동량(orbital angular momentum) **L**과 스핀 각운동량(spin angular momentum) **S**의 결합에 의한 **LS** 선택규칙은 식 (16.25)와 같이 주어진다. 그림 16.4는 헬륨원자의 에너지 준위와 이에 따른 전이(transitions)를 보여주고 있다. 단일항상태와 삼중항상태를 분리하여 표기하였다.

그림 16.5에서 보이는 헬륨원자의 다양한 준위들은 주로 한 전자는 바닥상태를 점유하고 다른 전자는 들뜸상태를 점유하는 데에서 나온다. 들뜬 전자는 보통 nano second($10^{-9}s$)의 수명을 갖고 낮은 에너지 준위로 떨어지면서 광자(photon)를 내놓는다. 한 전자가 들뜸에 관여한다면 $\Delta L = 0$ 은 금지되며 $\Delta L = \Delta l = \pm 1$ 만이 허용된다. 또한 총 각운동량은 반드시 변해야 하므로 $J = 0 \rightarrow J = 0$ 은 금지된다. 이러한 헬륨 원자는 다음과 같은 특징을 갖는다.

첫째, 에너지 준위는 단일항 상태와 삼중항 상태로 나뉜다. 즉 두개의 전자가 스핀결합을 할 때 반평행(antiparallel) 상태인 $S = 0$과 평행(parallel) 상태인 $S = 1$인 경우이다. 스핀에 대한 선택규칙은 $\Delta S = 0$ 이므로, 단일항 상태들과 삼중항 상태들과의 전이는 금지된다. 이때 단일항 상태들로 이루어진 헬륨을 평행헬륨(parahelium)이라고 부르며 삼중항 상태에 있는 헬륨을 직교헬륨(orthohelium)이라고 부른다. 만약 직교헬륨이 충돌에 의하여 들뜸 에너지를 잃으면 평행헬륨으로 변할 수 있다. 또한 평행헬륨이 충돌에 의해 에너지를 얻는다면 직교헬륨으로 변할 수 있다. 헬륨 기체에는 이러한 평행헬륨과 직교헬륨이 혼재되어 있다. 한편 직교헬륨의 가장 낮은 에너지 준위들은 준안정상태(metastable state)로 있게 된다. 왜냐하면 충돌과 같은 일이 없으면 복사가 일어나기 전까지 비교적 오랫동안(1초 이상) 이러한 상태를 유지하기 때문이다. 플라즈마 발광뿐 아니라 레이저 등에 있어 이러한 준안정상태 준위는 중요한 역할을 담당한다.

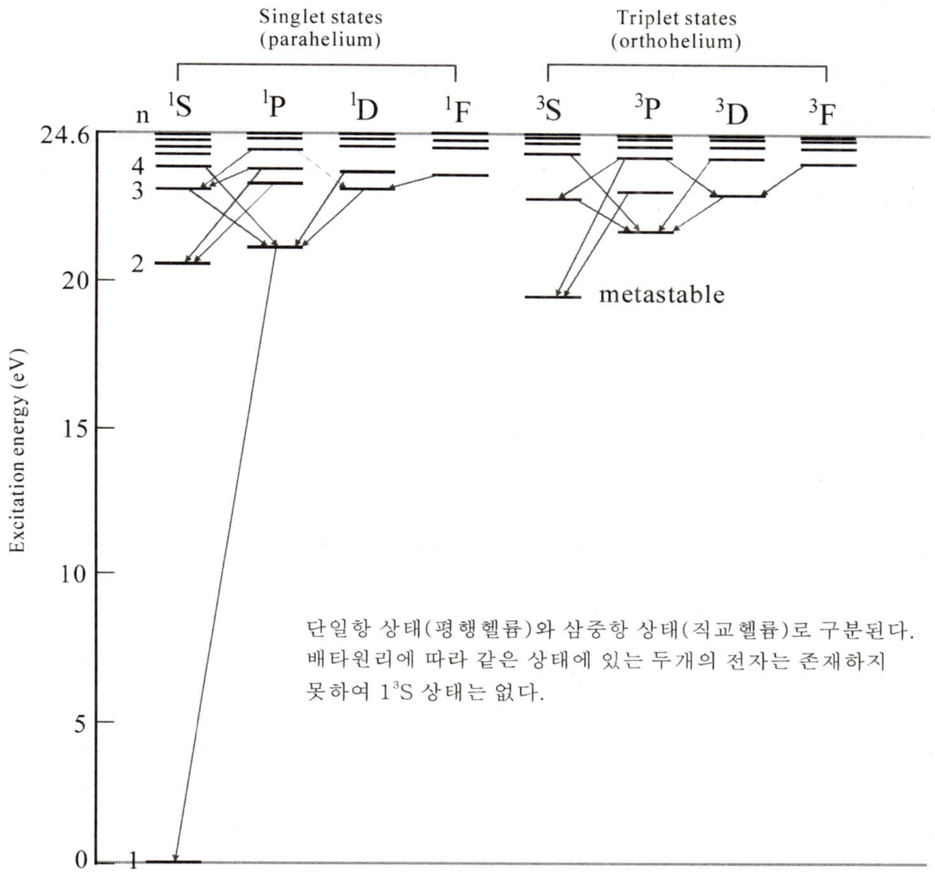

[그림 16.5] 헬륨(Helium) 원자의 에너지 준위도.

둘째, 헬륨에는 1^3S상태는 존재하지 않는다. 즉, 삼중항 상태에서 가장 낮은 준위는 2^3S 이다. 왜냐하면 $n=1$에서는 두개의 전자가 나란히 같은 스핀을 갖지 못하기 때문이다.

셋째, 바닥상태의 에너지와 첫째 들뜸상태의 에너지차가 크다. 이것은 닫힌 껍질에 두개의 전자가 단단하게 구속되어 있다는 것을 의미한다. 헬륨의 이온화 에너지, 즉 전자하나를 헬륨원자에서 떼어내는데 드는 에너지는 24.6 eV로 원소 중 가장 높다.

16.4 페닝효과

PDP의 플라즈마에는 주로 불활성 기체를 사용한다. 다음은 불활성 기체들에 대한 이온화 에너지를 나타내는 표이다.

<표 16.2> 불활성 기체들의 이온화 에너지.

Inert gases	He	Ne	Ar	Kr	Xe
Ionization energy, eV	24.6	21.57	15.76	14.0	12.13

또한 표 16.3은 불활성 기체들의 첫 들뜸 에너지 준위와 준안정상태의 준위들의 에너지 및 수명(반감기)을 보여주는 표이다.

<표 16.3> 불활성 기체의 첫째 들뜸에너지 및 준안정상태 준위들.

	First excited state		Metastable state		
	Energy, eV	Half-life, ns	Energy, eV	Half-life, s	Symbol
He	21.2	0.56	19.8	6×10^{5}	2^3S_1
			20.6	2×10^{-2}	2^1S_0
Ne	16.6	20.7	16.6	70.8	3^3P_2
Ar	11.6	10.2	11.5	>1.3	4^3P_2
Kr	9.98	4.4	9.9	>1	5^3P_2
Xe	8.4	3.8	8.3		6^3P_2

준안정상태를 갖는 원자는 긴 수명을 유지한 채 들뜸 에너지를 유지하므로 다른 원자들을 충돌시켜 쉽게 이온화 시킬 수 있다. 예를 들면, Ne에 Ar을 소량 혼합하는 경우이다. Ne은 전자들의 충돌에 의해 16.6 eV의 준안정상태를 갖게 되고 이러한 준안정상태의 Ne은 Ar을 충돌시켜 Ar을 쉽게 이온화 시킨다. 반응식으로 표현하면 다음과 같다.

$$Ne + e \rightarrow Ne^{*} + e$$
$$Ne^{*} + Ar \rightarrow Ne + Ar^{+} + e$$

이와 같은 현상을 페닝효과(Penning effect)라고 부른다. 여기서 별표(*) 표시는 원자의 들뜸상태를 나타내며 + 첨자는 이온화를 의미한다. 그림 15.1을 보라. 이러한 페닝효과에 의하여 Ne/Ar 혼합 플라즈마에 있어서 Ar의 혼합비가 커지면 방전개시 전압은 낮아진다. 또한 He+Xe, Ne+Xe의 혼합기체에서의 페닝 반응은 다음과 같다.

$$He^{*} + Xe \rightarrow Xe^{+} + e + He$$
$$Ne^{*} + Xe \rightarrow Xe^{+} + e + Ne$$

여기서 He과 Ne은 주성분 기체이며 Xe은 소량 첨가 기체이다. 표 16.4는 불활성 기체들에 대한 특정의 에너지 상태 및 페닝 첨가물을 보여준다.

<표 16.4> 페닝 반응에 쓰이는 기체들의 특성.

Gas	Ionization energy, eV	Metastable energy, eV	페닝 첨가물
Helium	24.6	19.8, 20.6	Ar, Kr, Xe, H_2, Hg
Neon	21.6	16.6, 16.7	Ar, Kr, Xe, H_2, Hg
Argon	15.8	11.5, 11.7	Hg
Krypton	14	9.9, 10.5	
Xenon	12.1	8.3, 9.4	
Mercury	10.4	4.7, 5.4	

16.5 PDP 방전 특성

PDP의 발광은 여러번 언급을 하였듯이 방전에 의해 생긴 플라즈마 안에서 들뜨게 된 원자나 이온분자(dimer라고 부름)들이 자외선을 방출하고 이러한 자외선이 형광체를 들뜨게 하여 가시광선을 내보내는 형태이다. 우리는 이러한 발광을 광발광(Photoluminescence)이라고 하였다.

이미 15장에서 형광체를 살펴보았지만 PDP에 사용되는 주요 형광체들은 다음과 같다.

Red- (Y, Gd)BO_3 : Eu (Eu^{3+}-activated rare-earth borate)
Green- $BaAl_{12}O_{19}$: Mn, Zn_2SiO_4 : Mn
Blue- $BaMgAl_{14}O_{23}$: Eu

위와 같은 형광체들의 양자 효율(Quantum Efficiency)을 보면, 파장영역이 $150 \sim 170\,nm$인 VUV(Vacuum Ultra Violet)에서 효과적인 발광을 한다. 따라서 플라즈마로부터 생성되는 VUV가 이러한 파장영역을 갖도록 방전기체의 종류와 방전 조건을 맞추어야 한다.

다음의 표는 불활성 기체들의 첫째 들뜸에너지 준위에 대한 공명 선(resonance line)에 대한 파장을 나타낸다.

<표 16.5> 불활성 기체들의 공명선(resonance line)에 대한 파장.

	He	Ne	Ar	Kr	Xe
파장, nm	58.4	74.4	107	124	147

[보기문제 13] 표 16.5에서 보면 Ne의 공명선은 74.4 nm의 파장을 갖는다. 이 공명선에 해당되는 들뜸에너지를 eV 단위로 계산하라.

풀이: 광자의 에너지는 $E=hf$ 이다. 그리고 파장은 $\lambda=\frac{c}{f}$ 이므로

에너지는

$$E=\frac{hc}{\lambda}=\frac{(6.63\times10^{-34}J\cdot s)(3.0\times10^{8}m/s)}{(7.44\times10^{-8}m)}=2.67\times10^{-18}J$$

이다. 이를 eV 단위로 환산하면

$$E=\frac{26.7\times10^{-19}J}{1.6\times10^{-19}J/eV}=16.7eV$$

이다. 표 16.4에서 이 에너지가 존재하는지 확인하라.

위 표에서 보면 He, Ne, Ar인 경우 파장영역이 110nm 이하로 이러한 짧은 파장은 형광체의 들뜸 용으로는 부적합하다는 것을 알 수 있다. 이와 반면에 Xe의 147nm나 Kr의 124nm의 선들은 적합하다. 따라서 플라즈마 기체로서 100%의 Xe을 사용한다면 가장 좋은 효율을 얻을 수 있을 것으로 기대해 볼 수 있다. 그런데 발광체의 효율은 공명선의 파장 뿐 아니라 발광 효율과 구동 전압 그리고 전극의 수명 등 여러 가지 요인이 고려되어야만 한다. 이로 인해 보통 2종류 및 3종류의 혼합 기체를 사용하게 된다.

PDP에서와 같이 전자의 에너지가 수 eV의 범위를 갖게 될 때 불활성 기체들의 충돌 횟수를 살펴보면 Ne < He < Ar < Kr < Xe의 순서로 커진다. 이로 인해 Xe 기체만 방전 기체로 사용될 경우 전자의 에너지가 충돌에 의해 너무 잃어버려 전자는 Xe원자를 효과적으로 들뜨게 하거나 이온화를 시키지 못한다. Xe의 공명 에너지가 8.45 eV이고 이온화 에너지는 12.1 eV이므로 전자의 평균 운동에너지가 2-3 eV 내외인 PDP 플라즈마인 경우 Maxwell-Boltzmann 속력분포에서 오직 높은 에너지 부분의 작은 수의 전자만 들뜸과 이

온화에 참여하게 된다. 전자의 수는 볼쯔만(Boltzmann) 인자인 e^{-E/k_BT} 형태로 감소하게 되므로 전자의 평균 에너지가 조금만 내려가도 그 수가 급격히 감소하게 된다. 결국 높은 평균 에너지를 얻기 위해서는 아주 높은 구동 전압이 필요하다는 결론이 나온다. 그런데 혼합 기체를 쓰게 되면 페닝효과에 의해 구동 전압을 낮출 수 있게 된다. 방전 기체로는 Ne-Xe, He-Xe, He-Ne-Xe 등과 같은 혼합 기체가 많이 사용된다. 혼합비에 따라 발광 효율과 스펙트럼이 달라지며 같은 혼합비라도 압력과 구동 진동수에 따라 특성이 달라지기도 한다.

[보기문제 14] 온도가 $T = 10000\,K$이고 밀도가 $n = 10^8\,/m^3$인 Xe 플라즈마가 있다. 전자의 평균운동에너지가 $2\,eV$라면 전자에 의해 공명선으로 들뜨게 되는 Xe원자 수는 얼마인가?

풀이: 볼쯔만 인자는 에너지 E_i를 갖는 입자인 경우 $n_i = Ce^{-E_i/k_BT}$로 주어진다. $E_1 = 2\,eV$, $E_2 = 8.45\,eV$ 라 하자. 그러면

$$\frac{n_2}{n_1} = \frac{e^{-E_2/k_BT}}{e^{-E_1/k_BT}} = e^{-(E_2 - E_1)/k_BT}$$

이다. 따라서 $n_2 = n_1 e^{-(E_2 - E_1)/k_BT}$ 이다.

$$\frac{E_2 - E_1}{k_BT} = \frac{(8.45 - 2)(1.6 \times 10^{-19}\,J)}{(1.38 \times 10^{-23}\,J/K)(10000\,K)} = e^{7.5} = 1808$$

이고 그러면

$$n_2 = (10^{18}\,/m^3)(\frac{1}{1808}) = 5.5 \times 10^{14}\,/m^3$$

가 된다.

He-Xe 혼합 플라즈마인 경우 들뜬 Xe^* 방전에서 나오는 $147\,nm$의 선스펙트럼과 Xe_2^*에서 발생하는 $173\,nm$ 선스펙트럼이 형광체의 광발광에 기여한다. 그림 16.6을 보면 순수 He과 Xe의 다양한 반응들이 방전에 관여한다는 사실을 알 수 있다.

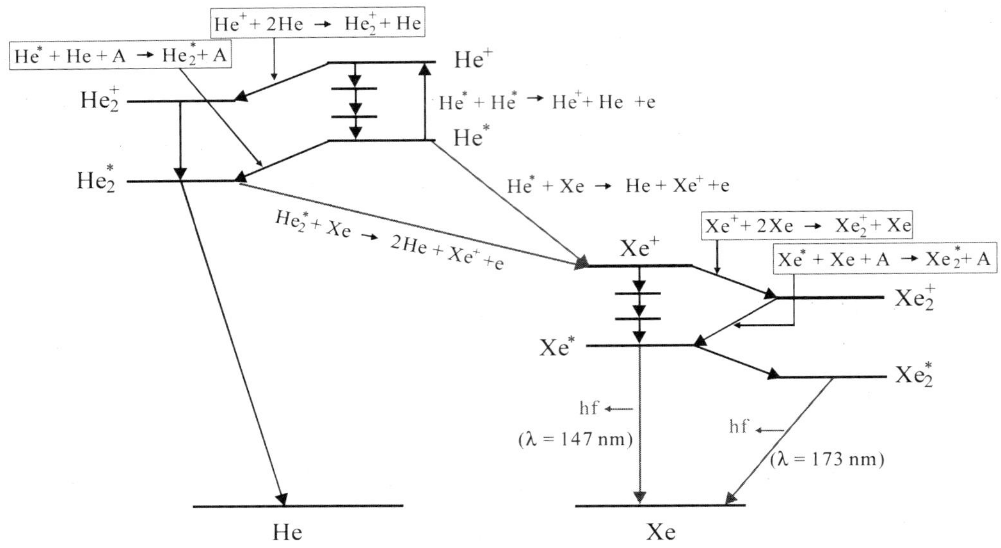

[그림 16.6] He-Xe 방전 플라즈마의 에너지 준위 경로도.

17장 | 플라즈마와 운동학 이론

17.1 완전기체와 상태방정식

보일(Boyle)과 샤를(Charles)의 법칙

고체와 액체와는 달리 기체의 체적 팽창계수를 측정하려고 하면 곤란한 문제에 부딪히게 된다. 왜냐하면 기체는 일정한 체적을 갖지 않고 용기에 따라 용기 가득 팽창하기 때문이다. 기체의 체적을 변하게 하는 유일한 방법은 용기의 크기를 변화시키는 것이다. 그러나 체적을 같게 하더라도 온도 변화에 따라 기체가 용기의 벽을 때리는 압력은 달라지고 만다. 여름이면 자동차의 타이어 압력이 강해지고 겨울이면 약해지는 이유가 여기에 있다.

기체는 연속적으로 특정의 방향과는 무관하게 마구잡이(random)로 운동하는 분자들의 집합체이다. 기체들은 압력(P), 온도(T) 그리고 체적(V)과 같이 거시적으로 관찰되는 양으로 기체의 상태를 기술할 수 있으나 위와 같은 양들의 상호작용에 관계되는 상태 방정식은 일반적으로 매우 복잡하다. 그러나 기체가 매우 낮은 압력이나 낮은 밀도토 유지된다면 상태 방정식은 매우 단순하게 기술될 수 있다. 이러한 낮은 밀도의 기체를 보통 완전기체(ideal gas)라고 간주한다. 사실상 실온이나 대기압에서 대부분의 기체는 완전기체처럼 행동한다.

1662년에 보일(Robert Boyle; 1627-91)은 **일정한 온도**에 있는 기치의 체적은 압력에 역비례한다는 사실을 알아내었다. 즉, $V \propto \frac{1}{P}$ 에서

$$PV = \text{일정} \qquad (17.1)$$

이다.

이번에는 온도가 변할 때 기체에 어떠한 변화가 일어나는지 살펴보자. 경험적으로 알 수 있는 것은 기체의 압력을 일정하게 유지할 때에는 온도에 따라 체적이 변한다는 사실이다. 이러한 사실을 실험적으로 밝혀낸 사람이 샤를(Jacques Alexandre César Charles; 1746-1823)와 게이뤼삭(Joseph Louis Gay-Lussac; 1778-1850)이다. 이들은 각자 독립적으로 일정한 압력 하에서 기체의 체적변화는 온도변화에 비례한다는 것을 발견하였다. 즉, $V \propto T$ 이고

$$\frac{V}{T} = \text{일정} \qquad (17.2)$$

이다.

그림 (17.1)은 일정한 압력 하에서 온도 변화에 따른 체적의 변화를 나타낸다. 식 (17.2)를 만족하고 있음을 알 수 있다. 그런데 이 그래프에서 흥미로운 사실은 체적이 0이 되는 곳까지 온도 축에 선을 그으면-이러한 것을 수학적으로 외삽(extrapolation)이라고 부른다-모든 선들이 같은 점에 떨어진다는 점이다. 그리고 그 값이 -273.15°C이다. 이 점이 Kelvin 온도의 절대 영도에 해당되는 온도이다.

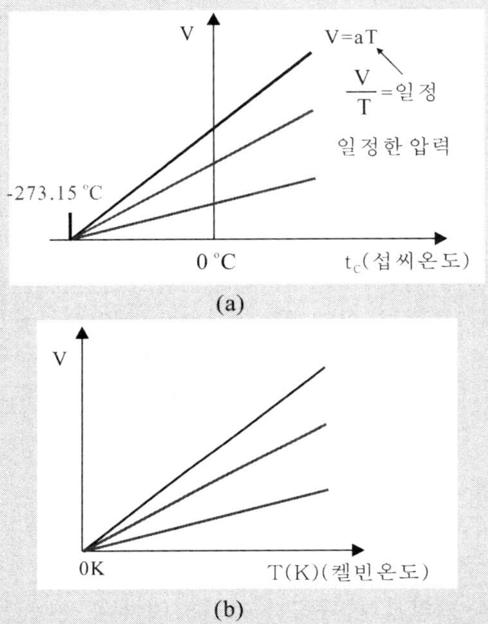

(a) 섭씨온도와 (b) 켈빈온도로 표시한 기체 시료의 체적.
여기서
$T = (t_c + 273.15)$의 관계가 유도된다.

[그림 17.1] 보일-샤를의 법칙.

또한 Gay-Lussac은 일정 체적 하에서 압력 변화는 온도 변화에 비례한다는 사실을 발견하였다. 즉,

$$P \propto T \tag{17.3}$$

이다. 위와 같은 일련의 관계를 모으면 다음과 같은 결론을 얻는다. 즉,

$$PV \propto T$$

이며 이로부터 다음과 같은 완전기체의 상태방정식(equation of state for an ideal gas)을 얻는다.

$$PV = nRT \tag{17.4}$$

여기서 R은 실험으로부터 결정되는 상수이다. 즉, 모든 기체들에 있어서 압력이 0에 접근할 때에 PV/nT의 값이 동일한 값에 접근하는데 이 값이 R에 해당되며

$$R = 8.31\, J/mol \cdot K \tag{17.5}$$

이다. 이러한 이유로 R을 보편 기체 상수(universal gas constant)라고 부른다. 만약 압력을 대기압(atm)으로, 체적을 리터(1L = 10^3cm^3 = 10^{-3}m^3)로 표시하면 R 값은 다음과 같이 된다.

$$R = 0.0821\, L \cdot atm/mol \cdot K$$

n은 몰 수(mol number)이며 일정한 체적 속의 기체의 양을 나타내는 것으로,

$$n = \frac{m}{M} \tag{17.6}$$

으로 표시된다. 여기서 M은 몰 질량이다. 우리는 이미 아보가드로 수(Avogadro's number)를 여러 번 언급 한 바가 있으며 이는 물질의 1 mol이 탄소12(^{12}C)의 12 g 에 들어 있는 원자의 수에 해당된다. 즉 $N_A = 6.02 \times 10^{23}/mol$ 이다. 그리고 어떤 물질의 1몰의 질량을 몰 질량 M이라고 부른다. 예를 들면 산소분자 O_2는 몰질량 $32\, g/mol (32\, kg/kmol)$을 가지며 이러한 기체의 32 g은 N_A수의 분자가 포함되어 있다는 의미이다. 몰수는 다음과 같이 분자의 총 수 N을 아보가드로 수 N_A로 나눈 값으로 나타낼 수도 있다. 즉,

$$n = \frac{N}{N_A}$$

이다. 따라서 완전기체의 상태방정식은 다음과 같이 표현되기도 한다.

$$PV = nRT = \frac{N}{N_A} RT$$

또는,

$$PV = Nk_B T \tag{17.7}$$

이다. 여기서 k_B를 볼쯔만 상수(Boltzmann's constant)라고 부르며 그 값은 다음과 같다.

$$k_B = \frac{R}{N_A} = 1.38 \times 10^{-23}\ J/K \qquad (17.8)$$

[보기문제 1] 1 대기압, 0°C의 산소 1몰의 체적은 얼마인가?

풀이: 완전기체 상태 방정식에서 체적은

$$V = \frac{nRT}{P} = \frac{(1\,mol)(0.0821\,L \cdot atm/mol \cdot K)(273\,K)}{1\,atm} = 22.4\ L$$

이다. 일반적으로 표준온도와 압력(standard temperature and pressure; STP)에서 1 몰의 기체는 22.4L의 체적을 갖는다.

[보기문제 2] 수소원자 1 mole의 질량은 $1.0076 \times 10^{-3}\,kg$ 이며 수소원자 1개의 질량은 $1.673 \times 10^{-27}\,kg$ 이다. 아보가드로수를 구하라.

답:

$$N_A = \frac{1.0076 \times 10^{-3}\ kg/mol}{1.673 \times 10^{-27}\ kg/atom} = 6.024 \times 10^{23}\ atoms/mol$$

[보기문제 3] 완전기체 $0.4\,mol$ 이 온도 $300\,K$에서 $2.0\,l(1.0 \times 10^{-3}\,m^3)$인 용기에 들어 있다면 압력은 얼마인가? 그리고 대기압으로는?

답: $5.0 \times 10^5\ N/m^2$, $5.0\ atm$.

압력

압력은 단위면적에 작용하는 힘으로 정의되며 단위는 파스칼(Pascal; Pa)이다. 즉,

$$P = \frac{F}{A} \qquad (17.9)$$

이고 $1\,Pa = N/m^2$ 이다. 이러한 압력은 종종 대기압(atmosphere; atm)으로 표현된다.

$$1\,atm = 1.013 \times 10^5\ Pa \qquad (17.10)$$

또한 위와 같은 대기압은 수은(mercury)의 기둥높이로 나타내기도 하는데 대기압은 수은주의 높이 760mm에 해당되며 760mm Hg로 표기된다. 이 값은 압력에 대한 식,

$$P = \rho g h \qquad (17.11)$$

에서 나온다. 여기서 ρ는 기체의 밀도, g는 중력 가속도 즉 $9.8\,m/s^2$ 이며 h는 높이이다. 수은의 밀도는 $13.6 \times 10^3\,kg/m^3$ 이므로,
$1.013 \times 10^5\ Pa = 13.6 \times 10^3\,kg/m^3 \cdot 9.8\,m/s^2 \cdot h$

에서

$$h = 0.76\,m = 760\,mm$$

의 값을 얻는다.

[보기문제 4] 물을 넣은 관을 거꾸로 세우면 대기압 하에서 물은 얼마나 높이 올라가겠는가?

다음의 표는 압력을 나타내는 여러 가지 단위들이다.

<표 17.1> 여러 가지 압력 단위들.

이름	기호	단위
파스칼	1 Pa	1 N/m^2
바	1 bar	10^5 Pa
기압	1 atm	$1.013 \cdot 10^5$ Pa
토르	1 Torr	(101325/760)Pa=133 Pa
수은주 밀리미터	1 mmHg	133 Pa
평방인치당파운드	1 psi	6.89 kPa

[보기문제 5] 어느 학생의 체중이 65kg이라고 하자.
(a) 이 학생이 땅에 닿는 면적이 250cm^2 인 운동화를 신었을 때 그리고
(b) 총 넓이가 2.0cm^2 인 스케이트를 신고 있을 때 지면에 미치는 압력을 각각 계산하라.

답: 이 학생이 지면에 미치는 힘은

$$F = 65\,kg \times 9.8\,m/s^2 = 6.4 \times 10^2\,N$$

이다. 따라서

(a) $P = \dfrac{6.4 \times 10^2\,N}{2.5 \times 10^{-2}\,m^2} = 2.6 \times 10^4\,Pa$

(b) $P = \dfrac{6.4 \times 10^2\,N}{2.0 \times 10^{-4}\,m^2} = 3.2 \times 10^6\,Pa$

이다.

17.2 기체의 분자 운동학

플라즈마와 같은 기체의 성질을 나타내는 압력, 온도, 체적(부피)과 같은 양들은 거시적인 양들이다. 그러므로 기체 내에서 활발히 움직이는 분자들의 운동에 대한 정보, 즉 미시적인 정보는 줄 수 없다. 기체의 분자들에 의한 운동학적 이론은 거시적으로 관찰되는 기체의 행동을 미시적인 토대, 즉 분자나 원자적인 수준으로 연결시켜 주는 이론이다. 다시 말해, 기체를 구성하는 분자들의 운동에 근거하여 완전기체에 대한 운동 법칙을 이끌어내는 이론이라 할 수 있다. 기체내의 분자들은 다음과 같은 가정을 토대로 하며, 이러한 가정 하의 기체를 보통 완전기체(ideal gas)라고 부른다. 이러한 완전 기체를 통상 이상(ideal)기체라고 번역이 되는데 이는 ideal이라는 영어의 뜻을 직역한데서 비롯된다. 일상적으로 우리가 '이상'이라는 단어를 사용 할 때는 두 가지 의미가 나올 수 있다. 하나는 이상(理想)이고 다른 하나는 이상(異常)이다. 따라서 상항에 따라 이상기체를 이상(異常)한 기체로 오인될 수도 있다. 여기서 영어의 ideal의 의미는 기체 분자들이 다음과 같은 조건을 갖추어 수학적으로 완전히 기술될 수 있는 형태의 기체를 가정한데서 비롯된다.
완전기체의 조건은 다음과 같다.

1. 기체는 마구잡이로 움직이는 많은 수의 동등한 분자들로 이루어져 있다.

2. 분자들은 내부 구조를 갖지 않는다. 따라서 운동 에너지는 순수한 병진운동으로만 관련을 갖는다. 그러나, 분자의 진동운동과 회전운동을 고려해야만 하는 경우가 발생한다.

3. 분자들의 상호작용은 분자들끼리와 용기의 벽들과의 탄성충돌(elastic

collision)만을 고려한다. 즉 아주 가까운 거리에서만 강한 반발력이 작용한다는 것을 의미하며 따라서 퍼텐셜 에너지는 무시된다.

4. 분자들끼리의 상호작용 거리는 분자들의 반경보다 훨씬 길다. 이것은 분자들의 크기가 용기의 체적에 비해 무시될 수 있음을 뜻한다.

위와 같은 가정들은 낮은 온도와 낮은 밀도에서뿐만 아니라 높은 온도에 놓여 있는 플라즈마와 같은 실제적인 기체에 대해서도 유용하다는 것이 밝혀졌다.

이제 체적이 V인 용기 안에 들어 있는 완전기체의 압력에 대한 표현을 구해보기로 하자. 용기는 한 변이 d인 정육면체라고 가정하며 용기 안에 들어 있는 기체의 분자수는 N개라 하자. 먼저 질량이 m이고 x 방향으로 v_x의 속도로 움직이는 하나의 분자만을 생각하자. 이 분자가 위에서 가정을 한 것처럼 용기의 벽과 탄성충돌을 한다면 속도의 크기는 변함이 없지만 방향은 반대가 된다. 이러한 분자의 운동량에 대한 변화는 충돌후의 운동량, $-mv_x$과 충돌전의 운동량, mv_x에 대한 차이이므로

$$\Delta p = mv_f - mv_1 = -mv_x - mv_x = -2mv_x$$

이다.

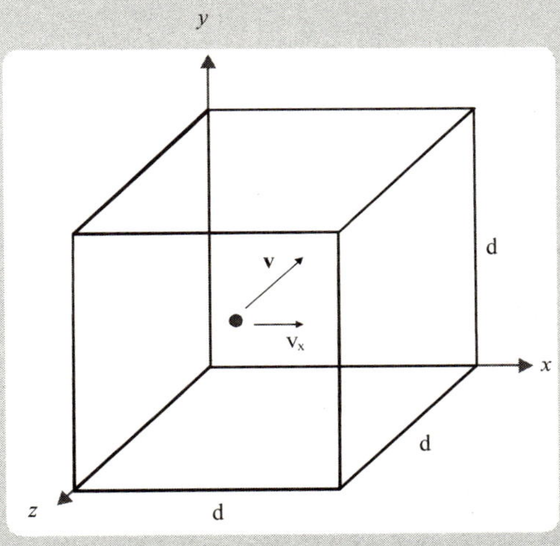

[그림 17.2] 완전(ideal) 기체의 운동.

따라서 벽에 대한 운동량의 변화량은 $2mv_x$가 된다. 벽에 대한 충격량-운동량 정리(impulse-momentum theorem)를 적용하면,

$$F_1 \Delta t = \Delta p = 2mv_x \tag{17.12}$$

이다. 여기서 F_1은 한 분자가 용기 벽에 작용하는 평균 힘이며, Δt는 충돌하는 시간 간격이다. 분자가 같은 벽에 다시 충돌하기 위해서는 $2d$ 거리를 이동하게 되므로 이때의 시간 간격은

$$\Delta t = \frac{2d}{v_x} \tag{17.13}$$

이다. 이 결과를 앞에서의 충격량-운동량 정리에 대입하면, 한 개의 분자가 벽에 작용하는 힘은 다음과 같이 된다.

$$F_1 = \frac{2mv_x}{\Delta t} = \frac{2mv_x^2}{2d} = \frac{mv_x^2}{d} \tag{17.14}$$

N개의 분자들이 벽에 가하는 힘은 각각의 분자가 가하는 평균 힘을 더하면 얻을 수 있다. 즉,

$$F = \frac{m}{d}(v_{x_1}^2 + v_{x_2}^2 + v_{x_3}^2 + \cdots + v_{x_N}^2) \tag{17.15}$$

이다. 여기서 v_{x_1}, v_{x_2} 등은 분자 1의 속도, 분자 2의 속도 성분 등을 나타낸다. N개의 분자에 대한 속도제곱에 대한 평균은 다음과 같이 주어진다.

$$\overline{v_x^2} = \frac{v_{x_1}^2 + v_{x_2}^2 + \cdots + v_{x_N}^2}{N} \tag{17.16}$$

따라서 벽에 작용하는 전체 힘은

$$F = \frac{m}{d} N \overline{v_x^2} \tag{17.17}$$

이 된다.

이제 용기 안에 들어 있는 한 개의 분자가 x 방향만 갖는 것이 아니라 속도 성분이 v_x, v_y, v_z를 갖는다고 하자. 피타고라스의 정리에 따르면 이러한 분자의 속도의 크기는 각 성분의 속도의 제곱의 합으로 된다. 즉,

$$v^2 = v_x^2 + v_y^2 + v_z^2$$

이다. 또한 평균속도의 제곱도 역시 같은 식으로 표현된다.

$$\overline{v^2} = \overline{v_x^2} + \overline{v_y^2} + \overline{v_z^2}$$

그런데, 모든 운동 방향은 동등하기 때문에 평균 속도는 모든 방향에 대하여 같아야 한다. 즉,

$$\overline{v_x^2} = \overline{v_y^2} = \overline{v_z^2}$$

이다. 따라서

$$\overline{v^2} = 3\overline{v_x^2} \qquad (17.18)$$

이 되므로 벽에 작용하는 총 힘은 다음과 같이 된다.

$$F = \frac{N}{3}\left(\frac{m\overline{v^2}}{d}\right) \qquad (17.19)$$

이 식으로부터 벽에 작용하는 압력은

$$P = \frac{F}{A} = \frac{F}{d^2} = \frac{N}{3d^3}(m\overline{v^2}) = \frac{1}{3}\left(\frac{N}{V}\right)(m\overline{v^2}) \qquad (17.20)$$

으로 되며 결국 다음과 같은 결론을 얻는다.

$$P = \frac{2}{3}\left(\frac{N}{V}\right)\left(\frac{1}{2}m\overline{v^2}\right) \qquad (17.21)$$

식 (17.21)은 압력이 단위체적당 분자 수와 분자들의 **평균 운동 에너지에 비례한다**는 것을 뜻한다.

이러한 결과는 완전기체라는 간단한 모형을 통하여 기체의 거시적인 양인 압력과 체적 그리고 개개의 분자들에 의한 분자속력과의 관계가 맺어졌다는 것을 의미한다.

식 (17.21)이 주는 압력에 대한 성질은 명백하다. 압력을 증가시키기 위해서는 용기 안에 더 많은 기체, 즉 단위체적당 분자의 수를 증가 시키면 된다. 타이어에 공기를 넣으면 타이어의 압력이 증가하는 이유가 여기에 있다. 또한 타이어 안에 들어 있는 기체의 온도가 올라가면 압력이 증가한다. 왜냐하면 온도 증가에 의해 분자들의 평균 운동 에너지가 증가하기 때문이다. 여름에 타이어의 압력이 증가하는 이유이다.

[보기문제 6] 8개의 분자들이 각각 2, 4, 5, 5, 8, 9, 12, 15 m/s 의 속력으로 운동하고 있다.
(a) 평균 속력은 얼마인가?
(b) 제곱근평균제곱(rms; root mean square) 속력은 얼마인가?

풀이:
(a) 평균 속력은 다음과 같이 계산된다.

$$\bar{v} = \frac{v_1 + v_2 + \cdots + v_N}{N} = \frac{2+4+5+5+8+9+12+15}{8}\, m/s = 7.5\, m/s$$

(b) rms 속력을 구하기 위해서는 우선 v^2 의 평균을 구해야 한다.

$$\overline{v^2} = \frac{v_1^2 + v_2^2 + \cdots + v_N^2}{N} = \frac{2^2+4^2+5^2+5^2+8^2+9^2+12^2+15^2}{8}\,(m/s)^2 = 73\,(m/s)^2$$

따라서,

$$v_s = \sqrt{\overline{v^2}} = \sqrt{73}\, m/s = 8.54\, m/s$$

이다. 일반적으로 평균 속력과 rms 속력은 같지가 않다.

17.3 온도의 분자적 해석

식 (17.21)을 다음과 같이 쓰면 온도에 대한 중요한 관계를 얻는다.

$$PV = \frac{2}{3}N\left(\frac{1}{2}m\overline{v^2}\right) \tag{17.22}$$

완전기체의 상태 방정식

$$PV = Nk_B T \tag{17.23}$$

으로부터 오른 쪽 항을 같게 놓으면 다음과 같은 결과를 얻는다.

$$T = \frac{2}{3k_B}\left(\frac{1}{2}m\overline{v^2}\right) \tag{17.24}$$

따라서 위 식을 정리하면 분자의 평균 운동에너지를 온도로 표시할 수 있게 된다.

$$\frac{1}{2}m\overline{v^2} = \frac{3}{2}k_B T \quad (17.25)$$

즉 분자당 평균 운동 에너지는 $\frac{3}{2}k_B T$에 해당된다.
다라서, N개의 총 분자에 대한 평균 운동 에너지는

$$E = N(\frac{1}{2}m\overrightarrow{v^2}) = \frac{3}{2}Nk_B T = \frac{3}{2}nRT \quad (17.26)$$

가 된다. 완전기체에서는 내부 퍼텐셜 에너지가 없기 때문에 식 (17.26)으로 주어지는 운동 에너지가 곧 총 역학적 에너지에 해당된다. 따라서 E로 표기를 하였다. 여기서 $\overline{v^2}$의 제곱근(root)을 분자의 제곱근평균제곱 속력(root-mean-square speed; rms speed)이라고 부르는데,

$$v_s = \sqrt{\overline{v^2}} = \sqrt{\frac{3k_B T}{m}} = \sqrt{\frac{3RT}{M}} \quad (17.27)$$

이다. 여기서 M은 몰 질량으로 kg/mol이다.
이 식으로부터 가벼운 분자가 상대적으로 무거운 분자에 비해 빨리 운동함을 알 수 있다. 예를 들면 몰 질량이 $2\times10^{-3}\,kg/mol$인 수소는 몰 질량이 $32\times10^{-3}kg/mol$ 인 산소보다 평균적으로 4배나 빨리 운동한다.

[보기문제 7] 온도가 $20^{o}C$ 인 $2\,mol$의 헬륨(He) 기체를 담고 있는 헬륨통이 있다. 헬륨이 완전기체처럼 행동한다고 가정했을 때 다음을 구하라. 단, 헬륨의 몰 질량은 $4\times10^{-3}\,kg/mol$이다.

(a) 체계의 전체 내부 에너지,

(b) 분자당 평균 운동 에너지,

(c) 원자들의 rms 속력.

답: (a) $7.3\times10^3\,J$

(b) $6.1\times10^{-21}\,J$

(c) $1.4\times10^3\,m/s$

17.4 맥스웰-볼쯔만 속력분포(Maxwell–Boltzmann speed distribution)

이제까지 우리는 기체 분자들의 평균속력만을 고려하여 살펴보았다. 그러나 기체내의 분자들은 광범위한 속력을 갖고 운동하리라는 것을 쉽게 예상할 수 있다. 1859년 맥스웰(James Clerk Maxwell; 1831-1879)은 N개의 입자로 구성된 기체내의 분자들은 다음과 같은 형태로 분포되고 있다는 것을 알아내었다.

$$f(v) = N\left(\frac{m}{2\pi k_B T}\right)^{3/2} 4\pi v^2 e^{-\frac{mv^2}{2k_B T}} \tag{17.28}$$

위 식을 맥스웰-볼쯔만 속력분포(Maxwell-Boltzmann speed distribution)라고 한다. 여기서 Boltzmann(1844-1906)의 이름이 들어간 것은 분자들의 초기분포로부터 시작하여 분자들끼리의 충돌에 의하여 속력 분포가 최빈(most probable) 분포인 맥스웰 함수로 귀결된다는 것을 증명하였기 때문이다. 속도가 v 와 $v+dv$ 사이의 속도를 갖는 입자들의 수는 다음과 같이 주어진다.

$$dN = f(v)dv \tag{17.29}$$

그리고 총 수는

$$N = \int_0^\infty f(v)dv \tag{17.30}$$

이다.

[보기문제 8] 맥스웰-볼쯔만 속력분포를 이용하여 평균 속력을 구하라.

풀이: 평균 속력은

$$\bar{v} = \frac{1}{N}\int_0^\infty v f(v)dv = 4\pi\left(\frac{m}{2\pi k_B T}\right)^{3/2}\int_0^\infty v^3 e^{-mv^2/2k_B T}dv$$

이다. $\alpha = \dfrac{m}{2k_B T}$라 두면, 적분은 $\int_0^\infty v^2 e^{-\alpha v^2}dv$의 형태가 된다. 이러한 적분은 다음과 같은 값을 갖는다(부록 D9를 참조바람).

$$\int_0^\infty x^3 e^{-\alpha x^2} dx = \frac{1}{2\alpha^2}$$

따라서 평균 속력은 다음과 같다.

$$\bar{v} = \left[4\pi\left(\frac{m}{2\pi k_B T}\right)^{3/2}\right]\left[\frac{1}{2}\left(\frac{2k_B T}{m}\right)^2\right] = \sqrt{\frac{8k_B T}{\pi m}} \qquad (17.31)$$

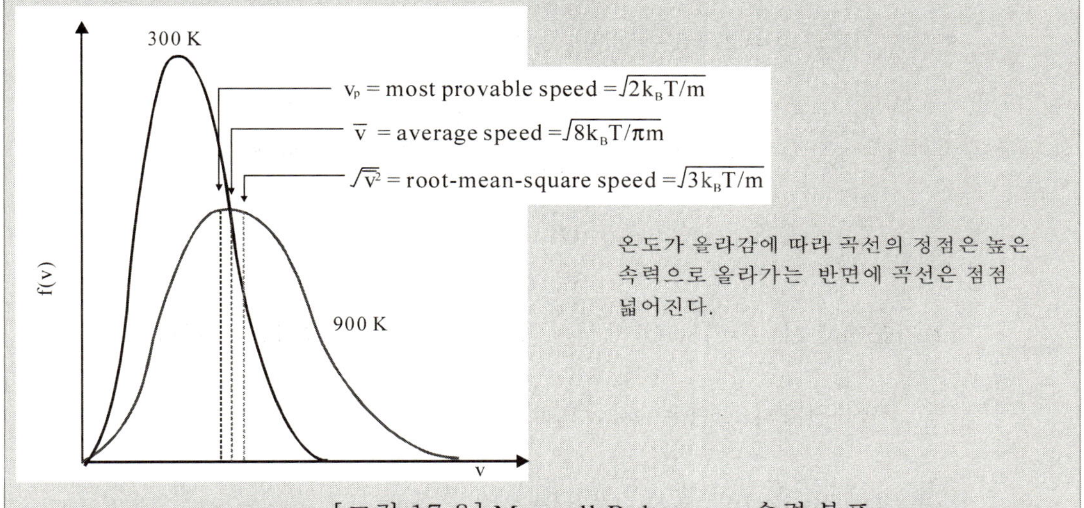

[그림 17.3] Maxwell-Boltzmann 속력 분포.

분포함수의 최고점에 해당하는 속력을 **최빈속력(most probable speed)**, v_p, 이라고 부른다. 최빈속력은 함수의 최대값을 구하는 조건 즉 $df/dv = 0$에서 구할 수 있다. 결과는 다음과 같다.

$$v_p = \sqrt{\frac{2k_B T}{m}} \qquad (17.32)$$

그림 17.3은 맥스웰-볼쯔만 속력분포와 rms 속력, 평균 속력, 최빈 속력 등을 보여주는 분포도이다. 곡선은 최고점을 중심으로 비대칭적이며, 온도가 증가함에 따라 최고점은 높은 속력 쪽으로 이동하고 곡선은 점점 넓어지는 경향을 보인다.

[보기문제 9] 다음의 적분 공식을 이용하여 맥스웰-볼쯔만 속력분포에 대한 rms 속력을 구하라.

$$\int_0^{\infty} x^4 e^{-\alpha x^3} dx = \frac{3}{8}\sqrt{\frac{\pi}{\alpha^5}}$$

[보기문제 10] 0°C에서의 산소분자(O_2)의 rms 속력을 구하라.

풀이: 산소분자의 질량은 $32u$이므로,

$$m = (32.0\,u)(1.66\times10^{-27}\,kg/u) = 5.31\times10^{-26}\,kg$$

이다. 그리고 $T = 273\,K$이다. 따라서

$$v_s = \sqrt{\frac{3k_BT}{m}} = \sqrt{\frac{3(1.38\times10^{-23}\,J/K)(273\,K)}{5.31\times10^{-26}\,kg}} = 461\,m/s$$

를 얻는다.

[보기문제 11] $T = 7800\,K$에서의 헬륨원자의 rms 속력을 구하라.

풀이: 헬륨원자의 질량은 $4u$이므로,

$$m = (4\,u)(1.66\times10^{-27}\,kg/u) = 6.64\times10^{-27}\,kg$$

이다. 그리고 $T = 7800\,K$이므로,

$$v_s = \sqrt{\frac{3k_BT}{m}} = \sqrt{\frac{3(1.38\times10^{-23}\,J/K)(7800\,K)}{6.64\times10^{-27}\,kg}} = 6970\,m/s$$

를 얻는다.

볼쯔만 인자(Boltzmann factor)

우리는 맥스웰-볼쯔만 속력분포 함수에는 e^{-E/k_BT} $(E = \frac{1}{2}mv^2)$형태의 인자가 포함되어 있음을 알 수 있다. 1868년 Boltzmann은 온도 T에서 열적 평형(thermal equilibrium)에 있는 체계에서 총 에너지 E_i를 갖는 입자들의 수 N_i는 다음과 같다는 것을 증명하였다.

$$N_i = Ce^{-E/k_BT} \tag{17.33}$$

여기서 C는 상수이다. 이때 지수 항을 볼쯔만 인자(Boltzmann factor)라고 부른다. 그러므로 에너지 E_1 과 E_2를 갖는 입자들의 비는

$$\frac{N_1}{N_2} = \frac{e^{-E_1/k_BT}}{e^{-E_2/k_BT}} = e^{-(E_2-E_1)/k_BT} \tag{17.34}$$

로 주어진다. 우리는 식 (17.34)를 이용하여 이미 플라즈마 상태를 살펴본 바가 있다.

한 원자나 분자의 전자의 에너지 준위는 바닥상태에서 첫째 들뜸상태의 간격이 대략 $3\,eV$ 정도이다. 실온인 25℃(298 K)의 시료에서 이 두 상태의 개체수의 비는 위의 공식에 따르면 약 e^{-121}, 즉 10^{-58} 이다. 따라서 시료 속의 거의 모든 분자나 원자는 바닥상태에 머물고 있다고 하겠다. 만약 바닥상태의 개체수의 1% 정도가 들뜸상태를 유지하려면 온도는 약 10000℃로 올라가야 한다.

[보기문제 12] $1\,m^3$ 의 정육면체 용기 안에 대기압의 압력과 0℃로 유지되는 수소기체가 들어 있다. 이 시료속의 수소원자들의 수는 2.7×10^{25} 이다. 0℃와 10000℃에서의 첫 뜰뜬 전자상태에 있는 원자들의 수를 계산하라.

풀이:
수소원자의 바닥상태 에너지는 $E_1 = -13.6\,eV$이며 첫 뜰뜸 상태의 에너지는 $E_2 = E_1/4 = -3.4\,eV$ 이다. 따라서 0℃인 경우,

$$\frac{E_2 - E_1}{k_BT} = \frac{(10.2\,eV)(1.6\times10^{-19}\,J/eV)}{(1.38\times10^{-23}\,J/K)(273\,K)} = 433$$

이다. 결국

$$\frac{N_2}{N_1} = e^{-(E_2-E_1)/k_BT} = e^{-433} \approx 10^{-188}$$

이 된다. 시료의 수가 2.7×10^{25} 이기 때문에 이 온도에서는 모든 원자들이 바닥상태를 점유하고 있다고 하겠다. 10000℃인 경우,

$$\frac{E_2 - E_1}{k_B T} = \frac{(10.2\,eV)(1.6 \times 10^{-19}\,J/eV)}{(1.38 \times 10^{-23}\,J/K)(10273\,K)} = 11.5$$

이고,

$$\frac{N_2}{N_1} = e^{-11.5} \approx 10^{-5}$$

이다. 따라서 시료 속에서 약 10^{21} 정도가 첫 들뜸 상태로 있다. 물론 이 수효도 전체 수에 비하면 그 비율은 상당히 낮은 편이다.

17.5 평균자유행로(mean free path)

방안에서 향수병을 열면 향기는 방안 전체로 금방 퍼져가지 않는다. 위의 보기문제에서 보았듯이 분자들의 평균속력을 고려하면 향수 분자들은 금방 방안 전체에 퍼져 나가야 한다. 이러한 느린 확산을 고려하면 분자들의 경로는 서로 충돌에 의해 제약받는다고 여길 수 있다. 즉, 그림 17.4에서 보는 것처럼 분자들은 근사적으로는 직선 운동을 하는 것처럼 보이지만 사실상 충돌에 의해 경로를 불규칙하게 바꾸며 운동한다는 것이다.

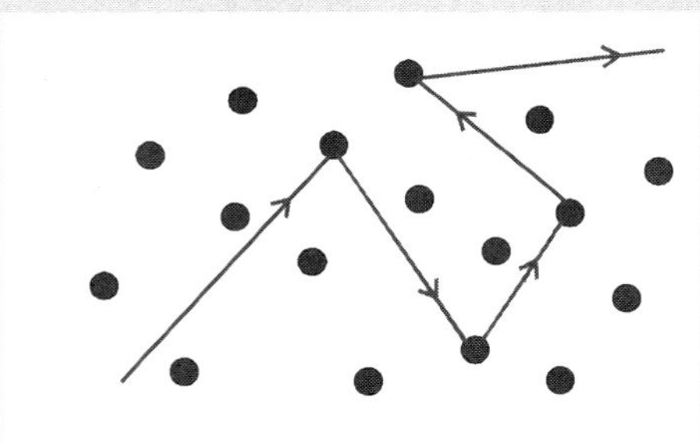

기체안의 한 분자가 다른 분자와 충돌하는 모습이다. 분자는 충돌하면서 불규칙한 경로를 따른다.

[그림 17.4] 분자의 운동 경로.

이때 한 분자가 다른 분자와 충돌을 하여 이동한 평균 거리를 **평균자유행로(mean free path)**라고 부른다. 이제 이러한 평균자유행로를 구해보자. 그림 17.5에서 보듯이 분자들을 반지름 r 을 갖는 공이라고 가정하자. 한 분자가 운동하고 나머지 분자들은 정지해 있는 것으로 간주한다. 그렇다면 한 분자가 다른 분자와 충돌이 일어나는 경우는 두 분자의 중심선이 $2r$ 보다 작을 때이다. 따라서 충돌하는 분자는 반경 $2r$ 인 공으로 둘러싸여 있는 것과 같으므로 충돌의 유효 단면적, σ 는

$$\sigma = \pi(2r)^2 = \pi d^2 \tag{17.35}$$

이 된다. 여기서 d는 분자의 지름에 해당된다. 분자가 충돌과 충돌 사이에 평균적으로 v의 속력으로 움직인다면 움직이는 공은 그림 17.5에서처럼 원통 조각을 만들어 낼 것이다. 그렇다면 시간 Δt 동안 간 거리는 $v\Delta t$가 된다. 따라서 쓸고 지나간 총 체적은 $\sigma v\Delta t$ 이다. 한편 단위체적당 분자 수를 n이라 하면, $n = N/V$ 이고 위에서 언급한 체적 내에서 서로 만나는 분자 수는 $n\sigma v\Delta t$가 된다. 만약 충돌하는 사이의 평균 시간을 τ라 한다면 Δt 시간 동안 충돌한 횟수는 $\Delta t/\tau$이다.

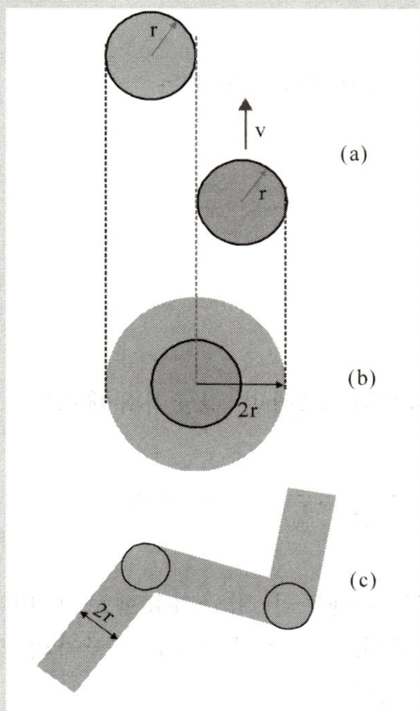

(a) 반지름 r을 갖는 두개의 분자가 충돌을 하려면 이들의 운동선은 2r보다 짧아야한다.

(b) 따라서 충돌하는 분자는 반지름 d=2r을 갖는 공으로 취급할 수 있다.

(c) 충돌을 하는 분자는 반지름 2r을 갖는 원통 부피를 쓸고 지난다고 생각할 수 있다.

[그림 17.5] 기체분자의 평균자유행로

이제 입자들의 수와 충돌한 횟수를 같다고 놓으면 즉,

$$n\sigma v\Delta t = \frac{\Delta t}{\tau} \tag{17.36}$$

이고, 이로부터

$$v\tau = \frac{1}{n\sigma} \tag{17.37}$$

가 된다. 평균자유행로는 충돌사이의 평균거리로 정의된다. 충돌사이의 평균시간과 연관을 지우면 위에서 구한 $v\tau$가 곧 평균자유행로에 해당된다. 따라서 평균자유행로를 λ라 한다면,

$$\lambda = \frac{1}{n\sigma} = \frac{1}{n\pi d^2} \qquad (17.38)$$

이다. 그런데 다른 분자들의 운동까지 고려해주면 최종적인 값은 다음과 같이 주어진다.

$$\lambda = \frac{1}{\sqrt{2}\,n\pi d^2} \qquad (17.39)$$

[보기문제 13] $T = 7800\,K$인 헬륨 플라즈마가 있다. 밀도는 $n = 10^{18}\ atoms/m^3$이다.
(a) 평균자유행로와
(b) 분자간 거리를 구하라.
(c) 그리고 충돌횟수를 구하라.
헬륨의 직경은 $0.2\,nm$라고 가정한다.

풀이: $n = 10^{18}/m^3$이고 $d = 2.0 \times 10^{-10}\,m$이다. 그러면 평균자유행로는

$$\lambda = \frac{1}{\sqrt{2}\,n\pi d^2} = \frac{1}{(1.41)(10^{18}/m^3)(3.14)(2.0 \times 10^{-10}\,m)^2} = 11.3\,m$$

이다. 이러한 거리는 보통의 공기 중에서 분자들의 평균자유행로에 비해서는 상당히 긴 편이다. 사실상 PDP에 있어 플라즈마 상태는 공기의 밀도에 비해 무척 낮은 상태를 유지시키고 있다.

(b) 헬륨들 간의 평균거리는 다음과 같이 구할 수 있다. N개의 분자나 원자들이 체적 V를 차지하면, 평균적으로 각각의 원자는 V/N의 체적, 즉 한 변이 $(V/N)^{1/3}$ 인 정육면체를 차지한다. 이러한 정육면체의 한 변의 거리를 원자들 간의 거리라고 생각하면

$$\left(\frac{V}{N}\right)^{1/3} = \left(\frac{1}{10^{18}}\,m^3\right)^{1/3} = 10^{-6}\,m$$

이다. 헬륨원자의 크기가 $10^{-10}m$ 정도임을 감안하면 원자 간의 거리가

무척 길다는 사실을 알 수 있다. 다음 보기 14를 보면 그 차이를 알 수 있다.

(c) 보기문제 11에서 헬륨의 rms 속력은 6970 m/s 이다. 이 속력을 헬륨원자의 평균 속력이라고 가정한다면, 충돌횟수는

$$f=\frac{1}{\tau}=\frac{v}{\lambda}=\frac{6970\ m/s}{11.3\,m}=617\ \text{충돌}/s$$

이다.

[보기문제 14] 기온이 27℃ 이고 1기압인 공기분자들에 대하여
(a) 평균자유행로와
(b) 충돌횟수를 구하라.
단, 공기분자의 직경은 0.3nm 라고 가정한다.

풀이:
(a) 먼저 공기의 1몰의 체적을 알아야 한다.

$$V=\frac{nRT}{P}=\frac{(1\,mol)(8.31\,J/mol\cdot K)(300\,K)}{1.01\times 10^5\,N/m^2}=0.0247\ m^3$$

따라서 공기분자의 밀도는

$$n=\frac{N_A}{V}=\frac{6.02\times 10^{23}\ molecules/mol}{0.0247\ m^3}=2.44\times 10^{25}\ molecules/m^3$$

이다. 따라서

$$\lambda=\frac{1}{\sqrt{2}\,n\pi d^2}=\frac{1}{(1.41)(2.44\times 10^{25}/m^3)(3.14)(3.0\times 10^{-10}\,m)^2}=1.03\times 10^{-7}\ m$$

이다. 분자의 지름이 약 $3\times 10^{-10}m$ 이므로 위와 같은 평균자유행로는 약 350개의 분자 지름에 해당된다.

한편 분자들 간의 평균거리는

$$\left(\frac{V}{N}\right)^{1/3}=\left(\frac{1}{2.44\times 10^{25}}\,m^3\right)^{1/3}=3.5\times 10^{-9}\ m$$

이다. 이 거리는 약 11개의 분자 지름에 해당된다.

(b) 300 K에서 산소분자의 rms 속력은 483 m/s 이다. 이 속력을 공기분자의 평균 속력이라고 가정한다면, 충돌횟수는

$$f = \frac{1}{\tau} = \frac{v}{\lambda} = \frac{483\ m/s}{1.03 \times 10^{-7}\,m} = 4.7 \times 10^{9}\ \text{충돌}/s$$

이다.

[보기문제 15] 우주 공간에서 있어 별들 간에는 cm^3 당 약 30개의 원자가 분포하고 있다. 이러한 성간(星間)에서 수소원자의 평균자유행로는 얼마가 되겠는가? 수소의 반지름은 $0.53 \times 10^{-10}\,m$ 이다.

풀이:

$$\lambda = \frac{1}{\sqrt{2}\,n\pi d^2} = \frac{1}{(1.41)(3.0 \times 10^{7}/m^3)(3.14)(1.06 \times 10^{-10}\,m)^2}$$

$$= 6.7 \times 10^{11}\ m$$

태양과 지구 사이의 거리가 $1.5 \times 10^{11}\ m$ 이다. 이러한 결과로부터 무엇을 생각할 수 있겠는가?

부 록(Appendices)

A. 국제(SI) 단위계

B. 물리 상수

C. 그리스 문자

D. 기초 수학

E. 벡터와 행렬

F. 복소수

G. 미분방정식

A. 국제(SI) 단위계

공학에서 기본 단위들은 대단히 중요하다. 과학이나 공학에서는 물질의 여러 가지 기본 성질은 물론 물질의 속도, 온도, 에너지 등을 직접 측정해야 하고, 이러한 측정이 가능하기 위해서는 물리량들에 대한 기본 단위들(units)이 있어야 하기 때문이다. 물리학을 비롯한 과학과 공학에서 보편적으로 사용하기 위한 기본 단위 체계를 국제단위체계라고 하며 보통 SI 단위계라고 부른다. 영어로는 International System이나 이를 SI라고 부르는 이유는 프랑스어기 때문이다. 즉 SI는 프랑스어인 *Système International d'Unités*의 약자이다. 이 중 3개의 기본 물리량에 해당되는 것이 길이(*meter*; *m*), 질량(*kilogram*; *kg*), 시간(*second*; *s*)이다. 이 외에 열역학과 전자기학 분야에서 3개의 기본 단위가 추가된다. 즉, 온도단위로서의 켈빈(Kelvin; K), 물질의 양을 나타내는 몰(*mole*; *mol*), 전류를 나타내는 암페어(*Ampère*; *A*)이다. 그리고 광도를 나타내는 칸델라(*candela*; *cd*)가 있다.

미터 (*Meter* ; *m*)
길이의 기본단위이다. 1미터는 빛이 진공 중에서 1/299,729,458 초 동안 간 거리이다. 따라서 빛의 속력은 299,729,458 m/s 이다.

초 (*Second* ; *s*)
시간의 기본 단위이다. 세슘-133(^{133}Cs) 원자의 고유 진동수로 정의 된다. 즉 1초는 ^{133}Cs의 바닥상태의 두 초미세 준위 사이에서 일어나는 전이 시간의 9,192,631,770 배이다.

킬로그램 (*Kilogram* ; *Kg*)
질량의 기본단위이다. 프랑스 세브레(*Sévres*)에 보관 중인 국제 킬로그람 원(international prototype metal cylinder)의 질량으로 정의 된다.

암페어 (*Ampère* ; *A*)
전류의 기본 단위이다. 1암페어는 진공 속에서 1m 평행하게 떨어진 두개의 무한 도선 사이의 힘이 단위길이당 2×10^{-7} 뉴턴(Newton; N)일 때 흐르는 전류이다.

켈빈 (*Kelvin* ; *K*)
열역학 온도의 단위이다. 물의 삼중점 온도의 1/273.16에 해당되는 온도이다. 일상생활에서 사용되는 섭씨온도와의 관계는 0℃ = 273.16 *K*이다.

몰 (*Mole* ; *mol*)
탄소12(^{12}C)의 0.012 *kg*(12 *g*)에 있는 원자수와 동일한 원소를 갖는 물질의 양으로 원자, 분자, 이온, 전자 등이 이에 속한다. 여기서 동일한 숫자를 아보가드로 수(Avogadro's number)라고 부르며 6.023×10^{23} 이다.

칸델라(*Candela* ; *cd*)
빛의 세기의 단위이다. 1칸델라는 대기압 하에서 어는점에 있는 백금(platinum) 흑체의 1/600,000 제곱미터의 구멍으로 나오는 빛의 세기에 해당된다.

[보기문제 1] 물리량 중 속도의 크기는 단위시간당 길이로 정의된다. 위에서 든 기본단위로 나타내어라.

풀이: 속도의 크기를 v 로, 길이를 l 로, 시간을 t 로 표기하자. 그러면 $v = l/t$ 가 된다. 단위를 살펴보면 l 은 미터(m), t 는 초(s)이므로 속력의 단위는 m/s 이다.

[보기문제 2] 물리량 중 가속도는 단위시간 당 속도로 정의된다. 즉 속도에 대한 시간 변화율이다. 가속도를 기본단위로 나타내어라.

풀이: 단위시간당 속도의 크기이므로 가속도를 a 로 표기하면 $a = v/t$ 이다. 이에 대한 단위는 $(m/s)/s$ 이고 정리하면 m/s^2 이다.

[보기문제 3] 뉴턴의 운동방정식에 의하면 물체에 가해진 힘은 물체의 질량에 물체의 가속도의 곱으로 정의된다. 이때 힘의 단위를 뉴턴($\neq wton; N$)이라고 부른다. 힘의 단위인 뉴턴을 기본단위로 나타내어라.

풀이: 위와 같은 정의에 의하면 힘을 F 라고 하면 $F = m \cdot a$ 이다. 이에 대한 기본 단위들은 $(kg) \cdot (m/s^2)$ 이다. 따라서 $1N = (kg \cdot m)/s^2$ 이다.

[보기문제 4] 전기를 일으키는 물질의 기본속성의 물리량을 전하라고 부르며 그 단위를 쿨롱($Coulomb; C$)이라고 한다. 이러한 전하는 1암페어의 전류를 1초간 흐르게 할 수 있는 양이다. 전하의 단위를 기본단위로 나타내어라.

풀이: 전하의 크기를 Q 라 하고 전류를 I 라고 표기하면 $Q = I \cdot t$ 이다. 이에 대한 단위는 $C = A \cdot s$ 이다.

위에서 우리는 숫자를 표시할 때 3개씩 끊어 표기를 했다. 예를 들면 빛의 속력의 숫자 표시를 299,729,458 와 같이 하였다. 그런데 우리가 이러한 숫자를 읽고 바로 그 크기를 깨닫는 데는 시간이 걸릴 뿐만 아니라 상당히 불편하다는 느낌을 받는다. 왜 그럴까? 빛의 속력을 다음과 같이 적어보자.

2,9972,9458

우리는 단번에 "2억9천9백7십2만9천4백5십8"이라고 읽으며 그 크기를 알아 볼 수 있다. 이러한 모순은 서양의 숫자단위 체계가 천(1000) 단위임에 반해 우리나라는 만(10000) 단위 체계이기 때문이다. 영어의 천 단어(thousand)는 있지만 만 단어(ten thousands)는 없다는 사실을 깨달아 보았는가? 다음의 숫자 단위에 대한 특별 이름들을 보라. 친숙한 단어들과 기호들이 많이 보일 것이다. 특히 *giga*, *mega* 등은 컴퓨터나 카메라 등의 저장장치 등의 용량에서 *nano* 는 나노기술 등에서 친숙하게 접하는 용어들이다.

<표 A.1> 천 단위 10^3 혹은 10^{-3}에 대한 거듭제곱과 이에 대한 특별이름표. 센티(centi)는 여기에 해당되지 않으나 본 교재에서 자주 사용되어 예외적으로 표기를 하였다.

천단위 거듭제곱	이 름	약 자
10^{12}	*tera*	T
10^{9}	*giga*	G
10^{6}	*mega*	M
10^{3}	*kilo*	k
10^{-2}	*centi*	c
10^{-3}	*milli*	m
10^{-6}	*micro*	μ
10^{-9}	*nano*	n
10^{-12}	*pico*	p
10^{-15}	*femto*	f

B. 물리 상수

부록에서 언급되는 물리량들에 대한 이름들은 영어로 표기하였다. 되도록이면 세계적으로 공인되는 영어단어에 익숙해지도록 하기 위한 것이다.

B1. 중요 물리상수(Physical Constants)

물리량(Quantity)	기호(Symbol)	값(Approximate Value)
Atomic mass unit	u	$1.661\text{x}10^{-27}$ kg=931.5 MeV/c^2
Avogadro's number	N_A	$6.022\text{x}10^{23}$ particles/mol
Boltzmann's constant	$k_B = R/N_A$	$1.381\text{x}10^{-23}$ J/K
Coulomb-law constant	$k(=1/4\pi\varepsilon_0)$	$8.99\text{x}10^{9}$ Nm^2/C^2
Electron mass	m_e	$9.102\text{x}10^{-31}$ kg=0.511 MeV/c^2
Elementary charge	e	$1.602\text{x}10^{-19}$ C
Gas constant	R	8.314 J/K · mol
Gravitational constant	G	$6.672\text{x}10^{-11}$ Nm^2/kg^2
Permeability constant	μ_0	$4\pi\text{x}10^{-7}$ H/m
Permittivity constant	$\varepsilon_0(=1/\mu_0 c^2)$	$8.854\text{x}10^{-12}$ F/m
Planck's constant	h	$6.626\text{x}10^{-34}$ J · s
Proton mass	m_p	$1.672\text{x}10^{-27}$ kg
Speed of light in vacuum	c	$3.00\text{x}10^{8}$ m/s

B2. 천문학 관련 데이타(Terrestrial and Astronomical Data)

Earth	
Mean radius	6.37×10^6 m
Mass	5.98×10^{24} kg
Mean distance to sun	1.49×10^{11} m
Moon	
Mean radius	1.74×10^6 m
Mass	7.36×10^{22} kg
Mean distance to earth	3.84×10^8 m
Sun	
Mean radius	6.96×10^8 m
Mass	1.99×10^{30} kg

B3. 자주 등장하는 물리량

Acceleration of gravity at earth's surface, g	9.81 m/s^2
Escape speed at earth's surface	11.2 km/s
Standard atmosphere pressure(STP)	1atm=101.3 kPa
Speed of sound in dry air(at 1atm)	331 m/s
Speed of sound in dry air(20°C, 1atm)	343 m/s
Density of air(1atm)	1.29 kg/m^3
Density of water(4°C, 1atm)	1000 kg/m^3
Specific heat of water	4186 J/kg · K

C. 그리스 문자(The Greek Alphabet)

A, α	*Alpha*	N, ν	*Nu*
B, β	*Beta*	Ξ, ξ	*Xi*
Γ, γ	*Gamma*	O, o	*Omicron*
Δ, δ	*Delta*	Π, π	*Pi*
E, ϵ	*Epsilon*	P, ρ	*Rho*
Z, ζ	*Zeta*	Σ, σ	*Sigma*
H, η	*Eta*	T, τ	*Tau*
Θ, θ	*Theta*	Y, υ	*Upsilon*
I, ι	*Iota*	Φ, ϕ	*Phi*
K, κ	*Kappa*	X, χ	*Chi*
Λ, λ	*Lambda*	Ψ, ψ	*Psi*
M, μ	*Mu*	Ω, ω	*Omega*

D. 기초 수학

D1. 방정식(equations)

다음 방정식을 푸시오.

$(x-2)^2+5=21$

풀이:

$(x-2)^2=21-5=16$
$x-2=\pm 4$
따라서, $x=6$ 또는 $x=-2$ 이다.

다음 방정식을 푸시오.

$\frac{1}{x}+\frac{1}{4}=\frac{1}{3}$

풀이:

$\frac{1}{x}=\frac{1}{3}-\frac{1}{4}=\frac{4}{12}-\frac{3}{12}=\frac{1}{12}$

따라서, $x=12$ 이다.

다음 두 개의 방정식을 만족하는 x 와 y 값을 구하시오.

$3x-2y=6$ and $y-x=2$

풀이:

$y=x+2$ 이고 이러한 y의 값을 첫 식에 대입한다. 그러면

$3x-2(x+2)=8$
$3x-2x-4=8$
$x=12$

이고, 따라서 $y=12+2=14$이다.

D2. 지수(Exponents)

$x^m x^n = x^{m+n}$ $\frac{x^m}{x^n}=x^{m-n}$

$(x^m)^n = x^{mn}$ $\quad x^{\frac{1}{n}} = \sqrt[n]{x}$

$x^0 = 1$

$x^{1/2}x^{1/2} = x$

따라서,

$x^{1/2} = \sqrt{x}$

D3. 이차방정식(the Quadratic Formula)

변수가 제곱형태로 되어 있는 방정식을 이차방정식이라고 부르며 다음과 같은 형태를 갖는다.

$$ax^2 + bx + c = 0$$

여기서, a, b, c 는 상수이다. 이 방장식의 해는 다음과 같다.

$$x = \frac{-b \pm \sqrt{b^2 - 4ac}}{2a}$$

[보기문제 5] 다음 이차방정식의 해를 구하시오.

$$2x^2 - 7x + 6 = 0$$

풀이: $x = \dfrac{7 \pm \sqrt{(-7)^2 - (4)(2)(6)}}{(2)(2)} = \dfrac{7 \pm 1}{4}$, 따라서 $x = 2$ 또는 $x = \dfrac{3}{2}$ 이다.

이 경우에는 인수분해를 이용하면 보다 간단히 문제를 풀 수 있다. 즉

$$(x-2)(2x-3) = 0$$

이고 이로부터 $x = 2$ 혹은 $3/2$ 이다.

D4. 로그(Logarithms)

$y = a^x$ 로 주어졌을 때 x 를 a 를 밑(base)으로 하는 y 의 로그(logarithm)라고 하며 다음과 같이 쓴다.

$x = \log_a y$

만약 $x = 1$ 이면

$y = a^1 = a$

이고 따라서,

$\log_a a = 1$

이다. 만약 $x = 0$ 이면 $y = a^0 = 1$ 이고,

$\log_a 1 = 0$

이다. 만약, $y_1 = a^m$, $y_2 = a^n$ 이면,

$y_1 y_2 = a^m a^n = a^{m+n}$

이고, 따라서

$\log_a y_1 y_2 = \log_a y_1 + \log_a y_2$

가 된다. 또한

$\log_a y^n = n \log_a y$

의 결과를 얻는다.

이러한 로그 함수에는 두 개의 중요한 밑이 존재한다. 하나는 10을 밑으로 하는 로그로 상용로그(common logarithms)라고 부른다. 이러한 상용로그는 밑의 기호를 생략하는 경우가 많다. 즉

$y = \log_{10} x = \log x$

다른 하나는 $e(e = 2.726\cdots)$를 밑으로 하는 로그로 자연로그(natural logarithms)라고 한다. 자연로그는 다음과 같은 기호를 주로 사용한다.

$\log_e x = \ln x$

$y = \ln x$ 는

$x = e^y$

를 의미한다.

D5. 기하학(Geometry)

원(circle)의 지름(diameter)과 원호(circumference)의 비율을 π라고 한다. 즉, 원의 지름을 d, 반지름을 r이라고 하면 원호의 길이는

$$C = \pi d = 2\pi r$$
$$\pi = 3.141592 \cdots$$

이다. 원의 면적은

$$A = \pi r^2$$

으로 주어진다. 반지름이 r인 원의 방정식은 다음과 같다.

$$x^2 + y^2 = r^2$$

타원인 경우 장축이 a, 단축이 b이면

$$\frac{x^2}{a^2} + \frac{y^2}{b^2} = 1$$

이다.

공(sphere)인 경우 표면적은

$$A = 4\pi r^2$$

이며, 체적(volume)은

$$V = \frac{4}{3}\pi r^3$$

이다.

반지름이 r이고 높이가 L인 원기둥(cylinder)의 표면적은

$$A = 2\pi r L$$

이며, 체적은

$$V=\pi r^2 L$$

이다.

D6. 삼각법(Trigonometry)

반지름이 r이고 호의 길이(arc length)가 s인 부채꼴에서 그 사잇각은 다음과 같이 주어지며 단위는 라디안(radian)이라고 부른다.

$$\theta=\frac{s}{r}$$

라디안(radians)과 각도(degrees)와의 관계는

$$360^o=2\pi\ rad$$

이고,

따라서 1라디안은

$$1\ rad=\frac{360^o}{2\pi}=57.3^o$$

이다.

직각삼각형(right triangle)에 있어 밑변의 길이가 b, 높이가 a, 빗변이 c이고 b와 c의 사잇각을 θ라 하자. 그러면 각 θ에 대한 삼각함수들은 다음과 같이 정의된다.

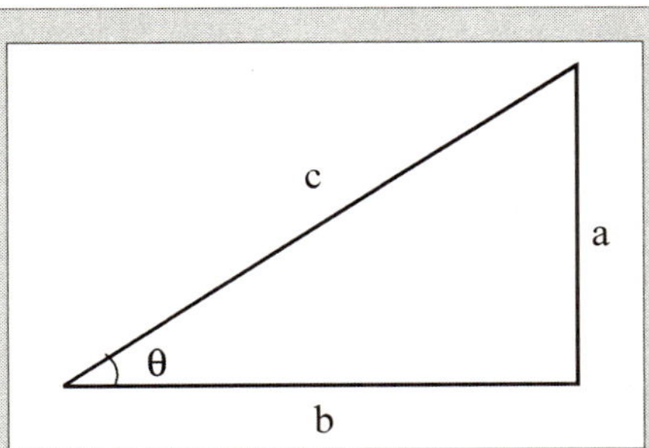

[그림 A1] 직각 삼각형.

$$\sin\theta = \frac{a}{c}$$

$$\cos\theta = \frac{b}{c}$$

$$\tan\theta = \frac{a}{b} = \frac{\sin\theta}{\cos\theta}$$

위 삼각함수들의 역함수들은 다음과 같이 정의된다.

$$\sec\theta = \frac{1}{\cos\theta}$$

$$\csc\theta = \frac{1}{\sin\theta}$$

$$\cot\theta = \frac{1}{\tan\theta} = \frac{\cos\theta}{\sin\theta}$$

삼각함수들에 대한 각 θ는 다음과 같이 부른다.

$$\sin\theta = x$$

$$\theta = \arcsin x = \sin^{-1} x$$

$$\cos\theta = y$$

$$\theta = \arccos y = \cos^{-1} y$$

$$\tan\theta = z$$

$$\theta = \arctan z = \tan^{-1} z$$

피타고라스 정리(Pythagorean theorem)로부터

$$a^2 + b^2 = c^2$$

이고,

$$\frac{a^2}{c^2} + \frac{b^2}{c^2} = 1$$

에서, 다음과 같은 결론을 얻는다.

$$\sin^2\theta + \cos^2\theta = 1$$

또한,

$$1 + \cot^2\theta = \csc^2\theta$$
$$1 + \tan^2\theta = \sec^2\theta$$

이다. 다음은 삼각함수들에 대한 주요 관계식들이다.

$$\sin(A \pm B) = \sin A \cos B \pm \cos A \sin B$$
$$\cos(A \pm B) = \cos A \cos B \mp \sin A \sin B$$
$$\tan(A \pm B) = \frac{\tan A + \tan B}{1 \mp \tan A \tan B}$$
$$\sin A \pm \sin B = 2\sin\left[\frac{1}{2}(A \pm B)\right]\cos\left[\frac{1}{2}(A \mp B)\right]$$
$$\cos A + \cos B = 2\cos\left[\frac{1}{2}(A + B)\right]\cos\left[\frac{1}{2}(A - B)\right]$$
$$\cos A - \cos B = 2\sin\left[\frac{1}{2}(A + B)\right]\sin\left[\frac{1}{2}(B - A)\right]$$
$$\sin(90^o - \theta) = \cos\theta,\ \cos(90^o - \theta) = \sin\theta$$
$$\sin(-\theta) = -\sin\theta,\ \cos(-\theta) = \cos\theta$$
$$\sin 2\theta = 2\sin\theta\cos\theta$$
$$\cos 2\theta = \cos^2\theta - \sin^2\theta = 2\cos^2\theta - 1 = 1 - 2\sin^2\theta$$
$$\tan 2\theta = \frac{2\tan\theta}{1 - \tan^2\theta}$$

D7. 급수전개(Power series)

$$(a+b)^n = a^n + \frac{n}{1!}a^{n-1}b + \frac{n(n-1)}{2!}a^{n-2}b^2 + \cdots$$
$$(1+x)^n = 1 + nx + \frac{n(n-1)}{2!}x^2 + \frac{n(n-1)(n-2)}{3!}x^3 + \cdots$$
$$e^x = 1 + x + \frac{x^2}{2!} + \frac{x^3}{3!} + \cdots$$
$$\ln(1 \pm x) = \pm x - \frac{x^2}{2!} \pm \frac{x^3}{3!} - \cdots \qquad |x| < 1$$

$$\sin x = x - \frac{x^3}{3!} + \frac{x^5}{5!} - \cdots$$

$$\cos x = 1 - \frac{x^2}{2!} + \frac{x^4}{4!} - \cdots$$

여기서 x는 라디안이다.

D8. 미분(differentiation)

f 와 g가 x의 함수이면,

$$\frac{d}{dx}(fg) = f\frac{dg}{dx} + g\frac{df}{dx}$$

$$\frac{d}{dx}\left(\frac{f}{g}\right) = \frac{g\frac{df}{dx} - f\frac{dg}{dx}}{g^2}$$

이다.
u가 x의 함수일 때 함수 $f(u)$가 주어지면,

$$\frac{df}{dx} = \frac{df}{du} \cdot \frac{du}{dx}$$

이다.

$$\frac{d}{dx}(ax^n) = nax^{n-1}, \quad \frac{d}{dx}(e^{ax}) = ae^{ax}$$

$$\frac{d}{dx}(\sin ax) = a\cos ax, \quad \frac{d}{dx}(\cos ax) = -a\sin ax$$

$$\frac{d}{dx}(\tan ax) = a\sec^2 ax, \quad \frac{d}{dx}(\ln x) = \frac{1}{x}$$

D9. 적분(Integrals)

부분적분은 다음과 같이 푼다.

$$\int u(\frac{dv}{dx})dx = uv - \int v(\frac{du}{dx})dx$$

공학에서 자주 등장하는 적분들의 계산결과는 다음과 같다.

$$\int x^n dx = \frac{x^{n+1}}{n+1} (n \neq 1)$$

$$\int \frac{1}{x} dx = \ln x$$

$$\int \frac{1}{a+bx} dx = \frac{1}{b} \ln(a+bx)$$

$$\int \frac{1}{(a+bx)^2} dx = -\frac{1}{b(a+bx)}$$

$$\int \frac{1}{a^2+x^2} dx = \frac{1}{a} \tan^{-1}(\frac{x}{a})$$

$$\int \frac{1}{a^2-x^2} dx = \frac{1}{2a} \ln(\frac{a+x}{a-x}),\ (x^2 < a^2)$$

$$\int \frac{1}{x^2-a^2} dx = \frac{1}{2a} \ln(\frac{x-a}{x+a}),\ (x^2 > a^2)$$

$$\int \frac{x}{a^2 \pm x^2} dx = \pm \frac{1}{2} \ln(a^2 \pm x^2)$$

$$\int e^{ax} dx = \frac{1}{a} e^{ax}$$

$$\int \ln(ax) dx = x \ln(ax) - x$$

$$\int \sin(ax) dx = -\frac{1}{a} \cos(ax)$$

$$\int \cos(ax) dx = \frac{1}{a} \sin(ax)$$

$$\int \tan(ax) dx = \frac{1}{a} \ln[\sin(ax)]$$

또한 가우스 확률 분포 함수의 적분은 다음과 같다.

$$I_0 = \int_0^\infty e^{\alpha x^2} dx = \frac{1}{2}\sqrt{\frac{\pi}{\alpha}}$$

$$I_1 = \int_0^\infty x e^{-\alpha x^2} dx = \frac{1}{2\alpha}$$

$$I_2 = \int_0^\infty x^2 e^{-\alpha x^2} dx = -\frac{dI_0}{d\alpha} = \frac{1}{4}\sqrt{\frac{\pi}{\alpha^3}}$$

$$I_3 = \int_0^\infty x^3 e^{-\alpha x^2} dx = -\frac{dI_1}{d\alpha} = \frac{1}{2\alpha^2}$$

$$I_4 = \int_0^\infty x^4 e^{-\alpha x^2} dx = -\frac{dI_2}{d\alpha} = \frac{3}{8}\sqrt{\frac{\pi}{\alpha^5}}$$

$$I_{2n} = (-1)^n \frac{d^n I_0}{d\alpha^n}$$

$$I_{2n+1} = (-1)^n \frac{d^n I_1}{d\alpha^n}$$

다음의 적분들도 공학에서 자주 접하는 것들이다. 우선 다음의 적분을 보자.

$$\int_0^\infty e^{-\alpha x} dx$$

이 적분은 다음과 같이 간단히 계산된다.

$$\int_0^\infty e^{-\alpha x} dx = \left| -\frac{1}{\alpha} e^{-\alpha x} \right|_0^\infty = \frac{1}{\alpha}$$

그런데

$$\frac{d}{d\alpha}\int_0^\infty e^{-\alpha x} dx = -\int_0^\infty x e^{-\alpha x} dx$$

이고 또한

$$\frac{d}{d\alpha}\left(\frac{1}{\alpha}\right) = -\frac{1}{\alpha^2}$$

이다. 그러므로

$$\int_0^\infty x e^{-\alpha x} dx = \frac{1}{\alpha^2}$$

인 결과를 얻는다.

마찬가지로 하면 다음과 같은 결과들을 얻을 수 있다.

$$\int_0^{\infty} x^2 e^{-\alpha x} dx = \frac{2}{\alpha^3}$$

$$\int_0^{\infty} x^3 e^{-\alpha x} dx = \frac{3!}{\alpha^4}$$

$$\int_0^{\infty} x^n e^{-\alpha x} dx = \frac{n!}{\alpha^{n+1}}$$

E. 벡터와 행렬

E1. 벡터(Vectors)

벡터는 크기와 방향을 갖는 물리량이다. 보통 인쇄물에서는 고딕체(boldface letter, **A**)로 표기되는데 상황에 따라 화살표($\overrightarrow{A}$)로도 표기된다. 각 성분의 크기는 밑첨자(subscript, A_x)로 표현된다.

두 벡터의 합은 다음 그림과 같다. 처음 벡터의 끝을 두 번째 벡터의 시작점에 붙이고 난 다음 첫 벡터의 시작점에서 두 번째 벡터의 마지막 점을 연결하면 두 벡터의 합이 된다.

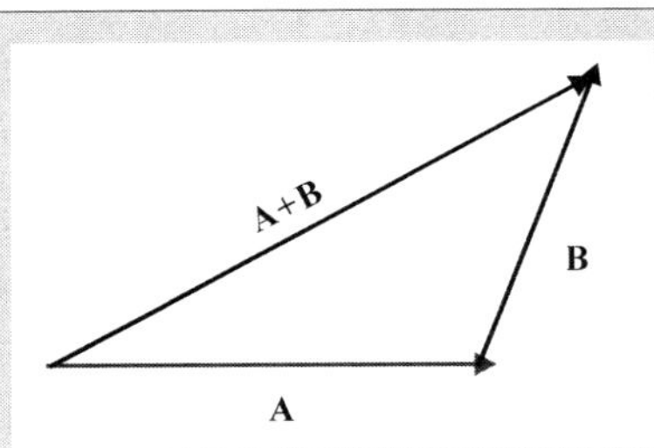

[그림 A2] 벡터의 합.

벡터에 있어 크기가 1인 벡터를 단위벡터(unit vector)라고 부른다. 벡터를 좌표 상에서 표기할 때 x축에 대한 단위 벡터를 **i**($\hat{i}$), y축에 대한 단위벡터를 **j**($\hat{j}$) 로 표기하는 것이 보통이다.

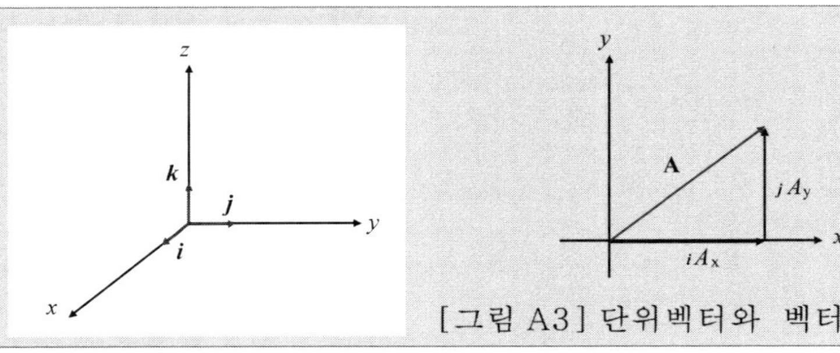

[그림 A3] 단위벡터와 벡터의 성분.

벡터는 다음과 같이 성분으로 나눌 수 있다.

$$\overrightarrow{A} = A_x \hat{i} + A_y \hat{j}$$

크기는 다음과 같다.

$$A = |\vec{A}| = \sqrt{A_x^2 + A_y^2}$$

두 벡터의 합 성분의 표기는 다음과 같다.

$$\vec{A} + \vec{B} = (A_x \hat{i} + A_y \hat{j}) + (B_x \hat{i} + B_y \hat{j}) = (A_x + B_x)\hat{i} + (A_y + B_y)\hat{j}$$

벡터의 곱(Multiplication of Vectors)

두 벡터를 곱하는 데는 두 종류가 있다. 하나는 스칼라곱(scalar product)이라고 하며 도트 곱(dot produc)t 혹은 내적(inner product)라고도 한다. 다른 하나는 벡터곱(vector product)으로 가위곱(cross product) 혹은 외적(outer product)라고도 부른다.

스칼라 곱(Scalar product)

스칼라 곱의 정의는 다음과 같다.

$$\vec{A} \cdot \vec{B} = AB\cos\theta$$

다음의 그림을 보자.

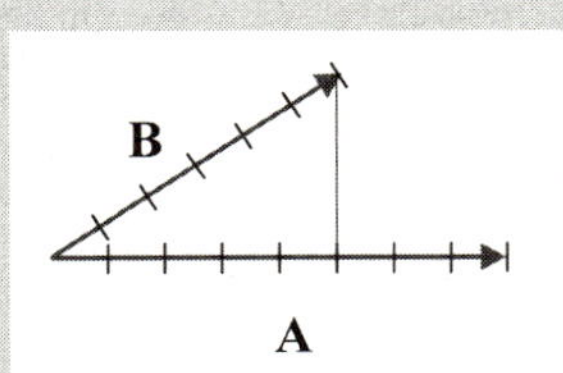

[그림 A4] 스칼라 곱.

각각의 크기는 $B = 6$, $A = 8$ 이다. 그리고
A 벡터 위에서의 B 벡터 사영(그림자; projection)은 5이다. 따라서

$$\vec{A} \cdot \vec{B} = 8 \cdot 5 = 40$$

이다.

$$\vec{A} \cdot \vec{A} = A^2\cos 0^0 = A^2$$

이며, 두 벡터의 곱은

$$\vec{A} \cdot \vec{B} = (A_x \hat{i} + A_y \hat{j}) \cdot (B_x \hat{i} + B_y \hat{j}) = A_x B_x + A_y B_y$$

이다. 왜냐하면,

$$\hat{i} \cdot \hat{i} = i \cdot i \cos 0^0 = 1 \cdot 1 \cdot 1 = 1$$

이고 따라서

$$\hat{j} \cdot \hat{j} = 1$$

이고

$$\hat{i} \cdot \hat{j} = i \cdot j \cos 90^0 = 1 \cdot 1 \cdot 0 = 0$$

에서 $\hat{j} \cdot \hat{i} = 0$ 이기 때문이다.

벡터곱(Vector Product)

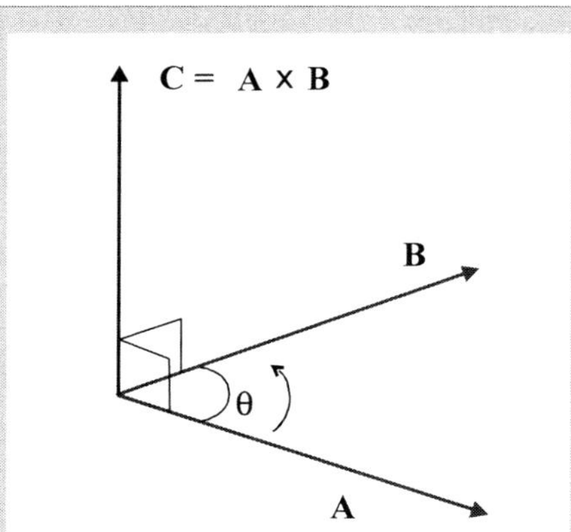

[그림 A5] 벡터 곱.

벡터곱의 크기는 다음과 같이 정의된다.

$$|\vec{A} \times \vec{B}| = AB\sin\theta$$

위 그림이 보여주는 것처럼 벡터곱의 방향은 두 벡터가 있는 평면에 대하여 수직인 방향이다. 평면은 A 벡터로부터 B 벡터로 돌려 만든, 즉 오른손법칙에 따라 만들어지며 결국 벡터곱의 방향은 오른손을 쥐었을 때 위쪽으로 세운 엄지손가락 방향이 된다.

두개의 벡터가 평행하거나 같다면 $\sin 0^0 = 0$ 이므로 벡터곱은 0이다. 따라서 단위 벡터에 대하여 다음과 같은 결론을 얻을 수 있다.

$$\hat{i}\times\hat{i}=\hat{j}\times\hat{j}=\hat{k}\times\hat{k}=0$$

또한, 벡터곱의 정의에 따라

$$|\hat{i}\times\hat{j}| = ij\sin 90^0 = 1\cdot 1\cdot 1 = 1$$

이다. 이러한 단위 벡터곱의 방향은 z축이므로 3차원에서의 단위 벡터에 대한 벡터곱은 다음과 같이 주어진다.

$$\hat{i}\times\hat{j}=\hat{k}\,,\ \hat{j}\times\hat{k}=\hat{i}\ ,\ \hat{k}\times\hat{i}=\hat{j}$$
$$\hat{j}\times\hat{i}=-\hat{k}\,,\ \hat{k}\times\hat{j}=-\hat{i}\ ,\ \hat{i}\times\hat{k}=-\hat{j}$$

두 벡터의 벡터곱은 다음과 같이 주어진다.

$$\begin{aligned}\vec{A}\times\vec{B} &= (A_x\hat{i}+A_y\hat{j}+A_z\hat{k})\times(B_x\hat{i}+B_y\hat{j}+B_z\hat{k})\\ &= (A_yB_z-A_zB_y)\hat{i}+(A_zB_x-A_xB_z)\hat{j}+(A_xB_y-A_yB_x)\hat{k}\end{aligned}$$

위 결과를 행렬식(determinants)으로 표시하면 다음과 같다.

$$\begin{vmatrix}\hat{i} & \hat{j} & \hat{k}\\ A_x & A_y & A_z\\ B_x & B_y & B_z\end{vmatrix}$$

[보기문제 6] 다음의 두 벡터의 $\vec{A}\times\vec{B}$ 를 구하라.
$\vec{A}=2\hat{i}+\hat{j}-\hat{k}$, $\vec{B}=\hat{i}+3\hat{j}-2\hat{k}$

E2. 행렬(Matrices)

다음과 같이 두 행렬이 주어졌을 때 행렬 곱(Matrix Multiplication) AB와 BA를 구해보자.

$$A=\begin{pmatrix}3 & -1\\ -4 & 2\end{pmatrix},\quad B=\begin{pmatrix}5 & 2\\ -7 & 3\end{pmatrix}$$

$$AB=\begin{pmatrix}3 & -1\\ -4 & 2\end{pmatrix}\begin{pmatrix}5 & 2\\ -7 & 3\end{pmatrix}$$
$$=\begin{pmatrix}3\cdot5-1(-7) & 3\cdot2-1\cdot3\\ -4\cdot5+2(-7) & -4\cdot2+2\cdot3\end{pmatrix}=\begin{pmatrix}22 & 3\\ -34 & -2\end{pmatrix}.$$

$$BA=\begin{pmatrix}5 & 2\\ -7 & 3\end{pmatrix}\begin{pmatrix}3 & -1\\ -4 & 2\end{pmatrix}$$
$$=\begin{pmatrix}5\cdot3+2(-4) & 5\cdot(-1)+2\cdot2\\ -7\cdot3+3(-4) & -7(-1)+3\cdot2\end{pmatrix}=\begin{pmatrix}7 & 1\\ -33 & 13\end{pmatrix}.$$

이와 같이 행렬곱인 경우 AB와 BA는 같지 않으며 교환법칙이 성립하지 않는다.

다음 그림은 2차원 상에서 원점에 대하여 회전했을 때의 새로운 좌표(x', y')에 대한 관계를 나타낸다.

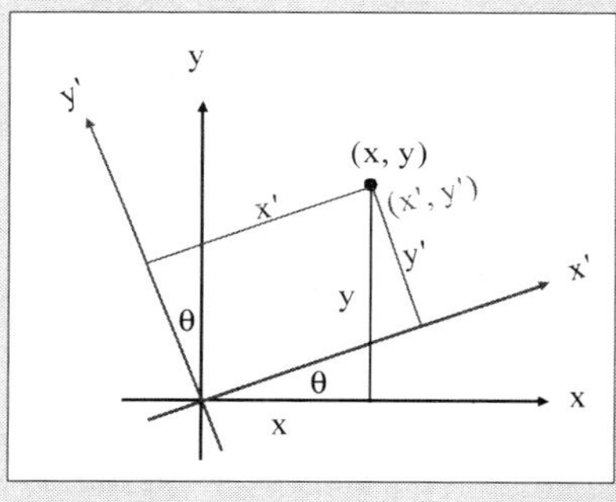

[그림 A6] 좌표 회전.

회전 각도가 θ라면 다음과 같은 식이 성립한다.

$$x' = x\cos\theta + y\sin\theta$$
$$y' = -x\sin\theta + y\cos\theta$$

위 식들은 다음과 같은 행렬 방정식으로 표현될 수 있다.

여기서

$$R=\begin{pmatrix}\cos\theta & \sin\theta\\ -\sin\theta & \cos\theta\end{pmatrix}$$

라고 할 때 R을 회전행렬(rotation matrix)이라고 부른다.

F. 복소수

F1. 복소수(complex numbers)

다음과 같은 이차방정식, $ax^2+bx+c=0$ 의 일반해는

$$x=\frac{-b\pm\sqrt{b^2-4ac}}{2a}$$

이다. 그런데 b^2-4ac 가 음수가 되면 실수 범위에서는 제곱근의 값을 내릴 수 없다. 이때 제곱근의 음수를 다음과 같이 도입하여 사용하는데 이를 허수(imaginary number)라고 부른다. 허수의 기본 단위를 보통 i로 표기하며, 즉

$$i=\sqrt{-1}$$

이고 $i^2=-1$ 이다. 그러면

$$\sqrt{-9}=\sqrt{9}\sqrt{-1}=3i\,,\ \sqrt{-5}=\sqrt{5}\,i$$

등으로 허수를 나타낸다. 다음과 같은 이차방정식

$$x^2-2x+2=0$$

의 해는

$$x=\frac{2\pm\sqrt{4-8}}{2}=\frac{2\pm\sqrt{-4}}{2}=1\pm i$$

이다.

보통 복소수를 표기 위한 평면은 실수 부분을 x, 허수 부분을 y축으로 사용한다. 이러한 평면을 복소평면(complex plane)이라고 부른다.
가령 복소수가 $x+iy$ 라고 하면 그림에서 보듯이
$x=r\cos\theta$
$y=r\sin\theta$

이며 결국 다음과 같은 형태를 갖는다.

$$x+iy=r\cos\theta+i\sin\theta=r(\cos\theta+i\sin\theta)$$

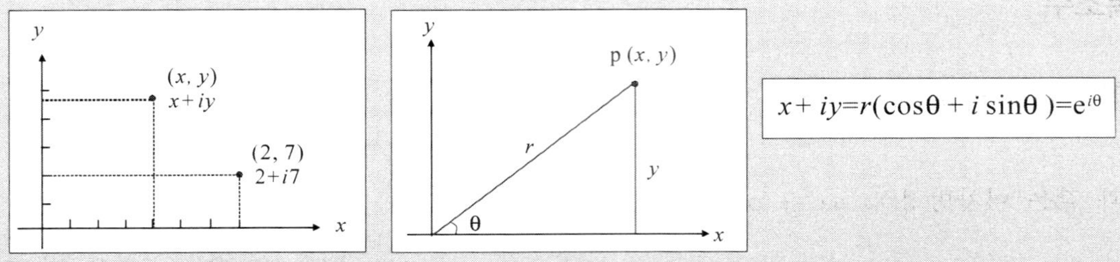

[그림 A7] 복소수 평면과 극좌표.

위에서 마지막 항의 표시를 복소수의 극 형태(polar form)라고 한다. 그런데 $(\cos\theta + i\sin\theta)$는 $e^{i\theta}$라고 쓸 수 있다(다음에 나오는 오일러 공식을 보라). 따라서 복소수의 표기는 다음과 같은 극좌표 형태로 된다.

$$x + iy = r(\cos\theta + i\sin\theta) = re^{i\theta}$$

F2. 오일러 공식(Euler's formula)

앞 부록 C.7에서 삼각함수는 다음과 같이 전개됨을 알았다.

$$\sin\theta = \theta - \frac{\theta^3}{3!} + \frac{\theta^5}{5!} - \cdots$$
$$\cos\theta = 1 - \frac{\theta^2}{2!} + \frac{\theta^4}{4!} - \cdots$$

또한

$$\begin{aligned} e^{i\theta} &= 1 + i\theta + \frac{(i\theta)^2}{2!} + \frac{(i\theta)^3}{3!} + \frac{(i\theta)^4}{4!} + \frac{(i\theta)^5}{5!} \cdots \\ &= 1 + i\theta - \frac{\theta^2}{2!} - i\frac{\theta^3}{3!} + \frac{\theta^4}{4!} + i\frac{\theta^5}{5!} - \\ &= 1 - \frac{\theta^2}{2!} + \frac{\theta^4}{4!} - \cdots + i\left(\theta - \frac{\theta^3}{3!} + \frac{\theta^5}{5!} - \cdots\right) \end{aligned}$$

이다. 따라서

$$e^{i\theta} = \cos\theta + i\sin\theta$$

를 얻는데 이를 오일러의 공식(Euler's formula)이라고 부른다. 그리고

$$e^{-i\theta} = \cos\theta - i\sin\theta$$

이므로 우리는 다음과 같은 중요한 관계식을 얻는다.

$$\cos\theta = \frac{e^{i\theta} + e^{-i\theta}}{2}$$

$$\sin\theta = \frac{e^{i\theta} - e^{-i\theta}}{2i}$$

G. 미분방정식(differential equation)

다음 그림과 같이 질량 m인 물체가 용수철(spring)에 달려 있으면서 단진동(simple oscillation) 운동을 하는 경우를 살펴보자.

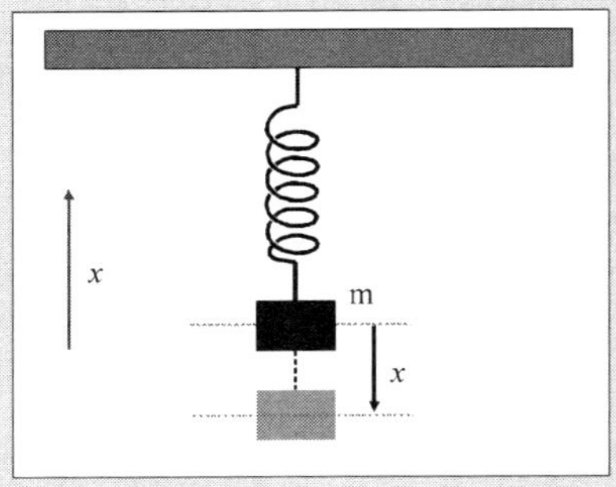

[그림 A8] 단진자 운동.

공기의 저항 등을 무시하면 뉴턴의 제2법칙에 따라 운동 방정식은 다음과 같이 주어진다.

$$m\frac{d^2x}{dt^2} = -kx$$

따라서,

$$\frac{d^2x}{dt^2} + \frac{k}{m}x = 0$$

이다. $\omega = \sqrt{\frac{k}{m}}$ 라 두면 위 식은 다음과 같이 된다.

$$\frac{d^2x}{dt^2} + \omega^2 x = 0$$

위와 같은 방정식을 2차 미분방정식이라고 부른다. 만약 공기의 저항이 속도에 비례한다면 뉴턴의 운동 방정식은 다음과 같이 쓸 수 있다.

$$m\frac{d^2x}{dt^2} = -kx - \gamma\frac{dx}{dt}$$

이 식은 다시 다음과 같이 쓸 수 있다.

$$\frac{d^2x}{dt^2}+2b\frac{dx}{dt}+\omega^2x=0$$

여기서 $2b=\dfrac{\gamma}{m}$ 이다.

위의 미분방정식은 다음과 같은 2차 선형 미분방정식(second-order linear differential equation)의 형태를 갖는다.

$$a_2\frac{d^2y}{dx^2}+a_1\frac{dy}{dx}+a_0y=0$$

이러한 선형 미분방정식은 다음과 같은 방법으로 쉽게 풀 수 있다. 다음의 미분방정식을 풀어 보자.

$$\frac{d^2y}{dx^2}+5\frac{dy}{dx}+4y=0$$

여기서 $\dfrac{d}{dx}$를 D라 놓으면, 위 식은

$$D^2y+5Dy+4y=0$$

가 되며 이는 곧 다음과 같다.

$$(D^2+5D+4)y=0$$

이때 D를 미분 연산자(differential operator)라고 부른다. 또한

$$D^2+5D+4=0$$

을 보조(auxiliary) 방정식이라고 한다. 보조 방정식을 풀면

$$(D+1)(D+4)=0$$

에서 $D=-1$ 또는 $D=-4$를 얻게 되는데 이로부터 위 미분방정식에 대한 일반 해(general solution)는 다음과 같이 주어진다.

$$y=c_1e^{-4x}+c_2e^{-x}$$

일반적으로 2차 선형 미분방정식이

$$(D-a)(D-b)y=0\ ,\ a\neq b$$

형태로 되면 일반해는 다음과 같다.

$$y = c_1 e^{ax} + c_2 e^{bx}$$

한편, 보조방정식이 중근인 형태, 즉

$$(D-a)(D-a) = 0$$

인 경우의 일반해는 다음과 같이 주어진다.

$$y = (c_1 x + c_2) e^{ax}$$

이제 앞에서 나왔던 용수철에 의한 단진동 운동을 다시 살펴보자. 먼저 저항이 없는 경우를 보면 방정식은 다음과 같았다.

$$\frac{d^2x}{dt^2} + \omega^2 x = 0$$

이 미분방정식은 미분연산자로 표현하면

$$(D^2 + \omega^2)x = 0$$

이다. 그리고 보조 방정식에 대한 해는

$$D = \pm i\omega$$

이다. 따라서 위 방정식에 대한 일반해는 다음과 같다.

$$x = c_1 e^{ix} + c_2 e^{-ix}$$

이다. 오일러의 공식에 의하면 이러한 해는 다시 삼각함수로 나타낼 수 있다. 즉,

$$x = A\sin\omega t + B\cos\omega t$$

이다. 위와 같은 형태로 표현되는 변위를 단조화 운동(simple harmonic motion)이라고 부른다. 이제 평형 위치를 $x=0$라 하고, 처음에 용수철을 잡아당긴 위치가 $x=-10$이라 하자. 그러면 초기 조건은 다음과 같이 된다.

$$x(0) = -10,\ v(0) = \frac{dx}{dt} = 0$$

그리고 속도는

$$v = \frac{dx}{dt} = A\omega\cos\omega t - B\omega\sin\omega t$$

이다. 따라서 초기조건에 의한 방정식은 다음과 같다.

$$-10 = A \cdot 0 + B \cdot 1$$
$$0 = A\omega \cdot 1 - B\omega \cdot 0$$

그러면

$$A = 0,\ B = -10$$

의 값을 얻는다. 그러므로 조건에 따른 특별 해는 다음과 같다.

$$x = -10\cos\omega t$$

그러나 위와 같은 단조화 운동은 현실과는 맞지 않는다. 위와 같은 조건이라면 영원히 진동 운동을 하기 때문이다. 실제적으로는 진동을 하다 결국 멈추게 되는데 그러한 감쇠원인은 공기의 저항이나 마찰에서 나온다. 일반적으로 운동을 지연시키는 저항은 속도에 비례하는 것으로 알려져 있다. 따라서 $-\gamma(dx/dt)$ 으로 나타낼 수 있다. 이것이 앞에서 언급한 식

$$\frac{d^2x}{dt^2} + 2b\frac{dx}{dt} + \omega^2 x = 0$$

이다. 위 미분방정식의 보조 방정식은

$$D^2 + 2bD + \omega^2 = 0$$

이고,

$$D = \frac{-2b \pm \sqrt{4b^2 - 4\omega^2}}{2} = -b \pm \sqrt{b^2 - \omega^2}$$

을 얻는다. 이때 제곱근의 부호에 따라 다음과 같은 세 가지 형태의 운동이 나온다.

$b^2 > \omega^2$: 과감쇠 운동(over damped motion)
$b^2 = \omega^2$: 임계감쇠 운동(critically damped motion)
$b^2 < \omega^2$: 진동 운동(oscillatory motion)

a. 과감쇠 운동(over damped motion)

$$D = -b \pm \sqrt{b^2 - \omega^2}$$

이므로 해는

$x = Ae^{-\lambda_1 t} + Be^{-\lambda_2 t}$

이고, 여기서 $\lambda_1 = b + \sqrt{b^2 - \omega^2}$, $\lambda_2 = b - \sqrt{b^2 - \omega^2}$ 이다.

위의 식은 시간이 지나감에 따라 크기가 0으로, 즉 평형 위치로 돌아가며 진동은 하지 않는다. 이러한 이유로 과감쇠 운동이라고 부른다.

b. 임계 감쇠 운동(critically damped motion)

이 조건의 보조방정식의 해는

$D = b$

이다. 이 해는 사실상 중근에 해당된다. 따라서,

$x = (A + Bt)e^{-bt}$

이다. 이 운동 역시 진동이 없이 시간이 지남에 따라 평형 위치로 돌아와 멈추게 된다.

c. 진동 운동(under damped or oscillatory motion)

$\sqrt{b^2 - \omega^2}$ 이 허수이므로, $\beta = \sqrt{\omega^2 - b^2}$ 이라 하면

$\sqrt{b^2 - \omega^2} = i\beta$ 라고 쓸 수 있다. 따라서

$D = -b \pm i\beta$

이다.

이에 대한 해는 다음과 같다.

$x = (c_1 e^{i\beta t} + c_2 e^{-i\beta t})e^{-bt}$

이 식을 삼각함수 형태로 다시 쓰면

$x = Ae^{-bt}\sin(\beta t + \phi)$

위의 해는 진동수(frequency) β로 진동을 하면서 감쇠인자 e^{-bt} 만큼 진폭이 줄어드는 운동을 보여주고 있다.

우리는 위와 같은 문제를 전기회로에서도 만날 수 있다. 다음과 같은 LC회로를 다루어 보자.

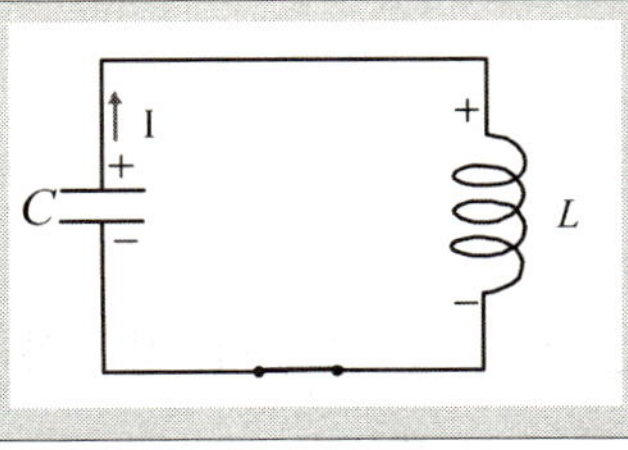

[그림 A9] LC 회로.

축전기에서 전하가 흘러나옴에 따라 전류는 증가하게 되고 코일에는 기전력(emf)이 발생한다. 이에 대한 Kirchhoff 법칙은 다음과 같이 주어진다.

$$\frac{Q}{C} - L\frac{dI}{dt} = 0$$

한편 전류는 $I = -dQ/dt$ 이므로(여기서 음의 의미는 축전기의 전하 Q가 감소함에 따라 전류가 발생하기 때문이다),

$$\frac{d^2Q}{dt^2} + \frac{1}{LC}Q = 0$$

이다. 여기서 $\omega^2 = 1/LC$ 라 두면

$$\frac{d^2Q}{dt^2} + \omega^2 Q = 0$$

를 얻게 되는데 이는 단조화 운동에서 얻었던 식과 동일하다.
이번에는 다음과 같은 LRC 회로를 살펴보자.

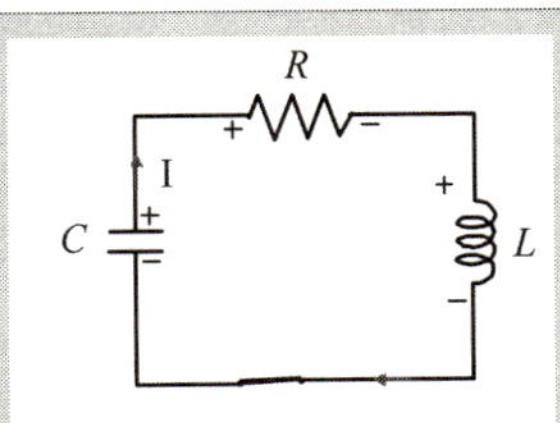

[그림 A10] 직렬 LRC 회로.

위 회로에 대한 Kirchhoff 법칙은 다음과 같은 식으로 나온다.

$$\frac{Q}{C} - IR - L\frac{dI}{dt} = 0$$

$I = -dQ/dt$ 이므로 위식은 다음과 같은 형태로 된다.

$$L\frac{d^2Q}{dt^2} + R\frac{dQ}{dt} + \frac{Q}{C} = 0$$

위와 같은 미분방정식은 감쇠운동을 수반하는 단진자 운동의 경우와 동일한 형태이다. 즉 $2b = R/L$, $\beta = \sqrt{\omega^2 - b^2}$ 이고, 이에 대한 감쇠진동 해는

$$Q = Q_0 e^{-Rt/2L} \cos(\omega_1 t + \phi)$$

으로 주어진다. 여기서 감쇠 각진동수(damped angular frequency)는

$$\omega_1 = \sqrt{\omega^2 - (\frac{R}{2L})^2}$$

이다. 물론 $\omega = \frac{1}{\sqrt{LC}}$ 이다.

참고문헌

1. 소형액정디스플레이 선택과 사용방법, 디스플레이기술편집부 (CQ출판사, 2006). 일본어.
2. 전자디스플레이기술2005, 공업조사회 (전자재료 2005년 5월호 특별부록). 일본어.
3. 액정디스플레이기술(beginner's series 33), Naemura Shouhei (공업조사회, 2004). 일본어.
4. 액정디스플레이의 모든 것, Akio Sasaki, Shohei Naemura (공업조사회, 2001). 일본어.
5. 칼라-TFT 액정 디스플레이, SEMI standard (공립출판주식회사, 1996). 일본어.
6. Principles of Electronic Materials and Devices, S. O. Kasap, (McGraw Hill, 2002).
7. Light-Emitting Diodes, E. Fred Schubert (Cambridge University Press, 2003).
8. 디스플레이 공학 I, 김상수 외 (청범출판사, 2000).
9. 기초 전기전자공학(Electronics Fundamentals by Floyd), 김종수 외 역 (청문각, 2003).
10. TFT/LCD (T. Tsukuda), 이충훈 옮김 (북스힐, 2003).
11. 액정의 구조, Susumu Mizuta (Natsume 社, 2003), 일본어.
12. 광학 (Hecht), 장수, 조재홍 외 역 (대웅, 1998).
13. Concepts of Modern Physics, Arthur Beiser (McGRAW-HILL).
14. Foundations of Electromagnetic Theory, Reitz • Milford • Christy (Addison-Wesley, 1993).
15. 일반물리학강의, 문창범 (청문각, 2009).
16. University Physics (Harris Bensson), 물리교재편찬위원회 역 (청문각, 2004)
17. 일반화학 (L. Jones and P. Atkins,), 일반화학교재편찬회역 (탐구당, 2005).
18. 일반화학 (John McMurry, Rober C. Fay), 한인섭외 공역 (진영사, 1996).
19. 유기화학 (T.W.G. Solomons), 이창규, 현인숙 역 (범한서적, 2000).
20. 전자기학(Engineering Electromagnetics, W. H. Hayt, Jr. and J. A. Buck), 강형부 외 역 (한국 맥그로힐, 2002).
21. Mathematical Methods in the Physical Sciences, Mary L. Boas (John Wiley & Sons).
22. 유기 EL의 모든 것, Junji Kido (日本實業出版社, 2004). 일본어.
23. 액정 고분자, 최이준 • 진정일 공저 (문운당, 2004).
24. 고분자재료의 최전선, K. Osaki et al. (共業調査會, 2003). 일본어.
25. 디스플레이공학 II, 황기웅 외 (청범출판사, 2000) pp. 7-157.
26. 정보디스플레이공학, 강정원 외 (청문각, 2005).
27. 평판디스플레이공학, 이준신, 김도영 (홍릉과학출판사, 2005).
28. PDP engineering, 김용석, 문철희 (생능출판사, 2007).
29. 플라즈마디스플레이공학, 강정원 외 (인터비전, 2006).

30. 유기전자공학, 장지근 (청문각, 2006).
31. 물리학과 디스플레이공학, 문창범 (물리학과 첨단기술, January/February 2008) pp. 34-37.
32. LCD 개요 및 액정 기술, 이승희, 윤태훈 (물리학과 첨단기술, October 2008) pp. 2-9.
33. LCD 구동기술 및 개발 현황, 권오경 (물리학과첨단 기술, October 2008) pp. 14-21.
34. LCD TFT 기술 및 최근 동향, 김현재, 배병성 (물리학과첨단기술, October 2008) pp. 10-13.
35. OLEDs용 단분자형 재료, 박종욱 (물리학과첨단기술, April 2005) pp. 18-24.
36. 물리학용어집 (한국물리학회, 1995).

찾아보기

ㄱ

ㄴ

ㄷ

ㅅ

ㅎ

전자 디스플레이 원론

2009년 03월 10일 제1판 1쇄 펴냄
2014년 08월 31일 제1판 4쇄 펴냄

지은이 문창범
펴낸이 류제동
펴낸곳 **청문각**

편집국장 안기용 | 책임편집 우종현 | 본문디자인 네임북스
표지디자인 네임북스 | 제작 김선형 | 영업 함승형
출력 ㈜한국커뮤니케이션 | 인쇄 태원인쇄 | 제본 태원인쇄

주소 413-120 경기도 파주시 교하읍 문발로 116
전화 1644-0965(대표) | 팩스 070-8650-0965 | 홈페이지 www.cmgpg.co.kr
등록 2012. 11. 26. 제406-2012-000127호

ISBN 978-89-6364-002-0 (93420)
값 25,000원

* 잘못된 책은 바꾸어 드립니다.
* 저자와의 협의하에 인지를 생략합니다.